Computational Intelligence

Herausgegeben von
Prof. Dr. Wolfgang Bibel, Technische Universität Darmstadt
Prof. Dr. Rudolf Kruse, Otto-von Guericke-Universität Magdeburg
Prof. Dr. Bernhard Nebel, Albert-Ludwigs-Universität Freiburg

Die Reihe „Computational Intelligence" wird herausgegeben von den Professoren Wolfgang Bibel, Rudolf Kruse und Bernhard Nebel.

Aus den Kinderschuhen der „Künstlichen Intelligenz" entwachsen bietet die Reihe breitgefächertes Wissen von den Grundlagen bis in die Anwendung, herausgegeben von namhaften Vertretern ihres Faches.

Computational Intelligence hat das weitgesteckte Ziel, das Verständnis und die Realisierung intelligenten Verhaltens voranzutreiben. Die Bücher der Reihe behandeln Themen aus den Gebieten wie z.B. Künstliche Intelligenz, Softcomputing, Robotik, Neuro- und Kognitionswissenschaften. Es geht sowohl um die Grundlagen (in Verbindung mit Mathematik, Informatik, Ingenieurs- und Wirtschaftswissenschaften, Biologie und Psychologie) wie auch um Anwendungen (z.B. Hardware, Software, Webtechnologie, Marketing, Vertrieb, Entscheidungsfindung). Hierzu bietet die Reihe Lehrbücher, Handbücher und solche Werke, die maßgebliche Themengebiete kompetent,umfassend und aktuell repräsentieren.

Weitere Bände siehe http://www.springer.com/series/12572

Rudolf Kruse • Christian Borgelt
Christian Braune • Frank Klawonn
Christian Moewes • Matthias Steinbrecher

Computational Intelligence

Eine methodische Einführung
in Künstliche Neuronale Netze,
Evolutionäre Algorithmen,
Fuzzy-Systeme und Bayes-Netze

2., überarbeitete und erweiterte Auflage

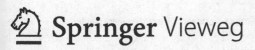
Springer Vieweg

Rudolf Kruse
Fakultät für Informatik
OVG Universität Magdeburg
Magdeburg, Deutschland

Christian Borgelt
European Centre for Soft Computing
Mieres (Asturias), Spanien

Christian Braune
Fakultät für Informatik
OVG Universität Magdeburg
Magdeburg, Deutschland

Frank Klawonn
Fakultät für Informatik
Ostfalia Hochschule für
    angewandte Wissenschaften
Wolfenbüttel, Deutschland

Christian Moewes
Robert Bosch GmbH
Bamberg, Deutschland

Matthias Steinbrecher
SAP Innovation Center
Potsdam, Deutschland

Georg Ruß war Koautor der 1. Auflage 2011

Computational Intelligence
ISBN 978-3-658-10903-5   ISBN 978-3-658-10904-2 (eBook)
DOI 10.1007/978-3-658-10904-2

Die Deutsche Nationalbibliothek verzeichnet diese Publikation in der Deutschen Nationalbibliografie; detaillierte bibliografische Daten sind im Internet über http://dnb.d-nb.de abrufbar.

Springer Vieweg
© Springer Fachmedien Wiesbaden 2011, 2015

Gedruckt auf säurefreiem und chlorfrei gebleichtem Papier

Springer Fachmedien Wiesbaden ist Teil der Fachverlagsgruppe Springer Science+Business Media
(www.springer.com)

Vorwort

Das Gebiet *Computational Intelligence* als Teilgebiet der Künstlichen Intelligenz umfasst Konzepte, Paradigmen, Algorithmen und Implementierungen zur Entwicklung von Systemen, die intelligentes Verhalten in komplexen Umgebungen automatisieren sollen. Dazu werden subsymbolische, vornehmlich naturanaloge Methoden verwendet, die unvollständiges, unpräzises und unsicheres Wissen tolerieren und auf diese Weise approximative, handhabbare, robuste und ressourcengünstige Lösungen ermöglichen.

Die Themenauswahl des Buches spiegelt die wichtigsten Gebiete des Bereichs Computational Intelligence wider. Die klassischen Gebiete *Künstliche Neuronale Netze*, *Fuzzy-Systeme* und *Evolutionäre Algorithmen* werden detailliert beschrieben, zudem werden auch neuere Methoden wie *Schwarmintelligenz* und *Probabilistische Graphische Modelle* in das Buch integriert.

Unser Ziel ist es, mit diesem Lehrbuch eine methodische Einführung in das Gebiet Computational Intelligence zu geben. Uns geht es nicht nur um die Vermittlung fundamentaler Konzepte und deren Umsetzung; es geht auch darum, den theoretischen Hintergrund der vorgeschlagenen Problemlösungen zu erklären und den Lesern die für den fundierten Einsatz dieser Methoden notwendige Sensibilität zu vermitteln.

Dieses Lehrbuch ist als Begleitbuch für Vorlesungen im Gebiet Computational Intelligence nutzbar, es kann aber auch von Praktikern aus Industrie und Wirtschaft für ein Selbststudium verwendet werden. Das Buch basiert auf Aufzeichnungen zu Vorlesungen, Übungen und Praktika, die von den Autoren seit vielen Jahren gehalten werden. Auf der Webseite

`http://www.computational-intelligence.eu`

findet man für die vier Themenbereiche Neuronale Netze, Evolutionäre Algorithmen, Fuzzy-Systeme und Bayes-Netze Vorlesungsfolien, Übungsaufgaben, Hinweise zu Softwaretools und Ergänzungsmaterial.

Für die vorliegende zweite Auflage dieses Buches wurden alle Kapitel überarbeitet, aktualisiert und zum Teil erheblich erweitert.

Wir bedanken uns beim Springer Vieweg Verlag für die gute Zusammenarbeit.

Magdeburg, Juli 2015

Rudolf Kruse
Christian Borgelt
Christian Braune
Frank Klawonn
Christian Moewes
Matthias Steinbrecher

Inhaltsverzeichnis

Kapitel 1

Einleitung

1.1 Intelligente Systeme

Komplexe Problemstellungen in verschiedensten Anwendungsbereichen führen verstärkt zu Computeranwendungen, die „intelligentes Verhalten" zeigen müssen. Diese Anwendungen leisten z.B. Entscheidungsunterstützung, steuern Prozesse, erkennen und interpretieren Muster oder bewegen sich autonom in unbekannten Umgebungen. Zur Bewältigung solcher Aufgaben sind neuartige Vorgehensweisen, Methoden, Programmierumgebungen und Werkzeuge entwickelt worden.

Die allgemeine Aufgabenstellung bei der Entwicklung solcher „intelligenten Systeme" ist auf einer höheren Abstraktionsebene letztlich immer die Gleiche: es geht um die Simulation intelligenten Denkens und Handelns in einem bestimmten Anwendungsbereich [Russel und Norvig 2009]. Das Wissen über diesen Anwendungsbereich muss zu diesem Zweck dargestellt und verarbeitet werden. Die Qualität des sich ergebenden Systems hängt zum Großteil von der Lösung gerade dieses Darstellungsproblems des Wissens im Entwicklungsprozess ab. Es gibt nicht die „beste" Methode, sondern es gilt vielmehr, aus den vielen bereitstehenden Ansätzen diejenigen herauszusuchen, die optimal zum Einsatzgebiet des Systems passen.

Die Mechanismen, die intelligentem Verhalten zugrunde liegen, werden im Forschungsgebiet „Künstliche Intelligenz" (KI) untersucht. Die Künstliche Intelligenz ist ein Teilgebiet der Informatik und hat, wie andere Teilgebiete auch, sowohl theoretische Aspekte (*Wie und warum funktionieren die Systeme?*) als auch anwendungsorientierte Aspekte (*Wo und wann können die Systeme verwendet werden?*).

Zu Beginn der Entwicklung von intelligenten Systemen hat man sich oft an der aus der Aufklärung stammenden Vorstellung vom „Menschen als Maschine" orientiert. Man wollte eine Intelligenz erschaffen, die wie der Mensch kreativ denken sowie Probleme lösen kann, und die sich durch eine Form von Bewusstsein sowie Emotionen auszeichnet. Der übliche Weg zum Entwurf künstlicher Intelligenz war in der Anfangsphase der KI immer die Beschreibung einer symbolischen Basis dieser Mechanismen. Dazu gehört ebenso die Top-Down-Perspektive der Problemlösung, die als wichtigsten Punkt die Frage behandelt, warum die Systeme funktionieren [Nilsson 2009]. Die Antwort auf diese Frage wird meist mit Hilfe symbolischer Repräsentationen und logischer Prozesse formuliert. Zu diesen Ansätzen gehören beispielsweise spezielle Verfahren wie regelbasierte Expertensysteme, automatische Theorembeweiser und viele Operations-Research-Ansätze, die moderner Planungssoftware zugrunde liegen.

Obwohl diese traditionellen Ansätze teilweise sehr erfolgreich waren und sind, haben sie deutliche Grenzen, insbesondere was die Skalierbarkeit angeht. Eine leichte Erschwerung des zu lösenden Problems geht meist mit einer nicht handhabbaren Komplexitätssteigerung einher. Somit sind diese Verfahren allein, obwohl sie eine optimale, präzise oder wahre Lösung garantieren, für praktische Probleme häufig nicht einsetzbar [Hüllermeier *et al.* 2010].

Deswegen werden weiterhin effiziente Methoden zur Verarbeitung und Repräsentation von Wissen gesucht. Bewährt haben sich für einige Problemstellungen Verfahren, die sich an natürlichen bzw. biologischen Prozessen orientieren. Diese Herangehensweise stellt einen Paradigmenwechsel weg von der symbolischen Repräsentation und hin zu Inferenzstrategien für Anpassung und Lernen dar. Zu diesen Ansätzen gehören Künstliche Neuronale Netze, Evolutionäre Algorithmen und Fuzzy-Systeme [Kacprzyk und Pedrycz 2015]. Diese neuen Methoden haben sich bereits, meist in Kombination mit traditionellen Problemlösungstechniken, in vielen Anwendungsbereichen bewährt.

1.2   Computational Intelligence

Das Forschungsgebiet *Computational Intelligence (CI)* als Teilgebiet der Künstlichen Intelligenz umfasst Konzepte, Paradigmen, Algorithmen und Implementierungen zur Entwicklung von Systemen, die intelligentes Verhalten in komplexen Umgebungen automatisieren sollen. Es werden subsymbolische, naturanaloge Methoden verwendet, die unvollständiges, unpräzises und unsicheres Wissen tolerieren und auf diese Weise approximative, handhabbare, robuste und ressourcengünstige Lösungen ermöglichen.

Die im Bereich Computational Intelligence verwendete Problemlösungsstrategie besteht darin, approximative Techniken und Methoden zu verwenden, die ungefähre, unvollständige oder nur teilweise wahre Lösungen zu Problemen finden können, dies aber im Gegenzug in einem akzeptablen Zeit- und Kostenrahmen bewerkstelligen. Diese Ansätze bestehen aus relativ einfachen Teilabläufen, die im Zusammenspiel zu komplexem und selbstorganisierendem Verhalten führen. Dadurch entziehen sich diese heuristischen Verfahren oft einer klassischen Analyse, sie sind aber in der Lage, schnell ungefähre Lösungen zu ansonsten nur schwierig lösbaren Problemen zu generieren.

Das Gebiet Computational Intelligence kann in diesem Buch nicht vollständig behandelt werden. Wir beschränken uns daher auf die Beschreibung von vier in der Praxis oft verwendeten Techniken.

In den ersten beiden Teilen dieses Buches werden sogenannte „naturanaloge" Verfahren beschrieben. Die hier verfolgte Idee besteht darin, in der Natur vorkommende Problemlösungsstrategien zu analysieren. Teilaspekte der Lösungsstrategie werden dann auf dem Computer modelliert oder simuliert, ohne dass dabei die Ursprungssysteme selbst korrekt modelliert werden und ohne die biologische Plausibilität der Systeme zu berücksichtigen. Besonders erfolgreiche wichtige Vertreter dieser Gattung sind derzeit Neuronale Netze, schwarmbasierte Verfahren und Evolutionäre Algorithmen.

Viele Ideen und Prinzipien im Gebiet der neuronalen Netze [Haykin 2008] wurden durch die Hirnforschung inspiriert. Künstliche Neuronale Netze sind informationsverarbeitende Systeme, deren Struktur und Funktionsweise dem Nervensystem und speziell dem Gehirn von Tieren und Menschen nachempfunden sind. Sie bestehen aus einer großen Anzahl einfacher, parallel arbeitender Einheiten, den sogenannten Neuronen. Diese Neuronen senden sich Informationen in Form von Aktivierungssignalen über gerichtete Verbindungen zu. Ausgehend von dem Wissen über die Funktion biologischer neuronaler Netze versucht man, diese zu modellieren und zu simulieren.

Die Idee zu evolutionären Algorithmen entstammt der biologischen Evolution, in deren Rahmen sich Organismen an Umweltbedingungen anpassen. Evolutionäre Algorithmen [Rozenberg 2011] stellen eine Klasse von Optimierungsverfahren dar, die Prinzipien der biologischen Evolution nachahmen. Sie gehören zur Gruppe der Metaheuristiken, die Algorithmen zur näherungsweisen Lösung, z.B. eines kombinatorischen Optimierungsproblems beinhalten. Diese sind definiert durch eine abstrakte Folge von Schritten, die auf beliebige Problemstellungen anwendbar ist. Jeder einzelne Schritt muss allerdings problemspezifisch implementiert werden. Aufgrund dessen wird auch von problemspezifischen Heuristiken gesprochen. Metaheuristiken kommen bei Problemen zum Einsatz, bei denen kein effizienterer Lösungsalgorithmus bekannt ist. Das Finden einer optimalen Lösung ist in der Regel nicht garantiert. Jede gute Lösung kann beliebig schlecht sein, wenn sie mit der optimalen Lösung verglichen wird. Der Erfolg und die Laufzeit hängen von der Problemdefinition und der Implementierung der einzelnen Schritte ab.

In den beiden folgenden Teilen dieses Buches geht es um die Einbeziehung von unsicherem, vagem und unvollständigem Wissen in die Problemlösungsstrategie. Die hier verfolgte Idee besteht darin, dass Menschen sehr gut mit imperfekten Wissen umgehen können und man diese Art von Wissen dem Computer zugänglich machen möchte. Besonders erfolgreiche Ansätze, die mit vagem und unsicherem Wissen umgehen, sind Fuzzy- und Bayes-Netze.

In Fuzzy-Systemen wird das impräzise Wissen, das von einem Experten bereitgestellt oder von Entwickler des Systems intuitiv formuliert wird, mit Hilfe von Fuzzy-Logik und Methoden des approximativen Schließens formalisiert und in die Problemlösungsstrategie eingebunden. Diese Verfahren werden routinemäßig in der Regelungstechnik [Michels *et al.* 2006] eingesetzt, weil in vielen Anwendungsfällen eine präzise und vollständige Systemmodellierung unbequem oder gar unmöglich ist.

Bayes-Netze dienen der effizienten Speicherung und Verarbeitung unsicheren Wissens in komplexen Anwendungsbereichen. Formal ist ein Bayes-Netz ein probabilistisches graphisches Modell, das eine Menge von Zufallsvariablen und deren bedingte Abhängigkeiten in einem gerichteten azyklischen Graph repräsentiert. Aufgrund der probabilistischen Repräsentation kann man sehr gut Schlussfolgerungen anhand von neuen Informationen durchführen, Abhängigkeiten analysieren durchführen und Lernverfahren nutzen [Borgelt *et al.* 2009].

In vielen Anwendungsfällen werden hybride CI-Systeme wie Neuro-Fuzzy Systeme genutzt. Manchmal werden diese Verfahren auch mit verwandten Methoden kombiniert, wie beispielsweise im Gebiet des maschinellen Lernens und des fallbasierten Schließens [Beierle und Kern-Isberner 2014].

Über dieses Buch

Unser Ziel ist es, mit diesem Lehrbuch eine methodische Einführung in das Gebiet Computational Intelligence zu geben. Uns geht es nicht nur um die Vermittlung fundamentaler Konzepte und deren Umsetzung; es geht auch darum, den theoretischen Hintergrund der vorgeschlagenen Problemlösungen zu erklären und den Lesern die für den fundierten Einsatz dieser Methoden notwendige Sensibilität zu vermitteln. Es werden grundlegende Kenntnisse in Mathematik vorausgesetzt. Einige besonders wichtige Techniken werden in den Anhängen zusammengestellt. Die vier Teile zu Neuronalen Netzen, Evolutionären Algorithmen, Fuzzy-Systemen und Bayes-Netzen kann man unabhängig voneinander studieren, so dass sich kein vorgegebener Lesefluss ergibt und ein wahlfreier Zugriff auf die einzelnen Teile ermöglicht wird. Für die vorliegende zweite Auflage dieses Buches wurden alle Themenbereiche überarbeitet, aktualisiert und zum Teil erheblich erweitert.

Dieses Lehrbuch ist zudem als Begleitbuch für Vorlesungen im Gebiet Computational Intelligence gedacht. Es basiert auf Aufzeichnungen, die der erste Autor seit mehr als 15 Jahren regelmäßig für Studierende verschiedener Fachrichtungen hält. Auf der Webseite

```
http://www.computational-intelligence.eu
```

findet man für die vier Vorlesungen Neuronale Netze, Evolutionäre Algorithmen, Fuzzy-Systeme und Bayes-Netze zum Buch passende Vorlesungsfolien, Übungsaufgaben, Musterklausuren, Software-Demos, Literaturhinweise, Hinweise zu Organisationen, Zeitschriften, Softwaretools und weiteres Ergänzungsmaterial. Insgesamt werden vier Module (Vorlesungen mit dazu passenden Übungen) abgedeckt.

Teil I

Neuronale Netze

Kapitel 2

Einleitung

(Künstliche) neuronale Netze (engl. *artificial neural networks*) sind informationsverarbeitende Systeme, deren Struktur und Funktionsweise dem Nervensystem und speziell dem Gehirn von Tieren und Menschen nachempfunden sind. Sie bestehen aus einer großen Anzahl einfacher, parallel arbeitender Einheiten, den sogenannten *Neuronen*. Diese Neuronen senden sich Informationen (z.B. über äußere Stimuli) in Form von Aktivierungssignalen über gerichtete Verbindungen zu.

Ein oft synonym zu „neuronales Netz" verwendeter Begriff ist „konnektionistisches Modell" (*connectionist model*). Die Forschungsrichtung, die sich dem Studium konnektionistischer Modelle widmet, heißt „Konnektionismus" (*connectionism*). Auch der Begriff „parallele verteilte Verarbeitung" (*parallel distributed processing*) wird oft im Zusammenhang mit (künstlichen) neuronalen Netzen genannt.

2.1   Motivation

Mit (künstlichen) neuronalen Netzen beschäftigt man sich aus verschiedenen Gründen: In der (Neuro-)Biologie und (Neuro-)Physiologie, aber auch in der Psychologie interessiert man sich vor allem für ihre Ähnlichkeit zu realen Nervensystemen. (Künstliche) neuronale Netze werden hier als Modelle verwendet, mit denen man durch Simulation die Mechanismen der Nerven- und Gehirnfunktionen aufzuklären versucht. Speziell in der Informatik, aber auch in anderen Ingenieurwissenschaften versucht man bestimmte kognitive Leistungen von Menschen nachzubilden, indem man Funktionselemente des Nervensystems und Gehirns verwendet. In der Physik werden Modelle, die (künstlichen) neuronalen Netzen analog sind, zur Beschreibung bestimmter physikalischer Phänomene eingesetzt. Ein Beispiel sind Modelle des Magnetismus, speziell für sogenannte Spingläser[1].

Aus dieser kurzen Aufzählung sieht man bereits, dass die Untersuchung (künstlicher) neuronaler Netze ein stark interdisziplinäres Forschungsgebiet ist. In diesem Buch vernachlässigen wir jedoch weitgehend die physikalische Verwendung

---

[1]Spingläser sind Legierungen aus einer kleinen Menge eines magnetischen und einer großen Menge eines nicht magnetischen Metalls, in denen die Atome des magnetischen Metalls zufällig im Kristallgitter des nicht magnetischen verteilt sind.

(künstlicher) neuronaler Netze (wenn wir auch zur Erklärung einiger Netzmodelle physikalische Beispiele heranziehen werden) und gehen auf ihre biologischen Grundlagen nur kurz ein (siehe den nächsten Abschnitt). Stattdessen konzentrieren wir uns auf die mathematischen und ingenieurwissenschaftlichen Aspekte, speziell auf die Verwendung (künstlicher) neuronaler Netze in dem Teilbereich der Informatik, der üblicherweise „künstliche Intelligenz" genannt wird.

Während die Gründe für das Interesse von Biologen an (künstlichen) neuronalen Netzen offensichtlich sind, bedarf es vielleicht einer besonderen Rechtfertigung, warum man sich in der künstlichen Intelligenz mit neuronalen Netzen beschäftigt. Denn das Paradigma der klassischen künstlichen Intelligenz (manchmal auch etwas abwertend GOFAI — "good old-fashioned artificial intelligence" — genannt) beruht auf einer sehr starken Annahme darüber, wie Maschinen intelligentes Verhalten beigebracht werden kann. Diese Annahme besagt, dass die wesentliche Voraussetzung für intelligentes Verhalten die Fähigkeit ist, Symbole und Symbolstrukturen manipulieren zu können, die durch physikalische Strukturen realisiert sind. Ein *Symbol* ist dabei ein Zeichen, das sich auf ein Objekt oder einen Sachverhalt bezieht. Diese Beziehung wird operational interpretiert: Das System kann das bezeichnete Objekt bzw. den bezeichneten Sachverhalt wahrnehmen und/oder manipulieren. Ertsmals explizit formuliert wurde diese Hypothese von [Newell und Simon 1976]:

Hypothese über physikalische Symbolsysteme:
Ein physikalisches Symbolsystem (physical-symbol system) hat die notwendigen und hinreichenden Voraussetzungen für allgemeines intelligentes Verhalten.

In der Tat hat sich die klassische künstliche Intelligenz — ausgehend von der obigen Hypothese — auf symbolische Wissensrepräsentationsformen, speziell auf die Aussagen- und Prädikatenlogik, konzentriert. (Künstliche) neuronale Netze sind dagegen keine physikalischen Symbolsysteme, da sie keine *Symbole*, sondern viel elementarere *Signale* verarbeiten, die (einzeln) meist keine Bedeutung haben. (Künstliche) neuronale Netze werden daher oft auch „subsymbolisch" genannt. Wenn nun aber die Fähigkeit, Symbole zu verarbeiten, notwendig ist, um intelligentes Verhalten hervorzubringen, dann braucht man sich offenbar in der künstlichen Intelligenz nicht mit (künstlichen) neuronalen Netzen zu beschäftigen.

Nun kann zwar die klassische künstliche Intelligenz beachtliche Erfolge vorweisen: Computer können heute viele Arten von Denksportaufgaben lösen und Spiele wie z.B. Schach oder Reversi auf sehr hohem Niveau spielen. Doch sind die Leistungen von Computern bei der Nachbildung von Sinneswahrnehmungen (Sehen, Hören etc.) sehr schlecht im Vergleich zum Menschen — jedenfalls dann, wenn symbolische Repräsentationen verwendet werden: Computer sind hier meist zu langsam, zu unflexibel und zu wenig fehlertolerant. Vermutlich besteht das Problem darin, dass symbolische Darstellungen für das Erkennen von Mustern — eine wesentliche Aufgabe der Wahrnehmung — nicht geeignet sind, da es auf dieser Verarbeitungsebene noch keine angemessenen Symbole gibt. Vielmehr müssen „rohe" (Mess-)Daten zunächst strukturiert und zusammengefasst werden, ehe symbolische Verfahren überhaupt sinnvoll eingesetzt werden können. Es liegt daher nahe, sich die Mechanismen subsymbolischer Informationsverarbeitung in natürlichen intelligenten Systemen, also Tieren und Menschen, genauer anzusehen und ggf. zur Nachbildung intelligenten Verhaltens auszunutzen.

Weitere Argumente für das Studium neuronaler Netze ergeben sich aus den folgenden Beobachtungen:

- Expertensysteme, die symbolische Repräsentationen verwenden, werden mit zunehmendem Wissen i.A. langsamer, da größere Regelmengen durchsucht werden müssen. Menschliche Experten werden dagegen gewöhnlich schneller. Möglicherweise ist eine nicht symbolische Wissensdarstellung (wie in natürlichen neuronalen Netzen) effizienter.

- Trotz der relativ langen Schaltzeit natürlicher Neuronen (im Millisekundenbereich) laufen wesentliche kognitive Leistungen (z.B. Erkennen von Gegenständen) in Sekundenbruchteilen ab. Bei sequentieller Abarbeitung könnten so nur um etwa 100 Schaltvorgänge ablaufen („100-Schritt-Regel"). Folglich ist eine hohe Parallelität erforderlich, die sich mit neuronalen Netzen leicht, auf anderen Wegen dagegen nur wesentlich schwerer erreichen lässt.

- Es gibt zahlreiche erfolgreiche Anwendungen (künstlicher) neuronaler Netze in Industrie und Finanzwirtschaft.

2.2 Biologische Grundlagen

(Künstliche) neuronale Netze sind, wie bereits gesagt, in ihrer Struktur und Arbeitsweise dem Nervensystem und speziell dem Gehirn von Tieren und Menschen nachempfunden. Zwar haben die Modelle neuronaler Netze, die wir in diesem Buch behandeln, nur wenig mit dem biologischen Vorbild zu tun, da sie zu stark vereinfacht sind, um die Eigenschaften natürlicher neuronaler Netze korrekt wiedergeben zu können. Dennoch gehen wir hier kurz auf natürliche neuronale Netze ein, da sie den Ausgangspunkt für die Erforschung der künstlichen neuronalen Netze bildeten. Die hier gegebene Beschreibung lehnt sich eng an die in [Anderson 1995] gegebene an.

Das Nervensystem von Lebewesen besteht aus dem Gehirn (bei sogenannten „niederen" Lebewesen oft nur als „Zentralnervensystem" bezeichnet), den verschiedenen sensorischen Systemen, die Informationen aus den verschiedenen Körperteilen sammeln, und dem motorischen System, das Bewegungen steuert. Zwar findet der größte Teil der Informationsverarbeitung im Gehirn/Zentralnervensystem statt, doch ist manchmal auch die außerhalb des Gehirns durchgeführte (Vor-)Verarbeitung beträchtlich, z.B. in der Retina (der Netzhaut) des Auges.

In Bezug auf die Verarbeitung von Informationen sind die Neuronen die wichtigsten Bestandteile des Nervensystems.[2] Nach gängigen Schätzungen gibt es in einem menschlichen Gehirn etwa 100 Milliarden (10^{11}) Neuronen, von denen ein ziemlich großer Teil gleichzeitig aktiv ist. Neuronen verarbeiten Informationen im wesentlichen durch Interaktionen miteinander.

Ein *Neuron* ist eine Zelle, die elektrische Aktivität sammelt und weiterleitet. Neuronen gibt es in vielen verschiedenen Formen und Größen. Dennoch kann man ein „prototypisches" Neuron angeben, dem alle Neuronen mehr oder weniger gleichen (wenn dies auch eine recht starke Vereinfachung ist). Dieser Prototyp ist in Abbildung 2.1 schematisch dargestellt. Der *Zellkörper* des Neurons, der den *Zellkern*

---

[2]Das Nervensystem besteht nicht nur aus Neuronen, nicht einmal zum größten Teil. Neben den Neuronen gibt es im Nervensystem noch verschiedene andere Zellen, z.B. die sogenannten Gliazellen, die eine unterstützende Funktion haben.

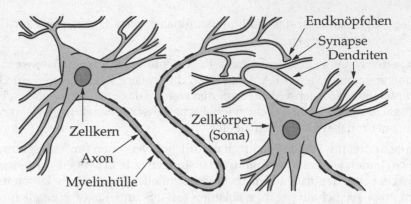

Abbildung 2.1: Prototypischer Aufbau biologischer Neuronen.

enthält, wird auch *Soma* genannt. Er hat gewöhnlich einen Durchmesser von etwa 5 bis 100 μm (Mikrometer, 1 μm = 10^{-6} m). Vom Zellkörper gehen eine Reihe von kurzen, stark verästelten Zweigen aus, die man *Dendriten* nennt. Außerdem besitzt er einen langen Fortsatz, der *Axon* heißt. Das Axon kann zwischen wenigen Millimetern und einem Meter lang sein. Dendriten und Axon unterscheiden sich in der Struktur und den Eigenschaften der *Zellmembran*, insbesondere ist das Axon oft von einer *Myelinhülle* umgeben.

Die Axone sind die festen Pfade, auf denen Neuronen miteinander kommunizieren. Das Axon eines Neurons führt zu den Dendriten anderer Neuronen. An seinem Ende ist das Axon stark verästelt und besitzt an den Enden der Verästelungen sogenannte *Endknöpfchen* (engl. *terminal buttons*). Jedes Endknöpfchen berührt fast einen Dendriten oder den Zellkörper eines anderen Neurons. Die Lücke zwischen dem Endknöpfchen und einem Dendriten ist gewöhnlich zwischen 10 und 50 nm (Nanometer; 1 nm = 10^{-9} m) breit. Eine solche Stelle der Beinaheberührung eines Axons und eines Dendriten heißt *Synapse*.

Die typischste Form der Kommunikation zwischen Neuronen ist, dass ein Endknöpfchen des Axons bestimmte Chemikalien, die sogenannten *Neurotransmitter*, freisetzt, die auf die Membran des empfangenden Dendriten einwirken und seine Polarisation (sein elektrisches Potential) ändern. Denn die Innenseite der Zellmembran, die das gesamte Neuron umgibt, ist normalerweise etwa 70 mV (Millivolt; 1 mV = 10^{-3} V) negativer als seine Außenseite, da innerhalb des Neurons die Konzentration negativer Ionen und außerhalb die Konzentration positiver Ionen größer ist. Abhängig von der Art des ausgeschütteten Neurotransmitters kann die Potentialdifferenz auf Seiten des Dendriten erniedrigt oder erhöht werden. Synapsen, die die Potentialdifferenz verringern, heißen *exzitatorisch* (erregend), solche, die sie erhöhen, heißen *inhibitorisch* (hemmend).

In einem erwachsenen Menschen sind meisten die Verbindungen zwischen den Neuronen bereits angelegt und kaum neue werden ausgebildet. Ein durchschnittliches Neuron hat zwischen 1000 und 10000 Verbindungen mit anderen Neuronen. Die Änderung des elektrischen Potentials durch eine einzelne Synapse ist ziemlich klein, aber die einzelnen erregenden und hemmenden Wirkungen können sich summieren (wobei die erregenden Wirkungen positiv und die hemmenden negativ gerechnet werden). Wenn der erregende Nettoeinfluss groß genug ist, kann die Potentialdifferenz im Zellkörper stark abfallen. Ist die Verringerung des elektrischen Potentials groß genug, wird der Axonansatz depolarisiert. Diese Depolarisierung wird durch ein Eindringen positiver Natriumionen in das Zellinnere hervorgerufen. Dadurch wird das Zellinnere vorübergehend (für etwa eine Millisekunde) positiver als seine Außenseite. Anschließend wird durch Austritt von positiven Kaliumionen die Potentialdifferenz wieder aufgebaut. Die ursprüngliche Verteilung der Natrium- und Kaliumionen wird schließlich durch spezielle *Ionenpumpen* in der Zellmembran wiederhergestellt.

Die plötzliche, vorübergehende Änderung des elektrischen Potentials, die *Aktionspotential* heißt, pflanzt sich entlang des Axons fort. Die Fortpflanzungsgeschwindigkeit beträgt je nach den Eigenschaften des Axons zwischen 0.5 und 130 m/s. Insbesondere hängt sie davon ab, wie stark das Axon mit einer Myelinhülle umgeben ist (je stärker die Myelinisierung, desto schneller die Fortpflanzung des Aktionspotentials). Wenn dieser Nervenimpuls das Ende des Axons erreicht, bewirkt er an den Endknöpfchen die Ausschüttung von Neurotransmittern, wodurch das Signal weitergegeben wird.

Zusammengefasst: Änderungen des elektrischen Potentials werden am Zellkörper akkumuliert, und werden, wenn sie einen Schwellenwert erreichen, entlang des Axons weitergegeben. Dieser Nervenimpuls bewirkt, dass Neurotransmitter von den Endknöpfchen ausgeschüttet werden, wodurch eine Änderung des elektrischen Potentials des verbundenen Neurons bewirkt wird. Auch wenn diese Beschreibung stark vereinfacht ist, enthält sie doch das Wesentliche der neuronalen Informationsverarbeitung.

Im Nervensystem des Menschen werden Informationen durch sich ständig ändernde Größen dargestellt, und zwar im wesentlichen durch zwei: Erstens das elektrische Potential der Neuronenmembran und zweitens die Anzahl der Nervenimpulse, die ein Neuron pro Sekunde weiterleitet. Letztere Anzahl heißt auch die *Feuerrate* (engl. *rate of firing*) des Neurons. Man geht davon aus, dass die Anzahl der Impulse wichtiger ist als ihre Form (im Sinne der Änderung des elektrischen Potentials). Es kann 100 und mehr Nervenimpulse je Sekunde geben. Je höher die Feuerrate, desto höher der Einfluss, den das Axon auf die Neuronen hat, mit denen es verbunden ist. In künstlichen neuronalen Netzen wird diese „Frequenzkodierung" von Informationen jedoch gewöhnlich nicht nachgebildet.

Kapitel 3

Schwellenwertelemente

Die Beschreibung natürlicher neuronaler Netze im vorangehenden Kapitel legt es nahe, Neuronen durch Schwellenwertelemente zu modellieren: Erhält ein Neuron genügend erregende Impulse, die nicht durch entsprechend starke hemmende Impulse ausgeglichen werden, so wird es aktiv und sendet ein Signal an andere Neuronen. Ein solches Modell wurde schon sehr früh von [McCulloch und Pitts 1943] genauer untersucht. Schwellenwertelemente nennt man daher auch *McCulloch-Pitts-Neuronen*. Ein anderer, oft für ein Schwellenwertelement gebrauchter Name ist *Perzeptron*, obwohl die von [Rosenblatt 1958, Rosenblatt 1962] so genannten Verarbeitungseinheiten eigentlich etwas komplexer sind.[1]

3.1 Definition und Beispiele

Definition 3.1 *Ein* Schwellenwertelement *ist eine Verarbeitungseinheit für reelle Zahlen mit n Eingängen $x_1, \ldots, x_n$ und einem Ausgang y. Der Einheit als Ganzer ist ein Schwellenwert θ und jedem Eingang x_i ein* Gewicht w_i *zugeordnet. Ein Schwellenwertelement berechnet die Funktion*

$$y = \begin{cases} 1, & falls \sum_{i=1}^{n} w_i x_i \geq \theta, \\ 0, & sonst. \end{cases}$$

Oft fasst man die Eingänge $x_1, \ldots, x_n$ zu einem Eingangsvektor $\vec{x} = (x_1, \ldots, x_n)$ und die Gewichte $w_1, \ldots, w_n$ zu einem Gewichtsvektor $\vec{w} = (w_1, \ldots, w_n)$ zusammen. Dann kann man unter Verwendung des Skalarproduktes die von einem Schwellenwertelement geprüfte Bedingung auch $\vec{w}\vec{x} \geq \theta$ schreiben.

Wir stellen Schwellenwertelemente wie in Abbildung 3.1 gezeigt dar. D.h., wir zeichnen ein Schwellenwertelement als einen Kreis, in den der Schwellenwert θ eingetragen wird. Jeder Eingang wird durch einen auf den Kreis zeigenden Pfeil dargestellt, an den das Gewicht des Eingangs geschrieben wird. Der Ausgang des Schwellenwertelementes wird durch einen von dem Kreis wegzeigenden Pfeil symbolisiert.

---

[1]In einem Perzeptron gibt es neben dem Schwellenwertelement eine Eingangsschicht, die zusätzliche Operationen ausführt. Da diese Eingabeschicht jedoch aus unveränderlichen Funktionseinheiten besteht, wird sie oft vernachlässigt.

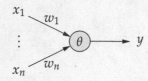

Abbildung 3.1: Darstellung eines Schwellenwertelementes.

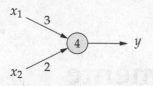

x_1	x_2	$3x_1 + 2x_2$	y
0	0	0	0
1	0	3	0
0	1	2	0
1	1	5	1

Abbildung 3.2: Ein Schwellenwertelement für die Konjunktion $x_1 \wedge x_2$.

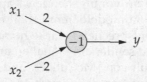

x_1	x_2	$2x_1 - 2x_2$	y
0	0	0	1
1	0	2	1
0	1	-2	0
1	1	0	1

Abbildung 3.3: Ein Schwellenwertelement für die Implikation $x_2 \to x_1$.

Um die Funktionsweise von Schwellenwertelementen zu veranschaulichen und ihre Fähigkeiten zu verdeutlichen, betrachten wir einige einfache Beispiele. Abbildung 3.2 zeigt auf der linken Seite ein Schwellenwertelement mit zwei Eingängen x_1 und x_2, denen die Gewichte $w_1 = 3$ bzw. $w_2 = 2$ zugeordnet sind. Der Schwellenwert ist $\theta = 4$. Wenn wir annehmen, dass die Eingabevariablen nur die Werte 0 und 1 annehmen, können wir die in Abbildung 3.2 rechts gezeigte Tabelle aufstellen. Offenbar berechnet dieses Schwellenwertelement die Konjunktion seiner Eingaben: Nur wenn beide Eingänge aktiv (d.h. gleich 1) sind, wird es selbst aktiv und gibt eine 1 aus. Anderenfalls ist die Ausgabe 0.

Abbildung 3.3 zeigt ein weiteres Schwellenwertelement mit zwei Eingängen, das sich von dem aus Abbildung 3.2 durch einen negativen Schwellenwert $\theta = -1$ und ein negatives Gewicht $w_2 = -2$ unterscheidet. Durch den negativen Schwellenwert ist es auch dann aktiv (d.h., gibt es eine 1 aus), wenn beide Eingänge inaktiv (d.h. gleich 0) sind. Das negative Gewicht entspricht einer hemmenden Synapse: Wird der zugehörige Eingang aktiv (d.h. gleich 1), so wird das Schwellenwertelement deaktiviert und gibt eine 0 aus. Wir sehen hier auch, dass positive Gewichte erregenden Synapsen entsprechen: Auch wenn der Eingang x_2 das Schwellenwertelement hemmt (d.h., wenn $x_2 = 1$), kann es aktiv werden, nämlich dann, wenn es durch einen aktiven Eingang x_1 (d.h. durch $x_1 = 1$) „erregt" wird. Insgesamt berechnet dieses Schwellenwertelement die Funktion, die durch die in Abbildung 3.3 rechts gezeigte Tabelle dargestellt ist, d.h. die Implikation $y = x_2 \to x_1$.

Abbildung 3.4 zeigt ein drittes Beispiel für ein Schwellenwertelement. Dieses Schwellenwertelement berechnet schon eine recht komplexe Funktion, nämlich die

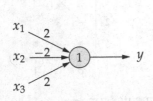

x_1	x_2	x_3	$\sum_i w_i x_i$	y
0	0	0	0	0
1	0	0	2	1
0	1	0	-2	0
1	1	0	0	0
0	0	1	2	1
1	0	1	4	1
0	1	1	0	0
1	1	1	2	1

Abbildung 3.4: Ein Schwellenwertelement für $(x_1 \wedge \overline{x_2}) \vee (x_1 \wedge x_3) \vee (\overline{x_2} \wedge x_3)$.

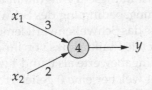 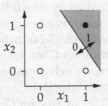

Abbildung 3.5: Geometrie des Schwellenwertelementes für $x_1 \wedge x_2$. Die im rechten Diagramm eingezeichnete Gerade hat die Gleichung $3x_1 + 2x_2 = 4$.

Funktion $y = (x_1 \wedge \overline{x_2}) \vee (x_1 \wedge x_3) \vee (\overline{x_2} \wedge x_3)$. Die Wertetabelle dieser Funktion und die von dem Schwellenwertelement für die verschiedenen Eingabevektoren ausgeführten Berechnungen sind in Abbildung 3.4 rechts dargestellt. Dieses und das vorhergehende Schwellenwertelement lassen vermuten, dass Negationen (oft) durch negative Gewichte dargestellt werden.

3.2 Geometrische Deutung

Die Bedingung, die ein Schwellenwertelement prüft, um zu entscheiden, ob es eine 0 oder eine 1 ausgibt, hat große Ähnlichkeit mit einer Geradengleichung (vgl. dazu Abschnitt 28.1). In der Tat lässt sich die von einem Schwellenwertelement ausgeführte Berechnung leicht geometrisch deuten, wenn wir diese Bedingung in eine Geraden-, Ebenen- bzw. Hyperebenengleichung umwandeln, d.h., wenn wir

$$\sum_{i=1}^{n} w_i x_i = \theta \quad \text{bzw.} \quad \sum_{i=1}^{n} w_i x_i - \theta = 0$$

betrachten. Dies ist in den Abbildungen 3.5, 3.6 und 3.8 veranschaulicht.

Abbildung 3.5 zeigt auf der linken Seite noch einmal das bereits oben betrachtete Schwellenwertelement für die Konjunktion. Rechts davon ist der Eingaberaum dieses Schwellenwertelementes dargestellt. Die Eingabevektoren, die wir in der Tabelle auf der rechten Seite von Abbildung 3.2 betrachtet haben, sind entsprechend der Ausgabe des Schwellenwertelementes markiert: Ein ausgefüllter Kreis zeigt an,

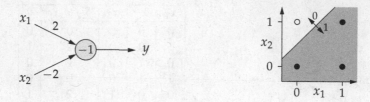

Abbildung 3.6: Geometrie des Schwellenwertelementes für $x_2 \to x_1$: Die im rechten Diagramm eingezeichnete Gerade hat die Gleichung $2x_1 - 2x_2 = -1$.

dass das Schwellenwertelement für diesen Punkt eine 1 liefert, während ein leerer Kreis anzeigt, dass es eine 0 liefert. Außerdem ist in diesem Diagramm die Gerade $3x_1 + 2x_2 = 4$ eingezeichnet, die der Entscheidungsbedingung des Schwellenwertelementes entspricht. Man prüft leicht nach, dass das Schwellenwertelement für alle Punkte rechts dieser Geraden den Wert 1 und für alle Punkte links von ihr den Wert 0 liefert, und zwar auch dann, wenn wir andere Eingabewerte als 0 und 1 zulassen.[2]

Auf welcher Seite der Gerade eine 1 und auf welcher eine 0 geliefert wird, lässt sich ebenfalls leicht aus der Geradengleichung ablesen: Bekanntlich sind die Koeffizienten von x_1 und x_2 die Elemente eines Normalenvektors der Gerade (siehe auch Abschnitt 28.1). Die Seite der Geraden, zu der dieser Normalenvektor zeigt, wenn er in einem Punkt der Gerade angelegt wird, ist die Seite, auf der der Wert 1 ausgegeben wird. In der Tat zeigt der aus der Gleichung $3x_1 + 2x_2 = 4$ ablesbare Normalenvektor $\vec{n} = (3, 2)$ nach rechts oben, also zu der Seite, auf der der Punkt $(1, 1)$ liegt.

Entsprechend zeigt Abbildung 3.6 das Schwellenwertelement zur Berechnung der Implikation $x_2 \to x_1$ und seinen Eingaberaum, in dem die Gerade eingezeichnet ist, die seiner Entscheidungsbedingung entspricht. Wieder trennt diese Gerade die Punkte des Eingaberaums, für die eine 0 geliefert wird, von jenen, für die eine 1 geliefert wird. Da der aus der Geradengleichung $2x_1 - 2x_2 = -1$ ablesbare Normalenvektor $\vec{n} = (2, -2)$ nach rechts unten zeigt, wird für alle Punkte unterhalb der Geraden eine 1, für alle Punkte oberhalb eine 0 geliefert. Dies stimmt mit den Berechnungen aus der Tabelle in Abbildung 3.3 überein, die durch Markierungen in dem Diagramm der Abbildung 3.6 wiedergegeben sind.

Natürlich lassen sich auch die Berechnungen von Schwellenwertelementen mit mehr als zwei Eingängen geometrisch deuten. Wegen des begrenzten Vorstellungsvermögens des Menschen müssen wir uns jedoch auf Schwellenwertelemente mit höchstens drei Eingängen beschränken. Bei drei Eingängen wird aus der *Trenngerade* eine *Trennebene*. Wir veranschaulichen dies, indem wir den Eingaberaum eines Schwellenwertelementes mit drei Eingängen durch einen Einheitswürfel andeuten, wie er in Abbildung 3.7 gezeigt ist. Betrachten wir mit dieser Darstellung noch einmal das Beispiel des Schwellenwertelementes mit drei Eingängen aus dem vorangehenden Abschnitt, das in Abbildung 3.8 rechts wiederholt ist. In dem Einheitswürfel auf der linken Seite ist die Ebene mit der Gleichung $2x_1 - 2x_2 + 2x_3 = 1$, die der Entscheidungsbedingung dieses Schwellenwertelementes entspricht, grau eingezeichnet. Außerdem sind die Eingabevektoren, für die in der Tabelle aus Abbildung 3.4

---

[2]Warum das so ist, kann in Abschnitt 28.1, der einige wichtige Tatsachen über Geraden und Geradengleichungen rekapituliert, nachgelesen werden.

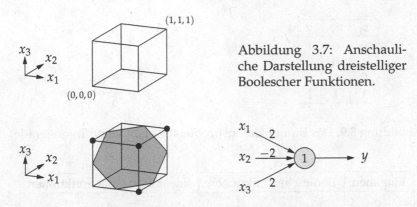

Abbildung 3.7: Anschauliche Darstellung dreistelliger Boolescher Funktionen.

Abbildung 3.8: Geometrie des Schwellenwertelementes für die dreistellige Funktion $(x_1 \wedge \overline{x_2}) \vee (x_1 \wedge x_3) \vee (\overline{x_2} \wedge x_3)$: Die im linken Diagramm eingezeichnete Ebene hat die Gleichung $2x_1 - 2x_2 + 2x_3 = 1$.

ein Ausgabewert von 1 berechnet wurde, mit einem ausgefüllten Kreis markiert. Für alle anderen Ecken des Einheitswürfels wird eine 0 geliefert. Auch hier kann die Seite der Ebene, auf der eine 1 als Ausgabe berechnet wird, aus dem Normalenvektor der Ebene abgelesen werden: Aus der Ebenengleichung erhält man den Normalenvektor $\vec{n} = (2, -2, 2)$, der aus der Zeichenebene heraus nach rechts oben zeigt.

3.3 Grenzen der Ausdrucksmächtigkeit

Die im vorangehenden Abschnitt betrachteten Beispiele — insbesondere das Schwellenwertelement mit drei Eingängen — lassen vielleicht vermuten, dass Schwellenwertelemente recht mächtige Verarbeitungseinheiten sind. Aber leider sind *einzelne* Schwellenwertelemente in ihrer Ausdrucksmächtigkeit stark eingeschränkt. Wie wir durch die geometrische Deutung ihrer Berechnungen wissen, können Schwellenwertelemente nur solche Funktionen darstellen, die, wie man sagt, *linear separabel* sind, d.h., solche, bei denen sich die Punkte, denen die Ausgabe 1 zugeordnet ist, durch eine lineare Funktion — also eine Gerade, Ebene oder Hyperebene — von den Punkten trennen lassen, denen die Ausgabe 0 zugeordnet ist.

Nun sind aber nicht alle Funktionen linear separabel. Ein sehr einfaches Beispiel ist die Biimplikation $(x_1 \leftrightarrow x_2)$, deren Wertetabelle in Abbildung 3.9 links gezeigt ist. Bereits aus der graphischen Darstellung, die in der gleichen Abbildung rechts gezeigt ist, sieht man leicht, dass es keine Trenngerade und folglich kein diese Funktion berechnendes Schwellenwertelement geben kann. Den formalen Beweis führt man durch *reductio ad absurdum*. Wir nehmen an, es gäbe ein Schwellenwertelement mit Gewichten w_1 und w_2 und Schwellenwert θ, das die Biimplikation berechnet. Dann gilt

$$
\begin{array}{llll}
\text{wegen } (0,0) \mapsto 1: & 0 & \geq \theta, & (1)\\
\text{wegen } (1,0) \mapsto 0: & w_1 & < \theta, & (2)\\
\text{wegen } (0,1) \mapsto 0: & w_2 & < \theta, & (3)\\
\text{wegen } (1,1) \mapsto 1: & w_1 + w_2 & \geq \theta. & (4)
\end{array}
$$

x_1	x_2	y
0	0	1
1	0	0
0	1	0
1	1	1

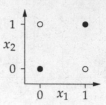

Abbildung 3.9: Das Biimplikationsproblem: Es gibt keine Trenngerade.

Eingaben	Boolesche Funktionen	linear separable Funktionen
1	2^{2^1} = 4	4
2	2^{2^2} = 16	14
3	2^{2^3} = 256	104
4	2^{2^4} = 65536	1774
5	2^{2^5} ≈ $4.3 \cdot 10^9$	94572
6	2^{2^6} ≈ $1.8 \cdot 10^{19}$	$5.0 \cdot 10^6$

Tabelle 3.1: Gesamtzahl und Zahl der linear separablen Booleschen Funktionen von n Eingaben ([Widner 1960] zitiert nach [Zell 1994]).

Aus (2) und (3) folgt $w_1 + w_2 < 2\theta$, was zusammen mit (4) $2\theta > \theta$, also $\theta > 0$ ergibt. Das ist aber ein Widerspruch zu (1). Folglich gibt es kein Schwellenwertelement, das die Biimplikation berechnet.

Die Tatsache, dass nur linear separable Funktionen darstellbar sind, erscheint auf den ersten Blick als nur geringe Einschränkung, da von den 16 möglichen Booleschen Funktionen von zwei Variablen nur zwei *nicht* linear separabel sind (nämlich die Biimplikation und das Exklusive Oder). Nimmt jedoch die Zahl der Eingaben zu, so sinkt der Anteil der linear separablen an allen Booleschen Funktionen rapide (siehe Tabelle 3.1). Für eine größere Anzahl von Eingaben können (einzelne) Schwellenwertelemente daher „fast keine" Funktionen berechnen.

3.4 Netze von Schwellenwertelementen

Zwar sind Schwellenwertelemente, wie der vorangehende Abschnitt zeigte, in ihrer Ausdrucksmächtigkeit beschränkt, doch haben wir bis jetzt auch nur einzelne Schwellenwertelemente betrachtet. Man kann die Berechnungsfähigkeiten von Schwellenwertelementen deutlich erhöhen, wenn man mehrere Schwellenwertelemente zusammenschaltet, also zu Netzen von Schwellenwertelementen übergeht.

Als Beispiel betrachten wir eine mögliche Lösung des Biimplikationsproblems mit Hilfe von drei Schwellenwertelementen, die in zwei Schichten angeordnet sind. Diese Lösung nutzt die logische Äquivalenz

$$x_1 \leftrightarrow x_2 \;\equiv\; (x_1 \rightarrow x_2) \wedge (x_2 \rightarrow x_1)$$

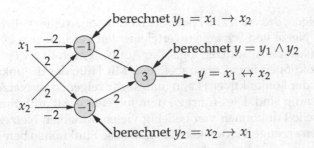

Abbildung 3.10: Zusammenschalten mehrerer Schwellenwertelemente.

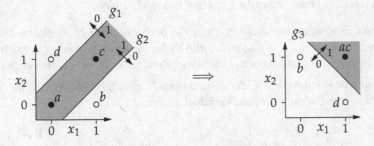

Abbildung 3.11: Geometrische Deutung des Zusammenschaltens mehrerer Schwellenwertelemente zur Berechnung der Biimplikation.

aus, durch die die Biimplikation in drei Funktionen zerlegt wird. Aus den Abbildungen 3.3 und 3.6 wissen wir, dass die Implikation $x_2 \to x_1$ linear separabel ist. In der Implikation $x_1 \to x_2$ sind nur die Variablen vertauscht, also ist auch sie linear separabel. Schließlich wissen wir aus den Abbildungen 3.2 und 3.5, dass die Konjunktion zweier Boolescher Variablen linear separabel ist. Wir brauchen also nur die entsprechenden Schwellenwertelemente zusammenzuschalten, siehe Abbildung 3.10.

Anschaulich berechnen die beiden linken Schwellenwertelemente (erste Schicht) neue Boolesche Koordinaten y_1 und y_2 für die Eingabevektoren, so dass die transformierten Eingabevektoren im Eingaberaum des rechten Schwellenwertelementes (zweite Schicht) linear separabel sind. Dies ist in Abbildung 3.11 veranschaulicht. Die Trenngerade g_1 entspricht dem oberen Schwellenwertelement und beschreibt die Implikation $y_1 = x_1 \to x_2$: Für alle Punkte oberhalb dieser Geraden wird eine 1, für alle Punkte unterhalb eine 0 geliefert. Die Trenngerade g_2 gehört zum unteren Schwellenwertelement und beschreibt die Implikation $y_2 = x_2 \to x_1$: Für alle Punkte oberhalb dieser Geraden wird eine 0, für alle Punkte unterhalb eine 1 geliefert.

Durch die beiden linken Schwellenwertelemente werden daher dem Eingabevektor $b \,\hat{=}\, (x_1, x_2) = (1,0)$ die neuen Koordinaten $(y_1, y_2) = (0,1)$, dem Eingabevektor $d \,\hat{=}\, (x_1, x_2) = (0,1)$ die neuen Koordinaten $(y_1, y_2) = (1,0)$ und sowohl dem Eingabevektor $a \,\hat{=}\, (x_1, x_2) = (0,0)$ als auch dem Eingabevektor $c \,\hat{=}\, (x_1, x_2) = (1,1)$ die neuen Koordinaten $(y_1, y_2) = (1,1)$ zugeordnet (siehe Abbildung 3.11 rechts). Nach dieser Transformation lassen sich die Eingabevektoren, für die eine 1 geliefert werden soll, leicht von jenen trennen, für die eine 0 geliefert werden soll, nämlich z.B. durch die in Abbildung 3.11 rechts gezeigte Gerade g_3.

Man kann zeigen, dass sich alle Booleschen Funktionen einer beliebigen Zahl von Eingaben durch Netze von Schwellenwertelementen berechnen lassen, indem man diese Funktionen durch Ausnutzen logischer Äquivalenzen so zerlegt, dass alle auftretenden Teilfunktionen linear separabel sind. Mit Hilfe der disjunktiven Normalform (oder auch der konjunktiven) kann man sogar zeigen, dass Netze mit nur zwei Schichten notwendig sind. Dies führt zu dem folgenden Algorithmus, mit dem für beliebige Boolesche Funktionen von beliebig vielen Variablen Netzen von Schwellenwertelementen erzeugt werden können, die diese Funktionen berechnen.

Algorithmus 3.1 (Darstellung Boolescher Funktionen)

Sei $y = f(x_1, \ldots, x_n)$ *eine Boolesche Funktion von n Variablen.*

(i) *Stelle die Boolesche Funktion* $f(x_1, \ldots, x_n)$ *in disjunktiver Normalform dar. D.h., bestimme* $D_f = K_1 \vee \ldots \vee K_m$, *wobei alle* K_j *Konjunktionen von n Literalen sind, also* $K_j = l_{j1} \wedge \ldots \wedge l_{jn}$ *mit* $l_{ji} = x_i$ *(positives Literal) oder* $l_{ji} = \neg x_i$ *(negatives Literal).*

(ii) *Lege für jede Konjunktion* K_j *der disjunktiven Normalform ein Neuron an (mit n Eingängen — ein Eingang für jede Variable), wobei*

$$w_{ji} = \begin{cases} 2, & \text{falls } l_{ji} = x_i, \\ -2, & \text{falls } l_{ji} = \neg x_i, \end{cases} \quad \text{und} \quad \theta_j = n - 1 + \frac{1}{2}\sum_{i=1}^{n} w_{ji}.$$

(iii) *Lege ein Ausgabeneuron an (mit m Eingängen — ein Eingang für jedes in Schritt (ii) angelegte Neuron) wobei*

$$w_{(n+1)k} = 2, \quad k = 1, \ldots, m, \quad \text{und} \quad \theta_{n+1} = 1.$$

In dem so konstruierten Netz berechnet jedes in Schritt 2 angelegte Neuron eine Konjunktion und das Ausgabeneuron deren Disjunktion.

Anschaulich wird durch jedes Neuron in der ersten Schicht eine Hyperebene beschrieben, die die Ecke des Hypereinheitswürfels abtrennt, für die die Konjunktion den Wert 1 liefert. Die Gleichung dieser Hyperebene lässt sich leicht bestimmen: Der Normalenvektor zeigt von der Mitte des Hypereinheitswürfels zur abzutrennenden Ecke, hat also in allen Komponenten, in denen der Ortsvektor der Ecke den Wert 1 hat, ebenfalls den Wert 1, in allen Komponenten, in denen der Ortsvektor der Ecke den Wert 0 hat, den Wert -1. (Zur Veranschaulichung betrachte man den dreidimensionalen Fall.) Wir multiplizieren den Normalenvektor jedoch mit 2, um einen ganzzahligen Schwellenwert zu erhalten. Der Schwellenwert ist so zu bestimmen, dass er nur dann überschritten wird, wenn alle mit Gewicht 2 versehenen Eingaben den Wert 1 und alle anderen den Wert 0 haben. Einen solchen Wert liefert gerade die in Schritt 2 angegebene Formel.

Um die Disjunktion der Ausgaben der Neuronen aus Schritt 2 zu berechnen, müssen wir in dem m-dimensionalen Hypereinheitswürfel der Konjunktionen die Ecke $(0, \ldots, 0)$, für die der Wert 0 geliefert werden soll, von allen anderen Ecken, für die der Wert 1 geliefert werden soll, abtrennen. Das kann z.B. durch die Hyperebene mit dem Normalenvektor $(1, \ldots, 1)$ und dem Stützvektor $(\frac{1}{2}, 0, \ldots, 0)$ geschehen. (Zur Veranschaulichung betrachte man wieder den dreidimensionalen Fall.) Aus der zugehörigen Gleichung liest man die in Schritt 3 angegebenen Parameter ab.

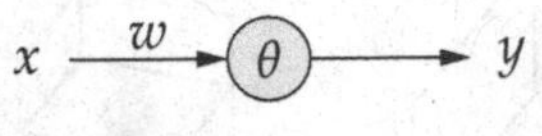

$$x \xrightarrow{\quad w \quad} (\theta) \longrightarrow y$$

x	y
0	1
1	0

Abbildung 3.12: Ein Schwellenwertelement mit einem Eingang und Trainingsbeispiele für die Negation.

3.5 Training der Parameter

Mit der in Abschnitt 3.2 besprochenen geometrischen Deutung der Berechnungen eines Schwellenwertelementes verfügen wir (zumindest für Funktionen mit 2 und 3 Variablen) über eine einfache Möglichkeit, zu einer gegebenen linear separablen Funktion ein Schwellenwertelement zu bestimmen, das sie berechnet: Wir suchen eine Gerade, Ebene oder Hyperebene, die die Punkte, für die eine 1 geliefert werden soll, von jenen trennt, für die eine 0 geliefert werden soll. Aus der Gleichung dieser Gerade, Ebene bzw. Hyperebene lesen wir die Gewichte und den Schwellenwert ab.

Mit diesem Verfahren stoßen wir jedoch auf Schwierigkeiten, wenn die zu berechnende Funktion mehr als drei Argumente hat, weil wir uns dann den Eingaberaum nicht mehr vorstellen können. Weiter ist es unmöglich, dieses Verfahren zu automatisieren, da wir ja eine geeignete Trenngerade oder -ebene durch „Anschauen" der zu trennenden Punktmengen bestimmen. Dieses „Anschauen" können wir mit einem Rechner nicht direkt nachbilden. Um mit einem Rechner die Parameter eines Schwellenwertelementes zu bestimmen, so dass es eine gegebene Funktion berechnet, gehen wir daher anders vor. Das Prinzip besteht darin, mit zufälligen Werten für die Gewichte und den Schwellenwert anzufangen und diese dann schrittweise zu verändern, bis die gewünschte Funktion berechnet wird. Das langsame Anpassen der Gewichte und des Schwellenwertes nennt man auch *Lernen* oder — um Verwechslungen mit dem viel komplexeren menschlichen Lernen zu vermeiden — *Training* des Schwellenwertelementes.

Um ein Verfahren zur Anpassung der Gewichte und des Schwellenwertes zu finden, gehen wir von folgender Überlegung aus: Abhängig von den Gewichten und dem Schwellenwert wird die Berechnung des Schwellenwertelementes mehr oder weniger richtig sein. Wir können daher eine Fehlerfunktion $e(w_1, \ldots, w_n, \theta)$ definieren, die angibt, wie gut die mit bestimmten Gewichten und einem bestimmten Schwellenwert berechnete Funktion mit der gewünschten übereinstimmt. Unser Ziel ist natürlich, die Gewichte und den Schwellenwert so zu bestimmen, dass der Fehler verschwindet, die Fehlerfunktion also 0 wird. Um das zu erreichen, versuchen wir in jedem Schritt den Wert der Fehlerfunktion zu verringern.

Wir veranschaulichen das Vorgehen anhand eines sehr einfachen Beispiels, nämlich eines Schwellenwertelementes mit nur einem Eingang, dessen Parameter so bestimmt werden sollen, dass es die Negation berechnet. Ein solches Schwellenwertelement ist in Abbildung 3.12 zusammen mit den beiden Trainingsbeispielen für die Negation gezeigt: Ist der Eingang 0, so soll eine 1 ausgegeben werden. Ist der Eingang dagegen 1, so soll eine 0 ausgegeben werden.

Als Fehlerfunktion definieren wir zunächst, wie ja auch naheliegend, den Absolutwert der Differenz zwischen gewünschter und tatsächlicher Ausgabe. Diese Feh-

Fehler für $x = 0$ Fehler für $x = 1$ Fehlersumme

Abbildung 3.13: Fehler für die Berechnung der Negation mit Schwellenwert.

lerfunktion ist in Abbildung 3.13 dargestellt. Das linke Diagramm zeigt den Fehler für die Eingabe $x = 0$, für die eine Ausgabe von 1 gewünscht ist. Da das Schwellenwertelement eine 1 berechnet, wenn $xw \geq \theta$, ist der Fehler für einen negativen Schwellenwert 0 und für einen positiven 1. (Das Gewicht hat offenbar keinen Einfluss, da ja die Eingabe 0 ist.) Das mittlere Diagramm zeigt den Fehler für die Eingabe $x = 1$, für die eine Ausgabe von 0 gewünscht ist. Hier spielen sowohl das Gewicht als auch der Schwellenwert eine Rolle. Ist das Gewicht kleiner als der Schwellenwert, dann ist $xw < \theta$, somit die Ausgabe und folglich auch der Fehler 0. Das rechte Diagramm zeigt die Summe der beiden Einzelfehler.

Aus dem rechten Diagramm kann nun ein Mensch sehr leicht ablesen, wie das Gewicht und der Schwellenwert gewählt werden können, so dass das Schwellenwertelement die Negation berechnet: Offenbar müssen diese Parameter in dem unten links liegenden Dreieck der w-θ-Ebene liegen, in dem der Fehler 0 ist. Ein automatisches Anpassen der Parameter ist mit dieser Fehlerfunktion aber noch nicht möglich, da wir die Anschauung der gesamten Fehlerfunktion, die der Mensch ausnutzt, im Rechner nicht nachbilden können. Vielmehr müssten wir aus dem Funktionsverlauf an dem Punkt, der durch das aktuelle Gewicht und den aktuellen Schwellenwert gegeben ist, die Richtungen ablesen können, in denen wir Gewicht und Schwellenwert verändern müssen, damit sich der Fehler verringert. Das ist aber bei dieser Fehlerfunktion nicht möglich, da sie aus Plateaus zusammengesetzt ist. An „fast allen" Punkten (die „Kanten" der Fehlerfunktion ausgenommen) bleibt der Fehler in allen Richtungen gleich.[3]

Um dieses Problem zu umgehen, verändern wir die Fehlerfunktion. In den Bereichen, in denen das Schwellenwertelement die falsche Ausgabe liefert, berücksichtigen wir, wie weit der Schwellenwert überschritten (für eine gewünschte Ausgabe von 0) oder unterschritten ist (für eine gewünschte Ausgabe von 1). Denn anschaulich kann man ja sagen, dass die Berechnung „umso falscher" ist, je weiter bei einer gewünschten Ausgabe von 0 der Schwellenwert überschritten bzw. je weiter bei einer gewünschten Ausgabe von 1 der Schwellenwert unterschritten ist. Die so veränderte Fehlerfunktion ist in Abbildung 3.14 dargestellt. Das linke Diagramm zeigt wieder den Fehler für die Eingabe $x = 0$, das mittlere Diagramm den Fehler für die Eingabe $x = 1$ und das rechte Diagramm die Summe dieser Einzelfehler.

Wenn nun ein Schwellenwertelement eine fehlerhafte Ausgabe liefert, verändern wir das Gewicht und den Schwellenwert so, dass der Fehler geringer wird, d.h.,

---

[3]Der unscharfe Begriff „fast alle Punkte" lässt sich maßtheoretisch exakt fassen: Die Menge der Punkte, an denen sich die Fehlerfunktion ändert, ist vom Maß 0.

Fehler für $x = 0$ · · · · · Fehler für $x = 1$ · · · · · Fehlersumme

Abbildung 3.14: Fehler für die Berechnung der Negation unter Berücksichtigung wie weit der Schwellenwert über- bzw. unterschritten ist.

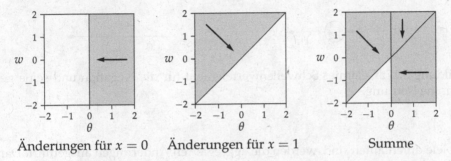

Änderungen für $x = 0$ · · · Änderungen für $x = 1$ · · · Summe

Abbildung 3.15: Richtungen der Gewichts-/Schwellenwertänderungen.

wir versuchen, „im Fehlergebirge abzusteigen". Dies ist nun möglich, da wir bei der veränderten Fehlerfunktion „lokal" (d.h., ohne Anschauung der gesamten Fehlerfunktion, sondern nur unter Berücksichtigung des Funktionsverlaufs an dem durch Gewicht und Schwellenwert gegebenen Punkt) die Richtungen ablesen können, in denen wir Gewicht und Schwellenwert verändern müssen: Wir bewegen uns einfach in die Richtung des stärksten Fallens der Fehlerfunktion. Die sich ergebenden Veränderungsrichtungen sind in Abbildung 3.15 noch einmal schematisch dargestellt. Die Pfeile geben an, wie das Gewicht und der Schwellenwert in den verschiedenen Regionen des Parameterraums verändert werden sollten. In den Regionen, in denen keine Pfeile eingezeichnet sind, bleiben Gewicht und Schwellenwert unverändert, da hier kein Fehler vorliegt.

Die in Abbildung 3.15 dargestellten Änderungsregeln lassen sich auf zwei Arten anwenden. Erstens können wir die Eingaben $x = 0$ und $x = 1$ abwechselnd betrachten und jeweils das Gewicht und den Schwellenwert entsprechend der zugehörigen Regeln ändern. D.h., wir ändern Gewicht und Schwellenwert zuerst gemäß dem linken Diagramm, dann gemäß dem mittleren, dann wieder gemäß dem linken usw., bis der Fehler verschwindet. Diese Art des Trainings nennt man *Online-Lernen*bzw. *Online-Training*, da mit jedem Trainingsbeispiel, das verfügbar wird, ein Lernschritt ausgeführt werden kann (engl. *online*: mitlaufend, schritthaltend).

Die zweite Möglichkeit besteht darin, die Änderungen nicht unmittelbar nach jedem Trainingsbeispiel vorzunehmen, sondern sie über alle Trainingsbeispiele zu summieren. Erst am Ende einer *(Lern-/Trainings-)Epoche*, d.h., wenn alle Trainings-

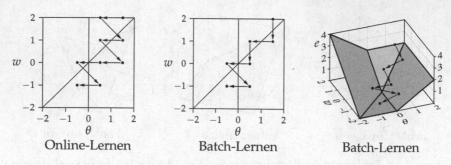

Online-Lernen   Batch-Lernen   Batch-Lernen

Abbildung 3.16: Lernvorgänge mit Startwerten $\theta = \frac{3}{2}$, $w = 2$ und Lernrate 1.

Abbildung 3.17: Gelerntes Schwellenwertelement für die Negation und seine geometrische Deutung.

beispiele durchlaufen sind, werden die aggregierten Änderungen ausgeführt. Dann werden die Trainingsbeispiele erneut durchlaufen und am Ende wieder die Gewichte und der Schwellenwert angepasst usw., bis der Fehler verschwindet. Diese Art des Trainings nennt man *Batch-Lernen* bzw. *Batch-Training*, da alle Trainingsbeispiele gebündelt zur Verfügung stehen müssen (engl. *batch*: Stapel, *batch processing*: Stapelverarbeitung). Es entspricht einer Anpassung der Gewichte und des Schwellenwertes gemäß dem rechten Diagramm.

Als Beispiel sind in Abbildung 3.16 die Lernvorgänge für die Startwerte $\theta = \frac{3}{2}$ und $w = 2$ gezeigt. Sowohl das Online-Lernen (linkes Diagramm) als auch das Batch-Lernen (mittleres Diagramm) verwenden eine *Lernrate* von 1. Die Lernrate gibt an, wie groß die Änderungen sind, die an Gewicht und Schwellenwert vorgenommen werden, und damit, wie schnell gelernt wird. (Die Lernrate sollte jedoch auch nicht beliebig groß gewählt werden, siehe Kapitel 5.) Bei einer Lernrate von 1 werden Gewicht und Schwellenwert um 1 vergrößert oder verkleinert. Um den „Abstieg im Fehlergebirge" zu verdeutlichen, ist das Batch-Lernen im rechten Diagramm von Abbildung 3.16 noch einmal dreidimensional dargestellt. Das schließlich gelernte Schwellenwertelement (mit $\theta = -\frac{1}{2}$ und $w = -1$) ist zusammen mit seiner geometrischen Deutung in Abbildung 3.17 gezeigt.

In dem gerade betrachteten Beispiel haben wir die Änderungsregeln i.W. aus der Anschauung der Fehlerfunktion abgeleitet. Eine andere Möglichkeit, die Regeln für die Änderungen zu erhalten, die an den Gewichten und dem Schwellenwert eines Schwellenwertelementes vorgenommen werden müssen, um den Fehler zu verringern, sind die folgenden Überlegungen: Wenn statt einer gewünschten Ausgabe von 0 eine 1 geliefert wird, dann ist der Schwellenwert zu klein und/oder die Gewichte zu groß. Man sollte daher den Schwellenwert etwas erhöhen und die Gewichte etwas verringern. (Letzteres ist natürlich nur sinnvoll, wenn die zugehörige Eingabe den Wert 1 hat, da ja sonst das Gewicht gar keinen Einfluss auf die gewich-

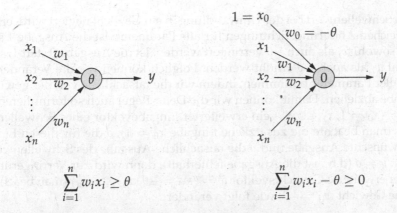

$$\sum_{i=1}^{n} w_i x_i \geq \theta \qquad\qquad \sum_{i=1}^{n} w_i x_i - \theta \geq 0$$

Abbildung 3.18: Umwandlung des Schwellenwertes in ein Gewicht.

tete Summe hat.) Wird umgekehrt statt einer gewünschten Ausgabe von 1 eine 0 geliefert, dann ist der Schwellenwert zu groß und/oder die Gewichte zu klein. Man sollte daher den Schwellenwert etwas verringern und die Gewichte etwas erhöhen (wieder vorausgesetzt, die zugehörige Eingabe ist 1).

Für unser einfaches Schwellenwertelement haben die in Abbildung 3.15 eingezeichneten Änderungen genau diese Wirkungen. Die angeführten Überlegungen haben jedoch den Vorteil, dass sie auch auf Schwellenwertelemente mit mehr als einem Eingang anwendbar sind. Wir können daher die folgende allgemeine Lernmethode für Schwellenwertelemente definieren:

Definition 3.2 *Sei $\vec{x} = (x_1, \ldots, x_n)$ ein Eingabevektor eines Schwellenwertelementes, o die für diesen Eingabevektor gewünschte Ausgabe (output) und y die tatsächliche Ausgabe des Schwellenwertelementes. Ist $y \neq o$, dann wird zur Verringerung des Fehlers der Schwellenwert θ und der Gewichtsvektor $\vec{w} = (w_1, \ldots, w_n)$ wie folgt verändert:*

$$\theta^{(\text{neu})} = \theta^{(\text{alt})} + \Delta\theta \quad mit \quad \Delta\theta = -\eta(o - y),$$
$$\forall i \in \{1, \ldots, n\}: \quad w_i^{(\text{neu})} = w_i^{(\text{alt})} + \Delta w_i \quad mit \quad \Delta w_i = \eta(o - y)x_i,$$

wobei η ein Parameter ist, der Lernrate *genannt wird. Die Lernrate bestimmt die Stärke der Gewichtsänderungen. Dieses Verfahren heißt* Delta-Regel *oder* Widrow-Hoff-Verfahren *[Widrow und Hoff 1960].*

In dieser Definition müssen wir die Änderung des Schwellenwertes und die Änderung der Gewichte unterscheiden, da die Änderungsrichtungen einander entgegengesetzt sind (unterschiedliche Vorzeichen für $\eta(t - y)$ und $\eta(t - y)x_i$). Man kann jedoch die Änderungsregeln vereinheitlichen, indem man den Schwellenwert in ein Gewicht umwandelt. Das Prinzip ist in Abbildung 3.18 veranschaulicht: Der Schwellenwert wird auf 0 festgelegt. Als Ausgleich wird ein zusätzlicher (imaginärer) Eingang x_0 eingeführt, der den festen Wert 1 hat. Dieser Eingang wird mit dem negierten Schwellenwert gewichtet. Die beiden Schwellenwertelemente sind offenbar äquivalent, denn das linke prüft die Bedingung $\sum_{i=1}^{n} w_i x_i \geq \theta$, das rechte die Bedingung $\sum_{i=1}^{n} w_i x_i - \theta \geq 0$, um den auszugebenden Wert zu bestimmen.

Da der Schwellenwert bei der Umwandlung in ein Gewicht negiert wird, erhalten wir die gleichen Änderungsrichtungen für alle Parameter: Ist die Ausgabe 1 statt 0, so sollten sowohl w_i als auch $-\theta$ verringert werden. Ist die Ausgabe 0 statt 1, so sollten sowohl w_i als auch $-\theta$ erhöht werden. Folglich können wir die Veränderungsrichtung aller Parameter bestimmen, indem wir die tatsächliche von der gewünschten Ausgabe abziehen. Damit können wir die Delta-Regel auch so formulieren:

Sei $\vec{x} = (x_0 = 1, x_1, \ldots, x_n)$ ein erweiterter Eingabevektor eines Schwellenwertelementes (man beachte die zusätzliche Eingabe $x_0 = 1$), o die für diesen Eingabevektor gewünschte Ausgabe und y die tatsächliche Ausgabe des Schwellenwertelementes. Ist $y \neq o$ (d.h., ist die Ausgabe fehlerhaft), dann wird zur Verringerung des Fehlers der erweiterte Gewichtsvektor $\vec{w} = (w_0 = -\theta, w_1, \ldots, w_n)$ (man beachte das zusätzliche Gewicht $w_0 = -\theta$) wie folgt verändert:

$$\forall i \in \{0, 1, \ldots, n\}: \quad w_i^{(\mathrm{neu})} = w_i^{(\mathrm{alt})} + \Delta w_i \quad \text{mit} \quad \Delta w_i = \eta(o - y)x_i.$$

Wir weisen hier auf diese Möglichkeit hin, da sie sich oft verwenden lässt, um Ableitungen einfacher zu schreiben (vgl. Abschnitt 5.4). Der Klarheit wegen werden wir im Rest dieses Kapitels jedoch weiter Schwellenwert und Gewichte unterscheiden.

Mit Hilfe der Delta-Regel können wir zwei Algorithmen zum Trainieren eines Schwellenwertelementes angeben: eine Online-Version und eine Batch-Version. Um diese Algorithmen zu formulieren, nehmen wir an, dass eine Menge $L = \{(\vec{x}_1, o_1),$ $\ldots, (\vec{x}_m, o_m)\}$ von Trainingsbeispielen gegeben ist, jeweils bestehend aus einem Eingabevektor $\vec{x}_i \in \mathbb{R}^n$ und zu ihm gewünschter Ausgabe $o_i \in \{0, 1\}$, $i = 1, \ldots, m$. Weiter mögen beliebige Gewichte $\vec{w}$ und ein beliebiger Schwellenwert θ gegeben sein (z.B. zufällig bestimmt). Wir betrachten zunächst das Online-Training:

Algorithmus 3.2 (Online-Training eines Schwellenwertelementes)
procedure *online_training* (**var** $\vec{w}$, **var** θ, L, η);
var y, e;   (* *Ausgabe, Fehlersumme* *)
begin
  repeat
    $e := 0$;   (* *initialisiere die Fehlersumme* *)
    for all $(\vec{x}, o) \in L$ **do begin**   (* *durchlaufe die Beispiele* *)
      if $(\vec{w}\vec{x} \geq \theta)$ **then** $y := 1$;   (* *berechne die Ausgabe* *)
                 else $y := 0$;   (* *des Schwellenwertelementes* *)
      if $(y \neq o)$ **then begin**   (* *wenn die Ausgabe falsch ist* *)
        $\theta := \theta - \eta(o - y)$;   (* *passe den Schwellenwert* *)
        $\vec{w} := \vec{w} + \eta(o - y)\vec{x}$;   (* *und die Gewichte an* *)
        $e := e + |o - y|$;   (* *summiere die Fehler* *)
      end;
    end;
  until $(e \leq 0)$;   (* *wiederhole die Berechnungen* *)
end;   (* *bis der Fehler verschwindet* *)

Dieser Algorithmus wendet offenbar immer wieder die Delta-Regel an, bis die Summe der Fehler über alle Trainingsbeispiele verschwindet. Man beachte, dass in diesem Algorithmus die Anpassung der Gewichte in vektorieller Form geschrieben ist, was aber offenbar äquivalent zu der Anpassung der Einzelgewichte ist.

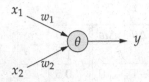

x_1	x_2	y
0	0	0
1	0	0
0	1	0
1	1	1

Abbildung 3.19: Ein Schwellenwertelement mit zwei Eingängen und Trainingsbeispiele für die Konjunktion $y = x_1 \wedge x_2$.

Wenden wir uns nun der Batch-Version zu:

Algorithmus 3.3 (Batch-Training eines Schwellenwertelementes)
procedure *batch_training* (**var** $\vec{w}$, **var** θ, L, η);
var $y, e,$ (* *Ausgabe, Fehlersumme* *)
    $\theta_*, \vec{w}_*;$ (* *summierte Änderungen* *)
begin
  repeat
    $e := 0; \theta_* := 0; \vec{w}_* := \vec{0};$ (* *Initialisierungen* *)
    for all $(\vec{x}, o) \in L$ **do begin**   (* *durchlaufe die Beispiele* *)
      if $(\vec{w}\vec{x} \geq \theta)$ **then** $y := 1;$ (* *berechne die Ausgabe* *)
              else $y := 0;$ (* *des Schwellenwertelementes* *)
      if $(y \neq o)$ **then begin**   (* *wenn die Ausgabe falsch ist* *)
        $\theta_* := \theta_* - \eta(o - y);$ (* *summiere die Schwellenwert-* *)
        $\vec{w}_* := \vec{w}_* + \eta(o - y)\vec{x};$ (* *und die Gewichtsänderungen* *)
        $e := e + |o - y|;$ (* *summiere die Fehler* *)
      end;
    end;
    $\theta := \theta + \theta_*;$ (* *passe den Schwellenwert* *)
    $\vec{w} := \vec{w} + \vec{w}_*;$ (* *und das Gewicht an* *)
  until $(e \leq 0);$ (* *wiederhole die Berechnungen* *)
end;   (* *bis der Fehler verschwindet* *)

In diesem Algorithmus wird die Delta-Regel in leicht abgewandelter Form angewandt. Bei einem Durchlauf der Trainingsbeispiele werden für jedes Beispiel der gleiche Schwellenwert und die gleichen Gewichte verwendet. Die bei falscher Ausgabe berechneten Änderungen werden in den Variablen θ_* und $\vec{w}_*$ summiert. Erst nach Bearbeitung aller Trainingsbeispiele werden die Gewichte und der Schwellenwert mit Hilfe dieser Variablen angepasst.
  Zur Veranschaulichung der Arbeitsweise der beiden obigen Algorithmen zeigt Tabelle 3.2 den Online-Lernvorgang für das bereits weiter oben betrachtete einfache Schwellenwertelement, das so trainiert werden soll, dass es die Negation berechnet. Wie in Abbildung 3.16 auf Seite 24 sind die Startwerte $\theta = \frac{3}{2}$ und $w = 3$. Man prüft leicht nach, dass der Online-Lernvorgang genau dem in Abbildung 3.16 links dargestellten entspricht. Analog zeigt Tabelle 3.3 den Batch-Lernvorgang. Er entspricht dem in Abbildung 3.16 in der Mitte bzw. rechts gezeigten.

Epoche	x	o	$\vec{x}\vec{w}$	y	e	$\Delta\theta$	Δw	θ	w
								1.5	2
1	0	1	−1.5	0	1	−1	0	0.5	2
	1	0	1.5	1	−1	1	−1	1.5	1
2	0	1	−1.5	0	1	−1	0	0.5	1
	1	0	0.5	1	−1	1	−1	1.5	0
3	0	1	−1.5	0	1	−1	0	0.5	0
	1	0	0.5	0	0	0	0	0.5	0
4	0	1	−0.5	0	1	−1	0	−0.5	0
	1	0	0.5	1	−1	1	−1	0.5	−1
5	0	1	−0.5	0	1	−1	0	−0.5	−1
	1	0	−0.5	0	0	0	0	−0.5	−1
6	0	1	0.5	1	0	0	0	−0.5	−1
	1	0	−0.5	0	0	0	0	−0.5	−1

Tabelle 3.2: Online-Lernvorgang eines Schwellenwertelementes für die Negation mit Startwerten $\theta = \frac{3}{2}$, $w = 2$ und Lernrate 1.

Epoche	x	o	$\vec{x}\vec{w}$	y	e	$\Delta\theta$	Δw	θ	w
								1.5	2
1	0	1	−1.5	0	1	−1	0		
	1	0	0.5	1	−1	1	−1	1.5	1
2	0	1	−1.5	0	1	−1	0		
	1	0	−0.5	0	0	0	0	0.5	1
3	0	1	−0.5	0	1	−1	0		
	1	0	0.5	1	−1	1	−1	0.5	0
4	0	1	−0.5	0	1	−1	0		
	1	0	−0.5	0	0	0	0	−0.5	0
5	0	1	0.5	1	0	0	0		
	1	0	0.5	1	−1	1	−1	0.5	−1
6	0	1	−0.5	0	1	−1	0		
	1	0	−1.5	0	0	0	0	−0.5	−1
7	0	1	0.5	1	0	0	0		
	1	0	−0.5	0	0	0	0	−0.5	−1

Tabelle 3.3: Batch-Lernvorgang eines Schwellenwertelementes für die Negation mit Startwerten $\theta = \frac{3}{2}$, $w = 2$ und Lernrate 1.

Epoche	x_1	x_2	o	$\vec{x}\vec{w}$	y	e	$\Delta\theta$	Δw_1	Δw_2	θ	w_1	w_2
										0	0	0
1	0	0	0	0	1	−1	1	0	0	1	0	0
	0	1	0	−1	0	0	0	0	0	1	0	0
	1	0	0	−1	0	0	0	0	0	1	0	0
	1	1	1	−1	0	1	−1	1	1	0	1	1
2	0	0	0	0	1	−1	1	0	0	1	1	1
	0	1	0	0	1	−1	1	0	−1	2	1	0
	1	0	0	−1	0	0	0	0	0	2	1	0
	1	1	1	−1	0	1	−1	1	1	1	2	1
3	0	0	0	−1	0	0	0	0	0	1	2	1
	0	1	0	0	1	−1	1	0	−1	2	2	0
	1	0	0	0	1	−1	1	−1	0	3	1	0
	1	1	1	−2	0	1	−1	1	1	2	2	1
4	0	0	0	−2	0	0	0	0	0	2	2	1
	0	1	0	−1	0	0	0	0	0	2	2	1
	1	0	0	0	1	−1	1	−1	0	3	1	1
	1	1	1	−1	0	1	−1	1	1	2	2	2
5	0	0	0	−2	0	0	0	0	0	2	2	2
	0	1	0	0	1	−1	1	0	−1	3	2	1
	1	0	0	−1	0	0	0	0	0	3	2	1
	1	1	1	0	1	0	0	0	0	3	2	1
6	0	0	0	−3	0	0	0	0	0	3	2	1
	0	1	0	−2	0	0	0	0	0	3	2	1
	1	0	0	−1	0	0	0	0	0	3	2	1
	1	1	1	0	1	0	0	0	0	3	2	1

Tabelle 3.4: Training eines Schwellenwertelementes für die Konjunktion.

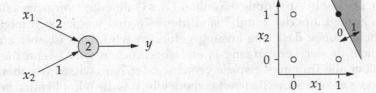

Abbildung 3.20: Geometrie des gelernten Schwellenwertelementes für $x_1 \wedge x_2$. Die rechts gezeigte Gerade hat die Gleichung $2x_1 + x_2 = 3$.

Epoche	x_1	x_2	o	$\vec{x}\vec{w}$	y	e	$\Delta\theta$	Δw_1	Δw_2	θ	w_1	w_2
										0	0	0
1	0	0	1	0	1	0	0	0	0	0	0	0
	0	1	0	0	1	−1	1	0	−1	1	0	−1
	1	0	0	−1	0	0	0	0	0	1	0	−1
	1	1	1	−2	0	1	−1	1	1	0	1	0
2	0	0	1	0	1	0	0	0	0	0	1	0
	0	1	0	0	1	−1	1	0	−1	1	1	−1
	1	0	0	0	1	−1	1	−1	0	2	0	−1
	1	1	1	−3	0	1	−1	1	1	1	1	0
3	0	0	1	0	1	0	0	0	0	0	1	0
	0	1	0	0	1	−1	1	0	−1	1	1	−1
	1	0	0	0	1	−1	1	−1	0	2	0	−1
	1	1	1	−3	0	1	−1	1	1	1	1	0

Tabelle 3.5: Training eines Schwellenwertelementes für die Biimplikation.

Als weiteres Beispiel betrachten wir ein Schwellenwertelement mit zwei Eingängen, das so trainiert werden soll, dass es die Konjunktion seiner Eingänge berechnet. Ein solches Schwellenwertelement ist zusammen mit den entsprechenden Trainingsbeispielen in Abbildung 3.19 dargestellt. Wir beschränken uns bei diesem Beispiel auf das Online-Training. Den entsprechenden Lernvorgang für die Startwerte $\theta = w_1 = w_2 = 0$ mit Lernrate 1 zeigt Tabelle 3.4. Auch hier ist das Training erfolgreich und liefert schließlich den Schwellenwert $\theta = 3$ und die Gewichte $w_1 = 2$ und $w_2 = 1$. Das gelernte Schwellenwertelement ist zusammen mit der geometrischen Deutung seiner Berechnungen in Abbildung 3.20 dargestellt. Man beachte, dass es tatsächlich die Konjunktion berechnet, auch wenn der Punkt $(1,1)$ auf der Trenngerade liegt, da es nicht nur für die Punkte rechts der Gerade die Ausgabe 1 liefert, sondern auch für alle Punkte auf ihr.

Nachdem wir zwei Beispiele für erfolgreiche Lernvorgänge gesehen haben, stellt sich die Frage, ob die Algorithmen 3.2 und 3.3 immer zum Ziel führen. Wir können zunächst feststellen, dass sie für Funktionen, die *nicht* linear separabel sind, nicht terminieren. Dies ist in Abbildung 3.5 anhand des Online-Lernvorganges für die Biimplikation gezeigt. Epoche 2 und 3 sind identisch und werden sich folglich endlos wiederholen, ohne dass eine Lösung gefunden wird. Dies ist aber auch nicht verwunderlich, da der Lernvorgang ja erst abgebrochen wird, wenn die Summe der Fehler über alle Trainingsbeispiele verschwindet. Nun wissen wir aber aus Abschnitt 3.3, dass es kein Schwellenwertelement gibt, das die Biimplikation berechnet. Folglich kann der Fehler gar nicht verschwinden, der Algorithmus nicht terminieren.

Für linear separable Funktionen, also solche, die tatsächlich von einem Schwellenwertelement berechnet werden können, ist dagegen sichergestellt, dass die Algorithmen eine Lösung finden. D.h., es gilt der folgende Satz:

Satz 3.1 (Konvergenzsatz für die Delta-Regel)

Sei $L = \{(\vec{x}_1, o_1), \dots (\vec{x}_m, o_m)\}$ eine Menge von Trainingsbeispielen, bestehend aus einem Eingabevektor $\vec{x}_i \in \mathbb{R}^n$ und der zu diesem Eingabevektor gewünschten Ausgabe $o_i \in \{0, 1\}$. Weiter sei $L_0 = \{(\vec{x}, o) \in L \mid o = 0\}$ und $L_1 = \{(\vec{x}, o) \in L \mid o = 1\}$. Wenn L_0 und L_1 linear separabel sind, d.h., wenn $\vec{w} \in \mathbb{R}^n$ und $\theta \in \mathbb{R}$ existieren, so dass

$$\forall (\vec{x}, 0) \in L_0 : \qquad \vec{w}\vec{x} < \theta \qquad und$$
$$\forall (\vec{x}, 1) \in L_1 : \qquad \vec{w}\vec{x} \geq \theta,$$

dann terminieren die Algorithmen 3.2 und 3.3.

Beweis: Den Beweis, den wir hier nicht ausführen wollen, findet man z.B. in [Rojas 1996] oder in [Nauck *et al.* 1997]. $\square$

Da die Algorithmen nur terminieren, wenn der Fehler verschwindet, ist klar, dass die berechneten Werte für die Gewichte und den Schwellenwert eine Lösung des Lernproblems sind.

3.6 Varianten

Alle Beispiele, die wir bisher betrachtet haben, bezogen sich auf logische Funktionen, wobei wir *falsch* durch 0 und *wahr* durch 1 dargestellt haben. Diese Kodierung hat jedoch den Nachteil, dass bei einer Eingabe von *falsch* das zugehörige Gewicht nicht verändert wird, denn die Formel für die Gewichtsänderung enthält ja die Eingabe als Faktor (siehe Definition 3.2 auf Seite 25). Dieser Nachteil kann das Lernen unnötig verlangsamen, da nur bei Eingabe von *wahr* das zugehörige Gewicht angepasst werden kann.

Im ADALINE-Modell (ADAptive LINear Element) verwendet man daher die Kodierung *falsch* $\hat{=}$ -1 und *wahr* $\hat{=}$ $+1$, wodurch auch eine Eingabe von *falsch* bei fehlerhafter Ausgabe zu einer Gewichtsanpassung führt. In der Tat wurde die Delta-Regel ursprünglich für das ADALINE-Modell angegeben [Widrow und Hoff 1960], so dass man eigentlich nur bei Verwendung dieser Kodierung von der *Delta-Regel* oder dem *Widrow-Hoff-Verfahren* sprechen kann. Das Verfahren lässt sich zwar genauso anwenden, wenn als Kodierung *falsch* $\hat{=}$ 0 und *wahr* $\hat{=}$ 1 verwendet wird (siehe den vorangehenden Abschnitt), doch findet man es zur Unterscheidung dann manchmal als *Fehlerkorrekturverfahren* (error correction procedure) bezeichnet [Nilsson 1965, Nilsson 1998]. Wir sehen hier von dieser Unterscheidung ab, da sie mehr auf historischen als auf inhaltlichen Gründen beruht.

3.7 Training von Netzen

Nachdem Ende der fünfziger Jahre erste einfache Neurocomputer erfolgreich für Mustererkennungsprobleme eingesetzt worden waren (z.B. [Rosenblatt 1958]), wenig später [Widrow und Hoff 1960] das einfache und schnelle Lernverfahren der Delta-Regel entwickelt hatten und durch [Rosenblatt 1962] der Perzeptron-Konvergenzsatz (entspricht dem Konvergenzsatz für die Delta-Regel) bewiesen worden

war, setzte man zunächst große Hoffnungen in die Entwicklung (künstlicher) neuronaler Netze. Es kam zur sogenannten „ersten Blütezeit" der Neuronale-Netze-
Forschung, in der man glaubte, die wesentlichen Prinzipien lernfähiger Systeme bereits entdeckt zu haben.

Erst als [Minsky und Papert 1969] eine sorgfältige mathematische Analyse des
Perzeptrons durchführten und mit aller Deutlichkeit darauf hinwiesen, dass Schwellenwertelemente nur linear separable Funktionen berechnen können, begann man
die Grenzen der damals verwendeten Modelle und Verfahren zu erkennen. Zwar
wusste man bereits seit den frühen Arbeiten von [McCulloch und Pitts 1943], dass
die Einschränkungen der Berechnungsfähigkeit durch *Netze* von Schwellenwertelementen aufgehoben werden können — man mit solchen Netzen etwa beliebige Boolesche Funktionen berechnen kann — doch hatte man sich bis dahin auf das Training
einzelner Schwellenwertelemente beschränkt.

Die Übertragung der Lernverfahren auf Netze von Schwellenwertelementen er-
wies sich aber als erstaunlich schwieriges Problem. Die Delta-Regel etwa leitet die
vorzunehmende Gewichtsänderung aus der Abweichung der tatsächlichen von der
gewünschten Ausgabe ab (siehe Definition 3.2 auf Seite 25). Eine vorgegebene gewünschte Ausgabe gibt es aber nur für das Schwellenwertelement, das die Ausgabe
des Netzes liefert. Für alle anderen Schwellenwertelemente, die Vorberechnungen
ausführen und ihre Ausgaben nur an andere Schwellenwertelemente weiterleiten,
kann keine solche gewünschte Ausgabe angegeben werden. Als Beispiel betrachte man etwa das Biimplikationsproblem und die Struktur des Netzes, das wir zur
Lösung dieses Problems verwendet haben (Abbildung 3.10 auf Seite 19): Aus den
Trainingsbeispielen ergeben sich keine gewünschten Ausgaben für die beiden linken
Schwellenwertelemente, und zwar unter anderem deshalb, weil die vorzunehmende Koordinatentransformation nicht eindeutig ist (man kann die Trenngeraden im
Eingaberaum auch ganz anders legen, etwa senkrecht zur Winkelhalbierenden, oder
die Normalenvektoren anders ausrichten).

In der Folge wurden (künstliche) neuronale Netze als „Forschungssackgasse" angesehen, und es begann das sogenannte „dunkle Zeitalter" der Neuronale-Netze-
Forschung. Das Gebiet wurde erst mit der Entwicklung des Lernverfahrens der *Fehler-Rückübertragung* (engl. *error backpropagation*) wiederbelebt. Dieses Verfahren wurde zuerst in [Werbos 1974] beschrieben, blieb jedoch zunächst unbeachtet. Erst als
[Rumelhart *et al.* 1986a, Rumelhart *et al.* 1986b] das Verfahren unabhängig neu entwickelten und bekannt machten, begann das moderne Zeitalter der (künstlichen)
neuronalen Netze, das bis heute andauert.

Wir betrachten das Verfahren der Fehler-Rückübertragung erst in Kapitel 5, da es
nicht direkt auf Schwellenwertelemente angewandt werden kann. Es setzt voraus,
dass die Aktivierung eines Neurons nicht an einem scharf bestimmten Schwellenwert von 0 auf 1 springt, sondern die Aktivierung langsam, über eine differenzierbare Funktion, ansteigt. Für Netze aus reinen Schwellenwertelementen kennt man
bis heute kein Lernverfahren.

Kapitel 4

Allgemeine neuronale Netze

In diesem Kapitel führen wir ein allgemeines Modell (künstlicher) neuronaler Netze ein, das i.W. alle speziellen Formen erfasst, die wir in den folgenden Kapiteln betrachten werden. Wir beginnen mit der Struktur eines (künstlichen) neuronalen Netzes, beschreiben dann allgemein die Arbeitsweise und schließlich das Training eines (künstlichen) neuronalen Netzes.

4.1 Struktur neuronaler Netze

Im vorangegangenen Kapitel haben wir bereits kurz Netze von Schwellenwertelementen betrachtet. Wie wir diese Netze dargestellt haben, legt es nahe, neuronale Netze mit Hilfe eines Graphen (im Sinne der Graphentheorie) zu beschreiben. Wir definieren daher zunächst den Begriff eines Graphen und einige nützliche Hilfsbegriffe, die wir in der anschließenden allgemeinen Definition und den folgenden Kapiteln brauchen.

Definition 4.1 *Ein (gerichteter) Graph ist ein Paar $G = (V, E)$ bestehend aus einer (endlichen) Menge V von Knoten (engl. vertices, nodes) und einer (endlichen) Menge $E \subseteq V \times V$ von Kanten (engl. edges, arcs). Wir sagen, dass eine Kante $e = (u, v) \in E$ vom Knoten u auf den Knoten v gerichtet sei.*

Man kann auch ungerichtete Graphen definieren, doch brauchen wir zur Darstellung neuronaler Netze nur gerichtete Graphen, da die Verbindungen zwischen Neuronen stets gerichtet sind.

Definition 4.2 *Sei $G = (V, E)$ ein (gerichteter) Graph und $u \in V$ ein Knoten. Dann heißen die Knoten der Menge*

$$\text{pred}(u) = \{v \in V \mid (v, u) \in E\}$$

die Vorgänger (engl. predecessors) des Knotens u und die Knoten der Menge

$$\text{succ}(u) = \{v \in V \mid (u, v) \in E\}$$

die Nachfolger (engl. successors) des Knotens u.

Definition 4.3 *Ein (künstliches) neuronales Netz ist ein (gerichteter) Graph $G = (U, C)$, dessen Knoten $u \in U$ Neuronen (neurons, units) und dessen Kanten $c \in C$ Verbindungen (connections) heißen. Die Menge U der Knoten ist unterteilt in die Menge U_{in} der Eingabeneuronen (input neurons), die Menge U_{out} der Ausgabeneuronen (output neurons) und die Menge U_{hidden} der versteckten Neuronen (hidden neurons). Es gilt*

$$U = U_{\text{in}} \cup U_{\text{out}} \cup U_{\text{hidden}},$$
$$U_{\text{in}} \neq \emptyset, \qquad U_{\text{out}} \neq \emptyset, \qquad U_{\text{hidden}} \cap (U_{\text{in}} \cup U_{\text{out}}) = \emptyset.$$

Jeder Verbindung $(v, u) \in C$ ist ein Gewicht w_{uv} zugeordnet und jedem Neuron $u \in U$ drei (reellwertige) Zustandsgrößen: die Netzeingabe net_u (network input), die Aktivierung act_u (activation) und die Ausgabe out_u (output). Jedes Eingabeneuron $u \in U_{\text{in}}$ besitzt außerdem eine vierte (reellwertige) Zustandsgröße, die externe Eingabe ext_u (external input). Weiter sind jedem Neuron $u \in U$ drei Funktionen zugeordnet:

$$\begin{aligned}
\textit{die Netzeingabefunktion} && f_{\text{net}}^{(u)} &: && \mathbb{R}^{2|\operatorname{pred}(u)| + \kappa_1(u)} \to \mathbb{R}, \\
\textit{die Aktivierungsfunktion} && f_{\text{act}}^{(u)} &: && \mathbb{R}^{\kappa_2(u)} \to \mathbb{R}, && \textit{und} \\
\textit{die Ausgabefunktion} && f_{\text{out}}^{(u)} &: && \mathbb{R} \to \mathbb{R},
\end{aligned}$$

mit denen die Netzeingabe net_u, die Aktivierung act_u und die Ausgabe out_u des Neurons u berechnet werden. Die Parameteranzahlen $\kappa_1(u)$ und $\kappa_2(u)$ hängen von der Art und den Parametern der Funktionen ab (siehe weiter unten).

Die Neuronen eines neuronalen Netzes werden in Eingabe-, Ausgabe- und versteckte Neuronen unterteilt, um festzulegen, welche Neuronen eine Eingabe aus der Umgebung erhalten (Eingabeneuronen) und welche eine Ausgabe an die Umgebung abgeben (Ausgabeneuronen). Die übrigen Neuronen haben keinen (direkten) Kontakt mit der Umgebung (sondern nur mit anderen Neuronen) und sind insofern (gegenüber der Umgebung) „versteckt".

Man beachte, dass die Menge U_{in} der Eingabeneuronen und die Menge U_{out} der Ausgabeneuronen nicht disjunkt sein müssen: Ein Neuron kann sowohl Eingabe- als auch Ausgabeneuron sein. In Kapitel 8 werden wir sogar neuronale Netze besprechen, in denen alle Neuronen sowohl Eingabe- als auch Ausgabeneuronen sind und es keine versteckten Neuronen gibt. In den meisten Netztypen sind die drei Mengen jedoch disjunkt, d.h., ein Neuron ist entweder ein Eingabeneuron oder ein Ausgabeneuron oder ein verstecktes Neuron (vgl. etwa Kapitel 5, 6 und 7).

Man beachte weiter, dass im Index eines Gewichtes w_{uv} das Neuron, auf das die zugehörige Verbindung gerichtet ist, zuerst steht. Der Grund für diese auf den ersten Blick unnatürlich erscheinende Reihenfolge ist, dass man den Graphen des neuronalen Netzes oft durch eine Adjazenzmatrix beschreibt, die statt der Werte 1 (Verbindung) und 0 (keine Verbindung) die Gewichte der Verbindungen enthält (ist ein Gewicht 0, so fehlt die zugehörige Verbindung). Aus Gründen, die in Kapitel 5 genauer erläutert werden, ist es günstig, die Gewichte der zu einem Neuron führenden Verbindungen in einer Matrix*zeile* (und nicht in einer Matrix*spalte*) anzugeben. Da aber die Elemente einer Matrix nach dem Schema „Zeile zuerst, Spalte später" indiziert werden, steht so das Neuron, zu dem die Verbindungen führen, zuerst. Man

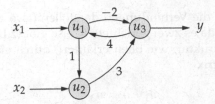

Abbildung 4.1: Ein einfaches (künstliches) neuronales Netz.

erhält also folgendes Schema (mit $r = |U|$):

$$
\begin{array}{cccc}
u_1 & u_2 & \cdots & u_r \\
\end{array}
$$

$$
\begin{pmatrix}
w_{u_1u_1} & w_{u_1u_2} & \cdots & w_{u_1u_r} \\
w_{u_2u_1} & w_{u_2u_2} & & w_{u_2u_r} \\
\vdots & & & \vdots \\
w_{u_ru_1} & w_{u_ru_2} & \cdots & w_{u_ru_r}
\end{pmatrix}
\begin{array}{c}
u_1 \\
u_2 \\
\vdots \\
u_r
\end{array}
$$

Diese Matrix ist von oben nach rechts zu lesen: Den Spalten sind die Neuronen zugeordnet, von denen die Verbindungen ausgehen, den Zeilen die Neuronen, zu denen
sie führen. (Man beachte, dass Neuronen auch mit sich selbst verbunden sein können
— Diagonalelemente der obigen Matrix). Diese Matrix und den ihr entsprechenden,
mit Verbindungsgewichten versehenen Graphen nennt man auch die *Netzstruktur*.

Nach der Netzstruktur unterscheidet man zwei grundsätzliche Typen von neuronalen Netzen: Ist der Graph, der die Netzstruktur eines neuronalen Netzes angibt,
azyklisch, enthält er also keine Schleifen[1] und keine gerichteten Kreise, so spricht
man von einem *vorwärtsbetriebenen Netz* (engl. *feed forward network*). Enthält der
Graph dagegen Schleifen oder gerichtete Kreise, so spricht man von einem *rückgekoppelten* oder *rekurrenten Netz* (engl. *recurrent network*). Der Grund für diese Bezeich-
nungen ist natürlich, dass in einem neuronalen Netz Informationen nur entlang der
(gerichteten) Verbindungen weitergegeben werden. Ist der Graph azyklisch, so gibt
es nur eine Richtung, nämlich vorwärts, also von den Eingabeneuronen zu den Ausgabeneuronen. Gibt es dagegen Schleifen oder gerichtete Kreise, so können Ausgaben auf Eingaben rückgekoppelt werden. Wir werden uns in den folgenden Kapiteln
zuerst mit verschiedenen Typen von vorwärtsbetriebenen Netzen beschäftigen, da
diese einfacher zu analysieren sind. In den Kapiteln 8 und 9 wenden wir uns dann
rückgekoppelten Netzen zu.

Um die Definition der Struktur eines neuronalen Netzes zu veranschaulichen,
betrachten wir als Beispiel das aus drei Neuronen bestehende neuronale Netz (d.h.
$U = \{u_1, u_2, u_3\}$), das in Abbildung 4.1 gezeigt ist. Die Neuronen u_1 und u_2 sind Eingabeneuronen (d.h. $U_{\text{in}} = \{u_1, u_2\}$). Sie erhalten die externen Eingaben x_1 bzw. x_2.
Das Neuron u_3 ist das einzige Ausgabeneuron (d.h. $U_{\text{out}} = \{u_3\}$). Es liefert die Ausgabe y des neuronalen Netzes. In diesem Netz gibt es keine versteckten Neuronen
(d.h. $U_{\text{hidden}} = \varnothing$); alle Neuronen haben Kontakt zur Umgebung.

Es gibt insgesamt vier Verbindungen zwischen den drei Neuronen (d.h. $C =
\{(u_1, u_2), (u_1, u_3), (u_2, u_3), (u_3, u_1)\}$), deren Gewichte durch die Zahlen an den Pfei-

---

[1]Eine Schleife ist eine Kante von einem Knoten zu diesem Knoten selbst, also eine Kante $e = (v, v)$ mit
einem Knoten $v \in V$.

len angegeben sind, die die Verbindungen darstellen (also z.B. $w_{u_3 u_2} = 3$). Dieses Netz ist rückgekoppelt, da es zwei gerichtete Kreise gibt (z.B. (u_1, u_3), (u_3, u_1)). Beschreibt man die Netzstruktur, wie oben erläutert, durch eine Gewichtsmatrix, so erhält man die 3×3 Matrix

$$
\begin{array}{ccc}
u_1 & u_2 & u_3
\end{array}
$$
$$
\begin{pmatrix}
0 & 0 & 4 \\
1 & 0 & 0 \\
-2 & 3 & 0
\end{pmatrix}
\begin{array}{c}
u_1 \\
u_2 \\
u_3
\end{array}
$$

Man beachte, dass das Neuron, von dem die Verbindung ausgeht, die Spalte, und das Neuron, zu dem die Verbindung führt, die Zeile der Matrix angibt, in die das zugehörige Verbindungsgewicht eingetragen wird.

4.2 Arbeitsweise neuronaler Netze

Um die Arbeitsweise eines (künstlichen) neuronalen Netzes zu beschreiben, müssen wir angeben, (1) wie ein einzelnes Neuron seine Ausgabe aus seinen Eingaben (d.h. den Ausgaben seiner Vorgänger) berechnet und (2) wie die Berechnungen der verschiedenen Neuronen eines Netzes organisiert werden, insbesondere, wie die externen Eingaben verarbeitet werden.

Betrachten wir zunächst die Berechnungen eines einzelnen Neurons. Jedes Neuron kann als einfacher Prozessor gesehen werden, dessen Aufbau Abbildung 4.2 zeigt. Die Netzeingabefunktion $f_{net}^{(u)}$ berechnet aus den Eingaben $in_{uv_1}, \ldots, in_{uv_n}$, die den Ausgaben $out_{v_1}, \ldots, out_{v_n}$ der Vorgänger des Neurons u entsprechen, und den Verbindungsgewichten $w_{uv_1}, \ldots, w_{uv_n}$ die Netzeingabe net_u. In diese Berechnung können eventuell zusätzliche Parameter $\sigma_1, \ldots, \sigma_l$ eingehen (siehe z.B. Abschnitt 6.5). Aus der Netzeingabe, einer bestimmten Zahl von Parametern $\theta_1, \ldots, \theta_k$ und eventuell einer Rückführung der aktuellen Aktivierung des Neurons u (vgl. Kapitel 9) berechnet die Aktivierungsfunktion $f_{act}^{(u)}$ die neue Aktivierung act_u des Neurons u. Schließlich wird aus der Aktivierung act_u durch die Ausgabefunktion $f_{out}^{(u)}$ die Ausgabe out_u des Neurons u berechnet. Die externe Eingabe ext_u bestimmt die (Anfangs-)Aktivierung des Neurons u, wenn es ein Eingabeneuron ist (siehe unten).

Die Zahl $\kappa_1(u)$ der zusätzlichen Argumente der Netzeingabefunktion und die Zahl $\kappa_2(u)$ der Argumente der Aktivierungsfunktion hängen von der Art dieser Funktionen und dem Aufbau des Neurons ab (z.B. davon, ob es eine Rückführung der aktuellen Aktivierung gibt oder nicht). Sie können für jedes Neuron eines neuronalen Netzes andere sein. Meist hat die Netzeingabefunktion nur $2|\operatorname{pred}(u)|$ Argumente (die Ausgaben der Vorgängerneuronen und die zugehörigen Gewichte), da keine weiteren Parameter eingehen. Die Aktivierungsfunktion hat meist zwei Argumente: die Netzeingabe und einen Parameter, der z.B. (wie im vorangehenden Kapitel) ein Schwellenwert sein kann. Die Ausgabefunktion hat dagegen nur die Aktivierung als Argument und dient dazu, die Ausgabe des Neurons in einen gewünschten Wertebereich zu transformieren (meist durch eine lineare Abbildung).

Wir bemerken hier noch, dass wir die Netzeingabefunktion oft auch mit vektoriellen Argumenten schreiben werden, und zwar als

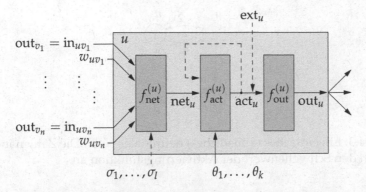

Abbildung 4.2: Aufbau eines verallgemeinerten Neurons.

$$
\begin{aligned}
f_{\text{net}}^{(u)}(\vec{w}_u, \vec{\text{in}}_u) &= f_{\text{net}}^{(u)}(w_{uv_1}, \ldots, w_{uv_n}, \text{in}_{uv_1}, \ldots, \text{in}_{uv_n}) \\
&= f_{\text{net}}^{(u)}(w_{uv_1}, \ldots, w_{uv_n}, \text{out}_{v_1}, \ldots, \text{out}_{v_n}),
\end{aligned}
$$

ähnlich dazu, wie wir im vorangehenden Kapitel mit einem Gewichtsvektor $\vec{w}$ und einem Eingabevektor $\vec{x}$ gearbeitet haben.

Nachdem wir die Arbeitsweise eines einzelnen Neurons betrachtet haben, wenden wir uns dem neuronalen Netz als Ganzes zu. Wir unterteilen die Berechnungen eines neuronalen Netzes in zwei Phasen: die *Eingabephase*, in der die externen Eingaben eingespeist werden, und die *Arbeitsphase*, in der die Ausgabe des neuronalen Netzes berechnet wird.

Die Eingabephase dient der Initialisierung des Netzes. In ihr werden die Aktivierungen der Eingabeneuronen auf die Werte der zugehörigen externen Eingaben gesetzt. Die Aktivierungen der übrigen Neuronen werden auf einen willkürlichen Anfangswert gesetzt, gewöhnlich 0. Außerdem wird die Ausgabefunktion auf die gesetzten Aktivierungen angewandt, so dass alle Neuronen Ausgaben liefern.

In der Arbeitsphase werden die externen Eingaben abgeschaltet und die Aktivierungen und Ausgaben der Neuronen (ggf. mehrfach) neu berechnet, indem, wie oben beschrieben, Netzeingabe-, Aktivierungs- und Ausgabefunktion angewandt werden. Erhält ein Neuron keine Netzeingabe, weil es keine Vorgänger hat, so legen wir fest, dass es seine Aktivierung — und folglich auch seine Ausgabe — beibehält. Dies ist i.W. nur für Eingabeneuronen in einem vorwärtsbetriebenen Netz wichtig. Für sie soll diese Festlegung sicherstellen, dass sie stets eine wohldefinierte Aktivierung haben, da ja die externen Eingaben in der Arbeitsphase abgeschaltet werden.

Die Neuberechnungen enden entweder, wenn das Netz einen stabilen Zustand erreicht hat, wenn sich also durch weitere Neuberechnungen die Ausgaben der Neuronen nicht mehr ändern, oder wenn eine vorher festgelegte Zahl von Neuberechnungen ausgeführt wurde.

Die zeitliche Abfolge der Neuberechnungen ist nicht allgemein festgelegt (wenn es auch je nach Netztyp bestimmte naheliegende Abfolgen gibt). So können z.B. alle Neuronen eines Netzes ihre Ausgaben gleichzeitig (synchron) neu berechnen, wobei sie auf die alten Ausgaben ihrer Vorgänger zurückgreifen. Oder die Neuronen können in eine Reihenfolge gebracht werden, in der sie nacheinander (asynchron)

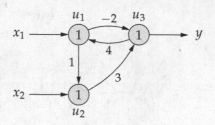

Abbildung 4.3: Ein einfaches (künstliches) neuronales Netz. Die Zahlen in den Neuronen geben den Schwellenwert der Aktivierungsfunktion an.

ihre Ausgabe neu berechnen, wobei ggf. bereits in früheren Schritten berechnete neue Ausgaben anderer Neuronen als Eingaben verwendet werden. Bei vorwärtsbetriebenen Netzen wird man die Berechnungen normalerweise gemäß einer *topologischen Ordnung*[2] der Neuronen durchführen, da die Ausgabe von der Reihenfolge unabhängig ist und so keine unnötigen Berechnungen ausgeführt werden. Man beachte aber, dass bei rückgekoppelten neuronalen Netzen die Ausgabe davon abhängen kann, in welcher Reihenfolge die Ausgaben der Neuronen neuberechnet werden bzw. davon, wie viele Neuberechnungen durchgeführt werden (siehe unten).

Als Beispiel betrachten wir wieder das aus drei Neuronen bestehende (künstliche) neuronale Netz, das in Abbildung 4.1 gezeigt ist. Wir nehmen an, dass alle Neuronen als Netzeingabefunktion die gewichtete Summe der Ausgaben ihrer Vorgänger haben, d.h.

$$f_{\text{net}}^{(u)}(\vec{w}_u, \vec{\text{in}}_u) = \sum_{v \in \text{pred}(u)} w_{uv} \text{in}_{uv} = \sum_{v \in \text{pred}(u)} w_{uv} \, \text{out}_v \, .$$

Die Aktivierungsfunktion aller Neuronen sei die Schwellenwertfunktion

$$f_{\text{act}}^{(u)}(\text{net}_u, \theta) = \left\{ \begin{array}{ll} 1, & \text{falls net}_u \geq \theta, \\ 0, & \text{sonst.} \end{array} \right.$$

Wenn wir wieder, wie im vorangegangenen Kapitel, den Schwellenwert in die Neuronen schreiben, können wir das neuronale Netz wie in Abbildung 4.3 darstellen. Die Ausgabefunktion aller Neuronen sei die Identität, d.h.

$$f_{\text{out}}^{(u)}(\text{act}_u) = \text{act}_u \, .$$

Wir brauchen daher Aktivierung und Ausgabe nicht zu unterscheiden.

Wir betrachten zunächst die Arbeitsweise dieses Netzes, wenn es die Eingaben $x_1 = 1$ und $x_2 = 0$ erhält und die Ausgaben der Neuronen in der Reihenfolge $u_3, u_1, u_2, u_3, u_1, u_2, u_3, \ldots$ aktualisiert werden. Die zugehörigen Berechnungen sind in Tabelle 4.1 dargestellt: je Zeile ein Berechnungsschritt.

---

[2]Eine topologische Ordnung ist eine Nummerierung der Knoten eines gerichteten Graphen, so dass alle Kanten von einem Knoten mit einer kleineren Nummer auf einen Knoten mit einer größeren Nummer gerichtet sind. Es ist offensichtlich, dass eine topologische Ordnung nur für azyklische Graphen existiert und daher nur für vorwärtsbetriebene Netze eingesetzt werden kann. Bei diesen wird durch die topologische Ordnung sichergestellt, dass alle Eingaben eines Neurons bereits verfügbar sind (schon berechnet wurden), ehe es seine Aktivierung und Ausgabe neu berechnet.

	u_1	u_2	u_3	
Eingabephase	**1**	**0**	**0**	
Arbeitsphase	1	0	0	$\text{net}_{u_3} = -2$
	0	0	0	$\text{net}_{u_1} = 0$
	0	**0**	0	$\text{net}_{u_2} = 0$
	0	0	**0**	$\text{net}_{u_3} = 0$
	0	0	0	$\text{net}_{u_1} = 0$

Tabelle 4.1: Berechnungen des neuronalen Netzes aus Abbildung 4.1 für die Eingabe ($x_1 = 1, x_2 = 0$) bei Aktualisierung der Aktivierungen in der Reihenfolge $u_3, u_1, u_2, u_3, u_1, u_2, u_3, \ldots$

In der Eingabephase werden die Aktivierungen der Eingabeneuronen u_1 und u_2 auf die Werte der externen Eingaben $\text{ext}_{u_1} = x_1 = 1$ bzw. $\text{ext}_{u_2} = x_2 = 0$ gesetzt. Die Aktivierung des Ausgabeneurons u_3 setzen wir auf den (willkürlich gewählten) Wert 0. Da wir als Ausgabefunktion die Identität gewählt haben, brauchen wir in der Eingabephase keine Berechnungen durchzuführen. Die Neuronen liefern jetzt die Ausgaben $\text{out}_{u_1} = 1$ und $\text{out}_{u_2} = \text{out}_{u_3} = 0$ (siehe Tabelle 4.1).

Die Arbeitsphase beginnt mit der Aktualisierung der Ausgabe des Neurons u_3. Seine Netzeingabe ist die mit -2 und 3 gewichtete Summe der Ausgaben der Neuronen u_1 und u_2, also $\text{net}_{u_3} = -2 \cdot 1 + 3 \cdot 0 = -2$. Da -2 kleiner als 1 ist, wird die Aktivierung (und damit auch die Ausgabe) des Neurons u_3 auf 0 gesetzt. Im nächsten Schritt der Arbeitsphase wird die Ausgabe des Neurons u_1 aktualisiert. (Man beachte, dass seine externe Eingabe jetzt nicht mehr zur Verfügung steht, sondern abgeschaltet ist.) Da es die Netzeingabe 0 hat, wird seine Aktivierung (und damit auch seine Ausgabe) auf 0 gesetzt. Auch die Netzeingabe des Neurons u_2 ist 0 und so wird seine Aktivierung (und seine Ausgabe) im dritten Schritt ebenfalls auf 0 gesetzt. Nach zwei weiteren Schritten wird deutlich, dass wir einen stabilen Zustand erreicht haben, da nach dem fünften Schritt der Arbeitsphase die gleiche Situation vorliegt wie nach dem zweiten Schritt. Die Arbeitsphase wird daher beendet und die Aktivierung 0 des Ausgabeneurons u_3 liefert die Ausgabe $y = 0$ des Netzes.

Dass ein stabiler Zustand erreicht wird, liegt hier jedoch daran, dass wir die Neuronen in der Reihenfolge $u_3, u_1, u_2, u_3, u_1, u_2, u_3, \ldots$ aktualisiert haben. Wenn wir stattdessen die Reihenfolge $u_3, u_2, u_1, u_3, u_2, u_1, u_3, \ldots$ wählen, zeigt sich ein anderes Bild, das in Tabelle 4.2 dargestellt ist. Im siebten Schritt der Arbeitsphase wird deutlich, dass die Ausgaben aller drei Neuronen oszillieren und sich kein stabiler Zustand einstellen kann: Die Situation nach dem siebten Arbeitsschritt ist identisch mit der nach dem ersten Arbeitsschritt, folglich werden sich die Änderungen endlos wiederholen. Wir können daher die Arbeitsphase nicht deshalb abbrechen, weil ein stabiler Zustand erreicht ist, sondern müssen ein anderes Kriterium wählen, z.B., dass eine bestimmte Zahl von Arbeitsschritten ausgeführt wurde. Dann aber hängt die Ausgabe des neuronalen Netzes davon ab, nach welchem Arbeitsschritt die Arbeitsphase abgebrochen wird. Wird nach Schritt k mit $(k-1) \bmod 6 < 3$ abgebrochen, so ist die Aktivierung des Ausgabeneurons u_3 und damit die Ausgabe $y = 0$. Wird dagegen nach Schritt k mit $(k-1) \bmod 6 \geq 3$ abgebrochen, so ist die Aktivierung des Ausgabeneurons u_3 und damit die Ausgabe $y = 1$.

	u_1	u_2	u_3	
Eingabephase	**1**	0	0	
Arbeitsphase	1	0	0	$\text{net}_{u_3} = -2$
	1	**1**	0	$\text{net}_{u_2} = 1$
	0	1	0	$\text{net}_{u_1} = 0$
	0	1	**1**	$\text{net}_{u_3} = 3$
	0	**0**	1	$\text{net}_{u_2} = 0$
	1	0	1	$\text{net}_{u_1} = 4$
	1	0	**0**	$\text{net}_{u_3} = -2$

Tabelle 4.2: Berechnungen des neuronalen Netzes aus Abbildung 4.1 für die Eingabe $(x_1 = 1, x_2 = 0)$ bei Aktualisierung der Aktivierungen in der Reihenfolge $u_3, u_2, u_1, u_3, u_2, u_1, u_3, \ldots$

4.3 Training neuronaler Netze

Zu den interessantesten Eigenschaften (künstlicher) neuronaler Netze gehört die Möglichkeit, sie mit Hilfe von Beispieldaten für bestimmte Aufgaben zu trainieren. Ansatzweise haben wir diese Möglichkeit bereits im vorangehenden Kapitel anhand der Delta-Regel betrachtet, die zwar nur für einzelne Schwellenwertelemente anwendbar ist, aber bereits das Grundprinzip zeigt: Das Training eines neuronalen Netzes besteht in der Anpassung der Verbindungsgewichte und ggf. weiterer Parameter, wie z.B. Schwellenwerten, so dass ein bestimmtes Kriterium optimiert wird.

Je nach der Art der Trainingsdaten und dem zu optimierenden Kriterium unterscheidet man zwei Arten von Lernaufgaben: feste und freie.

Definition 4.4 *Eine* feste Lernaufgabe L_{fixed} *(engl.* fixed learning task*) für ein neuronales Netz mit n Eingabeneuronen, d.h.* $U_{\text{in}} = \{u_1, \ldots, u_n\}$, *und m Ausgabeneuronen, d.h.* $U_{\text{out}} = \{v_1, \ldots, v_m\}$, *ist eine Menge* $L_{\text{fixed}} = \{l_1, \ldots, l_r\}$ *von* Lernmustern $l = (\vec{\imath}^{(l)}, \vec{o}^{(l)})$, *jeweils bestehend aus einem* Eingabevektor $\vec{\imath}^{(l)} = \left(\text{ext}_{u_1}^{(l)}, \ldots, \text{ext}_{u_n}^{(l)} \right)$ *und einem* Ausgabevektor $\vec{o}^{(l)} = \left(o_{v_1}^{(l)}, \ldots, o_{v_m}^{(l)} \right)$.

Bei einer festen Lernaufgabe soll ein neuronales Netz so trainiert werden, dass es für alle Lernmuster $l \in L_{\text{fixed}}$ bei Eingabe der in dem Eingabevektor $\vec{\imath}^{(l)}$ eines Lernmusters l enthaltenen externen Eingaben die in dem zugehörigen Ausgabevektor $\vec{o}^{(l)}$ enthaltenen Ausgaben liefert.

Dieses Optimum wird man jedoch in der Praxis kaum erreichen können und muss sich daher ggf. mit einer Teil- oder Näherungslösung zufriedengeben. Um zu bestimmen, wie gut ein neuronales Netz eine feste Lernaufgabe löst, verwendet man eine Fehlerfunktion, mit der man misst, wie gut die tatsächlichen Ausgaben mit den gewünschten übereinstimmen. Üblicherweise setzt man diese Fehlerfunktion als die Summe der Quadrate der Abweichungen von gewünschter und tatsächlicher Ausgabe über alle Lernmuster und alle Ausgabeneuronen an. D.h., der Fehler eines neuronalen Netzes bezüglich einer festen Lernaufgabe L_{fixed} wird definiert als

$$e = \sum_{l \in L_{\text{fixed}}} e^{(l)} = \sum_{v \in U_{\text{out}}} e_v = \sum_{l \in L_{\text{fixed}}} \sum_{v \in U_{\text{out}}} e_v^{(l)},$$

wobei

$$e_v^{(l)} = \left(o_v^{(l)} - \text{out}_v^{(l)} \right)^2$$

der Einzelfehler für ein Lernmuster l und ein Ausgabeneuron v ist.

Das Quadrat der Abweichung der tatsächlichen von der gewünschten Ausgabe verwendet man aus verschieden Gründen. Zunächst ist klar, dass wir nicht einfach die Abweichungen selbst aufsummieren dürfen, da sich dann positive und negative Abweichungen aufheben könnten, und wir so einen falschen Eindruck von der Güte des Netzes bekämen. Wir müssen also mindestens die Beträge der Abweichungen summieren. Gegenüber dem Betrag der Abweichung der tatsächlichen von der gewünschten Ausgabe hat das Quadrat derselben aber zwei Vorteile: Erstens ist es überall stetig differenzierbar, während die Ableitung des Betrages bei 0 nicht existiert bzw. unstetig ist. Die stetige Differenzierbarkeit der Fehlerfunktion vereinfacht aber die Ableitung der Änderungsregeln für die Gewichte (siehe Abschnitt 5.4). Zweitens gewichtet das Quadrat große Abweichungen von der gewünschten Ausgabe stärker, so dass beim Training vereinzelte starke Abweichungen vom gewünschten Wert tendenziell vermieden werden, was wünschenswert sein kann.

Wenden wir uns nun den freien Lernaufgaben zu.

Definition 4.5 *Eine* freie *Lernaufgabe* L_{free} *(engl.* free learning task) *für ein neuronales Netz mit n Eingabeneuronen, d.h.* $U_{\text{in}} = \{u_1, \ldots, u_n\}$, *ist eine Menge* $L_{\text{free}} = \{l_1, \ldots, l_r\}$ *von* Lernmustern *$l = (\vec{\imath}^{(l)})$, die aus einem* Eingabevektor *$\vec{\imath}^{(l)} = \left(\text{ext}_{u_1}^{(l)}, \ldots, \text{ext}_{u_n}^{(l)} \right)$ von externen Eingaben bestehen.*

Während die Lernmuster einer festen Lernaufgabe eine gewünschte Ausgabe enthalten, was die Berechnung eines Fehlers erlaubt, brauchen wir bei einer freien Lernaufgabe ein anderes Kriterium, um zu beurteilen, wie gut ein neuronales Netz die Aufgabe löst. Prinzipiell soll bei einer freien Lernaufgabe ein neuronales Netz so trainiert werden, dass es „für ähnliche Eingaben ähnliche Ausgaben liefert", wobei die Ausgaben vom Trainingsverfahren gewählt werden können. Das Ziel des Trainings kann dann z.B. sein, die Eingabevektoren zu Gruppen ähnlicher Vektoren zusammenzufassen (Clustering), so dass für alle Vektoren einer Gruppe die gleiche Ausgabe geliefert wird (siehe dazu etwa Abschnitt 7.2).

Bei einer freien Lernaufgabe ist für das Training vor allem wichtig, wie die Ähnlichkeit zwischen Lernmustern gemessen wird. Dazu kann man z.B. eine Abstandsfunktion verwenden (Einzelheiten zu Abstandsfunktionen findet in Abschnitt 6.1). Die Ausgaben werden einer Gruppe ähnlicher Eingabevektoren meist über die Wahl von Repräsentanten oder die Bildung von Prototypen zugeordnet (siehe Kapitel 7).

Im Rest dieses Abschnitts gehen wir auf einige allgemeine Aspekte des Trainings neuronaler Netze ein, die für die Praxis relevant sind. So empfiehlt es sich etwa, die Eingaben eines neuronalen Netzes zu normieren, um bestimmte numerische Probleme, die sich aus einer ungleichen Skalierung der verschiedenen Eingabegrößen ergeben können, zu vermeiden. Üblicherweise wird jede Eingabegröße so skaliert, dass sie den Mittelwert 0 und die Varianz 1 hat. Dazu berechnet man aus den Eingabevektoren der Lernmuster l der Lernaufgabe L für jedes Eingabeneuron u_k

$$\mu_k = \frac{1}{|L|} \sum_{l \in L} \text{ext}_{u_k}^{(l)} \quad \text{und} \quad \sigma_k = \sqrt{\frac{1}{|L|} \sum_{l \in L} \left(\text{ext}_{u_k}^{(l)} - \mu_k \right)^2},$$

also den Mittelwert und die Standardabweichung der externen Eingaben.[3] Dann werden die externen Eingaben gemäß

$$\mathrm{ext}_{u_k}^{(l)(\mathrm{neu})} = \frac{\mathrm{ext}_{u_k}^{(l)(\mathrm{alt})} - \mu_k}{\sigma_k}$$

transformiert. Diese Normierung, auch als *z-Skalierung* bezeichnet, kann entweder in einem Vorverarbeitungsschritt oder (in einem vorwärtsbetriebenen Netz) durch die Ausgabefunktion der Eingabeneuronen vorgenommen werden.

Bisher haben wir (z.T. implizit) vorausgesetzt, dass die Ein- und Ausgaben eines neuronalen Netzes reelle Zahlen sind. In der Praxis treten jedoch oft auch symbolische Attribute auf, z.B. Farbe, Fahrzeugtyp, Familienstand etc. Damit ein neuronales Netz solche Attribute verarbeiten kann, müssen die Attributwerte durch Zahlen dargestellt werden. Dazu kann man die Werte des Attributes zwar z.B. einfach durchnummerieren, doch kann dies zu unerwünschten Effekten führen, wenn die Zahlen keine natürliche Ordnung der Attributwerte widerspiegeln. Und selbst wenn dies der Fall ist, führt eine Durchnummerierung zu gleichen Abständen zwischen den Werten, was ebenfalls nicht immer angemessen ist. Besser ist daher oft eine sogenannte 1-aus-n-Kodierung, bei der jedem symbolischen (oder nominalen) Attribut so viele (Eingabe- oder Ausgabe-) Neuronen zugeordnet werden, wie es Werte besitzt: Jedes Neuron entspricht einem Attributwert. Bei der Eingabe eines Lernmusters wird dann das Neuron, das dem vorliegenden Wert entspricht, auf 1, alle anderen, dem gleichen Attribut zugeordneten Neuronen dagegen auf 0 gesetzt. Alternativ kann einer der Werte des Attributes dadurch dargestellt werden, dass alle Neuronen auf 0 gesetzt werden. In diesem Fall braucht man nur $n - 1$ Neuronen für ein Attribute mit n Werten und spricht deshalb von einer 1-aus-$(n - 1)$-Kodierung. Aus Symmetriegründen ist aber meist eine 1-aus-n-Kodierung vorzuziehen.

---

[3]Die zweite Formel beruht auf dem Maximum-Likelihood-Schätzer für die Varianz einer Normalverteilung. In der Statistik wird stattdessen oft auch der unverzerrte Schätzer verwendet, der sich nur durch die Verwendung von $|L| - 1$ statt $|L|$ von dem angegebenen unterscheidet. Für die Normierung spielt dieser Unterschied keine Rolle.

Kapitel 5

Mehrschichtige Perzeptren

Nachdem wir im vorangehenden Kapitel die Struktur, die Arbeitsweise und das Training/Lernen (künstlicher) neuronaler Netze allgemein beschrieben haben, wenden wir uns in diesem und den folgenden Kapiteln speziellen Formen (künstlicher) neuronaler Netze zu. Wir beginnen mit der bekanntesten Form, den sogenannten *mehrschichtigen Perzeptren* (engl. *multilayer perceptrons*, MLPs), die eng mit den in Kapitel 3 betrachteten Netzen von Schwellenwertelementen verwandt sind. Die Unterschiede bestehen im wesentlichen in dem streng geschichteten Aufbau des Netzes (siehe die folgende Definition) und in der Verwendung auch anderer Aktivierungsfunktionen als einem Test auf Überschreiten eines scharfen Schwellenwertes.

5.1 Definition und Beispiele

Definition 5.1 *Ein r-schichtiges Perzeptron ist ein neuronales Netz mit einem Graphen* $G = (U, C)$, *der den folgenden Einschränkungen genügt:*

(i) $U_{\text{in}} \cap U_{\text{out}} = \emptyset$,

(ii) $U_{\text{hidden}} = U_{\text{hidden}}^{(1)} \cup \cdots \cup U_{\text{hidden}}^{(r-2)}$,

$\forall 1 \leq i < j \leq r - 2 : \quad U_{\text{hidden}}^{(i)} \cap U_{\text{hidden}}^{(j)} = \emptyset$,

(iii) $C \subseteq \left(U_{\text{in}} \times U_{\text{hidden}}^{(1)} \right) \cup \left(\bigcup_{i=1}^{r-3} U_{\text{hidden}}^{(i)} \times U_{\text{hidden}}^{(i+1)} \right) \cup \left(U_{\text{hidden}}^{(r-2)} \times U_{\text{out}} \right)$

oder, falls es keine versteckten Neuronen gibt ($r = 2, U_{\text{hidden}} = \emptyset$),

$C \subseteq U_{\text{in}} \times U_{\text{out}}$.

Die Netzeingabefunktion jedes versteckten und jedes Ausgabeneurons ist die (mit den Verbindungsgewichten) gewichtete Summe der Eingänge, d.h.

$$\forall u \in U_{\text{hidden}} \cup U_{\text{out}} : \qquad f_{\text{net}}^{(u)}(\vec{w}_u, \vec{\text{in}}_u) = \vec{w}_u \vec{\text{in}}_u = \sum_{v \in \text{pred}(u)} w_{uv} \, \text{out}_v .$$

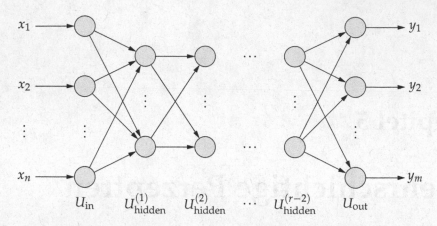

Abbildung 5.1: Allgemeiner Aufbau eines r-schichtigen Perzeptrons.

Die Aktivierungsfunktion jedes versteckten Neurons ist eine sogenannte sigmoide Funktion, d.h. eine monoton wachsende Funktion

$$f : \mathbb{R} \to [0,1] \quad mit \quad \lim_{x \to -\infty} f(x) = 0 \quad und \quad \lim_{x \to \infty} f(x) = 1.$$

Die Aktivierungsfunktion jedes Ausgabeneurons ist entweder ebenfalls eine sigmoide Funktion oder eine lineare Funktion $f_{\text{act}}(\text{net}, \theta) = \alpha\, \text{net} - \theta$.

Anschaulich bedeuten die Einschränkungen des Graphen, dass ein mehrschichtiges Perzeptron aus einer Eingabe- und einer Ausgabeschicht (den Neuronen der Mengen U_{in} bzw. U_{out}) und keiner, einer oder mehreren versteckten Schichten (den Neuronen in den Mengen $U_{\text{hidden}}^{(i)}$) besteht. Verbindungen gibt es nur zwischen den Neuronen benachbarter Schichten, also zwischen der Eingabeschicht und der ersten versteckten Schicht, zwischen aufeinanderfolgenden versteckten Schichten und zwischen der letzten verstecken Schicht und der Ausgabeschicht (siehe Abbildung 5.1). Man beachte, dass ein mehrschichtiges Perzeptron nach dieser Definition immer mindestens zwei Schichten — die Eingabe- und die Ausgabeschicht — besitzt.

Beispiele für sigmoide Aktivierungsfunktionen, die alle einen Parameter, nämlich einen *Biaswert* θ besitzen, zeigt Abbildung 5.2. Die Schwellenwertelemente aus Kapitel 3 benutzen ausschließlich die Sprungfunktion als Aktivierungsfunktion. Die Vorteile anderer Aktivierungsfunktionen werden in Abschnitt 5.2 besprochen. Hier bemerken wir nur, dass statt der oben benutzten *unipolaren* sigmoiden Funktionen ($\lim_{x \to -\infty} f(x) = 0$) oft auch *bipolare* sigmoide Funktionen ($\lim_{x \to -\infty} f(x) = -1$) verwendet werden. Eine solche ist z.B. der *tangens hyperbolicus* (siehe Abbildung 5.3), der mit der logistischen Funktion eng verwandt ist. Es ist außerdem klar, dass sich aus jeder unipolaren sigmoiden Funktion durch Multiplikation mit 2 und Abziehen von 1 eine bipolare sigmoide Funktion erhalten lässt. Durch bipolare sigmoide Aktivierungsfunktionen ergibt sich kein prinzipieller Unterschied. Wir beschränken uns daher in diesem Buch auf unipolare sigmoide Aktivierungsfunktionen. Alle Betrachtungen und Ableitungen der folgenden Abschnitte lassen sich leicht übertragen.

Der streng geschichtete Aufbau eines mehrschichtigen Perzeptrons und die spezielle Netzeingabefunktion der versteckten und der Ausgabeneuronen legen es na-

Sprungfunktion:

$$f_{act}(net, \theta) = \begin{cases} 1, & \text{wenn net} \geq \theta, \\ 0, & \text{sonst.} \end{cases}$$

semi-lineare Funktion:

$$f_{act}(net, \theta) = \begin{cases} 1, & \text{wenn net} > \theta + \frac{1}{2}, \\ 0, & \text{wenn net} < \theta - \frac{1}{2}, \\ (net - \theta) + \frac{1}{2}, & \text{sonst.} \end{cases}$$

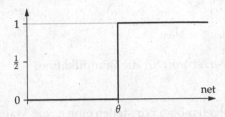

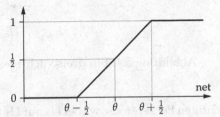

Sinus bis Sättigung:

$$f_{act}(net, \theta) = \begin{cases} 1, & \text{wenn net} > \theta + \frac{\pi}{2}, \\ 0, & \text{wenn net} < \theta - \frac{\pi}{2}, \\ \frac{\sin(net - \theta) + 1}{2}, & \text{sonst.} \end{cases}$$

logistische Funktion:

$$f_{act}(net, \theta) = \frac{1}{1 + e^{-(net - \theta)}}$$

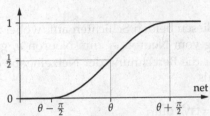

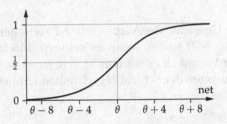

Abbildung 5.2: Verschiedene unipolare sigmoide Aktivierungsfunktionen.

tangens hyperbolicus:

$$f_{act}(net, \theta) = \tanh(net - \theta)$$
$$= \frac{2}{1 + e^{-2(net - \theta)}} - 1$$

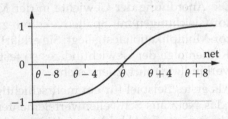

Abbildung 5.3: Der *tangens hyperbolicus*, eine bipolare sigmoide Funktion.

he, die in Kapitel 4 angesprochene Beschreibung der Netzstruktur durch eine Gewichtsmatrix auszunutzen, um die von einem mehrschichtigen Perzeptron ausgeführten Berechnungen einfacher darzustellen. Allerdings verwenden wir nicht eine Gewichtsmatrix für das gesamte Netz (obwohl dies natürlich auch möglich wäre), sondern je eine Matrix für die Verbindungen einer Schicht zur nächsten: Seien $U_1 = \{v_1, \ldots, v_m\}$ und $U_2 = \{u_1, \ldots, u_n\}$ die Neuronen zweier Schichten eines mehr-

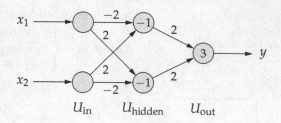

Abbildung 5.4: Ein dreischichtiges Perzeptron für die Biimplikation.

schichtigen Perzeptrons, wobei U_2 auf U_1 folgen möge. Wir stellen eine $n \times m$ Matrix

$$\mathbf{W} = \begin{pmatrix} w_{u_1 v_1} & w_{u_1 v_2} & \cdots & w_{u_1 v_m} \\ w_{u_2 v_1} & w_{u_2 v_2} & \cdots & w_{u_2 v_m} \\ \vdots & \vdots & & \vdots \\ w_{u_n v_1} & w_{u_n v_2} & \cdots & w_{u_n v_m} \end{pmatrix}$$

der Gewichte der Verbindungen zwischen diesen beiden Schichten auf, wobei wir $w_{u_i v_j} = 0$ setzen, wenn es keine Verbindung vom Neuron v_j zum Neuron u_i gibt. Der Vorteil einer solchen Matrix ist, dass wir die Berechnung der Netzeingabe der Neuronen der Schicht U_2 schreiben können als

$$\vec{\mathrm{net}}_{U_2} = \mathbf{W} \cdot \vec{\mathrm{in}}_{U_2} = \mathbf{W} \cdot \vec{\mathrm{out}}_{U_1}$$

mit $\vec{\mathrm{net}}_{U_2} = (\mathrm{net}_{u_1}, \ldots, \mathrm{net}_{u_n})^\top$ und $\vec{\mathrm{in}}_{U_2} = \vec{\mathrm{out}}_{U_1} = (\mathrm{out}_{v_1}, \ldots, \mathrm{out}_{v_m})^\top$ (das hochgestellte $\top$ bedeutet die Transponierung des Vektors, d.h. seine Umwandlung aus einem Zeilen- in einen Spaltenvektor).

Die Anordnung der Gewichte in der Matrix ist durch die Konvention, Matrix-Vektor-Gleichungen mit Spaltenvektoren zu schreiben, und die Regeln der Matrix-Vektor-Multiplikation festgelegt. Sie erklärt, warum wir in Definition 4.3 auf Seite 34 die Reihenfolge der Gewichtindizes so festgelegt haben, dass das Neuron, zu dem die Verbindung führt, zuerst steht.

Als erstes Beispiel für ein mehrschichtiges Perzeptron betrachten wir noch einmal das Netz aus Schwellenwertelementen aus Abschnitt 3.4, das die Biimplikation berechnet. In Abbildung 5.4 ist es als dreischichtiges Perzeptron dargestellt. Man beachte, dass gegenüber Abbildung 3.10 auf Seite 19 zwei zusätzliche Neuronen, nämlich die beiden Eingabeneuronen, auftreten. Formal sind diese Neuronen notwendig, da nach unserer Definition eines neuronalen Netzes nur den Kanten des Graphen Gewichte zugeordnet werden können, nicht aber direkt den Eingaben. Wir brauchen daher die Eingabeneuronen, damit wir Kanten zu den Neuronen der versteckten Schicht bekommen, denen wir die Gewichte der Eingaben zuordnen können. (Allerdings können die Eingabeneuronen auch zur Transformation der Eingabegrößen benutzt werden, indem man ihnen eine geeignete Ausgabefunktion zuordnet. Soll etwa der Logarithmus einer Eingabe für die Berechnungen des neuronalen Netzes verwendet werden, so wählt man einfach $f_{\mathrm{out}}(\mathrm{act}) \equiv \log(\mathrm{act})$ für das zugehörige Eingabeneuron.)

Um die Matrixschreibweise der Gewichte zu illustrieren, stellen wir die Verbindungsgewichte dieses Netzes durch zwei Matrizen dar. Wir erhalten

$$\mathbf{W_1} = \begin{pmatrix} -2 & 2 \\ 2 & -2 \end{pmatrix} \quad \text{und} \quad \mathbf{W_2} = (\ 2 \ \ 2 \ ),$$

wobei die Matrix $\mathbf{W_1}$ für die Verbindungen von der Eingabeschicht zur versteckten Schicht und die Matrix $\mathbf{W_2}$ für die Verbindungen von der versteckten Schicht zur Ausgabeschicht steht.

Als weiteres Beispiel betrachten wir das *Fredkin-Gatter*, das in der sogenannten *konservativen Logik*[1] eine wichtige Rolle spielt [Fredkin und Toffoli 1982]. Dieses Gatter hat drei Eingänge: s, x_1 und x_2, und drei Ausgänge: s, y_1 und y_2 (siehe Abbildung 5.5). Die „Schaltervariable" s wird stets unverändert durchgereicht. Die Eingänge x_1 und x_2 werden entweder parallel oder gekreuzt auf die Ausgänge y_1 und y_2 geschaltet, je nachdem, ob die Schaltervariable s den Wert 0 oder den Wert 1 hat. Die von einem Fredkin-Gatter berechnete Funktion ist in Abbildung 5.5 als Wertetabelle und in Abbildung 5.6 geometrisch dargestellt.

Abbildung 5.7 zeigt ein dreischichtiges Perzeptron, das die Funktion des Fredkin-Gatters (ohne die durchgereichte Schaltervariable s) berechnet. Es ist eigentlich aus zwei getrennten dreischichtigen Perzeptren zusammengesetzt, da es von keinem Neuron der versteckten Schicht Verbindungen zu beiden Ausgabeneuronen gibt. Das muss natürlich nicht immer so sein.

Zur Illustration der Matrixschreibweise der Gewichte stellen wir auch die Gewichte dieses Netzes durch zwei Matrizen dar. Wir erhalten

$$\mathbf{W_1} = \begin{pmatrix} 2 & -2 & 0 \\ 2 & 2 & 0 \\ 0 & 2 & 2 \\ 0 & -2 & 2 \end{pmatrix} \quad \text{und} \quad \mathbf{W_2} = \begin{pmatrix} 2 & 0 & 2 & 0 \\ 0 & 2 & 0 & 2 \end{pmatrix},$$

wobei die Matrix $\mathbf{W_1}$ wieder für die Verbindungen von der Eingabeschicht zur versteckten Schicht und die Matrix $\mathbf{W_2}$ für die Verbindungen von der versteckten Schicht zur Ausgabeschicht steht. Man beachte, dass in diesen Matrizen fehlende Verbindungen durch Nullgewichte dargestellt sind.

Mit Hilfe der Matrixschreibweise der Gewichte kann man auch sehr leicht zeigen, warum sigmoide oder allgemein nichtlineare Aktivierungsfunktionen für die Berechnungsfähigkeiten eines mehrschichtigen Perzeptrons so wichtig sind. Sind nämlich alle Aktivierungs- und Ausgabefunktionen linear, also Funktionen des Typs $f_{\mathrm{act}}(\mathrm{net}, \theta) = \alpha \, \mathrm{net} - \theta$, so lässt sich ein mehrschichtiges Perzeptron auf ein zweischichtiges (nur Ein- und Ausgabeschicht) reduzieren.

Wie oben erwähnt, ist für zwei aufeinanderfolgende Schichten U_1 und U_2

$$\vec{\mathrm{net}}_{U_2} = \mathbf{W} \cdot \vec{\mathrm{in}}_{U_2} = \mathbf{W} \cdot \vec{\mathrm{out}}_{U_1}.$$

---

[1]Die konservative Logik ist ein mathematisches Modell für Berechnungen und Berechnungsfähigkeiten von Computern, in dem die grundlegenden physikalischen Prinzipien, denen Rechenautomaten unterworfen sind, explizit berücksichtigt werden. Zu diesen Prinzipien gehört z.B., dass die Geschwindigkeit, mit der Information übertragen werden kann, sowie die Menge an Information, die in einem Zustand eines endlichen Systems gespeichert werden kann, endlich sind [Fredkin und Toffoli 1982].

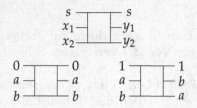

s	0	0	0	0	1	1	1	1
x_1	0	0	1	1	0	0	1	1
x_2	0	1	0	1	0	1	0	1
y_1	0	0	1	1	0	1	0	1
y_2	0	1	0	1	0	0	1	1

Abbildung 5.5: Das Fredkin-Gatter [Fredkin und Toffoli 1982].

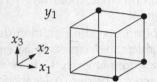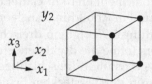

Abbildung 5.6: Geometrische Darstellung der durch ein Fredkin-Gatter berechneten Funktion (ohne die durchgereichte Eingabe s).

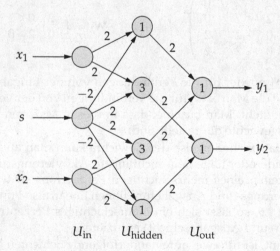

Abbildung 5.7: Ein dreischichtiges Perzeptron zur Berechnung der Funktion des Fredkin-Gatters (siehe Abbildung 5.5).

Sind nun alle Aktivierungsfunktionen linear, so kann man die Aktivierungen der Neuronen der Schicht U_2 ebenfalls durch eine Matrix-Vektor-Rechnung bestimmen, nämlich durch

$$\vec{\text{act}}_{U_2} = \mathbf{D}_{\text{act}} \cdot \vec{\text{net}}_{U_2} - \vec{\theta},$$

wobei $\vec{\text{act}}_{U_2} = (\text{act}_{u_1}, \ldots, \text{act}_{u_n})^\top$ der Vektor der Aktivierungen der Neuronen der Schicht U_2, $\mathbf{D}_{\text{act}}$ eine $n \times n$ Diagonalmatrix der Faktoren α_{u_i}, $i = 1, \ldots, n$, und $\vec{\theta} = (\theta_{u_1}, \ldots, \theta_{u_n})^\top$ ein Biasvektor sind. Ist die Ausgabefunktion ebenfalls eine lineare Funktion, so ist analog

$$\vec{\text{out}}_{U_2} = \mathbf{D}_{\text{out}} \cdot \vec{\text{act}}_{U_2} - \vec{\xi},$$

wobei $\vec{\text{out}}_{U_2} = (\text{out}_{u_1}, \ldots, \text{out}_{u_n})^\top$ der Vektor der Ausgaben der Neuronen in der Schicht U_2, $\mathbf{D}_{\text{out}}$ wieder eine $n \times n$ Diagonalmatrix von Faktoren und schließlich $\vec{\xi} = (\xi_{u_1}, \ldots, \xi_{u_n})^\top$ wieder ein Biasvektor sind. Daher können wir die Berechnung der Ausgaben der Neuronen der Schicht U_2 aus den Ausgaben der Neuronen der vorhergehenden Schicht U_1 schreiben als

$$\vec{\text{out}}_{U_2} = \mathbf{D}_{\text{out}} \cdot \left(\mathbf{D}_{\text{act}} \cdot \left(\mathbf{W} \cdot \vec{\text{out}}_{U_1} \right) - \vec{\theta} \right) - \vec{\xi},$$

was sich zu

$$\vec{\text{out}}_{U_2} = \mathbf{A}_{12} \cdot \vec{\text{out}}_{U_1} + \vec{b}_{12},$$

mit einer $n \times m$ Matrix $\mathbf{A}_{12}$ und einem n-dimensionalen Vektor $\vec{b}_{12}$ zusammenfassen lässt. Analog erhalten wir für die Berechnungen der Ausgaben der Neuronen einer auf die Schicht U_2 folgenden Schicht U_3 aus den Ausgaben der Neuronen der Schicht U_2

$$\vec{\text{out}}_{U_3} = \mathbf{A}_{23} \cdot \vec{\text{out}}_{U_2} + \vec{b}_{23},$$

also für die Berechnungen der Ausgaben der Neuronen der Schicht U_3 aus den Ausgaben der Neuronen der Schicht U_1

$$\vec{\text{out}}_{U_3} = \mathbf{A}_{13} \cdot \vec{\text{out}}_{U_1} + \vec{b}_{13},$$

wobei $\mathbf{A}_{13} = \mathbf{A}_{23} \cdot \mathbf{A}_{12}$ und $\vec{b}_{13} = \mathbf{A}_{23} \cdot \vec{b}_{12} + \vec{b}_{23}$. Die Berechnungen zweier aufeinanderfolgender Schichten lassen sich daher auf eine Schicht reduzieren. In der gleichen Weise können wir natürlich die Berechnungen beliebig vieler weiterer Schichten einbeziehen. Folglich können mehrschichtige Perzeptren, wenn die Aktivierungs- und die Ausgabefunktionen aller Neuronen linear sind, nur affine Transformationen berechnen. Für komplexere Aufgaben braucht man deshalb nichtlineare Aktivierungsfunktionen wie z.B. die logistische Funktion (siehe Abbildung 5.2).

5.2   Funktionsapproximation

In diesem Abschnitt untersuchen wir, was wir gegenüber Schwellenwertelementen (d.h. Neuronen mit der Sprungfunktion als Aktivierungsfunktion) gewinnen, wenn wir auch andere Aktivierungsfunktionen zulassen.[2] Es zeigt sich zunächst,

---

[2]Wir setzen im folgenden stillschweigend voraus, dass die Ausgabefunktion aller Neuronen die Identität ist. Nur die Aktivierungsfunktionen werden verändert.

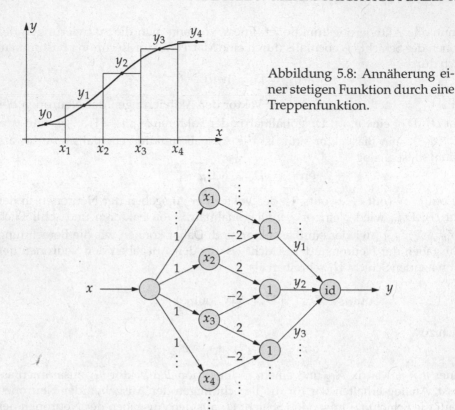

Abbildung 5.8: Annäherung einer stetigen Funktion durch eine Treppenfunktion.

Abbildung 5.9: Ein neuronales Netz, das die Treppenfunktion aus Abbildung 5.8 berechnet. („id" statt eines Schwellenwertes bedeutet, dass dieses Neuron die Identität statt einer Schwellenwertfunktion benutzt.)

dass man alle Riemann-integrierbaren Funktionen durch vierschichtige Perzeptren beliebig genau annähern kann, indem man lediglich im Ausgabeneuron die Sprungfunktion durch die Identität ersetzt.

Die Idee ist in den Abbildungen 5.8 und 5.9 für eine einstellige Funktion veranschaulicht: Die zu berechnende Funktion wird durch eine Treppenfunktion angenähert (siehe Abbildung 5.8). Für jede Stufengrenze x_i wird ein Neuron in der ersten versteckten Schicht eines insgesamt vierschichtigen Perzeptrons angelegt (siehe Abbildung 5.9). Dieses Neuron hat die Aufgabe, zu bestimmen, auf welcher Seite der Stufengrenze ein Eingabewert liegt.

In der zweiten versteckten Schicht gibt es für jede Stufe ein Neuron, das Eingaben von den Neuronen erhält, denen die Werte x_i und x_{i+1} zugeordnet sind, die die Stufe begrenzen (siehe Abbildung 5.9). Die Gewichte und der Schwellenwert sind so gewählt, dass das Neuron aktiviert wird, wenn der Eingabewert größer-gleich der linken Stufengrenze x_i aber kleiner als die rechte Stufengrenze x_{i+1} ist, also wenn der Eingabewert im Bereich der Stufe liegt. Man beachte, dass so immer nur genau ein Neuron der zweiten versteckten Schicht aktiv sein kann, nämlich dasjenige, das die Stufe repräsentiert, in der der Eingabewert liegt.

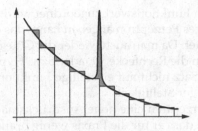

Abbildung 5.10: Grenzen des Satzes über die Annäherung einer Funktion durch ein mehrschichtiges Perzeptron.

Die Verbindungen der Neuronen der zweiten versteckten Schicht zum Ausgabeneuron sind mit den Funktionswerten der durch diese Neuronen repräsentierten Treppenstufen gewichtet. Da immer nur ein Neuron der zweiten versteckten Schicht aktiv sein kann, erhält das Ausgabeneuron als Netzeingabe die Höhe der Treppenstufe, in der der Eingabewert liegt. Weil es als Aktivierungsfunktion die Identität besitzt, gibt es diesen Wert unverändert aus. Folglich berechnet das in Abbildung 5.9 skizzierte vierschichtige Perzeptron gerade die in Abbildung 5.8 gezeigte Funktion.

Es ist klar, dass man die Güte der Annäherung durch eine Treppenfunktion im Prinzip beliebig erhöhen kann, indem man die Treppenstufen hinreichend schmal macht. Man erinnere sich dazu an die Einführung des Integralbegriffs in der Analysis über Riemannsche Ober- und Untersummen: Zu jeder vorgegebenen Fehlerschranke $\varepsilon > 0$ gibt es eine „Stufenbreite" $\delta(\varepsilon) > 0$, so dass sich die Riemannsche Ober- und Untersumme um weniger als ε unterscheiden. Folglich können wir den folgenden Satz formulieren:

Satz 5.1 *Jede Riemann-integrierbare Funktion ist durch ein mehrschichtiges Perzeptron beliebig genau approximierbar.*

Man beachte, dass dieser Satz nur Riemann-Integrierbarkeit der darzustellenden Funktion voraussetzt und *nicht* Stetigkeit. Die darzustellende Funktion darf also Sprungstellen haben. Jedoch darf sie in dem Bereich, in dem sie durch ein mehrschichtiges Perzeptron angenähert werden soll, nur endlich viele Sprungstellen endlicher Höhe besitzen. Die Funktion muss folglich „fast überall" stetig sein.

Man beachte weiter, dass in diesem Satz der Fehler der Näherung durch die *Fläche* zwischen der darzustellenden Funktion und der Ausgabe des mehrschichtigen Perzeptrons gemessen wird. Diese Fläche kann durch Erhöhen der Zahl der Neuronen (durch Erhöhen der Zahl der Treppenstufen) beliebig klein gemacht werden. Das garantiert jedoch *nicht*, dass für ein gegebenes Perzeptron, das eine bestimmte Näherungsgüte in diesem Sinne erreicht, an jedem Punkt die Differenz zwischen seiner Ausgabe und der darzustellenden Funktion kleiner ist als eine bestimmte Fehlerschranke. Die darzustellende Funktion könnte z.B. eine sehr schmale Spitze besitzen, die durch keine Treppenstufe erfasst wird (siehe Abbildung 5.10). Dann ist zwar die Fläche zwischen der darzustellenden Funktion und der Ausgabe des mehrschichtigen Perzeptrons klein (weil die Spitze schmal ist und daher nur eine kleine Fläche einschließt), aber an der Stelle der Spitze kann die Abweichung der Ausgabe vom wahren Funktionswert trotzdem sehr groß sein.

Natürlich lässt sich die Idee, eine gegebene Funktion durch eine Treppenfunktion anzunähern, unmittelbar auf mehrstellige Funktionen übertragen: Der Eingaberaum wird — je nach Stelligkeit der Funktion — in Rechtecke, Quader oder allgemein Hyperquader eingeteilt, denen jeweils ein Funktionswert zugeordnet wird. Es ist klar, dass man dann wieder ein vierschichtiges Perzeptron angeben kann, das die höherdimensionale „Treppenfunktion" berechnet. Da man auch wieder die Güte der Annäherung beliebig erhöhen kann, indem man die Rechtecke, Quader bzw. Hyperquader hinreichend klein macht, ist der obige Satz nicht auf einstellige Funktionen beschränkt, sondern gilt für Funktionen beliebiger Stelligkeit.

Obwohl der obige Satz mehrschichtigen Perzeptren eine hohe Ausdrucksmächtigkeit bescheinigt, wird man zugeben müssen, dass er für die Praxis wenig brauchbar ist. Denn um eine hinreichend gute Annäherung zu erzielen, wird man Treppenfunktionen mit sehr geringer Stufenbreite und folglich mehrschichtige Perzeptren mit einer immensen Anzahl von Neuronen verwenden müssen (je ein Neuron für jede Stufe und für jede Stufengrenze).

Um zu verstehen, wie mehrschichtige Perzeptren Funktionen besser approximieren können, betrachten wir den Fall einer einstelligen Funktion noch etwas genauer. Man sieht leicht, dass sich eine Schicht des vierschichtigen Perzeptrons einsparen lässt, wenn man nicht die absolute, sondern die relative Höhe einer Treppenstufe (d.h. die Änderung zur vorhergehenden Stufe) als Gewicht der Verbindung zum Ausgabeneuron verwendet. Dies ist in den Abbildungen 5.11 und 5.12 veranschaulicht. Jedes Neuron der versteckten Schicht steht für eine Stufengrenze und bestimmt, ob ein Eingabewert links oder rechts der Grenze liegt. Liegt er rechts, so wird das Neuron aktiv. Das Ausgabeneuron erhält dann als zusätzliche Netzeingabe die relative Höhe der Treppenstufe (Änderung zur vorhergehenden Stufe). Da jeweils alle Neuronen der versteckten Schicht aktiv sind, die für Stufengrenzen links von dem aktuellen Eingabewert stehen, addieren sich die Gewichte gerade zur absoluten Höhe der Treppenstufe.[3] Man beachte, dass die (relativen) Stufenhöhen auch negativ sein können, die Funktion also nicht unbedingt monoton wachsen muss.

Damit haben wir zwar eine Schicht von Neuronen eingespart, aber um eine gute Annäherung zu erzielen, brauchen wir immer noch eine sehr große Anzahl von Neuronen, da wir dazu schmale Treppenstufen brauchen. Wir können jedoch die Annäherung der Funktion nicht nur dadurch verbessern, dass wir die Treppenstufen schmaler machen, sondern auch dadurch, dass wir in den Neuronen der versteckten Schicht andere Aktivierungsfunktionen verwenden. Indem wir z.B. die Sprungfunktionen durch semi-lineare Funktionen ersetzen, können wir die Funktion durch eine stückweise lineare Funktion annähern. Dies ist in Abbildung 5.13 veranschaulicht. Natürlich können die „Stufenhöhen" Δy_i auch negativ sein. Das zugehörige dreischichtige Perzeptron ist in Abbildung 5.14 gezeigt.

Es ist unmittelbar klar, dass wir bei dieser Art der Annäherung bei gleichem Abstand der „Stufengrenzen" x_i einen viel geringeren Fehler machen als bei einer Treppenfunktion. Oder umgekehrt: Um eine vorgegebene Fehlerschranke einzuhalten, brauchen wir wesentlich weniger Neuronen in der versteckten Schicht. Die Zahl der Neuronen lässt sich weiter verringern, wenn man nicht alle Abschnitte gleich breit macht, sondern schmalere verwendet, wenn die Funktion stark gekrümmt ist, und breitere, wenn sie nahezu linear ist. Durch gekrümmte Aktivierungsfunktionen — wie z.B. die logistische Funktion — lässt sich u.U. die Annäherung weiter verbessern bzw. die gleiche Güte mit noch weniger Neuronen erreichen.

---

[3]Allerdings lässt sich dieses Verfahren nicht ohne weiteres auf mehrstellige Funktionen übertragen. Damit dies möglich ist, müssen die Einflüsse der zwei oder mehr Argumente der Funktion in einem gewissen Sinne unabhängig sein.

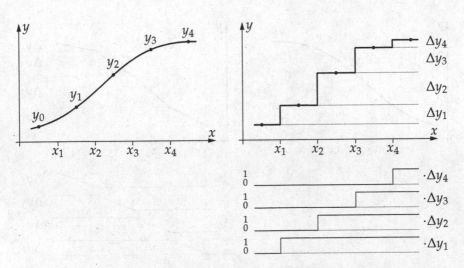

Abbildung 5.11: Darstellung der Treppenfunktion aus Abbildung 5.8 durch eine gewichtete Summe von Sprungfunktionen. Es ist $\Delta y_i = y_i - y_{i-1}$.

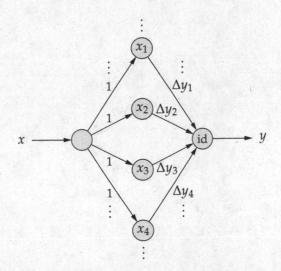

Abbildung 5.12: Ein neuronales Netz, das die Treppenfunktion aus Abbildung 5.8 als gewichtete Summe von Sprungfunktionen berechnet, vgl. Abbildung 5.11. („id" statt eines Schwellenwertes bedeutet, dass dieses Neuron die Identität statt einer Schwellenwertfunktion benutzt.)

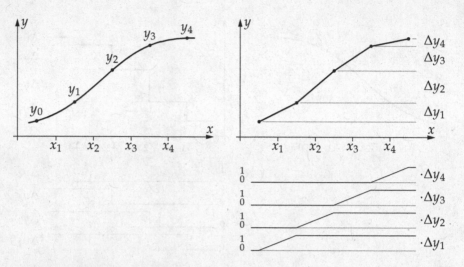

Abbildung 5.13: Annäherung einer stetigen Funktion durch eine gewichtete Summe von semi-linearen Funktionen. Es ist $\Delta y_i = y_i - y_{i-1}$.

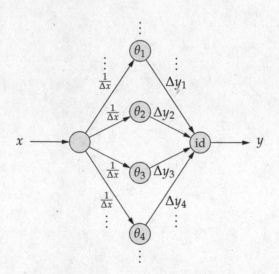

Abbildung 5.14: Ein neuronales Netz, das die stückweise lineare Funktion aus Abbildung 5.13 durch eine gewichtete Summe von semi-linearen Funktionen berechnet. Es ist $\Delta x = x_{i+1} - x_i$ und $\theta_i = \frac{x_i}{\Delta x}$. („id" bedeutet wieder, dass die Aktivierungsfunktion des Neurons die Identität ist.)

Das Prinzip, mit dem wir oben eine versteckte Schicht des mehrschichtigen Perzeptrons eingespart haben, lässt sich zwar nicht unmittelbar auf mehrdimensionale Funktionen übertragen, da wir bei zwei oder mehr Dimensionen auf jeden Fall in zwei Schritten die Gebiete abgrenzen müssen, für die die Gewichte der Verbindungen zur Ausgabeschicht die Funktionswerte angeben. Aber mit mächtigeren mathematischen Hilfsmitteln und wenigen Zusatzannahmen kann man nachweisen, dass auch bei mehrdimensionalen Funktionen im Prinzip eine versteckte Schicht ausreichend ist. Genauer kann man zeigen, dass ein mehrschichtiges Perzeptron jede stetige Funktion (hier wird also eine stärkere Voraussetzung gemacht als in Satz 5.1, der nur Riemann-Integrierbarkeit forderte) auf einem kompakten Teil des $\mathbb{R}^n$ beliebig genau annähern kann, vorausgesetzt, die Aktivierungsfunktion der Neuronen ist kein Polynom (was aber nach unserer Definition durch die Grenzwertforderungen sowieso implizit ausgeschlossen ist). Diese Aussage gilt sogar in dem stärkeren Sinne, dass die Differenz zwischen der Ausgabe des mehrschichtigen Perzeptrons und der zu approximierenden Funktion überall kleiner ist als eine vorgegebene Fehlerschranke ϵ (während Satz 5.1 nur sagt, dass die *Fläche* zwischen der Ausgabe und der Funktion beliebig klein gemacht werden kann). Einen Überblick über Ergebnisse zu den Approximationsfähigkeiten mehrschichtiger Perzeptren und einen Beweis des angesprochenen Satzes findet man z.B. in [Pinkus 1999].

Man beachte jedoch, dass diese Ergebnisse nur insofern relevant sind, als mit ihnen sichergestellt ist, dass nicht schon durch die Struktur eines mehrschichtigen Perzeptrons mit nur einer versteckten Schicht die Annäherung bestimmter (stetiger) Funktionen ausgeschlossen ist, es also keine prinzipiellen Hindernisse gibt. Diese Ergebnisse sagen jedoch nichts darüber, wie man bei gegebener Netzstruktur, speziell einer gegebenen Zahl von versteckten Neuronen, die Parameterwerte findet, mit denen die größtmögliche Annäherungsgüte erreicht wird.

Auch sollte man den angesprochenen Satz nicht so auffassen, dass durch ihn gezeigt ist, dass mehrschichtige Perzeptren mit mehr als einer versteckten Schicht unnütz sind, da sie die Berechnungsfähigkeiten mehrschichtiger Perzeptren nicht erhöhen. (Auch wenn er gerne als Argument in dieser Richtung gebraucht wird.) Durch eine zweite versteckte Schicht kann mitunter die darzustellende Funktion sehr viel einfacher (d.h mit weniger Neuronen) berechnet werden. Auch könnten mehrschichtige Perzeptren mit zwei versteckten Schichten Vorteile beim Training bieten. Da mehrschichtige Perzeptren mit mehr als einer versteckten Schicht jedoch sehr viel schwerer zu analysieren sind, ist hierüber bisher nur wenig bekannt.

5.3 Logistische Regression

Nachdem wir uns im vorangehenden Abschnitt von der Ausdrucksmächtigkeit mehrschichtiger Perzeptren mit allgemeinen Aktivierungsfunktionen überzeugt haben, wenden wir uns nun der Bestimmung ihrer Parameter mit Hilfe einer Menge von Trainingsbeispielen zu. In Kapitel 4 haben wir bereits angegeben, dass wir dazu eine Fehlerfunktion benötigen und dass man als eine solche üblicherweise die Summe der Fehlerquadrate über die Ausgabeneuronen und die Trainingsbeispiele benutzt. Diese Summe der Fehlerquadrate gilt es durch geeignete Veränderungen der Gewichte und der Parameter der Aktivierungsfunktionen zu minimieren. Dies führt uns zu der in der Analysis und Statistik wohlbekannten *Methode der kleinsten*

Quadrate, auch *Regression* genannt, zur Bestimmung von Ausgleichsgeraden (Regressionsgeraden) und allgemein Ausgleichspolynomen für eine gegebene Menge von Datenpunkten (x_i, y_i). Diese Methode ist in Abschnitt 28.2 rekapituliert.

Hier interessieren uns zwar nicht eigentlich Ausgleichsgeraden oder Ausgleichspolynome, aber die Bestimmung eines Ausgleichspolynoms lässt sich auch zur Bestimmung anderer Ausgleichsfunktionen verwenden, nämlich dann, wenn es gelingt, eine geeignete Transformation zu finden, durch die das Problem auf das Problem der Bestimmung eines Ausgleichspolynoms zurückgeführt wird. So lassen sich z.B. auch Ausgleichsfunktionen der Form

$$y = ax^b$$

durch die Bestimmung einer Ausgleichgeraden finden. Denn logarithmiert man diese Gleichung, so ergibt sich

$$\ln y = \ln a + b \cdot \ln x.$$

Diese Gleichung können wir durch die Bestimmung einer Ausgleichsgeraden behandeln. Wir müssen lediglich die Datenpunkte (x_i, y_i) logarithmieren und mit den so transformierten Werten rechnen.[4]

Im Zusammenhang mit (künstlichen) neuronalen Netzen ist es wichtig, dass es auch für die sogenannte *logistische Funktion*

$$y = \frac{Y}{1 + e^{a+bx}},$$

wobei Y, a und b Konstanten sind, eine Transformation gibt, mit der wir das Problem der Bestimmung einer Ausgleichsfunktion dieser Form auf die Bestimmung einer Ausgleichsgerade zurückführen können (sogenannte *logistische Regression*). Dies ist wichtig, weil die logistische Funktion eine sehr häufig verwendete Aktivierungsfunktion ist (siehe auch Abschnitt 5.4). Wenn wir über eine Methode zur Bestimmung einer logistischen Ausgleichsfunktion verfügen, haben wir unmittelbar eine Methode zur Bestimmung der Parameter eines zweischichtigen Perzeptrons mit einem Eingang, da wir ja mit dem Wert von a den Biaswert des Ausgabeneurons und mit dem Wert von b das Gewicht des Eingangs haben.

Wie kann man aber die logistische Funktion „linearisieren", d.h., so umformen, dass das Problem auf das Problem der Bestimmung einer Ausgleichsgerade zurückgeführt wird? Wir beginnen, indem wir den Reziprokwert der logistischen Gleichung bestimmen:

$$\frac{1}{y} = \frac{1 + e^{a+bx}}{Y}.$$

Folglich ist

$$\frac{Y - y}{y} = e^{a+bx}.$$

---

[4]Man beachte allerdings, dass bei einem solchen Vorgehen zwar die Fehlerquadratsumme im transformierten Raum (Koordinaten $x' = \ln x$ und $y' = \ln y$), aber damit nicht notwendig die Fehlerquadratsumme im Originalraum (Koordinaten x und y) minimiert wird. Dennoch führt der Ansatz meist zu sehr guten Ergebnissen.

Durch Logarithmieren dieser Gleichung erhalten wir

$$\ln\left(\frac{Y-y}{y}\right) = a + bx.$$

Diese Gleichung können wir durch Bestimmen einer Ausgleichsgerade behandeln, wenn wir die y-Werte der Datenpunkte entsprechend der linken Seite dieser Gleichung transformieren. (Man beachte, dass dazu der Wert von Y bekannt sein muss, der i.W. eine Skalierung bewirkt.) Diese Transformation ist unter dem Namen *Logit-Transformation* bekannt. Sie entspricht einer Umkehrung der logistischen Funktion. Indem wir für die entsprechend transformierten Datenpunkte eine Ausgleichsgerade bestimmen, erhalten wir eine logistische Ausgleichskurve für die Originaldaten.[5]

Zur Veranschaulichung des Vorgehens betrachten wir ein einfaches Beispiel. Gegeben sei der aus den fünf Punkten $(x_1, y_1), \ldots, (x_5, y_5)$ bestehende Datensatz, der in der folgenden Tabelle gezeigt ist:

x	1	2	3	4	5
y	0.4	1.0	3.0	5.0	5.6

Wir transformieren diese Daten mit

$$z = \ln\left(\frac{Y-y}{y}\right), \qquad Y = 6.$$

Die transformierten Datenpunkte sind (näherungsweise):

x	1	2	3	4	5
z	2.64	1.61	0.00	-1.61	-2.64

Um das System der Normalgleichungen aufzustellen, berechnen wir

$$\sum_{i=1}^{5} x_i = 15, \qquad \sum_{i=1}^{5} x_i^2 = 55, \qquad \sum_{i=1}^{5} z_i = 0, \qquad \sum_{i=1}^{5} x_i z_i \approx -13.775.$$

Damit erhalten wir das Gleichungssystem (Normalgleichungen)

$$\begin{aligned} 5a + 15b &= 0, \\ 15a + 55b &= -13.775, \end{aligned}$$

das die Lösung $a \approx 4.133$ und $b \approx -1.3775$ besitzt. Die Ausgleichsgerade für die transformierten Daten ist daher

$$z \approx 4.133 - 1.3775x$$

und die Ausgleichskurve für die Originaldaten folglich

$$y \approx \frac{6}{1 + e^{4.133 - 1.3775x}}.$$

Diese beiden Ausgleichsfunktionen sind zusammen mit den (transformierten bzw. Original-) Datenpunkten in Abbildung 5.15 dargestellt.

---

[5]Man beachte wieder, dass bei diesem Vorgehen zwar die Fehlerquadratsumme im transformierten Raum (Koordinaten x und $z = \ln\left(\frac{Y-y}{y}\right)$), aber damit nicht notwendig die Fehlerquadratsumme im Originalraum (Koordinaten x und y) minimiert wird.

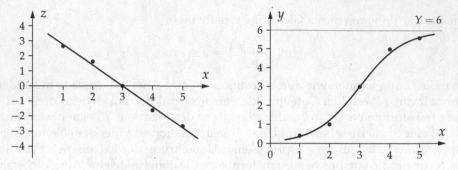

Abbildung 5.15: Transformierte Daten (links) und Originaldaten (rechts) sowie mit der Methode der kleinsten Quadrate berechnete Ausgleichsgerade (transformierte Daten) und zugehörige Ausgleichskurve (Originaldaten).

Die bestimmte Ausgleichskurve für die Originaldaten wird durch ein Neuron mit einem Eingang x berechnet, wenn wir als Netzeingabefunktion $f_{\mathrm{net}}(x) \equiv wx$ mit dem Gewicht $w = b \approx -1.3775$, als Aktivierungsfunktion die logistische Funktion $f_{\mathrm{act}}(\mathrm{net}, \theta) \equiv (1 + e^{-(\mathrm{net}-\theta)})^{-1}$ mit dem Parameter (Biaswert) $\theta = a \approx 4.133$ und als Ausgabefunktion $f_{\mathrm{out}}(\mathrm{act}) \equiv 6\,\mathrm{act}$ wählen.

Man beachte, dass man mit Hilfe der logistischen Regression nicht nur die Parameter eines Neurons mit einem Eingang, sondern analog zur *multilinearen Regression* (siehe Abschnitt 28.2) auch die Parameter eines Neurons mit mehreren Eingängen berechnen kann. Da jedoch die Fehlerquadratsumme nur für Ausgabeneuronen bestimmbar ist, ist dieses Verfahren auf zweischichtige Perzeptren (d.h. nur mit Ein- und Ausgabeschicht und ohne versteckte Schichten) beschränkt. Es lässt sich nicht ohne weiteres auf drei- und mehrschichtige Perzeptren erweitern, womit wir im wesentlichen vor dem gleichen Problem stehen wie in Abschnitt 3.7: Wir können so keine Netze trainieren. Wir betrachten daher im folgenden ein anderes Verfahren, bei dem eine Erweiterung auf mehrschichtige Perzeptren möglich ist.

5.4 Gradientenabstieg

Im folgenden betrachten wir das Verfahren des Gradientenabstiegs zur Bestimmung der Parameter eines mehrschichtigen Perzeptrons. Dieses Verfahren beruht im Grunde auf der gleichen Idee wie das in Abschnitt 3.5 verwendete Verfahren: Je nach den Werten der Gewichte und Biaswerte wird die Ausgabe des zu trainierenden mehrschichtigen Perzeptrons mehr oder weniger falsch sein. Wenn es gelingt, aus der Fehlerfunktion die Richtungen abzuleiten, in denen die Gewichte und Biaswerte geändert werden müssen, um den Fehler zu verringern, verfügen wir über eine Möglichkeit, die Parameter des Netzes zu trainieren. Wir bewegen uns einfach ein kleines Stück in diese Richtungen, bestimmen erneut die Richtungen der notwendigen Änderungen, bewegen uns wieder ein kleines Stück usf. — genauso, wie wir es auch in Abschnitt 3.5 getan haben (vgl. Abbildung 3.16 auf Seite 24).

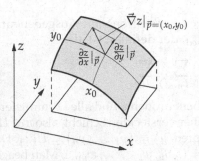

Abbildung 5.16: Anschauliche Deutung des Gradienten einer reellwertigen Funktion $z = f(x, y)$ an einem bestimmten Punkt $\vec{p} = (x_0, y_0)$. Es ist $\vec{\nabla} z|_{(x_0, y_0)} = \left(\frac{\partial z}{\partial x}|_{(x_0, y_0)}, \frac{\partial z}{\partial y}|_{(x_0, y_0)} \right)$.

In Abschnitt 3.5 konnten wir die Änderungsrichtungen jedoch nicht direkt aus der natürlichen Fehlerfunktion ableiten (vgl. Abbildung 3.13 auf Seite 22), sondern mussten eine Zusatzüberlegung anstellen, um die Fehlerfunktion geeignet zu modifizieren. Doch dies war nur notwendig, weil wir eine Sprungfunktion als Aktivierungsfunktion verwendet haben, wodurch die Fehlerfunktion aus Plateaus zusammengesetzt ist. In mehrschichtigen Perzeptren stehen uns aber auch andere Aktivierungsfunktionen zur Verfügung (vgl. Abbildung 5.2 auf Seite 45). Insbesondere können wir eine *differenzierbare Aktivierungsfunktion* wählen, vorzugsweise die logistische Funktion. Eine solche Wahl hat folgenden Vorteil: Ist die Aktivierungsfunktion differenzierbar, dann auch die Fehlerfunktion.[6] Wir können daher die Richtungen, in denen Gewichte und Schwellenwerte geändert werden müssen, einfach dadurch bestimmen, dass wir den *Gradienten* der Fehlerfunktion bestimmen.

Anschaulich beschreibt der Gradient einer Funktion das Steigungsverhalten dieser Funktion (siehe Abbildung 5.16). Formal liefert die Gradientenbildung ein *Vektorfeld*. D.h., jedem Punkt des Definitionsbereichs der Funktion wird ein Vektor zugeordnet, dessen Elemente die *partiellen Ableitungen* der Funktion nach den verschiedenen Argumenten der Funktion sind (auch *Richtungsableitungen* genannt). Diesen Vektor nennt man oft auch einfach den *Gradienten* der Funktion an dem gegebenen Punkt (siehe Abbildung 5.16). Er zeigt in Richtung des stärksten Anstiegs der Funktion in diesem Punkt. Die Gradientenbildung wird üblicherweise durch den Operator $\vec{\nabla}$ (gesprochen: nabla) bezeichnet.

Das Training des neuronalen Netzes wird so sehr einfach: Zunächst werden die Gewichte und Biaswerte zufällig initialisiert. Dann wird der Gradient der Fehlerfunktion an dem durch die aktuellen Gewichte und Biaswerte bestimmten Punkt berechnet. Da wir den Fehler minimieren wollen, der Gradient aber die Richtung der stärksten Steigung angibt, bewegen wir uns ein kleines Stück in die Gegenrichtung. An dem so erreichten Punkt (neue Gewichte und Biaswerte) berechnen wir erneut den Gradienten usf. bis wir ein Minimum der Fehlerfunktion erreicht haben.

Nachdem mit diesen Überlegungen das prinzipielle Vorgehen klar ist, wenden wir uns der Ableitung der Änderungsformeln für die Gewichte und Biaswerte im Detail zu. Um unnötige Fallunterscheidungen zu vermeiden, bezeichnen wir im folgenden die Menge der Neuronen der Eingabeschicht eines r-schichtigen Perzeptrons mit U_0, die Mengen der Neuronen der $r - 2$ versteckten Schichten mit U_1 bis U_{r-2} und die Menge der Neuronen der Ausgabeschicht (manchmal) mit U_{r-1}. Wir ge-

---

[6]Es sei denn, die Ausgabefunktion ist nicht differenzierbar. Wir werden jedoch meist wieder voraussetzen, dass die Ausgabefunktion die Identität ist.

hen aus vom Gesamtfehler eines mehrschichtigen Perzeptrons mit Ausgabeneuronen U_{out} bezüglich einer festen Lernaufgabe L_{fixed}, der definiert ist als

$$e = \sum_{l \in L_{\text{fixed}}} e^{(l)} = \sum_{v \in U_{\text{out}}} e_v = \sum_{l \in L_{\text{fixed}}} \sum_{v \in U_{\text{out}}} e_v^{(l)},$$

d.h. als Summe der Einzelfehler über alle Ausgabeneuronen v und alle Lernmuster l. Sei nun u ein Neuron der Ausgabeschicht oder einer versteckten Schicht, also $u \in U_k$, $0 < k < r$. Seine Vorgänger seien die Neuronen $\text{pred}(u) = \{p_1, \ldots, p_n\} \subseteq U_{k-1}$. Der zugehörige (erweiterte) Gewichtsvektor sei $\vec{w}_u = (-\theta_u, w_{up_1}, \ldots, w_{up_n})$. Man beachte hier das zusätzliche Vektorelement $-\theta_u$: Wie schon in Abschnitt 3.5 angedeutet, kann ein Biaswert in ein Gewicht umgewandelt werden, um alle Parameter einheitlich behandeln zu können (siehe Abbildung 3.18 auf Seite 25). Hier nutzen wir diese Möglichkeit aus, um die Ableitungen einfacher schreiben zu können.

Wir berechnen jetzt den Gradienten des Gesamtfehlers bezüglich dieser Gewichte, um die Richtung der Gewichtsänderungen zu bestimmen, also

$$\vec{\nabla}_{\vec{w}_u} e = \frac{\partial e}{\partial \vec{w}_u} = \left(-\frac{\partial e}{\partial \theta_u}, \frac{\partial e}{\partial w_{up_1}}, \ldots, \frac{\partial e}{\partial w_{up_n}} \right).$$

Da der Gesamtfehler des mehrschichtigen Perzeptrons die Summe der Einzelfehler über die Lernmuster ist, gilt

$$\vec{\nabla}_{\vec{w}_u} e = \frac{\partial e}{\partial \vec{w}_u} = \frac{\partial}{\partial \vec{w}_u} \sum_{l \in L_{\text{fixed}}} e^{(l)} = \sum_{l \in L_{\text{fixed}}} \frac{\partial e^{(l)}}{\partial \vec{w}_u}.$$

Wir können uns daher im folgenden, um die Rechnung zu vereinfachen, auf den Fehler $e^{(l)}$ für ein einzelnes Lernmuster l beschränken. Dieser Fehler hängt von den Gewichten in $\vec{w}_u$ nur über die Netzeingabe $\text{net}_u^{(l)} = \vec{w}_u \vec{\text{in}}_u^{(l)}$ mit dem (erweiterten) Netzeingabevektor $\vec{\text{in}}_u^{(l)} = (1, \text{out}_{p_1}^{(l)}, \ldots, \text{out}_{p_n}^{(l)})$ ab. Wir können daher die Kettenregel anwenden und erhalten

$$\vec{\nabla}_{\vec{w}_u} e^{(l)} = \frac{\partial e^{(l)}}{\partial \vec{w}_u} = \frac{\partial e^{(l)}}{\partial \text{net}_u^{(l)}} \frac{\partial \text{net}_u^{(l)}}{\partial \vec{w}_u}.$$

Da $\text{net}_u^{(l)} = \vec{w}_u \vec{\text{in}}_u^{(l)}$, haben wir für den zweiten Faktor unmittelbar

$$\frac{\partial \text{net}_u^{(l)}}{\partial \vec{w}_u} = \vec{\text{in}}_u^{(l)}.$$

Zur Berechnung des ersten Faktors betrachten wir den Fehler $e^{(l)}$ für das Lernmuster $l = (\vec{\imath}^{(l)}, \vec{o}^{(l)})$. Dieser Fehler ist

$$e^{(l)} = \sum_{v \in U_{\text{out}}} e_u^{(l)} = \sum_{v \in U_{\text{out}}} \left(o_v^{(l)} - \text{out}_v^{(l)} \right)^2,$$

also die Fehlersumme über alle Ausgabeneuronen. Folglich haben wir

$$\frac{\partial e^{(l)}}{\partial \text{net}_u^{(l)}} = \frac{\partial \sum_{v \in U_{\text{out}}} \left(o_v^{(l)} - \text{out}_v^{(l)} \right)^2}{\partial \text{net}_u^{(l)}} = \sum_{v \in U_{\text{out}}} \frac{\partial \left(o_v^{(l)} - \text{out}_v^{(l)} \right)^2}{\partial \text{net}_u^{(l)}}.$$

Da nur die tatsächliche Ausgabe $\mathrm{out}_v^{(l)}$ eines Ausgabeneurons v von der Netzeingabe $\mathrm{net}_u^{(l)}$ des von uns betrachteten Neurons u abhängt, ist

$$\frac{\partial e^{(l)}}{\partial \, \mathrm{net}_u^{(l)}} = -2 \underbrace{\sum_{v \in U_{\mathrm{out}}} \left(o_v^{(l)} - \mathrm{out}_v^{(l)} \right) \frac{\partial \, \mathrm{out}_v^{(l)}}{\partial \, \mathrm{net}_u^{(l)}}}_{\delta_u^{(l)}},$$

womit wir auch gleich für die hier auftretende Summe, die im folgenden eine wichtige Rolle spielt, die Abkürzung $\delta_u^{(l)}$ einführen.

Zur Bestimmung der Summen $\delta_u^{(l)}$ müssen wir zwei Fälle unterscheiden. Wenn u ein Ausgabeneuron ist, können wir den Ausdruck für $\delta_u^{(l)}$ stark vereinfachen, denn die Ausgaben aller anderen Ausgabeneuronen sind ja von der Netzeingabe des Neurons u unabhängig. Folglich verschwinden alle Terme der Summe außer dem mit $v = u$. Wir haben daher

$$\forall u \in U_{\mathrm{out}} : \qquad \delta_u^{(l)} = \left(o_u^{(l)} - \mathrm{out}_u^{(l)} \right) \frac{\partial \, \mathrm{out}_u^{(l)}}{\partial \, \mathrm{net}_u^{(l)}}$$

Folglich ist der Gradient

$$\forall u \in U_{\mathrm{out}} : \qquad \vec{\nabla}_{\vec{w}_u} e_u^{(l)} = \frac{\partial e_u^{(l)}}{\partial \vec{w}_u} = -2 \left(o_u^{(l)} - \mathrm{out}_u^{(l)} \right) \frac{\partial \, \mathrm{out}_u^{(l)}}{\partial \, \mathrm{net}_u^{(l)}} \, \vec{\mathrm{in}}_u^{(l)}$$

und damit die allgemeine Gewichtsänderung

$$\forall u \in U_{\mathrm{out}} : \qquad \Delta \vec{w}_u^{(l)} = -\frac{\eta}{2} \vec{\nabla}_{\vec{w}_u} e_u^{(l)} = \eta \left(o_u^{(l)} - \mathrm{out}_u^{(l)} \right) \frac{\partial \, \mathrm{out}_u^{(l)}}{\partial \, \mathrm{net}_u^{(l)}} \, \vec{\mathrm{in}}_u^{(l)}.$$

Das Minuszeichen wird aufgehoben, da ja der Fehler minimiert werden soll, wir uns also entgegen der Richtung des Gradienten bewegen müssen, weil dieser die Richtung der stärksten Steigung der Fehlerfunktion angibt. Der konstante Faktor 2 wird in die *Lernrate* η eingerechnet.[7] Ein typischer Wert für die Lernrate ist $\eta = 0.2$.

Man beachte allerdings, dass dies nur die Änderung der Gewichte ist, die sich für ein einzelnes Lernmuster l ergibt, da wir am Anfang die Summe über die Lernmuster vernachlässigt haben. Dies ist also, anders ausgedrückt, die Änderungsformel für das *Online-Training*, bei dem die Gewichte nach jedem Lernmuster angepasst werden (vgl. Seite 23f und Algorithmus 3.2 auf Seite 26). Für das *Batch-Training* müssen die Änderungen, die durch die obige Formel beschrieben werden, über alle Lernmuster aufsummiert werden (vgl. Seite 23f und Algorithmus 3.3 auf Seite 27f). Die Gewichte werden in diesem Fall erst am Ende einer (Lern-/Trainings-)Epoche, also nach dem Durchlaufen aller Lernmuster, angepasst.

In der obigen Formel für die Gewichtsänderung kann die Ableitung der Ausgabe $\mathrm{out}_u^{(l)}$ nach der Netzeingabe $\mathrm{net}_u^{(l)}$ nicht allgemein bestimmt werden, da die

---

[7]Um diesen Faktor von vornherein zu vermeiden, setzt man manchmal als Fehler eines Ausgabeneurons $e_u^{(l)} = \frac{1}{2} \left(o_u^{(l)} - \mathrm{out}_u^{(l)} \right)^2$ an. Der Faktor 2 kürzt sich dann weg.

Ausgabe aus der Netzeingabe über die Ausgabefunktion f_{out} und die Aktivierungs-funktion f_{act} des Neurons u berechnet wird. D.h., es gilt

$$\mathrm{out}_u^{(l)} = f_{\mathrm{out}}\big(\,\mathrm{act}_u^{(l)}\,\big) = f_{\mathrm{out}}\big(f_{\mathrm{act}}\big(\,\mathrm{net}_u^{(l)}\big)\big).$$

Für diese Funktionen gibt es aber verschiedene Wahlmöglichkeiten.

Wir nehmen hier vereinfachend an, dass die Aktivierungsfunktion keine Parameter erhält[8], also z.B. die logistische Funktion ist. Weiter wollen wir der Einfachheit halber annehmen, dass die Ausgabefunktion f_{out} die Identität ist und wir sie daher vernachlässigen können. Dann erhalten wir

$$\frac{\partial\,\mathrm{out}_u^{(l)}}{\partial\,\mathrm{net}_u^{(l)}} = \frac{\partial\,\mathrm{act}_u^{(l)}}{\partial\,\mathrm{net}_u^{(l)}} = f_{\mathrm{act}}'\big(\,\mathrm{net}_u^{(l)}\big),$$

wobei der Ableitungsstrich die Ableitung nach dem Argument $\mathrm{net}_u^{(l)}$ bedeutet. Speziell für die logistische Aktivierungsfunktion, d.h. für

$$f_{\mathrm{act}}(x) = \frac{1}{1+e^{-x}},$$

gilt die Beziehung

$$
\begin{aligned}
f_{\mathrm{act}}'(x) &= \frac{\mathrm{d}}{\mathrm{d}x}\big(1+e^{-x}\big)^{-1} = -\big(1+e^{-x}\big)^{-2}\big(-e^{-x}\big)\\[2mm]
&= \frac{1+e^{-x}-1}{(1+e^{-x})^2} = \frac{1}{1+e^{-x}}\left(1-\frac{1}{1+e^{-x}}\right)\\[2mm]
&= f_{\mathrm{act}}(x)\cdot(1-f_{\mathrm{act}}(x)),
\end{aligned}
$$

also (da wir als Ausgabefunktion die Identität annehmen)

$$f_{\mathrm{act}}'\big(\,\mathrm{net}_u^{(l)}\big) = f_{\mathrm{act}}\big(\,\mathrm{net}_u^{(l)}\big)\cdot\Big(1-f_{\mathrm{act}}\big(\,\mathrm{net}_u^{(l)}\big)\Big) = \mathrm{out}_u^{(l)}\Big(1-\mathrm{out}_u^{(l)}\Big).$$

Wir haben damit als vorzunehmende Gewichtsänderung

$$\Delta\vec{w}_u^{(l)} = \eta\,\Big(o_u^{(l)}-\mathrm{out}_u^{(l)}\Big)\,\mathrm{out}_u^{(l)}\Big(1-\mathrm{out}_u^{(l)}\Big)\,\vec{\mathrm{in}}_u^{(l)},$$

was die Berechnungen besonders einfach macht.

5.5 Fehler-Rückübertragung

Im vorangehenden Abschnitt haben wir in der Fallunterscheidung für den Term $\delta_u^{(l)}$ nur Ausgabeneuronen u betrachtet. D.h., die abgeleitete Änderungsregel gilt nur für die Verbindungsgewichte von der letzten versteckten Schicht zur Ausgabeschicht (bzw. nur für zweischichtige Perzeptren). In dieser Situation waren wir auch schon mit der Delta-Regel (siehe Definition 3.2 auf Seite 25) und standen dort vor dem

---

[8]Man beachte, dass der Biaswert θ_u im erweiterten Gewichtsvektor enthalten ist.

Problem, dass sich das Verfahren nicht auf Netze erweitern ließ, weil wir für die versteckten Neuronen keine gewünschten Ausgaben haben. Der Ansatz des Gradientenabstiegs lässt sich jedoch auf mehrschichtige Perzeptren erweitern, da wir wegen der differenzierbaren Aktivierungsfunktionen die Ausgabe auch nach den Gewichten der Verbindungen von der Eingabeschicht zur ersten versteckten Schicht oder der Verbindungen zwischen versteckten Schichten ableiten können.

Sei daher u nun ein Neuron einer versteckten Schicht, also $u \in U_k, 0 < k < r - 1$. In diesem Fall wird die Ausgabe $\mathrm{out}_v^{(l)}$ eines Ausgabeneurons v von der Netzeingabe $\mathrm{net}_u^{(l)}$ dieses Neurons u nur indirekt über dessen Nachfolgerneuronen $\mathrm{succ}(u) = \{s \in U \mid (u,s) \in C\} = \{s_1, \ldots, s_m\} \subseteq U_{k+1}$ beeinflusst, und zwar über deren Netzeingaben $\mathrm{net}_s^{(l)}$. Also erhalten wir durch Anwendung der Kettenregel

$$\delta_u^{(l)} = \sum_{v \in U_{\mathrm{out}}} \sum_{s \in \mathrm{succ}(u)} (o_v^{(l)} - \mathrm{out}_v^{(l)}) \frac{\partial \mathrm{out}_v^{(l)}}{\partial \mathrm{net}_s^{(l)}} \frac{\partial \mathrm{net}_s^{(l)}}{\partial \mathrm{net}_u^{(l)}}.$$

Da beide Summen endlich sind, können wir die Summationen problemlos vertauschen und erhalten so

$$\delta_u^{(l)} = \sum_{s \in \mathrm{succ}(u)} \left(\sum_{v \in U_{\mathrm{out}}} (o_v^{(l)} - \mathrm{out}_v^{(l)}) \frac{\partial \mathrm{out}_v^{(l)}}{\partial \mathrm{net}_s^{(l)}} \right) \frac{\partial \mathrm{net}_s^{(l)}}{\partial \mathrm{net}_u^{(l)}}$$

$$= \sum_{s \in \mathrm{succ}(u)} \delta_s^{(l)} \frac{\partial \mathrm{net}_s^{(l)}}{\partial \mathrm{net}_u^{(l)}}.$$

Es bleibt uns noch die partielle Ableitung der Netzeingabe zu bestimmen. Nach Definition der Netzeingabe ist

$$\mathrm{net}_s^{(l)} = \vec{w}_s \vec{\mathrm{in}}_s^{(l)} = \left(\sum_{p \in \mathrm{pred}(s)} w_{sp} \, \mathrm{out}_p^{(l)} \right) - \theta_s,$$

wobei ein Element von $\vec{\mathrm{in}}_s^{(l)}$ die Ausgabe $\mathrm{out}_u^{(l)}$ des Neurons u ist. Offenbar hängt $\mathrm{net}_s^{(l)}$ von $\mathrm{net}_u^{(l)}$ nur über dieses Element $\mathrm{out}_u^{(l)}$ ab. Also ist

$$\frac{\partial \mathrm{net}_s^{(l)}}{\partial \mathrm{net}_u^{(l)}} = \left(\sum_{p \in \mathrm{pred}(s)} w_{sp} \frac{\partial \mathrm{out}_p^{(l)}}{\partial \mathrm{net}_u^{(l)}} \right) - \frac{\partial \theta_s}{\partial \mathrm{net}_u^{(l)}} = w_{su} \frac{\partial \mathrm{out}_u^{(l)}}{\partial \mathrm{net}_u^{(l)}},$$

da alle Terme außer dem mit $p = u$ verschwinden. Es ergibt sich folglich

$$\delta_u^{(l)} = \left(\sum_{s \in \mathrm{succ}(u)} \delta_s^{(l)} w_{su} \right) \frac{\partial \mathrm{out}_u^{(l)}}{\partial \mathrm{net}_u^{(l)}}.$$

Damit haben wir eine schichtenweise Rekursionsformel für die Berechnung der δ-Werte der Neuronen der versteckten Schichten gefunden. Wenn wir dieses Ergebnis mit dem im vorangehenden Abschnitt für Ausgabeneuronen erzielten vergleichen, so sehen wir, dass die Summe

$$\sum_{s\in\text{succ}(u)} \delta_s^{(l)} w_{su}$$

die Rolle der Differenz $o_u^{(l)} - \text{out}_u^{(l)}$ von gewünschter und tatsächlicher Ausgabe des Neurons u für das Lernmuster l übernimmt. Sie kann also als Fehlerwert für ein Neuron in einer versteckten Schicht gesehen werden kann. Folglich können aus den Fehlerwerten einer Schicht eines mehrschichtigen Perzeptrons Fehlerwerte für die vorangehende Schicht berechnet werden. Man kann auch sagen, dass ein Fehlersignal von der Ausgabeschicht rückwärts durch die versteckten Schichten weitergegeben wird. Dieses Verfahren heißt daher auch *Fehler-Rückübertragung* (engl. *error backpropagation*).

Für die vorzunehmende Gewichtsänderung erhalten wir

$$\Delta \vec{w}_u^{(l)} = -\frac{\eta}{2} \vec{\nabla}_{\vec{w}_u} e^{(l)} = \eta\, \delta_u^{(l)}\, \vec{\text{in}}_u^{(l)} = \eta \left(\sum_{s\in\text{succ}(u)} \delta_s^{(l)} w_{su} \right) \frac{\partial\, \text{out}_u^{(l)}}{\partial\, \text{net}_u^{(l)}}\, \vec{\text{in}}_u^{(l)}.$$

Man beachte allerdings auch hier wieder, dass dies nur die Änderung der Gewichte ist, die sich für ein einzelnes Lernmuster l ergibt. Für das Batch-Training müssen diese Änderungen über alle Lernmuster summiert werden.

Für die weitere Ableitung nehmen wir wieder, wie im vorangehenden Abschnitt, vereinfachend an, dass die Ausgabefunktion die Identität ist. Außerdem betrachten wir den Spezialfall einer logistischen Aktivierungsfunktion . Dies führt zu der besonders einfachen Gewichtsänderungsregel

$$\Delta \vec{w}_u^{(l)} = \eta \left(\sum_{s\in\text{succ}(u)} \delta_s^{(l)} w_{su} \right) \text{out}_u^{(l)} \left(1 - \text{out}_u^{(l)}\right) \vec{\text{in}}_u^{(l)}$$

(vgl. die Ableitungen für Ausgabeneuronen auf Seite 62).

In Abbildung 5.17 haben wir abschließend alle Formeln, die man zum Ausführen und zum Training eines mehrschichtigen Perzeptrons braucht, das logistische Aktivierungsfunktionen in den versteckten und den Ausgabeneuronen benutzt, übersichtlich zusammengestellt und den Ort ihrer Anwendung markiert.

5.6   Beispiele zum Gradientenabstieg

Um den Gradientenabstieg zu illustrieren, betrachten wir das Training eines zweischichtigen Perzeptrons für die Negation, wie wir es auch schon in Abschnitt 3.5 als Beispiel verwendet haben. Dieses Perzeptron und die zugehörigen Trainingsbeispiele sind in Abbildung 5.18 gezeigt. In Analogie zu Abbildung 3.13 auf Seite 22 zeigt Abbildung 5.19 die Fehlerquadrate (-summe) für die Berechnung der Negation in Abhängigkeit von den Werten des Gewichtes und des Biaswertes. Es wurde eine logistische Aktivierungsfunktion vorausgesetzt, was sich auch deutlich im Verlauf der Fehlerfunktion widerspiegelt. Man beachte, dass durch die Differenzierbarkeit der Aktivierungsfunktion die Fehlerfunktion nun (sinnvoll) differenzierbar ist, und

① Setzen der Eingabe   ② Vorwärtsweitergabe der Eingabe

$$\forall u \in U_{\text{in}}:\ \text{out}_u = x_u$$

$$\begin{aligned} \forall u \in U_{\text{hidden}}: \\ \forall u \in U_{\text{out}}: \end{aligned}\ \text{out}_u = \left(1 + \exp\left(-\textstyle\sum_{p\in\text{pred}(u)} w_{up}\,\text{out}_p\right)\right)^{-1}$$

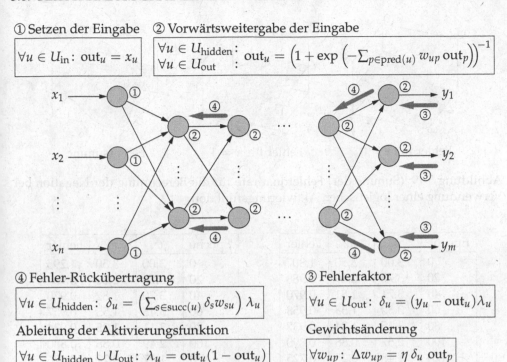

④ Fehler-Rückübertragung   ③ Fehlerfaktor

$$\forall u \in U_{\text{hidden}}:\ \delta_u = \left(\textstyle\sum_{s\in\text{succ}(u)} \delta_s w_{su}\right)\lambda_u \qquad\qquad \forall u \in U_{\text{out}}:\ \delta_u = (y_u - \text{out}_u)\lambda_u$$

Ableitung der Aktivierungsfunktion   Gewichtsänderung

$$\forall u \in U_{\text{hidden}} \cup U_{\text{out}}:\ \lambda_u = \text{out}_u(1 - \text{out}_u) \qquad\qquad \forall w_{up}:\ \Delta w_{up} = \eta\,\delta_u\,\text{out}_p$$

Abbildung 5.17: Kochbuch-Rezept für die Ausführung (Vorwärtsweitergabe) und das Training (Fehler-Rückübertragung) eines mehrschichtigen Perzeptrons mit logistischen Aktivierungsfunktionen in den versteckten und Ausgabeneuronen.

$$x \longrightarrow \bigcirc \overset{w}{\longrightarrow} \boxed{\theta} \longrightarrow y$$

x	y
0	1
1	0

Abbildung 5.18: Ein zweischichtiges Perzeptron mit einem Eingang und Trainingsbeispiele für die Negation.

nicht mehr aus Plateaus besteht. Daher können wir jetzt auf der (unveränderten) Fehlerfunktion einen Gradientenabstieg durchführen.

Den Ablauf dieses Gradientenabstiegs, ausgehend von den Startwerten $\theta = 3$ und $w = \frac{7}{2}$ und mit der Lernrate 1 zeigt Tabelle 5.1, links für das Online-, rechts für das Batch-Training. Die Abläufe sind sehr ähnlich, was auf die geringe Zahl der Trainingsbeispiele und den glatten Verlauf der Fehlerfunktion zurückzuführen ist. Abbildung 5.20 zeigt den Ablauf graphisch, wobei im linken und mittleren Diagramm zum Vergleich die Regionen eingezeichnet sind, die wir in Abschnitt 3.5 verwendet haben (vgl. Abbildung 3.15 auf Seite 23 und Abbildung 3.16 auf Seite 24). Die Punkte zeigen den Zustand des Netzes nach jeweils 20 Epochen. In der dreidimensionalen Darstellung rechts ist besonders gut zu erkennen, wie sich der Fehler langsam verringert und schließlich eine Region mit sehr kleinem Fehler erreicht wird.

| Fehler für $x = 0$ | Fehler für $x = 1$ | Fehlersumme |

Abbildung 5.19: (Summe der) Fehlerquadrate für die Berechnung der Negation bei Verwendung einer logistischen Aktivierungsfunktion.

Epoche	θ	w	Fehler
0	3.00	3.50	1.307
20	3.77	2.19	0.986
40	3.71	1.81	0.970
60	3.50	1.53	0.958
80	3.15	1.24	0.937
100	2.57	0.88	0.890
120	1.48	0.25	0.725
140	−0.06	−0.98	0.331
160	−0.80	−2.07	0.149
180	−1.19	−2.74	0.087
200	−1.44	−3.20	0.059
220	−1.62	−3.54	0.044

Online-Training

Epoche	θ	w	Fehler
0	3.00	3.50	1.295
20	3.76	2.20	0.985
40	3.70	1.82	0.970
60	3.48	1.53	0.957
80	3.11	1.25	0.934
100	2.49	0.88	0.880
120	1.27	0.22	0.676
140	−0.21	−1.04	0.292
160	−0.86	−2.08	0.140
180	−1.21	−2.74	0.084
200	−1.45	−3.19	0.058
220	−1.63	−3.53	0.044

Batch-Training

Tabelle 5.1: Lernvorgänge mit Startwerten $\theta = 3$, $w = \frac{7}{2}$ und Lernrate 1.

Als weiteres Beispiel untersuchen wir, wie man mit Hilfe eines Gradientenabstiegs versuchen kann, das Minimum einer Funktion, hier speziell

$$f(x) = \tfrac{5}{6}x^4 - 7x^3 + \tfrac{115}{6}x^2 - 18x + 6,$$

zu finden. Diese Funktion hat zwar nicht unmittelbar etwas mit einer Fehlerfunktion eines mehrschichtigen Perzeptrons zu tun, aber man kann mit ihr sehr schön einige Probleme des Gradientenabstiegs verdeutlichen. Wir bestimmen zunächst die Ableitung der obigen Funktion, also

$$f'(x) = \tfrac{10}{3}x^3 - 21x^2 + \tfrac{115}{3}x - 18,$$

die dem Gradienten entspricht (das Vorzeichen gibt die Richtung der stärksten Steigung an). Die Berechnungen laufen dann nach dem Schema

$$x_{i+1} = x_i + \Delta x_i \qquad \text{mit} \qquad \Delta x_i = -\eta f'(x_i)$$

ab, wobei x_0 ein vorzugebender Startwert ist und η der Lernrate entspricht.

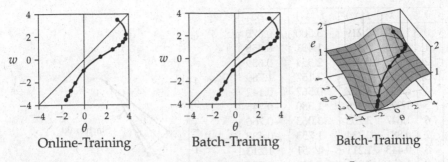

Online-Training   Batch-Training   Batch-Training

Abbildung 5.20: Lernvorgänge mit Startwerten $\theta = 3$, $w = \frac{7}{2}$ und Lernrate 1.

i	x_i	$f(x_i)$	$f'(x_i)$	Δx_i
0	0.200	3.112	−11.147	0.011
1	0.211	2.990	−10.811	0.011
2	0.222	2.874	−10.490	0.010
3	0.232	2.766	−10.182	0.010
4	0.243	2.664	−9.888	0.010
5	0.253	2.568	−9.606	0.010
6	0.262	2.477	−9.335	0.009
7	0.271	2.391	−9.075	0.009
8	0.281	2.309	−8.825	0.009
9	0.289	2.233	−8.585	0.009
10	0.298	2.160		

Abbildung 5.21: Gradientenabstieg mit Startwert 0.2 und Lernrate 0.001.

Betrachten wir dazu zuerst den Verlauf des Gradientenabstiegs für den Startwert $x_0 = 0.2$ und die Lernrate $\eta = 0.001$, wie ihn Abbildung 5.21 zeigt. Ausgehend von einem Startpunkt auf dem linken Ast des Funktionsgraphen werden kleine Schritte in Richtung auf das Minimum gemacht. Zwar ist abzusehen, dass auf diese Weise irgendwann das (globale) Minimum erreicht wird, aber erst nach einer recht großen Zahl von Schritten. Offenbar ist in diesem Fall die Lernrate zu klein, so dass das Verfahren zu lange braucht.

Allerdings sollte man die Lernrate auch nicht beliebig groß wählen, da es dann zu Oszillationen oder chaotischem Hin- und Herspringen auf der zu minimierenden Funktion kommen kann. Man betrachte dazu den in Abbildung 5.22 gezeigten Verlauf des Gradientenabstiegs für den Startwert $x_0 = 1.5$ und die Lernrate $\eta = 0.25$. Das Minimum wird immer wieder übersprungen. Nach einigen Schritten erhält man sogar Werte, die weiter vom Minimum entfernt sind als der Startwert. Führt man die Rechnung noch einige Schritte fort, wird das lokale Maximum in der Mitte übersprungen und man erhält Werte auf dem rechten Ast des Funktionsgraphen.

Aber selbst wenn die Größe der Lernrate passend gewählt wird, ist der Erfolg des Verfahrens nicht garantiert. Wie man in Abbildung 5.23 sieht, die den Verlauf des Gradientenabstiegs für den Startwert $x_0 = 2.6$ und die Lernrate $\eta = 0.05$ zeigt, wird zwar das nächstgelegene Minimum zügig angestrebt, doch ist dieses Minimum

i	x_i	$f(x_i)$	$f'(x_i)$	Δx_i
0	1.500	2.719	3.500	−0.875
1	0.625	0.655	−1.431	0.358
2	0.983	0.955	2.554	−0.639
3	0.344	1.801	−7.157	1.789
4	2.134	4.127	0.567	−0.142
5	1.992	3.989	1.380	−0.345
6	1.647	3.203	3.063	−0.766
7	0.881	0.734	1.753	−0.438
8	0.443	1.211	−4.851	1.213
9	1.656	3.231	3.029	−0.757
10	0.898	0.766		

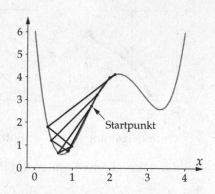

Abbildung 5.22: Gradientenabstieg mit Startwert 1.5 und Lernrate 0.25.

i	x_i	$f(x_i)$	$f'(x_i)$	Δx_i
0	2.600	3.816	−1.707	0.085
1	2.685	3.660	−1.947	0.097
2	2.783	3.461	−2.116	0.106
3	2.888	3.233	−2.153	0.108
4	2.996	3.008	−2.009	0.100
5	3.097	2.820	−1.688	0.084
6	3.181	2.695	−1.263	0.063
7	3.244	2.628	−0.845	0.042
8	3.286	2.599	−0.515	0.026
9	3.312	2.589	−0.293	0.015
10	3.327	2.585		

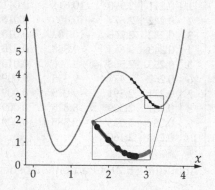

Abbildung 5.23: Gradientenabstieg mit Startwert 2.6 und Lernrate 0.05.

leider nur ein lokales Minimum. Das globale Minimum wird nicht gefunden. Dieses Problem hängt offenbar mit dem gewählten Startwert zusammen und kann daher nicht durch eine Änderung der Lernrate behoben werden.

Für eine Veranschaulichung der Fehler-Rückübertragung verweisen wir hier auf die Visualisierungsprogramme wmlp (für Microsoft Windows™) und xmlp (für Linux), die unter

```
http://www.computational-intelligence.eu
```

zur Verfügung stehen. Mit diesen Programmen kann ein dreischichtiges Perzeptron so trainiert werden, dass es die Biimplikation, das exklusive Oder oder eine von zwei verschiedenen reellwertigen Funktionen berechnet. Nach jedem Trainingsschritt werden die Berechnungen des neuronalen Netzes visualisiert, indem die aktuelle Lage der Trenngeraden bzw. die Verläufe der Ausgaben der Neuronen gezeichnet werden. So kann zwar nicht der Abstieg auf der Fehlerfunktion verfolgt werden (was wegen der zu großen Zahl an Parametern prinzipiell unmöglich ist), aber man erhält eine recht gute Vorstellung vom Ablauf des Trainings. Eine ausführliche Erläuterung der Programme findet man auf der angegebenen WWW-Seite.

5.7 Varianten des Gradientenabstiegs

Im vorangehenden Abschnitt haben wir gesehen, welche Probleme beim Gradientenabstieg auftreten können. Eines davon, nämlich das „Hängenbleiben" in einem lokalen Minimum, kann nicht prinzipiell vermieden werden. Man kann es nur etwas abschwächen, indem man das Training mehrfach, ausgehend von verschiedenen Startwerten für die Parameter, durchführt. Aber auch dadurch werden nur die Chancen verbessert, das globale Minimum (oder zumindest ein sehr gutes lokales Minimum) zu finden. Eine Garantie, dass das globale Minimum gefunden wird, gibt es leider nicht.

Um die beiden anderen Probleme, die die Größe der Lernrate und damit die Größe der Schritte im Parameterraum betreffen, zu beheben, wurden jedoch verschiedene Varianten des Gradientenabstiegs entwickelt, von denen wir im folgenden einige besprechen. Wir beschreiben diese Varianten, indem wir die Regel angeben, nach der ein Gewicht in Abhängigkeit vom Gradienten der Fehlerfunktion zu ändern ist. Da die Verfahren zum Teil auf Gradienten oder Parameterwerte aus vorhergehenden Schritten zurückgreifen, führen wir einen Parameter t ein, der den Trainingsschritt bezeichnet. So ist etwa $\nabla_w e(t)$ der Gradient der Fehlerfunktion zum Zeitpunkt t bzgl. des Gewichtes w. Zum Vergleich: Die Gewichtsänderungsregel für den normalen Gradientenabstieg lautet mit diesem Parameter

$$w(t+1) = w(t) + \Delta w(t) \qquad \text{mit} \qquad \Delta w(t) = -\frac{\eta}{2} \nabla_w e(t)$$

(vgl. die Ableitungen auf Seite 61 und Seite 64). Wir unterscheiden nicht explizit zwischen Batch- und Online-Training, da der Unterschied ja nur in der Verwendung von $e(t)$ bzw. $e^{(l)}(t)$ besteht.

Manhattan-Training

In vorangehenden Abschnitt haben wir gesehen, dass das Training sehr lange dauern kann, wenn die Lernrate zu klein gewählt wird. Aber auch bei passend gewählter Lernrate kann das Training zu langsam verlaufen, nämlich dann, wenn man sich in einem Gebiet des Parameterraums bewegt, in dem die Fehlerfunktion „flach" verläuft, der Gradient also klein ist. Um diese Abhängigkeit von der Größe des Gradienten zu beseitigen, kann man das sogenannte Manhattan-Training verwenden, bei dem nur das Vorzeichen des Gradienten berücksichtigt wird. Die Gewichtsänderung ist dann

$$\Delta w(t) = -\eta \, \text{sgn}(\nabla_w e(t)).$$

Diese Änderungsregel erhält man übrigens auch, wenn man die Fehlerfunktion als Summe der Beträge der Abweichungen der tatsächlichen von der gewünschten Ausgabe ansetzt und die Ableitung an der Stelle 0 (an der sie nicht existiert/unstetig ist) geeignet vervollständigt.

Der Vorteil dieses Verfahrens ist, dass das Training mit konstanter Geschwindigkeit (im Sinne einer festen Schrittweite) abläuft, unabhängig vom Verlauf der Fehlerfunktion. Ein Nachteil ist dagegen, dass die Gewichte nur noch bestimmte diskrete Werte annehmen können (aus einem Gitter mit dem Gitterabstand η), wodurch eine beliebig genaue Annäherung an das Minimum der Fehlerfunktion prinzipiell unmöglich wird. Außerdem besteht weiterhin das Problem der Wahl der Lernrate.

Anheben der Ableitung der Aktivierungsfunktion

Oft verläuft die Fehlerfunktion in einem Gebiet des Parameterraumes deshalb flach, weil Aktivierungsfunktionen im Sättigungsbereich ausgewertet werden (d.h. weit entfernt vom Biaswert θ, vgl. Abbildung 5.2 auf Seite 45), in dem der Gradient sehr klein ist oder gar ganz verschwindet. Um das Lernen in einem solchen Fall zu beschleunigen, kann man die Ableitung f'_{act} der Aktivierungsfunktion künstlich um einen festen Wert α erhöhen, so dass auch in den Sättigungsbereichen hinreichend große Lernschritte ausgeführt werden [Fahlman 1988]. $\alpha = 0.1$ liefert oft gute Ergebnisse. Diese Modifikation ist auch unter dem Namen *flat spot elimination* bekannt.

Die Ableitung der Aktivierungsfunktion anzuheben, hat außerdem den Vorteil, dass einer Abschwächung des Fehlersignals in der Fehler-Rückübertragung entgegengewirkt wird. Denn z.B. die Ableitung der am häufigsten verwendeten logistischen Funktion nimmt maximal den Wert 0.25 an (für den Funktionswert 0.5, also am Ort des Biaswertes). Dadurch wird der Fehlerwert von Schicht zu Schicht tendenziell kleiner, wodurch in den vorderen Schichten des Netzes langsamer gelernt wird.

Momentterm

Beim Momentterm-Verfahren [Rumelhart *et al.* 1986b] fügt man dem normalen Gradientenabstiegsschritt einen Bruchteil der vorangehenden Gewichtsänderung hinzu. Die Änderungsregel lautet folglich

$$\Delta w(t) = -\frac{\eta}{2} \nabla_w e(t) + \beta \, \Delta w(t-1),$$

wobei β ein Parameter ist, der kleiner als 1 sein muss, damit das Verfahren stabil ist. Typischerweise wird β zwischen 0.5 und 0.95 gewählt.

Der zusätzliche Term $\beta \, \Delta w(t-1)$ wird *Momentterm* genannt, da seine Wirkung dem Impuls (engl. *momentum*) entspricht, den eine Kugel gewinnt, die eine abschüssige Fläche hinunterrollt. Je länger die Kugel in die gleiche Richtung rollt, umso schneller wird sie. Sie bewegt sich daher tendenziell in der alten Bewegungsrichtung weiter (Momentterm), folgt aber dennoch (wenn auch verzögert) der Form der Fläche (Gradiententerm).

Durch Einführen eines Momentterms kann das Lernen in Gebieten des Parameterraums, in denen die Fehlerfunktion flach verläuft, aber in eine einheitliche Richtung fällt, beschleunigt werden. Auch wird das Problem der Wahl der Lernrate etwas gemindert, da der Momentterm je nach Verlauf der Fehlerfunktion die Schrittweite vergrößert oder verkleinert. Der Momentterm kann jedoch eine zu kleine Lernrate nicht völlig ausgleichen, da die Schrittweite $|\Delta w|$ bei konstantem Gradienten $\nabla_w e$ durch $s = \left| \frac{\eta \nabla_w e}{2(1-\beta)} \right|$ beschränkt bleibt. Auch kann es bei einer zu großen Lernrate immer noch zu Oszillationen und chaotischem Hin- und Herspringen kommen.

Selbstadaptive Fehler-Rückübertragung

Bei der selbstadaptiven Fehler-Rückübertragung (engl. *super self-adaptive backpropagation*, SuperSAB) [Jakobs 1988, Tollenaere 1990] wird für jeden Parameter eines neuronalen Netzes, also jedes Gewicht und jeden Biaswert, eine eigene Lernrate η_w eingeführt. Diese Lernraten werden vor ihrer Verwendung im jeweiligen Schritt in

Abhängigkeit von dem aktuellen und dem vorangehenden Gradienten gemäß der folgenden Regel angepasst:

$$\eta_w(t) = \begin{cases} c^- \cdot \eta_w(t-1), & \text{falls } \nabla_w e(t) \quad \cdot \nabla_w e(t-1) < 0, \\ c^+ \cdot \eta_w(t-1), & \text{falls } \nabla_w e(t) \quad \cdot \nabla_w e(t-1) > 0 \\ & \quad \wedge \nabla_w e(t-1) \cdot \nabla_w e(t-2) \geq 0, \\ \eta_w(t-1), & \text{sonst.} \end{cases}$$

c^- ist ein Schrumpfungsfaktor ($0 < c^- < 1$), mit dem die Lernrate verkleinert wird, wenn der aktuelle und der vorangehende Gradient verschiedene Vorzeichen haben. Denn in diesem Fall wurde das Minimum der Fehlerfunktion übersprungen, und es sind daher kleinere Schritte notwendig, um es zu erreichen. Typischerweise wird c^- zwischen 0.5 und 0.7 gewählt.

c^+ ist ein Wachstumsfaktor ($c^+ > 1$), mit dem die Lernrate vergrößert wird, wenn der aktuelle und der vorangehende Gradient das gleiche Vorzeichen haben. In diesem Fall werden zwei Schritte in die gleiche Richtung gemacht, und es ist daher plausibel anzunehmen, dass ein längeres Gefälle der Fehlerfunktion abzulaufen ist. Die Lernrate sollte daher vergrößert werden, um dieses Gefälle schneller herabzulaufen. Typischerweise wird c^+ zwischen 1.05 und 1.2 gewählt, so dass die Lernrate nur langsam wächst.

Die zweite Bedingung für die Anwendung des Wachstumsfaktors c^+ soll verhindern, dass die Lernrate nach einer Verkleinerung unmittelbar wieder vergrößert wird. Dies wird üblicherweise so implementiert, dass nach einer Verkleinerung der Lernrate der alte Gradient auf 0 gesetzt wird, um anzuzeigen, dass eine Verkleinerung vorgenommen wurde. Zwar wird so auch eine erneute Verkleinerung unterdrückt, doch spart man sich die zusätzliche Speicherung von $\nabla_w e(t-2)$ bzw. eines entsprechenden Merkers.

Um zu große Sprünge und zu langsames Lernen zu vermeiden, ist es üblich, die Lernrate nach oben und unten zu begrenzen. Die selbstadaptive Fehler-Rückübertragung sollte außerdem nur für das Batch-Training eingesetzt werden, da das Online-Training oft instabil ist.

Elastische Fehler-Rückübertragung

Die elastische Fehler-Rückübertragung (engl. *resilient backpropagation*, Rprop) [Riedmiller und Braun 1992, Riedmiller und Braun 1993] kann als Kombination der Ideen des Manhattan-Trainings und der selbstadaptiven Fehler-Rückübertragung gesehen werden. Es wird eine eigene *Schrittweite* Δw für jeden Parameter des neuronalen Netzes, also jedes Gewicht und jeden Biaswert, eingeführt, die in Abhängigkeit von dem aktuellen und dem vorangehenden Gradienten nach der folgenden Regel angepasst wird:

$$\Delta w(t) = \begin{cases} c^- \cdot \Delta w(t-1), & \text{falls } \nabla_w e(t) \quad \cdot \nabla_w e(t-1) < 0, \\ c^+ \cdot \Delta w(t-1), & \text{falls } \nabla_w e(t) \quad \cdot \nabla_w e(t-1) > 0 \\ & \quad \wedge \nabla_w e(t-1) \cdot \nabla_w e(t-2) \geq 0, \\ \Delta w(t-1), & \text{sonst.} \end{cases}$$

Wie bei der selbstadaptiven Fehler-Rückübertragung ist c^- ein Schrumpfungsfaktor ($0 < c^- < 1$) und c^+ ein Wachstumsfaktor ($c^+ > 1$), mit denen die Schrittweite verkleinert bzw. vergrößert wird. Die Anwendung dieser Faktoren wird auf die gleiche

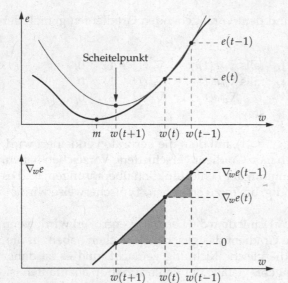

Abbildung 5.24: Schnelle Fehler-Rückübertragung beruht auf einer lokalen Annäherung der Fehlerfunktion durch eine Parabel. Das tatsächliche Minimum liegt am Punkt m.

Abbildung 5.25: Die Formel für die Gewichtsänderung kann über Steigungsdreiecke aus der Ableitung der Näherungsparabel bestimmt werden.

Weise begründet wie bei der oben besprochenen selbstadaptiven Fehler-Rückübertragung. Auch ihre typischen Werte stimmen mit den dort angegebenen überein (d.h. $c^- \in [0.5, 0.7]$ und $c^+ \in [1.05, 1.2]$).

Ähnlich wie die Lernrate der selbstadaptiven Fehler-Rückübertragung wird auch der Betrag der Schrittweite nach oben und nach unten begrenzt, um zu große Sprünge und zu langsames Lernen zu vermeiden. Außerdem sollte auch die elastische Fehler-Rückübertragung nur für das Batch-Training eingesetzt werden, da das Online-Training noch instabiler ist als bei der selbstadaptiven Fehler-Rückübertragung.

Die elastische Fehler-Rückübertragung hat sich in verschiedenen Anwendungen besonders in der Trainingszeit als anderen Verfahren (Momentterm, selbstadaptive Fehler-Rückübertragung, aber auch der unten erläuterten schnellen Fehler-Rückübertragung) deutlich überlegen gezeigt. Es gehört zu den empfehlenswertesten Lernverfahren für mehrschichtige Perzeptren.

Schnelle Fehler-Rückübertragung

Die schnelle Fehler-Rückübertragung (engl. *quickpropagation*) [Fahlman 1988] nähert die Fehlerfunktion am Ort des aktuellen Gewichtes lokal durch eine Parabel an (siehe Abbildung 5.24) und berechnet aus dem aktuellen und dem vorangehenden Gradienten den Scheitelpunkt dieser Parabel. Der Scheitelpunkt wird dann direkt angesprungen, das Gewicht also auf den Wert des Scheitelpunktes gesetzt. Verläuft die Fehlerfunktion „gutartig" (d.h., ist sie näherungsweise parabelförmig), kann man so in nur einem Schritt sehr nah an das Minimum der Fehlerfunktion herankommen.

Die Änderungsregel für das Gewicht kann man z.B. über zwei Steigungsdreiecke aus der Ableitung der Parabel gewinnen (siehe Abbildung 5.25). Offenbar ist (siehe die grau unterlegten Dreiecke)

$$\frac{\nabla_w e(t-1) - \nabla_w e(t)}{w(t-1) - w(t)} = \frac{\nabla_w e(t)}{w(t) - w(t+1)}.$$

Durch Auflösen nach $\Delta w(t) = w(t+1) - w(t)$ und unter Ausnutzung der Beziehung $\Delta w(t-1) = w(t) - w(t-1)$ erhält man

$$\Delta w(t) = \frac{\nabla_w e(t)}{\nabla_w e(t-1) - \nabla_w e(t)} \cdot \Delta w(t-1).$$

Zu berücksichtigen ist allerdings, dass die obige Gleichung nicht zwischen einer nach oben und einer nach unten geöffneten Näherungsparabel unterscheidet, so dass u.U. auch ein Maximum der Fehlerfunktion angestrebt werden könnte. Dies kann zwar durch einen Test, ob

$$\frac{\nabla_w e(t-1) - \nabla_w e(t)}{\Delta w(t-1)} < 0$$

gilt (nach oben geöffnete Parabel), abgefangen werden, doch wird dieser Test in Implementierungen meist nicht durchgeführt. Stattdessen wird ein Parameter eingeführt, der die Vergrößerung der Gewichtsänderung relativ zum vorhergehenden Schritt begrenzt. D.h., es wird sichergestellt, dass

$$|\Delta w(t)| \leq c \cdot |\Delta w(t-1)|$$

gilt, wobei c ein Parameter ist, der üblicherweise zwischen 1.75 und 2.25 gewählt wird. Dies verbessert zwar das Verhalten, stellt jedoch *nicht* sicher, dass das Gewicht in der richtigen Richtung geändert wird.

Weiter fügt man in Implementierungen der oben angegebenen Gewichtsänderung gern noch einen normalen Gradientenabstiegsschritt hinzu, wenn die Gradienten $\nabla_w e(t)$ und $\nabla_w e(t-1)$ das gleiche Vorzeichen haben, das Minimum also nicht zwischen dem aktuellen und dem vorangehenden Gewichtswert liegt. Außerdem ist es sinnvoll, den Betrag der Gewichtsänderung nach oben zu begrenzen, um zu große Sprünge zu vermeiden.

Wenn die Annahmen der schnellen Fehler-Rückübertragung, nämlich dass die Fehlerfunktion lokal durch eine nach oben geöffnete Parabel angenähert werden kann und die Parameter zumindest weitgehend unabhängig voneinander geändert werden können, erfüllt sind und Batch-Training verwendet wird, gehört es zu den schnellsten Lernverfahren für mehrschichtige Perzeptren und rechtfertigt so seinen Namen. Sonst neigt es zu instabilem Verhalten.

Gewichtsverfall

Es ist meist ungünstig, wenn die Verbindungsgewichte eines neuronalen Netzes zu große Werte annehmen. Denn erstens gelangt man durch große Gewichte leicht in den Sättigungsbereich der logistischen Aktivierungsfunktion, in dem durch den verschwindend kleinen Gradienten das Lernen fast zum Stillstand kommen kann. Zweitens steigt durch große Gewichte die Gefahr einer Überanpassung (overfitting) an zufällige Besonderheiten der Trainingsdaten, so dass die Leistung des Netzes bei der Verarbeitung neuer Daten hinter dem Erreichbaren zurückbleibt.

Der Gewichtsverfall (engl. *weight decay*) [Werbos 1974] dient dazu, ein zu starkes Anwachsen der Gewichte zu verhindern. Dazu wird jedes Gewicht in jedem Schritt um einen kleinen Anteil seines Wertes verringert, also etwa

$$\Delta w(t) = -\frac{\eta}{2} \nabla_w(t) - \xi w(t),$$

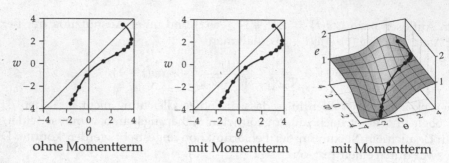

ohne Momentterm   mit Momentterm   mit Momentterm

Abbildung 5.26: Lernvorgänge mit und ohne Momentterm ($\beta = 0.9$); die Punkte zeigen die Werte von Gewicht w und Biaswert θ alle 20/10 Epochen.

wenn der normale Gradientenabstieg verwendet wird. Alternativ kann man jedes Gewicht vor der Anpassung mit dem Faktor $(1 - \xi)$ multiplizieren, was oft einfacher ist. Der Parameter ξ sollte sehr klein gewählt werden, damit die Gewichte nicht dauerhaft auf zu kleinen Werten gehalten werden. Typische Werte für ξ liegen im Bereich von 0.005 bis 0.03.

Man beachte, dass man den Gewichtsverfall durch eine Erweiterung der Fehlerfunktion erhalten kann, die große Gewichte bestraft:

$$e^* = e + \frac{\xi}{2} \sum_{u \in U_{\text{out}} \cup U_{\text{hidden}}} \left(\theta_u^2 + \sum_{p \in \text{pred}(u)} w_{up}^2 \right).$$

Die Ableitung dieser modifizierten Fehlerfunktion führt zu der oben angegebenen Änderungsregel für die Gewichte.

5.8   Beispiele zu einigen Varianten

Zur Illustration des Gradientenabstiegs mit Momentterm betrachten wir, analog zu Abschnitt 5.6, das Training eines zweischichtigen Perzeptrons für die Negation, wieder ausgehend von den Startwerten $\theta = 3$ und $w = \frac{7}{2}$. Den Ablauf des Lernvorgangs ohne Momentterm und mit einem Momentterm mit dem Faktor $\beta = 0.9$ zeigen Tabelle 5.2 und Abbildung 5.26. Offenbar ist der Verlauf fast der gleiche, nur dass mit Momentterm nur etwa die halbe Anzahl Epochen benötigt wird, um den gleichen Fehler zu erreichen. Durch den Momentterm konnte die Lerngeschwindigkeit also etwa verdoppelt werden. Beim Training größerer Netze mit mehr Lernmustern ist der Geschwindigkeitsunterschied sogar oft noch viel größer.

Als weiteres Beispiel betrachten wir noch einmal die Minimierung der Funktion aus Abschnitt 5.6 (siehe Seite 66f). Mit Hilfe des Momentterms kann der zu langsame Abstieg aus Abbildung 5.21 deutlich beschleunigt werden, wie Abbildung 5.27 zeigt. Die zu kleine Lernrate kann durch den Momentterm aber nicht völlig ausgeglichen werden. Dies liegt daran, dass, wie bereits im vorangehenden Abschnitt bemerkt, selbst bei konstantem Gradienten $f'(x)$ die Schrittweite durch $s = \left| \frac{\eta f'(x)}{1-\beta} \right|$ nach oben beschränkt bleibt und folglich keine beliebig großen Schritte möglich sind.

Epoche	θ	w	Fehler
0	3.00	3.50	1.295
20	3.76	2.20	0.985
40	3.70	1.82	0.970
60	3.48	1.53	0.957
80	3.11	1.25	0.934
100	2.49	0.88	0.880
120	1.27	0.22	0.676
140	−0.21	−1.04	0.292
160	−0.86	−2.08	0.140
180	−1.21	−2.74	0.084
200	−1.45	−3.19	0.058
220	−1.63	−3.53	0.044

ohne Momentterm

Epoche	θ	w	Fehler
0	3.00	3.50	1.295
10	3.80	2.19	0.984
20	3.75	1.84	0.971
30	3.56	1.58	0.960
40	3.26	1.33	0.943
50	2.79	1.04	0.910
60	1.99	0.60	0.814
70	0.54	−0.25	0.497
80	−0.53	−1.51	0.211
90	−1.02	−2.36	0.113
100	−1.31	−2.92	0.073
110	−1.52	−3.31	0.053
120	−1.67	−3.61	0.041

mit Momentterm

Tabelle 5.2: Lernvorgänge mit und ohne Momentterm ($\beta = 0.9$).

i	x_i	$f(x_i)$	$f'(x_i)$	Δx_i
0	0.200	3.112	−11.147	0.011
1	0.211	2.990	−10.811	0.021
2	0.232	2.771	−10.196	0.029
3	0.261	2.488	−9.368	0.035
4	0.296	2.173	−8.397	0.040
5	0.337	1.856	−7.348	0.044
6	0.380	1.559	−6.277	0.046
7	0.426	1.298	−5.228	0.046
8	0.472	1.079	−4.235	0.046
9	0.518	0.907	−3.319	0.045
10	0.562	0.777		

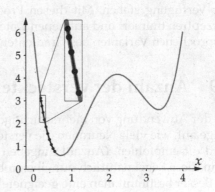

Abbildung 5.27: Gradientenabstieg mit Momentterm ($\beta = 0.9$) ausgehend vom Startwert 0.2 und mit Lernrate 0.001.

Durch eine adaptive Lernrate kann das chaotische Hin- und Herspringen, wie wir es aus Abbildung 5.22 auf Seite 68 ablesen können, vermieden werden. Dies zeigt Abbildung 5.28, das den Lernvorgang ausgehend von der im Vergleich zu Abbildung 5.22 sogar noch größeren Lernrate $\eta = 0.3$ zeigt. Zwar ist dieser Anfangswert zu groß, doch wird er sehr schnell durch den Verkleinerungsfaktor korrigiert, so dass in erstaunlich wenigen Schritten das Minimum der Funktion erreicht wird.

Für eine Veranschaulichung der Fehler-Rückübertragung mit Momentterm verweisen wir wieder auf die schon auf Seite 68 erwähnten Programme wmlp und xmlp. Diese Programme bieten die Möglichkeit, einen Momentterm zu verwenden, wodurch auch hier das Training deutlich beschleunigt wird.

i	x_i	$f(x_i)$	$f'(x_i)$	Δx_i
0	1.500	2.719	3.500	−1.050
1	0.450	1.178	−4.699	0.705
2	1.155	1.476	3.396	−0.509
3	0.645	0.629	−1.110	0.083
4	0.729	0.587	0.072	−0.005
5	0.723	0.587	0.001	0.000
6	0.723	0.587	0.000	0.000
7	0.723	0.587	0.000	0.000
8	0.723	0.587	0.000	0.000
9	0.723	0.587	0.000	0.000
10	0.723	0.587		

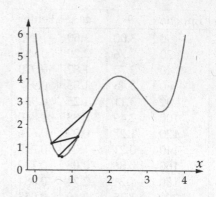

Abbildung 5.28: Gradientenabstieg mit adaptiver Lernrate (mit $\eta_0 = 0.3$, $c^+ = 1.2$, $c^- = 0.5$) ausgehend vom Startwert 1.5.

Weiter weisen wir auf die Kommandozeilenprogramme hin, die unter

> http://www.computational-intelligence.eu

zur Verfügung stehen. Mit diesen Programmen können beliebige mehrschichtige Perzeptren trainiert und auf neuen Daten ausgeführt werden. Sie enthalten alle hier besprochenen Varianten des Gradientenabstiegs.

5.9 Anzahl der versteckten Neuronen

Bei der Anwendung von mehrschichtigen Perzeptren tritt in der Praxis natürlich die Frage auf, wie viele Neuronen die versteckte Schicht enthalten sollte. Als Faustregel wird oft empfohlen, (Anzahl Eingaben + Anzahl Ausgaben) / 2 zu wählen, doch kann diese Regel natürlich nur eine grobe Richtschnur sein.

Besser bestimmt man eine geeignete Anzahl von versteckten Neuronen mit dem folgenden Verfahren, auch wenn es (je nach Größe des Datensatzes) recht aufwendig sein kann: Der Datensatz wird in zwei etwa gleich große Teile geteilt. Mehrschichtige Perzeptren mit verschiedenen Anzahlen von versteckten Neuronen werden auf dem einen Teil (den Trainingsdaten) trainiert und dann auf dem anderen (den Validierungsdaten) ausgewertet, d.h., es wird der Fehler auf dem zweiten Teil der Daten bestimmt, der nicht zum Training benutzt wurde. Dieser Vorgang wird mit mehreren zufälligen Aufteilungen der Daten wiederholt, und die Ergebnisse werden je Anzahl versteckter Neuronen gemittelt. Die Anzahl versteckter Neuronen, die im Durchschnitt zu den besten Ergebnissen auf den (nicht zum Training benutzten) Validierungsdaten führt, wird ausgewählt. Mit dieser Anzahl wird ein mehrschichtiges Perzeptron auf den Gesamtdaten trainiert.

Dieses Verfahren nutzt folgendes Prinzip: Wenn die Anzahl der Neuronen in der versteckten Schicht zu klein ist, kann das mehrschichtige Perzeptron die Struktur der Abhängigkeit zwischen Ausgaben und Eingaben u.U. nicht genau genug darstellen (vgl. die Betrachtungen in Abschnitt 5.2). Daher wird der Fehler größer bleiben als nötig. Man spricht auch von *Unteranpassung* (engl. *underfitting*).

Je mehr Neuronen die versteckte Schicht hat, umso genauer kann ein mehrschichtiges Perzeptron die Abhängigkeit zwischen Ausgaben und Eingaben abbilden. Daraus folgt jedoch nicht, dass man so viele versteckte Neuronen verwenden sollte, wie es die Rechenleistung und Speicherausstattung des verwendeten Rechners zulassen, um die größtmögliche Ausdruckskraft und damit Anpassungsfähigkeit zu erreichen. Denn in der Praxis sind Daten stets verrauscht (engl. *noisy*), d.h., mit zufälligen Fehlern behaftet, die sowohl die Eingaben als auch die Ausgaben betreffen können. Außerdem sind die Daten nur eine endliche Stichprobe und bilden daher die Abhängigkeit zwischen Ausgaben und Eingaben u.U. verzerrt ab, selbst dann, wenn sie mit großer Sorgfalt erhoben wurden. Eine große Zahl versteckter Neuronen macht es nun aber möglich, dass sich das mehrschichtige Perzeptron nicht nur an die u.U. gesetzmäßige Abhängigkeit zwischen Ausgaben und Eingaben anpasst, sondern auch an die zufälligen Besonderheiten (und damit auch an die Fehler) des Trainingsdatensatzes. Man spricht auch von *Überanpassung* (engl. *overfitting*).

Dies wird sich u.a. dadurch zeigen, dass der Fehler, den ein mehrschichtiges Perzeptron mit zu vielen versteckten Neuronen auf den Validierungsdaten macht (ggf. erheblich) größer ist, als der Fehler, den es auf den Trainingsdaten macht. Denn der Validierungsdatensatz wird i.A. anders verzerrt sein und andere Fehler enthalten als der Traingsdatensatz, da die Verzerrung und die Fehler Zufallseffekte sind. Folglich kann man, indem man den Fehler auf den Validierungsdaten dadurch minimiert, dass man die Zahl der versteckten Neuronen geeignet wählt, sowohl Unteranpassung als auch Überanpassung vermeiden.

Das beschriebene Verfahren einer wiederholten Aufteilung in Trainings- und Validierungsdatensatz wird oft auch als *Kreuzvalidierung* (engl. *cross validation*) bezeichnet, womit allerdings oft auch nur folgendes spezielle Vorgehen gemeint ist: Der gegebene Datensatz wird in n Teile etwa gleicher Größe aufgespalten (n-fache Kreuzvalidierung, engl. *n-fold cross validation*). Speziell wenn die Ausgabe symbolisch bzw. nominal ist, wird dabei darauf geachtet, dass die Anteile der verschiedenen Werte des Ausgabeattributes in den Teildatensätzen so gut wie möglich ihren Anteilen im Gesamtdatensatz entsprechen, um eine Verzerrung zumindest in diesem Aspekt so gering wie möglich zu halten. Man spricht spricht auch von *Stratifizierung* (engl. *stratification*, von lat. *stratum*: Decke, Schicht), da dies dadurch erreicht werden kann, dass jede „Schicht", d.h., jeder Wert des Ausgabeattributes, getrennt aufgeteilt wird.

Aus diesen n Teildatensätzen werden nun n Paare mit je einem Trainings- und einem Validierungsdatensatz erzeugt, indem für jedes Paar ein Teildatensatz als Validierungsdatensatz verwendet wird, während die übrigen $n - 1$ Teildatensätze zu einem Trainingsdatensatz zusammengefasst werden. Der Vorteil dieses Ansatzes ist, dass man mit nur einer zufälligen Aufteilung der Daten n Paare von Trainings- und Validierungsdatensätzen erhält. Ein Nachteil ist, dass sich (außer für $n = 2$) die Größe des Trainings- und des Validierungsdatensatzes erheblich unterscheiden.

Alternativ wird oft wie folgt vorgegangen, um eine Überanpassung zu vermeiden: Während des Trainings eines mehrschichtigen Perzeptrons wird nach jeder Epoche der Fehler auf einem Validierungsdatensatz bestimmt. Während der Fehler auf dem Trainingsdatensatz i.W. kontinuierlich fallen sollte, wird bei einsetzender Überanpassung der Fehler auf dem Validierungsdatensatz wieder ansteigen. In diesem Moment wird das Training abgebrochen und ggf. sogar der Zustand des mehrschichtigen Perzeptrons zu dem Zeitpunkt, als der Fehler auf den Validierungsdaten ein Minimum erreichte, als Ergebnis ausgegeben.

Weiter gibt es Ansätze, die aus dem Verlauf des Fehlers auf den Trainingsdaten ein Abbruchkriterium ableiten oder das Netz nur für eine feste, relativ geringe Anzahl von Epochen trainieren (sogenanntes *early stopping*). Alle diese Ansätze
haben den Vorteil, dass sie mit nur einem Trainingslauf mit nur einem Netz (d.h.,
einer Anzahl von versteckten Neuronen) auskommen, während das oben beschriebene Verfahren der Kreuzvalidierung eine ganze Reihe von Trainingsläufen benötigt
und daher rechentechnisch sehr viel aufwendiger ist, speziell für umfangreiche Datensätze. Dennoch ist es diesen einfacheren Verfahren aus einem wesentlichen Grunde vorzuziehen: Während diese einfacheren Verfahren eine Überanpassung zu vermeiden trachten, indem sie die Anpassung eines im Grunde zu komplexen Netzes
früh genug abbrechen, so dass das Training noch nicht die volle Ausdrucksmächtigkeit des Netzes zur Anpassung an die Daten nutzen konnte, versucht das Verfahren der Kreuzvalidierung die Komplexität des Netzes „richtig" einzustellen. D.h., es
wird versucht, das tatsächlich geeignetste Modell für die Daten zu finden.

5.10   Sensitivitätsanalyse

(Künstliche) neuronale Netze haben den großen Nachteil, dass das von ihnen gelernte Wissen oft nur schwer verständlich ist, da es in den Verbindungsgewichten,
also einer Matrix reeller Zahlen, gespeichert ist. Zwar haben wir in Abschnitt 3.2,
die Funktionsweise neuronaler Netze anschaulich geometrisch zu erklären, doch
bereitet eine solche Deutung bei komplexeren Netzen, wie sie in der Praxis auftreten, erhebliche Schwierigkeiten. Besonders bei hochdimensionalen Eingaberäumen
versagt das menschliche Vorstellungsvermögen. Ein komplexes neuronales Netz erscheint daher leicht als eine „black box", die auf mehr oder weniger unergründliche
Weise aus den Eingaben die Ausgaben berechnet.

Man kann diese Situation jedoch etwas verbessern, indem man eine sogenannte
Sensitivitätsanalyse durchführt, durch die bestimmt wird, welchen Einfluss die verschiedenen Eingaben auf die Ausgabe des Netzes haben. Wir summieren dazu die
Ableitung der Ausgaben nach den externen Eingaben über alle Ausgabeneuronen
und alle Lernmuster. Diese Summe wird durch die Anzahl der Lernmuster geteilt,
um den Wert unabhängig von der Größe des Trainingsdatensatzes zu halten. D.h.,
wir berechnen

$$\forall u \in U_{\text{in}} : \qquad s(u) = \frac{1}{|L_{\text{fixed}}|} \sum_{l \in L_{\text{fixed}}} \sum_{v \in U_{\text{out}}} \frac{\partial\, \text{out}_v^{(l)}}{\partial\, \text{ext}_u^{(l)}}.$$

Der so erhaltene Wert $s(u)$ zeigt uns an, wie wichtig die Eingabe, die dem Neuron u
zugeordnet ist, für die Berechnungen des mehrschichtigen Perzeptrons ist. Auf dieser Grundlage können wir dann z.B. das Netz vereinfachen, indem wir die Eingaben
mit den kleinsten Werten $s(u)$ entfernen.

Zur Ableitung der genauen Berechnungsformel wenden wir, wie bei der Ableitung des Gradientenabstiegs, zunächst die Kettenregel an:

$$\frac{\partial\, \text{out}_v}{\partial\, \text{ext}_u} = \frac{\partial\, \text{out}_v}{\partial\, \text{out}_u} \frac{\partial\, \text{out}_u}{\partial\, \text{ext}_u} = \frac{\partial\, \text{out}_v}{\partial\, \text{net}_v} \frac{\partial\, \text{net}_v}{\partial\, \text{out}_u} \frac{\partial\, \text{out}_u}{\partial\, \text{ext}_u}.$$

Wenn die Ausgabefunktion der Eingabeneuronen die Identität ist, wie wir hier annehmen wollen, können wir den letzten Faktor vernachlässigen, da

$$\frac{\partial\,\mathrm{out}_u}{\partial\,\mathrm{ext}_u} = 1.$$

Für den zweiten Faktor erhalten wir im allgemeinen Fall

$$\frac{\partial\,\mathrm{net}_v}{\partial\,\mathrm{out}_u} = \frac{\partial}{\partial\,\mathrm{out}_u} \sum_{p\in\mathrm{pred}(v)} w_{vp}\,\mathrm{out}_p = \sum_{p\in\mathrm{pred}(v)} w_{vp}\,\frac{\partial\,\mathrm{out}_p}{\partial\,\mathrm{out}_u}.$$

Hier tritt auf der rechten Seite wieder eine Ableitung der Ausgabe eines Neurons p nach der Ausgabe des Eingabeneurons u auf, so dass wir die schichtenweise Rekursionsformel

$$\frac{\partial\,\mathrm{out}_v}{\partial\,\mathrm{out}_u} = \frac{\partial\,\mathrm{out}_v}{\partial\,\mathrm{net}_v}\frac{\partial\,\mathrm{net}_v}{\partial\,\mathrm{out}_u} = \frac{\partial\,\mathrm{out}_v}{\partial\,\mathrm{net}_v} \sum_{p\in\mathrm{pred}(v)} w_{vp}\,\frac{\partial\,\mathrm{out}_p}{\partial\,\mathrm{out}_u}$$

aufstellen können. In der ersten versteckten Schicht (oder für ein zweischichtiges Perzeptron) erhalten wir dagegen

$$\frac{\partial\,\mathrm{net}_v}{\partial\,\mathrm{out}_u} = w_{vu}, \qquad \text{also} \qquad \frac{\partial\,\mathrm{out}_v}{\partial\,\mathrm{out}_u} = \frac{\partial\,\mathrm{out}_v}{\partial\,\mathrm{net}_v} w_{vu},$$

da alle Summanden außer dem mit $p = u$ verschwinden. Diese Formel definiert den Rekursionsanfang. Ausgehend von diesem Startpunkt können wir die oben angegebene Rekursionsformel anwenden, bis wir die Ausgabeschicht erreichen, wo wir den zu einem Lernmuster l gehörenden Term des Wertes $s(u)$ schließlich durch Summation über die Ausgabeneuronen berechnen können.

Wie bei der Ableitung der Fehler-Rückübertragung betrachten wir auch hier wieder den Spezialfall der logistischen Aktivierungsfunktion und der Identität als Ausgabefunktion. In diesem Fall erhält man die besonders einfache Rekursionsformel

$$\frac{\partial\,\mathrm{out}_v}{\partial\,\mathrm{out}_u} = \mathrm{out}_v(1 - \mathrm{out}_v) \sum_{p\in\mathrm{pred}(v)} w_{vp}\,\frac{\partial\,\mathrm{out}_p}{\partial\,\mathrm{out}_u}$$

und den Rekursionsanfang (v in erster versteckter Schicht)

$$\frac{\partial\,\mathrm{out}_v}{\partial\,\mathrm{out}_u} = \mathrm{out}_v(1 - \mathrm{out}_v)w_{vu}.$$

Die Kommandozeilenprogramme, auf die wir bereits am Ende des vorangehenden Abschnitts hingewiesen haben, erlauben eine Sensitivitätsanalyse eines mehrschichtigen Perzeptrons unter Verwendung dieser Formeln.

Kapitel 6

Radiale-Basisfunktionen-Netze

Wie mehrschichtige Perzeptren sind Radiale-Basisfunktionen-Netze vorwärtsbetriebene neuronale Netze mit einer streng geschichteten Struktur. Allerdings ist die Zahl der Schichten stets drei; es gibt also nur genau eine versteckte Schicht. Weiter unterscheiden sich Radiale-Basisfunktionen-Netze von mehrschichtigen Perzeptren durch andere Netzeingabe- und Aktivierungsfunktionen, speziell in der versteckten Schicht. In ihr werden *radiale Basisfunktionen* verwendet, die diesem Netztyp seinen Namen geben. Durch diese Funktionen wird jedem Neuron eine Art „Einzugsgebiet" zugeordnet, in dem es hauptsächlich die Ausgabe des Netzes beeinflusst.

6.1   Definition und Beispiele

Definition 6.1 *Ein* Radiale-Basisfunktionen-Netz *ist ein neuronales Netz mit einem Graphen* $G = (U, C)$, *der folgenden Bedingungen genügt:*

(i) $U_{\text{in}} \cap U_{\text{out}} = \varnothing$,

(ii) $C = (U_{\text{in}} \times U_{\text{hidden}}) \cup C', \quad C' \subseteq (U_{\text{hidden}} \times U_{\text{out}})$

Die Netzeingabefunktion jedes versteckten Neurons ist eine Abstandsfunktion von Eingabe- und Gewichtsvektor, d.h.

$$\forall u \in U_{\text{hidden}}: \qquad f_{\text{net}}^{(u)}(\vec{w}_u, \vec{\text{in}}_u) = d(\vec{w}_u, \vec{\text{in}}_u),$$

wobei $d : \mathbb{R}^n \times \mathbb{R}^n \to \mathbb{R}_0^+$ *eine Funktion ist, die* $\forall \vec{x}, \vec{y}, \vec{z} \in \mathbb{R}^n$:

$$(i) \quad d(\vec{x}, \vec{y}) = 0 \iff \vec{x} = \vec{y},$$

$$(ii) \quad d(\vec{x}, \vec{y}) = d(\vec{y}, \vec{x}) \qquad (Symmetrie),$$

$$(iii) \quad d(\vec{x}, \vec{z}) \leq d(\vec{x}, \vec{y}) + d(\vec{y}, \vec{z}) \qquad (Dreiecksungleichung),$$

erfüllt, also der Definition eines Abstands genügt.

Die Netzeingabefunktion der Ausgabeneuronen ist die (mit den Verbindungsgewichten) gewichtete Summe der Eingänge, d.h.

$$\forall u \in U_{\text{out}}: \qquad f_{\text{net}}^{(u)}(\vec{w}_u, \vec{\text{in}}_u) = \vec{w}_u \vec{\text{in}}_u = \sum_{v \in \text{pred}(u)} w_{uv} \, \text{out}_v.$$

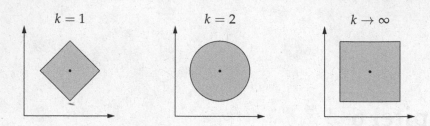

Abbildung 6.1: Kreise für verschiedene Abstandsfunktionen.

Die Aktivierungsfunktion jedes versteckten Neurons ist eine, wie wir sie nennen wollen, radiale Funktion, d.h. eine monoton fallende Funktion

$$f : \mathbb{R}_0^+ \to [0,1] \quad mit \quad f(0) = 1 \quad und \quad \lim_{x\to\infty} f(x) = 0.$$

Die Aktivierungsfunktion jedes Ausgabeneurons ist eine lineare Funktion, nämlich

$$f_{\text{act}}^{(u)}(\text{net}_u, \theta_u) = \text{net}_u - \theta_u.$$

Man beachte, dass Radiale-Basisfunktionen-Netze genau drei Schichten haben und dass die Eingabeschicht und die versteckte Schicht wegen der Abstandsberechnung immer vollständig verbunden sind.

Durch die Netzeingabefunktion und die Aktivierungsfunktion eines versteckten Neurons wird eine Art „Einzugsgebiet" dieses Neurons beschrieben. Die Gewichte der Verbindungen von der Eingabeschicht zu einem Neuron der versteckten Schicht geben das *Zentrum* dieses Einzugsgebietes an, denn der Abstand (Netzeingabefunktion) wird ja zwischen dem Gewichtsvektor und dem Eingabevektor gemessen. Die Art der Abstandsfunktion bestimmt die Form des Einzugsgebiets. Zur Veranschaulichung betrachten wir die Minkowski-Familie von Abstandsfunktionen, die durch

$$d_k(\vec{x}, \vec{y}) = \left(\sum_{i=1}^{n} (x_i - y_i)^k \right)^{\frac{1}{k}}.$$

definiert ist. Bekannte Spezialfälle aus dieser Familie sind:

$k = 1$:   Manhattan- oder City-Block-Abstand,
$k = 2$:   euklidischer Abstand,
$k \to \infty$:   Maximum-Abstand, d.h. $d_\infty(\vec{x}, \vec{y}) = \max_{i=1}^{n} |x_i - y_i|$.

Abstandsfunktionen wie diese lassen sich leicht veranschaulichen, indem man betrachtet, wie mit ihnen ein Kreis aussieht. Denn ein Kreis ist ja definiert als die Menge aller Punkte, die von einem gegebenen Punkt einen bestimmten festen Abstand haben. Diesen festen Abstand nennt man den *Radius* des Kreises. Für die drei oben angeführten Spezialfälle sind Kreise in Abbildung 6.1 gezeigt. Alle drei Kreise haben den gleichen Radius. Mit diesen Beispielen erhalten wir unmittelbar einen Eindruck von den möglichen Formen des Einzugsgebietes eines versteckten Neurons.

Rechteckfunktion:

$$f_{\text{act}}(\text{net}, \sigma) = \begin{cases} 0, & \text{wenn net} > \sigma, \\ 1, & \text{sonst.} \end{cases}$$

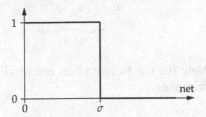

Dreieckfunktion:

$$f_{\text{act}}(\text{net}, \sigma) = \begin{cases} 0, & \text{wenn net} > \sigma, \\ 1 - \frac{\text{net}}{\sigma}, & \text{sonst.} \end{cases}$$

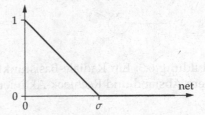

Kosinus bis Null:

$$f_{\text{act}}(\text{net}, \sigma) = \begin{cases} 0, & \text{wenn net} > 2\sigma, \\ \frac{\cos\left(\frac{\pi}{2\sigma}\,\text{net}\right) + 1}{2}, & \text{sonst.} \end{cases}$$

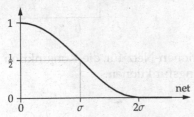

Gaußfunktion:

$$f_{\text{act}}(\text{net}, \sigma) = e^{-\frac{\text{net}^2}{2\sigma^2}}$$

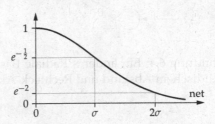

Abbildung 6.2: Verschiedene radiale Aktivierungsfunktionen.

Die Aktivierungsfunktion eines versteckten Neurons und ihre Parameter bestimmen die „Größe" des Einzugsgebietes des Neurons. Wir nennen diese Aktivierungsfunktion eine *radiale Funktion*, da sie entlang eines Strahles (lat. *radius*: Strahl) von dem Zentrum, das durch den Gewichtsvektor bestimmt wird, definiert ist und so jedem Radius (jedem Abstand vom Zentrum) eine Aktivierung zuordnet. Beispiele für radiale Aktivierungsfunktionen, die alle einen Parameter, nämlich einen *(Referenz-)Radius* σ, besitzen, zeigt Abbildung 6.2 (vgl. auch Abbildung 5.2 auf Seite 45).

Man beachte, dass nicht alle dieser radialen Aktivierungsfunktionen den Einzugsbereich scharf begrenzen. D.h., nicht für alle Funktionen gibt es einen Radius, ab dem die Aktivierung 0 ist. Bei der Gaußfunktion etwa liefert auch ein beliebig weit vom Zentrum entfernter Eingabevektor noch eine positive Aktivierung, wenn diese auch wegen des exponentiellen Abfallens der Gaußfunktion für weit entfernte Eingabevektoren verschwindend klein wird.

Die Ausgabeschicht eines Radiale-Basisfunktionen-Netzes dient dazu, die Aktivierungen der versteckten Neuronen zu der Ausgabe des Netzes zu verknüpfen (gewichtete Summe als Netzeingabefunktion) — ähnlich wie in einem mehrschichtigen Perzeptron. Man beachte allerdings, dass in einem Radiale-Basisfunktionen-Netz die Aktivierungsfunktion der Ausgabeneuronen eine lineare Funktion ist. Der Grund für diese Festlegung, die für die Initialisierung der Parameter wichtig ist, wird in Abschnitt 6.3 erläutert. Im Prinzip sind jedoch auch Varianten mit z.B. einer logistischen Aktivierungsfunktion denkbar.

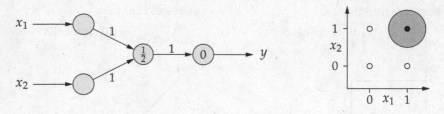

Abbildung 6.3: Ein Radiale-Basisfunktionen-Netz für die Konjunktion mit euklidischem Abstand und Rechteck-Aktivierungsfunktionen.

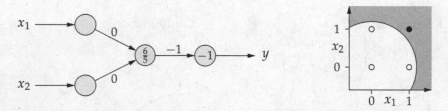

Abbildung 6.4: Ein anderes Radiale-Basisfunktionen-Netz für die Konjunktion mit euklidischem Abstand und Rechteck-Aktivierungsfunktionen.

Als erstes Beispiel betrachten wir, in Analogie zu Abschnitt 3.1, die Berechnung der Konjunktion zweier Boolescher Variablen x_1 und x_2. Ein Radiale-Basisfunktionen-Netz, das diese Aufgabe löst, ist in Abbildung 6.3 links gezeigt. Es besitzt nur ein verstecktes Neuron, dessen Gewichtsvektor (Zentrum der radialen Basisfunktion) der Eingabevektor ist, für den eine Ausgabe von 1 geliefert werden soll, also der Punkt $(1,1)$. Der (Referenz-)Radius der Aktivierungsfunktion beträgt $\frac{1}{2}$. Er wird wie der Parameter θ (Biaswert) eines Neurons in einem mehrschichtigen Perzeptron in den Kreis geschrieben, der das versteckte Neuron darstellt. In der Zeichnung nicht dargestellt ist, dass wir den euklidischen Abstand und eine Rechteck-Aktivierungsfunktion verwenden. Durch das Gewicht 1 der Verbindung zum Ausgabeneuron und den Biaswert 0 dieses Neurons stimmt die Ausgabe des Netzes mit der Ausgabe des versteckten Neurons überein.

Wie die Berechnungen von Schwellenwertelementen (vgl. Abschnitt 3.2), so lassen sich auch die Berechnungen von Radiale-Basisfunktionen-Netzen geometrisch deuten, speziell, wenn Rechteck-Aktivierungsfunktionen verwendet werden, siehe Abbildung 6.3 rechts. Durch die radiale Funktion wird ein Kreis mit Radius $\frac{1}{2}$ um den Punkt $(1,1)$ beschrieben. Innerhalb dieses Kreises ist die Aktivierung des versteckten Neurons (und damit die Ausgabe des Netzes) 1, außerhalb 0. Man erkennt so leicht, dass das in Abbildung 6.3 links gezeigte Netz tatsächlich die Konjunktion seiner Eingaben berechnet.

Das in Abbildung 6.3 gezeigte Netz ist natürlich nicht das einzig mögliche zur Berechnung der Konjunktion. Man kann etwa einen anderen Radius verwenden, solange er nur kleiner als 1 ist, oder das Zentrum etwas verschieben, solange nur der Punkt $(1,1)$ innerhalb der Kreises bleibt und keiner der anderen Punkte in den Kreis gerät. Auch kann natürlich die Abstandsfunktion oder die Aktivierungsfunk-

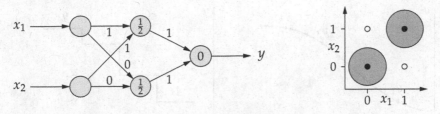

Abbildung 6.5: Ein Radiale-Basisfunktionen-Netz für die Biimplikation mit euklidischem Abstand und Rechteck-Aktivierungsfunktionen.

tion verändert werden. Man kann aber auch eine ganz andere Lösung finden, wie sie etwa Abbildung 6.4 zeigt. Durch einen Biaswert von -1 im Ausgabeneuron wird eine Grundausgabe von 1 erzeugt, die innerhalb eines Kreises mit Radius $\frac{6}{5}$ um den Punkt $(0,0)$ auf 0 verringert wird (man beachte das negative Gewicht der Verbindung zum Ausgabeneuron). Es wird gewissermaßen aus einem Teppich der Dicke 1 eine Kreisscheibe „herausgestanzt", und zwar so, dass alle Punkte, für die eine Ausgabe von 0 geliefert werden soll, innerhalb dieser Scheibe liegen.

Als weiteres Beispiel betrachten wir ein Radiale-Basisfunktionen-Netz, das die Biimplikation berechnet, siehe Abbildung 6.5 links. Es enthält zwei versteckte Neuronen, die den beiden Punkten zugeordnet sind, für die eine Ausgabe von 1 erzeugt werden soll. In Kreisen mit Radius $\frac{1}{2}$ um diese beiden Punkte wird das jeweils zugehörige versteckte Neuron aktiviert (gibt eine 1 aus), siehe Abbildung 6.5 rechts. Das Ausgabeneuron fasst diese Ausgaben lediglich zusammen: Die Ausgabe des Netzes ist 1, wenn der Eingabevektor innerhalb eines der beiden Kreise liegt.

Logisch gesehen berechnet das obere Neuron die Konjunktion der Eingaben, das untere ihre negierte Disjunktion. Durch das Ausgabeneuron werden die Ausgaben der versteckten Neuronen disjunktiv verknüpft (wobei allerdings nur jeweils eines der beiden versteckten Neuronen aktiv sein kann). Die Biimplikation wird also unter Ausnutzung der logischen Äquivalenz

$$x_1 \leftrightarrow x_2 \quad \equiv \quad (x_1 \wedge x_2) \vee \neg(x_1 \vee x_2)$$

dargestellt. (Man vergleiche hierzu auch Abschnitt 3.4.)

Man beachte, dass es natürlich auch hier wieder die Möglichkeit gibt, durch einen Biaswert von -1 im Ausgabeneuron eine Grundausgabe von 1 zu erzeugen, die durch Kreise mit Radius $\frac{1}{2}$ (oder einem anderen Radius kleiner als 1) um die Punkte $(1,0)$ und $(0,1)$ auf 0 verringert wird. Wie für Schwellenwertelemente gibt es dagegen keine Möglichkeit, die Biimplikation mit nur einem (versteckten) Neuron zu berechnen, es sei denn, man verwendet den *Mahalanobis-Abstand*. Diese Erweiterung der Berechnungsfähigkeiten wird jedoch erst in Abschnitt 6.5 besprochen.

6.2   Funktionsapproximation

Nach den Beispielen des vorangehenden Abschnitts, in denen nur einfache logische Funktionen verwendet wurden, betrachten wir nun, in Analogie zu Abschnitt 5.2,

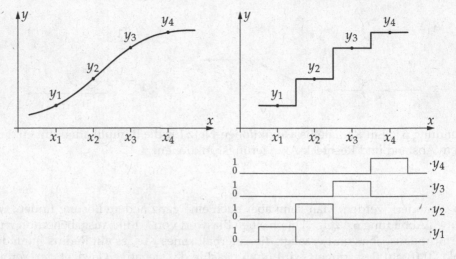

Abbildung 6.6: Darstellung einer Treppenfunktion durch eine gewichtete Summe von Rechteckfunktionen (mit Zentren x_i). Natürlich können die Stufenhöhen y_i auch negativ sein. An den Stufenkanten kommt es allerdings zu falschen Funktionswerten (Summe der Stufenhöhen).

wie man mit Hilfe von Radiale-Basisfunktionen-Netzen reellwertige Funktionen approximieren kann. Das Prinzip ist das gleiche wie in Abschnitt 5.2: Die zu approximierende Funktion wird durch eine Treppenfunktion angenähert, die durch ein Radiale-Basisfunktionen-Netz leicht dargestellt werden kann, indem man es eine gewichtete Summe von Rechteckfunktionen berechnen lässt. Wir veranschaulichen dies anhand der gleichen Beispielfunktion wie in Abschnitt 5.2, siehe Abbildung 6.6.

Für jede Treppenstufe wird eine radiale Basisfunktion verwendet, deren Zentrum in der Mitte der Stufe liegt und deren Radius die halbe Stufenbreite ist. Dadurch werden Rechteckpulse beschrieben (siehe Abbildung 6.6 unten rechts), die mit der zugehörigen Stufenhöhe gewichtet und aufaddiert werden. Man erhält so die in Abbildung 6.6 oben rechts gezeigte Treppenfunktion. Das zugehörige Radiale-Basisfunktionen-Netz, das für jeden Rechteckpuls ein verstecktes Neuron besitzt, ist in Abbildung 6.7 gezeigt. Allerdings ist zu beachten, dass an den Stufenkanten die Summe der Stufenhöhen berechnet wird (in der Abbildung 6.6 nicht dargestellt), da sich die Rechteckpulse an diesen Punkten überlappen. Für die Güte der Näherung spielt dies jedoch keine Rolle, da wir den Fehler wieder, wie in Abschnitt 5.2, als die Fläche zwischen der Treppenfunktion und der zu approximierenden Funktion ansetzen. Weil die Abweichungen nur an endlich vielen Einzelpunkten auftreten, liefern sie keinen Beitrag zum Fehler.

Da wir das gleiche Prinzip verwendet haben wie in Abschnitt 5.2, können wir unmittelbar den dort gezeigten Satz übertragen:

Satz 6.1 *Jede Riemann-integrierbare Funktion ist durch ein Radiale-Basisfunktionen-Netz beliebig genau approximierbar.*

Man beachte auch hier wieder, dass dieser Satz nur Riemann-Integrierbarkeit der darzustellenden Funktion voraussetzt und *nicht* Stetigkeit. Die darzustellende Funk-

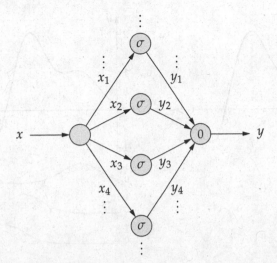

Abbildung 6.7: Ein Radiale-Basisfunktionen-Netz, das die Treppenfunktion aus Abbildung 6.6 bzw. die stückweise lineare Funktion aus Abbildung 6.8 berechnet (je nach Aktivierungsfunktion der versteckten Neuronen). Für die Referenzradien gilt $\sigma = \frac{1}{2}\Delta x = \frac{1}{2}(x_{i+1} - x_i)$ bzw. $\sigma = \Delta x = x_{i+1} - x_i$.

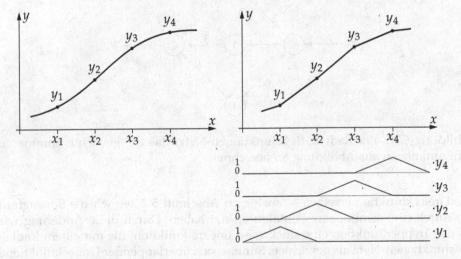

Abbildung 6.8: Darstellung einer stückweise linearen Funktion durch eine gewichtete Summe von Dreieckfunktionen (mit Zentren x_i).

tion darf also Sprungstellen haben, jedoch in dem Bereich, in dem sie approximiert werden soll, nur endlich viele Sprungstellen endlicher Höhe. Die Funktion muss folglich „fast überall" stetig sein.

Obwohl es die Gültigkeit des obigen Satzes nicht einschränkt, ist die Abweichung von einer reinen Treppenfunktion, die an den Stufenkanten auftritt, störend. Sie verschwindet jedoch automatisch, wenn wir die Rechteck-Aktivierungsfunktion durch

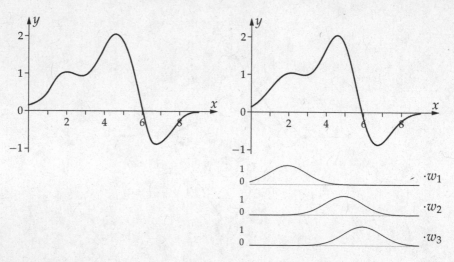

Abbildung 6.9: Annäherung einer Funktion durch eine Summe von Gaußkurven mit Radius $\sigma = 1$. Es ist $w_1 = 1$, $w_2 = 3$ und $w_3 = -2$.

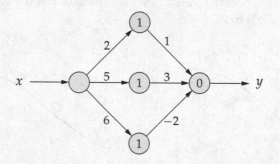

Abbildung 6.10: Ein Radiale-Basisfunktionen-Netz, das die gewichte Summe von Gaußfunktionen aus Abbildung 6.9 berechnet.

eine Dreieckfunktion ersetzen — analog zu Abschnitt 5.2, wo wir die Sprungfunktion durch eine semi-lineare Funktion ersetzt haben. Durch diese Änderung wird aus der Treppenfunktion eine stückweise lineare Funktion, die mit einem Radiale-Basisfunktionen-Netz als gewichtete Summe sich überlappender Dreieckfunktionen berechnet wird, siehe Abbildung 6.8. Die Näherung wird so deutlich verbessert.

Die Näherungsgüte lässt sich weiter verbessern, wenn man die Zahl der Stützstellen erhöht, und zwar speziell dort, wo die Funktion stark gekrümmt ist (wie analog auch schon in Abschnitt 5.2 angesprochen). Außerdem kann man die Knickstellen der stückweise linearen Funktion beseitigen, indem man eine Aktivierungsfunktion wie die Gaußfunktion verwendet, durch die „glatte" Übergänge entstehen.

Um die Darstellung einer Funktion durch Gaußfunktionen zu veranschaulichen, betrachten wir noch die Annäherung der in Abbildung 6.9 oben links dargestellten Funktion durch eine gewichtete Summe von drei Gaußglocken (siehe Abbildung 6.9 rechts). Das zugehörige Radiale-Basisfunktionen-Netz mit drei versteckten Neuronen (einer je Gaußglocke) ist in Abbildung 6.10 gezeigt.

Es dürfte klar sein, dass das Prinzip der Annäherung einer reellwertigen Funktion, das wir in diesem Abschnitt benutzt haben, nicht auf einparametrige Funktionen beschränkt ist, sondern sich direkt auf mehrparametrige übertragen lässt. Im Unterschied zu mehrschichtigen Perzeptren sieht man hier jedoch unmittelbar, dass immer drei Schichten ausreichend sind, da die Basisfunktionen stets nur lokal die Ausgabe des Netzes beeinflussen.

6.3 Initialisierung der Parameter

Bei mehrschichtigen Perzeptren haben wir die Initialisierung der Parameter (d.h. der Verbindungsgewichte und Biaswerte) nur beiläufig behandelt, denn sie ist trivial: Man wähle einfach zufällige, betragsmäßig nicht zu große Werte. Im Prinzip ist ein solches Vorgehen zwar auch bei Radiale-Basisfunktionen-Netzen möglich, doch führt es meist zu sehr schlechten Ergebnissen. Außerdem unterscheiden sich in einem Radiale-Basisfunktionen-Netz die versteckte Schicht und die Ausgabeschicht stark, da sie verschiedene Netzeingabe- und Aktivierungsfunktionen verwenden — im Gegensatz zu einem mehrschichtigen Perzeptron, in dem die versteckten Schichten und die Ausgabeschicht gleichartig sind. Folglich sollten diese beiden Schichten getrennt behandelt werden. Wir widmen daher der Initialisierung der Parameter eines Radiale-Basisfunktionen-Netzes einen eigenen Abschnitt.

Um die Darstellung möglichst verständlich zu halten, beginnen wir mit dem Spezialfall der sogenannten *einfachen Radiale-Basisfunktionen-Netze*, bei denen jedes Trainingsbeispiel durch eine eigene radiale Basisfunktion abgedeckt wird. D.h., es gibt in der versteckten Schicht genau so viele Neuronen wie Trainingsbeispiele. Die Gewichte der Verbindungen von den Eingabeneuronen zu den Neuronen der versteckten Schicht werden durch die Trainingsbeispiele festgelegt: Jedem versteckten Neuron wird ein Trainingsbeispiel zugeordnet, und die Gewichte der Verbindungen zu einem versteckten Neuron werden mit den Elementen des Eingabevektors des zugehörigen Trainingsbeispiels initialisiert.

Formal: Sei $L_{\text{fixed}} = \{l_1, \ldots, l_m\}$ eine feste Lernaufgabe, bestehend aus m Trainingsbeispielen $l = (\vec{\imath}^{(l)}, \vec{o}^{(l)})$. Da jedes Trainingsbeispiel als Zentrum einer eigenen radialen Funktion verwendet wird, gibt es m Neuronen in der versteckten Schicht. Diese Neuronen seien $v_1, \ldots, v_m$. Wir setzen

$$\forall k \in \{1, \ldots, m\}: \qquad \vec{w}_{v_k} = \vec{\imath}^{(l_k)}.$$

Die Radien σ_k werden bei Verwendung der am häufigsten benutzten Gaußschen Aktivierungsfunktion oft nach der Heuristik

$$\forall k \in \{1, \ldots, m\}: \qquad \sigma_k = \frac{d_{\max}}{\sqrt{2m}}$$

gleich groß gewählt, wobei $d_{\max}$ der maximale Abstand der Eingabevektoren zweier Trainingsbeispiele ist (berechnet mit der für die versteckten Neuronen gewählten Netzeingabefunktion, die ja eine Abstandsfunktion d ist), also

$$d_{\max} = \max_{l_j, l_k \in L_{\text{fixed}}} d\left(\vec{\imath}^{(l_j)}, \vec{\imath}^{(l_k)}\right).$$

Diese Wahl hat den Vorteil, dass die Gaußglocken nicht zu schmal, also keine vereinzelten Spitzen im Eingaberaum, aber auch nicht zu ausladend sind, sich also auch
nicht zu stark überlappen (jedenfalls, wenn der Datensatz „gutartig" ist, also keine
vereinzelten, weit von allen anderen entfernt liegenden Trainingsbeispiele enthält).

Die Gewichte von der versteckten Schicht zur Ausgabeschicht und die Biaswerte der Ausgabeneuronen werden mit Hilfe der folgenden Überlegung bestimmt: Da
die Parameter der versteckten Schicht (Zentren und Radien) bekannt sind, können
wir für jedes Trainingsbeispiel die Ausgaben der versteckten Neuronen berechnen.
Die Verbindungsgewichte und Biaswerte sind nun so zu bestimmen, dass aus diesen Ausgaben die gewünschten Ausgaben des Netzes berechnet werden. Da die
Netzeingabefunktion des Ausgabeneurons eine gewichtete Summe seiner Eingaben
und seine Aktivierungs- und Ausgabefunktion beide linear sind, liefert jedes Trainingsmuster l für jedes Ausgabeneuron u eine zu erfüllende lineare Gleichung

$$\sum_{k=1}^{m} w_{uv_m} \, \mathrm{out}_{v_m}^{(l)} - \theta_u = o_u^{(l)}.$$

(Dies ist der wesentliche Grund für die Festlegung linearer Aktivierungs- und Ausgabefunktionen für die Ausgabeneuronen.) Wir erhalten so für jedes Ausgabeneuron
ein lineares Gleichungssystem mit m Gleichungen (eine Gleichung für jedes Trainingsbeispiel) und $m + 1$ Unbekannten (m Gewichte und ein Biaswert). Dass dieses
Gleichungssystem unterbestimmt ist (mehr Unbekannte als Gleichungen), können
wir dadurch beheben, dass wir den „überzähligen" Parameter θ_u einfach 0 setzen. In
Matrix/Vektorschreibweise lautet das zu lösende Gleichungssystem dann

$$\mathbf{A} \cdot \vec{w}_u = \vec{o}_u,$$

wobei $\vec{w}_u = (w_{uv_1}, \ldots, w_{uv_m})^{\top}$ der Gewichtsvektor des Ausgabeneurons u und $\vec{o}_u = \left(o_u^{(l_1)}, \ldots, o_u^{(l_m)}\right)^{\top}$ der Vektor der gewünschten Ausgaben des Ausgabeneurons u für
die verschiedenen Trainingsbeispiele ist. $\mathbf{A}$ ist eine $m \times m$ Matrix mit den Ausgaben
der Neuronen der versteckten Schicht für die Trainingsbeispiele, nämlich

$$\mathbf{A} = \begin{pmatrix} \mathrm{out}_{v_1}^{(l_1)} & \mathrm{out}_{v_2}^{(l_1)} & \ldots & \mathrm{out}_{v_m}^{(l_1)} \\ \mathrm{out}_{v_1}^{(l_2)} & \mathrm{out}_{v_2}^{(l_2)} & \ldots & \mathrm{out}_{v_m}^{(l_2)} \\ \vdots & \vdots & & \vdots \\ \mathrm{out}_{v_1}^{(l_m)} & \mathrm{out}_{v_2}^{(l_m)} & \ldots & \mathrm{out}_{v_m}^{(l_m)} \end{pmatrix}.$$

D.h., jede Zeile der Matrix enthält die Ausgaben der verschiedenen versteckten Neuronen für ein Trainingsbeispiel, jede Spalte der Matrix die Ausgaben eines versteckten Neurons für die verschiedenen Trainingsbeispiele. Da die Elemente dieser Matrix aus den Trainingsbeispielen berechnet werden können und die gewünschten
Ausgaben ebenfalls bekannt sind, können die Gewichte durch Lösen dieses Gleichungssystems bestimmt werden. Für die folgenden Betrachtungen ist es günstig,
diese Lösung durch Invertieren der Matrix $\mathbf{A}$ zu bestimmen, d.h. durch

$$\vec{w}_u = \mathbf{A}^{-1} \cdot \vec{o}_u,$$

auch wenn dieses Verfahren voraussetzt, dass die Matrix $\mathbf{A}$ vollen Rang hat. Dies ist
in der Praxis zwar meist, aber eben nicht notwendigerweise der Fall. Sollte $\mathbf{A}$ nicht

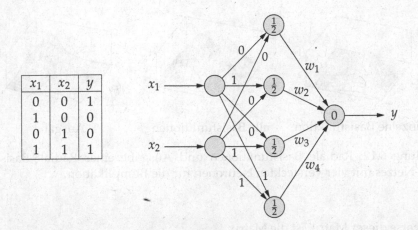

x_1	x_2	y
0	0	1
1	0	0
0	1	0
1	1	1

Abbildung 6.11: Trainingsbeispiele für die Biimplikation und durch sie bereits teilweise festgelegtes einfaches Radiale-Basisfunktionen-Netz.

vollen Rang haben, so sind Gewichte willkürlich zu wählen, bis das verbleibende Gleichungssystem eindeutig lösbar ist.

Man beachte, dass mit dieser analytisch berechneten Initialisierung der Fehler, den ein einfaches Radiale-Basisfunktionen-Netz auf den Trainingsdaten macht, bereits verschwindet. Denn da das zu lösende Gleichungssystem höchstens unterbestimmt ist, können stets Verbindungsgewichte gefunden werden, so dass genau die gewünschten Ausgaben berechnet werden. Ein Training der Parameter ist daher bei einfachen Radiale-Basisfunktionen-Netzen nicht nötig.

Zu Veranschaulichung des Verfahrens betrachten wir ein Radiale-Basisfunktionen-Netz für die Biimplikation $x_1 \leftrightarrow x_2$, bei dem die Neuronen der versteckten Schicht Gaußsche Aktivierungsfunktionen haben. Die Trainingsbeispiele und das durch sie bereits teilweise festgelegte einfache Radiale-Basisfunktionen-Netz sind in Abbildung 6.11 dargestellt. Die Radien σ sind nach der oben angegebenen Heuristik gewählt: Es ist offenbar $d_{\max} = \sqrt{2}$ (Diagonale des Einheitsquadrates) und $m = 4$, also $\sigma = \frac{\sqrt{2}}{\sqrt{2 \cdot 4}} = \frac{1}{2}$, was auch anschaulich plausibel ist.

Zu bestimmen sind nur noch die vier Gewichte $w_1, \ldots, w_4$ der Verbindungen zum Ausgabeneuron. (Man beachte, dass der Biaswert des Ausgabeneurons auf 0 festgelegt wird, da sonst das zu lösende Gleichungssystem unterbestimmt ist — siehe oben.) Um diese Gewichte zu berechnen, stellen wir die Matrix

$$\mathbf{A} = (a_{jk}) \qquad \text{mit} \qquad a_{jk} = e^{-\frac{|\vec{\imath}_j - \vec{\imath}_k|^2}{2\sigma^2}} = e^{-2|\vec{\imath}_j - \vec{\imath}_k|^2}$$

auf, wobei die $\vec{\imath}_j$ und $\vec{\imath}_k$ die Eingabevektoren des j-ten und k-ten Trainingsbeispiels sind (nummeriert nach der Tabelle aus Abbildung 6.11). Also ist

$$\mathbf{A} = \begin{pmatrix} 1 & e^{-2} & e^{-2} & e^{-4} \\ e^{-2} & 1 & e^{-4} & e^{-2} \\ e^{-2} & e^{-4} & 1 & e^{-2} \\ e^{-4} & e^{-2} & e^{-2} & 1 \end{pmatrix}.$$

einzelne Basisfunktion   alle Basisfunktionen   Ausgabe

Abbildung 6.12: Radiale Basisfunktionen und Ausgabe eines Radiale-Basisfunktionen-Netzes mit vier versteckten Neuronen für die Biimplikation.

Die Inverse dieser Matrix ist die Matrix

$$
\mathbf{A}^{-1} = \begin{pmatrix} \frac{a}{D} & \frac{b}{D} & \frac{b}{D} & \frac{c}{D} \\ \frac{b}{D} & \frac{a}{D} & \frac{c}{D} & \frac{b}{D} \\ \frac{b}{D} & \frac{c}{D} & \frac{a}{D} & \frac{b}{D} \\ \frac{c}{D} & \frac{b}{D} & \frac{b}{D} & \frac{a}{D} \end{pmatrix},
$$

wobei

$$
D = 1 - 4e^{-4} + 6e^{-8} - 4e^{-12} + e^{-16} \approx 0.9287
$$

die Determinante der Matrix $\mathbf{A}$ ist und

$$
\begin{aligned}
a &= 1 \phantom{e^{-2}} - 2e^{-4} + e^{-8} \approx 0.9637, \\
b &= -e^{-2} + 2e^{-6} - e^{-10} \approx -0.1304, \\
c &= e^{-4} - 2e^{-8} + e^{-12} \approx 0.0177.
\end{aligned}
$$

Aus dieser Matrix und dem Ausgabevektor $\vec{o}_u = (1,0,0,1)^\top$ können wir nun die Gewichte leicht berechnen. Wir erhalten

$$
\vec{w}_u = \mathbf{A}^{-1} \cdot \vec{o}_u = \frac{1}{D} \begin{pmatrix} a+c \\ 2b \\ 2b \\ a+c \end{pmatrix} \approx \begin{pmatrix} 1.0567 \\ -0.2809 \\ -0.2809 \\ 1.0567 \end{pmatrix}.
$$

Die Berechnungen des so initialisierten Radiale-Basisfunktionen-Netzes sind in Abbildung 6.12 veranschaulicht. Das linke Diagramm zeigt eine einzelne Basisfunktion, nämlich die mit Zentrum $(0,0)$, das mittlere alle vier Basisfunktionen (überlagert, keine Summenbildung). Die Ausgabe des gesamten Netzes ist im rechten Diagramm gezeigt. Man sieht deutlich, wie die radialen Basisfunktionen der beiden Zentren, für die eine Ausgabe von 1 geliefert werden soll, positiv, die anderen beiden negativ gewichtet sind, und so tatsächlich genau die gewünschten Ausgaben berechnet werden.

Nun sind einfache Radiale-Basisfunktionen-Netze zwar sehr einfach zu initialisieren, da durch die Trainingsbeispiele bereits die Parameter der versteckten Schicht festgelegt sind und sich die Gewichte von der versteckten Schicht zur Ausgabeschicht, wie wir gerade gesehen haben, durch einfaches Lösen eines Gleichungssystems bestimmen lassen. Für die Praxis sind einfache Radiale-Basisfunktionen-Netze jedoch wenig brauchbar. Erstens ist i.A. die Zahl der Trainingsbeispiele so groß, dass man kaum für jedes ein eigenes Neuron anlegen kann: das entstehende Netz wäre nicht mehr handhabbar. Außerdem möchte man aus offensichtlichen Gründen, dass mehrere Trainingsbeispiele von der gleichen radialen Basisfunktion erfasst werden.

Radiale-Basisfunktionen-Netze (ohne den Zusatz „einfach") haben daher weniger Neuronen in der versteckten Schicht, als Trainingsbeispiele vorliegen. Zur Initialisierung wählt man oft eine zufällige (aber hoffentlich repräsentative) Teilmenge der Trainingsbeispiele als Zentren der radialen Basisfunktionen, und zwar ein Trainingsbeispiel für jedes versteckte Neuron (dies ist allerdings nur eine mögliche Methode zur Bestimmung der Zentrumskoordinaten, eine andere wird weiter unten besprochen). Durch die ausgewählten Beispiele werden wieder die Gewichte von der Eingabeschicht zur versteckten Schicht festgelegt: Die Koordinaten der Trainingsbeispiele werden in die Gewichtsvektoren kopiert. Die Radien werden ebenfalls, wie bei einfachen Radiale-Basisfunktionen-Netzen, heuristisch bestimmt, nur diesmal aus der ausgewählten Teilmenge von Trainingsbeispielen.

Bei der Berechnung der Gewichte der Verbindungen von den versteckten Neuronen zu den Ausgabeneuronen tritt nun allerdings das Problem auf, dass das zu lösende Gleichungssystem überbestimmt ist. Denn da wir einen Teil der Trainingsbeispiele ausgewählt haben, sagen wir k, haben wir für jedes Ausgabeneuron m Gleichungen (eine für jedes Trainingsbeispiel), aber nur $k + 1$ Unbekannte (k Gewichte und einen Biaswert) mit $k < m$. Wegen dieser Überbestimmung wählen wir die Biaswerte der Ausgabeneuronen diesmal nicht fest zu 0, sondern behandeln sie über die Umwandlung in ein Gewicht (vgl. dazu Abbildung 3.18 auf Seite 25).

Formal stellen wir analog zu einfachen Radiale-Basisfunktionen-Netzen aus den Aktivierungen der versteckten Neuronen die $m \times (k + 1)$ Matrix

$$
\mathbf{A} = \begin{pmatrix}
1 & \mathrm{out}_{v_1}^{(l_1)} & \mathrm{out}_{v_2}^{(l_1)} & \dots & \mathrm{out}_{v_k}^{(l_1)} \\
1 & \mathrm{out}_{v_1}^{(l_2)} & \mathrm{out}_{v_2}^{(l_2)} & \dots & \mathrm{out}_{v_k}^{(l_2)} \\
\vdots & \vdots & \vdots & & \vdots \\
1 & \mathrm{out}_{v_1}^{(l_m)} & \mathrm{out}_{v_2}^{(l_m)} & \dots & \mathrm{out}_{v_k}^{(l_m)}
\end{pmatrix}
$$

auf (man beachte die Einsen in der ersten Spalte, die der zusätzlichen festen Eingabe 1 für den Biaswert entsprechen) und müssen nun für jedes Ausgabeneuron u einen (erweiterten) Gewichtsvektor $\vec{w}_u = (-\theta_u, w_{uv_1}, \dots, w_{uv_k})^\top$ bestimmen, so dass

$$\mathbf{A} \cdot \vec{w}_u = \vec{o}_u,$$

wobei wieder $\vec{o}_u = (o_u^{(l_1)}, \dots, o_u^{(l_m)})^\top$. Da aber das Gleichungssystem überbestimmt ist, besitzt diese Gleichung i.A. keine Lösung. Oder anders ausgedrückt: Die Matrix $\mathbf{A}$ ist nicht quadratisch und daher nicht invertierbar. Man kann jedoch eine gute Näherungslösung (sogenannte Minimum-Norm-Lösung) bestimmen, indem man die sogenannte (Moore-Penrose-)*Pseudoinverse* $\mathbf{A}^+$ der Matrix $\mathbf{A}$ berechnet [Albert 1972]. Die Pseudoinverse einer nicht quadratischen Matrix $\mathbf{A}$ wird berechnet als

$$\mathbf{A}^+ = (\mathbf{A}^\top \mathbf{A})^{-1} \mathbf{A}^\top.$$

Die Gewichte werden schließlich berechnet als (vgl. die Rechnung auf Seite 92).

$$\vec{w}_u = \mathbf{A}^+ \cdot \vec{o}_u = (\mathbf{A}^\top \mathbf{A})^{-1} \mathbf{A}^\top \cdot \vec{o}_u$$

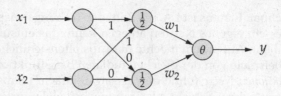

Abbildung 6.13: Radiale-Basisfunktionen-Netz mit nur zwei versteckten Neuronen, die zwei ausgewählten Trainingsbeispielen entsprechen.

Wir veranschaulichen das Vorgehen wieder anhand der Biimplikation. Aus den Trainingsbeispielen wählen wir das erste, d.h. $l_1 = (\vec{\imath}^{(l_1)}, \vec{o}^{(l_1)}) = ((0,0), (1))$, und das letzte, d.h. $l_4 = (\vec{\imath}^{(l_4)}, \vec{o}^{(l_4)}) = ((1,1), (1))$ aus. Wir gehen also von dem teilweise festgelegten Radiale-Basisfunktionen-Netz aus, das in Abbildung 6.13 gezeigt ist, und müssen die Gewichte w_1 und w_2 und den Biaswert θ bestimmen. Dazu stellen wir die 4×3 Matrix

$$\mathbf{A} = \begin{pmatrix} 1 & 1 & e^{-4} \\ 1 & e^{-2} & e^{-2} \\ 1 & e^{-2} & e^{-2} \\ 1 & e^{-4} & 1 \end{pmatrix}.$$

auf. Die Pseudoinverse dieser Matrix ist die Matrix

$$\mathbf{A}^+ = (\mathbf{A}^\top \mathbf{A})^{-1} \mathbf{A}^\top = \begin{pmatrix} a & b & b & a \\ c & d & d & e \\ e & d & d & c \end{pmatrix},$$

wobei

$$a \approx -0.1810, \qquad b \approx 0.6810,$$
$$c \approx 1.1781, \qquad d \approx -0.6688, \qquad e \approx 0.1594.$$

Aus dieser Matrix und dem Ausgabevektor $\vec{o}_u = (1, 0, 0, 1)^\top$ können wir die Gewichte berechnen. Wir erhalten

$$\vec{w}_u = \begin{pmatrix} -\theta \\ w_1 \\ w_2 \end{pmatrix} = \mathbf{A}^+ \cdot \vec{o}_u \approx \begin{pmatrix} -0.3620 \\ 1.3375 \\ 1.3375 \end{pmatrix}.$$

Die Berechnungen des so initialisierten Netzes sind in Abbildung 6.14 veranschaulicht. Das linke und das mittlere Diagramm zeigen die beiden radialen Basisfunktionen, das rechte Diagramm die Ausgabe des Netzes. Man beachte den Biaswert und dass (etwas überraschend) genau die gewünschten Ausgaben erzeugt werden. Letzteres ist in der Praxis meist nicht so, da ja das zu lösende Gleichungssystem überbestimmt ist. Man wird also i.A. nur eine Näherung erzielen können. Da hier jedoch aus Symmetriegründen das Gleichungssystem nicht echt überbestimmt ist (aus der Matrix $\mathbf{A}$ und dem Ausgabevektor $\vec{o}_u$ liest man ab, dass die zweite und die dritte Gleichung identisch sind), erhält man trotzdem eine exakte Lösung.

Bisher haben wir die Zentren der radialen Basisfunktionen (zufällig) aus den Trainingsbeispielen gewählt. Besser wäre es jedoch, wenn man geeignete Zentren mit einem anderen Verfahren bestimmen könnte, denn bei einer zufälligen Auswahl

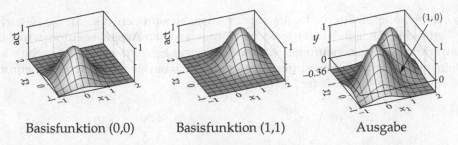

Basisfunktion (0,0)   Basisfunktion (1,1)   Ausgabe

Abbildung 6.14: Radiale Basisfunktionen und Ausgabe eines Radiale-Basisfunktionen-Netzes mit zwei versteckten Neuronen für die Biimplikation.

ist nicht sichergestellt, dass die Zentren die Trainingsbeispiele hinreichend gut abdecken. Um geeignete Zentren zu finden, kommt im Prinzip jedes prototypenbasierte Clusteringverfahren in Frage. Zu diesen gehört z.B. die lernende Vektorquantisierung, die wir im folgenden Kapitel besprechen werden. Hier betrachten wir stattdessen ein Verfahren der klassischen Statistik, das unter dem Namen c-*Means-Clustering* (auch: k-Means-Clustering) bekannt ist [Hartigan und Wong 1979]. Der Buchstabe c (bzw. k) im Namen dieses Verfahrens steht für einen Parameter, nämlich die Zahl der zu findenden Cluster.

Dieses Verfahren ist sehr einfach. Zunächst werden zufällig c Clusterzentren, meist aus den Trainingsbeispielen, gewählt. Dann unterteilt man die Trainingsbeispiele in c Gruppen (Cluster), indem man jedem Clusterzentrum jene Trainingsbeispiele zuordnet, die ihm am nächsten liegen, d.h. näher an ihm als an einem anderen Clusterzentrum. In einem zweiten Schritt werden neue Clusterzentren berechnet, indem man die „Schwerpunkte" der gebildeten Gruppen von Trainingsbeispielen bestimmt. D.h., man bildet die Vektorsumme der Trainingsbeispiele einer Gruppe und teilt durch die Anzahl dieser Trainingsbeispiele. Das Ergebnis ist das neue Zentrum. Anschließend wird wieder der erste Schritt, die Gruppenbildung, ausgeführt usw., bis sich die Clusterzentren nicht mehr ändern. Die so gefundenen Clusterzentren können direkt zur Initialisierung der Zentren eines Radiale-Basisfunktionen-Netzes verwendet werden. Auch die Radien kann man bei diesem Verfahren aus den Daten bestimmen. Man wählt z.B. einfach die Standardabweichung der Abstände der Trainingsbeispiele, die einem Clusterzentrum zugeordnet sind, von diesem Zentrum.

6.4 Training der Parameter

Einfache Radiale-Basisfunktionen-Netze lassen sich nicht mehr verbessern: Wegen der hohen Zahl an Neuronen in der versteckten Schicht wird mit der im vorangehenden Abschnitt vorgestellten Initialisierung stets genau die gewünschte Ausgabe berechnet. Wenn jedoch weniger Neuronen verwendet werden, als Trainingsbeispiele vorliegen, kann durch Training die Leistung eines Radiale-Basisfunktionen-Netzes noch gesteigert werden.

Die Parameter eines Radiale-Basisfunktionen-Netzes werden wie die Parameter eines mehrschichtigen Perzeptrons durch *Gradientenabstieg* trainiert. Um die Regeln für die Anpassung der Gewichte zu finden, gehen wir daher im Prinzip genauso vor wie in Abschnitt 5.4. Für die Parameter der Ausgabeneuronen, d.h., für die Gewichte der Verbindungen von den versteckten Neuronen zu den Ausgabeneuronen und die Biaswerte der Ausgabeneuronen, erhalten wir sogar genau das gleiche Ergebnis wie für ein mehrschichtiges Perzeptron: Der Gradient für ein einzelnes Ausgabeneuron u und ein einzelnes Lernmuster l ist (siehe Seite 61)

$$\vec{\nabla}_{\vec{w}_u} e_u^{(l)} = \frac{\partial e_u^{(l)}}{\partial \vec{w}_u} = -2\left(o_u^{(l)} - \text{out}_u^{(l)}\right) \frac{\partial \, \text{out}_u^{(l)}}{\partial \, \text{net}_u^{(l)}} \, \vec{\text{in}}_u^{(l)},$$

wobei $\vec{\text{in}}_u$ der Vektor der Ausgaben der Vorgänger des Neurons u, $o_u^{(l)}$ die gewünschte Ausgabe des Neurons u, $\text{net}_u^{(l)}$ seine Netzeingabe und $\text{out}_u^{(l)}$ seine tatsächliche Ausgabe bei Eingabe des Eingabevektors $\vec{\imath}^{\,(l)}$ des Lernmusters l sind. Die tatsächliche Ausgabe $\text{out}_u^{(l)}$ des Neurons u für das Lernmuster l wird bekanntlich aus seiner Netzeingabe über seine Ausgabefunktion f_{out} und seine Aktivierungsfunktion f_{act} berechnet, d.h., es ist

$$\text{out}_u^{(l)} = f_{\text{out}}\left(f_{\text{act}}\left(\text{net}_u^{(l)}\right)\right).$$

Nehmen wir, wie in Abschnitt 5.4, der Einfachheit halber wieder an, dass die Ausgabefunktion die Identität ist und setzen die lineare Aktivierungsfunktion der Ausgabeneuronen eines Radiale-Basisfunktionen-Netzes ein, so erhalten wir

$$\frac{\partial \, \text{out}_u^{(l)}}{\partial \, \text{net}_u^{(l)}} = \frac{\partial \, \text{net}_u^{(l)}}{\partial \, \text{net}_u^{(l)}} = 1.$$

Man beachte, dass der Biaswert θ_u des Ausgabeneurons u bereits in der Netzeingabe $\text{net}_u^{(l)}$ enthalten ist, da wir natürlich, wie in Abschnitt 5.4, mit erweiterten Eingabe- und Gewichtsvektoren arbeiten, um lästige Unterscheidungen zu vermeiden. Folglich ist

$$\vec{\nabla}_{\vec{w}_u} e_u^{(l)} = \frac{\partial e_u^{(l)}}{\partial \vec{w}_u} = -2\left(o_u^{(l)} - \text{out}_u^{(l)}\right) \vec{\text{in}}_u^{(l)},$$

woraus wir die Online-Anpassungsregel

$$\Delta \vec{w}_u^{(l)} = -\frac{\eta_3}{2} \vec{\nabla}_{\vec{w}_u} e_u^{(l)} = \eta_3 \left(o_u^{(l)} - \text{out}_u^{(l)}\right) \vec{\text{in}}_u^{(l)}$$

für die Gewichte (und damit implizit auch den Biaswert θ_u) erhalten. Man beachte, dass das Minuszeichen des Gradienten verschwindet, da wir ja „im Fehlergebirge absteigen" wollen und uns deshalb gegen die Richtung des Gradienten bewegen müssen. Der Faktor 2 wird in die Lernrate η_3 eingerechnet. (Der Index 3 dieser Lernrate deutet bereits an, dass noch zwei weitere Lernraten auftreten werden.) Für das Batch-Training sind, wie üblich, die Gewichtsänderungen $\Delta \vec{w}_u$ über alle Lernmuster zu summieren und erst dann den Gewichten hinzuzurechnen.

Die Ableitung der Anpassungsregeln für die Gewichte der Verbindungen der Eingabeneuronen zu den versteckten Neuronen sowie der Radien der radialen Basisfunktionen ist ähnlich zur Ableitung der Fehler-Rückübertragung in Abschnitt 5.5. Wir müssen lediglich die besondere Netzeingabe- und Aktivierungsfunktion der versteckten Neuronen berücksichtigen. Dies führt aber z.B. dazu, dass wir nicht mehr mit erweiterten Gewichts- und Eingabevektoren arbeiten können, sondern die Gewichte (d.h., die Zentren der radialen Basisfunktionen) und den Radius getrennt betrachten müssen. Der Klarheit wegen geben wir die vollständige Ableitung an.

Wir gehen von dem Gesamtfehler eines Radiale-Basisfunktionen-Netzes mit Ausgabeneuronen U_{out} bezüglich einer festen Lernaufgabe L_{fixed} aus:

$$e = \sum_{l \in L_{\text{fixed}}} e^{(l)} = \sum_{u \in U_{\text{out}}} e_u = \sum_{l \in L_{\text{fixed}}} \sum_{u \in U_{\text{out}}} e_u^{(l)}.$$

Sei v ein Neuron der versteckten Schicht. Seine Vorgänger (Eingabeneuronen) seien die Neuronen $\text{pred}(v) = \{p \in U_{\text{in}} \mid (p,v) \in C\} = \{p_1, \ldots, p_n\}$. Der zugehörige Gewichtsvektor sei $\vec{w}_v = (w_{vp_1}, \ldots, w_{vp_n})$, der zugehörige Radius σ_v. Wir berechnen zunächst den Gradienten des Gesamtfehlers bezüglich der Verbindungsgewichte (Zentrumskoordinaten):

$$\vec{\nabla}_{\vec{w}_v} e = \frac{\partial e}{\partial \vec{w}_v} = \left(\frac{\partial e}{\partial w_{vp_1}}, \ldots, \frac{\partial e}{\partial w_{vp_n}} \right).$$

Da der Gesamtfehler als Summe über alle Lernmuster berechnet wird, gilt

$$\frac{\partial e}{\partial \vec{w}_v} = \frac{\partial}{\partial \vec{w}_v} \sum_{l \in L_{\text{fixed}}} e^{(l)} = \sum_{l \in L_{\text{fixed}}} \frac{\partial e^{(l)}}{\partial \vec{w}_v}.$$

Wir können uns daher im folgenden, analog zu Abschnitt 5.5, auf den Fehler $e^{(l)}$ für ein einzelnes Lernmuster l beschränken. Dieser Fehler hängt von den Gewichten in $\vec{w}_v$ nur über die Netzeingabe $\text{net}_v^{(l)} = d(\vec{w}_v, \vec{\text{in}}_v^{(l)})$ mit dem Netzeingabevektor $\vec{\text{in}}_v^{(l)} = (\text{out}_{p_1}^{(l)}, \ldots, \text{out}_{p_n}^{(l)})$ ab. Folglich können wir die Kettenregel anwenden und erhalten analog zu Abschnitt 5.5:

$$\vec{\nabla}_{\vec{w}_v} e^{(l)} = \frac{\partial e^{(l)}}{\partial \vec{w}_v} = \frac{\partial e^{(l)}}{\partial \text{net}_v^{(l)}} \frac{\partial \text{net}_v^{(l)}}{\partial \vec{w}_v}.$$

Zur Berechnung des ersten Faktors betrachten wir den Fehler $e^{(l)}$ für das Lernmuster $l = (\vec{\imath}^{(l)}, \vec{o}^{(l)})$. Dieser Fehler ist

$$e^{(l)} = \sum_{u \in U_{\text{out}}} e_u^{(l)} = \sum_{u \in U_{\text{out}}} \left(o_u^{(l)} - \text{out}_u^{(l)} \right)^2,$$

also die Fehlersumme über alle Ausgabeneuronen. Folglich haben wir

$$\frac{\partial e^{(l)}}{\partial \text{net}_v^{(l)}} = \frac{\partial \sum_{u \in U_{\text{out}}} \left(o_u^{(l)} - \text{out}_u^{(l)} \right)^2}{\partial \text{net}_v^{(l)}} = \sum_{u \in U_{\text{out}}} \frac{\partial \left(o_u^{(l)} - \text{out}_u^{(l)} \right)^2}{\partial \text{net}_v^{(l)}}.$$

Da nur die tatsächliche Ausgabe $\text{out}_u^{(l)}$ eines Ausgabeneurons u von der Netzeingabe $\text{net}_v^{(l)}$ des von uns betrachteten Neurons v abhängt, ist

$$\frac{\partial e^{(l)}}{\partial \text{net}_v^{(l)}} = -2 \sum_{u \in U_{\text{out}}} \left(o_u^{(l)} - \text{out}_u^{(l)} \right) \frac{\partial \text{out}_u^{(l)}}{\partial \text{net}_v^{(l)}}.$$

Seien die Neuronen $\mathrm{succ}(v) = \{s \in U_{\mathrm{out}} \mid (v,s) \in C\}$ die Nachfolger (Ausgabe-neuronen) des von uns betrachteten Neurons v. Die Ausgabe $\mathrm{out}_u^{(l)}$ eines Ausgabe-neurons u wird von der Netzeingabe $\mathrm{net}_v^{(l)}$ des von uns betrachteten Neurons v nur beeinflusst, wenn es eine Verbindung von v zu u gibt, d.h., wenn u unter den Nach-folgern $\mathrm{succ}(v)$ von v ist. Wir können daher die Summe über die Ausgabeneuronen auf die Nachfolger von v beschränken. Weiter hängt die Ausgabe $\mathrm{out}_s^{(l)}$ eines Nach-folgers s von v nur über die Netzeingabe $\mathrm{net}_s^{(l)}$ dieses Nachfolgers von der Netzein-gabe $\mathrm{net}_v^{(l)}$ des von uns betrachteten Neurons v ab. Also ist mit der Kettenregel

$$\frac{\partial e^{(l)}}{\partial\, \mathrm{net}_v^{(l)}} = -2 \sum_{s\in\mathrm{succ}(v)} (o_s^{(l)} - \mathrm{out}_s^{(l)}) \frac{\partial\, \mathrm{out}_s^{(l)}}{\partial\, \mathrm{net}_s^{(l)}} \frac{\partial\, \mathrm{net}_s^{(l)}}{\partial\, \mathrm{net}_v^{(l)}}.$$

Da die Nachfolger $s \in \mathrm{succ}(v)$ Ausgabeneuronen sind, können wir (wie oben bei der Betrachtung der Ausgabeneuronen)

$$\frac{\partial\, \mathrm{out}_s^{(l)}}{\partial\, \mathrm{net}_s^{(l)}} = 1$$

einsetzen. Es bleibt uns noch die partielle Ableitung der Netzeingabe zu bestimmen. Da die Neuronen s Ausgabeneuronen sind, ist

$$\mathrm{net}_s^{(l)} = \vec{w}_s \vec{\mathrm{in}}_s^{(l)} - \theta_s = \left(\sum_{p\in\mathrm{pred}(s)} w_{sp}\, \mathrm{out}_p^{(l)} \right) - \theta_s,$$

wobei ein Element von $\vec{\mathrm{in}}_s^{(l)}$ die Ausgabe $\mathrm{out}_v^{(l)}$ des von uns betrachteten Neurons v ist. Offenbar hängt $\mathrm{net}_s^{(l)}$ von $\mathrm{net}_v^{(l)}$ nur über dieses Element $\mathrm{out}_v^{(l)}$ ab. Also ist

$$\frac{\partial\, \mathrm{net}_s^{(l)}}{\partial\, \mathrm{net}_v^{(l)}} = \left(\sum_{p\in\mathrm{pred}(s)} w_{sp} \frac{\partial\, \mathrm{out}_p^{(l)}}{\partial\, \mathrm{net}_v^{(l)}} \right) - \frac{\partial\theta_s}{\partial\, \mathrm{net}_v^{(l)}} = w_{sv} \frac{\partial\, \mathrm{out}_v^{(l)}}{\partial\, \mathrm{net}_v^{(l)}},$$

da alle Terme außer dem mit $p = v$ verschwinden. Insgesamt haben wir den Gradi-enten

$$\vec{\nabla}_{\vec{w}_v} e^{(l)} = \frac{\partial e^{(l)}}{\partial \vec{w}_v} = -2 \sum_{s\in\mathrm{succ}(v)} (o_s^{(l)} - \mathrm{out}_s^{(l)}) w_{su} \frac{\partial\, \mathrm{out}_v^{(l)}}{\partial\, \mathrm{net}_v^{(l)}} \frac{\partial\, \mathrm{net}_v^{(l)}}{\partial \vec{w}_v}$$

abgeleitet, aus dem wir die Online-Gewichtsänderung

$$\Delta \vec{w}_v^{(l)} = -\frac{\eta_1}{2} \vec{\nabla}_{\vec{w}_v} e^{(l)} = \eta_1 \sum_{s\in\mathrm{succ}(v)} (o_s^{(l)} - \mathrm{out}_s^{(l)}) w_{sv} \frac{\partial\, \mathrm{out}_v^{(l)}}{\partial\, \mathrm{net}_v^{(l)}} \frac{\partial\, \mathrm{net}_v^{(l)}}{\partial \vec{w}_v}$$

erhalten. Man beachte wieder, dass das Minuszeichen verschwindet, da wir uns ge-gen die Richtung des Gradienten bewegen müssen, und dass der Faktor 2 in die Lernrate η_1 eingerechnet wird. Für ein Batch-Training sind wieder die Gewichts-änderungen über alle Lernmuster zu summieren und erst anschließend den Gewich-ten zuzurechnen (eine Aktualisierung der Gewichte je Epoche).

Eine allgemeine Bestimmung der Ableitung der Ausgabe nach der Netzeingabe oder der Ableitung der Netzeingabe nach den Gewichten, die ja noch in der Gewichtsanpassungsformel enthalten sind, ist leider nicht möglich, da Radiale-Basisfunktionen-Netze sowohl verschiedene Abstandsfunktionen als auch verschiedene radiale Funktionen verwenden können. Wir betrachten hier beispielhaft den euklidischen Abstand und die Gaußsche Aktivierungsfunktion, die am häufigsten verwendet werden. Dann ist (euklidischer Abstand)

$$d\left(\vec{w}_v, \overrightarrow{\text{in}}_v^{(l)}\right) = \sqrt{\sum_{i=1}^{n} \left(w_{vp_i} - \text{out}_{p_i}^{(l)}\right)^2}.$$

Also haben wir für den zweiten Faktor

$$\frac{\partial \, \text{net}_v^{(l)}}{\partial \vec{w}_v} = \left(\sum_{i=1}^{n} \left(w_{vp_i} - \text{out}_{p_i}^{(l)}\right)^2\right)^{-\frac{1}{2}} \left(\vec{w}_v - \overrightarrow{\text{in}}_v^{(l)}\right).$$

Für den ersten Faktor (Gaußfunktion) erhalten wir (unter der vereinfachenden Annahme, dass die Ausgabefunktion die Identität ist)

$$\frac{\partial \, \text{out}_v^{(l)}}{\partial \, \text{net}_v^{(l)}} = \frac{\partial f_{\text{act}}\left(\text{net}_v^{(l)}, \sigma_v\right)}{\partial \, \text{net}_v^{(l)}} = \frac{\partial}{\partial \, \text{net}_v^{(l)}} e^{-\frac{\left(\text{net}_v^{(l)}\right)^2}{2\sigma_v^2}} = -\frac{\text{net}_v^{(l)}}{\sigma_v^2} e^{-\frac{\left(\text{net}_v^{(l)}\right)^2}{2\sigma_v^2}}.$$

Abschließend müssen wir noch den Gradienten für die Radiusparameter σ_v der versteckten Neuronen bestimmen. Diese Ableitung läuft im Prinzip auf die gleiche Weise ab wie die Ableitung des Gradienten für die Gewichte. Sie ist sogar etwas einfacher, da wir nicht die Netzeingabefunktion berücksichtigen müssen. Daher geben wir hier nur das Ergebnis an:

$$\frac{\partial e^{(l)}}{\partial \sigma_v} = -2 \sum_{s \in \text{succ}(v)} \left(o_s^{(l)} - \text{out}_s^{(l)}\right) w_{su} \frac{\partial \, \text{out}_v^{(l)}}{\partial \sigma_v}.$$

Als Online-Gewichtsänderung erhalten wir folglich

$$\Delta \sigma_v^{(l)} = -\frac{\eta_2}{2} \frac{\partial e^{(l)}}{\partial \sigma_v} = \eta_2 \sum_{s \in \text{succ}(v)} \left(o_s^{(l)} - \text{out}_s^{(l)}\right) w_{sv} \frac{\partial \, \text{out}_v^{(l)}}{\partial \sigma_v}.$$

Wie üblich verschwindet das Minuszeichen, da wir uns gegen die Richtung des Gradienten bewegen müssen, und der Faktor 2 in die Lernrate eingerechnet wird. Für ein Batch-Training sind natürlich wieder die Radiusänderungen über alle Lernmuster zu summieren und erst anschließend dem Radius σ_v hinzuzurechnen.

Die Ableitung der Ausgabe des Neurons v nach dem Radius σ_v lässt sich nicht allgemein bestimmen, da die Neuronen der versteckten Schicht verschiedene radiale Funktionen verwenden können. Wir betrachten beispielhaft die Gaußsche Aktivierungsfunktion (und vereinfachend die Identität als Ausgabefunktion). Dann ist

$$\frac{\partial \, \text{out}_v^{(l)}}{\partial \sigma_v} = \frac{\partial}{\partial \sigma_v} e^{-\frac{\left(\text{net}_v^{(l)}\right)^2}{2\sigma_v^2}} = \frac{\left(\text{net}_v^{(l)}\right)^2}{\sigma_v^3} e^{-\frac{\left(\text{net}_v^{(l)}\right)^2}{2\sigma_v^2}}.$$

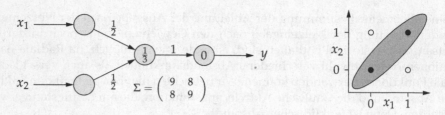

Abbildung 6.15: Ein Radiale-Basisfunktionen-Netz für die Biimplikation mit Mahalanobis-Abstand und Rechteck-Aktivierungsfunktion.

Man beachte in den oben durchgeführten Ableitungen, dass wir nicht wie bei einem mehrschichtigen Perzeptron eine Lernrate für alle Neuronen erhalten, sondern insgesamt drei: Eine für die Gewichte der Verbindungen zu den versteckten Neuronen (η_1), eine zweite für die Radien σ der radialen Basisfunktionen (η_2), und eine dritte für die Gewichte der Verbindungen zu den Ausgabeneuronen und die Biaswerte der Ausgabeneuronen (η_3). Nach Empfehlungen in [Zell 1994] sollten diese Lernraten deutlich kleiner gewählt werden als die (eine) Lernrate für das Training eines mehrschichtigen Perzeptrons. Insbesondere die dritte Lernrate η_3 sollte klein sein, da die Gewichte der Verbindungen zu den Ausgabeneuronen und die Biaswerte der Ausgabeneuronen einen starken Einfluss auf die durch das Radiale-Basisfunktionen-Netz berechnete Funktion haben. Außerdem wird oft von einem Online-Training abgeraten, da dieses wesentlich instabiler ist als bei einem mehrschichtigen Perzeptron.

6.5   Verallgemeinerte Form

Bisher haben wir stets Abstandsfunktionen verwendet, die entweder isotrop (richtungsunabhängig) sind wie der euklidische Abstand oder bei denen die Abweichung von der Isotropie durch die Koordinatenachsen festgelegt ist wie beim City-Block- oder beim Maximumabstand (siehe Abbildung 6.1 auf Seite 82). Bilden die Trainingsbeispiele aber „schräg" im Eingaberaum liegende Punktwolken, so lassen sie sich mit solchen Abstandsfunktionen nur schlecht erfassen. Man braucht dann entweder eine größere Zahl von radialen Basisfunktionen, die entlang der Punktwolke aufgereiht werden, was die Komplexität des Netzes erhöht, oder man muss akzeptieren, dass auch große Gebiete außerhalb der Punktwolke abgedeckt werden.

   In einem solchen Fall wünscht man sich eine Abstandsfunktion, die Ellipsen (oder allgemein Hyperellipsoide) in beliebiger Lage beschreiben kann. Eine solche ist der *Mahalanobis-Abstand*, der definiert ist als

$$d(\vec{x}, \vec{y}) = \sqrt{(\vec{x} - \vec{y})^\top \Sigma^{-1} (\vec{x} - \vec{y})}.$$

Σ ist eine Matrix, die wegen bestimmter Bezüge zur Statistik, auf die wir hier jedoch nicht näher eingehen wollen, *Kovarianzmatrix* genannt wird und die die Anisotropie (Richtungsabhängigkeit) des Abstandes beschreibt. Man beachte, dass der Mahalanobis-Abstand mit dem euklidischen Abstand identisch ist, wenn für Σ die Einheitsmatrix gewählt wird.

Um die Möglichkeiten zu illustrieren, die sich aus der Verwendung des Mahalanobis-Abstandes ergeben, betrachten wir noch einmal die Biimplikation. Hier erlaubt es uns der Mahalanobis-Abstand, mit nur einem Neuron in der versteckten Schicht auszukommen. Das zugehörige Netz und die nun als zusätzlicher Parameter der Netzeingabefunktion des versteckten Neurons nötige Kovarianzmatrix zeigt Abbildung 6.15 links. Als Aktivierungsfunktion nehmen wir (wie in den Beispielen aus den Abbildungen 6.3 und 6.4 auf Seite 84) eine Rechteckfunktion an. Die Berechnungen dieses Netzes sind in Abbildung 6.15 rechts veranschaulicht. Innerhalb der grau eingezeichneten Ellipse wird eine Ausgabe von 1, außerhalb eine Ausgabe von 0 erzeugt. Dadurch wird gerade die Biimplikation berechnet.

Für Radiale-Basisfunktionen-Netze, die den Mahalanobis-Abstand verwenden, lassen sich Gradienten auch für die Formparameter (d.h. die Elemente der Kovarianzmatrix) bestimmen. Die entsprechenden Ableitungen folgen i.W. den gleichen Bahnen wie die in Abschnitt 6.4 angegebenen. Eine explizite Ableitung würde hier jedoch zu weit führen.

Kapitel 7

Selbstorganisierende Karten

Selbstorganisierende Karten sind mit den im vorangehenden Kapitel behandelten Radiale-Basisfunktionen-Netzen eng verwandt. Sie können aufgefasst werden als Radiale-Basisfunktionen-Netze ohne Ausgabeschicht. Oder anders ausgedrückt: die versteckte Schicht eines Radiale-Basisfunktionen-Netzes ist bereits die Ausgabeschicht einer selbstorganisierenden Karte. Diese Ausgabeschicht besitzt außerdem eine innere Struktur, da die Neuronen in einem Gitter angeordnet werden. Die dadurch entstehenden Nachbarschaftsbeziehungen werden beim Training ausgenutzt, um eine sogenannte *topologieerhaltende Abbildung* zu bestimmen.

7.1 Definition und Beispiele

Definition 7.1 *Eine selbstorganisierende Karte* (engl. self-organizing map) *oder Kohonenkarte* (engl. Kohonen feature map, nach T. Kohonen) *ist ein neuronales Netz mit einem Graphen $G = (U, C)$, der den folgenden Einschränkungen genügt:*

(i) $U_{hidden} = \emptyset$, $U_{in} \cap U_{out} = \emptyset$,

(ii) $C = U_{in} \times U_{out}$.

Die Netzeingabefunktion jedes Ausgabeneurons ist eine Abstandsfunktion von Eingabe- und Gewichtsvektor (vgl. Definition 6.1 auf Seite 81). Die Aktivierungsfunktion jedes Ausgabeneurons ist eine radiale Funktion *(vgl. ebenfalls Definition 6.1 auf Seite 81), d.h. eine monoton fallende Funktion*

$$f : \mathbb{R}_0^+ \to [0, 1] \quad mit \quad f(0) = 1 \quad und \quad \lim_{x \to \infty} f(x) = 0.$$

Die Ausgabefunktion jedes Ausgabeneurons ist die Identität. U.U. wird die Ausgabe nach dem „winner takes all"-Prinzip diskretisiert: Das Neuron mit der höchsten Aktivierung erhält die Ausgabe 1, alle anderen die Ausgabe 0.

Auf den Neuronen der Ausgabeschicht ist außerdem eine Nachbarschaftsbeziehung *definiert, die durch eine Abstandsfunktion*

$$d_{neurons} : U_{out} \times U_{out} \to \mathbb{R}_0^+,$$

beschrieben wird. Diese Abstandsfunktion ordnet jedem Paar von Ausgabeneuronen eine nicht negative reelle Zahl zu.

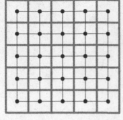

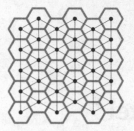

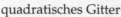

quadratisches Gitter   hexagonales Gitter

Abbildung 7.1: Beispiele für Anordnungen der Ausgabeneuronen einer selbstorganisierenden Karte. Jeder Punkt entspricht einem Ausgabeneuron. Die Linien sollen
die Nachbarschaftsstruktur deutlicher machen.

Eine selbstorganisierende Karte ist also ein zweischichtiges neuronales Netz ohne
versteckte Neuronen. Ihre Struktur entspricht im wesentlichen der Eingabe- und
versteckten Schicht der Radiale-Basisfunktionen-Netze, wie sie im vorangehenden
Kapitel behandelt wurden. Der alternative Name *Kohonenkarte* verweist auf ihren
Erfinder [Kohonen 1982, Kohonen 1995].

Analog zu Radiale-Basisfunktionen-Netzen geben die Gewichte der Verbindungen von den Eingabe- zu den Ausgabeneuronen die Koordinaten eines *Zentrum*s
an, von dem der Abstand eines Eingabemusters gemessen wird. Dieses Zentrum
wird im Zusammenhang mit selbstorganisierenden Karten meist als *Referenzvektor*
bezeichnet. Je näher ein Eingabemuster an einem Referenzvektor liegt, umso höher
ist die Aktivierung des zugehörigen Neurons. Gewöhnlich wird für alle Ausgabeneuronen die gleiche Netzeingabefunktion (Abstandsfunktion) und die gleiche Aktivierungsfunktion (radiale Funktion) mit gleichem *(Referenz-)Radius* σ verwendet.

Die Nachbarschaftsbeziehung der Ausgabeneuronen wird gewöhnlich dadurch
definiert, dass diese Neuronen in einem meist zweidimensionalen Gitter angeordnet werden. Beispiele für solche Gitter zeigt Abbildung 7.1. Jeder Punkt steht für
ein Ausgabeneuron. Die Linien, die diese Punkte verbinden, machen die Nachbarschaftsstruktur deutlich, indem sie die nächsten Nachbarn zeigen. Die grauen Linien
deuten eine Visualisierungsmöglichkeit an, auf die wir unten genauer eingehen.

Die Nachbarschaftsbeziehung kann aber auch fehlen, was formal durch die Wahl
eines extremen Abstandsmaßes für die Neuronen dargestellt werden kann: Jedes
Neuron hat zu sich selbst den Abstand 0, zu allen anderen Neuronen dagegen einen
unendlichen Abstand. Durch die Wahl dieses Abstandes werden die Neuronen voneinander unabhängig.

Bei fehlender Nachbarschaftsbeziehung und diskretisierter Ausgabe (das Ausgabeneuron mit der höchsten Aktivierung erhält die Ausgabe 1, alle anderen die
Ausgabe 0) beschreibt eine selbstorganisierende Karte eine sogenannte *Vektorquantisierung* des Eingaberaums: Der Eingaberaum wird in so viele Regionen eingeteilt,
wie es Ausgabeneuronen gibt, indem jedem Ausgabeneuron alle Punkte des Eingaberaums zugeordnet werden, für die dieses Neuron die höchste Aktivierung liefert. Bei identischer Abstands- und Aktivierungsfunktion für alle Ausgabeneuronen
kann man auch sagen: Einem Ausgabeneuron werden alle Punkte des Eingaberaums
zugeordnet, die näher an seinem Referenzvektor liegen als an einem Referenzvektor

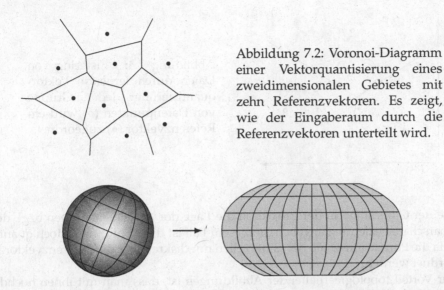

Abbildung 7.2: Voronoi-Diagramm einer Vektorquantisierung eines zweidimensionalen Gebietes mit zehn Referenzvektoren. Es zeigt, wie der Eingaberaum durch die Referenzvektoren unterteilt wird.

Abbildung 7.3: Beispiel einer topologieerhaltenden Abbildung: Robinson-Projektion der Oberfläche einer Kugel in die Ebene, wie sie gern für Weltkarten benutzt wird.

eines anderen Ausgabeneurons. Diese Einteilung in Regionen kann durch ein soge- nanntes *Voronoi-Diagramm* [Aurenhammer 1991] dargestellt werden, wie es für zwei- dimensionale Eingaben in Abbildung 7.2 dargestellt ist. Die Punkte geben die Lage der Referenzvektoren an, die Linien die Einteilung in Regionen.

Die Vektorquantisierung wird durch die Nachbarschaftsbeziehung der Ausgabe- neuronen bestimmten Einschränkungen unterworfen. Es soll erreicht werden, dass Referenzvektoren, die im Eingaberaum nahe beieinanderliegen, zu Ausgabeneuro- nen gehören, die einen geringen Abstand voneinander haben. Die Nachbarschafts- beziehung der Ausgabeneuronen soll also die relative Lage der zugehörigen Refe- renzvektoren im Eingaberaum wenigstens näherungsweise widerspiegeln. Ist dies der Fall, so wird durch die selbstorganisierende Karte eine (quantisierte) *topologieer- haltende Abbildung* beschrieben, d.h., eine Abbildung, die die Lagebeziehungen zwi- schen Punkten (näherungsweise) erhält (griech. τοπος: Ort, Lage).

Ein Beispiel für eine topologierhaltende Abbildung, nämlich die *Robinson-Projek- tion* (1961 von A.H. Robinson entwickelt) der Oberfläche einer Kugel in die Ebene, wie sie gerne für Weltkarten benutzt wird, zeigt Abbildung 7.3. Jedem Punkt der Oberfläche der links gezeigten Kugel wird ein Punkt der rechts gezeigten, nähe- rungsweise ovalen Form zugeordnet. Unter dieser Abbildung bleiben die Lagebe- ziehungen näherungsweise erhalten, wenn auch das Verhältnis des Abstands zweier Punkte in der Projektion zum Abstand ihrer Urbilder auf der Kugel umso größer ist, je weiter die beiden Punkte vom Äquator entfernt sind. Die Projektion gibt daher, wenn sie für eine Weltkarte benutzt wird, die Abstände zwischen Punkten auf der Erdoberfläche nicht immer korrekt wieder. Dennoch erhält man einen recht guten Eindruck der relativen Lage von Städten, Ländern und Kontinenten.

Übertragen auf selbstorganisierende Karten könnten die Schnittpunkte der Git- terlinien auf der Kugel die Lage der Referenzvektoren im Eingaberaum, die Schnitt-

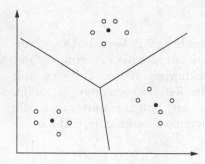

Abbildung 7.4: Clustering von Daten durch lernende Vektorquantisierung: Jeder Gruppe von Datenpunkten (○) wird ein Referenzvektor (●) zugeordnet.

punkte der Gitterlinien in der Projektion die Lage der Ausgabeneuronen bzgl. der Nachbarschaftsbeziehung angeben. In diesem Fall ist die Abbildung jedoch quantisiert, da die Punkte innerhalb der Gitterzellen nur diskret über die Referenzvektoren zugeordnet werden.

Der Vorteil topologieerhaltender Abbildungen ist, dass man mit ihnen hochdimensionale Strukturen in niedrigdimensionale Räume abbilden kann. Speziell eine Abbildung in einen Raum mit nur zwei oder höchstens drei Dimensionen ist interessant, da man dann das Bild der hochdimensionalen Struktur graphisch darstellen kann. Dazu benutzt man die Zellenstruktur, die in Abbildung 7.1 durch die grauen Linien angegeben ist. Diese Zellenstruktur entspricht offenbar einem Voronoi-Diagramm im Raum der Ausgabeneuronen. Über den zu einem Ausgabeneuron gehörenden Referenzvektor ist jeder dieser (zweidimensionalen) Neuron-Voronoi-Zellen eine (i.A. höherdimensionale) Referenzvektor-Voronoi-Zelle im Eingaberaum zugeordnet. Folglich kann man sich die relative Lage von Punkten im Eingaberaum veranschaulichen, indem man die Referenzvektor-Voronoi-Zellen bestimmt, in denen sie liegen, und die zugehörigen Neuron-Voronoi-Zellen z.B. einfärbt. Einen noch besseren Eindruck erhält man, wenn man für jeden dargestellten Punkt eine andere Farbe wählt und nicht nur die Neuron-Voronoi-Zelle einfärbt, in deren zugehöriger Referenzvektor-Voronoi-Zelle der Punkt liegt, sondern alle Neuron-Voronoi-Zellen so einfärbt, dass die Farbintensität der Aktivierung des zugehörigen Neurons entspricht. Ein Beispiel für diese Visualisierungsmöglichkeit zeigen wir in Abschnitt 7.3.

7.2   Lernende Vektorquantisierung

Um das Training selbstorganisierender Karten zu erläutern, vernachlässigen wir zunächst die Nachbarschaftsbeziehung der Ausgabeneuronen, beschränken uns also auf die sogenannte *lernende Vektorquantisierung* [Kohonen 1986]. Aufgabe der lernenden Vektorquantisierung ist eine Clustereinteilung der Daten, wie wir sie bereits zur Initialisierung von Radiale-Basisfunktionen-Netzen in Abschnitt 6.3 auf Seite 95 betrachtet haben: Mit Hilfe des c-Means-Clustering haben wir dort versucht, gute Startpunkte für die Zentren der radialen Basisfunktionen zu finden, und haben auch erwähnt, dass die lernende Vektorquantisierung eine Alternative darstellt.

Sowohl beim c-Means-Clustering als auch bei der lernenden Vektorquantisierung werden die einzelnen Cluster durch ein Zentrum (bzw. einen Referenzvektor) dargestellt. Dieses Zentrum soll so positioniert werden, dass es etwa in der Mitte der

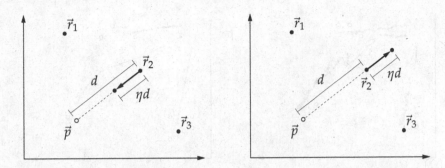

Abbildung 7.5: Anpassung von Referenzvektoren (•) mit einem Trainingsmuster (○), $\eta = 0.4$. Links: Anziehungsregel, rechts: Abstoßungsregel.

Datenpunktwolke liegt, die den Cluster ausmacht. Ein Beispiel zeigt Abbildung 7.4: Jeder Gruppe von Datenpunkten (durch ○ dargestellt) ist ein Referenzvektor (durch • dargestellt) zugeordnet. Dadurch wird der Eingaberaum so unterteilt (durch die Linien angedeutet), dass jede Punktwolke in einer eigenen Voronoi-Zelle liegt.

Der Unterschied der beiden Verfahren besteht i.W. darin, wie die Clusterzentren bzw. Referenzvektoren angepasst werden. Während sich beim c-Means-Clustering die beiden Schritte der Zuordnung der Datenpunkte zu den Clustern und die Neuberechnung der Clusterzentren als Schwerpunkt der zugeordneten Datenpunkte abwechseln, werden bei der lernenden Vektorquantisierung die Datenpunkte einzeln behandelt und es wird je Datenpunkt nur ein Referenzvektor angepasst. Das Vorgehen ist unter dem Namen *Wettbewerbslernen* bekannt: Die Lernmuster (Datenpunkte) werden der Reihe nach durchlaufen. Um jedes Lernmuster wird ein „Wettbewerb" ausgetragen, den dasjenige Ausgabeneuron gewinnt, das zu diesem Lernmuster die höchste Aktivierung liefert (bei gleicher Abstands- und Aktivierungsfunktion aller Ausgabeneuronen gleichwertig: dessen Referenzvektor dem Lernmuster am nächsten liegt). Nur dieses „Gewinnerneuron" wird angepasst, und zwar so, dass sein Referenzvektor näher an das Lernmuster heranrückt. Die Regel zur Anpassung des Referenzvektors lautet folglich

$$\vec{r}^{\,(neu)} = \vec{r}^{\,(alt)} + \eta\big(\vec{p} - \vec{r}^{\,(alt)}\big),$$

wobei $\vec{p}$ das Lernmuster, $\vec{r}$ der Referenzvektor des Gewinnerneurons zu $\vec{p}$ und η eine Lernrate mit $0 < \eta < 1$ ist. Diese Regel ist in Abbildung 7.5 links veranschaulicht: Die Lernrate η bestimmt, um welchen Bruchteil des Abstandes $d = |\vec{p} - \vec{r}|$ zwischen Referenzvektor und Lernmuster der Referenzvektor verschoben wird.

Wie schon bei Schwellenwertelementen, mehrschichtigen Perzeptren und Radiale-Basisfunktionen-Netzen unterscheiden wir auch hier wieder zwischen *Online-Training* und *Batch-Training*. Bei ersterem wird der Referenzvektor sofort angepasst und folglich bei der Verarbeitung des nächsten Lernmusters schon mit der neuen Position des Referenzvektor gerechnet. Bei letzterem werden die Änderungen aggregiert und die Referenzvektoren erst am Ende der Epoche, also nach Durchlaufen aller Lernmuster, angepasst. Man beachte, dass im Batch-Modus die lernende Vektorquantisierung dem c-Means-Clustering sehr ähnlich ist: Die Zuordnung der Datenpunkte zu den Clusterzentren ist offenbar identisch, da sich im Batch-Verfahren die

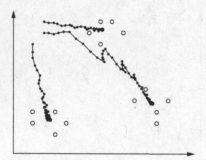 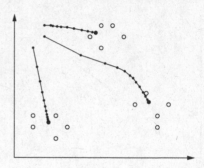

Abbildung 7.6: Ablauf der lernenden Vektorquantisierung für die Datenpunkte aus Abbildung 7.4 mit drei Referenzvektoren, die an drei Punkten in der linken oberen Ecke starten. Links: Online-Training mit Lernrate $\eta = 0.1$, rechts: Batch-Training mit Lernrate $\eta = 0.05$.

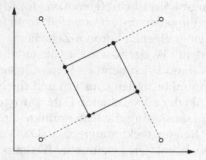 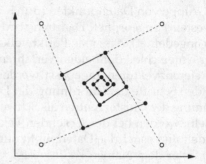

Abbildung 7.7: Anpassung eines Referenzvektors mit vier Trainingsmustern. Links: Konstante Lernrate $\eta(t) = 0.5$, rechts: Kontinuierlich mit der Zeit abnehmende Lernrate $\eta(t) = 0.6 \cdot 0.85^t$. Im ersten Schritt ist $t = 0$.

Lage der Referenzvektoren innerhalb einer Epoche nicht ändert. Wegen der Lernrate ist die neue Position des Referenzvektor jedoch nicht unbedingt der Schwerpunkt der zugeordneten Datenpunkte, sondern i.A. ein Punkt zwischen der alten Position und diesem Schwerpunkt.

Zur Veranschaulichung zeigt Abbildung 7.6 den Ablauf einer lernenden Vektorquantisierung für die Datenpunkte aus Abbildung 7.4, links das Online-Training, rechts das Batch-Training. Da nur wenige Epochen berechnet wurden, haben die Referenzvektoren noch nicht ihre Endpositionen erreicht, die in Abbildung 7.4 gezeigt sind. Man sieht aber bereits, dass tatsächlich das gewünschte Clustering-Ergebnis erzielt wird, wenn man das Training fortführt.

Bisher haben wir als Lernrate eine Konstante η verwendet und lediglich $0 < \eta < 1$ gefordert. Speziell beim Online-Training kann eine feste Lernrate jedoch zu Problemen führen, wie Abbildung 7.7 links an einem Beispiel zeigt. Hier wird ein Referenzvektor wiederholt mit vier Datenpunkten angepasst, was zu einer zyklischen Bewegung des Referenzvektor führt. Das Zentrum der vier Datenpunkte, das man sich als Ergebnis wünscht, wird nie erreicht. Um dieses Problem zu beheben, wählt man eine *zeitabhängige Lernrate*, z.B.

$$\eta(t) = \eta_0 \alpha^t, \quad 0 < \alpha < 1, \quad \text{oder} \quad \eta(t) = \eta_0 t^\kappa, \quad \kappa < 0.$$

Durch die mit der Zeit kleiner werdende Lernrate wird aus der Kreisbewegung eine Spirale, die ins Zentrum führt, siehe Abbildung 7.7 rechts.

Auch wenn eine zeitabhängig Lernrate garantiert, dass das Verfahren konvergiert, sollte man beachten, dass die Lernrate auch nicht zu schnell abnehmen darf, denn sonst kann es zu einem „Verhungern" (engl. *starvation*) kommen. D.h., die Aktualisierungsschritte werden sehr schnell sehr klein, so dass die Referenzvektoren ihre natürlichen Zielpunkte nicht erreichen, ihnen u.U. nicht einmal nahe kommen. Andererseits sollte die Lernrate auch nicht zu langsam abnehmen, da der Lernprozess sonst ggf. sehr langsam konvergiert. Wie wir auch schon bei anderen Netztypen gesehen haben, ist die richtige Wahl der Lernrate ein schwieriges Problem.

Obwohl ihr wesentlicher Zweck das Finden von Gruppen von Datenpunkten ist, kann die lernende Vektorquantisierung nicht nur zu einfachem Clustering, also zum Lösen einer freien Lernaufgabe, verwendet werden. Man kann sie so erweitern, dass den Datenpunkten zugeordnete Klassen berücksichtigt werden. So können feste Lernaufgaben gelöst werden, jedenfalls solche, bei denen die vorgegebenen Ausgaben aus einer endlichen Menge von Werten (Klassen) stammen. Dazu werden den Ausgabeneuronen — und damit den Referenzvektoren — Klassen zugeordnet, und die Anpassungsregel wird unterteilt. Stimmen die Klasse des Datenpunktes und des Referenzvektors des Gewinnerneurons überein, so kommt die *Anziehungsregel* zum Einsatz, die mit der oben angegebenen Regel identisch ist:

$$\vec{r}^{\,(\text{neu})} = \vec{r}^{\,(\text{alt})} + \eta \left(\vec{p} - \vec{r}^{\,(\text{alt})} \right).$$

D.h., der Referenzvektor wird auf das Lernmuster zubewegt (er wird vom Lernmuster „angezogen"). Sind die Klassen des Datenpunktes und des Referenzvektors dagegen verschieden, so wird die *Abstoßungsregel* angewandt:

$$\vec{r}^{\,(\text{neu})} = \vec{r}^{\,(\text{alt})} - \eta \left(\vec{p} - \vec{r}^{\,(\text{alt})} \right).$$

D.h., der Referenzvektor wird vom Lernmuster wegbewegt (er wird vom Lernmuster „abgestoßen"), siehe Abbildung 7.5. Auf diese Weise bewegen sich die Referenzvektoren zu Gruppen von Datenpunkten, die die gleiche Klasse tragen wie sie selbst. Von einer trainierten Vektorquantisierung wird zu einer neuen, zu klassifizierenden Eingabe die Klasse geliefert, die dem Ausgabeneuron mit der höchsten Aktivierung zugeordnet ist (Nächster-Nachbar-Klassifikator).

Verbesserte Versionen der lernenden Vektorquantisierung für feste Lernaufgaben passen nicht nur den einen Referenzvektor an, der dem aktuellen Datenpunkt am nächsten liegt, sondern die beiden nächsten Referenzvektoren [Kohonen 1990, Kohonen 1995]. Seien $\vec{r}_j$ and $\vec{r}_k$ diese beiden nächsten Referenzvektoren. Dann werden diese beiden Referenzvektoren angepasst, wenn die ihnen zugeordneten Klassen c_j und c_k verschieden sind, aber eine von ihnen mit der Klasse z des Datenpunktes $\vec{p}$ übereinstimmt. Ohne Beschränkung der Allgemeinheit nehmen wir $c_k = z$ an. Die Anpassungsregeln lauten dann

$$\vec{r}_j^{\,(\text{neu})} = \vec{r}_j^{\,(\text{alt})} + \eta \left(\vec{p} - \vec{r}_j^{\,(\text{alt})} \right) \quad \text{und}$$

$$\vec{r}_k^{\,(\text{neu})} = \vec{r}_k^{\,(\text{alt})} - \eta \left(\vec{p} - \vec{r}_k^{\,(\text{alt})} \right).$$

Alle anderen Referenzvektoren bleiben unverändert. Stimmen dagegen die Klassen c_j und c_k der beiden nächsten Referenzvektoren überein, und zwar unabhängig davon, ob sie mit der Klasse z des Datenpunktes übereinstimmen oder nicht, wird kein Referenzvektor angepasst. Diese Anpassungsregeln liefern oft gute Nächste-Nachbar-Klassifikatoren [Kohonen 1990].

Allerdings wurde in praktischen Tests auch festgestellt, dass diese Version der lernenden Vektorquantisierung dazu tendiert, in bestimmten Fällen die Referenzvektoren weiter und weiter auseinanderzutreiben, statt zu einer stabilen Konvergenz zu führen. Um diesem offenbar unerwünschten Verhalten entgegenzuwirken, führte [Kohonen 1990] eine sogenannte *Fensterregel* (engl. *window rule*) in die Anpassung ein: Die Referenzvektoren werden nur dann angepasst, wenn der Datenpunkt $\vec{p}$ nahe der Klassifikationsgrenze liegt, d.h. nahe der (Hyper-)Fläche, die Gebiete mit unterschiedlicher Klassenzuordnung voneinander trennt. Der unscharfe Begriff „nahe" wird präzisiert, indem man

$$\min\left(\frac{d(\vec{p},\vec{r}_j)}{d(\vec{p},\vec{r}_k)}, \frac{d(\vec{p},\vec{r}_j)}{d(\vec{p},\vec{r}_k)} \right) > \theta, \qquad \text{mit} \qquad \theta = \frac{1-\zeta}{1+\zeta}$$

fordert. Hierbei ist ζ ein Parameter, der vom Benutzer gewählt werden muss. Intuitiv beschreibt ζ die „Breite" des Fensters um die Klassifikationsgrenze, in dem der Datenpunkt $\vec{p}$ liegen muss, um eine Anpassung hervorzurufen. Die Verwendung dieser Regel verhindert eine sonst mögliche Divergenz der Referenzvektoren, da die durch einen Datenpunkt verursachten Anpassungen aufhören, sobald die Klassifikationsgrenze weit genug entfernt ist.

Man muss allerdings zugeben, dass diese Fensterregel nicht sehr intuitiv ist und es daher wünschenswert wäre, wenn man ohne sie auskommen könnte. Dies ist tatsächlich möglich, indem man die Anpassungsregel für die Referenzvektoren aus einem Gradientenabstieg für eine bestimmte Zielfunktion ableitet [Seo und Obermayer 2003]. Dieser Ansatz geht von der Annahme aus, das die Wahrscheinlichkeitsverteilung der Datenpunkte für jede Klasse gut durch eine Mischung von (mehrdimensionalen) Normalverteilungen beschrieben werden kann. D.h. jede Klasse besteht aus mehreren Clustern, die jeweils durch eine Normalverteilung abgedeckt werden. Weiter wird angenommen, dass alle diese Normalverteilungen feste und gleiche Standardabweichungen σ besitzen. Anschaulich bedeutet dies, dass die Cluster gleiche Größe und (Hyper-)Kugelform haben. Außerdem wird angenommen, dass alle Cluster gleich wahrscheinlich sind, also alle (in etwa) die gleiche Anzahl Datenpunkte umfassen. Mit diesen Einschränkungen entscheidet allein der Abstand eines Datenpunktes von einem Referenzvektor darüber, wie er klassifiziert wird.

Das Anpassungsverfahren wird aus der Maximierung einer Zielfunktion abgeleitet, die die Wahrscheinlichkeit einer korrekten Klassifikation eines Datenpunktes beschreibt. D.h., man versucht, das sogenannte maximale Likelihood-Verhältnis (engl. *maximum likelihood ratio*) zu erzielen. Wie wir sehen werden, ergibt sich so die oben betrachtete Anpassungsregel durch die Maximierung der A-posteriori-Wahrscheinlichkeit der korrekten Klasse (d.h. der wahren Klasse, die einem Datenpunkt zugeordnet ist), während die Abstoßungsregel eine Folge der Minimierung der A-posteriori-Wahrscheinlichkeit einer falschen Klasse ist [Seo und Obermayer 2003]. Formal führen wir einen Gradientenabstieg auf dem maximalen Likelihood-Verhältnis durch. Ausgehend von den oben gemachten Annahmen erhalten wir für das Likelihood-Verhältnis (bzw. seinen natürlichen Logarithmus)

$$\ln L_{\text{ratio}} = \sum_{j=1}^{n} \ln \sum_{i \in I(z_j)} \exp\left(-\frac{(\vec{p}_j - \vec{r}_i)^{\top}(\vec{p}_j - \vec{r}_i)}{2\sigma^2} \right)$$
$$- \sum_{j=1}^{n} \ln \sum_{i \notin I(z_j))} \exp\left(-\frac{(\vec{p}_j - \vec{r}_i)^{\top}(\vec{p}_j - \vec{r}_i)}{2\sigma^2} \right),$$

wobei $I(z)$ die Indizes derjenigen Refenzvektoren liefert, denen die Klasse z zugeordnet ist. Man beachte, dass sich die Normalisierungsfaktoren, die in der üblichen Formel für eine Normalverteilung auftreten, wegheben, da alle Cluster/Referenzvektoren die gleiche Standardabweichung bzw. Varianz haben. Genauso heben sich auch die Apriori-Wahrscheinlichkeiten der verschiedenen Cluster weg, da wir ja angenommen haben, dass sie alle gleich sind.

Aus dieser Zielfunktion erhalten wir quasi unmittelbar als Online-Anpassungsregel für einen Gradientenabstieg

$$\vec{r}_i^{(\text{neu})} = \vec{r}_i^{(\text{alt})} + \eta \cdot \nabla_{\vec{r}_i} \ln L_{\text{ratio}} \big|_{\vec{r}_i^{(\text{alt})}}$$

$$= \vec{r}_i^{(\text{alt})} + \eta \cdot \begin{cases} u_{ij}^{\oplus\,(\text{alt})} \cdot (\vec{p}_j - \vec{r}_i^{(\text{alt})}), & \text{falls } z_j = c_i, \\ -u_{ij}^{\ominus\,(\text{alt})} \cdot (\vec{p}_j - \vec{r}_i^{(\text{alt})}), & \text{falls } z_j \neq c_i, \end{cases}$$

wobei c_i wieder die Klasse ist, die dem i-ten Referenzvektor zugeordnet ist und z_j die Klasse des Datenpunktes $\vec{p}_j$. Die „Zugehörigkeitsgrade" $u_{ij}^{\oplus}$ und $u_{ij}^{\ominus}$, mit denen ein Datenpunkt $\vec{p}_j$ zum Cluster des Referenzvektors $\vec{r}_i$ gehört, sind gegeben durch

$$u_{ij}^{\oplus\,(\text{alt})} = \frac{\exp\left(-\frac{1}{2\sigma^2}\left(\vec{p}_j - \vec{r}_i^{(\text{alt})}\right)^{\top}\left(\vec{p}_j - \vec{r}_i^{(\text{alt})}\right) \right)}{\displaystyle\sum_{k \in I(z_j)} \exp\left(-\frac{1}{2\sigma^2}\left(\vec{p}_j - \vec{r}_k^{(\text{alt})}\right)^{\top}\left(\vec{p}_j - \vec{r}_k^{(\text{alt})}\right) \right)} \quad \text{und}$$

$$u_{ij}^{\ominus\,(\text{alt})} = \frac{\exp\left(-\frac{1}{2\sigma^2}\left(\vec{p}_j - \vec{r}_i^{(\text{alt})}\right)^{\top}\left(\vec{p}_j - \vec{r}_i^{(\text{alt})}\right) \right)}{\displaystyle\sum_{k \notin I(z_j)} \exp\left(-\frac{1}{2\sigma^2}\left(\vec{p}_j - \vec{r}_k^{(\text{alt})}\right)^{\top}\left(\vec{p}_j - \vec{r}_k^{(\text{alt})}\right) \right)}.$$

Die Aufteilung in die beiden Fälle $z_j = c_i$ (die Klasse des Datenpunktes stimmt mit der des Referenzvektors überein) und $z_j \neq c_i$ (der Referenzvektor und der Datenpunkt gehören zu verschiedenen Klassen) ergibt sich aus der Tatsache, dass jeder Referenzvektor r_i nur in einer der beiden Summen auftritt: Entweder sein Index i ist in $I(z_j)$ enthalten, und dann liefert nur die erste Summe einen Beitrag, oder sein Index ist nicht in $I(z_j)$ enthalten, und dann liefert nur die zweite Summe einen Beitrag. Die Nenner der Brüche ergeben sich aus der Ableitung des natürlichen Logarithmus.

Das Ergebnis ist ein Schema für eine „weiche" lernende Vektorquantisierung [Seo und Obermayer 2003], wobei „weich" ausdrückt, dass alle Referenzvektoren angepasst werden, aber unterschiedlich stark: Alle Referenzvektoren mit der gleichen

Klasse wie der Datenpunkt werden „angezogen", alle Referenzvektoren mit verschiedener Klasse „abgestoßen".

Eine „harte" lernende Vektorquantisierung kann aus diesem Schema leicht abgeleitet werden, indem man die den Clustern bzw. Referenzvektoren zugeordneten Standardabweichungen bzw. Varianzen gegen Null gehen lässt. Im Grenzfall ergibt sich eine harte Zuordnung

$$u_{ij}^{\oplus} = \delta_{i,k^{\oplus}(j)}, \quad \text{wobei} \quad k^{\oplus}(j) = \operatorname*{argmin}_{l \in I(z_j)} d(\vec{p}_j, \vec{r}_l), \quad \text{und}$$

$$u_{ij}^{\ominus} = \delta_{i,k^{\ominus}(j)}, \quad \text{wobei} \quad k^{\ominus}(j) = \operatorname*{argmin}_{l \notin I(z_j)} d(\vec{p}_j, \vec{r}_l),$$

und $\delta_{i,k}$ das Kronecker-Symbol ist ($\delta_{i,k} = 1$, wenn $i = k$, und $\delta_{i,k} = 0$ sonst). Man beachte allerdings, dass dieses Schema nicht identisch ist mit dem oben behandelten Schema aus [Kohonen 1990, Kohonen 1995]. Während in Kohonens Schema die beiden nächsten Referenzvektoren bestimmt und nur dann angepasst werden, wenn sie zu verschiedenen Klassen gehören, passt dieses Schema *immer* zwei Referenzvektoren an, nämlich den nächstgelegenen unter denen, die die gleiche Klasse tragen (dieser Vektor wird angezogen), und den nächstgelegenen unter denen, die eine andere Klasse tragen (dieser Vektor wird abgestoßen). Man beachte, dass dies nicht die beiden nächstgelegenen unter allen Referenzvektoren sein müssen: Obwohl einer der insgesamt nächste sein muss, kann der andere sehr viel weiter entfernt liegen als mehrere andere Referenzvektoren.

Ein Vorteil dieses Ansatzes ist, dass er verständlich macht, warum es manchmal zu einem divergierenden Verhalten kommt. (Details würden hier zu weit führen — interessierte Leser seien auf [Seo und Obermayer 2003] verwiesen.) Aber er legt auch eine Methode nahe, mit der man die Divergenz vermeiden kann, ohne eine Fensterregel einführen zu müssen. Die Idee besteht in einer geringfügigen Veränderung der Zielfunktion zu [Seo und Obermayer 2003]

$$\ln L_{\text{ratio}} = \sum_{j=1}^{n} \ln \sum_{i \in I(z_j)} \exp\left(-\frac{(\vec{x}_j - \vec{r}_i)^\top (\vec{x}_j - \vec{r}_i)}{2\sigma^2}\right)$$
$$- \sum_{j=1}^{n} \ln \sum_{i} \exp\left(-\frac{(\vec{x}_j - \vec{r}_i)^\top (\vec{x}_j - \vec{r}_i)}{2\sigma^2}\right).$$

Offenbar besteht der Unterschied nur darin, dass die zweite Summe nun über alle Referenzvektoren läuft (und nicht nur über die, die eine andere Klasse als der Datenpunkt tragen). Wir erhalten wieder eine Anpassungsregel für eine „weiche" lernende Vektorquantisierung, nämlich nun

$$\begin{aligned} \vec{r}_i^{\,(\text{neu})} &= \vec{r}_i^{\,(\text{alt})} + \eta_{\vec{r}} \cdot \nabla_{\vec{r}_i} \ln L_{\text{ratio}} \\ &= \vec{r}_i^{\,(\text{alt})} + \eta_{\vec{r}} \cdot \begin{cases} \left(u_{ij}^{\oplus\,(\text{alt})} - u_{ij}^{(\text{alt})}\right) \cdot \left(\vec{p}_j - \vec{r}_i^{\,(\text{alt})}\right), & \text{falls } z_j = c_i, \\ -u_{ij}^{(\text{alt})} \cdot \left(\vec{p}_j - \vec{r}_i^{\,(\text{alt})}\right), & \text{falls } z_j \neq c_i. \end{cases} \end{aligned}$$

(Man beachte, dass diesmal die Referenzvektoren, die die richtige Klasse tragen, in beiden Termen des Likelihood-Verhältnisses auftreten, was die Summe $u_{ij}^{\oplus} - u_{ij}$ im ersten Fall erklärt.) Die „Zugehörigkeitsgrade" $u_{ij}^{\oplus}$ und u_{ij} sind

$$u_{ij}^{\oplus \, \text{(alt)}} = \frac{\exp\left(-\frac{1}{2\sigma^2}\left(\vec{x}_j - \vec{r}_i^{\,\text{(alt)}}\right)^{\top}\left(\vec{x}_j - \vec{r}_i^{\,\text{(alt)}}\right)\right)}{\displaystyle\sum_{k \in I(z_j)} \exp\left(-\frac{1}{2\sigma^2}\left(\vec{x}_j - \vec{r}_k^{\,\text{(alt)}}\right)^{\top}\left(\vec{x}_j - \vec{r}_k^{\,\text{(alt)}}\right)\right)} \quad \text{und}$$

$$u_{ij}^{\text{(alt)}} = \frac{\exp\left(-\frac{1}{2\sigma^2}\left(\vec{x}_j - \vec{r}_i^{\,\text{(alt)}}\right)^{\top}\left(\vec{x}_j - \vec{r}_i^{\,\text{(alt)}}\right)\right)}{\displaystyle\sum_{k} \exp\left(-\frac{1}{2\sigma^2}\left(\vec{x}_j - \vec{r}_k^{\,\text{(alt)}}\right)^{\top}\left(\vec{x}_j - \vec{r}_k^{\,\text{(alt)}}\right)\right)}.$$

Eine „harte" Variante kann nun wieder abgeleitet werden, indem man die Standardabweichungen σ gegen Null gehen lässt. Man erhält

$$u_{ij}^{\oplus} = \delta_{i,k^{\oplus}(j)}, \quad \text{wobei} \quad k^{\oplus}(j) = \underset{l \in I(z_j)}{\arg\min}\, d(\vec{x}_j, \vec{r}_l), \quad \text{und}$$

$$u_{ij} = \delta_{i,k(j)}, \quad \text{wobei} \quad k(j) = \underset{l}{\arg\min}\, d(\vec{x}_j, \vec{r}_l).$$

Diese Anpassungsregel ist wieder sehr ähnlich zu der aus [Kohonen 1990, Kohonen 1995], aber dennoch leicht verschieden. Intuitiv kann sie wie folgt interpretiert werden: Wenn der nächstgelegene Referenzvektor die gleiche Klasse trägt wie der Datenpunkt, dann wird keine Anpassung durchgeführt. Wenn allerdings die Klasse des nächstgelegenen Referenzvektors sich von der des Datenpunktes unterscheidet, dann wird dieser Referenzvektor abgestoßen, während der nächstgelegene Referenzvektor unter denen mit der gleichen Klasse angezogen wird. Mit anderen Worten: eine Anpassung wird nur dann durchgeführt, wenn ein Datenpunkt durch den nächstgelegenen Referenzvektor falsch klassifiziert würde. Sonst werden die Positionen der Referenzvektoren beibehalten.

Zur Veranschaulichung der lernenden Vektorquantisierung mit zeitabhängiger Lernrate für klassifizierte und unklassifizierte Lernmuster (allerdings nur mit Batch-Training und ohne Verwendung der Fensterregel oder der verbesserten Anpassungsregeln) stehen unter

```
http://www.computational-intelligence.eu
```

die Programme wlvq (für Microsoft Windows™) und xlvq (für Linux) zur Verfügung. Mit diesen Programmen können für zweidimensionale Daten (auswählbar aus einer höheren Zahl von Dimensionen) Cluster gefunden werden, wobei die Bewegung der Referenzvektoren verfolgt werden kann.

7.3 Nachbarschaft der Ausgabeneuronen

Bisher haben wir die Nachbarschaftsbeziehung der Ausgabeneuronen vernachlässigt, so dass sich die Referenzvektoren i.W. unabhängig voneinander bewegen konnten. Deshalb kann man bei der lernenden Vektorquantisierung aus der (relativen) Lage der Ausgabeneuronen i.A. nichts über die (relative) Lage der zugehörigen Referenzvektoren ablesen. Um eine topologieerhaltende Abbildung zu erlernen, bei der die Lage der Ausgabeneuronen die Lage der Referenzvektoren (wenigstens näherungsweise) widerspiegelt, muss man die Nachbarschaftsbeziehung der Ausgabeneuronen in den Lernprozess einbeziehen. Erst in diesem Fall spricht man von *selbstorganisierenden Karten* [Kohonen 1982, Kohonen 1995].

Selbstorganisierende Karten werden — wie die Vektorquantisierung — mit *Wettbewerbslernen* trainiert. D.h., die Lernmuster werden der Reihe nach durchlaufen und zu jedem Lernmuster wird dasjenige Neuron bestimmt, das zu diesem Lernmuster die höchste Aktivierung liefert. Nun ist es bei selbstorganisierenden Karten zwingend, dass alle Ausgabeneuronen die gleiche Abstands- und Aktivierungsfunktion besitzen. Deshalb können wir hier auf jeden Fall äquivalent sagen: Es wird dasjenige Ausgabeneuron bestimmt, dessen Referenzvektor dem Lernmuster am nächsten liegt. Dieses Neuron ist der „Gewinner" des Wettbewerbs um das Lernmuster.

Im Unterschied zur lernenden Vektorquantisierung wird jedoch nicht nur der Referenzvektor des Gewinnerneurons angepasst. Da ja die Referenzvektoren seiner Nachbarneuronen später in der Nähe des Referenzvektors des Gewinnerneurons liegen sollen, werden auch diese Referenzvektoren angepasst, wenn auch u.U. weniger stark als der Referenzvektor des Gewinnerneurons. Auf diese Weise wird erreicht, dass sich die Referenzvektoren benachbarter Neuronen nicht beliebig voneinander entfernen können, da sie ja analog angepasst werden. Es ist daher zu erwarten, dass im Lernergebnis benachbarte Ausgabeneuronen Referenzvektoren besitzen, die im Eingaberaum nahe beieinander liegen.

Ein weiterer wichtiger Unterschied zur lernenden Vektorquantisierung ist, dass sich selbstorganisierende Karten nur für freie Lernaufgaben eignen. Denn da über die relative Lage verschiedener Klassen von Lernmustern vor dem Training i.A. nichts bekannt ist, können den Referenzvektoren kaum sinnvoll Klassen zugeordnet werden. Man kann zwar den Ausgabeneuronen *nach* dem Training Klassen zuordnen, indem man jeweils die Klasse zuweist, die unter den Lernmustern am häufigsten ist, für die das Ausgabeneurons die höchste Aktivierung liefert. Doch da in diesem Fall die Klasseninformation keinen Einfluss auf das Training der Karte und damit die Lage der Referenzvektoren hat, ist eine Klassifikation mit Hilfe einer so erweiterten selbstorganisierenden Karte nicht unbedingt empfehlenswert. Eine solche Klassenzuordnung kann allerdings einen guten Eindruck von der Verteilung und relativen Lage verschiedener Klassen im Eingaberaum vermitteln.

Da nur freie Lernaufgaben behandelt werden können, folglich beim Training keine Klasseninformation berücksichtigt wird, gibt es nur eine Anpassungsregel für die Referenzvektoren, die der im vorangehenden Abschnitt betrachteten Anziehungsregel analog ist. Diese Regel lautet

$$\vec{r}_u^{(\text{neu})} = \vec{r}_u^{(\text{alt})} + \eta(t) \cdot f_{\text{nb}}\big(d_{\text{neurons}}(u, u_*), \varrho(t)\big) \cdot \big(\vec{p} - \vec{r}_u^{(\text{alt})}\big),$$

wobei p das betrachtete Lernmuster, $\vec{r}_u$ der Referenzvektor zum Neuron u, u_* das Gewinnerneuron, $\eta(t)$ eine zeitabhängige Lernrate und $\varrho(t)$ ein zeitabhängiger Nachbarschaftsradius ist. d_{neurons} misst den Abstand von Ausgabeneuronen (vgl. Definition 7.1 auf Seite 103), hier speziell den Abstand des anzupassenden Neurons vom Gewinnerneuron. Denn da bei selbstorganisierenden Karten auch die Nachbarn des Gewinnerneurons angepasst werden, können wir die Anpassungsregel nicht mehr auf das Gewinnerneuron beschränken. Wie stark die Referenzvektoren anderer Ausgabeneuronen angepasst werden, hängt nach dieser Regel über eine Funktion f_{nb} (nb für Nachbar oder *neighbor*) vom Abstand des Neurons vom Gewinnerneuron und einem die Größe der Nachbarschaft bestimmenden Radius $\varrho(t)$ ab.

Die Funktion f_{nb} ist eine radiale Funktion, also von der gleichen Art wie die Funktionen, die wir zur Berechnung der Aktivierung eines Neurons in Abhängigkeit vom Abstand eines Lernmusters zum Referenzvektor benutzen (vgl. Abbildung 6.2 auf Seite 83). Sie ordnet jedem Ausgabeneuron in Abhängigkeit von seinem Abstand zum Gewinnerneuron[1] eine Zahl zwischen 0 und 1 zu, die die Stärke der Anpassung seines Referenzvektors relativ zur Stärke der Anpassung des Referenzvektors des Gewinnerneurons beschreibt. Ist die Funktion f_{nb} z.B. eine Rechteckfunktion, so werden alle Ausgabeneuronen in einem bestimmten Radius um das Gewinnerneuron mit voller Stärke angepasst, während alle anderen Ausgabeneuronen unverändert bleiben. Am häufigsten verwendet man jedoch eine Gaußsche Nachbarschaftsfunktion, so dass die Stärke der Anpassung der Referenzvektoren mit dem Abstand vom Gewinnerneuron exponentiell abnimmt.

Eine *zeitabhängige Lernrate* wird aus den gleichen Gründen verwendet wie bei der lernenden Vektorquantisierung, nämlich um Zyklen zu vermeiden. Sie kann folglich auch auf die gleiche Weise definiert werden, z.B.

$$\eta(t) = \eta_0 \alpha_\eta^t, \quad 0 < \alpha_\eta < 1, \qquad \text{oder} \qquad \eta(t) = \eta_0 t^{\kappa_\eta}, \quad \kappa_\eta < 0.$$

Analog wird der *zeitabhängige Nachbarschaftsradius* definiert, z.B.

$$\varrho(t) = \varrho_0 \alpha_\varrho^t, \quad 0 < \alpha_\varrho < 1, \qquad \text{oder} \qquad \varrho(t) = \varrho_0 t^{\kappa_\varrho}, \quad \kappa_\varrho < 0.$$

Ein mit der Zeit abnehmender Nachbarschaftsradius ist sinnvoll, damit sich die selbstorganisierende Karte in den ersten Lernschritten (große Nachbarschaft) sauber „entfaltet", während in späteren Lernschritten (kleinere Nachbarschaft) die Lage der Referenzvektoren genauer an die Lage der Lernmuster angepasst wird.

Als Beispiel für das Training mit Hilfe der angegebenen Regel betrachten wir eine selbstorganisierende Karte mit 100 Ausgabeneuronen, die in einem quadratischen 10×10 Gitter angeordnet sind. Diese Karte wird mit zufälligen Punkten aus dem Quadrat $[-1,1] \times [-1,1]$ trainiert. Den Ablauf des Trainings zeigt Abbildung 7.8. Alle Diagramme zeigen den Eingaberaum, wobei der Rahmen das Quadrat $[-1,1] \times [-1,1]$ darstellt. In diesen Raum ist das Gitter der Ausgabeneuronen projiziert, indem jeder Referenzvektor eines Ausgabeneurons mit den Referenzvektoren seiner direkten Nachbarn durch Linien verbunden ist. Oben links ist die Situation direkt nach der Initialisierung der Referenzvektoren mit zufälligen Gewichten aus dem Intervall $[-0.5, 0.5]$ gezeigt. Wegen der Zufälligkeit der Initialisierung ist die (relative) Lage der Referenzvektoren von der (relativen) Lage der Ausgabeneuronen noch völlig unabhängig, so dass keinerlei Gitterstruktur zu erkennen ist.

Die folgenden Diagramme (erst obere Zeile von links nach rechts, dann untere Zeile von links nach rechts) zeigen den Zustand der selbstorganisierenden Karte nach 10, 20, 40, 80 und 160 Trainingsschritten (je Trainingsschritt wird ein Lernmuster verarbeitet, Lernrate $\eta(t) = 0.6 \cdot t^{-0.1}$, Gaußsche Nachbarschaftsfunktion f_{nb}, Nachbarschaftsradius $\varrho(t) = 2.5 \cdot t^{-0.1}$). Man sieht sehr schön, wie sich die selbstorganisierende Karte langsam „entfaltet" und sich so dem Eingaberaum anpasst. Das

---

[1]Man beachte, dass dieser Abstand auf der Gitterstruktur berechnet wird, in der die Ausgabeneuronen angeordnet sind, und *nicht* von der Lage der zugehörigen Referenzvektoren oder dem Abstandsmaß im Eingaberaum abhängt.

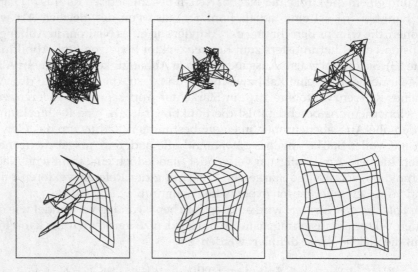

Abbildung 7.8: Entfaltung einer selbstorganisierenden Karte, die mit zufälligen Mustern aus dem Quadrat $[-1,1] \times [-1,1]$ (durch die Rahmen angedeutet) trainiert wird. Die Linien verbinden die Referenzvektoren.

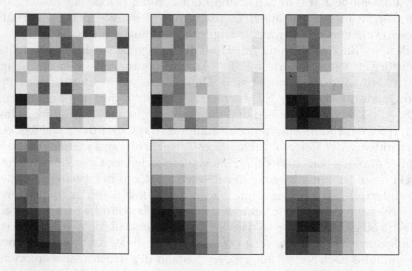

Abbildung 7.9: Einfärbungen der Trainingsstufen der selbstorganisierenden Karte aus Abbildung 7.8 für das Eingabemuster $(-0.5, -0.5)$ unter Verwendung einer Gaußschen Aktivierungsfunktion.

Abbildung 7.10: Bei ungünstiger Initialisierung, zu geringer Lernrate oder zu kleiner Nachbarschaft kann es zu Verdrehungen der Karte kommen.

Sichtbarwerden der Gitterstruktur zeigt, wie die Anordnung der Ausgabeneuronen auf die Anordnung der Referenzvektoren im Eingaberaum übertragen wird.

Für das gleiche Beispiel zeigt Abbildung 7.9 die Visualisierungmöglichkeit einer selbstorganisierenden Karte, auf die wir in Abschnitt 7.1 hingewiesen haben. Alle Diagramme zeigen die Gitterstruktur der Ausgabeneuronen (*nicht* den Eingaberaum wie in Abbildung 7.8), wobei jedem Neuron ein Feld zugeordnet ist (vgl. auch Abbildung 7.1 auf Seite 104). Die Graustufen stellen die Aktivierung der Ausgabeneuronen bei Eingabe des Musters $(-0.5, -0.5)$ unter Verwendung einer Gaußschen Aktivierungsfunktion dar: Je dunkler ein Quadrat ist, umso höher ist die Aktivierung des zugehörigen Neurons. Auch mit dieser Darstellung lässt sich das Training gut verfolgen. Nach der Initialisierung sind die stark aktivierten Neuronen noch zufällig auf der Karte verteilt. Mit fortschreitendem Training ordnen sie sich jedoch immer stärker zusammen. Man beachte die Aktivierungsstrukturen nach 20 Lernmustern (3. Diagramm) und nach 40 Lernmustern (4. Diagramm) und vergleiche sie mit den zugehörigen Darstellungen der selbstorganisierenden Karte im Eingaberaum in Abbildung 7.8: Da die Karte in diesen Phasen auf der linken Seite noch unvollständig entfaltet ist, sind viele Neuronen auf der linken Seite der Karte stark aktiviert.

Das gerade betrachtete Beispiel zeigt einen beinahe idealen Verlauf des Trainings einer selbstorganisierenden Karte. Nach nur wenigen Trainingsschritten ist die Karte bereits entfaltet und hat sich den Lernmustern sehr gut angepasst. Durch weiteres Training wird die Karte noch etwas gedehnt, bis sie den Bereich der Lernmuster gleichmäßig abdeckt (wenn die Projektion des Neuronengitters auch, wie man sich leicht überlegen kann, nie ganz die Ränder des Quadrates $[-1, 1] \times [-1, 1]$ erreicht).

Das ist jedoch nicht immer so. Wenn die Initialisierung ungünstig ist, besonders aber, wenn die Lernrate oder der Nachbarschaftsradius zu klein gewählt werden oder zu schnell abnehmen, kann es zu „Verdrehungen" der Karte kommen. Für das gerade betrachtete Beispiel ist ein Ergebnis eines in dieser Weise fehlgeschlagenen Trainings in Abbildung 7.10 gezeigt. Die Karte hat sich nicht richtig entfaltet. Die Ecken des Eingabequadrates sind den Ecken des Gitters „falsch" zugeordnet worden, so dass sich in der Mitte der Karte eine Art „Knoten" bildet. Eine solche Verdrehung lässt sich i.A. auch durch beliebig langes weiteres Training nicht wieder aufheben. Meist lässt sie sich jedoch vermeiden, indem man mit einer großen Lernrate und besonders einem großen Nachbarschaftsradius (in der Größenordnung der Kantenlänge der selbstorganisierenden Karte) startet.

Zur Verdeutlichung der Dimensionsreduktion durch eine (quantisierte) topologieerhaltende Abbildung, wie sie durch eine selbstorganisierende Karte dargestellt wird, zeigt Abbildung 7.11 die Projektion des Neuronengitters einer selbstorganisierenden Karte mit 10×10 Ausgabeneuronen in einen dreidimensionalen Eingabe-

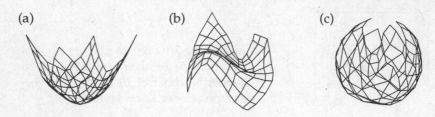

Abbildung 7.11: Selbstorganisierende Karten, die mit zufälligen Punkten von (a) einer Rotationsparabel, (b) einer kubischen Funktion, (c) der Oberfläche einer Kugel trainiert wurden.

raum. Links wurde die Karte mit zufälligen Punkten von einer Rotationsparabel, in der Mitte mit zufälligen Punkten von einer zweiparametrigen kubischen Funktion und rechts mit zufälligen Punkten von der Oberfläche einer Kugel trainiert. Da in diesen Fällen der Eingaberaum eigentlich zweidimensional ist (alle Lernmuster liegen auf — wenn auch gekrümmten — Flächen), kann sich eine selbstorganisierende Karte den Lernmustern sehr gut anpassen.

Zur weiteren Veranschaulichung stehen unter

```
http://www.computational-intelligence.eu
```

die Programme wsom (für Microsoft Windows™) und xsom (für Linux) zur Verfügung. Mit diesen Programmen kann eine selbstorganisierende Karte mit quadratischem Gitter mit Punkten trainiert werden, die zufällig aus bestimmten zweidimensionalen Regionen (Quadrat, Kreis, Dreieck) oder auf dreidimensionalen Flächen (z.B. Oberfläche einer Kugel) gewählt werden. Die Abbildungen 7.8, 7.10 und 7.11 zeigen mit diesen Programmen erzielte Trainingsverläufe bzw. -ergebnisse.

Mit Hilfe dieser Programme lässt sich auch gut veranschaulichen, was passiert, wenn die Lernmuster eine echt höherdimensionale Struktur haben, so dass sie sich nicht mit nur geringen Verlusten auf eine zweidimensionale Karte abbilden lassen. Man trainiere dazu mit diesen Programmen eine selbstorganisierende Karte mit mindestens 30 × 30 Ausgabeneuronen für zufällig aus einem Würfels (Volumen, nicht Oberfläche) gewählten Lernmustern. Die selbstorganisierende Karte wird sich mehrfach falten, um den Raum gleichmäßig auszufüllen. In einem solchen Fall sind selbstorganisierende Karten zwar auch brauchbar, doch sollte man beachten, dass es durch die Faltungen dazu kommen kann, dass ein Eingabemuster Ausgabeneuronen aktiviert, die in der Gitterstruktur der Karte weit voneinander entfernt sind, eben weil sie auf den beiden Seite einer Falte der Karte liegen.

Kapitel 8

Hopfield-Netze

In den vorangegangenen Kapiteln 5 bis 7 haben wir sogenannte *vorwärtsbetriebene Netze* betrachtet, d.h. solche, bei denen der dem Netz zugrundeliegende Graph azyklisch (kreisfrei) ist. In diesem und dem folgenden Kapitel wenden wir uns dagegen sogenannten *rückgekoppelten Netzen* zu, bei denen der zugrundeliegende Graph Kreise (Zyklen) hat. Wir beginnen mit einer der einfachsten Formen, den sogenannten *Hopfield-Netzen* [Hopfield 1982, Hopfield 1984], die ursprünglich als physikalische Modelle zur Beschreibung des Magnetismus, speziell in sogenannten Spingläsern[1], eingeführt wurden. In der Tat sind Hopfield-Netze eng mit dem Ising-Modell des Magnetismus [Ising 1925] verwandt (siehe unten).

8.1 Definition und Beispiele

Definition 8.1 *Ein Hopfield-Netz ist ein neuronales Netz mit einem Graphen $G = (U, C)$ der den folgenden Einschränkungen genügt:*

(i) $U_{\text{hidden}} = \emptyset, U_{\text{in}} = U_{\text{out}} = U$,

(ii) $C = U \times U - \{(u, u) \mid u \in U\}$.

Die Verbindungsgewichte sind symmetrisch, d.h., es gilt

$$\forall u, v \in U, u \neq v: \qquad w_{uv} = w_{vu}.$$

Die Netzeingabefunktion jedes Neurons u ist die gewichtete Summe der Ausgaben aller anderen Neuronen, d.h.

$$\forall u \in U: \quad f_{\text{net}}^{(u)}(\vec{w}_u, \vec{\text{in}}_u) = \vec{w}_u \vec{\text{in}}_u = \sum_{v \in U - \{u\}} w_{uv} \, \text{out}_v.$$

Die Aktivierungsfunktion jedes Neurons u ist eine Schwellenwertfunktion

$$\forall u \in U: \quad f_{\text{act}}^{(u)}(\text{net}_u, \theta_u) = \left\{ \begin{array}{ll} 1, & \text{falls } \text{net}_u \geq \theta_u, \\ -1, & \text{sonst.} \end{array} \right.$$

---

[1]Spingläser sind Legierungen aus einer kleinen Menge eines magnetischen und einer großen Menge eines nicht magnetischen Metalls, in denen die Atome des magnetischen Metalls zufällig im Kristallgitter des nicht magnetischen verteilt sind.

Die Ausgabefunktion jedes Neurons ist die Identität, d.h.

$$\forall u \in U: \quad f_{\text{out}}^{(u)}(\text{act}_u) = \text{act}_u.$$

Man beachte, dass es in einem Hopfield-Netz keine Schleifen gibt, d.h., kein Neuron erhält seine eigene Ausgabe als Eingabe. Alle Rückkopplungen laufen über andere Neuronen: Ein Neuron u erhält die Ausgaben aller anderen Neuronen als Eingabe und alle anderen Neuronen erhalten die Ausgabe des Neurons u als Eingabe.

Die Neuronen eines Hopfield-Netzes arbeiten genau wie die Schwellenwertelemente, die wir in Kapitel 3 betrachtet haben: Abhängig davon, ob die gewichtete Summe der Eingaben einen bestimmten Schwellenwert θ_u überschreitet oder nicht, wird die Aktivierung auf den Wert 1 oder -1 gesetzt. Zwar hatten im Kapitel 3 die Eingaben und Aktivierungen meist die Werte 0 und 1, doch haben wir in Abschnitt 3.6 auch die Variante betrachtet, bei der stattdessen die Werte -1 und 1 verwendet werden. Abschnitt 28.3 zeigt, wie die beiden Versionen ineinander umgerechnet werden können.

Manchmal wird die Aktivierungsfunktion der Neuronen eines Hopfield-Netzes aber auch unter Verwendung der alten Aktivierung act_u so definiert:

$$\forall u \in U: \quad f_{\text{act}}^{(u)}(\text{net}_u, \theta_u, \text{act}_u) = \left\{ \begin{array}{ll} 1, & \text{falls } \text{net}_u > \theta_u, \\ -1, & \text{falls } \text{net}_u < \theta_u, \\ \text{act}_u, & \text{falls } \text{net}_u = \theta_u. \end{array} \right.$$

Dies ist vorteilhaft für die physikalische Interpretation eines Hopfield-Netzes (siehe unten) und vereinfacht auch etwas einen Beweis, den wir im nächsten Abschnitt führen werden. Dennoch halten wir uns an die oben angegebene Definition, weil sie an anderen Stellen Vorteile bietet.

Für die Darstellung der Ableitungen der folgenden Abschnitte ist es wieder günstig, die Verbindungsgewichte in einer Gewichtsmatrix darzustellen (vgl. auch die Kapitel 4 und 5). Dazu setzen wir die fehlenden Gewichte $w_{uu} = 0$ (Selbstrückkopplungen), was bei der speziellen Netzeingabefunktion von Hopfield-Neuronen einer fehlenden Verbindung gleichkommt. Wegen der symmetrischen Gewichte ist die Gewichtsmatrix natürlich symmetrisch (sie stimmt mit ihrer Transponierten überein) und wegen der fehlenden Selbstrückkopplungen ist ihre Diagonale 0. D.h., wir beschreiben ein Hopfield-Netz mit n Neuronen $u_1, \ldots, u_n$ durch die $n \times n$ Matrix

$$\mathbf{W} = \begin{pmatrix} 0 & w_{u_1 u_2} & \cdots & w_{u_1 u_n} \\ w_{u_1 u_2} & 0 & \cdots & w_{u_2 u_n} \\ \vdots & \vdots & & \vdots \\ w_{u_1 u_n} & w_{u_2 u_n} & \cdots & 0 \end{pmatrix}.$$

Als erstes Beispiel für ein Hopfield-Netz betrachten wir das in Abbildung 8.1 gezeigte Netz mit zwei Neuronen. Die Gewichtsmatrix dieses Netzes ist

$$\mathbf{W} = \begin{pmatrix} 0 & 1 \\ 1 & 0 \end{pmatrix}.$$

Beide Neuronen haben den Schwellenwert 0. Wie bei den Schwellenwertelementen aus Kapitel 3 schreiben wir diesen Schwellenwert in den Kreis, der das zugehörige

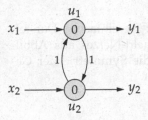

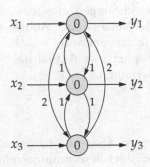

Abbildung 8.1: Ein einfaches Hopfield-Netz, das bei paralleler Aktualisierung der Aktivierungen der beiden Neuronen oszillieren kann, aber bei abwechselnder Aktualisierung einen stabilen Zustand erreicht.

Abbildung 8.2: Ein einfaches Hopfield-Netz mit drei Neuronen u_1, u_2 und u_3 (von oben nach unten).

Neuron darstellt. Ein weiteres Beispiel für ein einfaches Hopfield-Netz zeigt Abbildung 8.2. Die Gewichtsmatrix dieses Netzes ist

$$\mathbf{W} = \begin{pmatrix} 0 & 1 & 2 \\ 1 & 0 & 1 \\ 2 & 1 & 0 \end{pmatrix}.$$

Wieder haben alle Neuronen den Schwellenwert 0. Bei diesem Beispiel wird deutlich, dass die hohe Zahl der Verbindungen die Darstellung unübersichtlich machen kann. Um eine einfachere Darstellung zu erhalten, nutzen wir aus, dass jedes Neuron sowohl Eingabe- als auch Ausgabeneuron ist. Wir brauchen daher die Ein- und Ausgabepfeile nicht explizit anzugeben, denn diese dienen ja eigentlich nur dazu, die Eingabe- und Ausgabeneuronen zu kennzeichnen. Weiter wissen wir, dass die Gewichte symmetrisch sein müssen. Es bietet sich daher an, die Verbindungen zweier Neuronen zu einem Doppelpfeil zusammenzufassen, an den nur einmal das Gewicht geschrieben wird. Wir erhalten so die in Abbildung 8.3 gezeigte Darstellung.

Wenden wir uns nun den Berechnungen eines Hopfield-Netzes zu. Wir betrachten dazu das Hopfield-Netz mit zwei Neuronen aus Abbildung 8.1. Wir nehmen an, dass dem Netz die Werte $x_1 = -1$ und $x_2 = 1$ eingegeben werden. Das bedeutet, dass in der Eingabephase die Aktivierung des Neurons u_1 auf den Wert -1 gesetzt wird ($\text{act}_{u_1} = -1$) und die Aktivierung des Neurons u_2 auf den Wert 1 gesetzt wird ($\text{act}_{u_2} = 1$). So sind wir auch bisher vorgegangen (gemäß der allgemeinen Beschreibung der Arbeitsweise eines Neurons, wie sie in Abschnitt 4.2 gegeben wurde). Durch den Kreis in dem Graphen, der diesem Netz zugrundeliegt, stellt sich nun aber die Frage, wie in der Arbeitsphase die Aktivierungen der Neuronen neu berechnet werden sollen. Bisher brauchten wir uns diese Frage nicht zu stellen, da in einem vorwärtsbetriebenen Netz die Berechnungsreihenfolge keine Rolle spielt: Unabhängig davon, wie die Neuronen ihre Aktivierung und Ausgabe neu berechnen, wird stets das Ergebnis erreicht, das man auch durch eine Neuberechnung in

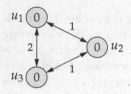

Abbildung 8.3: Vereinfachte Darstellung des Hopfield-Netzes aus Abbildung 8.2, die die Symmetrie der Gewichte ausnutzt.

	u_1	u_2
Eingabephase	-1	1
Arbeitsphase	1	-1
	-1	1
	1	-1
	-1	1

Tabelle 8.1: Berechnungen des einfachen Hopfield-Netzes aus Abbildung 8.1 für die Eingaben $x_1 = -1$ und $x_2 = 1$ bei paralleler Aktualisierung der Aktivierungen.

einer topologischen Reihenfolge erhält. Wie wir an dem in Abschnitt 4.2 betrachteten Beispiel (Seite 38) gesehen haben, kann das Ergebnis der Berechnungen eines neuronalen Netzes mit Kreisen jedoch von der Reihenfolge abhängen, in der die Aktivierungen aktualisiert werden.

Wir versuchen zunächst, die Aktivierungen *synchron* (gleichzeitig, parallel) neu zu berechnen. D.h., wir berechnen mit den jeweils alten Ausgaben der beiden Neuronen deren neue Aktivierungen und neue Ausgaben. Dies führt zu den in Tabelle 8.1 gezeigten Berechnungen. Offenbar stellt sich kein stabiler Aktivierungszustand ein, sondern das Netz oszilliert zwischen den Zuständen $(-1, 1)$ und $(1, -1)$. Berechnen wir die Aktivierungen dagegen *asynchron* neu, d.h. berechnen wir stets nur für ein Neuron eine neue Aktivierung und neue Ausgabe und verwenden wir in folgenden Berechnungen bereits die neu berechnete Ausgabe, so stellt sich stets ein stabiler Zustand ein. Zur Verdeutlichung sind in Tabelle 8.2 die beiden möglichen Berechnungsfolgen gezeigt, bei denen die beiden Neuronen stets abwechselnd ihre Aktivierung neu berechnen. In beiden Fällen wird ein stabiler Zustand erreicht. Welcher Zustand dies ist, hängt jedoch davon ab, welches Neuron zuerst aktualisiert wird. Symmetrieüberlegungen zeigen, dass auch bei anderen Eingaben stets einer dieser beiden Zustände erreicht wird.

Eine ähnliche Beobachtung kann man an dem Hopfield-Netz mit drei Neuronen aus Abbildung 8.2 machen. Bei Eingabe des Vektors $(-1, 1, 1)$ oszilliert das Netz bei synchroner Neuberechnung zwischen den Zuständen $(-1, 1, 1)$ und $(1, 1, -1)$, während es bei asynchroner Neuberechnung entweder in den Zustand $(1, 1, 1)$ oder in den Zustand $(-1, -1, -1)$ gelangt.

Auch bei anderen Eingaben wird schließlich einer dieser beiden Zustände erreicht, und zwar unabhängig von der Reihenfolge, in der die Neuronen aktualisiert werden. Dies sieht man am besten mit Hilfe eines *Zustandsgraphen*, wie er in Abbildung 8.4 gezeigt ist. Jeder Zustand (d.h., jede Kombination von Aktivierungen der Neuronen) ist durch eine Ellipse dargestellt, in die die Vorzeichen der Aktivierungen der drei Neuronen u_1, u_2 und u_3 (von links nach rechts) eingetragen sind. An den Pfeilen stehen die Neuronen, deren Aktualisierung zu dem entsprechenden Zustandsübergang führt. Da für jeden Zustand Übergänge für jedes der drei Neuronen angegeben sind, kann man aus diesem Graphen die Zustandsübergänge für belie-

	u_1	u_2
Eingabephase	-1	1
Arbeitsphase	1	1
	1	1
	1	1
	1	1

	u_1	u_2
Eingabephase	-1	1
Arbeitsphase	-1	-1
	-1	-1
	-1	-1
	-1	-1

Tabelle 8.2: Werden die Aktivierungen der Neuronen des Hopfield-Netzes aus Abbildung 8.1 abwechselnd neu berechnet, wird jeweils ein stabiler Zustand erreicht. Die erreichten Zustände sind allerdings verschieden.

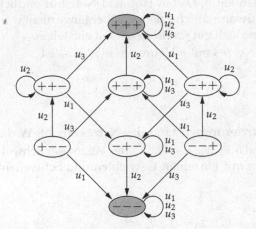

Abbildung 8.4: Zustandsgraph des Hopfield-Netzes aus Abbildung 8.2. An den Pfeilen sind die Neuronen angegeben, deren Aktualisierung zu dem entsprechenden Zustandsübergang führt. Die beiden stabilen Zustände sind grau unterlegt.

bige Reihenfolgen ablesen, in denen die Aktivierungen der Neuronen neu berechnet werden. Wie man sieht, wird schließlich auf jeden Fall einer der beiden stabilen Zustände $(1, 1, 1)$ oder $(-1, -1, -1)$ erreicht.

8.2 Konvergenz der Berechnungen

Wie wir an den Beispielen des vorangehenden Abschnitts gesehen haben, kann es zu Oszillationen kommen, wenn die Aktivierungen der verschiedenen Neuronen synchron neu berechnet werden. Bei asynchronen Neuberechnungen stellte sich in den betrachteten Beispielen jedoch stets ein stabiler Zustand ein. In der Tat kann man allgemein zeigen, dass bei asynchronem Neuberechnen der Aktivierungen keine Oszillationen auftreten können.

Satz 8.1 (Konvergenzsatz für Hopfield-Netze)
Werden die Aktivierungen der Neuronen eines Hopfield-Netzes asynchron neu berechnet, so wird nach endlich vielen Schritten ein stabiler Zustand erreicht. Bei zyklischem Durchlaufen der Neuronen in beliebiger, aber fester Reihenfolge werden höchstens $n \cdot 2^n$ Schritte (Einzelaktualisierungen) benötigt, wobei n die Anzahl der Neuronen des Netzes ist.

Beweis: Dieser Satz wird mit einer Methode bewiesen, die man in Analogie zu Fermats Methode des unendlichen Abstiegs die *Methode des endlichen Abstiegs* nennen könnte. Wir definieren eine Funktion, die jedem Zustand eines Hopfield-Netzes eine reelle Zahl zuordnet und die mit jedem Zustandsübergang kleiner wird oder höchstens gleich bleibt. Diese Funktion nennt man üblicherweise die *Energiefunktion* des Hopfield-Netzes, die von ihr einem Zustand zugeordnete Zahl die *Energie* dieses Zustands. (Der Grund für diesen Namen hängt mit der physikalischen Interpretation eines Hopfield-Netzes zusammen, denn die Energiefunktion entspricht dem Hamilton-Operator, der die Energie des Magnetfeldes beschreibt; siehe unten.) Indem wir bei Übergang in einen Zustand gleicher Energie noch eine Zusatzbetrachtung anschließen, können wir leicht zeigen, dass ein Zustand, wenn er einmal verlassen wird, nicht wieder erreicht werden kann. Da ein Hopfield-Netz nur endlich viele mögliche Zustände hat, kann irgendwann durch Zustandsübergänge nicht weiter abgestiegen werden und folglich muss sich ein stabiler Zustand einstellen.

Die Energiefunktion eines Hopfield-Netzes mit n Neuronen $u_1, \ldots, u_n$ ist

$$E = -\frac{1}{2}\vec{\mathrm{act}}^{\top}\mathbf{W}\vec{\mathrm{act}} + \vec{\theta}^{T}\vec{\mathrm{act}},$$

wobei $\vec{\mathrm{act}} = (\mathrm{act}_{u_1}, \ldots, \mathrm{act}_{u_n})^{\top}$ den Aktivierungszustand des Netzes angibt, $\mathbf{W}$ die Gewichtsmatrix des Hopfield-Netzes und $\vec{\theta} = (\theta_{u_1}, \ldots, \theta_{u_n})^{\top}$ der Vektor der Schwellenwerte der Neuronen ist. Geschrieben mit einzelnen Gewichten und Schwellenwerten lautet diese Energiefunktion

$$E = -\frac{1}{2}\sum_{u,v \in U, u \neq v} w_{uv}\,\mathrm{act}_u\,\mathrm{act}_v + \sum_{u \in U} \theta_u\,\mathrm{act}_u\,.$$

In dieser Darstellung zeigt sich auch der Grund für den Faktor $\frac{1}{2}$ vor der ersten Summe. Wegen der Symmetrie der Gewichte tritt in der ersten Summe jeder Term doppelt auf, was durch den Faktor $\frac{1}{2}$ ausgeglichen wird.

Wir zeigen zunächst, dass die Energie bei einem Zustandsübergang nicht größer werden kann. Da die Neuronen asynchron aktualisiert werden, wird bei einem Zustandsübergang die Aktivierung nur eines Neurons u neu berechnet. Wir nehmen an, dass durch die Neuberechnung seine Aktivierung von $\mathrm{act}_u^{(\mathrm{alt})}$ auf $\mathrm{act}_u^{(\mathrm{neu})}$ wechselt. Die Differenz der Energie des alten und des neuen Aktivierungszustands besteht dann aus allen Summanden, die die Aktivierung act_u enthalten. Alle anderen Summanden fallen weg, da sie sowohl in der alten als auch in der neuen Energie auftreten. Daher ist

$$\Delta E = E^{(\mathrm{neu})} - E^{(\mathrm{alt})} = \left(-\sum_{v \in U - \{u\}} w_{uv}\,\mathrm{act}_u^{(\mathrm{neu})}\,\mathrm{act}_v + \theta_u\,\mathrm{act}_u^{(\mathrm{neu})}\right)$$
$$- \left(-\sum_{v \in U - \{u\}} w_{uv}\,\mathrm{act}_u^{(\mathrm{alt})}\,\mathrm{act}_v + \theta_u\,\mathrm{act}_u^{(\mathrm{alt})}\right).$$

Der Faktor $\frac{1}{2}$ verschwindet wegen der Symmetrie der Gewichte, durch die jeder Summand doppelt auftritt. Aus den obigen Summen können wir die neue und alte

Aktivierung des Neurons u herausziehen und erhalten

$$\Delta E = \left(\text{act}_u^{(\text{alt})} - \text{act}_u^{(\text{neu})}\right) \Big(\underbrace{\sum_{v \in U - \{u\}} w_{uv}\,\text{act}_v - \theta_u}_{= \,\text{net}_u} \Big).$$

Wir müssen nun zwei Fälle unterscheiden. Wenn $\text{net}_u < \theta_u$, so ist der zweite Faktor kleiner 0. Außerdem ist $\text{act}_u^{(\text{neu})} = -1$ und da wir annehmen, dass sich die Aktivierung durch die Neuberechnung geändert hat, $\text{act}_u^{(\text{alt})} = 1$. Also ist der erste Faktor größer 0 und folglich $\Delta E < 0$. Ist dagegen $\text{net}_u \geq \theta_u$, so ist der zweite Faktor größergleich 0. Außerdem ist $\text{act}_u^{(\text{neu})} = 1$ und damit $\text{act}_u^{(\text{alt})} = -1$. Also ist der erste Faktor kleiner 0 und folglich $\Delta E \leq 0$.

Wenn sich durch einen Zustandsübergang die Energie eines Hopfield-Netzes verringert hat, so kann der Ausgangszustands offenbar nicht wieder erreicht werden, denn dazu wäre eine Energieerhöhung nötig. Der zweite Fall lässt aber auch Zustandsübergänge zu, bei denen die Energie gleich bleibt. Wir müssen daher noch Zyklen von Zuständen gleicher Energie ausschließen. Dazu brauchen wir aber nur festzustellen, dass ein Zustandsübergang dieser Art auf jeden Fall die Zahl der $+1$-Aktivierungen des Netzes erhöht. Also kann auch hier der Ausgangszustand nicht wieder erreicht werden. Mit jedem Zustandsübergang verringert sich daher die Zahl der erreichbaren Zustände, und da es nur endlich viele Zustände gibt, muss schließlich ein stabiler Zustand erreicht werden.

Die Zusatzbetrachtung (d.h. Zahl der $+1$-Aktivierungen) ist übrigens nicht nötig, wenn die Aktivierungsfunktion so definiert wird, wie auf Seite 120 als Alternative angegeben, wenn also die alte Aktivierung erhalten bleibt, wenn die Netzeingabe mit dem Schwellenwert übereinstimmt. Denn in diesem Fall ändert sich die Aktivierung nur dann auf $+1$, wenn $\text{net}_u > \theta_u$. Also haben wir auch für den zweiten oben betrachteten Fall einer Energieabnahme (d.h. $\Delta E < 0$) und folglich reicht es aus, allein die Energie des Hopfield-Netzes zu betrachten.

Wir müssen außerdem anmerken, dass die Konvergenz in einen Zustand (lokal) minimaler Energie nur sichergestellt ist, wenn nicht einzelne Neuronen ab einem bestimmten Zeitpunkt nicht mehr für eine Neuberechnung ihrer Aktivierung ausgewählt werden. Sonst könnte ja z.B. stets ein Neuron aktualisiert werden, durch dessen Neuberechnung der aktuelle Zustand nicht verlassen wird. Dass kein Neuron von der Aktualisierung ausgeschlossen wird, ist sichergestellt, wenn die Neuronen in einer beliebigen, aber festen Reihenfolge zyklisch durchlaufen werden. Dann können wir folgende Überlegung anschließen: Entweder wird bei einem Durchlauf der Neuronen kein Aktivierungszustand geändert. Dann haben wir bereits einen stabilen Zustand erreicht. Oder es wird mindestens eine Aktivierung geändert. Dann wurde (mindestens) einer der 2^n möglichen Aktivierungszustände (n Neuronen, je zwei mögliche Aktivierungen) ausgeschlossen, denn wie wir oben gesehen haben, kann der verlassene Zustand nicht wieder erreicht werden. Folglich müssen wir nach spätesten 2^n Durchläufen, also nach spätestens $n \cdot 2^n$ Neuberechnungen von Neuronenaktivierungen einen stabilen Zustand erreicht haben. $\square$

Die im Beweis des obigen Satzes eingeführte Energiefunktion spielt im folgenden eine wichtige Rolle. Wir betrachten sie daher — aber auch zur Illustration des obigen

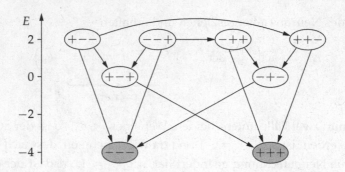

Abbildung 8.5: (Vereinfachter) Zustandsgraph des Hopfield-Netzes aus Abbildung 8.2, in dem die Zustände nach ihrer Energie angeordnet sind. Die beiden stabilen Zustände sind grau unterlegt.

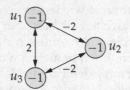

Abbildung 8.6: Ein Hopfield-Netz mit drei Neuronen und von 0 verschiedenen Schwellenwerten.

Satzes — am Beispiel des einfachen Hopfield-Netzes aus Abbildung 8.2. Die Energiefunktion dieses Netzes ist

$$E = -\operatorname{act}_{u_1} \operatorname{act}_{u_2} -2\operatorname{act}_{u_1} \operatorname{act}_{u_3} - \operatorname{act}_{u_2} \operatorname{act}_{u_3}.$$

Wenn wir die Zustände des Zustandsgraphen dieses Hopfield-Netzes (vgl. Abbildung 8.4) nach ihrer Energie anordnen, wobei wir der Übersichtlichkeit halber die Schleifen und die Kantenbeschriftungen weglassen, erhalten wir Abbildung 8.5, in der die beiden stabilen Zustände deutlich als die Zustände geringster Energie zu erkennen sind. Man beachte, dass es keine Zustandsübergänge von einem tieferliegenden zu einem höherliegenden Zustand gibt, was einer Energieerhöhung entspräche, und dass alle Zustandsübergänge zwischen Zuständen gleicher Energie die Zahl der +1-Aktivierungen erhöhen. Dies veranschaulicht die Ableitungen des gerade geführten Beweises.

Allerdings muss sich nicht notwendigerweise ein so hochgradig symmetrischer Zustandsgraph ergeben wie dieser, selbst wenn das Netz starke Symmetrien aufweist. Als Beispiel betrachten wir das in Abbildung 8.6 gezeigte Hopfield-Netz. Obwohl dieses Netz die gleiche Symmetriestruktur hat wie das in Abbildung 8.3 gezeigte, hat es, durch die nicht verschwindenden Schwellenwerte, einen ganz andersartigen Zustandsgraphen. Wir geben hier nur die Form an, in der die Zustände nach den Werten der Energiefunktion

$$E = 2\operatorname{act}_{u_1} \operatorname{act}_{u_2} -2\operatorname{act}_{u_1} \operatorname{act}_{u_3} +2\operatorname{act}_{u_2} \operatorname{act}_{u_3} - \operatorname{act}_{u_1} - \operatorname{act}_{u_2} - \operatorname{act}_{u_3}$$

dieses Netzes angeordnet sind. Dieser Zustandsgraph ist in Abbildung 8.7 gezeigt. Man beachte, dass die Asymmetrien dieses Graphen i.W. eine Wirkung der von Null verschiedenen Schwellenwerte sind.

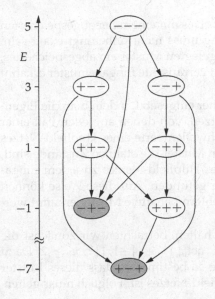

Abbildung 8.7: (Vereinfachter) Zustandsgraph des Hopfield-Netzes aus Abbildung 8.6, in dem die Zustände nach ihrer Energie angeordnet sind. Die beiden stabilen Zustände sind grau unterlegt. Man beachte, dass die Energieskala zwischen −1 und −7 unterbrochen ist, der unterste Zustand also sehr viel tiefer liegt.

physikalisch	neuronal
Atom	Neuron
magnetisches Moment (Spin)	Aktivierungszustand
Stärke des äußeren Magnetfeldes	Schwellenwert
magnetische Kopplung der Atome	Verbindungsgewichte
Hamilton-Operator des Magnetfeldes	Energiefunktion

Tabelle 8.3: Physikalische Interpretation eines Hopfield-Netzes als (mikroskopisches) Modell des Magnetismus (Ising-Modell, [Ising 1925]).

Zum Abschluss dieses Abschnitts bemerken wir noch, dass die Energiefunktion eines Hopfield-Netzes auch die Beziehung zur Physik herstellt, auf die wir schon am Anfang dieses Kapitels hingewiesen haben. Hopfield-Netze werden in der Physik, wie erwähnt, als (mikroskopische) Modelle des Magnetismus verwendet, wobei die in Tabelle 8.3 angegebenen Zuordnungen physikalischer und neuronaler Begriffe gelten. Genauer entspricht ein Hopfield-Netz dem sogenannten Ising-Modell des Magnetismus [Ising 1925]. Diese physikalische Analogie liefert auch einen (weiteren) Grund, warum die Aktivierungsfunktion der Neuronen eines Hopfield-Netzes manchmal so definiert wird, dass ein Neuron seine Aktivierung nicht ändert, wenn seine Netzeingabe gleich seinem Schwellenwert ist (siehe Seite 120): Wenn sich die Wirkungen von äußerem Magnetfeld und magnetischer Kopplung der Atome aufheben, sollte das Neuron sein magnetisches Moment beibehalten.

8.3 Assoziativspeicher

Hopfield-Netze eignen sich sehr gut als sogenannte *Assoziativspeicher*, d.h. als Speicher, die über ihren Inhalt adressiert werden. Wenn man an einen Assoziativspeicher ein Muster anlegt, erhält man als Antwort, ob es mit einem der abgespeicherten Muster übereinstimmt. Diese Übereinstimmung muss nicht unbedingt exakt sein. Ein Assoziativspeicher kann auch zu einem angelegten Muster ein abgespeichertes, möglichst ähnliches Muster liefern, so dass auch verrauschte Eingabemuster erkannt werden können.

Hopfield-Netze werden als Assoziativspeicher eingesetzt, indem man die Eigenschaft ausnutzt, dass sie stabile Zustände besitzen, von denen auf jeden Fall einer erreicht wird. Wenn man die Gewichte und Schwellenwerte eines Hopfield-Netzes gerade so bestimmt, dass die abzuspeichernden Muster die stabilen Zustände sind, so wird durch die normalen Berechnungen des Hopfield-Netzes zu jedem Eingabemuster ein ähnliches abgespeichertes Muster gefunden. Auf diese Weise können verrauschte Muster korrigiert oder auch mit Fehlern behaftete Muster erkannt werden.

Um die folgenden Ableitungen einfach zu halten, betrachten wir zunächst die Speicherung nur eines Musters $\vec{p} = (\mathrm{act}_{u_1}, \ldots, \mathrm{act}_{u_n})^\top \in \{-1, 1\}^n$, $n \geq 2$. Dazu müssen wir die Gewichte und Schwellenwerte so bestimmen, dass dieses Muster ein stabiler Zustand (auch: Attraktor) des Hopfield-Netzes ist. Folglich muss gelten

$$S(\mathbf{W}\vec{p} - \vec{\theta}) = \vec{p},$$

wobei $\mathbf{W}$ die Gewichtsmatrix des Hopfield-Netzes, $\vec{\theta} = (\theta_{u_1}, \ldots, \theta_{u_n})^\top$ der Vektor der Schwellenwerte und S eine Funktion

$$S : \mathbb{R}^n \;\; \to \;\; \{-1, 1\}^n,$$
$$\vec{x} \;\; \mapsto \;\; \vec{y}$$

ist, wobei der Vektor $\vec{y}$ bestimmt ist durch

$$\forall i \in \{1, \ldots, n\} : \quad y_i = \left\{ \begin{array}{ll} 1, & \text{falls } x_i \geq 0, \\ -1, & \text{sonst.} \end{array} \right.$$

Die Funktion S ist also eine Art elementweiser Schwellenwertfunktion.

Setzt man $\vec{\theta} = \vec{0}$, d.h., setzt man alle Schwellenwerte 0, so lässt sich eine passende Matrix $\mathbf{W}$ leicht finden, denn dann genügt es offenbar, wenn gilt

$$\mathbf{W}\vec{p} = c\vec{p} \quad \text{mit } c \in \mathbb{R}^+.$$

Algebraisch ausgedrückt: Gesucht ist eine Matrix $\mathbf{W}$, die bezüglich $\vec{p}$ einen positiven Eigenwert c hat.[2] Wir wählen nun

$$\mathbf{W} = \vec{p}\vec{p}^{\,T} - \mathbf{E}$$

mit der $n \times n$ Einheitsmatrix $\mathbf{E}$. $\vec{p}\vec{p}^{\,T}$ ist das sogenannte *äußere Produkt* des Vektors $\vec{p}$ mit sich selbst. Es liefert eine symmetrische $n \times n$ Matrix. Die Einheitsmatrix $\mathbf{E}$ muss von dieser Matrix abgezogen werden, um sicherzustellen, dass die Diagonale der

---

[2]In der linearen Algebra beschäftigt man sich dagegen meist mit dem umgekehrten Problem, d.h., zu einer gegebenen Matrix die Eigenwerte und Eigenvektoren zu finden.

Gewichtsmatrix 0 ist, denn in einem Hopfield-Netz gibt es ja keine Selbstrückkopplungen der Neuronen. Mit dieser Matrix $\mathbf{W}$ haben wir für das Muster $\vec{p}$:

$$
\begin{aligned}
\mathbf{W}\vec{p} &= (\vec{p}\vec{p}^{\,T})\vec{p} - \underbrace{\mathbf{E}\vec{p}}_{=\vec{p}} \stackrel{(*)}{=} \vec{p}\,\underbrace{(\vec{p}^{\,T}\vec{p})}_{=|\vec{p}|^2=n} - \vec{p} \\
&= n\vec{p} - \vec{p} = (n-1)\vec{p}.
\end{aligned}
$$

Schritt $(*)$ gilt, da Matrix- und Vektormultiplikationen assoziativ sind, wir folglich die Klammern versetzen können. Mit versetzten Klammern ist zuerst das Skalarprodukt (auch: inneres Produkt) des Vektors $\vec{p}$ mit sich selbst zu bestimmen. Dies liefert gerade seine quadrierte Länge. Wir wissen nun aber, dass $\vec{p} \in \{-1, 1\}^n$ und daher, dass $\vec{p}^{\,T}\vec{p} = |\vec{p}|^2 = n$. Da wir $n \geq 2$ vorausgesetzt haben, ist, wie erforderlich, $c = n - 1 > 0$. Also ist das Muster $\vec{p}$ ein stabiler Zustand des Hopfield-Netzes.

Schreibt man die Berechnungen in einzelnen Gewichten, so erhält man:

$$
w_{uv} = \begin{cases} 0, & \text{falls } u = v, \\ 1, & \text{falls } u \neq v, \text{act}_u^{(p)} = \text{act}_v^{(p)}, \\ -1, & \text{sonst.} \end{cases}
$$

Diese Regel nennt man auch die *Hebbsche Lernregel* [Hebb 1949]. Sie wurde ursprünglich aus einer biologischen Analogie abgeleitet: In biologischen neuronalen Netzen wird die Verbindung zwischen zwei gleichzeitig aktiven Neuronen oft verstärkt.

Man beachte allerdings, dass mit diesem Verfahren auch das zu dem Muster $\vec{p}$ komplementäre Muster $-\vec{p}$ stabiler Zustand wird. Denn mit

$$
\mathbf{W}\vec{p} = (n-1)\vec{p} \qquad \text{gilt natürlich auch} \qquad \mathbf{W}(-\vec{p}) = (n-1)(-\vec{p}).
$$

Diese Speicherung des Komplementmusters lässt sich leider nicht vermeiden.

Sollen mehrere Muster $\vec{p}_1, \ldots, \vec{p}_m$, $m < n$, gespeichert werden, so berechnet man für jedes Muster $\vec{p}_i$ eine Matrix $\mathbf{W}_i$ (wie oben angegeben) und berechnet die Gewichtsmatrix $\mathbf{W}$ als Summe dieser Matrizen, also

$$
\mathbf{W} = \sum_{i=1}^m \mathbf{W}_i = \left(\sum_{i=1}^m \vec{p}_i\vec{p}_i^{\,T} \right) - m\mathbf{E}.
$$

Sind die zu speichernden Muster paarweise orthogonal (d.h., stehen die zugehörigen Vektoren senkrecht aufeinander), so erhält man mit dieser Matrix $\mathbf{W}$ für ein beliebiges Muster $\vec{p}_j, j \in \{1, \ldots, m\}$:

$$
\begin{aligned}
\mathbf{W}\vec{p}_j &= \sum_{i=1}^m \mathbf{W}_i\vec{p}_j = \left(\sum_{i=1}^m (\vec{p}_i\vec{p}_i^{\,T})\vec{p}_j \right) - m\underbrace{\mathbf{E}\vec{p}_j}_{=\vec{p}_j} \\
&= \left(\sum_{i=1}^m \vec{p}_i(\vec{p}_i^{\,T}\vec{p}_j) \right) - m\vec{p}_j
\end{aligned}
$$

Da wir vorausgesetzt haben, dass die Muster paarweise orthogonal sind, gilt

$$
\vec{p}_i^{\,T}\vec{p}_j = \begin{cases} 0, & \text{falls } i \neq j, \\ n, & \text{falls } i = j, \end{cases}
$$

da ja das Skalarprodukt orthogonaler Vektoren verschwindet, das Skalarprodukt eines Vektors mit sich selbst aber die quadrierte Länge des Vektors ergibt, die wegen $\vec{p}_j \in \{-1, 1\}^n$ wieder gleich n ist (siehe oben). Also ist

$$\mathbf{W}\vec{p}_j = (n - m)\vec{p}_j,$$

und folglich ist $\vec{p}_j$ ein stabiler Zustand des Hopfield-Netzes, wenn $m < n$. Man beachte, dass auch hier das zu dem Muster $\vec{p}_j$ komplementäre Muster $-\vec{p}_j$ ebenfalls stabiler Zustand ist, denn mit

$$\mathbf{W}\vec{p}_j = (n - m)\vec{p}_j \qquad \text{gilt natürlich auch} \qquad \mathbf{W}(-\vec{p}_j) = (n - m)(-\vec{p}_j).$$

Zwar können in einem n-dimensionalen Raum n paarweise orthogonale Vektoren gewählt werden, doch da $n - m > 0$ sein muss (siehe oben), kann ein Hopfield-Netz mit n Neuronen auf diese Weise nur $n - 1$ orthogonale Muster (und ihre Komplemente) speichern. Verglichen mit der Zahl der möglichen Zustände (2^n, da n Neuronen mit jeweils zwei Zuständen) ist die Speicherkapazität eines Hopfield-Netzes also recht klein.

Sind die Muster nicht paarweise orthogonal, wie es in der Praxis oft der Fall ist, so ist für ein beliebiges Muster $\vec{p}_j, j \in \{1, \dots, m\}$:

$$\mathbf{W}\vec{p}_j = (n - m)\vec{p}_j + \underbrace{\sum_{\substack{i=1 \\ i \neq j}}^{m} \vec{p}_i(\vec{p}_i^T \vec{p}_j)}_{\text{„Störterm"}}.$$

Der Zustand $\vec{p}_j$ kann dann trotzdem stabil sein, nämlich wenn $n - m > 0$ und der „Störterm" hinreichend klein ist. Dies ist der Fall, wenn die Muster $\vec{p}_i$ „annähernd" orthogonal sind, da dann die Skalarprodukte $\vec{p}_i^T \vec{p}_j$ klein sind. Je größer die Zahl der zu speichernden Muster ist, umso kleiner muss allerdings der Störterm sein, da mit wachsendem m offenbar $n - m$ abnimmt, wodurch der Zustand „anfälliger" für Störungen wird. In der Praxis wird daher die theoretische Maximalkapazität eines Hopfield-Netzes nie erreicht.

Zur Veranschaulichung des gerade betrachteten Verfahrens bestimmen wir die Gewichtsmatrix eines Hopfield-Netzes mit vier Neuronen, das die beiden Muster $\vec{p}_1 = (+1, +1, -1, -1)^T$ und $\vec{p}_2 = (-1, +1, -1, +1)^T$ speichert. Es ist

$$\mathbf{W} = \mathbf{W}_1 + \mathbf{W}_2 = \vec{p}_1\vec{p}_1^T + \vec{p}_2\vec{p}_2^T - 2\mathbf{E}$$

mit den Einzelmatrizen

$$\mathbf{W}_1 = \begin{pmatrix} 0 & 1 & -1 & -1 \\ 1 & 0 & -1 & -1 \\ -1 & -1 & 0 & 1 \\ -1 & -1 & 1 & 0 \end{pmatrix}, \qquad \mathbf{W}_2 = \begin{pmatrix} 0 & -1 & 1 & -1 \\ -1 & 0 & -1 & 1 \\ 1 & -1 & 0 & -1 \\ -1 & 1 & -1 & 0 \end{pmatrix}.$$

Die Gewichtsmatrix des Hopfield-Netzes lautet folglich

$$\mathbf{W} = \begin{pmatrix} 0 & 0 & 0 & -2 \\ 0 & 0 & -2 & 0 \\ 0 & -2 & 0 & 0 \\ -2 & 0 & 0 & 0 \end{pmatrix}.$$

Wie man leicht nachprüft, ist mit dieser Matrix

$$\mathbf{W}\vec{p}_1 = (+2, +2, -2, -2)^\top \quad \text{und} \quad \mathbf{W}\vec{p}_1 = (-2, +2, -2, +2)^\top.$$

Also sind in der Tat beide Muster stabile Zustände. Aber auch ihre Komplemente, also die Muster $-\vec{p}_1 = (-1, -1, +1, +1)$ und $-\vec{p}_2 = (+1, -1, +1, -1)$ sind stabile Zustände, wie eine entsprechende Rechnung zeigt.

Eine andere Möglichkeit, die Parameter eines Hopfield-Netzes zu bestimmen, ist, das Netz auf ein einfaches Schwellenwertelement abzubilden, das dann mit der Delta-Regel trainiert wird [Rojas 1996]. Dazu geht man wie folgt vor: Soll ein Muster $\vec{p} = (\mathrm{act}_{u_1}^{(p)}, \dots, \mathrm{act}_{u_n}^{(p)}) \in \{-1, 1\}^n$ stabiler Zustand eines Hopfield-Netzes sein, so muss gelten

$$
\begin{aligned}
s(0 \qquad\quad + w_{u_1 u_2}\, \mathrm{act}_{u_2}^{(p)} + \dots + w_{u_1 u_n}\, \mathrm{act}_{u_n}^{(p)} - \theta_{u_1}) &= \mathrm{act}_{u_1}^{(p)}, \\
s(w_{u_2 u_1}\, \mathrm{act}_{u_1}^{(p)} + 0 \qquad\quad + \dots + w_{u_2 u_n}\, \mathrm{act}_{u_n}^{(p)} - \theta_{u_2}) &= \mathrm{act}_{u_2}^{(p)}, \\
\vdots \qquad\qquad \vdots \qquad\qquad \vdots \qquad\quad \vdots \qquad\quad \vdots \\
s(w_{u_n u_1}\, \mathrm{act}_{u_1}^{(p)} + w_{u_n u_2}\, \mathrm{act}_{u_2}^{(p)} + \dots + 0 \qquad\quad - \theta_{u_n}) &= \mathrm{act}_{u_n}^{(p)}.
\end{aligned}
$$

mit der üblichen Schwellenwertfunktion

$$
s(x) = \left\{ \begin{array}{ll} 1, & \text{falls } x \geq 0, \\ -1, & \text{sonst.} \end{array} \right.
$$

Zum Training wandeln wir die Gewichtsmatrix in einen Gewichtsvektor um, indem wir die Zeilen des oberen Dreiecks der Matrix durchlaufen (ohne Diagonale, das untere Dreieck wird wegen der Symmetrie der Gewichte nicht benötigt) und den Vektor der negierten Schwellenwerte anhängen:

$$
\begin{aligned}
\vec{w} = (\quad & w_{u_1 u_2}, \quad w_{u_1 u_3}, \quad \dots, \quad w_{u_1 u_n}, \\
& \qquad\qquad w_{u_2 u_3}, \quad \dots, \quad w_{u_2 u_n}, \\
& \qquad\qquad\qquad\qquad \ddots \qquad \vdots \\
& \qquad\qquad\qquad\qquad\qquad\quad w_{u_{n-1} u_n}, \\
& -\theta_{u_1}, \quad -\theta_{u_2}, \quad \dots, \quad -\theta_{u_n} \quad).
\end{aligned}
$$

Zu diesem Gewichtsvektor lassen sich Eingabevektoren $\vec{z}_1, \dots, \vec{z}_n$ finden, so dass sich die in den obigen Gleichungen auftretenden Argumente der Schwellenwertfunktion als Skalarprodukte $\vec{w}\vec{z}_i$ schreiben lassen. Z.B. ist

$$
\vec{z}_2 = (\mathrm{act}_{u_1}^{(p)}, \underbrace{0, \dots, 0}_{n-2\,\text{Nullen}}, \mathrm{act}_{u_3}^{(p)}, \dots, \mathrm{act}_{u_n}^{(p)}, \dots 0, 1, \underbrace{0, \dots, 0}_{n-2\,\text{Nullen}}).
$$

Auf diese Weise haben wir das Training des Hopfield-Netzes auf das Training eines Schwellenwertelementes mit dem Schwellenwert 0 und dem Gewichtsvektor $\vec{w}$ für die Trainingsmuster $l_i = (\vec{z}_i, \mathrm{act}_{u_i}^{(p)})$ zurückgeführt, das wir z.B. mit der Delta-Regel trainieren können (vgl. Abschnitt 3.5). Bei mehreren zu speichernden Mustern erhält man entsprechend mehr Eingabemuster $\vec{z}_i$. Es ist allerdings zu bemerken, dass diese Möglichkeit des Trainings eher von theoretischem Interesse ist.

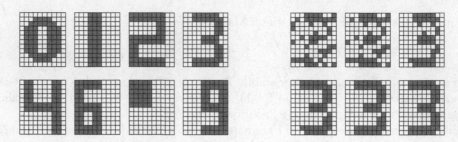

Abbildung 8.8: In einem Hopfield-Netz gespeicherte Beispielmuster (links) und die Rekonstruktion eines Musters aus gestörten Eingaben (rechts).

Um die Mustererkennung mit einem Hopfield-Netzes zu veranschaulichen, betrachten wir ein Beispiel zur Zahlenerkennung (nach einem Beispiel aus [Haykin 2008]). In einem Hopfield-Netz mit $10 \times 12 = 120$ Neuronen werden die in Abbildung 8.8 links gezeigten Muster gespeichert, wobei ein schwarzes Feld durch $+1$, ein weißes durch -1 kodiert wird. Die so entstehenden Mustervektoren sind zwar nicht genau, aber hinreichend orthogonal, so dass sie alle mit dem oben betrachteten Verfahren zu stabilen Zuständen eines Hopfield-Netzes gemacht werden können. Legt man ein Muster an das so bestimmte Hopfield-Netz an, so wird durch die Berechnungen des Netzes eines dieser abgespeicherten Muster rekonstruiert, wie Abbildung 8.8 rechts zeigt. Man beachte allerdings, dass zwischen zwei in der Abbildung aufeinanderfolgenden Diagrammen mehrere Berechnungsschritte liegen.

Um dieses Beispiel besser nachvollziehen zu können, stehen unter

```
http://www.computational-intelligence.eu
```

die Programme whopf (für Microsoft Windows™) und xhopf (für Linux) zur Verfügung. Mit diesen Programmen können zweidimensionale Muster in einem Hopfield-Netz abgespeichert und wieder abgerufen werden. Die in Abbildung 8.8 gezeigten Muster sind als ladbare Datei vorhanden.

Mit diesen Programmen zeigen sich allerdings auch einige Probleme des betrachteten Verfahrens. Wie wir bereits wissen, werden mit der oben angegebenen Methode zur Berechnung der Gewichtsmatrix nicht nur die abgespeicherten Muster sondern auch ihre Komplemente zu stabilen Zuständen, so dass mitunter auch diese als Ergebnis ausgegeben werden. Neben diesen Mustern sind jedoch auch noch weitere Muster stabile Zustände, die zum Teil nur geringfügig von den abgespeicherten abweichen. Diese Probleme ergeben sich u.a. daraus, dass die Muster nicht genau orthogonal sind, folglich ein „Störterm" auftritt (siehe oben).

8.4   Lösen von Optimierungsproblemen

Durch Ausnutzen ihrer Energiefunktion lassen sich Hopfield-Netze auch zum Lösen von Optimierungsproblemen einsetzen. Die prinzipielle Idee ist die folgende: Durch die Berechnungen eines Hopfield-Netzes wird ein (lokales) Minimum seiner Energiefunktion erreicht. Wenn es nun gelingt, die zu optimierende Funktion so umzuschreiben, dass sie als die (zu minimierende) Energiefunktion eines Hopfield-Netzes interpretiert werden kann, können wir ein Hopfield-Netz konstruieren, indem wir aus den Summanden dieser Energiefunktion die Gewichte und Schwellenwerte des Netzes ablesen. Dieses Hopfield-Netz wird in einen zufälligen Anfangszustand versetzt, und die Berechnungen werden wie üblich ausgeführt. Wir erreichen dann einen stabilen Zustand, der einem Minimum der Energiefunktion, und damit auch einem Optimum der zu optimierenden Funktion entspricht. Allerdings ist zu beachten, dass u.U. nur ein lokales Optimum erreicht wird.

Das gerade beschriebene Prinzip ist offenbar sehr einfach. Die einzige Schwierigkeit, die sich noch stellt, besteht darin, dass beim Lösen von Optimierungsproblemen oft Nebenbedingungen eingehalten werden müssen, etwa die Argumente der zu optimierenden Funktion bestimmte Wertebereiche nicht verlassen dürfen. In einem solchen Fall reicht es nicht, einfach nur die zu optimierende Funktion in eine Energiefunktion eines Hopfield-Netzes umzuformen, sondern wir müssen außerdem Vorkehrungen treffen, dass die Nebenbedingungen eingehalten werden, damit die mit Hilfe des Hopfield-Netzes gefundene Lösung auch gültig ist.

Um die Nebenbedingungen einzuarbeiten, gehen wir im Prinzip genauso vor wie bei der Zielfunktion. Wir stellen für jede Nebenbedingung eine Funktion auf, die durch Einhalten der Nebenbedingung optimiert wird, und formen diese Funktion in eine Energiefunktion eines Hopfield-Netzes um. Schließlich kombinieren wir die Energiefunktion, die die Zielfunktion beschreibt, mit allen Energiefunktionen, die sich aus Nebenbedingungen ergeben. Dazu nutzen wir das folgende Lemma:

Lemma 8.1 *Gegeben seien zwei Hopfield-Netze über der gleichen Menge U von Neuronen mit den Gewichten $w_{uv}^{(i)}$, den Schwellenwerten $\theta_u^{(i)}$ und den Energiefunktionen*

$$E_i = -\frac{1}{2} \sum_{u \in U} \sum_{v \in U-\{u\}} w_{uv}^{(i)} \operatorname{act}_u \operatorname{act}_v + \sum_{u \in U} \theta_u^{(i)} \operatorname{act}_u$$

für $i = 1, 2$. (Der Index i gibt an, auf welches der beiden Netze sich die Größen beziehen.) Weiter seien $a, b \in \mathbb{R}$. Dann ist $E = aE_1 + bE_2$ die Energiefunktion des Hopfield-Netzes über den Neuronen in U, das die Gewichte $w_{uv} = aw_{uv}^{(1)} + bw_{uv}^{(2)}$ und die Schwellenwerte $\theta_u = a\theta_u^{(1)} + b\theta_u^{(2)}$ besitzt.

Dieses Lemma erlaubt es, die durch das Hopfield-Netz zu minimierende Energiefunktion als Linearkombination mehrerer Energiefunktionen zusammenzusetzen. Sein Beweis ist trivial (er besteht im einfachen Ausrechnen von $E = aE_1 + bE_2$), weswegen wir ihn hier nicht im Detail ausführen.

Als Beispiel für die beschriebene Vorgehensweise betrachten wir, wie man das bekannte Problem des Handlungsreisenden (engl. *traveling salesman problem*, TSP) mit Hilfe eines Hopfield-Netzes (näherungsweise) lösen kann. Dieses Problem besteht darin, für einen Handlungsreisenden eine möglichst kurze Rundreise durch eine gegebene Menge von n Städten zu finden, so dass jede Stadt genau einmal besucht wird. Um dieses Problem mit Hilfe eines Hopfield-Netzes zu lösen, verwenden wir für die Neuronen die Aktivierungen 0 und 1, da uns dies das Aufstellen der Energiefunktionen erleichtert. Dass wir zu dieser Abweichung von der anfangs gegebenen Definition berechtigt sind, weil wir stets die Gewichte und Schwellenwerte auf ein Hopfield-Netz mit den Aktivierungen 1 und -1 umrechnen können, zeigt Abschnitt 28.3, in dem die benötigten Umrechnungsformeln abgeleitet werden.

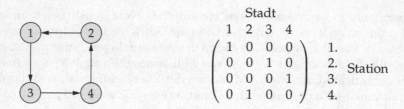

Abbildung 8.9: Eine Rundreise durch vier Städte und eine sie darstellende binäre 4×4 Matrix, die angibt, die wievielte Station der Rundreise eine Stadt ist.

Eine Rundreise durch die gegebenen n Städte kodieren wir wie folgt: Wir stellen eine binäre $n \times n$ Matrix $\mathbf{M} = (m_{ij})$ auf, deren Spalten den Städten und deren Zeilen den Stationen der Rundreise entsprechen. Wir tragen in Zeile i und Spalte j dieser Matrix eine 1 ein ($m_{ij} = 1$), wenn die Stadt j die i-te Station der Rundreise ist. Anderenfalls tragen wir eine 0 ein ($m_{ij} = 0$). Z.B. beschreibt die in Abbildung 8.9 rechts gezeigte Matrix die in der gleichen Abbildung links gezeigte Rundreise durch die vier Städte 1 bis 4. Man beachte, dass eine zyklische Vertauschung der Stationen (Zeilen) die gleiche Rundreise beschreibt, da keine Startstadt festgelegt ist.

Das zu konstruierende Hopfield-Netz besitzt für jedes Element dieser $n \times n$ Matrix ein Neuron, das wir mit den Koordinaten (i, j) des zugehörigen Matrixelementes bezeichnen und dessen Aktivierung dem Wert dieses Matrixelementes entspricht. Damit können wir nach Abschluss der Berechnungen aus den Aktivierungen der Neuronen die gefundene Rundreise ablesen. Man beachte, dass wir im folgenden stets einen Index i zur Bezeichnung der Stationen und einen Index j zur Bezeichnung der Städte verwenden.

Mit Hilfe der Matrix $\mathbf{M}$ können wir die zur Lösung des Problems des Handlungsreisenden zu minimierende Funktion formulieren als

$$E_1 = \sum_{j_1=1}^{n} \sum_{j_2=1}^{n} \sum_{i=1}^{n} d_{j_1 j_2} \cdot m_{ij_1} \cdot m_{(i \bmod n)+1, j_2}.$$

$d_{j_1 j_2}$ ist die Entfernung zwischen Stadt j_1 und Stadt j_2. Durch die beiden Faktoren, die sich auf die Matrix $\mathbf{M}$ beziehen, wird sichergestellt, dass nur Entfernungen zwischen Städten summiert werden, die in der Reiseroute aufeinanderfolgen, d.h., bei denen die Stadt j_1 die i-te Station und die Stadt j_2 die $((i \bmod n) + 1)$-te Station der Rundreise bildet. Nur in diesem Fall sind beide Matrixelemente 1. Wenn die Städte dagegen nicht aufeinanderfolgen, ist mindestens eines der Matrixelemente und damit der Summand 0.

Die Funktion E_1 müssen wir nun, dem oben allgemein beschriebenen Plan folgend, so umformen, dass sie die Form einer Energiefunktion eines Hopfield-Netzes über Neuronen (i, j) erhält, wobei die Matrixelemente m_{ij} die Rolle der Aktivierungen der Neuronen übernehmen. Dazu müssen wir vor allem eine zweite Summation über die Stationen (Index i) einführen. Wir erreichen dies, indem wir für die Stationen, auf denen die Städte j_1 und j_2 besucht werden, zwei Indizes i_1 und i_2 verwenden und durch einen zusätzlichen Faktor sicherstellen, dass nur solche Summanden gebildet werden, in denen diese beiden Indizes in der gewünschten Beziehung (i_2 folgt auf i_1) zueinander stehen. Wir erhalten dann

$$E_1 = \sum_{(i_1,j_1) \in \{1,\dots,n\}^2} \sum_{(i_2,j_2) \in \{1,\dots,n\}^2} d_{j_1 j_2} \cdot \delta_{(i_1 \bmod n)+1, i_2} \cdot m_{i_1 j_1} \cdot m_{i_2 j_2},$$

wobei δ_{ab} das sogenannte *Kronecker-Symbol* ist, das definiert ist durch

$$\delta_{ab} = \begin{cases} 1, & \text{falls } a = b, \\ 0, & \text{sonst.} \end{cases}$$

Es fehlt nun nur noch der Faktor $-\frac{1}{2}$ vor den Summen, damit sich die Form einer Energiefunktion ergibt. Diesen Faktor können wir z.B. einfach dadurch erhalten, dass wir den Faktor -2 in die Summen hineinziehen. Angemessener ist jedoch, nur einen Faktor -1 in die Summe hineinzuziehen und den Faktor 2 durch Symmetrisierung des Faktors mit dem Kronecker-Symbol zu erzielen. Denn es ist ja gleichgültig, ob i_2 auf i_1 folgt oder umgekehrt: In beiden Fällen wird die gleiche Beziehung zwischen den Städten beschrieben. Wenn wir beide Reihenfolgen zulassen, wird automatisch jede Entfernung auf der Rundreise doppelt berücksichtigt. Damit haben wir schließlich

$$E_1 = -\frac{1}{2} \sum_{\substack{(i_1,j_1) \in \{1,\dots,n\}^2 \\ (i_2,j_2) \in \{1,\dots,n\}^2}} -d_{j_1 j_2} \cdot \left(\delta_{(i_1 \bmod n)+1, i_2} + \delta_{i_1, (i_2 \bmod n)+1} \right) \cdot m_{i_1 j_1} \cdot m_{i_2 j_2}.$$

Diese Funktion hat die Form einer Energiefunktion eines Hopfield-Netzes. Dennoch können wir sie nicht direkt benutzen, denn sie wird offenbar gerade dann minimiert, wenn alle $m_{ij} = 0$ sind, unabhängig von den Entfernungen zwischen den Städten. In der Tat müssen wir bei der Minimierung der obigen Funktion zwei Nebenbedingungen einhalten, nämlich:

- Jede Stadt wird auf genau einer Station der Reise besucht, also

$$\forall j \in \{1, \dots, n\} : \qquad \sum_{i=1}^{n} m_{ij} = 1,$$

  d.h., jede Spalte der Matrix enthält genau eine 1.

- Auf jeder Station der Reise wird genau eine Stadt besucht, also

$$\forall i \in \{1, \dots, n\} : \qquad \sum_{j=1}^{n} m_{ij} = 1,$$

  d.h., jede Zeile der Matrix enthält genau eine 1.

Durch diese beiden Bedingungen wird die triviale Lösung (alle $m_{ij} = 0$) ausgeschlossen. Da diese beiden Bedingungen die gleiche Struktur haben, führen wir nur für die erste die Umformung in eine Energiefunktion im einzelnen vor. Die erste Bedingung ist offenbar genau dann erfüllt, wenn

$$E_2^* = \sum_{j=1}^{n} \left(\sum_{i=1}^{n} m_{ij} - 1 \right)^2 = 0.$$

Da E_2^* wegen der quadratischen Summanden nicht negativ werden kann, wird die erste Nebenbedingung genau dann erfüllt, wenn E_2^* minimiert wird. Eine einfache Umformung durch Ausrechnen des Quadrates ergibt

$$
\begin{aligned}
E_2^* &= \sum_{j=1}^{n}\left(\left(\sum_{i=1}^{n} m_{ij}\right)^2 - 2\sum_{i=1}^{n} m_{ij} + 1\right) \\
&= \sum_{j=1}^{n}\left(\left(\sum_{i_1=1}^{n} m_{i_1 j}\right)\left(\sum_{i_2=1}^{n} m_{i_2 j}\right) - 2\sum_{i=1}^{n} m_{ij} + 1\right) \\
&= \sum_{j=1}^{n}\sum_{i_1=1}^{n}\sum_{i_2=1}^{n} m_{i_1 j} m_{i_2 j} - 2\sum_{j=1}^{n}\sum_{i=1}^{n} m_{ij} + n.
\end{aligned}
$$

Den konstanten Term n können wir vernachlässigen, da er bei der Minimierung dieser Funktion keine Rolle spielt. Um die Form einer Energiefunktion zu erhalten, müssen wir nun nur noch mit Hilfe des gleichen Prinzips, das wir schon bei der Zielfunktion E_1 angewandt haben, die Summation über die Städte (Index j) verdoppeln. Das führt auf

$$
E_2 = \sum_{(i_1,j_1)\in\{1,\dots,n\}^2}\ \sum_{(i_2,j_2)\in\{1,\dots,n\}^2} \delta_{j_1 j_2}\cdot m_{i_1 j_1}\cdot m_{i_2 j_2} - 2\sum_{(i,j)\in\{1,\dots,n\}^2} m_{ij}.
$$

Durch Hineinziehen des Faktors -2 in beide Summen erhalten wir schließlich

$$
E_2 = -\frac{1}{2}\sum_{\substack{(i_1,j_1)\in\{1,\dots,n\}^2 \\ (i_2,j_2)\in\{1,\dots,n\}^2}} -2\delta_{j_1 j_2}\cdot m_{i_1 j_1}\cdot m_{i_2 j_2} + \sum_{(i,j)\in\{1,\dots,n\}^2} -2m_{ij}
$$

und damit die Form einer Energiefunktion eines Hopfield-Netzes. In völlig analoger Weise erhalten wir aus der zweiten Nebenbedingung

$$
E_3 = -\frac{1}{2}\sum_{\substack{(i_1,j_1)\in\{1,\dots,n\}^2 \\ (i_2,j_2)\in\{1,\dots,n\}^2}} -2\delta_{i_1 i_2}\cdot m_{i_1 j_1}\cdot m_{i_2 j_2} + \sum_{(i,j)\in\{1,\dots,n\}^2} -2m_{ij}.
$$

Aus den drei Energiefunktionen E_1 (Zielfunktion), E_2 (erste Nebenbedingung) und E_3 (zweite Nebenbedingung) setzen wir schließlich die Gesamtenergiefunktion

$$
E = aE_1 + bE_2 + cE_3
$$

zusammen, wobei wir die Faktoren $a, b, c \in \mathbb{R}^+$ so wählen müssen, dass es nicht möglich ist, eine Verkleinerung der Energiefunktion durch Verletzung der Nebenbedingungen zu erkaufen. Das ist sicherlich dann der Fall, wenn

$$
\frac{b}{a} = \frac{c}{a} > 2\max_{(j_1,j_2)\in\{1,\dots,n\}^2} d_{j_1 j_2},
$$

wenn also die größtmögliche Verbesserung, die durch eine (lokale) Änderung der Reiseroute erzielt werden kann, kleiner ist als die minimale Verschlechterung, die sich aus einer Verletzung einer Nebenbedingung ergibt.

Da die Matrixeinträge m_{ij} den Aktivierungen $\text{act}_{(i,j)}$ der Neuronen (i,j) des Hopfield-Netzes entsprechen, lesen wir aus der Gesamtenergiefunktion E die folgenden Gewichte und Schwellenwerte ab:

$$w_{(i_1,j_1)(i_2,j_2)} = \underbrace{-a d_{j_1 j_2} \cdot (\delta_{(i_1 \bmod n)+1, i_2} + \delta_{i_1, (i_2 \bmod n)+1})}_{\text{aus } E_1} \underbrace{-2b\delta_{j_1 j_2}}_{\text{aus } E_2} \underbrace{-2c\delta_{i_1 i_2}}_{\text{aus } E_3},$$

$$\theta_{(i,j)} = \underbrace{0a}_{\text{aus } E_1} \underbrace{-2b}_{\text{aus } E_2} \underbrace{-2c}_{\text{aus } E_3} = -2(b+c).$$

Das so konstruierte Hopfield-Netz wird anschließend zufällig initialisiert, und die Aktivierungen der Neuronen so lange neu berechnet, bis ein stabiler Zustand erreicht ist. Aus diesem Zustand kann die Lösung abgelesen werden.

Man beachte allerdings, dass der vorgestellte Ansatz zur Lösung des Problems des Handlungsreisenden trotz seiner Plausibilität in der Praxis nur sehr begrenzt tauglich ist. Eines der Hauptprobleme besteht darin, dass es dem Hopfield-Netz nicht möglich ist, von einer gefundenen Rundreise zu einer anderen mit geringerer Länge überzugehen. Denn um eine Matrix, die eine Rundreise darstellt, in eine Matrix zu überführen, die eine andere Rundreise darstellt, müssen mindestens vier Neuronen (Matrixelemente) ihre Aktivierungen ändern. (Werden etwa die Positionen zweier Städte in der Rundreise vertauscht, so müssen zwei Neuronen ihre Aktivierung von 1 auf 0 und zwei weitere ihre Aktivierung von 0 auf 1 ändern.) Jede der vier Änderungen, allein ausgeführt, verletzt jedoch mindestens eine der beiden Nebenbedingungen und führt daher zu einer Energieerhöhung. Erst alle vier Änderungen zusammen können zu einer Energieverminderung führen. Folglich kann durch die normalen Berechnungen nie von einer bereits gefundenen Rundreise zu einer anderen übergegangen werden, auch wenn dieser Übergang nur eine geringfügige Änderung der Reiseroute erfordert. Es ist daher sehr wahrscheinlich, dass das Hopfield-Netz in einem lokalen Minimum der Energiefunktion hängen bleibt. Ein solches Hängenbleiben in einem lokalen Minimum kann natürlich nie ausgeschlossen werden, doch ist es hier besonders unangenehm, da es auch Situationen betrifft, in denen die Änderungen, die ggf. zur Verbesserung der Rundreise nötig sind, sozusagen „offensichtlich" sind (wie z.B. das Vertauschen einer Stadt mit einer anderen).

Die Lage ist jedoch noch viel schlimmer. Obwohl wir durch die Energiefunktionen E_1 und E_2 die Nebenbedingungen für eine gültige Reiseroute berücksichtigt haben, ist nicht sichergestellt, dass der erreichte stabile Zustand eine gültige Reiseroute darstellt. Denn es gibt auch Situationen, in denen von einer Matrix, die keine gültige Reiseroute darstellt, nur über eine zwischenzeitliche Energieerhöhung zu einer Matrix übergegangen werden kann, die eine gültige Reiseroute darstellt. Wenn etwa eine Spalte der Matrix zwei Einsen enthält (also die erste Nebenbedingung verletzt ist), diese beiden Einsen aber die einzigen Einsen in ihren jeweiligen Zeilen sind, so kann die Verletzung der ersten Nebenbedingung nur unter Verletzung der zweiten Nebenbedingung aufgehoben werden. Da beide Bedingungen gleichwertig sind, kommt es zu keiner Änderung.

Die gerade angestellten Überlegungen können mit Hilfe des Programms `tsp.c`, das auf der WWW-Seite zu diesem Buch zur Verfügung steht, nachvollzogen werden. Dieses Programm versucht das in Abbildung 8.10 gezeigte sehr einfache 5-Städte-Problem mit Hilfe eines Hopfield-Netzes zu lösen (vgl. auch Abschnitt 10.6

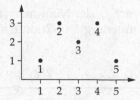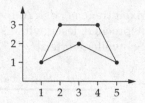

Abbildung 8.10: Ein sehr einfaches Problem des Handlungsreisenden mit 5 Städten und seine Lösung (vgl. auch Abschnitt 10.6 in Teil II).

in Teil II). Die erzeugte Lösung ist nicht immer eine gültige Reiseroute, und selbst wenn sie gültig ist, erscheint sie völlig zufällig ausgewählt. Ein Hopfield-Netz zu verwenden, um das Problem des Handlungsreisenden zu lösen, ist daher in der Tat nicht empfehlenswert. Wir haben hier dieses Problem dennoch verwendet, weil man an ihm sehr schön das Vorgehen beim Aufstellen der Energiefunktionen verdeutlichen kann. Die hier auftretenden Probleme sind jedoch auch bei der Anwendung von Hopfield-Netzen auf andere Optimierungsprobleme zu berücksichtigen.

Eine gewisse Verbesserung lässt sich allerdings dadurch erreichen, dass man von *diskreten Hopfield-Netzen* mit nur zwei möglichen Aktivierungszuständen je Neuron, wie wir sie bisher betrachtet haben, zu *kontinuierlichen Hopfield-Netzen* übergeht, bei denen jedes Neuron als Aktivierung eine beliebige Zahl aus $[-1, 1]$ bzw. $[0, 1]$ haben kann. Dieser Übergang entspricht in etwa der Verallgemeinerung der Aktivierungsfunktion, wie wir sie beim Übergang von Schwellenwertelementen zu den Neuronen eines mehrschichtigen Perzeptrons betrachtet haben (siehe Abbildung 5.2 auf Seite 45). Mit kontinuierlichen Hopfield-Netzen, die außerdem den Vorteil haben, dass sie sich gut für eine Hardware-Implementierung mit Hilfe eines elektrischen Schaltkreises eignen, wurden gewisse Erfolge bei der Lösung des Problems des Handlungsreisenden erzielt [Hopfield und Tank 1985].

8.5 Simuliertes Ausglühen

Die im vorangehenden Abschnitt angesprochenen Schwierigkeiten beim Einsatz von Hopfield-Netzen zur Lösung von Optimierungsproblemen beruhen im wesentlichen darauf, dass das Verfahren in einem lokalen Minimum der Energiefunktion hängenbleiben kann. Dieses Problem tritt auch bei anderen Optimierungsmethoden auf und so liegt es nahe, Lösungsideen, die für andere Optimierungsmethoden entwickelt wurden, auf Hopfield-Netze zu übertragen. Eine solche Idee ist das sogenannte *simulierte Ausglühen* (vgl. auch Abschnitt 10.5.3 in Teil II).

Die Grundidee des simulierten Ausglühens (engl. *simulated annealing*) [Metropolis *et al.* 1953, Kirkpatrick *et al.* 1983] besteht darin, mit einer zufällig erzeugten Kandidatenlösung des Optimierungsproblems zu beginnen und diese zu bewerten. Die jeweils aktuelle Kandidatenlösung wird dann modifiziert und erneut bewertet. Ist die neue Lösung besser als die alte, so wird sie angenommen und ersetzt die alte Lösung. Ist sie dagegen schlechter, so wird sie nur mit einer bestimmten Wahrscheinlichkeit angenommen, die davon abhängt, um wieviel schlechter die neue Lösung ist. Außerdem wird diese Wahrscheinlichkeit im Laufe der Zeit gesenkt, so dass schließlich nur noch Kandidatenlösungen übernommen werden, die besser sind. Oft wird außerdem die beste bisher gefundene Lösung mitgeführt.

Der Grund für die Übernahme einer schlechteren Kandidatenlösung ist, dass das Vorgehen sonst einem Gradientenabstieg sehr ähnlich wäre. Der einzige Unterschied bestünde darin, dass die Abstiegsrichtung nicht berechnet, sondern durch Versuch und Irrtum bestimmt wird. Wie wir aber in Kapitel 5 gesehen haben, kann ein Gradientenabstieg leicht in einem lokalen Minimum hängenbleiben (siehe Abbildung 5.23 auf Seite 68). Indem bisweilen auch schlechtere Lösungen akzeptiert werden, kann dieses unerwünschte Verhalten zumindest teilweise verhindert werden. Anschaulich gesprochen können „Barrieren" (Gebiete des Suchraums mit geringerer Lösungsgüte) überwunden werden, die lokale Minima vom globalen Minimum trennen. Später, wenn die Wahrscheinlichkeit für die Übernahme schlechterer Lösungen gesenkt wurde, wird die Zielfunktion dagegen lokal optimiert.

Der Name „simuliertes Ausglühen" für dieses Verfahren stammt daher, dass es sehr ähnlich ist zu der physikalischen Minimierung der Gitterenergie der Atome, wenn ein erhitztes Stück Metall sehr langsam abgekühlt wird. Dieser Prozess wird gewöhnlich „Ausglühen" genannt und dient dazu, ein Metall weicher zu machen, Spannungen und Gitterbaufehler abzubauen, um es leichter bearbeiten zu können. Physikalisch gesehen verhindert die thermische Energie der Atome, dass sie eine Konfiguration annehmen, die nur ein lokales Minimum der Gitterenergie ist. Sie „springen" aus dieser Konfiguration wieder heraus. Je „tiefer" das (lokale) Energieminimum jedoch ist, umso schwerer ist es für die Atome, die Konfiguration durch ihre thermische Energie wieder zu verlassen. Folglich ist es wahrscheinlich, dass sie schließlich eine Konfiguration sehr geringer Energie annehmen, dessen Optimum im Falle des Metalles eine monokristalline Struktur ist.

Es ist allerdings klar, dass nicht garantiert werden kann, dass das globale Minimum der Gitterenergie erreicht wird. Besonders, wenn das Metallstück nicht lange genug erhitzt und auf einen hohen Temperatur gehalten wird, ist es wahrscheinlich, dass die Atome eine Konfiguration einnehmen, die nur ein lokales Minimum der Energiefunktion ist (im Falle eines Metalls eine polykristalline Struktur). Es ist daher wichtig, dass die Temperatur langsam gesenkt wird, so dass die Wahrscheinlichkeit, dass lokale Minima wieder verlassen werden, groß genug ist.

Diese Energieminimierung kann man auch durch eine Kugel veranschaulichen, die auf einer gekrümmten Oberfläche umherrollt. Die zu minimierende Funktion ist in diesem Fall die potentielle Energie der Kugel. Zu Beginn wird die Kugel mit einer bestimmten kinetischen Energie ausgestattet, die es ihr ermöglicht, die Anstiege der Oberfläche heraufzurollen. Aber durch die Rollreibung wird die kinetische Energie der Kugel im Laufe der Zeit immer weiter verringert, so dass sie schließlich in einem Tal der Oberfläche (einem Minimum der potentiellen Energie) zur Ruhe kommt. Da es, um ein tiefes Tal zu verlassen, einer größeren kinetischen Energie bedarf, als um aus einem flachen Tal herauszukommen, ist es wahrscheinlich, dass der Punkt, an dem die Kugel zur Ruhe kommt, in einem ziemlich tiefen Tal liegt, möglicherweise sogar im tiefsten (dem globalen Minimum).

Die thermische Energie der Atome im Prozess des Ausglühens oder die kinetische Energie der Kugel in der obigen Veranschaulichung wird durch die abnehmende Wahrscheinlichkeit für das Übernehmen einer schlechteren Kandidatenlösung modelliert. Oft wird ein expliziter Temperaturparameter eingeführt, mit Hilfe dessen die Wahrscheinlichkeit berechnet wird. Da die Wahrscheinlichkeitsverteilung über die Geschwindigkeiten von Atomen oft eine Exponentialverteilung ist (z.B. die Maxwell-Verteilung, die die Geschwindigkeitsverteilung für ein ideales Gas beschreibt [Greiner *et al.* 1987]), wird gern eine Funktion wie

$$P(\text{Übernahme der Lösung}) = ce^{-\frac{\Delta Q}{T}}$$

benutzt, um die Wahrscheinlichkeit für das Übernehmen einer schlechteren Lösung zu berechnen. ΔQ ist die Qualitätsdifferenz zwischen der aktuellen und der neuen Kandidatenlösung, T der Temperaturparameter, der im Laufe der Zeit verringert wird, und c eine Normierungskonstante.

Die Anwendung des simulierten Ausglühens auf Hopfield-Netze ist sehr einfach: Nach einer zufälligen Initialisierung der Aktivierungen werden die Neuronen des Hopfield-Netzes durchlaufen (z.B. in einer zufälligen Reihenfolge) und es wird bestimmt, ob eine Änderung ihrer Aktivierung zu einer Verringerung der Energie führt oder nicht. Eine Aktivierungsänderung, die die Energie vermindert, wird auf jeden Fall ausgeführt (bei normaler Berechnung kommen nur solche vor, siehe oben), eine die Energie erhöhende Änderung nur mit einer Wahrscheinlichkeit, die nach der oben angegebenen Formel berechnet wird. Man beachte, dass in diesem Fall einfach

$$\Delta Q = \Delta E = |\,\text{net}_u - \theta_u|$$

ist (vgl. den Beweis von Satz 8.1 auf Seite 123).

Kapitel 9

Rückgekoppelte Netze

Die im vorangehenden Kapitel behandelten Hopfield-Netze, die spezielle rückgekoppelte Netze sind, sind in ihrer Struktur stark eingeschränkt. So gibt es etwa keine versteckten Neuronen und die Gewichte der Verbindungen müssen symmetrisch sein. In diesem Kapitel betrachten wir dagegen rückgekoppelte Netze ohne Einschränkungen. Solche allgemeinen rückgekoppelten neuronalen Netze eignen sich sehr gut, um *Differentialgleichungen* darzustellen und (näherungsweise) numerisch zu lösen. Außerdem kann man, wenn zwar die Form der Differentialgleichung bekannt ist, die ein gegebenes System beschreibt, nicht aber die Werte der in ihr auftretenden Parameter, durch das Training eines geeigneten rückgekoppelten neuronalen Netzes mit Beispieldaten die Systemparameter bestimmen.

9.1 Einfache Beispiele

Anders als alle vorangehenden Kapitel beginnen wir dieses Kapitel nicht mit einer Definition. Denn alle bisher betrachteten speziellen neuronalen Netze wurden durch Einschränkung der allgemeinen Definition aus Kapitel 4 definiert. In diesem Kapitel fallen jedoch alle Einschränkungen weg. (D.h., wir gehen von der Definition in Kapitel 4 aus.) Wir wenden uns daher unmittelbar Beispielen zu.

Als erstes Beispiel betrachten wir die Abkühlung (oder Erwärmung) eines Körpers mit der Temperatur ϑ_0, der in ein Medium mit der (konstant gehaltenen) Temperatur ϑ_A (Außentemperatur) gebracht wird. Je nachdem, ob die Anfangstemperatur des Körpers größer oder kleiner als die Außentemperatur ist, wird er so lange Wärme an das Medium abgeben bzw. aus ihm aufnehmen, bis sich seine Temperatur an die Außentemperatur ϑ_A angeglichen hat. Es ist plausibel, dass die je Zeiteinheit abgegebene bzw. aufgenommene Wärmemenge — und damit die Temperaturänderung — proportional ist zur Differenz der aktuellen Temperatur $\vartheta(t)$ des Körpers und der Außentemperatur ϑ_A, dass also gilt

$$\frac{\mathrm{d}\vartheta}{\mathrm{d}t} = \dot{\vartheta} = -k(\vartheta - \vartheta_A).$$

Diese Gleichung ist das *Newtonsche Abkühlungsgesetz* [Heuser 1989]. Das Minuszeichen vor der (positiven) *Abkühlungskonstanten k*, die von dem betrachteten Körper abhängig ist, ergibt sich natürlich, weil die Temperaturänderung so gerichtet ist, dass sie die Temperaturdifferenz verringert.

Es ist klar, dass sich eine so einfache Differentialgleichung wie diese analytisch lösen lässt. Man erhält (siehe z.B. [Heuser 1989])

$$\vartheta(t) = \vartheta_A + (\vartheta_0 - \vartheta_A)e^{-k(t-t_0)}$$

mit der Anfangstemperatur $\vartheta_0 = \vartheta(t_0)$ des Körpers. Wir betrachten hier jedoch eine numerische (Näherungs-)Lösung, und zwar speziell die Lösung mit Hilfe des *Euler-Cauchyschen Polygonzugs* [Heuser 1989]. Die Idee dieses Verfahrens besteht darin, dass wir ja mit der Differentialgleichung die Ableitung $\dot{\vartheta}(t)$ der Funktion $\vartheta(t)$ für beliebige Zeitpunkte t bestimmen können, also lokal den Verlauf der Funktion $\vartheta(t)$ kennen. Bei gegebenem Anfangswert $\vartheta_0 = \vartheta(t_0)$ können wir daher jeden Wert $\vartheta(t)$ *näherungsweise* wie folgt berechnen: Wir zerlegen das Intervall $[t_0, t]$ in n Teile gleicher Länge $\Delta t = \frac{t-t_0}{n}$. Die Teilungspunkte sind dann gegeben durch

$$\forall i \in \{0, 1, \ldots, n\} : \qquad t_i = t_0 + i\Delta t.$$

Wir schreiten nun vom Startpunkt $P_0 = (t_0, \vartheta_0)$ aus *geradlinig* mit der (durch die Differentialgleichung) für diesen Punkt vorgeschriebenen Steigung $\dot{\vartheta}(t_0)$ fort, bis wir zum Punkt $P_1 = (t_1, \vartheta_1)$ über t_1 gelangen. Es ist

$$\vartheta_1 = \vartheta(t_1) = \vartheta(t_0) + \dot{\vartheta}(t_0)\Delta t = \vartheta_0 - k(\vartheta_0 - \vartheta_A)\Delta t.$$

In diesem Punkt P_1 ist (durch die Differentialgleichung) die Steigung $\dot{\vartheta}(t_1)$ vorgeschrieben. Wieder schreiten wir mit dieser Steigung *geradlinig* fort, bis wir zum Punkt $P_2 = (t_2, \vartheta_2)$ über t_2 gelangen. Es ist

$$\vartheta_2 = \vartheta(t_2) = \vartheta(t_1) + \dot{\vartheta}(t_1)\Delta t = \vartheta_1 - k(\vartheta_1 - \vartheta_A)\Delta t.$$

Wir fahren in der gleichen Weise fort, indem wir nacheinander die Punkte $P_k = (t_k, \vartheta_k)$, $k = 1, \ldots, n$, berechnen, deren zweite Koordinate ϑ_k man stets mit

$$\vartheta_i = \vartheta(t_i) = \vartheta(t_{i-1}) + \dot{\vartheta}(t_{i-1})\Delta t = \vartheta_{i-1} - k(\vartheta_{i-1} - \vartheta_A)\Delta t$$

(Rekursionsformel) erhält. Schließlich gelangen wir zum Punkt $P_n = (t_n, \vartheta_n)$ und haben mit $\vartheta_n = \vartheta(t_n)$ den gesuchten Näherungswert.

Anschaulich haben wir mit diesem Verfahren die Funktion $\vartheta(t)$ durch einen *Polygonzug* angenähert, da wir uns ja stets auf einer *Gerade* von einem Punkt zum nächsten bewegt haben (daher auch der Name *Euler-Cauchyscher Polygonzug*). Etwas formaler erhält man die obige Rekursionsformel für die Werte ϑ_i, indem man den Differentialquotienten durch einen Differenzenquotienten annähert, d.h.,

$$\frac{\mathrm{d}\vartheta(t)}{\mathrm{d}t} \approx \frac{\Delta \vartheta(t)}{\Delta t} = \frac{\vartheta(t + \Delta t) - \vartheta(t)}{\Delta t}$$

mit hinreichend kleinem Δt verwendet. Denn dann ist offenbar

$$\vartheta(t + \Delta t) - \vartheta(t) = \Delta \vartheta(t) \approx -k(\vartheta(t) - \vartheta_A)\Delta t,$$

woraus man unmittelbar die Rekursionsformel erhält.

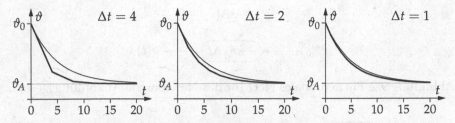

Abbildung 9.1: Euler-Cauchysche Polygonzüge zur näherungsweisen Berechnung des Newtonschen Abkühlungsgesetzes für verschiedene Schrittweiten Δt. Die dünn gezeichnete Kurve ist die exakte Lösung.

Es ist klar, dass die Güte der berechneten Näherung umso größer ist, je kleiner die *Schrittweite* Δt ist, denn dann wird der berechnete Polygonzug umso weniger vom tatsächlichen Verlauf der Funktion $\vartheta(t)$ abweichen. Abbildung 9.1 zeigt dies für die Außentemperatur $\vartheta_A = 20$, die Abkühlungskonstante $k = 0.2$ und die Startwerte $t_0 = 0$ und $\vartheta_0 = 100$ anhand der exakten Lösung $\vartheta(t) = \vartheta_A + (\vartheta_0 - \vartheta_A)e^{-k(t-t_0)}$ sowie deren Annäherung durch Euler-Cauchysche Polygonzüge mit den Schrittweiten $\Delta t = 4, 2, 1$ im Intervall $[0, 20]$. Man vergleiche bei diesen Polygonzügen die Abweichung von der exakten Lösung z.B. für $t = 8$ oder $t = 12$.

Um die oben abgeleitete rekursive Berechnungsformel durch ein rückgekoppeltes neuronales Netz darzustellen, brauchen wir nur die rechte Seite der Gleichung auszumultiplizieren. Wir erhalten so

$$\vartheta(t + \Delta t) - \vartheta(t) = \Delta\vartheta(t) \approx -k\Delta t\vartheta(t) + k\vartheta_A\Delta t$$

also

$$\vartheta_i \approx \vartheta_{i-1} - k\Delta t\vartheta_{i-1} + k\vartheta_A\Delta t.$$

Die Form dieser Gleichung entspricht genau den Berechnungen eines auf sich selbst rückgekoppelten Neurons. Folglich können wir die Funktion $\vartheta(t)$ näherungsweise mit Hilfe eines Netzes mit nur einem Neurons u mit der Netzeingabefunktion

$$f_{\text{net}}^{(u)}(w, x) = -k\Delta tx$$

und der Aktivierungsfunktion

$$f_{\text{act}}^{(u)}(\text{net}_u, \text{act}_u, \theta_u) = \text{act}_u + \text{net}_u - \theta_u$$

mit $\theta_u = -k\vartheta_A\Delta t$ berechnen. Dieses Netz ist in Abbildung 9.2 dargestellt, wobei — wie üblich — der Biaswert θ_u in das Neuron geschrieben ist.

Man beachte, dass es in diesem Netz eigentlich zwei Rückkopplungen gibt: Erstens die explizit dargestellte, die die Temperaturänderung in Abhängigkeit von der aktuellen Temperatur beschreibt, und zweitens die implizite Rückkopplung, die dadurch zustande kommt, dass die aktuelle Aktivierung des Neurons u ein Parameter seiner Aktivierungsfunktion ist. Durch diese zweite Rückkopplung dient die Netzeingabe nicht zur völligen Neuberechnung der Aktivierung des Neurons u, sondern nur zur Berechnung der Änderung seiner Aktivierung (vgl. Abbildung 4.2 auf Seite 37 und die Erläuterungen zum Aufbau eines verallgemeinerten Neurons).

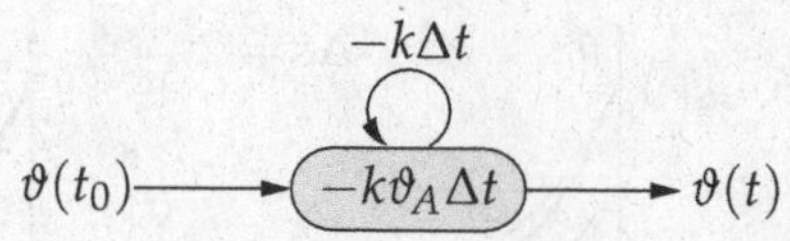

$$-k\Delta t$$

$$\vartheta(t_0) \longrightarrow \boxed{-k\vartheta_A \Delta t} \longrightarrow \vartheta(t)$$

Abbildung 9.2: Ein neuronales Netz für das Newtonsche Abkühlungsgesetz.

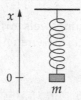

Abbildung 9.3: Eine Masse an einer Feder. Ihre Bewegung kann durch eine einfache Differentialgleichung beschrieben werden.

Alternativ kann man natürlich die Netzeingabefunktion

$$f_{\text{net}}^{(u)}(x, w) = (1 - k\Delta t)x$$

(also das Verbindungsgewicht $w = 1 - k\Delta t$) und die Aktivierungsfunktion

$$f_{\text{act}}^{(u)}(\text{net}_u, \theta_u) = \text{net}_u - \theta_u$$

(wieder mit $\theta_u = -k\vartheta_A \Delta t$) verwenden und so die implizite Rückkopplung vermeiden. Die erste Form entspricht jedoch besser der Struktur der Differentialgleichung und deshalb bevorzugen wir sie.

Als zweites Beispiel betrachten wir eine Masse an einer Feder, wie sie Abbildung 9.3 zeigt. Die Höhe $x = 0$ bezeichne die Ruhelage der Masse m. Die Masse m werde um eine bestimmte Strecke $x(t_0) = x_0$ angehoben und dann losgelassen (d.h., sie hat die Anfangsgeschwindigkeit $v(t_0) = 0$). Da die auf die Masse m wirkende Gewichtskraft auf allen Höhen x gleich groß ist, können wir ihren Einfluss vernachlässigen. Die Federkraft gehorcht dem *Hookeschen Gesetz* [Feynman *et al.* 1963, Heuser 1989], nach dem die ausgeübte Kraft F proportional zur Längenänderung Δl der Feder und der Richtung dieser Änderung entgegengerichtet ist. D.h., es ist

$$F = c\Delta l = -cx,$$

wobei c eine von der Feder abhängige Konstante ist. Nach dem *zweiten Newtonschen Gesetz* $F = ma = m\ddot{x}$ bewirkt diese Kraft eine Beschleunigung $a = \ddot{x}$ der Masse m. Wir erhalten daher die Differentialgleichung

$$m\ddot{x} = -cx, \qquad \text{oder} \qquad \ddot{x} = -\frac{c}{m}x.$$

Auch diese Differentialgleichung kann man natürlich analytisch lösen. Man erhält als allgemeine Lösung

$$x(t) = a\sin(\omega t) + b\cos(\omega t)$$

mit den Parametern

$$\omega = \sqrt{\frac{c}{m}}, \qquad \begin{aligned} a &= x(t_0)\sin(\omega t_0) + v(t_0)\cos(\omega t_0), \\ b &= x(t_0)\cos(\omega t_0) - v(t_0)\sin(\omega t_0). \end{aligned}$$

Mit den gegebenen Anfangswerten $x(t_0) = x_0$ und $v(t_0) = 0$ und der zusätzlichen Festlegung $t_0 = 0$ erhalten wir folglich den einfachen Ausdruck

$$x(t) = x_0 \cos \left(\sqrt{\frac{c}{m}} \, t \right).$$

Um ein rückgekoppeltes neuronales Netz zu konstruieren, das diese Lösung (näherungsweise) numerisch berechnet, schreiben wir die Differentialgleichung, die zweiter Ordnung ist, zunächst in ein System von zwei gekoppelten Differentialgleichungen erster Ordnung um, indem wir die Geschwindigkeit v der Masse als Zwischengröße einführen. Wir erhalten

$$\dot{x} = v \qquad \text{und} \qquad \dot{v} = -\frac{c}{m} x.$$

Anschließend nähern wir, wie oben beim Newtonschen Abkühlungsgesetz, die Differentialquotienten durch Differenzenquotienten an, was

$$\frac{\Delta x}{\Delta t} = \frac{x(t + \Delta t) - x(t)}{\Delta t} = v \qquad \text{und} \qquad \frac{\Delta v}{\Delta t} = \frac{v(t + \Delta t) - v(t)}{\Delta t} = -\frac{c}{m} x$$

ergibt. Aus diesen Gleichungen erhalten wir die Rekursionsformeln

$$
\begin{aligned}
x(t_i) &= x(t_{i-1}) + \Delta x(t_{i-1}) &= x(t_{i-1}) + \Delta t \cdot v(t_{i-1}) &\qquad \text{und} \\
v(t_i) &= v(t_{i-1}) + \Delta v(t_{i-1}) &= v(t_{i-1}) - \frac{c}{m} \Delta t \cdot x(t_{i-1}).
\end{aligned}
$$

Wir brauchen nun nur noch für jede dieser beiden Formeln ein Neuron anzulegen und die Verbindungsgewichte und Schwellenwerte aus den Formeln abzulesen. Dies liefert das in Abbildung 9.4 gezeigte Netz. Die Netzeingabe- und die Aktivierungsfunktion des oberen Neurons u_1 sind

$$f_{\text{net}}^{(u_1)}(v, w_{u_1 u_2}) = w_{u_1 u_2} v = \Delta t \, v \qquad \text{und}$$

$$f_{\text{act}}^{(u_1)}(\text{act}_{u_1}, \text{net}_{u_1}, \theta_{u_1}) = \text{act}_{u_1} + \text{net}_{u_1} - \theta_{u_1},$$

die des unteren Neurons u_2 sind

$$f_{\text{net}}^{(u_2)}(x, w_{u_2 u_1}) = w_{u_2 u_1} x = -\frac{c}{m} \Delta t \, x \qquad \text{und}$$

$$f_{\text{act}}^{(u_2)}(\text{act}_{u_2}, \text{net}_{u_2}, \theta_{u_2}) = \text{act}_{u_2} + \text{net}_{u_2} - \theta_{u_2}.$$

Die Ausgabefunktion beider Neuronen ist die Identität. Offenbar werden durch diese Wahlen gerade die oben angegebenen rekursiven Berechnungsformeln implementiert. Man beachte, dass das Netz nicht nur Näherungswerte für $x(t)$ sondern auch für $v(t)$ liefert (Ausgaben des Neurons u_2).

Man beachte weiter, dass die berechneten Werte davon abhängen, welches der beiden Neuronen zuerst aktualisiert wird. Da der Anfangswert für die Geschwindigkeit 0 ist, erscheint es sinnvoller, zuerst das Neuron u_2, das die Geschwindigkeit fortschreibt, zu aktualisieren. Alternativ kann man folgende Überlegung anstellen [Feynman *et al.* 1963]: Die Berechnungen werden genauer, wenn man die Geschwindigkeit $v(t)$ nicht für die Zeitpunkte $t_i = t_0 + i\Delta t$ sondern für die Intervallmitten,

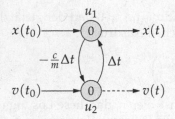

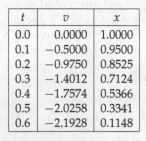

Abbildung 9.4: Rückgekoppeltes neuronales Netz, durch das die Bewegung einer Masse an einer Feder berechnet wird.

t	v	x
0.0	0.0000	1.0000
0.1	−0.5000	0.9500
0.2	−0.9750	0.8525
0.3	−1.4012	0.7124
0.4	−1.7574	0.5366
0.5	−2.0258	0.3341
0.6	−2.1928	0.1148

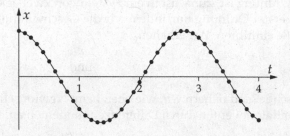

Abbildung 9.5: Die ersten Berechnungsschritte des neuronalen Netzes aus Abbildung 9.4 und die so berechnete Bewegung einer Masse an einer Feder.

also für die Zeitpunkte $t_i' = t_0 + i\Delta t + \frac{\Delta t}{2}$, berechnet. Dem unteren Neuron wird in diesem Fall nicht $v(t_0)$ sondern $v(t_0 + \frac{\Delta t}{2}) \approx v_0 - \frac{c}{m}\frac{\Delta t}{2}x_0$ eingegeben.

Beispielberechnungen des neuronalen Netzes aus Abbildung 9.4 für die Parameterwerte $\frac{c}{m} = 5$ und $\Delta t = 0.1$ zeigen die Tabelle und das Diagramm in Abbildung 9.5. Die Tabelle enthält in den Spalten für t und x die Koordinaten der ersten sieben Punkte des Diagramms. Die Aktualisierung der Ausgaben beginnt hier mit dem Neuron u_2, dem $v(t_0)$ eingegeben wird.

9.2   Darstellung von Differentialgleichungen

Aus den im vorangehenden Abschnitt beschriebenen Beispielen lässt sich ein einfaches Prinzip ableiten, wie sich beliebige explizite Differentialgleichungen[1] durch rückgekoppelte neuronale Netze darstellen lassen: Eine gegebene explizite Differentialgleichung n-ter Ordnung

$$x^{(n)} = f(t, x, \dot{x}, \ddot{x}, \ldots, x^{(n-1)})$$

($\dot{x}$ bezeichnet die erste, $\ddot{x}$ die zweite und $x^{(i)}$ die i-te Ableitung von x nach t) wird durch Einführung der $n - 1$ Zwischengrößen

$$y_1 = \dot{x}, \qquad y_2 = \ddot{x}, \qquad \ldots \qquad y_{n-1} = x^{(n-1)}$$

---

[1]Wegen der besonderen Arbeitsweise neuronaler Netze lassen sich nicht beliebige Differentialgleichungen durch rückgekoppelte Netze numerisch lösen. Es genügt aber, wenn sich die Differentialgleichung nach einer der auftretenden Ableitungen der abhängigen Variable oder nach der abhängigen Variable selbst auflösen lässt. Wir betrachten hier exemplarisch den Fall, in dem sich die Differentialgleichung nach der höchsten auftretenden Ableitung auflösen lässt.

in das System

$$\begin{aligned}
\dot{x} &= y_1, \\
\dot{y}_1 &= y_2, \\
&\vdots \\
\dot{y}_{n-2} &= y_{n-1}, \\
\dot{y}_{n-1} &= f(t, x, y_1, y_2, \ldots, y_{n-1})
\end{aligned}$$

von n gekoppelten Differentialgleichungen erster Ordnung überführt. Wie in den beiden Beispielen aus dem vorangehenden Abschnitt wird dann in jeder dieser Gleichungen der Differentialquotient durch einen Differenzenquotienten ersetzt, wodurch sich die n Rekursionsformeln

$$\begin{aligned}
x(t_i) &= x(t_{i-1}) + \Delta t \cdot y_1(t_{i-1}), \\
y_1(t_i) &= y_1(t_{i-1}) + \Delta t \cdot y_2(t_{i-1}), \\
&\vdots \\
y_{n-2}(t_i) &= y_{n-2}(t_{i-1}) + \Delta t \cdot y_{n-3}(t_{i-1}), \\
y_{n-1}(t_i) &= y_{n-1}(t_{i-1}) + f(t_{i-1}, x(t_{i-1}), y_1(t_{i-1}), \ldots, y_{n-1}(t_{i-1}))
\end{aligned}$$

ergeben. Für jede dieser Gleichungen wird ein Neuron angelegt, das die auf der linken Seite der Gleichung stehende Größe mit Hilfe der rechten Seite fortschreibt. Ist die Differentialgleichung direkt von t abhängig (und nicht nur indirekt über die von t abhängigen Größen x, $\dot{x}$ etc.), so ist ein weiteres Neuron nötig, das den Wert von t mit Hilfe der einfachen Formel

$$t_i = t_{i-1} + \Delta t$$

fortschreibt. Es entsteht so das in Abbildung 9.6 gezeigte rückgekoppelte neuronale Netz. Das unterste Neuron schreibt nur die Zeit fort, indem in jedem Berechnungsschritt der Biaswert $-\Delta t$ von der aktuellen Aktivierung abgezogen wird. Die oberen $n-1$ Neuronen haben die Netzeingabefunktion

$$f_{\text{net}}^{(u)}(z, w) = wz = \Delta t\, z,$$

die Aktivierungsfunktion

$$f_{\text{act}}^{(u)}(\text{act}_u, \text{net}_u, \theta_u) = \text{act}_u + \text{net}_u - \theta_u$$

und die Identität als Ausgabefunktion. Die Gewichte der Verbindungen zum zweituntersten Neuron, sein Biaswert sowie seine Netzeingabe-, Aktivierungs- und Ausgabefunktion hängen von der Form der Differentialgleichung ab. Handelt es sich z.B. um eine lineare Differentialgleichung mit konstanten Koeffizienten, so ist die Netzeingabefunktion eine einfache gewichte Summe (wie bei den Neuronen eines mehrschichtigen Perzeptrons), die Aktivierungsfunktion eine lineare Funktion und die Ausgabefunktion die Identität.

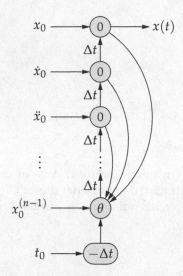

Abbildung 9.6: Allgemeine Struktur eines rückgekoppelten neuronalen Netzes zur Darstellung einer expliziten Differentialgleichung n-ter Ordnung. Die Gewichte der Rückkopplungen und die Eingabefunktion des zweituntersten Neurons hängen von der Form der Differentialgleichung ab. Natürlich kann aus dem Netz nicht nur $x(t)$, sondern auch $\dot{x}(t)$, $\ddot{x}(t)$ etc. abgelesen werden.

9.3 Vektorielle neuronale Netze

Bisher haben wir nur Differentialgleichungen einer Funktion $x(t)$ betrachtet. In der Praxis findet man jedoch oft auch Systeme von Differentialgleichungen, in denen mehr als eine Funktion auftritt. Ein einfaches Beispiel sind die Differentialgleichungen einer zweidimensionalen Bewegung, z.B. eines schrägen Wurfs: Ein (punktförmiger) Körper werde zum Zeitpunkt t_0 vom Punkt (x_0, y_0) eines Koordinatensystems mit horizontaler x-Achse und vertikaler y-Achse geworfen, und zwar mit der Anfangsgeschwindigkeit $v_0 = v(t_0)$ und unter dem Winkel φ, $0 \leq \varphi \leq \frac{\pi}{2}$, gegen die x-Achse (siehe Abbildung 9.7). In diesem Fall sind die Funktionen $x(t)$ und $y(t)$ zu bestimmen, die den Ort des Körpers zum Zeitpunkt t angeben. Wenn wir die Luftreibung vernachlässigen, haben wir die Gleichungen

$$\ddot{x} = 0 \qquad \text{und} \qquad \ddot{y} = -g,$$

wobei $g = 9.81\,\mathrm{ms}^{-2}$ die Fallbeschleunigung auf der Erde ist. D.h., der Körper bewegt sich in horizontaler Richtung gleichförmig (unbeschleunigt) und in vertikaler Richtung durch die Erdanziehung nach unten beschleunigt. Weiter haben wir die Anfangsbedingungen $x(t_0) = x_0$, $y(t_0) = y_0$, $\dot{x}(t_0) = v_0 \cos \varphi$ und $\dot{y}(t_0) = v_0 \sin \varphi$. Indem wir — nach dem allgemeinen Prinzip aus dem vorangehenden Abschnitt — die Zwischengrößen $v_x = \dot{x}$ und $v_y = \dot{y}$ einführen, gelangen wir zu dem Differentialgleichungssystem

$$\dot{x} = v_x, \qquad\qquad \dot{v}_x = 0,$$
$$\dot{y} = v_y, \qquad\qquad \dot{v}_y = -g,$$

aus dem wir die Rekursionsformeln

$$x(t_i) = x(t_{i-1}) + \Delta t\, v_x(t_{i-1}), \qquad\qquad v_x(t_i) = v_x(t_{i-1}),$$
$$y(t_i) = y(t_{i-1}) + \Delta t\, v_y(t_{i-1}), \qquad\qquad v_y(t_i) = v_y(t_{i-1}) - \Delta t\, g,$$

erhalten. Das Ergebnis ist ein rückgekoppeltes neuronales Netz aus zwei unabhängigen Teilnetzen mit je zwei Neuronen, von denen eines die Ortskoordinate und das

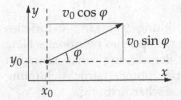

Abbildung 9.7: Schräger Wurf
eines Körpers.

andere die zugehörige Geschwindigkeit fortschreibt.

Natürlicher erscheint es jedoch, wenn man die beiden Koordinaten x und y zu einem Ortsvektor $\vec{r}$ des Körpers zusammenfasst. Da sich die Ableitungsregeln direkt von skalaren Funktionen auf vektorielle Funktionen übertragen (siehe z.B. [Greiner 1989]), sind wir berechtigt, die Ableitungen dieses Ortsvektors genauso zu behandeln wie die eines Skalars. Die Differentialgleichung, von der wir in diesem Fall ausgehen, ist

$$\ddot{\vec{r}} = -g\vec{e}_y.$$

$\vec{e}_y = (0,1)$ ist hier der Einheitsvektor in y-Richtung, mit Hilfe dessen die Richtung angegeben wird, in der die Schwerkraft wirkt. Die Anfangsbedingungen sind $\vec{r}(t_0) = \vec{r}_0 = (x_0, y_0)$ und $\dot{\vec{r}}(t_0) = \vec{v}_0 = (v_0 \cos \varphi, v_0 \sin \varphi)$. Wieder führen wir eine (nun allerdings vektorielle) Zwischengröße $\vec{v} = \dot{\vec{r}}$ ein, um das Differentialgleichungssystem

$$\dot{\vec{r}} = \vec{v}, \qquad\qquad \dot{\vec{v}} = -g\vec{e}_y$$

zu erhalten. Aus diesem System lesen wir die Rekursionsformeln

$$\begin{aligned} \vec{r}(t_i) &= \vec{r}(t_{i-1}) + \Delta t\, \vec{v}(t_{i-1}), \\ \vec{v}(t_i) &= \vec{v}(t_{i-1}) - \Delta t\, g\vec{e}_y \end{aligned}$$

ab, die sich durch zwei vektorielle Neuronen darstellen lassen.

Die Vorteile einer solchen vektoriellen Darstellung, die bis jetzt vielleicht noch gering erscheinen, werden offensichtlich, wenn wir in einer Verfeinerung des Modells des schrägen Wurfs den Luftwiderstand berücksichtigen. Bei der Bewegung eines Körpers in einem Medium (wie z.B. Luft) unterscheidet man zwei Formen der Reibung: die zur Geschwindigkeit des Körpers proportionale *Stokessche Reibung* und die zum Quadrat seiner Geschwindigkeit proportionale *Newtonsche Reibung* [Greiner 1989]. Bei niedrigen Geschwindigkeiten kann man meist die Newtonsche, bei hohen Geschwindigkeiten die Stokessche Reibung vernachlässigen. Wir betrachten hier exemplarisch nur die Stokessche Reibung. In diesem Fall beschreibt die Gleichung

$$\vec{a} = -\beta\vec{v} = -\beta\dot{\vec{r}}$$

die durch den Luftwiderstand verursachte Abbremsung des Körpers, wobei β eine von der Form und dem Volumen des Körpers abhängige Konstante ist. Insgesamt haben wir daher die Differentialgleichung

$$\ddot{\vec{r}} = -\beta\dot{\vec{r}} - g\vec{e}_y.$$

Mit Hilfe der Zwischengröße $\vec{v} = \dot{\vec{r}}$ erhalten wir

$$\dot{\vec{r}} = \vec{v}, \qquad\qquad \dot{\vec{v}} = -\beta\vec{v} - g\vec{e}_y,$$

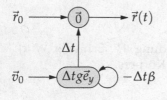

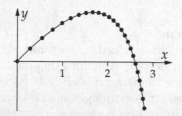

Abbildung 9.8: Ein vektorielles rückgekoppeltes neuronales Netz zur Berechnung eines schrägen Wurfs unter Berücksichtigung Stokesscher Reibung.

Abbildung 9.9: Durch das rückgekoppelte neuronale Netz aus Abbildung 9.8 berechnete Bahn eines schräg geworfenen Körpers.

woraus sich die Rekursionsformeln

$$\vec{r}(t_i) = \vec{r}(t_{i-1}) + \Delta t\, \vec{v}(t_{i-1}),$$
$$\vec{v}(t_i) = \vec{v}(t_{i-1}) - \Delta t\, \beta\, \vec{v}(t_{i-1}) - \Delta t\, g\vec{e}_y$$

ergeben. Das zugehörige Netz ist in Abbildung 9.8 gezeigt. Durch die Rückkopplung am unteren Neuron wird die Stokessche Reibung berücksichtigt.

Eine Beispielrechnung mit $v_0 = 8$, $\varphi = 45^0$, $\beta = 1.8$ und $\Delta t = 0.05$ zeigt Abbildung 9.9. Man beachte den steileren rechten Ast der Flugbahn, der die Wirkung der Stokesschen Reibung deutlich macht.

Als zweites Beispiel betrachten wir die Berechnung der Umlaufbahn eines Planeten [Feynman *et al.* 1963]. Die Bewegung eines Planeten um ein Zentralgestirn (Sonne) der Masse m am Ursprung des Koordinatensystems kann beschrieben werden durch die vektorielle Differentialgleichung

$$\ddot{\vec{r}} = -\gamma m \frac{\vec{r}}{|\vec{r}|^3},$$

wobei $\gamma = 6.672 \cdot 10^{-11}\, \text{m}^3\text{kg}^{-1}\text{s}^{-2}$ die Gravitationskonstante ist. Diese Gleichung beschreibt die durch die Massenanziehung zwischen Sonne und Planet hervorgerufene Beschleunigung des Planeten. Wie im Beispiel des schrägen Wurfs führen wir die Zwischengröße $\vec{v} = \dot{\vec{r}}$ ein und gelangen so zu dem Differentialgleichungssystem

$$\dot{\vec{r}} = \vec{v}, \qquad\qquad \dot{\vec{v}} = -\gamma m \frac{\vec{r}}{|\vec{r}|^3}.$$

Aus diesem System erhalten wir die vektoriellen Rekursionsformeln

$$\vec{r}(t_i) = \vec{r}(t_{i-1}) + \Delta t\, \vec{v}(t_{i-1}),$$

$$\vec{v}(t_i) = \vec{v}(t_{i-1}) - \Delta t\, \gamma m \frac{\vec{r}(t_{i-1})}{|\vec{r}(t_{i-1})|^3},$$

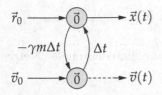

Abbildung 9.10: Ein vektorielles rückgekoppeltes neuronales Netz zur Berechnung der Umlaufbahn eines Planeten.

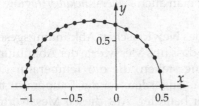

Abbildung 9.11: Durch das rückgekoppelte neuronale Netz aus Abbildung 9.10 berechnete Bahn eines Planeten. Die Sonne steht im Koordinatenursprung.

die sich durch zwei vektorielle Neuronen darstellen lassen, siehe Abbildung 9.10. Man beachte allerdings, dass das untere Neuron eine etwas ungewöhnliche Netzeingabefunktion benötigt (jedenfalls im Vergleich zu den bisher betrachteten): eine einfache Multiplikation der Ausgabe des oberen Neurons mit dem Verbindungsgewicht reicht hier nicht aus.

Eine Beispielrechnung mit $\gamma m = 1$, $\vec{r}_0 = (0.5, 0)$ und $\vec{v}_0 = (0, 1.63)$ (nach einem Beispiel aus [Feynman *et al.* 1963]) zeigt Abbildung 9.11. Man erkennt sehr schön die sich ergebende elliptische Bahn, auf der sich der Planet in Sonnennähe (Perihel) schneller bewegt als in Sonnenferne (Aphel). Dies illustriert die Aussage der beiden ersten *Keplerschen Gesetze*, nach denen die Bahn eines Planeten eine Ellipse ist (erstes Gesetz) und ein Fahrstrahl von der Sonne zum Planeten in gleichen Zeiten gleiche Flächen überstreicht (zweites Gesetz).

9.4 Fehler-Rückübertragung in der Zeit

Rechnungen wie die bisher durchgeführten sind natürlich nur möglich, wenn man sowohl die Differentialgleichung kennt, die den betrachteten Wirklichkeitsbereich beschreibt, als auch die Werte der in ihr auftretenden Parameter. Oft liegt jedoch die Situation vor, dass zwar die Form der Differentialgleichung bekannt ist, nicht jedoch die Werte der auftretenden Parameter. Wenn Messdaten des betrachteten Systems vorliegen, kann man in einem solchen Fall versuchen, die Systemparameter durch Training eines rückgekoppelten neuronalen Netzes zu bestimmen, das die Differentialgleichung darstellt. Denn die Gewichte und Biaswerte des neuronalen Netzes sind ja Funktionen der Systemparameter und folglich können die Parameterwerte (mit gewissen Einschränkungen) aus ihnen abgelesen werden.

Rückgekoppelte neuronale Netze werden im Prinzip auf die gleiche Weise trainiert wie mehrschichtige Perzeptren, nämlich durch Fehler-Rückübertragung (siehe Abschnitte 5.4 und 5.5). Einer direkten Anwendung dieses Verfahrens stehen jedoch die Rückkopplungen entgegen, durch die die Fehlersignale zyklisch weitergegeben werden. Dieses Problem wird gelöst, indem man die Rückkopplungen durch eine *Ausfaltung* des Netzes *in der Zeit* zwischen zwei Trainingsmustern eliminiert. Diese

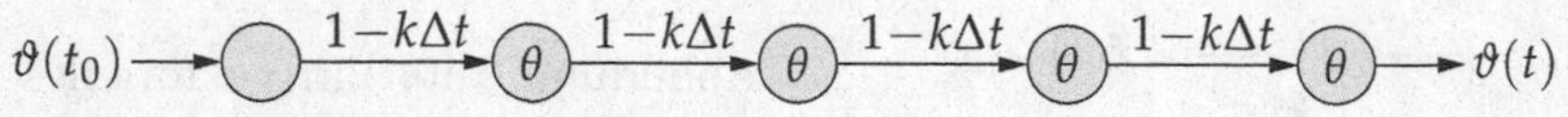

$$\vartheta(t_0) \longrightarrow \bigcirc \xrightarrow{1-k\Delta t} \theta \xrightarrow{1-k\Delta t} \theta \xrightarrow{1-k\Delta t} \theta \xrightarrow{1-k\Delta t} \theta \longrightarrow \vartheta(t)$$

Abbildung 9.12: Vierstufige Ausfaltung des rückgekoppelten neuronalen Netzes aus Abbildung 9.2 in der Zeit. Es ist $\theta = -k\vartheta_A\Delta t$.

spezielle Art der Fehler-Rückübertragung nennt man auch *Fehler-Rückübertragung in der Zeit* (engl. *backpropagation through time*).

Wir zeigen hier nur das Prinzip am Beispiel des Newtonschen Abkühlungsgesetzes aus Abschnitt 9.1 (Seite 141). Wir nehmen an, dass uns Messwerte der Abkühlung (oder Erwärmung) eines Körpers zur Verfügung stehen, die die Temperatur des Körpers zu verschiedenen Zeitpunkten angeben. Außerdem sei die Temperatur ϑ_A der Umgebung bekannt, in der sich der Körper befindet. Aus diesen Messwerten möchten wir den Wert der Abkühlungskonstanten k des Körpers bestimmen.

Wie beim Training mehrschichtiger Perzeptren werden das Gewicht der Rückkopplung und der Biaswert zufällig initialisiert. Die Zeit zwischen zwei aufeinanderfolgenden Messwerten wird — analog zu Abschnitt 9.1 — in eine bestimmte Anzahl von Intervallen unterteilt. Gemäß der gewählten Anzahl an Intervallen wird dann die Rückkopplung des Netzes „ausgefaltet". Liegen z.B. zwischen einem Messwert und dem folgenden vier Intervalle, ist also $t_{j+1} = t_j + 4\Delta t$, dann erhalten wir so das in Abbildung 9.12 gezeigte Netz. Man beachte, dass die Neuronen dieses Netzes keine Rückkopplungen besitzen, weder explizite noch implizite. Daher haben die Verbindungsgewichte auch den Wert $1 - k\Delta t$: Die 1 stellt die implizite Rückkopplung des Netzes aus Abbildung 9.2 dar (vgl. die Erläuterungen auf Seite 144).

Wird diesem Netz ein Messwert ϑ_j (Temperatur des Körpers zum Zeitpunkt t_j) eingegeben, so berechnet es — mit den aktuellen Werten des Gewichtes und des Biaswertes — einen Näherungswert für den nächsten Messwert ϑ_{j+1} (Temperatur zum Zeitpunkt $t_{j+1} = t_j + 4\Delta t$). Durch Vergleich mit dem tatsächlichen Wert ϑ_{j+1} erhalten wir ein Fehlersignal, das mit den bekannten Formeln der Fehler-Rückübertragung weitergegeben wird und zu Änderungen der Gewichte und Biaswerte führt.

Es ist allerdings zu beachten, dass das Netz aus Abbildung 9.12 eigentlich nur ein Gewicht und einen Biaswert besitzt, denn alle Gewichte beziehen sich ja auf die gleiche Rückkopplung, alle Biaswerte auf das gleiche Neuron. Die berechneten Änderungen müssen daher aggregiert werden und dürfen erst nach Abschluss des Vorgangs zu einer Änderung des einen Verbindungsgewichtes und des einen Biaswertes führen. Man beachte weiter, dass sowohl das Gewicht als auch der Schwellenwert den zu bestimmenden Parameter k, sonst aber nur bekannte Konstanten enthalten. Es ist daher sinnvoll, die durch die Fehler-Rückübertragung berechneten Änderungen des Gewichtes und Biaswertes in eine Änderung dieses einen freien Parameters k umzurechnen, so dass nur noch eine Größe angepasst wird, aus der dann Gewicht und Biaswert des Netzes berechnet werden.

Es ist klar, dass man in der Praxis bei einer so einfachen Differentialgleichung wie dem Newtonschen Abkühlungsgesetz nicht so vorgehen wird, wie wir es gerade beschrieben haben. Denn da die Differentialgleichung analytisch lösbar ist, gibt es direktere und bessere Methoden, um den Wert des unbekannten Parameters k zu bestimmen. Ausgehend von der analytischen Lösung der Differentialgleichung lässt sich das Problem z.B. auch mit den Regressionsmethoden, die wir in Abschnitt 5.3

behandelt haben, lösen: Durch eine geeignete Transformation der Messdaten wird das Problem auf die Bestimmung einer Ausgleichsgerade zurückgeführt, deren einer Parameter die Abkühlungskonstante k ist.

Dennoch gibt es viele praktische Probleme, in denen es sinnvoll ist, unbekannte Systemparameter durch Trainieren eines rückgekoppelten neuronalen Netzes zu bestimmen. Allgemein ist dies immer dann der Fall, wenn die auftretenden Differentialgleichungen nicht mehr auf analytischem Wege gelöst werden können. Als Beispiel sei die Bestimmung von Gewebeparametern für die virtuelle Chirurgie, speziell etwa die virtuelle Laparoskopie[2] genannt [Radetzky und Nürnberger 2002]. Die hier auftretenden Systeme von gekoppelten Differentialgleichungen sind durch die hohe Zahl von Gleichungen viel zu komplex, um analytisch behandelt werden zu können. Durch Training rückgekoppelter neuronaler Netze konnten jedoch recht beachtliche Erfolge erzielt werden.

---

[2]Ein Laparoskop ist ein medizinisches Instrument zur Untersuchung der Bauchhöhle. In der virtuellen Laparoskopie simuliert man eine Untersuchung der Bauchhöhle mit Hilfe eines Laparoskops, um Medizinern in der Ausbildung die Anwendung dieses Instrumentes beizubringen.

Teil II

Evolutionäre Algorithmen

Kapitel 10

Einleitung

Evolutionäre Algorithmen sind eine Klasse von Optimierungsverfahren, die Prinzipien der biologischen Evolution nachahmen. Sie gehören zu der Familie der *Metaheuristiken*, der auch Teilchenschwarm- [Kennedy und Eberhart 1995] und Ameisenkolonieoptimierung [Dorigo und Stützle 2004] angehören (die auch durch biologische Strukturen und Prozesse inspiriert sind) sowie klassische Methoden wie z.B. das simulierte Ausglühen [Metropolis *et al.* 1953, Kirkpatrick *et al.* 1983] (das einen thermodynamischen Prozess nachahmt). Das Grundprinzip evolutionärer Algorithmen besteht darin, Evolutionsprinzipien wie z.B. Mutation und Selektion auf Populationen von Lösungskandidaten anzuwenden, um eine (hinreichend gute) Näherungslösung für ein gegebenes Optimierungsproblem zu finden.

10.1 Metaheuristiken

Metaheuristiken sind recht allgemeine Rechentechniken, die oft benutzt werden, um numerische und kombinatorische Optimierungsprobleme näherungsweise in mehreren Schritten zu lösen (im Gegensatz zu analytisch und exakt in einem Schritt). Sie werden allgemein definiert als eine abstrakte Folge von Operationen auf bestimmten Objekten und können auf fast beliebige Probleme angewandt werden. Die Objekte, auf denen operiert wird, und die auszuführenden Schritte müssen jedoch stets an das spezifische, zu lösende Problem angepasst werden. Daher besteht die Hauptaufgabe meist darin, eine geeignete Abbildung des gegebenen Problems auf die abstrakten Strukturen und Operationen zu finden, die eine Metaheuristik ausmachen.

Metaheuristiken werden normalerweise auf Probleme angewandt, für die kein effizenter Lösungsalgorithmus bekannt ist, d.h. Probleme, für die alle bekannten Algorithmen eine (asymptotische) Zeitkomplexität haben, die exponentiell mit der Problemgröße wächst. In der Praxis können solche Probleme nur selten exakt gelöst werden, da sie unerfüllbar hohe Anforderungen an die Berechnungszeit und/oder die Rechenleistung stellen. Daher müssen Näherungslösungen akzeptiert werden, und dies ist es, was Metaheuristiken liefern können. Obwohl es keine Garantien gibt, dass sie die optimale Lösung finden oder auch nur eine Lösung mit vorgegebener Mindestqualität (wenn dies natürlich auch nicht ausgeschlossen ist), bieten sie normalerweise gute Chancen, eine „hinreichend gute" Lösung zu finden.

Viele Metheuristiken arbeiten nach dem Prinzip der schrittweisen Verbesserung von sogenannten *Lösungskandidaten*. Sie unterscheiden sich darin, wie Lösungskandidaten verändert werden, um sie möglicherweise zu verbessern, wie Teillösungen kombiniert oder Elemente bekannter Lösungskandidaten ausgenutzt werden, um neue Lösungskandidaten zu finden, oder wie ein neuer Satz von Lösungskandidaten aus den vorher erzeugten ausgewählt wird. Sie teilen jedoch die Eigenschaft, dass sie alle eine *geführte Zufallssuche* in Raum der Lösungskandidaten durchführen. D.h., die Suche enthält bestimmte Zufallselemente, um den Suchraum zu erforschen, wird aber auch durch ein Maß der Lösungsqualität geleitet, das bestimmt, auf welche (Teile von) Lösungskandidaten sich die Suche konzentriert, oder wenigstens, welche für eine weitere Erforschung behalten und welche verworfen werden, weil sie keine Verbesserungen versprechen.

Die meisten Metaheuristiken haben den Vorteil, dass sie jederzeit abgebrochen werden können (sogenannte *Jederzeitalgorithmen*, engl. *anytime algorithm*). Da sie immer wenigstens einen Lösungskandidaten und meist sogar mehrere verfügbar haben, kann jederzeit der beste (bisher gefundene) Lösungskandidat ausgewählt und zurückgegeben werden, und zwar unabhängig davon, ob ein anderes Abbruchkriterium erfüllt ist oder nicht. Es sollte jedoch klar sein, dass die Lösungsgüte im allgemeinen umso höher ist, je länger die Suche laufen kann.

Es gibt ein weites Spektrum von Metaheuristiken, die auf einer Vielzahl von verschiedenen Prinzipien aufbauen, von denen viele durch die Natur inspiriert sind. Während evolutionäre Algorithmen in verschiedener Weise auf Prinzipien der biologischen Evolution aufsetzen, ahmt die (Teilchen-)Schwarmoptimierung [Kennedy und Eberhart 1995] das Verhalten von Tierschwärmen (z.B. von Fischen oder Vögeln) nach, die in Schwärmen, Herden oder Rudeln nach Futter suchen. Ameisenkolonieoptimierung [Dorigo 1992, Dorigo und Stützle 2004] imitiert das Wegesuchverhalten von Ameisen und Termiten. Andere biologische Systeme, die Metaheuristiken zugrundeliegen, sind z.B. Honigbienen [Nakrani und Tovey 2004] oder das Immunsystem von Wirbeltieren [Farmer *et al.* 1986]. Alternativen bestehen in Algorithmen, die eher physikalische als biologische Analogien benutzen, wie z.B. das simulierte Ausglühen [Metropolis *et al.* 1953, Kirkpatrick *et al.* 1983], in dem das Ausglühen von Metallen nachgeahmt wird, das Akzeptieren mit Schwellenwert [Dueck und Scheuer 1990] oder der Sintflut-Algorithmus [Dueck 1993].

10.2 Biologische Evolution

Evolutionäre Algorithmen gehören zu den ältesten und beliebtesten Metaheuristiken. Sie beruhen i.W. auf der von Charles Darwin entwickelten Theorie der biologischen Evolution, die er in seinem wegweisenden Buch "Über die Entstehung der Arten" [Darwin 1859][1] vorstellte. Diese Theorie erklärt die Vielfalt und Komplexität aller Formen von Lebewesen und erlaubt es uns, alle Disziplinen der Biologie auf eine gemeinsame Grundlage zu stellen. Nicht-technische moderne Einführungen in

---

[1]Der volle Titel „Über die Entstehung der Arten durch natürliche Zuchtwahl oder die Erhaltung der begünstigten Rassen im Kampfe um's Dasein" wird meist mit „Über die Entstehung der Arten" abgekürzt, wie auch der Titel des englischen Originals *"The Origin of Species by Means of Natural Selection, or the Preservation of Favoured Races in the Struggle for Life"* zu *"The Origin of Species"* verkürzt wird.

die Theorie der biologischen Evolution findet man z.B. in den populären und sehr lesenswerten Büchern [Dawkins 1976, Dawkins 1986, Dawkins 2009].

Das Grundprinzip der biologischen Evolution kann so formuliert werden:

Aus zufälliger Variation hervorgehende vorteilhafte Eigenschaften werden durch natürliche Auslese bevorzugt.

D.h., Individuen, die vorteilhafte Eigenschaften besitzen, haben bessere Chancen, sich fortzupflanzen und zu vermehren, was auch durch den häufig verwendeten Begriff der *differentiellen Reproduktion* zum Ausdruck kommt.

Neue oder zumindest veränderte Eigenschaften können durch viele verschiedene Prozesse hervorgerufen werden. An erster Stelle steht die blinde und rein zufällige Veränderung von Genen, d.h. die *Mutation*, die sowohl bei sich sexuell als auch bei sich nicht-sexuell fortpflanzenden Lebensformen auftritt. Mutationen können durch Radioaktivität (z.B. durch Erd- oder kosmische Strahlung oder Nuklearkatastrophen) oder sogenannte *Mutagene* (d.s. chemische Substanzen, die den genetischen Kopierprozess stören können) ausgelöst werden, aber auch auf natürlich Weise auftreten, einfach weil der komplizierte genetische Kopierprozess fehleranfällig ist. Bei der sexuellen Reproduktion werden ebenso blind und rein zufällig ausgewählte Hälften eines (diploiden) Chromosomensatzes der Eltern *(re-)kombiniert*, wodurch Eigenschaften und Wesenszüge neu zusammengestellt werden. Weiter kann es während der *Meiose* (d.i. der Zellteilungsprozess, durch den die Keimzellen oder *Gameten* produziert werden) dazu kommen, dass Teile von (homologen) Chromosomen sich überkreuzen, brechen, und in veränderter Konstellation wieder zusammengefügt werden, so dass genetisches Material zwischen (homologen) Chromosomen ausgetauscht wird. Dieser Prozess wird üblicherweise *Cross-Over* (eigentlich *Crossing-Over*) genannt. Als Ergebnis können neue oder zumindest veränderte genetische Baupläne und so neue physische Eigenschaften entstehen.

Der weitaus größte Teil dieser (genetischen) Veränderungen ist jedoch unvorteilhaft oder sogar schädlich, wobei im schlimmsten Fall das entstehende Individuum nicht lebensfähig ist. Dennoch gibt es eine, wenn auch sehr geringe Chance, dass einige dieser Veränderungen zu (kleinen) Verbesserungen führen, die das Individuum mit Eigenschaften ausstatten, die ihm zu überleben helfen. Z.B., könnten sie es ihm leichter machen, Nahrung zu finden, sich gegen Fressfeinde zu verteidigen (oder wegzulaufen oder sich zu verstecken), einen Partner für die Fortpflanzung zu finden usw. Allgemein kann man sagen, dass jedes Individuum in seinem natürlichen Lebensraum einem Test unterzogen wird. Dabei stellt sich dann entweder heraus, dass es eine hohe *Fitness* hat, so dass es gute Chancen besitzt, zu überleben, sich fortzupflanzen und zu vermehren. Oder es zeigt sich, dass es nicht in der Lage ist, zu überleben oder einen Partner für die Fortpflanzung zu finden, so dass es selbst und/oder seine Eigenschaften verschwinden.

Man beachte, dass der Ausleseprozess sowohl durch die natürliche Umgebung als auch durch die individuellen Eigenschaften beeinflusst wird und so zu unterschiedlichen Reproduktionsraten oder -wahrscheinlichkeiten führt. Lebensformen, deren Eigenschaften besser an ihren Lebensraum angepasst sind, haben gewöhnlich im Durchschnitt mehr Nachkommen. Dadurch werden diese Eigenschaften mit jeder Generation von Individuen häufiger. Andererseits haben Individuen mit weniger vorteilhaften Eigenschaften gewöhnlich im Durchschnitt weniger Nachkommen (oder sogar gar keine). Individuen mit diesen Eigenschaften können daher (zumindest in diesem Lebensraum) nach einigen Generationen aussterben.

Es ist wichtig einzusehen, dass eine Eigenschaft nicht an sich vorteilhaft oder nachteilig ist, sodern nur relativ zur Umgebung. Während z.B. die dunkle Hautfarbe vieler Afrikaner ihre Haut gegen die itensive Sonnenstrahlung in Gegenden nahe am Äquator schützt, kann diese Hautpigmentierung in Gegenden zu einem Nachteil werden, in denen Sonnenstrahlung selten oder schwach ist, da sie das Risiko für eine Vitamin-D-Mangelerkrankung erhöht [Harris 2006], weil Vitamin D in der menschlichen Haut durch Einstrahlung von ultraviolettem Licht produziert wird. Andererseits ist es zwar für Menschen mit geringer Hautpigmentierung weniger wahrscheinlich, dass sie eine Vitamin-D-Mangelerkrankung entwickeln, doch dafür müssen sie größere Sorgfalt walten lassen, um ihre Haut gegen intensive Sonneneinstrahlung zu schützen, um das Risiko von vorzeitiger Hautalterung und Hautkrebs zu vermindern [Brenner und Hearing 2008]. Ein weiteres Beispiel ist die Sichelzellenanemie, die eine Verformung des Hämoglobins (der roten Blutkörperchen) und daher normalerweise schädlich ist, weil sie die Fähigkeit des Hämoglobins zum Sauerstofftransport verringert. Diese Verformung hat aber auch bestimmte schützende Eigenschaften gegen eine Infektion mit Malaria und kann dadurch in Gegenden, in denen Malaria verbreitet ist, zu einem Vorteil werden [Aidoo *et al.* 2002].

Man beachte ebenso, dass es das komplexe Zusammenspiel von zufälliger Variation und natürlicher Auslese ist, das erklärt, warum es so viele komplexe Lebensformen gibt, obwohl es für jede dieser Lebensformen extrem unwahrscheinlich ist, dass sie durch reinen Zufall entstanden ist. Die Evolution ist jedoch *nicht* allein das Wirken blinden Zufalls. Obwohl die Variationen blind und zufällig sind, ist es ihre Auslese gerade *nicht*. Vielmehr ist die Auslese streng bestimmt durch die Vor- und Nachteile, die eine Eigenschaft für das Überleben und die Fortpflanzung der Individuen mit sich bringt, die mit ihnen ausgestattet sind. Folglich können sich kleine Vorteile über mehrere Generationen anhäufen und schließlich zu überraschender Komplexität und erstaunlichen Anpassungen an einen Lebensraum führen.

Einer der Gründe, warum wir dazu tendieren, die Wahrscheinlichkeit von komplexen und angepassten Lebensformen falsch einzuschätzen (speziell: sie für wesentlich weniger wahrscheinlich zu halten, als sie es tatsächlich sind), liegt darin, dass wir versucht sind, ein Modell wie das folgende zugrundezulegen: Stellen wir uns einen Kasten mit Metallteilen vor, die wir auf einem Schrottplatz eingesammelt haben. Alle diese Teile seien Bauteile von Autos. Wenn wir diesen Kasten lange genug schütteln, besteht eine gewisse (wenn auch verschwindend geringe) Chance, dass nach einiger Zeit ein fahrtüchtiges Auto in diesem Kasten zusammengebaut ist. Dieses Modell des zufälligen Erzeugens von etwas Komplexem macht es extrem unwahrscheinlich (oder gar effektiv unmöglich), dass etwas auch nur annähernd Komplexes, geschweige denn ein lebender Organismus, enstehen könnte.

In der Evolution dagegen wird jede kleine Variation sofort einem Test bezüglich einer Umgebung unterzogen, und nur die vorteilhaften Variationen werden behalten und erweitert. Ein besseres Modell ist daher das folgende, von B.F. Skinner vorgeschlagene [Dawkins 1986]: Nehmen wir an, wir möchten Menschen davon überzeugen, dass wir Ergebnisse von Pferderennen vorhersagen können. Wir schicken an 10 000 Personen einen Brief (oder heutzutage vielleicht eher eine Email), in dem wir das Gewinnerpferd im nächsten Pferderennen vorhersagen. In jedem Pferderennen starten zehn Pferde, aber weil wir natürlich nicht die Spur einer Ahnung haben, welches Pferd gewinnen wird, sagen wir den ersten 1000 Personen vorher, dass das Pferd Nummer 1 gewinnen wird, den nächsten 1000 Personen, dass Pferd Nummer 2 gewinnen wird, usw. Nachdem das Rennen gelaufen ist, haben wir so auf jeden Fall 1000 Personen, denen wir das richtige Pferd vorhergesagt haben, während wir die restlichen 9000 unbeachtet lassen. Wir wiederholen diesen Vorgang mit einem weiteren Pferderennen, wobei wir den ersten 100 Personen (von den 1000, die nach dem ersten Rennen noch übrig sind) Pferd Nummer 1 vorhersagen, den zweiten 100 Personen Pferd Nummer 2 usw. Nach dem Rennen haben wir 100 Personen, denen wir zweimal das richtige Pferd vorhergesagt haben, während wir die restlichen 900 unbeachtet lassen. Wenn wir eine weitere Runde auf die gleiche Weise durchführen, bleiben 10 Personen, denen wir in drei aufeinanderfolgenden Rennen das Gewinnerpferd richtig vorhergesagt haben. In einem weiteren Brief (oder einer Email) an diese Personen schlagen wir nun vor, das Gewinnerpferd in einem weiteren Rennen vorherzusagen, doch diesmal verlangen wir eine Gebühr. Versetzen wir uns in die Lage dieser 10 Personen: Sie wissen, dass wir das Gewinnerpferd dreimal in Folge richtig vorhergesagt haben. Die Wahrscheinlichkeit, eine solche Vorhersagegenauigkeit allein durch Raten zu erzielen, ist ein Promille (1 zu 1000) und damit höchst unwahrscheinlich. Folglich könnten diese 10 Personen geneigt sein, zu denken, dass wir über besonderes Wissen aus dem Umkreis der Pferdebesitzer o.ä. verfügen, durch das wir in der Lage sind, das Gewinnerpferd viel besser vorherzusagen, als reines Raten erlaubte. Sie könnten daher bereit sein, die Gebühr zu bezahlen.

Wir wissen jedoch, dass der Prozess, mit dem wir diese 10 Personen ausgewählt haben, zwingend 10 Personen liefern musste, denen wir das Gewinnerpferd dreimal in Folge richtig vorhergesagt haben. Dazu war es in keiner Weise nötig, irgendetwas über Pferde oder Pferderennen zu wissen. Wir haben lediglich die Erfolge ausgewählt (d.h. die Personen, denen wir das richtige Pferd vorhergesagt haben) und die Fehlschläge unbeachtet gelassen (d.h. die Personen, denen wir ein falsches Pferd vorhergesagt haben). Die Evolution arbeitet im wesentlichen auf die gleiche Weise: Sie konzentriert sich auf die Erfolge (die Lebensformen, die überleben und sich fortpflanzen) und vergisst die Misserfolge (die Lebensformen, die aussterben). Da wir dazu neigen, die Misserfolge zu übersehen — einfach, weil wir sie nicht sehen, da sie nicht mehr existieren — unterschätzen wir die Wahrscheinlichkeit ein durch Evolution entstandenes komplexes Individuum zu sehen.

Außerdem haben wir Schwierigkeiten, uns die enorm lange Zeit — tatsächlich Milliarden von Jahren — vorzustellen, die bereits vergangen sind, seit sich die ersten, extrem einfachen Zellen formten. Es gab so viel Zeit, in der sich durch Variation und Selektion kleine Verbesserungen akkumulieren konnten, dass komplexe Lebewesen möglicherweise nicht nur nicht unwahrscheinlich, sondern tatsächlich so gut wie unvermeidbar sein könnten, wenn der Prozess erst einmal begonnen hat (jedenfalls äußern sich einige Autoren in dieser Weise, z.B. [Dawkins 1986]).

Bisher haben wir uns auf die Variation (Mutation und Rekombination) und die Selektion (Auslese) als die beiden Kernprinzipien der (biologischen) Evolution konzentriert. Diese beiden Prinzipien mögen durchaus die wichtigsten Bestandteile sein, und oft beschränkt sich eine Beschreibung von Evolutionsprozessen auf diese Kernelemente. Eine genauere Analyse liefert jedoch noch viele weitere Prinzipien, von denen wir einige der wichtigeren im folgenden auflisten. Eine weitergehende Diskussion findet man z.B. in [Vollmer 1995] (woraus die folgende Liste weitgehend entnommen ist) oder in [Hartl und Clark 2007].

- **Diversität**
Alle Lebewesen, sogar solche innerhalb ein und derselben Art, sind voneinander *verschieden*, und zwar bereits in ihrem Erbgut. Daher wird auch von der *Vielfalt des Lebens* gesprochen. Gleichwohl bilden die tatsächlich existierenden Lebensformen nur einen winzigen Bruchteil der im Prinzip möglichen.

- **Variation**
Durch Mutation und genetische Rekombination (die sogenannte sexuelle Fortpflanzung) entstehen laufend *neue Varianten*. Diese neuen Varianten können neue Kombinationen von bereits existierenden Eigenschaften aufweisen oder veränderte und somit neue Eigenschaften einführen.

- **Vererbung**
Die Variationen sind, soweit sie in die Keimbahn gelangen, *erblich*. Sie werden also genetisch an die nächste Generation weitergegeben. Im allgemeinen findet jedoch keine Vererbung von erworbenen Eigenschaften statt (sogenannter *Lamarckismus*, vgl. [Lamarck 1809]).

- **Artbildung**
Es kommt zur *genetischen Divergenz* von Individuen und Populationen. D.h., es entstehen neue *Arten*, deren Vertreter nicht mehr fruchtbar miteinander kreuzbar sind. Die Artbildung verleiht dem phylogenetischen (stammesgeschichtlichen) „Stammbaum" seine charakteristische Verzweigungsstruktur.

- **Geburtenüberschuss / Überproduktion**
Fast alle Lebewesen erzeugen *mehr Nachkommen* als jemals zur Reproduktionsreife kommen können.

- **Anpassung / natürliche Auslese / differentielle Reproduktion**
Im Durchschnitt weisen die Überlebenden einer Population solche erblichen Variationen auf, die ihre *Anpassung* an die lokale Umgebung *erhöhen*. Herbert Spencers Redewendung vom „Überleben der Tauglichsten" (engl. *"survival of the fittest"*) ist allerdings eher irreführend. Besser spricht man „unterschiedlicher Vermehrung aufgrund von unterschiedlicher Tauglichkeit", weil bloßes Überleben ohne Nachkommen offenbar langfristig ohne Wirkung bleibt, besonders, weil die Lebensdauer der meisten Individuen begrenzt ist.

- **Zufälligkeit / blinde Variation**
Variationen sind *zufällig*, zwar *ausgelöst*, *bewirkt*, *verursacht*, aber nicht vorzugsweise auf bestimmte Merkmale oder günstige Anpassungen ausgerichtet. Sie sind also *nicht teleologisch* (griech. τελος: Ziel, Zweck).

- **Gradualismus**
Variationen erfolgen in vergleichsweise *kleinen Stufen*, gemessen am gesamten Informationsgehalt oder an der Komplexität des Organismus. Deshalb sind phylogenetische Veränderungen *graduell* und relativ langsam. Im Gegensatz dazu steht der Saltationismus mit großen und plötzlichen Entwicklungssprüngen (lateinisch *saltare*: springen).

- **Evolution / Transmutation / Vererbung mit Veränderung**
Durch die Anpassung an die Umgebung sind Arten nicht unveränderlich, sondern *entwickeln* sich mit der Zeit. Die Evolutionstheorie steht damit im Gegensatz zum Kreationismus, der die Unveränderlichkeit der Arten behauptet.

- **Diskrete genetische Einheiten**
  Die Erbinformation wird in diskreten („atomaren", griech. $\check{\alpha}\tau o\mu o\varsigma$: unteilbar) Einheiten gespeichert, übertragen und geändert (es gibt keine kontinuierliche Verschmelzung von Erbmerkmalen), denn sonst kommt es durch Rekombination zum sogenannten *Jenkins Albtraum* (engl. *Jenkins nightmare*), dem völligen Verschwinden jeglicher Verschiedenheit in einer Population.

- **Opportunismus**
  Die Prozesse der Evolution sind äußerst opportunistisch. Das bedeutet, dass sie ausschließlich mit dem arbeiten, was vorhanden ist, nicht mit dem, was es einmal gab oder geben könnte. Bessere oder optimale Lösungen werden nicht gefunden, wenn die erforderlichen evolutiven Zwischenstadien gewisse Tauglichkeitsnachteile mit sich bringen.

- **Evolutionsstrategische Prinzipien**
  Es werden nicht nur die Organismen optimiert, sondern auch die Mechanismen der Evolution. Dazu zählen Parameter wie Vermehrungs- und Sterberaten, Lebensdauern, Anfälligkeit gegenüber Mutationen, Mutationsschrittweiten, Evolutionsgeschwindigkeit etc.

- **Ökologische Nischen**
  Konkurrierende Arten können einander tolerieren, wenn sie unterschiedliche Ökonischen („Lebensräume" im weiten Sinne) besetzen oder vielleicht sogar selbst schaffen. Nur so ist, trotz Konkurrenz und natürlicher Auslese, die beobachtbare Artenvielfalt möglich.

- **Irreversibilität**
  Der Gang der Evolution ist irreversibel und unwiederholbar.

- **Nichtvorhersagbarkeit**
  Der Gang der Evolution ist nicht determiniert, nicht programmiert, nicht zielgerichtet und deshalb nicht vorhersagbar.

- **Wachsende Komplexität**
  Die biologische Evolution hat i.A. zu immer komplexeren Systemen geführt. Ein offenes Problem in der Evolutionsbiologie ist jedoch die Frage, wie die Komplexität von Lebewesen überhaupt gemessen werden kann.

10.3 Simulierte Evolution

Angesichts der Tatsache, dass die biologische Evolution komplexe Lebensformen hervorgebracht und schwierige Anpassungsprobleme gelöst hat, ist es sinnvoll anzunehmen, dass die gleichen Prinzipien auch verwendet werden können, um gute Lösungen für (komplexe) Optimierungsprobleme zu finden. Daher beginnen wir mit einer formalen Definition von Optimierungsproblemen in Abschnitt 10.3.1 und betrachten ihre wesentlichen Eigenschaften. In Abschnitt 10.3.2 übertragen wir dann einige grundlegende Begriffe der biologischen Evolution auf die simulierte Evolution, wobei wir hervorheben, welche Voraussetzungen erfüllt sein müssen, damit ein Ansatz mit evolutionären Algorithmen lohnend ist. In Abschnitt 10.3.3 stellen wir dann die Bausteine eines evolutionären Algorithmus in abstrakter Form vor, bevor wir in Abschnitt 10.4 ein konkretes anschauliches Beispiel betrachten.

10.3.1 Optimierungsprobleme

Definition 10.1 (Optimierungsproblem) *Ein* Optimierungsproblem *ist ein Paar* (Ω, f), *bestehend aus einem (Such-)Raum Ω von potentiellen Lösungen und einer Bewertungsfunktion $f : \Omega \to \mathbb{R}$ die jedem Lösungskandidaten $\omega \in \Omega$ eine Bewertung $f(\omega)$ zuordnet. Ein Element $\omega \in \Omega$ heißt (exakte)* Lösung *des Optimierungsproblems (Ω, f) genau dann, wenn es ein* globales Maximum *von f ist, d.h., wenn $\forall \omega' \in \Omega : f(\omega') \leq f(\omega)$.*

Man beachte: obwohl die obige Definition fordert, dass eine Lösung den Wert der Bewertungsfunktion maximieren muss, ist dies keine echte Einschränkung. Falls wir eine Funktion haben, die für bessere Lösungen kleinere Werte liefert, können wir nämlich einfach $-f$ in die Definition einsetzen. Um dies explizit zu machen, werden wir von einer Lösung als von einem *globalen Optimum* sprechen, wodurch sowohl Minima als auch Maxima abgedeckt sind. Man beachte außerdem, dass eine Lösung nicht eindeutig zu sein braucht. Es kann mehrere Element von Ω geben, für die die Bewertungsfunktion f den gleichen (optimalen) Wert liefert.

Als einfaches Beispiel eines Optimierungsproblems betrachten wir die Aufgabe, die Kantenlängen eines Kastens mit fest vorgegebener Oberfläche S zu bestimmen, so dass das Volumen des Kastens maximal wird. Der Suchraum Ω ist hier die Menge aller Tripel (x, y, z), (d.h. der drei Kantenlängen) mit $x, y, z \in \mathbb{R}^+$ (d.h. der Menge aller positiven reellen Zahlen) und $2xy + 2xz + 2yz = S$, während die Bewertungsfunktion f einfach $f(x, y, z) = xyz$ ist. In diesem Fall ist die Lösung eindeutig, nämlich $x = y = z = \sqrt{S/6}$, d.h., der Kasten ist ein Würfel.

Man beachte, dass dieses Beispiel bereits eine wichtige Eigenschaft zeigt, die wir später genauer betrachten werden, nämlich, dass der Suchraum *beschränkt* ist bzw. die Lösung *Nebenbedingungen* zu erfüllen hat (engl. *constrained optimization*): Denn wir betrachten nicht alle Tripel reeller Zahlen, sondern nur solche mit positiven Elementen, für die $2xy + 2xz + 2yz = S$ gilt. In diesem Beispiel ist dies sogar notwendig, um eine wohldefinierte Lösung zu erhalten: wenn x, y und z beliebige (positive) reelle Zahlen sein könnten, dann gäbe es kein (endliches) Optimum. Das Problem der Suche nach einer Lösung besteht daher darin, dass wir sicherstellen müssen, dass die Lösungskandidaten nie den Suchraum verlassen, d.h., dass wir nie Objekte als Lösungskandidaten ansehen, die die Nebenbedingungen nicht erfüllen.

Optimierungsprobleme treten in sehr vielen Anwendungsbereichen auf, von denen die folgende (zwangsläufig unvollständige) Liste nur einen sehr begrenzten Eindruck vermittelt:

- **Parameteroptimierung**
  In vielen Anwendungen gilt es, eine Menge von Parametern so zu bestimmen, dass eine reellwertige Funktion optimiert wird. Solche Parameters können z.B. der Winkel und die Krümmung der Lufteinlaß- und Abgasrohre bei einem Motor sein, um die Leistung zu optimieren, die relativen Anteile von Zutaten für eine Gummimischung für Reifen, um die Straßenhaftung unter verschiedenen Bedingungen zu maximieren, oder die Temperaturen in den verschiedenen Baugruppen eines Wärmekraftwerks, um die Energieeffizienz zu maximieren.

- **Wegeprobleme**
  Das wohl bekannteste Wegeproblem ist sicherlich das *Problem des Handlungsreisenden*, das in der Praxis z.B. dann auftritt, wenn Löcher in eine Platine gebohrt werden müssen und die Entfernung (und damit die Zeit), die der Bohrer

bewegt werden muss, minimiert werden soll. Weitere Beispiele sind die Optimierung von Lieferrouten von einem zentralen Depot zu einzelnen Geschäften oder die Anordnung von Leiterbahnen auf einer Platine mit dem Ziel, die Länge der Leiterbahnen und die Anzahl der Schichten zu minimieren.

- **Pack- und Schnittprobleme**
  Klassische Packprobleme sind das *Rucksackproblem* (engl. *knapsack problem*), in dem ein Rucksack fester Größe mit Gütern mit bekanntem Wert und Gewicht (oder Größe) so zu füllen ist, dass der Gesamtwert maximiert wird, oder das *Umzugsproblem* (engl. *bin packing problem*), bei dem gegebene Objekte bekannter Größe und Form so in Kästen gleicher Größe und Form gepackt werden sollen, dass die Zahl der Kästen minimiert wird, sowie schließlich das *Schneiderproblem* (engl. *cutting stock problem*) in seinen verschiedenen Ausprägungen, bei denen geometrische Formen (z.B. die Elemente eines Schnittmusters) so angeordnet werden sollen, dass der Verschnitt minimiert wird (z.B. der verlorene Stoff nachdem die Teile eines Kleidungsstücks ausgeschnitten wurden).

- **Anordnungs- und Ortsprobleme**
  Ein bekanntes Beispiel dieses Typs von Optimierungsproblemen ist das *Standortproblem* (engl. *facility location problem*), das im Finden der besten Standorte für eine Reihe von Einrichtungen besteht, meist unter bestimmten Nebenbedingungen, z.B. für die Verteilerknoten in einem Telefonnetz. Dieses spezielle Problem ist auch als *Steinerproblem* bekannt, da es äquivalent dazu ist, sogenannte Steinerpunkte einzuführen, um die Länge eines Spannbaumes in einem geometrischen planaren Graphen zu minimieren.

- **Planungsprobleme**
  Das *Aufgabenplanungsproblem* (engl. *job shop scheduling*) in seinen verschiedenen Formen ist ein bekanntes Optimierungsproblem, bei dem Aufgaben oder Tätigkeiten (*jobs*) so Resourcen (Maschinen oder Arbeitern) zu bestimmten Zeiten zugeordnet werden sollen, dass die Gesamtzeit zur Erledigung aller Aufgaben minimiert wird. Ein Spezialfall ist die Umordnung von Anweisungen durch einen Compiler, so dass die Ausführungsgeschwindigkeit eines Programms maximiert wird. Es schließt auch das Aufstellen von Stundenplänen für Schulen ein (wo die Nebenbedingungen z.B. in der Anzahl der Klassenräume und der Notwendigkeit bestehen, Freistunden zumindest für die unteren Jahrgänge zu vermeiden) oder von Fahrplänen für Züge (in denen die Anzahl der Gleise, die auf bestimmten Strecken zur Verfügung stehen, und die verschiedenen Zugeschwindigkeiten das Problem schwierig machen).

- **Strategieprobleme**
  Strategien zu finden, wie man sich z.B. im iterierten Gefangenendilemma oder anderen Modellen der Spieltheorie optimal verhält, ist ein bekanntes Problem in den Wirtschaftwissenschaften. Ein verwandtes Problem besteht in der Simulation des Verhaltens von Wirtschaftsteilnehmern, wo nicht nur Strategien optimiert werden, sondern auch ihre Auftretenshäufigkeit in einer Population. Wir diskutieren eine (recht einfache) Verhaltenssimulation in Abschnitt 13.1.

Wir bemerken am Rande, dass (wenig überaschend) evolutionäre Algorithmen auch für die *biologische Modellierung* eingesetzt werden. Ein Beispiel ist das Programm „Netspinner" [Krink und Vollrath 1997], das beschreibt, wie Spinnen einer bestimmten Art ihr Netz bauen, wobei parametrisierte Regeln (z.B. Anzahl Speichen, Winkel der Spirale etc.) den Bau steuern. Mit Hilfe eines evolutionären Algorithmus optimiert dieses Programm dann die Regelparameter unter Verwendung einer Bewertungsfunktion, die sowohl die metabolischen Kosten des Netzbaus als auch die Wahrscheinlichkeit des Fangs von Insekten berücksichtigt. Die Ergebnisse beschreiben das tatsächlich beobachtete Verhalten der echten Spinnen sehr gut und helfen so zu verstehen, warum Spinnen ihre Netze so bauen, wie sie es tun.

Optimierungsprobleme können auf sehr vielen Wegen angegangen werden. Man kann aber alle möglichen Ansätze in eine der folgenden Kategorien einordnen:

- **Analytische Lösung**
  Einige Optimierungsprobleme können analytisch gelöst werden. So kann z.B. das oben betrachtete Beispiel, die Kantenlängen eines Kasten mit gegebener Oberfläche so zu bestimmen, dass das Volumen maximiert wird, leicht mit der Methode der Lagrange-Multiplikatoren gelöst werden: man setzt die partiellen Ableitungen der Lagrange-Funktion nach den Parametern zu Null und löst das sich ergebende Gleichungssystem. Wenn es eine analytische Methode gibt, ist sie meist der beste Ansatz, weil sie i.A. garantiert, dass die Lösung tatsächlich optimal ist und dass sie in einer festen Zahl von Schritten gefunden werden kann. Für viele praktische Probleme gibt es jedoch keine (effizienten) Methoden, entweder, weil das Problem noch nicht gut genug verstanden ist oder weil es auf grundsätzliche Weise schwierig ist (z.B., weil es NP-hart ist).

- **Vollständige/Erschöpfende Durchforstung**
  Da die Definition eines Optimierungsproblems bereits alle Lösungskandidaten implizit im (Such-)Raum Ω enthält, könnte man sie im Prinzip einfach alle aufzählen und bewerten. Doch auch wenn dieser Ansatz zweifellos garantiert, dass die beste Lösung gefunden wird, ist auch klar, dass er meist höchst ineffizient sein wird und daher nur bei (sehr) kleinen Suchräumen Ω angewandt werden kann. Für die Parameteroptimierung bei reellen Wertebereichen ist er prinzipiell nicht anwendbar, da Ω dann unendlich ist and folglich unmöglich vollständig durchsucht werden kann.

- **(Blinde) Zufallssuche**
  Statt alle Elemente des Suchraums aufzuzählen (was sowieso meist nicht effizient möglich ist), können wir zufällig Elemente auswählen und auswerten, wobei wir uns stets den besten bisher gefundenen Lösungskandidaten merken. Dieser Ansatz ist sehr effizient und hat den Vorteil, dass er jederzeit angehalten werden kann, leidet aber unter dem schweren Nachteil, dass es von purem Zufall abhängt, ob wir eine einigermaßen gute Lösung finden. Dieser Ansatz entspricht dem Modell des Kastens mit den Fahrzeugteilen, der geschüttelt wird, um ein fahrtüchtiges Auto zu erhalten (siehe oben). Er bietet gewöhnlich nur sehr geringe Chancen, eine zufriedenstellende Lösung zu finden.

- **Geleitete (zufällige) Suche**
  Statt blind Elemente des Suchraums Ω auszuwählen, können wir versuchen, die Struktur des Suchraums auszunutzen (und speziell, wie die Bewertungsfunktion f ähnliche Elemente des Suchraums bewertet), um die Suche zu steuern. Die Grundidee besteht darin, die Informationen, die beim Auswerten bestimmter Lösungskandidaten gesammelt wurden, zu verwenden, um die Wahl

des nächsten auszuwertenden Lösungskandidaten zu leiten. Damit dies sinnvoll ist, muss natürlich die Bewertung ähnlicher Elemente des Suchraums ähnlich sein, denn sonst gäbe es ja keine Grundlage, auf der man gesammelte Informationen übertragen könnte. Man beachte, dass die Wahl des nächsten Lösungskandidaten trotzdem ein Zufallselement enthalten kann (nicht-deterministische Wahl), aber die Wahl wird durch die Bewertung der vorher ausgewerteten Lösungskandidaten eingeschränkt.

Alle Metaheuristiken, evolutionäre Algorithmen eingeschlossen, fallen in die letzte Kategorie. Sie unterscheiden sich, wie bereits bemerkt, hauptsächlich darin, wie die gesammelte Information dargestellt wird und wie sie zur Wahl des nächsten Lösungskandidaten verwendet wird. Obwohl Metaheuristiken dadurch gute Chancen bieten, eine zufriedenstellende Lösung zu finden, sollte man immer beachten, dass *es keine Garantie gibt, dass die optimale Lösung gefunden wird.* D.h., die Lösungskandidaten, die Metaheuristiken finden, mögen eine hohe Güte haben, und diese Güte mag für die meisten praktischen Zwecke auch völlig ausreichen, aber es kann auch noch reichlich Verbesserungspotential vorhanden sein. Falls das gegebene Problem eine (garantiert) optimale Lösung erfordert, sind evolutionäre Algorithmen dagegen nicht geeignet. In so einem Fall muss man eine analytische Lösung suchen oder eine vollständige Durchforstung des Suchraums wählen.

Weiter ist zu beachten, dass Metaheuristiken voraussetzen, dass die Bewertungsfunktion *graduelle Verbesserungen* erlaubt (ähnliche Lösungskandidaten müssen eine ähnliche Güte haben). Obwohl bei evolutionären Algorithmen die Bewertungsfunktion durch die biologische Fitness oder Anpassung an einen Lebensraum motiviert ist und daher in der Lage sein muss, zwischen besseren und schlechteren Lösungskandidaten zu unterscheiden, sollte sie keine großen Sprünge an zufälligen Punkten des Suchraums haben. Man betrachte z.B. eine Bewertungsfunktion, die einen Wert von 1 genau einem Lösungskandidaten zuordnet, während alle anderen Lösungskandidaten mit 0 bewertet sind. In diesem Fall kann ein evolutionärer Algorithmus (oder auch eine beliebige andere Metaheuristik) keine besseren Ergebnisse liefern als eine (blinde) Zufallssuche, weil die Güte von nicht-optimalen Lösungskandidaten keine Informationen über die Lage des tatsächlichen Optimums liefert.

10.3.2 Grundlegende Begriffe und Konzepte

In diesem Abschnitt führen wir Grundbegriffe und -konzepte evolutionärer Algorithmen durch Übertragen ihrer biologischen Gegenstücke ein, siehe Tabelle 10.1.

Ein *Individuum* — ein Lebewesen in der Biologie — entspricht einem Lösungskandidaten in der Informatik. Individuen sind die Einheiten, denen eine Fitness zugeordnet wird und die dem (natürlichen) Selektionsprozess unterworfen sind. In beiden Bereichen wird ein Individuum durch ein *Chromosom* dargestellt, das der Träger der genetischen Information ist (griech. $\chi\rho\omega\mu\alpha$: Farbe und $\sigma\omega\mu\alpha$: Körper, also „Farbkörper", weil die Chromosomen die färbbare Substanz in einem Zellkern ausmachen). In der Biologie besteht ein Chromosom aus Desoxyribonukleinsäure (DNS) und vielen Histon-Proteinen, während in der Informatik die genetische Information eine Folge von Datenobjekten wie Bits, Zeichen, Zahlen etc. ist. Ein Chromosom stellt den „genetischen Bauplan" dar und kodiert (Teile der) Eigenschaften eines Individuums. Die meisten Lebewesen haben mehrere Chromosomen, Menschen z.B.

Begriff	Biologie	Informatik
Individuum	Lebewesen	Lösungskandidat
Chromosom	DNS-Histon-Protein-Strang	Folge von Datenobjekten
	beschreibt den „Bauplan" und damit (einige) Eigenschaften eines Individuums in kodierter Form	
	meist mehrere Chromosomen je Individuum	meist nur ein Chromosom je Individuum
Gen	Teil eines Chromosoms	Datenobjekt (z.B. Bit, Zeichen, Zahl etc.)
	Grundeinheit der Vererbung, die eine (Teil-)Eigenschaft eines Individuums bestimmt	
Allel (Allelomorph)	Ausprägung eines Gens	Wert eines Datenobjekts
	in jedem Chromosom hat ein Gen höchstens einen Wert	
Locus	Ort eines Gens	Ort eines Datenobjekts
	an jedem Ort in einem Chromosom gibt es genau ein Gen	
Phänotyp	äußere Erscheinung eines Lebewesens	Implementierung/Anwendung eines Lösungskandidaten
Genotyp	genetische Ausstattung eines Lebewesens	Kodierung eines Lösungskandidaten
Population	Menge von Lebewesen	Multimenge von Chromosomen
Generation	Population zu einem Zeitpunkt	Population zu einem Zeitpunkt
Reproduktion	Erzeugen von Nachkommen aus einem oder mehreren (meist zwei) Elternorganismen	Erzeugen von (Kind-)Chromosomen aus einem oder mehreren (Eltern-)Chromosomen
Fitness	Eignung / Anpassung eines Lebewesens	Eignung / Güte eines Lösungskandidaten
	bestimmt Überlebens- und Reproduktionschancen	

Tabelle 10.1: Grundlegende evolutionäre Begriffe in der Biologie und der Informatik.

46 Chromosomen, die in 23 sogenannte *homologe* Paare eingeteilt sind. In der Informatik wird diese Verkomplizierung jedoch meist vermieden. Stattdessen wird alle genetische Information in einem einzelnen Chromosom dargestellt.

Ein *Gen* ist die Grundeinheit der Vererbung, denn es bestimmt eine Eigenschaft eines Individuums (oder einen Teil davon). Ein *Allel* (griech. $\alpha\lambda\lambda\eta\lambda\omega\nu$: „gegenseitig", „wechselseitig", weil anfangs hauptsächlich zweiwertige Gene betrachtet wurden) bezieht sich auf eine mögliche Ausprägung eines Gens in der Biologie. Z.B. könnte ein Gen die Farbe der Iris des menschlichen Auges bestimmen. Dieses Gen hat Allele, die Blau, Braun, Grün, Grau etc. kodieren. In der Informatik ist ein Allel einfach der Wert eines Datenobjektes, das eine von mehreren möglichen Eigenschaften eines Lösungskandidaten kodiert, für die das zugehörige Gen steht. Man beachte, dass in einem gegebenen Chromosom genau ein Allel je Gen vorliegt. D.h., das Gen für die Irisfarbe kodiert für blaue oder braune oder grüne oder graue Augen, aber nur eine dieser Möglichkeiten ist, je nach dem vorliegenden Allel, in einem bestimmten Chromosom ausgeprägt. Der *Locus* ist der Ort eines Gens in seinem Chromosom. An jedem Locus in einem Chromosom gibt es genau ein Gen. Meist kann ein Gen mit seinem Locus identifiziert werden. D.h., ein bestimmter Ort (oder ein bestimmter Abschnitt) eines Chromosoms kodiert für ein bestimmtes Wesensmerkmal oder eine bestimmte Eigenschaft des Individuums.

In der Biologie bezeichnet der Begriff *Phänotyp* die äußere Erscheinung eines Organismus, d.h. die Form, Struktur und den Aufbau seines Körpers. Man beachte, dass es der Phänotyp ist, der mit der Umgebung interagiert und daher die Fitness des Individuums bestimmt. Entsprechend ist in der Informatik der Phänotyp die Implementierung oder Anwendung eines Lösungskandidaten, aus dem sich die Fitness des zugehörigen Individuums ergibt. Im Gegensatz dazu ist der *Genotyp* die genetische Ausstattung eines Organismus bzw. die Kodierung einer Kandidatenlösung. Man beachte, dass der Genotyp die Fitness eines Individuums nur indirekt über den Phänotyp bestimmt, den er kodiert, und dass, zumindest in der Biologie, der Phänotyp auch erworbene Eigenschaften umfasst, die nicht im Genotyp repräsentiert sind (z.B., erlerntes Verhalten oder der Verlust eines Körperteils durch einen Unfall).

Eine *Population* ist eine Menge von Individuen, meist Individuen der gleichen Art. Wegen der Komplexität biologischer Genome kann man meist davon ausgehen, dass keine zwei Individuen einer Population genau die gleiche genetische Ausstattung haben — wobei homozygotische Zwillinge (oder allgemein Mehrlinge) die einzige Ausnahme sind. Weiter unterscheiden sich selbst genetisch identische Individuen in ihren erworbenen Eigenschaften, die nie völlig identisch sind (selbst bei homozygotischen Zwillingen) und daher zu verschiedenen Phänotypen führen. In der Informatik müssen wir dagegen, wegen der meist wesentlich geringeren Variabilität der in evolutionären Algorithmen verwendeten Chromosomen und dem Fehlen von erworbenen Eigenschaften, die Möglichkeit zulassen, dass identische Individuen auftreten. Daraus folgt, dass die Population eines evolutionären Algorithm eine *Multimenge* von Individuen ist. Sowohl in der biologischen als auch der simulierten Evolution bezeichnet „*Generation*" die Population zu einem bestimmten Zeitpunkt.

Eine neue Generation wird durch *Reproduktion* erzeugt, d.h., Nachkommen werden aus einem oder mehreren Organismen (in der Biologie: wenn nicht einer, dann meist zwei) erzeugt, indem genetisches Material der Elternindividuen rekombiniert wird. Gleiches gilt in der Informatik, nur dass der Rekombinationsprozess, direkt auf den Chromosomen arbeitet und die Anzahl der Eltern größer als zwei sein kann.

Schließlich misst die *Fitness* eines Individuums, wie groß seine Überlebens- und Reproduktionschancen gemessen an seiner Anpassung an seine Umgebung sind. Da die Güte biologischer Organismen bezüglich ihrer Umgebung jedoch nur schwer objektiv eingeschätzt werden kann, und eine Definition der Fitness als die Fähigkeit zu überleben zu einem tautologischen „Überleben der Überlebenden" führt, definiert ein formal präziserer Ansatz die Fitness eines Organismus als die Zahl seiner Nachkommen, die selbst wieder Nachkommen haben, wodurch die (biologische) Fitness direkt mit dem Konzept der differentiellen Reproduktion verknüpft wird. In der Informatik ist die Lage einfacher, weil ein zu lösendes Optimierungsproblem gegeben ist, das unmittelbar eine Bewertungsfunktion (Fitness-Funktion) liefert, mit der die Güte der Lösungskandidaten bestimmt wird.

Es sollte beachtet werden, dass die simulierte Evolution, obwohl es natürlich viele Parallelen gibt, (meist) wesentlich einfacher ist als die biologische Evolution. Z.B. gibt es Prinzipien der biologischen Evolution, etwa die Artbildung, die normalerweise in einem evolutionären Algorithmus nicht nachgebildet wird. Auch haben wir bereits hervorgehoben, dass in den meisten Lebensformen die genetische Information auf mehrere Chromosomen verteilt ist, die sogar oft in *homologen* Paaren auftreten. Dies sind Paare von Chromosomen, die die gleichen Gene aufweisen, aber möglicherweise in verschiedenen Ausprägungen (verschiedene Allele), von denen beide oder auch nur eines die zugehörige phänotypische Eigenschaft bestimmen können. Obwohl diese Komplikationen in der biologischen Evolution ihren Zweck haben, werden sie in einem Computer meist nicht simuliert.

10.3.3 Bausteine evolutionärer Algorithmen

Die Grundidee eines evolutionären Algorithmus ist, Evolutionsprinzipien auszunutzen, um schrittweise immer bessere Lösungskandidaten für das zu lösende Optimierungsproblem zu finden. Dies wird im wesentlichen dadurch erreicht, dass sich eine Population von Lösungskandidaten mit Hilfe von zufälliger Variation und fitnessbasierter Auslese (Selektion) fortentwickelt.

Für einen evolutionären Algorithmus benötigt man die folgenden Bausteine:

- eine **Kodierung** der Lösungskandidaten,
- eine Methode, die **Anfangspopulation** zu erzeugen,
- eine **Fitness-Funktion** zur Bewertung der Individuen,
- eine **Selektionsmethode** auf der Grundlage der Fitness-Funktion,
- eine Menge von **genetischen Operatoren**, um Chromosomen zu verändern,
- ein **Abbruchkriterium** für die Suche, und
- Werte für verschiedene **Parameter**.

Da wir eine Population von Lösungskandidaten fortentwickeln wollen, brauchen wir eine Möglichkeit, sie durch Chromosomen darzustellen, d.h., wir müssen sie geeignet kodieren, i.W. als Folgen von Datenobjekten (wie Bits, Zeichen, Zahlen etc.). Eine solche Kodierung kann so direkt sein, dass die Unterscheidung zwischen dem Genotyp, wie er durch das Chromosom dargestellt wird, and dem Phänotyp, der der eigentliche Lösungskandidat ist, verwischt wird. In dem Beispiel, in dem die Kantenlängen eines Kastens mit gegebener Oberfläche so zu bestimmen waren, dass der Kasten maximales Volumen hat (siehe oben), können wir einfach Tripel (x, y, z) der Kantenlängen, die die Lösungskandidaten sind, unmittelbar als Chromosomen verwenden. In anderen Fällen gibt es eine klare Unterscheidung zwischen den Lösungskandidaten und ihrer Kodierung, z.B., wenn wir das Chromosom zunächst in eine andere Struktur umwandeln müssen (den Phänotyp), bevor wir die Fitness berechnen können. Wir werden Beispiele solcher Fälle in späteren Kapiteln sehen.

Die Kodierung der Lösungskandidaten ist i.A. sehr problemspezifisch. Es gibt daher keine allgemeinen Regeln. Dennoch besprechen wir in Abschnitt 11.1 mehrere Aspekte, die man bei der Wahl einer Kodierung für ein gegebenes Problem beachten sollte. Eine unpassende Wahl kann die Wirksamkeit des evolutionären Algorithmus erheblich beeinträchtigen oder es sogar ganz unmöglich machen, dass eine Lösung gefunden wird. Je nach Problemstellung ist es daher ratsam, erheblichen Aufwand in das Finden einer guten Kodierung der Lösungskandidaten zu investieren.

Nachdem eine Kodierung festgelegt ist, können wir eine Anfangspopulation von Lösungskandidaten in Form von sie darstellenden Chromosomen erzeugen. Weil Chromosomen meist einfache Folgen von Datenobjekten sind, wird eine Anfangspopulation gewöhnlich durch einfaches Erzeugen von Zufallsfolgen erstellt. Je nach dem zu lösenden Problem und der gewählten Kodierung können jedoch auch kompliziertere Methoden nötig sein, besonders, wenn die Lösungskandidaten bestimmte Nebenbedingungen erfüllen müssen.

Um den Einfluss der Umgebung in der biologischen Evolution nachzuahmen, brauchen wir eine Fitness-Funktion, mit der wir die Individuen der erzeugten Population bewerten können. In vielen Fällen ist diese Fitness-Funktion einfach mit der zu optimierenden Funktion identisch, die durch das Optimierungsproblem gegeben ist. Die Fitness-Funktion kann aber auch zusätzliche Elemente enthalten, die einzuhaltende Nebenbedingungen darstellen oder die eine Tendenz in Richtung auf zusätzliche wünschenswerte Eigenschaften einführen.

Die (natürliche) Auslese der biologischen Evolution wird durch eine Methode zur Auswahl (Selektion) von Lösungskandidaten gemäß ihrer Fitness simuliert. Diese Methode wird benutzt, um die Eltern von zu erzeugenden Nachkommen sowie diejenigen Individuen auszuwählen, die ohne Änderungen in die nächste Generation übernommen werden. Eine solche Selektionsmethode kann einfach die Fitness-Werte in eine Selektionswahrscheinlichkeit umrechnen, so dass bessere Individuen eine höhere Chance haben, für die nächste Generation ausgewählt zu werden.

Die zufällige Variation der Chromosomen wird durch verschiedene sogenannte genetische Operatoren implementiert, die Chromosomen verändern und rekombinieren, z.B. die *Mutation*, die zufällig einzelne Gene verändert, und das *Cross-Over*, das Teile von Chromsomen der Elternindividuen austauscht, um Kind-Chromosomen zu erzeugen. Je nach Problemstellung und gewählter Kodierung können die genetischen Operatoren generisch oder stark problemspezifisch sein. Auf die Wahl der genetischen Operatoren sollte ebenfalls einige Mühe verwendet werden, besonders im Zusammenhang mit der gewählten Kodierung.

Die bisher beschriebenen Bestandteile erlauben es uns, eine Folge von Populationen mit (hoffentlich) immer höherer Güte der in ihnen enthaltenen Lösungskandidaten zu erzeugen. Während nun die biologische Evolution unbeschränkt weiterläuft, brauchen wir dagegen ein Kriterium, wann der Vorgang abgebrochen werden soll, um eine endgültige Lösung auszulesen. So ein Kriterium kann z.B. sein, dass abgebrochen wird, (1) nachdem eine vom Benutzer vorgegebene Anzahl von Generationen erzeugt wurde, (2) eine vom Benutzer vorgegebene Anzahl von Generationen keine Verbesserung (des besten Lösungskandidaten) beobachtet wurde oder (3) eine vom Benutzer vorgegebene Mindestlösungsgüte erreicht wurde.

Um die Spezifikation eines evolutionären Algorithmus abzuschließen, müssen wir schließlich die Werte einiger Parameter wählen. Dazu gehören u.a. die Größe der Population (Anzahl Individuen), der Bruchteil der Individuen, die ausgewählt werden, um Nachkommen zu erzeugen, die Wahrscheinlichkeit, dass eine Mutation eines Gens in einem Individuum auftritt usw.

Auf formale Weise lässt sich ein evolutionärer Algorithmus so darstellen:

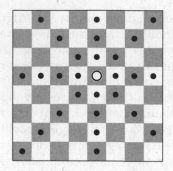 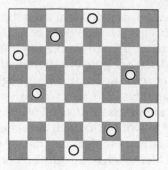

Abbildung 10.1: Mögliche Züge einer Dame im Schachspiel (links, Dame durch wei-
ßen Kreis dargestellt) und eine Lösung des 8-Damen-Problems (rechts).

Algorithmus 10.1 (Allgemeines Schema eines evolutionären Algorithmus)

procedure *evoalg;*
begin   (∗ — *evolutionärer Algorithmus* ∗)
  $t \leftarrow 0$;   (∗ *initialisiere den Generationenzähler* ∗)
  initialize pop(t);   (∗ *erzeuge die Anfangspopulation* ∗)
  evaluate pop(t);   (∗ *und bewerte sie (berechne Fitness)* ∗)
  while not *termination criterion* **do** (∗ *wiederhole bis Abbruch* ∗)
    $t \leftarrow t + 1$;   (∗ *zähle die erzeugte Generation* ∗)
    select pop(t) from pop(t − 1);   (∗ *wähle Individuen nach ihrer Fitness aus* ∗)
    alter pop(t);   (∗ *wende genetische Operatoren an* ∗)
    evaluate pop(t);   (∗ *bewerte die neue Population* ∗)
  end   (∗ *(berechne neue Fitness)* ∗)
end

D.h., nachdem eine Anfangspopulation von Lösungskandidaten (in Form von Chromosomen) erzeugt und bewertet wurde, wird eine Folge von Generationen von
Lösungskandidaten berechnet. Jede neue Generation wird erzeugt, indem Individuen gemäß ihrer Fitness ausgewählt werden (wobei eine größere Fitness zu einer
höheren Wahrscheinlichkeit führt, für die nächste Generation ausgewählt zu werden). Als nächstes werden genetische Operatoren (wie Mutation und Cross-Over)
auf die ausgewählten Individuen angewandt. Dann wird die veränderte Population
(oder zumindest die neuen Individuen, die durch die Anwendung von genetischen
Operatoren entstanden sind) bewertet und der Prozess beginnt von neuem. Dieser
Ablauf wird fortgeführt, bis das gewählte Abbruchkriterium erfüllt ist.

10.4   Das n-Damen-Problem

Das *n*-Damen-Problem besteht in der Aufgabe, *n* Damen (eine Figur des Schach-
spiels) der gleichen Farbe so auf einem $n \times n$ Schachbrett anzuordnen, dass auf keiner Linie (Spalte, vertikal), keiner Reihe (Zeile, horizontal) und keiner Diagonale
mehr als eine Dame steht.[2] Gemäß der Regeln, wie eine Dame im Schachspiel ziehen kann (nämlich horizontal, vertikal oder diagonal beliebig viele Felder weit, aber

---

[2] „Linie" und „Reihe" sind die im Schachspiel üblichen Begriffe.

nicht auf ein Feld, auf dem eine Figur der gleichen Farbe steht, oder über ein Feld hinaus, auf dem eine Figur beliebiger Farbe steht, siehe Abbildung 10.1) können wir auch sagen, dass die Damen so plaziert werden müssen, dass keine die möglichen Züge irgendeiner anderen einschränkt. Als ein Beispiel zeigt Abbildung 10.1 eine Lösung des 8-Damen-Problems.

Ein bekannter Ansatz, das n-Damen-Problem zu lösen, ist ein Rückverfolgungs-algorithmus (engl. *backtracking*), der den Raum der Lösungskandidaten mit einer Tie-fensuche vollständig durchforstet. Ein solcher Algorithmus nutzt die offensichtliche Tatsache aus, dass auf jeder Reihe (Zeile, horizontal) des Schachbretts genau eine Da-me stehen muss, und plaziert die Damen daher Reihe für Reihe. In jeder Reihe wird für jedes Feld geprüft, ob es die Züge bereits plazierter Damen einschränkte, wenn auf diesem Feld eine weitere Dame plaziert wird (d.h., ob sich bereits eine Dame auf der gleichen Linie (Spalte, vertikal) oder der gleichen Diagonale befindet). Wenn dies nicht der Fall ist, wird eine Dame plaziert und der Algorithmus nimmt sich re-kursiv die nächste Reihe vor. Wenn die neu plazierte Dame jedoch eine der vorher plazierten Damen behindert, oder wenn die folgende Rekursion mit dem Ergebnis zurückkehrt, dass keine Lösung gefunden werden konnte, weil Behinderungen von bereits plazierten Damen nicht verhindert werden können, wird die Dame wieder entfernt und der Algorithmus setzt mit dem nächsten Feld fort. Formal kann dieser Algorithmus z.B. durch die folgende Funktion beschrieben werden:

Algorithmus 10.2 (Rückverfolgungslösung des n-Damen-Problems)

```
function queens (n: int, k: int, board: array of array of boolean) : boolean;
begin                                   (* — löse n-Damen-Problem rekursiv *)
  if k ≥ n then return true;            (* wenn eine Dame in jeder Reihe: Erfolg *)
  for i = 0 up to n − 1 do begin        (* durchlaufe die Felder der Reihe k *)
    board[i][k] ← true;                 (* plaziere Dame auf Feld (i, k) *)
    if    not board[i][j] ∀j : 0 < j < k  (* wenn keine Dame behindert wird *)
    and not board[i − j][k − j] ∀j : 0 < j ≤ min(k, i)
    and not board[i + j][k − j] ∀j : 0 < j ≤ min(k, n − i − 1)
    and queens (n, k + 1, board)        (* und die Rekursion erfolgreich ist, *)
    then return true;                   (* wurde eine Lösung gefunden *)
    board[i][k] ← false;                (* entferne Dame von Feld (i, k) *)
  end      (* for i = 0 ... *)
  return false;                         (* falls keine Dame plaziert werden konnte, *)
end                                     (* signalisiere Fehlschlag *)
```

Diese Funktion wird mit der Zahl n der Damen aufgerufen, die die Problemgröße de-finiert, $k = 0$ bedeutet, dass das Schachbrett mit Reihe 0 beginnend gefüllt werden soll, und *board* ist eine $n \times n$ Boolesche Matrix, deren Elemente alle mit *false* initia-lisiert sind. Wenn die Funktion *true* zurückgibt, konnte das Problem gelöst werden. In diesem Fall kann die Plazierung der Damen aus den *true*-Einträgen in der Matrix *board* abgelesen werden. Wenn die Funktion jedoch *false* zurückgibt, konnte das Pro-blem nicht gelöst werden. (Das 3-Damen-Problem hat z.B. keine Lösung.) In diesem Fall ist die Matrix *board* in ihrem Anfangszustand mit ausschließlich *false*-Einträgen.

Man beachte, dass der obige Algorithmus leicht so umgebaut werden kann, dass er *alle* Lösungen eines n-Damen-Problems liefert (statt nur einer). Dazu muss ledig-lich die erste *if*-Anweisung, die prüft, ob in jeder Reihe eine Dame steht, um eine

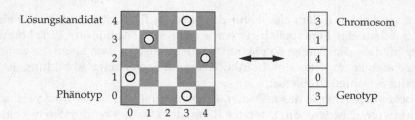

Abbildung 10.2: Kodierung der Lösungskandidaten, n-Damen-Problem (hier: $n = 5$).

Funktion erweitert werden, die die gefundene Lösung ausgibt (sie z.B. in eine Datei schreibt oder auf den Bildschirm druckt). Weiter darf die Rekursion nicht abgebrochen werden, wenn die Rekursion mit einem Erfolg zurückkehrt (d.h., wenn eine Lösung gefunden wurde), sondern die Schleife über die aktuelle Reihe muss fortgesetzt werden, um möglicherweise existierende weitere Lösungen zu finden.

Obwohl ein Rückverfolgungsansatz bei hinreichend kleinem n sehr effektiv sein kann (mit heutigen Rechnern etwa bis $n \approx 30$), kann er eine sehr lange Zeit benötigen, wenn n größer ist. Wenn wir nur an einer Lösung interessiert sind (d.h. an nur einer Plazierung der Damen), gibt es eine bessere Methode, nämlich eine analytische Lösung (die etwas weniger bekannt ist als der Rückverfolgungsansatz). Wir können nämlich eine Plazierung der Damen wie folgt berechnen:

Algorithmus 10.3 (Analytische Lösung des n-Damen-Problems)

- *Wenn $n = 2$ oder $n = 3$, dann hat das n-Damen-Problem keine Lösung.*

- *Wenn n ungerade ist (d.h., wenn $n \bmod 2 = 1$),*
  dann setze eine Dame auf das Feld $(n - 1, n - 1)$ und verringere n um 1.

- *Wenn $n \bmod 6 \neq 2$, dann plaziere*
  die Damen in den Reihen $y = 0, \ldots, \frac{n}{2} - 1$ auf den Linien $x = 2y + 1$ und
  die Damen in den Reihen $y = \frac{n}{2}, \ldots, n - 1$ auf den Linien $x = 2y - n$.

- *Wenn $n \bmod 6 = 2$, dann plaziere*
  die Damen in den Reihen $y = 0, \ldots, \frac{n}{2} - 1$ auf den Linien $x = (2y + \frac{n}{2}) \bmod n$ und
  die Damen in den Reihen $y = \frac{n}{2}, \ldots, n - 1$ auf den Linien $x = (2y - \frac{n}{2} + 2) \bmod n$.

Wegen dieser höchst effizienten analytischen Lösung ist es eigentlich nicht ganz angemessen, das n-Damen-Problem mit einem evolutionären Algorithm anzugehen. Wir tun dies hier dennoch, weil es uns dieses Problem erlaubt, bestimmte Aspekte evolutionärer Algorithmen sehr schön zu veranschaulichen.

Um das n-Damen-Problem mit einem evolutionären Algorithmus zu lösen, brauchen wir zunächst eine Kodierung für die Lösungskandidaten. Dazu nutzen wir die offensichtliche Tatsache aus, die wir auch schon für den Rückverfolgungsalgorithmus benutzt haben, nämlich dass jede Reihe (Zeile) des Schachbretts genau eine Dame enthalten muss. Wir können daher jeden Lösungskandidaten durch ein Chromosom mit n Genen beschreiben, von denen sich jedes auf eine Reihe des Schachbretts bezieht und n mögliche Allele hat, nämlich die möglichen Linien-/Spaltennummern 0 bis $n - 1$. So ein Chromosom wird interpretiert wie in Abbildung 10.2 gezeigt (hier für $n = 5$): Die Allele jedes Gens geben die Linie (Spalte) an, auf die die Dame in der Reihe (Zeile) gesetzt werden muss, auf die sich das Gen bezieht. Man beachte, dass

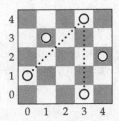

Abbildung 10.3: Ein Lösungskandidat für das 5-Damen-Problem mit vier Behinderungen und daher dem Fitness-Wert -2.

man bei dieser Kodierung klar unterscheiden kann zwischen dem Genotyp, der ein Vektor von Zahlen (Liniennummern) ist, und dem Phänotyp, der der tatsächlichen Plazierung der Damen auf dem Schachbrett entspricht.

Man beachte weiter, dass diese Art, die Lösungskandidaten zu kodieren, den Vorteil hat, dass wir bereits Lösungskandidaten ausschließen, in denen mehr als eine Dame in einer Reihe (Zeile) steht. Dies verkleinert den Suchraum, der dadurch sehr viel schneller und effektiver durch einen evolutionären Algorithmus durchforstet werden kann. Um den Suchraum noch weiter zu verkleinern, könnte man überlegen, die Chromosomen auf Permutationen der Linien-/Spaltennummern zu beschränken. D.h., jede Liniennummer kann nur in genau einem Gen auftreten. Obwohl dies den Suchraum weiter verkleinert, ergeben sich in dieser Kodierung Probleme mit den genetischen Operatoren, weswegen wir hier davon absehen, diese Beschränkung einzuführen (siehe jedoch die Diskussion in Abschnitt 11.3).

Um die Anfangspopulation zu erzeugen, ziehen wir einfach für jedes Individuum eine Folge von n Zufallszahlen aus $\{0, 1, \ldots, n-1\}$, weil es ja bei der von uns gewählten Kodierung keine besonderen Bedingungen gibt, denen eine solche Folge genügen müsste, um ein Element des Suchraums zu sein.

Die Fitness-Funktion leiten wir direkt aus den definierenden Eigenschaften einer Lösung ab: wir berechnen für jede Dame die Anzahl der anderen Damen, die ihre Zugmöglichkeiten einschränken, und summieren diese Anzahl über alle Damen. Das Ergebnis teilen wir durch 2 und negieren es (siehe das Beispiel in Abbildung 10.3). Es ist klar, dass für eine Lösung des n-Damen-Problems die so berechnete Fitness 0 ist, während sie für alle anderen Lösungskandidaten negativ wird. Man beachte, dass wir durch 2 teilen, weil jede Beschränkung der Zugmöglichkeiten doppelt gezählt wird: wenn die Dame 1 die Dame 2 behindert, dann behindert Dame 2 auch Dame 1. Man beachte weiter, dass wir das Ergebnis negieren, weil wir eine zu maximierende Fitness-Funktion haben möchten. In dem in Abbildung 10.3 gezeigten Beispiel haben wir vier (paarweise symmetrische) Behinderungen (wir können auch sagen: zwei Kollisionen zwischen Damen) und folglich den Fitnesswert -2.

Diese Fitness-Funktion legt bereits unmittelbar das Abbruchkriterium fest: da eine Lösung den (maximal möglichen) Fitness-Wert von 0 besitzt, brechen wir die Suche ab, sobald ein Lösungskandidat mit Fitness 0 erzeugt wurde. Um auf der sicheren Seite zu sein, sollten wir jedoch zusätzlich eine Grenze für die Anzahl der Generationen einführen, damit der Algorithmus auf jeden Fall anhält. Man beachte jedoch, dass mit einem solchen zusätzlichen Kriterium der Algorithmus halten könnte, ohne eine Lösung gefunden zu haben.

Für die Auslese (Selektion) wählen wir eine einfache, aber oft sehr wirksame Form der sogenannten *Turnierauswahl* (engl. *tournament selection*). D.h., aus den Individuen der aktuellen Population wird eine (kleine) Stichprobe von Individuen ge-

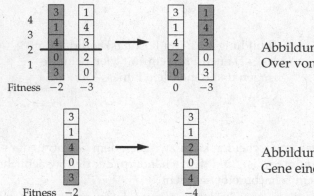

Abbildung 10.4: Einpunkt-Cross-Over von zwei Chromosomen.

Abbildung 10.5: Mutation zweier Gene eines Chromosoms.

zogen, die ein Turnier austragen. Dieses Turnier wird von dem Individuum mit der höchsten Fitness gewonnen (wobei Gleichstände zufällig aufgehoben werden: haben mehrere Individuen die gleiche, höchste Fitness, so wird eines zufällig gewählt). Eine Kopie des Gewinnerindividuums wird dann der nächsten Generation hinzugefügt, während alle Teilnehmer des Turniers in die aktuelle Population zurückgelegt werden. Dieser Vorgang wird wiederholt, bis die nächste Generation vollständig ist, was normalerweise dann der Fall ist, wenn sie die gleiche Größe erreicht hat wie die aktuelle Population. Alternative Selektionsmethoden — aber auch die hier verwendete Turnierauswahl — werden in Abschnitt 11.2 besprochen.

Um die ausgewählten Individuen zu verändern, brauchen wir genetische Operatoren für Variation und Rekombination. Für letzteres verwenden wir das sogenannte *Einpunkt-Cross-Over*, bei dem ein zufälliger Punkt auf den Chromosomen der beiden Elternindividuen gewählt, die Chromosomen an diesem Punkt durchgeschnitten, und die beiden Teile auf einer Seite des Schnittpunkt ausgetauscht werden, um so zwei Kinder zu erzeugen. Ein Beispiel für $n = 5$ ist in Abbildung 10.4 gezeigt: die Gene unterhalb des zufällig gewählten Schnittpunktes (dem zweiten von insgesamt vier möglichen) werden ausgetauscht. Dieses Beispiel zeigt, worauf man bei einer genetischen Rekombination hoffen kann: durch Kombination von Teillösungen, die in zwei unzureichenden Individuen (d.h., beide Individuen haben eine negative Fitness) vorhanden sind, wird eine vollständige Lösung erzeugt (das linke Kind hat eine Fitness von 0 und stellt daher eine Lösung des 5-Damen-Problems dar). Alternative Cross-Over-Operatoren werden in Abschnitt 11.3 behandelt.

Als Variationsoperation benutzen wir ein zufälliges Ersetzen von Allelen in zufällig ausgewählten Genen (sogenannte *Standardmutation*). Ein Beispiel ist in Abbildung 10.5 gezeigt, in der zwei Gene eines Chromosoms, das einen Lösungskandidaten für das 5-Damen-Problem darstellt, zufällig aus $\{0, 1, 2, 3, 4\}$ gewählte neue Werte erhalten. Dieses Beispiel ist in dem Sinne recht typisch, dass die meisten Mutationen die Fitness des betroffenen Individuums verringern. Dennoch ist die Mutation wichtig, weil Allele, die in der Anfangspopulation nicht vorhanden sind, durch Rekombination, die nur vorhandene Allele reorganisiert, nicht erzeugt werden können. Allgemein kann Mutation leichter neue Allele in Chromosomen bringen. Alternative Mutationsoperatoren werden in Abschnitt 11.3 besprochen.

Schließlich müssen wir noch die Werte verschiedener Parameter wählen. Dazu gehören die Größe der Population (z.B. $\mu = 1000$ Individuen), die maximale Anzahl an Generationen, die berechnet werden sollen (z.B. $g = 100$ Generationen), die Größe der auszutragenden Turniere (z.B. $\mu_t = 5$ Individuen), und der Bruchteil der Individuen die Cross-Over unterworfen werden (z.B. $p_c = 0.5$), und die Wahrscheinlichkeit, dass ein Gen durch eine Mutation verändert wird (z.B. $p_m = 0.01$). Nachdem alle Parameter gewählt wurden, ist der evolutionäre Algorithmus vollständig spezifiziert und kann nach dem allgemeinen Schema, das in Algorithm 10.1 auf Seite 172 vorgestellt wurde, ausgeführt werden.

Eine Implementierung dieses evolutionären Algorithmus, die (als Kommandozeilenprogramm) auf der Webseite zu diesem Buch abgerufen werden kann, zeigt, dass man mit einem evolutionären Algorithmus Lösungen für das n-Damen-Problem sogar für etwas größere Werte für n finden kann, als ein Rückverfolgungsalgorithmus erlaubt (dessen Implementierung ebenfalls als Kommandozeilenprogramm auf der Webseite zu diesem Buch abgerufen werden kann), jedenfalls dann, wenn eine hinreichend große Population verwendet und eine hinreichend große Anzahl von Generationen berechnet wird. Es ist jedoch nicht garaniert, dass eine Lösung gefunden wird. Manchmal hält das Programm mit einem Lösungskandidaten mit hoher Fitness (wie z.B. -1 oder -2), der jedoch das Problem nicht wirklich löst, da Behinderungen der Zugmöglichkeiten der Damen verbleiben.

Wenn man mit den Parametern experimentiert (Kommandozeilenoptionen), speziell mit dem Bruchteil der Individuen, die einem Cross-Over unterworfen werden oder der Wahrscheinlichkeit für eine Mutation, kann man einige interessante Eigenschaften herausfinden. Z.B. zeigt es sich, dass Mutationen wichtiger zu sein scheinen als Cross-Over-Operationen, da die Geschwindigkeit, mit der eine Lösung gefunden wird (oder die Güte der Lösungskandidaten, die in einer gegebenen Anzahl von Generationen gefunden werden), nicht kleiner wird, wenn man den Bruchteil der Individuen, die Cross-Over unterworfen werden, auf 0 reduziert. Andererseits verschlechtert sich die (durchschnittliche) Lösungsqualität erheblich, wenn man keine Mutationen zulässt. Man beachte allerdings, dass dies keine allgemein gültigen Eigenschaften evolutionärer Algorithmen sind, sondern lediglich für dieses ganz spezielle Problem gilt und die hier verwendete Kodierung, Selektion, genetischen Operatoren etc. Es kann nicht direkt auf andere Anwendungen übertragen werden, wo das Cross-Over mehr als die Mutation dazu beitragen mag, dass eine Lösung gefunden wird, und die Mutation die Ergebnisse eher verschlechtert, besonders, wenn ihre Wahrscheinlichkeit zu groß gewählt wird.

10.5 Verwandte Optimierungsalgorithmen

In der klassischen Optimierung (z.B. im Bereich des sogenannten *Operations Research*) wurden viele Techniken und Algorithmen entwickelt, die evolutionären Algorithmen recht nah verwandt sind. Zu diesen gehören einige der bekanntesten Optimierungsverfahren, z.B. der Gradientenaufstieg oder -abstieg (Abschnitt 10.5.1), der Zufallsaufstieg oder -abstieg (Abschnitt 10.5.2), das simulierte Ausglühen (Abschnitt 10.5.3), das Akzeptieren mit Schwellenwert (Abschnitt 10.5.4) und der Sintflut-Algorithmus (Abschnitt 10.5.5). Diese Methoden werden manchmal *lokale Suchmethoden* genannt, weil sie i.A. nur kleine Schritte im Suchraum machen und so eine lokale Suche nach besseren Lösungskandidaten durchführen.

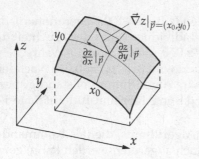

Abbildung 10.6: Anschauliche Deutung des Gradienten einer reellwertigen Funktion $z = f(x, y)$ an einem bestimmten Punkt $\vec{p} = (x_0, y_0)$. Es ist

$$\vec{\nabla} z|_{(x_0, y_0)} = \left(\frac{\partial z}{\partial x}\Big|_{(x_0, y_0)}, \frac{\partial z}{\partial y}\Big|_{(x_0, y_0)} \right).$$

Wie evolutionäre Algorithmen gehen diese Methoden von der Annahme aus, dass für ähnliche Lösungskandidaten s_1 und s_2 die Werte der zu optimierenden Funktion — d.h. die Werte $f(s_1)$ und $f(s_2)$ — ebenfalls ähnlich sind. Der Hauptunterschied zu evolutionären Algorithmen besteht in der Tatsache, dass sich die erwähnten Ansatze auf einzelne Lösungskandidaten konzentrieren, statt eine ganze Population von Lösungskandidaten zu verwalten. Dennoch sind diese Methoden im Zusammenhang mit evolutionären Algorithmen relevant, weil man sie, in gewissem Sinne, als evolutionäre Algorithmen mit Populationsgröße 1 sehen kann. Weiter werden sie oft verwendet, um Lösungskandidaten lokal zu verbessern, oder als ein abschließender Optimierungsschritt für die Ausgabe eines evolutionären Algorithmus. Außerdem veranschaulichen sie einige der grundlegenden Prinzipien, die auch evolutionäre Algorithmen verwenden.

10.5.1 Gradientenaufstieg oder -abstieg

Während alle im folgenden besprochenen Methoden lediglich annehmen, dass ähnliche Lösungskandidaten auch ähnliche Güte haben, erfordert der Gradientenaufstieg (oder -abstieg) zusätzlich, dass die folgenden beiden Bedingungen erfüllt sind:

- Der Suchraum ist Teil des n-dimensionalen Raums der reellen Zahlen: $\Omega \subseteq \mathbb{R}^n$.

- Die zu optimierende Funktion $f : \Omega \to \mathbb{R}$ ist (überall) differenzierbar.

Der *Gradient* ist ein Differentialoperator, der ein Vektorfeld erzeugt. D.h., der Gradient ordnet jedem Punkt im Definitionsbereich der Funktion, deren Gradient berechnet wird, einen Vektor zu, der in die Richtung des steilsten Anstiegs der Funktion zeigt und dessen Länge die Steilheit dieses Anstiegs wiedergibt. In Abbildung 10.6 ist der Gradient einer zweidimensionalen Funktion $z = f(x, y)$ an einem bestimmten Punkt $\vec{p} = (x_0, y_0)$ veranschaulicht (siehe auch Abschnitt 5.4 in Teil I). Formal ist der Gradient an einem Punkt (x_0, y_0) definiert als

$$\nabla z|_{(x_0, y_0)} = \left(\frac{\partial z}{\partial x}\Big|_{(x_0, y_0)}, \frac{\partial z}{\partial y}\Big|_{(x_0, y_0)} \right).$$

Die Grundidee des Gradientenaufstiegs (bzw. -abstiegs) ist es, an einem zufällig gewählten Punkt anzufangen und dann kleine Schritte im Suchraum Ω in (bzw. gegen) die Richtung des steilsten Anstiegs der Funktion f zu machen, bis ein (lokales) Optimum erreicht ist. Gradientenaufstieg arbeitet nach dem folgenden Schema:

Algorithmus 10.4 (Gradientenaufstieg oder -abstieg)

1. *Wähle einen (zufälligen) Startpunkt $\vec{x}^{(0)} = \left(x_1^{(0)}, \ldots, x_n^{(0)}\right)$.*

2. *Berechne den Gradienten am aktuellen Punkt $\vec{x}^{(t)}$*

$$\nabla_{\vec{x}} f\left(\vec{x}^{(t)}\right) = \left(\tfrac{\partial}{\partial x_1} f\left(\vec{x}^{(t)}\right), \ldots, \tfrac{\partial}{\partial x_n} f\left(\vec{x}^{(t)}\right)\right).$$

3. *Mache einen kleinen Schritt in Richtung des Gradienten (für Gradientenaufstieg, positives Vorzeichen) oder gegen die Richtung des Gradienten (für Gradientenabstieg, negatives Vorzeichen):*

$$\vec{x}^{(t+1)} = \vec{x}^{(t)} \pm \eta \, \nabla_{\vec{x}} f\left(\vec{x}^{(t)}\right)$$

wobei η ein Parameter ist, der die Schrittweite steuert (im Zusammenhang mit (künstlichen) neuronalen Netzen auch „Lernrate" genannt, siehe Abschnitt 5.4).

4. *Wiederhole Schritte 2 und 3 bis ein Abbruchkriterium erfüllt ist (z.B. bis eine von Benutzer vorgegebene Anzahl von Schritten ausgeführt wurde oder bis der Gradient kleiner ist als ein vom Benutzer vorgegebener Schwellenwert).*

Obwohl diese Optimierungsmethode einfach und oft sehr effektiv ist, hat sie doch einige Nachteile. Wie in Abschnitt 5.6 in Teil I in größerer Tiefe besprochen wurde, ist die Wahl der Schrittweite η kritisch. Falls dieser Wert zu klein gewählt wird, kann es sehr lange dauern, bis ein (lokales) Optimum erreicht wird, weil nur winzige Schritte ausgeführt werden, besonders dann, wenn außerdem der Gradient klein ist. Wenn andererseits die Schrittweite zu groß gewählt wird, kann der Optimierungsprozess oszillieren (d.h., in Suchraum vor- und zurückspringen), ohne jemals auf ein (lokales) Optimum zu konvergieren. Einige Ansätze, dieses Problem zu vermindern (z.B. die Einführung eines Momentterms oder eines adaptiven Schrittweitenparameters) wurden in Abschnitt 5.7 in Teil I besprochen.

Ein grundsätzliches Problem des Gradientenaufstiegs oder -abstiegs ist die Wahl des Startpunktes, da eine ungünstige Wahl es praktisch unmöglich machen kann, das globale oder auch nur ein gutes lokales Optimum zu finden. Leider kann man dagegen relativ wenig tun. Daher ist es meist am besten, das Verfahren mehrfach mit verschiedenen Startpunkten auszuführen und schließlich das beste erhaltene Ergebnis auszuwählen. Dieser Ansatz liefert ein Argument, warum man *Populationen* von Lösungskandidaten (wie in evolutionären Algorithmen) betrachten sollte. Solch ein Vorgehen bietet zusätzlich die Möglichkeit, Information zwischen Lösungskandidaten auszutauschen, um den Optimierungsprozess zu verbessern. In evolutionären Algorithmen wird dies durch Rekombinationsoperatoren erreicht.

10.5.2 Zufallsaufstieg oder -abstieg

Wenn die Funktion f nicht differenzierbar ist, kommt ein Gradientenaufstieg oder -abstieg nicht in Frage, da der Gradient nicht berechnet werden kann. Wir können jedoch alternativ versuchen, eine Richtung, in der f wächst, zu finden, indem wir zufällig gewählte Punkte in der Nachbarschaft des aktuellen Punktes auswerten. Dieses Verfahren ist als *Zufallsaufstieg* oder *-abstieg* (engl. *hill climbing*) bekannt und wahrscheinlich die einfachste lokale Suchmethode. Sie funktioniert wie folgt:

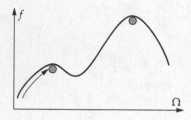

Abbildung 10.7: Das Hängenbleiben in lokalen Optima ist ein Kernproblem des Gradienten- und Zufallsaufstiegs. Um das globale Optimum zu erreichen (oder wenigstens ein besseres lokales Optimum), muss eine (vorübergehende) Verschlechterung der Lösungsgüte in Kauf genommen werden.

Algorithmus 10.5 (Zufallsaufstieg oder -abstieg)

1. *Wähle einen (zufälligen) Startpunkt $s_0 \in \Omega$.*

2. *Wähle einen Punkt $s \in \Omega$ „in der Nähe" von s_t
   (z.B. durch eine kleine, zufällige Variation von s_t).*

3. *Setze*
$$s_{t+1} = \begin{cases} s & \text{wenn } f(s) > f(s_t), \\ s_t & \text{sonst.} \end{cases}$$

4. *Wiederhole Schritte 2 und 3 bis ein Abbruchkriterium erfüllt ist.*

Wie auch für den Gradientenaufstieg oder -abstieg besteht das größte Problem dieses recht naiven Ansatzes darin, dass er stark dazu neigt, in einem lokalen Optimum hängen zu bleiben. Dies ist in Abbildung 10.7 veranschaulicht, wo ein Lösungskandidat (durch einen grauen Kreis dargestellt) durch rein lokale Variationen nicht weiter aufsteigen kann und so in einem lokalen Optimum hängenbleibt. Alle im folgenden betrachteten Methoden versuchen, dieses grundlegende Problem zumindest zu verringern, indem sie, unter bestimmten Bedingungen, auch Lösungskandidaten s für die weitere Suche akzeptieren, die schlechter sind als der aktuelle Lösungskandidat s_t. Man hofft, dass dadurch die Suche in die Lage versetzt wird, Gegenden des Suchraums zwischen einem lokalen und dem globalen Optimum (oder wenigstens einem besseren lokalen Optimum), in denen eine geringere Lösungsgüte vorliegt, zu überwinden, siehe Abbildung 10.7. Die verschiedenen Methoden, die in den folgenden Abschnitten besprochen werden, unterscheiden sich i.W. in den genauen Bedingungen, unter denen sie schlechtere Lösungskandidaten akzeptieren.

10.5.3 Simuliertes Ausglühen

Simuliertes Ausglühen (engl. *simualted annealing*) [Metropolis *et al.* 1953, Kirkpatrick *et al.* 1983] kann als Erweiterung sowohl des Zufalls- als auch des Gradientenaufstiegs oder -abstiegs gesehen werden. Die grundlegende Idee dieser Methode, die in anderem Zusammenhang auch in Abschnitt 8.5 in Teil I behandelt wird, besteht darin, dass Übergänge von niedrigeren zu höheren (lokalen) Maxima (bei Aufstieg, sonst Übergang von höheren zu niedrigeren (lokalen) Minima) wahrscheinlicher sein sollten als Übergänge in der entgegengesetzten Richtung. Dies wird wie folgt erreicht: wir erzeugen zufällige Varianten des aktuellen Lösungskandidaten — in genau der gleichen Weise wie für den Zufallsaufstieg. Bessere Lösungskandidaten werden immer übernommen. Schlechtere Lösungskandidaten werden nur mit einer bestimmten Wahrscheinlichkeit übernommen, die sowohl von der Gütedifferenz zwischen dem aktuellen und dem neuen Lösungskandidaten als auch von einem

Temparaturparameter abhängt, der mit der Zeit verringert wird. Das leitende Prinzip ist, dass kleine Verringerungen der Lösungsgüte eher akzeptiert werden sollten als größere, und dass Verringerungen der Lösungsgüte in frühen Schritten der Suche eher akzeptiert werden sollten als in späteren (vgl. auch Abschnitt 8.5 in Teil I).

Algorithmus 10.6 (Simuliertes Ausglühen)

1. *Wähle einen (zufälligen) Startpunkt $s_0 \in \Omega$.*

2. *Wähle einen Punkt $s \in \Omega$ „in der Nähe" von s_t*
   (z.B. durch eine kleine, zufällige Variation von s_t).

3. *Setze*
$$s_{t+1} = \begin{cases} s & \text{falls } f(s) \geq f(s_t), \\ s & \text{mit Wahrscheinlichkeit } p = e^{-\frac{\Delta f}{kT}} \text{ und} \\ s_t & \text{mit Wahrscheinlichkeit } 1 - p. \end{cases}$$

   wobei $\Delta f = f(s_t) - f(s)$ die Verringerung der Güte des Lösungskandidaten ist, $k = \Delta f_{max}$ eine Schätzung des Wertebereichs der Lösungsgüten und T ein Temperaturparameter, der über die Zeit (langsam) verringert wird.

4. *Wiederhole Schritte 2 und 3 bis ein Abbruchkriterium erfüllt ist.*

Für (sehr) kleine T ist diese Methode fast mit dem Zufallsaufstieg identisch, weil dann die Wahrscheinlichkeit sehr klein ist, dass ein schlechterer Lösungskandidat akzeptiert wird. Für größere T dagegen ist die Währscheinlichkeit, dass Lösungskandidaten mit geringerer Güte akzeptiert werden, nicht vernachlässigbar, was der Suche erlaubt, Gegenden des Suchraums mit geringerer Lösungsgüte zu durchqueren. Natürlich bietet dieser Algorithmus dennoch keine Garantie, dass das globale Optimum erreicht wird. Aber das Risiko, in einem lokalen Optimum hängenzubleiben, ist kleiner und daher die Chance größer, dass das globale Optimum oder zumindest ein gutes lokales Optimum gefunden wird.

10.5.4 Akzeptieren mit Schwellenwert

Die Idee des Akzeptierens mit Schwellenwert [Dueck und Scheuer 1990] ist der des simulierten Ausglühens sehr ähnlich. Wieder werden schlechtere Lösungskandidaten manchmal übernommen, allerdings mit einem Grenzwert für die Verschlechterung. Das Akzeptieren mit Schwellenwert arbeitet wie folgt:

Algorithmus 10.7 (Akzeptieren mit Schwellenwert)

1. *Wähle einen (zufälligen) Startpunkt $s_0 \in \Omega$.*

2. *Wähle einen Punkt $s \in \Omega$ „in der Nähe" von s_t*
   (z.B. durch eine kleine, zufällige Variation von s_t).

3. *Setze*
$$s_{t+1} = \begin{cases} s & \text{falls } f(s) \geq f(s_t) - \theta, \\ s_t & \text{sonst,} \end{cases}$$

   wobei $\theta > 0$ ein Grenzwert für die Güteverringerung ist, bis zu dem schlechtere Lösungskandidaten übernommen werden und der im Laufe der Zeit (langsam) verringert wird. ($\theta = 0$ ist äquivalent zum normalen Zufallsaufstieg.)

4. *Wiederhole Schritte 2 und 3 bis ein Abbruchkriterium erreicht ist.*

10.5.5   Sintflutalgorithmus

Wie das simulierte Ausglühen und das Akzeptieren mit Schwellenwert übernimmt der Sintflutalgorithmus (engl. *great deluge algorithm*) [Dueck 1993] ebenfalls manchmal schlechtere Lösungskandidaten. Der Unterschied besteht darin, das eine absolute untere Grenze für die Lösungsgüte verwendet wird, die mit der Zeit (langsam) erhöht wird. Man kann sich den Vorgang so vorstellen, dass die „Landschaft", die durch die Bewertungsfunktion gebildet wird, langsam „geflutet" wird (wie in einer Sintflut[3], daher der Name des Algorithmus) und nur Lösungskandidaten, die „auf dem Trockenen" sitzen werden übernommen. Je höher das Wasser steigt, umso stärker wird die Tendenz, nur noch bessere Lösungskandidaten zu übernehmen.

Algorithmus 10.8 (Sintflutalgorithmus)

1. *Wähle einen (zufälligen) Startpunkt $s_0 \in \Omega$.*

2. *Wähle einen Punkt $s \in \Omega$ „in der Nähe" von s_t*
   (e.g. durch eine kleine, zufällige Variation von s_t).

3. *Setze*
$$s_{t+1} = \begin{cases} s & \text{falls } f(s) \geq \theta_0 + t \cdot \eta, \\ s_t & \text{sonst,} \end{cases}$$

   wobei θ_0 eine untere Grenze für die Güte der Lösungskandidaten zum Zeitpunkt $t = 0$ ist (d.h. ein initialer „Wasserstand") und η ein Schrittweitenparameter, der der „Stärke des Regens" entspricht, der die Flut verursacht.

4. *Wiederhole Schritte 2 und 3 bis ein Abbruchkriterium erfüllt ist.*

10.5.6   Reise von Rekord zu Rekord

Die Reise von Rekord zu Rekord [Dueck 1993] arbeitet ebenfalls mit einem steigenden Wasserstand. Die Entscheidung, ob ein neuer Lösungskandidat übernommen wird, hängt jedoch von der Güte der besten bisher gefundenen Lösung ab. So wird eine mögliche Verschlechterung stets im Verhältnis zur besten gefundenen Lösung eingeschätzt. Die Güte des aktuellen Lösungskandidaten ist nur relevant, wenn der neue Lösungskandidat besser ist. Ähnlich zum Akzeptieren mit Schwellenwert steuert eine Folge von reellen Zahlen θ die Übernahme schlechterer Lösungskandidaten.

Algorithmus 10.9 (Reise von Rekord zu Rekord)

1. *Wähle einen (zufälligen) Startpunkt $s_0 \in \Omega$ und setze $s_{\text{best}} = s_0$.*

2. *Wähle einen Punkt $s \in \Omega$ „in der Nähe" von s_t*
   (z.B. durch eine kleine, zufällige Variation von s_t).

3. *Setze*
$$s_{t+1} = \begin{cases} s & \text{falls } f(s) \geq f(s_{\text{best}}) - \theta, \\ s_t & \text{sonst,} \end{cases}$$

   und
$$s_{\text{best}} = \begin{cases} s & \text{falls } f(s) > f(s_{\text{best}}), \\ s_{\text{best}} & \text{sonst,} \end{cases}$$

   wobei $\theta > 0$ ein Schwellenwert ist, der bestimmt, um wieviel ein Lösungskandidat schlechter als der bisher beste sein darf, und der mit der Zeit (langsam) verringert wird.

4. *Wiederhole Schritte 2 und 3 bis ein Abbruchkriterium erfüllt ist.*

---

[3]Die germanische Vorsilbe *sin-* bedeutet soviel wie andauernd oder umfassend.

10.6 Das Problem des Handlungsreisenden

Um die Anwendung der in den vorangehenden Abschnitten vorgestellten lokalen Suchmethoden auf ein Optimierungsproblem zu veranschaulichen, betrachten wir das berühmte *Problem des Handlungsreisenden* (engl. *traveling salesman problem*, TSP): Gegeben ist eine Menge von n Städten (idealisiert als Punkte in einer Ebene) sowie die Entfernungen zwischen den Städten oder die für eine Reise anfallenden Kosten. Ein Handlungsreisender muss sich in jeder der Städte mit einem Geschäftspartner treffen und will natürlich die Kosten (oder die Reisedauer) so gering wie möglich halten. Wir wollen daher eine Rundreise mit minimalen Kosten (oder minimaler Länge) durch die Städte finden, so dass jede Stadt genau einmal besucht wird.

Mathematisch wird das Problem des Handlungsreisenden wie folgt formuliert: Gegeben ist ein Graph (dessen Knoten den Städten entsprechen) mit gewichteten Kanten (wobei die Gewichte die Entfernungen, Reisezeiten oder Reisekosten darstellen). Wir möchten einen sogenannten *Hamiltonschen Kreis* in diesem Graphen finden (d.h. eine Ordnung der Knoten des Graphen, so dass Nachbarknoten in dieser Ordnung sowie der erste und der letzte Knoten mit einer Kante verbunden sind), der das Gesamtgewicht der Kanten minimiert. In der Form, die wir zur Definition eines Optimierungsproblems benutzt haben (siehe Definition 10.1 auf Seite 164), kann das Problem des Handlungsreisenden wie folgt beschrieben werden:

Definition 10.2 (Problem des Handlungsreisenden) *Sei* $G = (V, E, w)$ *ein gewichteter Graph mit der Knotenmenge* $V = \{v_1, \ldots, v_n\}$ *(jeder Knoten* v_i *stellt eine Stadt dar), der Kantenmenge* $E \subseteq V \times V - \{(v, v) \mid v \in V\}$ *(jede Kante stellt eine Verbindung/einen Reiseweg zwischen zwei Städten dar) und der Kantengewichtsfunktion* $w : E \rightarrow \mathbb{R}_+$ *(die die Entfernungen, Reisezeiten oder Reisekosten je Kante darstellt). Das Problem des Handlungsreisenden ist das Optimierungsproblem* $(\Omega_{\text{TSP}}, f_{\text{TSP}})$ *wobei* Ω_{TSP} *die Menge aller Permutationen* π *der Zahlen* $\{1, \ldots, n\}$ *ist, die* $\forall k; 1 \leq k \leq n : (v_{\pi(k)}, v_{(\pi(k) \bmod n)+1}) \in E$ *erfüllen. Die Funktion* f_{TSP} *ist definiert als*

$$f_{\text{TSP}}(\pi) = - \sum_{k=1}^{n} w((v_{\pi(k)}, v_{\pi((k \bmod n)+1)})).$$

Das Problem des Handlungsreisenden heißt symmetrisch *wenn*

$$\forall i, j \in \{1, \ldots, n\}, i \neq j : \quad (v_i, v_j) \in E \Rightarrow (v_j, v_i) \in E \wedge w((v_i, v_j)) = w((v_j, v_i)),$$

d.h., wenn alle Kanten (Verbindungen) in beiden Richtungen durchlaufen werden können und die beiden Richtungen gleiche Kosten verursachen. Anderenfalls heißt das Problem des Handlungsreisenden asymmetrisch.

Es ist kein Algorithmus bekannt, der dieses Problem in polynomialer Zeit löst, es sei denn, es wird ein nicht-deterministischer Formalismus (wie eine nicht-deterministische Turing-Maschine) benutzt (was aber für praktische Zwecke irrelevant ist). Man sagt auch, dass dieses Problem nicht-deterministisch polynomialzeit-vollständig ist (oder kurz *NP-vollständig*). Das bedeutet anschaulich, dass es, um die optimale Lösung zu finden, kein prinzipiell besseres Verfahren gibt, als alle Möglichkeiten auszuprobieren (vollständiges Durchforsten des Suchraums). Folglich können für große n nur Näherungslösungen in vertretbarer Zeit berechnet werden, weil eine vollständige Durchforstung Rechenzeit benötigt, die mit n exponentiell wächst.

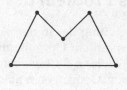
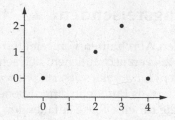

Abbildung 10.8: Beispiel eines Problems des Handlungsreisenden mit fünf Städten (links) mit einer Anfangsrundreise (rechts).

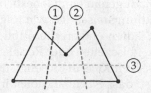

Abbildung 10.9: Mögliche Auftrennungen der Beispielrundreise.

Natürlich *kann* die beste Lösung mit einer geleiteten (Zufalls-)Suche (wie etwa evolutionären Algorithmen) gefunden werden, aber dies ist *nicht garantiert*. Hier betrachten wir, zur Veranschaulichung der oben betrachteten lokalen Suchmethoden, wie das Problem des Handlungsreisenden mit Zufallsabstieg und simuliertem Ausglühen angegangen werden kann (vgl. auch Abschnitt 8.5 in Teil I). Wir arbeiten mit dem folgenden Algorithmus, der für $T \equiv 0$ in den Zufallsabstieg übergeht:

Algorithmus 10.10 (Simuliertes Ausglühen, Problem des Handlungsreisenden)

1. *Ordne die Städte zufällig an (d.h., erzeuge eine zufällige Rundreise).*

2. *Wähle zufällig zwei Städtepaare aus, so dass jedes Paar aus in der Rundreise benachbarten Städten besteht und außerdem insgesamt vier verschiedene Städte ausgewählt wurden. Trenne die Rundreise zwischen den beiden Städten jedes Paares auf und drehe den zwischen den Trennstellen liegenden Teil um.*

3. *Wenn die neue Rundreise besser ist (d.h. kürzer oder billiger) als die alte, dann ersetze die alte Rundreise durch die neue. Sonst (wenn die neue Rundreise schlechter ist als die alte) ersetze die alte Rundreise mit der Wahrscheinlichkeit $p = \exp\left(-\frac{\Delta Q}{kT}\right)$ wobei ΔQ die Gütedifferenz zwischen der alten und der neuen Rundreise ist, k eine Schätzung der Größe des Wertebereichs der Rundreisegüten, und T ein Temperaturparameter, der mit der Zeit (langsam) verringert wird, z.B. gemäß $T = \frac{1}{t}$.*

4. *Wiederhole Schritte 2 und 3 bis ein Abbruchkriterium erfüllt ist.*

Da wir die Größe k des Wertebereichs der Rundreisegüten nicht kennen können, schätzen wir sie, z.B. durch $k_t = \frac{t+1}{t}(\max_{i=1}^{t} Q_i - \min_{i=1}^{t} Q_i)$ wobei Q_i die Güte des i-ten Lösungskandidaten ist und t der aktuelle Zeitschritt. Der verwendete Variationsoperator (Umdrehen eines Teilstücks) wird allgemeiner als Mutationsoperator in Abschnitt 11.3.1 unter dem Namen *Inversion* behandelt.

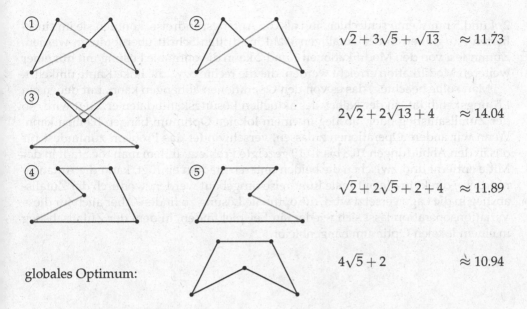

$$\sqrt{2} + 3\sqrt{5} + \sqrt{13} \quad \approx 11.73$$

$$2\sqrt{2} + 2\sqrt{13} + 4 \quad \approx 14.04$$

$$\sqrt{2} + 2\sqrt{5} + 2 + 4 \quad \approx 11.89$$

globales Optimum:

$$4\sqrt{5} + 2 \quad \approx 10.94$$

Abbildung 10.10: Modifikationen der Anfangsrundreise und das globale Optimum mit den zugehörigen Güten. Verglichen mit der Anfangsrundreise verschlechtern alle Modifikationen die Rundreise und folglich kann ein Zufallsabstieg (mit diesen Operationen) das globale Optimum nicht finden.

Als Beispiel betrachten wir das einfache Problem des Handlungsreisenden mit nur fünf Städten, das in Abbildung 10.8 links gezeigt ist. Als Kostenfunktion benutzen wir einfach den euklidischen Abstand der Punkte, d.h., wir suchen nach einer Rundreise minimaler Länge. Ein möglicher Startpunkt (wird im ersten Schritt des Verfahrens gewählt) ist die Rundreise, die in Abbildung 10.8 rechts gezeigt ist und die die Länge $2\sqrt{2} + 2\sqrt{5} + 4 \approx 11.30$ hat.

Alle möglichen Auftrennungen dieser Rundreise, die im zweiten Schritt gewählt werden können, sind in Abbildung 10.9 gezeigt: Die beiden Kanten, die von gestrichelten Linien geschnitten werden, identifizieren die beiden Städte jedes Paares. Die neue Rundreise, die durch Umdrehen des zwischen den Trennstellen liegenden Teils entsteht (d.h., dieser Teil wird in umgekehrter Richtung durchlaufen) sind in Abbildung 10.10 links gezeigt. Die neuen Kanten der Rundreise sind grau gezeichnet.

Abbildung 10.10 zeigt außerdem, dass alle fünf Modifikationen der Rundreise zu schlechteren Rundreisen führen (siehe dazu die Längenberechnungen auf der rechten Seite). Folglich kann ein Zufallsabstieg (der ja nur Verbesserungen übernimmt) die Anfangsrundreise nicht verbessern und gibt sie als Lösung zurück. Diese Rundreise ist jedoch nur ein lokales Optimum, wie man an der Rundreise sehen kann, die in Abbildung 10.10 unten links gezeigt ist, und die das globale Optimum darstellt.

Während ein einfacher Zufallsabstieg dieses Optimum nicht finden kann (jedenfalls von dem gewählten Startpunkt aus — er kann es von einem anderen Startpunkt aus finden), bietet das simulierte Ausglühen wenigstens gewisse Chancen (wenn auch keine Garantie), dass es gefunden wird. Da z.B. die Modifikationen 1,

2, 4 und 5 nur wenig schlechter sind als die Anfangsrundreise, könnten sie im simulierten Ausglühen in der zufälligen Wahl im dritten Schritt übernommen werden. Zumindest von den Modifikationen 1 und 2 kann die optimale Lösung mit nur einer weiteren Modifikation erreicht werden, die die rechte bzw. die linke Kante umkehrt.

Man sollte beachten, das es von den Operationen abhängen kann, mit denen ein Lösungskandidat „in der Nähe" des aktuellen Lösungskandidaten erzeugt wird, ob der Zufallsaufstieg oder -abstieg in einem lokalen Optimum hängen bleiben kann. Wenn wir andere Operationen zulassen, verschwindet das Problem zumindest für das in den Abbildungen 10.8 bis 10.10 gezeigte Problem: Indem man die Stadt in der Mitte entfernt und zwischen die beiden unteren Städten einfügt, kann die Anfangsrundreise direkt in die optimale Rundreise umgebaut werden, wodurch der Zufallsabstieg in die Lage versetzt wird, die optimale Lösung zu finden. Aber auch für diese Variationsoperation lässt sich wieder ein Beispiel finden, in dem der Zufallsabstieg in einem lokalen Optimum hängenbleibt.

Kapitel 11

Bausteine evolutionärer Algorithmen

Evolutionäre Algorithmen sind keine festgelegten Verfahren, sondern bestehen aus mehreren Bausteinen, die auf das konkrete, zu lösende Optimierungsproblem angepasst werden müssen. Besonders die Kodierung der Lösungskandidaten sollte mit Sorgfalt gewählt werden. Obwohl es keine allgemeingültigen Regeln gibt, geben wir in Abschnitt 11.1 einige wichtige Eigenschaften an, die eine gute Kodierung aufweisen sollte. In Abschnitt 11.2 betrachten wir die Fitness-Funktion, gehen auf die üblichsten Selektionsmethoden ein, und untersuchen, wie sich bestimmte unerwünschte Effekte durch Anpassung der Fitness-Funktion oder der Selektionsmethode vermeiden lassen. Abschnitt 11.3 wendet sich den genetischen Operatoren zu, die dem Zweck dienen, den Suchraum zu durchforsten. Wir betrachten nichtsexuelle Variation und sexuelle Rekombination sowie verwandte Techniken.

11.1 Kodierung der Lösungskandidaten

Die Art und Weise, in der Lösungskandidaten für ein gegebenes Optimierungsproblem kodiert werden, kann einen erheblichen Einfluss darauf haben, wie leicht ein evolutionärer Algorithmus eine (gute) Lösung findet. Mit einer schlechten oder auch nur ungünstigen Kodierung kann es sogar passieren, dass gar keine brauchbare Lösung gefunden wird. Folglich sollte man einige Mühe darauf verwenden, eine gute Kodierung und zugehörige genetische Operatoren zu entwerfen.

Für das n-Damen-Problem, das wir in Abschnitt 10.4 betrachtet haben, ist die gewählte Kodierung, nämlich ein Vektor von n Zahlen mit Werten in $\{0, \ldots, n-1\}$, viel besser als die Plazierung der Damen durch einen zweidimensionalen binären Vektor mit n^2 Elementen darzustellen, in dem sich jedes Element auf ein Feld des $n \times n$ Schachbretts bezieht und angibt, ob es durch eine Dame besetzt ist (Bit ist 1) oder nicht (Bit ist 0). Der Grund ist, dass unsere Kodierung bereits Kandidatenlösungen mit mehr als einer Dame in der gleichen Reihe (Zeile) ausschließt und so den Suchraum erheblich verkleinert. Weiter stellt sie sicher, dass immer genau n Damen auf dem Brett stehen, während eine zweidimensionale binäre Kodierung mit den genetischen Operatoren, die wir verwendet haben (Standardmutation und Einpunkt-Cross-Over), Lösungskandidaten mit mehr oder weniger Damen erzeugen kann.

Eine sogar noch bessere Kodierung erhält man, wenn man die Chromosomen auf *Permutationen* der Zahlen $\{0, \ldots, n-1\}$ beschränkt. Eine solche Kodierung garantiert nicht nur, dass jede Reihe genau eine Dame enthält, sondern auch, dass jede Linie (Spalte) genau eine Dame enthält. Damit verkleinert diese Kodierung den Suchraum noch weiter und erleichtert damit dem evolutionären Algorithmus seine Aufgabe erheblich. Wir haben diese Kodierung in Abschnitt 10.4 nur deshalb nicht gewählt, weil sie zu Schwierigkeiten bei der Wahl der genetischen Operatoren geführt hätte, da die Standardmutation und das Einpunkt-Cross-Over nicht die Eigenschaft der Chromosomen erhalten, eine Permutation zu sein. Diese Probleme lassen sich jedoch mit speziellen Operatoren lösen, wie wir in Abschnitt 11.3 zeigen.

Es ist grundsätzlich wichtig, darauf zu achten, dass die gewählte Kodierung und die genetischen Operatoren gut zusammenspielen. Wenn die Kodierung den Suchraum verkleinert, ist es oft schwieriger, genetische Operatoren zu finden, die garantieren, dass das Ergebnis ihrer Anwendung auch in diesem verkleinerten Suchraum liegt. In einem solchen Fall sind u.U. zusätzliche Schritte notwendig, die so aufwendig sein können, dass es sich am Ende als besser herausstellen kann, mit einer Kodierung zu arbeiten, die (durch weniger Einschränkungen) einen größeren Suchraum definiert und dadurch die Wahl der genetischen Operatoren erleichtert.

Diese kurze Betrachtung zeigt bereits, dass es keine allgemeinen „Kochrezepte" gibt, mit denen man eine gute Kodierung finden kann. Doch wir können die folgenden wünschenswerten Eigenschaften identifizieren, die eine Kodierung haben sollte:

- Ähnliche Phänotypen sollten durch ähnliche Genotypen kodiert werden.

- Ähnlich kodierte Lösungskandidaten sollten ähnliche Fitness haben.

- Soweit möglich, sollte der Suchraum Ω unter den verwendeten genetischen Operatoren abgeschlossen sein.

Dies sind natürlich keine absolut gültigen Regeln. Vielmehr sollten diese Aussagen als eine Richtschnur verstanden werden. Ja nach konkretem Problem sollte man prüfen, ob es sich lohnt, eine dieser Regeln zu verletzten, um andere Vorteile zu erzielen. Man sollte jedoch darauf achten, diese Regeln für die Wahl einer Kodierung nur dann zu verletzen, wenn man sehr gute Gründe dafür vorweisen kann.

11.1.1 Hamming-Klippen

Ähnliche Phänotypen sollten durch ähnliche Genotypen kodiert werden.

Zwei Genotypen sind offenbar ähnlich, wenn sie sich in nur wenigen Genen unterscheiden, weil dann wenige Mutationen ausreichen, um z.B. den einen Genotyp in den anderen umzuwandeln. D.h., die Ähnlichkeit von Genotypen ist danach definiert, wie leicht es ist, mit Hilfe der genetischen Operatoren den einen in den anderen umzuwandeln. Sie kann z.B. als die minimale Anzahl von Anwendungen genetischer Operatoren (wie der Mutation) gemessen werden, die für eine solche Umwandlung benötigt werden (sozusagen ein genetischer „Editierabstand").

Es ist jedoch der Phänotyp, der der Fitness-Bewertung und Auswahl unterworfen wird, also der tatsächliche Lösungskandidat. Wir gehen daher zunächst nur davon aus, dass ähnliche Lösungskandidaten ähnliche Fitness haben (so dass die Fitness-Information ausgenutzt werden kann, um die Suche nach besseren Lösungskandidaten zu steuern). Da wir aber nur die Chromosomen (und damit den Genotyp) verändern, kann es offenbar zu Problemen kommen, wenn ähnliche Phänotypen und damit ähnliche Lösungskandidaten durch (sehr) verschiedene Genotypen beschrieben werden, weil es dann unmöglich sein kann, bestimmte ähnliche Phänotypen durch (kleine) genetische Änderungen zu erzeugen.

Als Beispiel betrachten wir eine einfache Parameteroptimierung: Gegeben sei eine n-stellige reellwertige Funktion $y = f(x_1, \ldots, x_n)$. Wir möchten einen Argumentvektor $(x_1, \ldots, x_n)$ finden, der den Wert von y optimiert. Wir stellen die reellwertigen Argumente durch Kodierung als Binärzahlen dar, die einfach aneinandergereiht werden, um ein binäres Chromosom zu bilden. Leider führt eine solche Kodierung, so natürlich sie auch sein mag, in evolutionären Algorithmen zu Problemen, weil sie mit sogenannten *Hamming-Klippen* zu kämpfen hat.

Um das Beispiel konkreter zu machen, schauen wir uns kurz an, wie eine solche binäre Kodierung von reellen Zahlen berechnet wird. Gegeben sei ein reelles Intervall $[a, b]$ und eine Kodierungsgenauigkeit ε. Wir suchen eine Kodierungsregel, die jede Zahl $x \in [a, b]$ als eine Binärzahl z darstellt, so dass die kodierte Zahl z um höchstens ε von dem tatsächlichen Wert x abweicht. Die Grundidee besteht darin, das Intervall $[a, b]$ in gleich große Abschnitte mit einer Länge kleiner oder höchstens gleich ε zu unterteilen. D.h., wir erzeugen 2^k Abschnitte mit $k = \left\lceil \log_2 \frac{b-a}{\varepsilon} \right\rceil$, die auf die Zahlen $0, \ldots, 2^k - 1$ abgebildet werden. Wir erhalten so die Kodierung

$$z = \left\lfloor \frac{x-a}{b-a} (2^k - 1) \right\rfloor.$$

Alternativ können wir die Kodierung

$$z = \left\lfloor \frac{x-a}{b-a} (2^k - 1) + \frac{1}{2} \right\rfloor$$

verwenden, die es uns erlaubt, die Zahl der Abschnitte zu halbieren, d.h., wir brauchen lediglich $k = \left\lceil \log_2 \frac{b-a}{2\varepsilon} \right\rceil$ Abschnitte. Eine Zahl z wird dekodiert mit

$$x' = a + z \cdot \frac{b-a}{2^k - 1}.$$

Man beachte, dass die dekodierte Zahl x' und das Original x nicht übereinzustimmen brauchen, aber dass sie sich um höchstens ε unterscheiden können.

Als Beispiel betrachten wir die Kodierung von $x = 0.637197$ im Intervall $[-1, 2]$ mit der Genauigkeit $\varepsilon = 10^{-6}$. Dann werden k und z wie folgt berechnet:

$$k = \left\lceil \log_2 \frac{2 - (-1)}{10^{-6}} \right\rceil = \left\lceil \log_2 3 \cdot 10^6 \right\rceil = 22 \quad \text{und}$$

$$z = \left\lfloor \frac{0.637197 - (-1)}{2 - (-1)} (2^{22} - 1) \right\rfloor = 2288966_{10}$$

$$= 1000101110110101000110_2.$$

binär	Gray		binär	Gray		binär	Gray		binär	Gray
0000	0000		0100	0110		1000	1100		1100	1010
0001	0001		0101	0111		1001	1101		1101	1011
0010	0011		0110	0101		1010	1111		1110	1001
0011	0010		0111	0100		1011	1110		1111	1000

Tabelle 11.1: Gray-Kodes von 4-Bit-Zahlen.

Eine genauere Analyse dieser Kodierung enthüllt, dass sie Zahlen aus benachbarten Abschnitten sehr verschieden kodieren kann. D.h., obwohl die Zahlen nahe beieinanderliegen (sie unterscheiden sich höchstens um 2ε, wenn sie in benachbarten Abschnitten liegen), können ihre Kodierungen einen großen Hamming-Abstand haben. Der Hamming-Abstand zweier Bitfolgen ist dabei einfach die Anzahl der verschiedenen Bits. Große Hamming-Abstände können durch Mutation und Cross-Over nur mit Mühe überwunden werden, einfach weil viele Bits verändert werden müssen. Folglich werden sie „Hamming-Klippen" genannt, um auszudrücken, dass sie in einem Prozess, der Lösungen schrittweise verbessert, schwer zu überwinden sind.

Um das Problem klarer zu machen, betrachten wir den Zahlenbereich von 0 bis 1, kodiert durch 4 Bits. D.h., wir bilden reelle Zahlen in $[\frac{k}{16}, \frac{k+1}{16})$, $k \in \{0, \ldots, 15\}$, auf Ganzzahlen k ab, wodurch wir eine Genauigkeit von $\varepsilon = \frac{1}{32}$ erzielen. In diesem Fall ist 0111 die Kodierung von $\frac{15}{32}$ und 1000 die Kodierung von $\frac{1}{2}$. Diese beiden Kodierungen haben einen Hamming-Abstand von 4, da jedes Bit verschieden ist. Obwohl der phänotypische Abstand der beiden Zahlen recht klein ist (nämlich nur $\varepsilon = \frac{1}{32}$), ist der genotypische Abstand maximal. Angenommen, das tatsächliche Optimum des Problems liegt bei $\frac{15}{32}$. Dann ist es für einen evolutionären Algorithmus keine Hilfe, wenn er entdeckt, dass $\frac{1}{2}$ eine hohe Fitness hat, weil die Kodierung von $\frac{15}{32}$ nicht mit wenigen genetischen Operationen aus der Kodierung von $\frac{1}{2}$ erzeugt werden kann.

Dieses Problem kann gelöst werden, indem man sogenannte *Gray-Kodes* einführt, die als binäre Darstellungen von Ganzzahlen definiert sind, in denen sich benachbarte Zahlen nur um ein Bit unterscheiden. Für 4-Bit-Zahlen ist ein möglicher Gray-Kode in Tabelle 11.1 gezeigt. Man beachte, dass ein Gray-Kode nicht eindeutig ist, was schon aus der offensichtlichen Tatsache abgelesen werden kann, dass jede zyklische Permutation der Kodes in Tabelle 11.1 wieder ein Gray-Kode ist.

Die üblichste Form der Gray-Kodierung bzw. -Dekodierung ist

$$g = z \oplus \left\lfloor \frac{z}{2} \right\rfloor \quad \text{und} \quad z = \bigoplus_{i=0}^{k-1} \left\lfloor \frac{g}{2^i} \right\rfloor,$$

wobei $\oplus$ das *Exklusive Oder* (XOR-Verknüpfung) der Binärdarstellung ist.

Zu Veranschaulichung betrachten wir wieder die Darstellung der reellen Zahl $x = 0.637197$ im Intervall $[-1, 2]$ mit einer Genauigkeit $\varepsilon = 10^{-6}$. Indem wir von der oben berechneten Darstellung als Binärzahl ausgehen, erhalten wir den Gray-Kode

$$\begin{aligned} g \quad &= \quad 10001011101101010000110_2 \\ \oplus \quad & \ 01000101110110101000011_2 \\ = \quad & \ 11001110011011111001 01_2. \end{aligned}$$

	Chromosom	verbleibende Städte	Reise
	5	1, 2, 3, 4, **5**, 6	5
	3	1, 2, **3**, 4, 6	3
vor der	3	1, 2, **4**, 6	4
Mutation	2	1, **2**, 6	2
	2	1, **6**	6
	1	**1**	1

	Chromosom	verbleibende Städte	Reise
	1	**1**, 2, 3, 4, 5, 6	1
	3	2, 3, **4**, 5, 6	4
nach der	3	2, 3, **5**, 6	5
Mutation	2	2, **3**, 6	3
	2	2, **6**	6
	1	**2**	2

Tabelle 11.2: Beispiel zur Epistasie: Einfluss der Mutation im Problem des Handlungsreisenden (zweite Kodierungsvariante).

11.1.2 Epistasie

Ähnlich kodierte Lösungskandidaten sollten ähnliche Fitness haben.

In der Biologie bezeichnet *Epistasie* das Phänomen, dass ein Allel eines Gens (des sogenannten *epistatischen Gens*) die Ausprägung aller möglichen anderen Gene unterdrückt. Es kann sogar passieren, dass mehrere andere Gene durch das epistatische Gen unterdrückt werden. In evolutionären Algorithmen bezeichnet Epistasie allgemein die Wechselwirkung zwischen den Genen eines Chromosoms. D.h., wie stark sich die Fitness eines Lösungskandidaten ändert, wenn ein Gen verändert wird, in extremen Fällen sogar, welche Eigenschaft eines Lösungskandidaten durch ein Gen beschrieben wird, hängt sehr stark von dem Wert (oder den Werten) eines anderen Gens (oder mehrerer anderer Gene) ab. Dies ist nicht wünschenswert.

Wir bemerken hier am Rande, dass in der Biologie Epistasie bestimmte Abweichungen von den Mendelschen Gesetzen erklärt. Wenn man z.B. reinerbige schwarze und weiße Bohnen kreuzt und dann die Nachkommen wieder untereinander, erhält man in der zweiten Nachkommengeneration schwarze, weiße und braune Bohnen im Verhältnis 12:1:3, was den Mendelschen Gestzen widerspricht.

Um das mögliche Auftreten und die Wirkung von Epistasie zu veranschaulichen, betrachten wir wieder das *Problem des Handlungsreisenden* als Beispiel (siehe Abschnitt 10.6). Wir vergleichen zwei mögliche Kodierungen von Rundreisen durch die Städte (Hamiltonsche Kreise) um das Problem der Epistasie zu erläutern:

1. Eine Rundreise wird dargestellt durch eine Permutation der Städte (wie in Definition 10.2 auf Seite 183). Das bedeutet, dass die Stadt an der k-ten Position im k-ten Schritt besucht wird. Diese Kodierung zeigt nur geringe Epistasie. Z.B. ändert das Austauschen zweier Städte die Fitness (d.h., die Gesamtkosten der Rundreise) um vergleichbare Beträge, unabhängig davon, welche Städte ausgetauscht werden. Ein solcher Tausch ändert die Rundreise auch nur lokal, weil die Reise durch die anderen Städte nicht verändert wird.

2. Eine Rundreise wird durch eine Folge von Zahlen dargestellt, die die Positionen der jeweils nächsten Städte in einer (sortierten) Liste der Städte angibt, aus der bereits besuchte Städte entfernt wurden. Ein Beispiel, wie ein Chromosom in dieser Kodierung zu interpretieren ist, zeigt der obere Teil von Tabelle 11.2. Im Gegensatz zur ersten Kodierung zeigt diese Kodierung sehr hohe Epistasie. Die Änderung eines einzelnen Gens kann einen großen Teil der Rundreise ändern, und das umso mehr, je näher das Gen am Anfang der Rundreise liegt. Der untere Teil von Tabelle 11.2 zeigt einen extremen Fall, in dem sich die gesamte Rundreise ändert, obwohl die genetische Veränderung minimal ist: nur ein einziges Gen wird mutiert.

Dass diese beiden Kodierungen sich so verschieden verhalten, liegt natürlich daran, dass in der zweiten Kodierung die Interpretation der Werte der Gene von den Werten aller Gene abhängt, die ihnen im Chromosom vorangehen, wodurch eine starke Abhängigkeit der Gene voneinander hervorgerufen wird.

Falls die gewählte Kodierung eine hohe Epistasie aufweist, ist das Optimierungsproblem oft für einen evolutionären Algorithmus schwer zu lösen. In dem obigen Beispiel ist ein Grund dafür, dass speziell der Extremfall der Änderung des ersten Gens die Annahme unmöglich macht, dass kleine Änderungen an den Chromosomen (die ähnliche Genotypen hervorbringen) nur kleine Änderungen der dargestellten Lösungskandidaten (der Phänotypen) bewirken. Allgemeiner gilt, dass, wenn kleine Änderungen des Genotyps zu sehr großen Änderungen der Fitness führen können, die Grundannahme nicht mehr gilt, die evolutionären Algorithmen zugrundeliegt, nämlich dass *graduelle Verbesserungen* möglich sind (siehe Abschnitt 10.3.1).

Es wurde versucht, Optimierungsprobleme auf der Grundlage des Begriffs der Epistasie als „leicht oder schwer durch einen evolutionären Algorithmus lösbar" zu definieren [Davidor 1990]. Dies funktioniert jedoch nicht, denn Epistasie ist eine Eigenschaft der Kodierung und *nicht des Problems selbst*. Dies kann bereits aus dem Beispiel des Problems des Handlungsreisenden, wie wir es oben betrachtet haben, abgelesen werden, für das wir eine Kodierung mit hoher und eine Kodierung mit nur geringer Epistasie angegeben haben, durch die es einmal schwer und einmal leicht lösbar ist. Weiter gibt es Probleme, die mit geringer Epistasie kodiert werden können und trotzdem mit einem evolutionären Algorithm schwer zu lösen sind.

11.1.3 Abgeschlossenheit des Suchraums

Soweit möglich, sollte der Suchraum Ω unter den verwendeten genetischen Operatoren abgeschlossen sein.

Wenn die Lösungskandidaten bestimmte Nebenbedingungen erfüllen müssen, kann es sein, dass die genetischen Operatoren, wenn sie auf Elemente des Suchraums Ω angewendet werden, Ergebnisse liefern, die keine (gültigen) Elemente dieses Suchraums sind. Allgemein sagen wir, dass ein (durch einen Operator erzeugtes) Individuum außerhalb des Suchraums liegt, wenn

- sein Chromosom nicht sinnvoll dekodiert oder interpretiert werden kann,
- der dargestellte Lösungskandidat grundlegende Anforderungen nicht erfüllt,
- der Lösungskandidat von der Fitness-Funktion falsch bewertet wird.

Abbildung 11.1: Einpunkt-Cross-Over einer Permutation.

Solche Individuen sind offenbar unerwünscht und erfordern eine Sonderbehandlung, weswegen man sie besser von vornherein vermeidet. Falls man trotzdem in eine Situation gerät, in der die gewählte Kodierung der Lösungskandidaten zusammen mit den bevorzugten genetischen Operatoren zu Individuen führen können, die außerhalb des Suchraums liegen, hat man i.W. die folgenden Möglichkeiten, dieses Problem anzugehen und hoffentlich zu beheben:

- Wähle oder entwerfe eine *andere Kodierung*, die dieses Problem nicht hat. Man beachte, dass man dazu u.U. den Suchraum vergrößern muss.

- Wähle oder entwerfe *kodierungsspezifische genetische Operatoren* unter denen der Suchraum abgeschlossen ist. D.h., finde genetische Operatoren, die sicherstellen, dass nur Elemente des Suchraums erzeugt werden können.

- Verwende *Reparaturmechanismen*, mit denen ein Individuum, das außerhalb des Suchraums liegt, in geeigneter Weise angepasst wird, so dass es danach innerhalb des Suchraums liegt.

- Erlaube innerhalb des evolutionären Algorithmus Individuen, die außerhalb des Suchraums liegen, aber führe einen *Strafterm* ein, der die Fitness solcher Individuen verringert, so dass der Selektionprozess (stark) dazu tendiert, sie zu eliminieren.

Um dieses Problem und seine Lösung zu illustrieren, betrachten wir noch einmal das n-Damen-Problem, wie wir es in Abschnitt 10.4 beschrieben haben. Wir haben bereits am Anfang von Abschnitt 11.1 angemerkt, dass dieses Problems (verglichen mit Abschnitt 10.4) besser durch Chromosomen kodiert werden kann, die Permutationen der Zahlen $\{0, \ldots, n-1\}$ sind, weil dies den Suchraum verkleinert und es so einem evolutionären Algorithmus tendenziell leichter macht, eine Lösung zu finden. Wenn wir jedoch in diesem Fall die gleichen genetischen Operatoren anwenden, nämlich Einpunkt-Cross-Over und die Standardmutation (siehe Abbildungen 10.4 und 10.5 auf Seite 176), können wir Chromosomen erzeugen, die keine Permutationen sind. Dies ist bei der Mutation unmittelbar klar, wenn sie nur auf ein Gen angewandt wird, denn wenn nur eine Zahl in einer Permutation verändert wird, kann das Ergebnis unmöglich eine Permutation sein: dazu müssen mindestens zwei Zahlen geändert werden. Ein Cross-Over-Beispiel ist in Abbildung 11.1 gezeigt, in der zwei Permutationen mit Einpunkt-Cross-Over kombiniert werden, was zu zwei Nachkommen führt, die beide keine Permutationen sind: Das obere Chromosom enthält die Zahl 5 zweimal und die Zahl 1 fehlt, während es im unteren Chromosom gerade umgekehrt ist. Eine genauere Analyse macht schnell klar, dass es tatsächlich sehr unwahrscheinlich ist, dass eine zufällige Wahl der Eltern sowie des Cross-Over-Punktes dazu führt, dass beide Nachkommen Permutationen sind.

Gemäß der oben angegebenen Liste von Alternativen, haben wir folgende Möglichkeiten, dieses Problem in diesem konkreten Fall zu lösen:

| 3 | 5 | 2 | 4 | ⊠ | 6 | 7 | 8 | 1 |

Abbildung 11.2: Reparaturmechanismus für Permutationen.

- **Andere Kodierung:** Das Problem verschwindet, wenn wir beliebige Folgen von Zahlen aus $\{0, \ldots, n-1\}$ zulassen und nicht nur Permutationen. Diese Lösung haben wir in Abschnitt 10.4 gewählt, um die Standardmutation und das Einpunkt-Cross-Over verwenden zu können. Dies hat jedoch den Nachteil, dass der Suchraum vergrößert wird, was es schwieriger machen kann, eine (gute) Lösung mit einem evolutionären Algorithmus zu finden.

- **Kodierungsspezifische genetische Operatoren:** Statt der Standardmutation kann man das Austauschen von Paaren als Mutationsoperation verwenden (siehe Abschnitt 11.3.1). In gleicher Weise kann man eine permutationserhaltende Cross-Over-Operation konstruieren (siehe Abschnitt 11.3.2). Diese Operatoren stellen sicher, dass der Suchraum (d.h. die Menge der Permutationen von $\{0, \ldots, n-1\}$) unter den genetischen Operatoren abgeschlossen ist.

- **Reparaturmechanismus:** Falls ein genetischer Operator ein Chromosom erzeugt hat, das keine Permutation ist, wird es repariert, d.h., es wird so verändert, dass es zu einer Permutation wird. Z.B. kann man doppelte Auftreten der gleichen Zahl (Linie/Spalte) finden und entfernen und die fehlenden Zahlen anhängen (siehe Abbildung 11.2).

- **Strafterm:** Die Population darf Chromosomen enthalten, die keine Permutationen sind, aber der Fitness-Funktion wird ein Strafterm hinzugefügt, der die Fitness solcher Nicht-Permutationen verringert. Z.B. könnte die Fitness um die Zahl der fehlenden (Linien-/Spalten-)Nummern verringert werden, die man zusätzlich noch mit einem Gewichtungsfaktor multiplizieren kann.

Für das n-Damen-Problem ist es zweifellos die beste Lösung, wenn man permutationserhaltende genetische Operatoren verwendet, denn diese sind nicht viel komplizierter als einfaches Einpunkt-Cross-Over oder die Standardmutation, während der evolutionäre Algorithm sicherlich von der Verkleinerung des Suchraums profitiert. Auch für das Problem des Handlungsreisenden, wo i.W. die gleiche Situation vorliegt, sollte man diese Lösung wählen: ein Lösungskandidat wird am besten durch eine Permutation der zu besuchenden Städte beschrieben.

Reparaturmechanismen sind kodierungsspezifischen genetischen Operatoren eng verwandt, denn die Anwendung eines genetischen Operators, der Individuen außerhalb des Suchraums erzeugen kann, gefolgt von einer Reparatur kann als eine Gesamtoperation gesehen werden, unter der der Suchraum abgeschlossen ist.

In bestimmten Fällen können kodierungsspezifische genetische Operatoren oder Reparaturmechanismen die Suche jedoch erschweren, nämlich wenn der Suchraum unverbunden ist. Da kodierungsspezifische genetische Operatoren nie Individuen in den „verbotenen" Bereichen erzeugen und Reparaturmechanismen fehlerhafte Individuen sofort wieder in den zulässigen Bereich zurückversetzen, wird das Optimum u.U. nicht gefunden, da der Bereich, in dem es liegt, möglicherweise unerreichbar ist. Dies ist in der Skizze in Abbildung 11.3 veranschaulicht: Falls das Optimum in einem Bereich des Suchraums liegt, die in der Anfangspopulation nicht vertreten

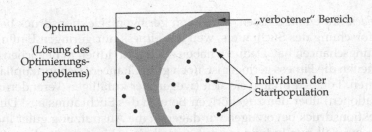

Abbildung 11.3: Unverbundene Bereiche eines Suchraums erschweren die Suche für einen evolutionären Algorithmus, wenn Reparaturmechanismen eingesetzt werden.

war, kann es für einen evolutionären Algorithmus sehr schwer werden, dieses Optimum zu finden, weil die „verbotenen" Bereiche nur schwer zu durchqueren sind. In solchen Fällen kann ein Strafterm die bessere Wahl sein, weil er zwar die Fitness von Lösungskandidaten in „verbotenen" Bereichen verringert, aber solche Lösungskandidaten nicht völlig unmöglich macht. Folglich bleibt eine gewisse Chance, dass Individuen die „verbotenen" Bereiche überwinden können.

11.2 Fitness und Selektion

Das Grundprinzip der *Auslese, Auswahl* oder *Selektion* ist, dass bessere Individuen (d.h., Individuen mit einer höheren Fitness) bessere Chancen haben, sich fortzupflanzen. Wir haben dieses Prinzip auch als *differentielle Reproduktion* bezeichnet (siehe Abschnitt 10.2), weil es besagt, dass Individuen sich je nach Fitness in ihrer (erwarteten) Reproduktionrate unterscheiden. Wie stark Individuen mit höherer Fitness bei der Erzeugung von Nachkommen bevorzugt werden, wird oft *Selektionsdruck* genannt. Ein hoher Selektionsdruck bedeutet, dass selbst kleine Fitness-Unterschiede zu erheblichen Unterschieden der Fortpflanzungswahrscheinlichkeit führen, während ein geringer Selektionsdruck bedeutet, dass die Fortpflanzungswahrscheinlichkeit nur geringfügig von den Fitness-Unterschieden abhängt.

Es sollte klar sein, dass wir wenigstens einen gewissen Selektionsdruck brauchen, damit ein evolutionärer Algorithmus überhaupt arbeiten kann, denn ohne jeden Selektionsdruck wäre die Suche i.W. zufällig und die Erfolgschancen folglich gering (vgl. Abschnitt 10.2, speziell das Beispiel des Kastens mit Autoteilen). Andererseits sollte der Selektionsdruck auch nicht zu groß sein, denn dann konzentriert sich die Suche u.U. zu schnell auf Individuen, die zufällig die besten in der Anfangspopulation waren, und versucht nur, diese weiter zu verbessern. In diesem Fall kann es passieren, dass Gegenden des Suchraums, die in der Anfangspopulation unterrepräsentiert waren, nie erforscht und folglich in ihnen liegende gute Lösungen nie gefunden werden. Dieser Effekt hängt mit dem Prinzip des *Opportunismus* zusammen, das wir in Abschnitt 10.2 erwähnt haben, nämlich dass bessere und optimale Lösungen nicht gefunden werden, wenn die Zwischenstufen bestimmte Fitness-Nachteile aufweisen. (Wir wenden uns diesem Problem weiter unten genauer zu.)

Allgemein gilt, dass wir bei der Wahl der Selektionsmethode oder ihrer Parameter, mit dem Ziel den Selektionsdruck zu steuern, vor dem Problem stehen, einen Ausgleich zwischen der *Erforschung (Exploration) des Suchraums* und der *Ausnutzung guter Individen* finden zu müssen. Mit einem geringen Selektionsdruck bevorzugen wir die Erforschung des Suchraums, weil die Fitness nur geringen Einfluss auf die Fortpflanzungschancen hat. Dadurch haben auch Individuen in Bereichen des Suchraums, in denen die Fitness geringer ist, noch gute Chancen, sich fortzupflanzen und zu vermehren. Folglich breiten sie sich (wegen der zufälligen Veränderungen und Rekombinationen) über den zugehörigen Bereich des Suchraums aus. Durch einen hohen Selektionsdruck bevorzugen wir dagegen die Ausnutzung guter Individuen, weil in diesem Fall nur Individuen mit einer hohen Fitness gute Fortpflanzungschancen besitzen. Folglich konzentriert sich die Suche auf die Nachbarschaft dieser Individuen im Suchraum, um noch bessere Varianten von ihnen zu finden.

Die beste Strategie besteht meist in einem zeitabhängigen Selektionsdruck: in frühen Generationen wird der Selektionsdruck gering gehalten, so dass der Suchraum gut durchforstet wird, in der Hoffnung, dass wir dadurch Teilpopulationen in allen aussichtsreichen Bereichen des Suchraums erhalten. In späteren Generationen wird der Selekionsdruck dann erhöht, um die besten (lokalen) Varianten in den aussichtsreichen Bereichen zu finden und damit die insgesamt besten Lösungskandidaten. Der Selektionsdruck kann entweder durch Anpassung (i.W. Skalierung) der Fitnessfunktion (siehe Abschnitt 11.2.4) oder durch die Wahl einer Selektionsmethode und/oder ihrer Parameter gesteuert werden (siehe Abschnitte 11.2.6 und 11.2.7).

11.2.1 Fitness-proportionale Selektion

Die *Glücksradauswahl* ist sicherlich die bekannteste Selektionsmethode. Sie berechnet aus der (absoluten) Fitness jedes Individuums seine relative Fitness als

$$f_{\mathrm{rel}}(s) = \frac{f_{\mathrm{abs}}(s)}{\sum_{s' \in \mathrm{pop}(t)} f_{\mathrm{abs}}(s')}.$$

Dieser Wert wird dann als die Wahrscheinlichkeit interpretiert, mit der das zugehörige Individuum (für die nächste Generation) ausgewählt wird. Da mit dieser Methode die Selektionswahrscheinlichkeit eines Individuums direkt proportional zu seiner Fitness ist, wird diese Methode auch als *fitness-proportionale Selektion* bezeichnet.

Man beachte, dass diese Methode voraussetzt, dass die absolute Fitness $f_{\mathrm{abs}}(s)$ nicht negativ ist. Dies ist jedoch keine echte Einschränkung, denn, falls nötig, kann man immer eine geeignete (positive) Zahl zu allen Fitnesswerten addieren und/oder alle (verbleibenden) negativen Fitness-Werte Null setzen (vorausgesetzt, es gibt nur relative wenige). Weiter setzt diese Methode voraus, dass die Fitness-Funktion zu maximieren ist, denn sonst wählte diese Methode ja mit hoher Wahrscheinlichkeit schlechte und mit geringer Wahrscheinlichkeit gute Individuen.

Der Name „Glücksradauswahl" dieser Methode leitet sich aus der Tatsache ab, dass ein Glücksrad eine gute Anschauung liefert, wie diese Methode arbeitet. Jedem Individuum wird ein Sektor auf einem Glücksrad zugeordnet (siehe Abbildung 11.4 links, das ein Glücksrad mit sechs Individuen s_1 bis s_6 zeigt). Der Winkel (oder äquivalent: die Fläche) des Sektors eines Individuums s stellt die relative Fitness $f_{\mathrm{rel}}(s)$ dar. Außerdem gibt es am oberen Rand des Glücksrads eine Markierung. Ein Individuum wird ausgewählt, indem man das Glücksrad in Drehung versetzt und dann abwartet, bis es anhält. Es wird das Individuum ausgewählt, das dem Sektor zugeordnet ist, der an der Markierung liegt. In Abbildung 11.4 links wird z.B. das Individuum s_3 ausgewählt. Unter der plausiblen Annahme, dass alle Lagen, in denen das

Abbildung 11.4: Fitness-proportionale Selektion und das Dominanzproblem.

Glücksrads zum Halten kommen kann, gleichwahrscheinlich sind, ist es offensichtlich, dass die Wahrscheinlichkeit der Auswahl eines Individuums der Größe seines Sektors und damit seiner relativen Fitness entspricht.

11.2.2 Das Dominanzproblem

Ein Nachteil der fitness-proportionalen Selektion ist, dass ein Individuum mit einer sehr hohen Fitness die Auswahl *dominieren* kann und so (fast) alle anderen Individuen unterdrückt. Dies ist in Abbildung 11.4 rechts veranschaulicht: Das Individuum s_1 hat eine wesentlich höhere Fitness als alle anderen (sogar höher als alle anderen Individuen zusammen). Es wird daher mit hoher Wahrscheinlichkeit immer wieder ausgewählt, während die anderen Individuen nur eine sehr geringe Chance haben, in die nächste Generation aufgenommen zu werden. In folgenden Generationen kann diese Dominanz sogar noch größer werden, weil höchstwahrscheinlich mehrere Kopien des dominierenden Individuums und viele zu ihm ähnliche Individuen vorhanden sein werden. Als Folge können wir beobachten, was oft als *Übervölkerung* (engl. *crowding*) bezeichnet wird, d.h., dass die Population in einer oder nur wenigen Regionen des Suchraums sehr dicht wird (diese Regionen sind dann „übervölkert"), während der Rest des Suchraums (fast) keine Individuen enthält.

Übervölkerung führt gewöhnlich zu einer sehr schnellen Konvergenz auf ein lokales Optimum in der oder den übervölkerten Region(en). D.h., nur ein einzelnes Individuum oder nur wenige gute Individuen werden ausgenutzt (lokal optimiert), während eine weiträumigere Durchforstung des Suchraums (fast) zum Erliegen kommen kann. Wie bereits bemerkt, kann dies in späteren Generationen durchaus wünschenswert sein, um abschließend die besten Lösungen zu finden. In frühen Generationen sollte es dagegen vermieden und stattdessen sichergestellt werden, dass eine gründliche Durchforstung des Suchraums stattfindet, um die Chancen zu verbessern, dass alle aussichtsreichen Regionen gefunden und hinreichend abgedeckt werden. Anderenfalls kann es zu *vorzeitiger Konvergenz* kommen, d.h., die Suche konzentriert sich zu schnell auf solche Regionen im Suchraum, in denen die besten Individuen der Anfangspopulation zufällig lagen.

Abbildung 11.5 zeigt den Nachteil eines solchen Verhaltens. Da die Region Ω' viel größer ist als die Region Ω'', kann es leicht passieren, dass die (zufällig erzeugte) Anfangspopulation nur Individuen aus Ω' enthält. Mit Übervölkerung werden wohl die besten Individuen in dieser Region gefunden, aber es ist sehr unwahrscheinlich,

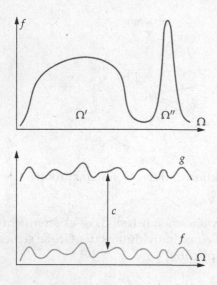

Abbildung 11.5: Das Problem der vor-zeitigen Konvergenz: Individuen na-he am Übergangsbereich zwischen Ω' und Ω'' haben nur geringe Fortpflan-zungschancen.

Abbildung 11.6: Verschwindender Se-lektionsdruck: obwohl die Maxima an den gleichen Stellen liegen, sind sie für einen evolutionären Algorithmus verschieden leicht zu finden. Mit der Funktion g sind die Unterschiede der relativen Fitness-Werte (zu) klein.

dass die Individuen durch zufällige Modifikation und Rekombination die Region Ω'' erreichen. Der Grund ist der Opportunismus evolutionärer Prozesse: weil die Über-gangsregion zwischen Ω' und Ω'' deutliche Fitness-Nachteile aufweist, haben Indi-viduen in dieser Region nur geringe Chancen, den Auswahlprozess zu überleben oder sich sogar zu vermehren. Folglich könnte es sein, dass die besseren Lösungen in der Region Ω'' nie gefunden werden.

11.2.3   Verschwindender Selektionsdruck

Das Dominanzproblem zeigt die Nachteile großer Fitness-Unterschiede zwischen den Individuen. Aber auch (sehr) kleine Fitness-Unterschiede sind nicht wünschens-wert, weil sie zu *verschwindendem Selektionsdruck* führen. D.h., wenn die (relativen) Fitness-Unterschiede zwischen den Individuen zu klein sind, bevorzugt die fitness-proportionale Selektion gute Individuen nicht stark genug, um die Lösungskandida-ten zu immer höheren Fitness-Werten zu drücken. Zur Veranschaulichung betrach-ten wir die Fitness-Funktion g in Abbildung 11.6. Da die (relativen) Unterschiede zwischen den Fitness-Werten ziemlich klein sind, sind die Reporduktionschancen aller Individuen fast gleich groß, unabhängig davon, wo sie im Suchraum liegen, so dass die Suche fast zu einer Zufallssuche wird.

Allgemeiner müssen wir betrachten, wie sich die absoluten Fitness-Werte zu ih-rer Streuung über die Population oder gar über den gesamten Suchraum verhalten. Man vergleiche z.B. die in Abbildung 11.6 gezeigten Funktionen f und g. Beide ha-ben die gleiche Form und die gleichen Maxima. Es ist sogar $g \equiv f + c$ mit einer Konstante $c \in \mathbb{R}$. Ein evolutionärer Algorithmus mag für f recht gut funktionieren, weil der relative Unterschied der Fitness-Werte einen Selektionsdruck aufbaut, der ausreichen dürfte, um die Maxima von f zu finden. Aber da $c \gg \sup_{s \in \Omega} f(s)$, gilt $\forall s \in \text{pop}(t) : g_{\text{rel}}(s) \approx \frac{1}{\mu}$, wobei μ die Populationsgröße ist. Folglich gibt es kaum Selektionsdruck, durch den die Maxima von g gefunden werden könnten.

Da ein evolutionärer Algorithmus die Tendenz hat, die (durchschnittliche) Fit-ness der Individuen von einer Generation zur nächsten zu erhöhen (da bessere In-

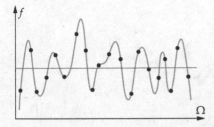 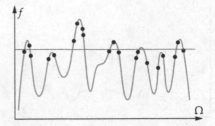

Abbildung 11.7: Beispiel zu verschwindendem Selektionsdruck. Die Punkte stehen für Individuen in einer frühen Phase der Evolution (links) und in einer späteren Generation (rechts). Die horizontale Linie zeigt die durchschnittliche Fitness.

dividuen mit höherer Wahrscheinlichkeit ausgewählt werden), kann er das Problem eines verschwindenden Selektionsdrucks sogar selbst im Laufe der Generationen erzeugen. Wegen der zufälligen Verteilung der Fitness-Werte in der Anfangspopulation, gibt es in frühen Generationen einen recht hohen Selektionsdruck. In späteren Generationen kann dagegen die Bevorzugung besserer Individuen die durchschnittliche Fitness bereits erhöht haben. Folglich ist die Streuung der Fitnesswerte kleiner und damit auch der Selektionsdruck, wie er sich aus einer fitness-proportionalen Selektion ergibt. Dies ist in Abbildung 11.7 veranschaulicht: Das linke Diagramm zeigt eine mögliche Situation in einer frühen Generation (oder der Anfangspopulation), während das rechte Diagramm eine mögliche Situation in einer späteren Generation zeigt. Die graue Kurve ist die Fitness-Funktion, die schwarzen Punkte entsprechen einzelnen Individuen (Lösungskandidaten).

Man beachte, dass das gewünschte Verhalten genau umgekehrt ist: niedriger Selektionsdruck in frühen Generationen (um den Suchraum zu erforschen) und höherer Selektionsdruck in späteren Generationen (um gute Individuen auszunutzen und zu optimieren, vgl. die Betrachtungen am Anfang dieses Abschnitts). Daher ist dies ein besonders unglückliches Verhalten, das mit einer der Methoden bekämpft werden sollte, die in den folgenden Abschnitten vorgestellt werden.

11.2.4 Anpassung der Fitness-Funktion

Eine beliebte Möglichkeit, sowohl Dominanz als auch verschwindenden Selektionsdruck zu vermeiden, ist das *Skalieren der Fitness-Funktion*. Ein sehr einfacher Ansatz ist die *linear dynamische Skalierung*, die die Fitness-Werte mit

$$f_{\mathrm{lds}}(s) = \alpha \cdot f(s) - \min \{ f(s') \mid s' \in \mathrm{pop}(t) \}, \qquad \alpha > 0,$$

skaliert. Der Faktor α bestimmt die Stärke der Skalierung. Statt des Minimums der aktuellen Population $\mathrm{pop}(t)$ kann man auch das Minimum der letzten k Generationen verwenden, um ein robusteres Verhalten zu erreichen.

Eine Alternative ist die *σ-Skalierung*, die die Fitness aller Individuen gemäß

$$f_{\sigma}(s) = f(s) - (\mu_f(t) - \beta \cdot \sigma_f(t)), \qquad \beta > 0,$$

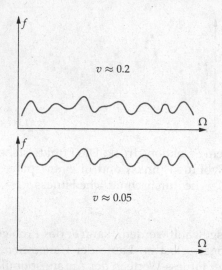

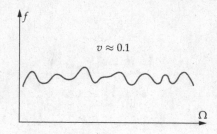

Abbildung 11.8: Veranschaulichung des Variationskoeffizienten. Hohe Werte können zu vorzeitiger Konvergenz führen, niedrige Werte zu verschwindendem Selektionsdruck. $v \approx 0.1$ ist ein guter Kompromiss.

skaliert, wobei

$$\mu_f(t) = \frac{1}{\mu} \sum_{s \in \text{pop}(t)} f(s) \quad \text{und} \quad \sigma_f(t) = \sqrt{\frac{1}{(\mu - 1)} \sum_{s \in \text{pop}(t)} (f(s) - \mu_f(t))^2}$$

der Mittelwert und die Standardabweichung der Fitness-Werte der Individuen in der aktuellen Population sind und β ein vom Benutzer zu wählender Parameter.

Ein Problem beider Ansätze besteht offenbar darin, wie die Parameter α bzw. β gewählt werden sollten. Um dieses Problem zu lösen, betrachtet man den sogenannten *Variationskoeffizienten v* der Fitness-Funktion (im Suchraum oder in der aktuellen Population), der definiert ist als

$$v = \frac{\sigma_f}{\mu_f} = \frac{\sqrt{\frac{1}{|\Omega|-1} \sum_{s' \in \Omega} \left(f(s') - \frac{1}{|\Omega|} \sum_{s \in \Omega} f(s) \right)^2}}{\frac{1}{|\Omega|} \sum_{s \in \Omega} f(s)} \quad \text{oder} \quad v(t) = \frac{\sigma_f(t)}{\mu_f(t)}.$$

Man beachte, dass v eigentlich auf dem gesamten Suchraum Ω definiert ist (linke Gleichung). In der Praxis wird der Variationskoeffizient aus seinem Wert für die aktuelle Population pop(t) geschätzt (rechte Gleichung, pop(t) statt Ω), da wir ihn natürlich nicht für den gesamten Suchraum berechnen können, da dies äquivalent zu einer vollständigen Durchforstung des Suchraums wäre. Um den Variationskoeffizienten zu veranschaulichen, zeigt Abbildung 11.8 die in Abbildung 11.6 gezeigte Fitness-Funktion auf verschiedenen Niveaus, so dass der Variationskoeffizient ungefähr 0.2 (oben links), 0.1 (oben rechts) und 0.05 (unten links) ist.

Empirisch wurde festgestellt, dass ein Wert von $v \approx 0.1$ ein gutes Verhältnis von Durchforstung und Ausnutzung liefert. Daher sollte man, wenn v erheblich von diesem (optimalen) Wert abweicht, versuchen, die Fitness-Funktion f anzupassen (z.B. durch Skalieren oder Potenzieren), so dass $v \approx 0.1$ erreicht wird. D.h., man berechnet $v(t)$ für die aktuelle Population und passt dann die Fitness-Werte so an, dass $v(t) = 0.1$ wird. Dies ist mit der σ-Skalierung besonders einfach, da β und v direkt voneinander abhängig sind: Man sollte $\beta = \frac{1}{v^*}$ mit $v^* = 0.1$ wählen.

Eine weitere ratsame Anpassung der Fitness-Funktion ist es, sie *zeitabhängig* zu machen. D.h., wir berechnen die relativen Fitness-Werte nicht direkt mit der zu optimierenden Funktion $f(s)$, sondern mit $g(s) \equiv (f(s))^{k(t)}$. Der zeitabhängige Exponent $k(t)$ steuert den Selektionsdruck und sollte so gewählt werden, dass der Variationskoeffizient v nahe bei $v^* \approx 0.1$ liegt. [Michalewicz 1996] schlägt

$$k(t) = \left(\frac{v^*}{v}\right)^{\beta_1} \left(\tan\left(\frac{t}{T+1} \cdot \frac{\pi}{2}\right)\right)^{\beta_2 \left(\frac{v}{v^*}\right)^{\alpha}}$$

vor, wobei v^*, β_1, β_2, α Parameter, v der Variationskoeffizient (z.B. aus der Anfangspopulation geschätzt), T die maximale Anzahl an zu berechnenden Generationen und t der aktuelle Zeitpunkt (d.h. der Generationenindex) sind. Für diese Funktion empfiehlt [Michalewicz 1996] $v^* = 0.1$, $\beta_1 = 0.05$, $\beta_2 = 0.1$, $\alpha = 0.1$.

Eine weitere zeitabhängige Fitness-Funktion ist die *Boltzmann-Selektion*. Sie bestimmt die relative Fitness als $g(s) \equiv \exp\left(\frac{f(s)}{kT}\right)$. Der zeitabhängige Temperaturparameter T steuert den Selektionsdruck und k ist eine Normalisierungskonstante, die der Boltzmann-Konstante analog ist. Die Temperatur wird (meist linear) abgesenkt, bis eine vorgegebene maximale Anzahl von Generationen erreicht ist. Die Idee dieser Selektionsmethode ähnelt dem *simulierten Ausglühen* (siehe Abschnitt 10.5.3): In frühen Generationen ist der Temperaturparameter hoch und die relativen Unterschiede zwischen den Fitness-Werten daher klein. In späteren Generationen wird der Temperaturparameter verringert, was zu größeren Fitness-Unterschieden führt. Folglich erhöht sich der Selektionsdruck im Laufe der Generationen.

11.2.5 Das Varianzproblem

Obwohl die Glücksradauswahl danach strebt, Individuen mit einer Wahrscheinlichkeit auszuwählen, die proportional zu ihrer Fitness ist, muss man mit Abweichungen von einem exakt proportionalen Verhalten rechnen, weil der Auswahlprozess zufällig ist. Es gibt daher keine Garantie, dass gute Individuen (etwa Individuen, die besser sind als der Durchschnitt) in die nächste Generation übernommen werden. Selbst das beste Individuum einer Population kann durch die Auswahl fallen, obwohl es zweifellos die besten *Chancen* hat, ausgewählt zu werden und sich zu vermehren. Allgemeiner gilt, dass die Anzahl von Nachkommen, die je Individuum erzeugt werden, wegen der teilweise durch Zufall gesteuerten Auswahl erheblich von ihrem Erwartungswert abweichen kann. Dieses Phänomen wird auch als *Varianzproblem* der Glücksradauswahl oder fitness-proportionalen Selektion bezeichnet.

Eine sehr einfache, aber nicht immer ratsame Lösung dieses Problems besteht darin, die Fitness-Werte zu diskretisieren. Ausgehend vom Mittelwert $\mu_f(t)$ und der Standardabweichung $\sigma_f(t)$ der Fitness-Werte der Individuen der Population, werden Nachkommen gemäß der folgenden Regeln erzeugt: Wenn $f(s) < \mu_f(t) - \sigma_f(t)$, dann wird s verworfen und erzeugt keinen Nachkommen. Wenn $\mu_f(t) - \sigma_f(t) \leq f(s) \leq \mu_f(t) + \sigma_f(t)$, dann wird genau ein Nachkomme von s erzeugt. Wenn $f(s) > \mu_f(t) + \sigma_f(t)$, dann werden zwei Nachkommen von s erzeugt.

Ein Alternative besteht in dem sogenannten *Erwartungswertmodell*, mit dem man versucht, jedem Individuum eine Anzahl von Nachkommen zuzuordnen, die nahe

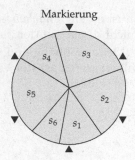

Markierung

Abbildung 11.9: Stochastisches universelles Stichprobenziehen. Diese Methode implementiert das Erwartungswertmodell, nach dem jedes Individuen wenigstens so oft ausgewählt wird, wie der auf eine Ganzzahl abgerundete Erwartungswert seiner Nachkommen angibt.

an ihren Erwartungswert liegt. Genauer werden in diesem Modell für jedes Individuum der aktuellen Population $\lfloor f_{\mathrm{rel}}(s) \cdot |\mathrm{pop}(t)| \rfloor$ Nachkommen erzeugt (wobei $|\mathrm{pop}(t)|$ die Größe dieser Population ist). Dies liefert jedoch i.A. zu wenige Individuen, da meist $\sum_{s \in \mathrm{pop}(t)} \lfloor f_{\mathrm{rel}}(s) \cdot |\mathrm{pop}(t)| \rfloor < |\mathrm{pop}(t)|$ gilt. Um die verbleibenden Plätze in der nächsten Generation zu füllen, kann man verschiedene Methoden einsetzen, wobei die Glücksradauswahl sicherlich zu den natürlichsten gehört. Alternativen umfassen Techniken, wie sie aus der Wahlauswertung für die Zuteilung politischer Mandate oder Sitze in Parlamenten bekannt sind. Zu diesen gehören die *Größte-Reste-Methode*, die *Haré-Niemeyer-Methode*, die *D'Hondt-Methode* etc.

Eine sehr elegante Implementierung des Erwartungswertmodells ist das sogenannte *stochastische universelle Stichprobenziehen* (engl. *stochastic universal sampling*), das als Variante der Glücksradauswahl gesehen werden kann. Wie in Abbildung 11.9 gezeigt, verwendet diese Methode ein Glücksrad, das so viele Markierungen besitzt, wie Individuen ausgewählt werden sollen. Diese Markierungen sind mit gleichen Abständen um das Glücksrad herum angeordnet. Statt nun das Glücksrad einmal für jedes auszuwählende Individuum zu drehen (wie in der normalen Glücksradauswahl), wird es nur einmal gedreht. Jede Markierung liefert dann ein ausgewähltes Individuum. Z.B. bekommen in Abbildung 11.9 s_1 und s_2 je ein Kind, s_3 und s_5 zwei Kinder, während s_4 und s_6 überhaupt keine Kinder bekommen. Es ist unmittelbar klar, dass diese Selektionsmethode sicherstellt, dass Individuen mit überdurchschnittlicher Fitness (und damit einer erwarteten Anzahl von Nachkommen größer als 1) mindestens ein Kind bekommen, aber auch mehr als eines bekommen können. Individuen mit unterdurchschnittlicher Fitness (und damit einer erwarteten Anzahl Nachkommen kleiner als 1) bekommen dagegen kein oder höchstens ein Kind. Das stochastische universelle Stichprobenziehen ist damit eine sehr empfehlenswerte Selektionsmethode, die auch noch bequem zu implementieren ist.

Ein alternativer Ansatz (der jedoch nicht sicherstellt, dass jedes Individuum so viele Kinder bekommt, wie der ganzzahlige Teil des Erwartungswertes anzeigt) ist das folgende Verfahren: Die Individuen werden mit Glücksradauswahl gezogen. Nach jeder Wahl eines Individuums wird seine Fitness um einen gewissen Betrag Δf verringert (und die relative Fitness aller Individuen entsprechend angepasst). Wenn die Fitness eines Individuum negativ wird, wird es verworfen und nimmt an der weiteren Auswahl nicht mehr teil. Der Betrag Δf kann als

$$\Delta f = \frac{\sum_{s \in \mathrm{pop}(t)} f(s)}{|\mathrm{pop}(t)|}$$

gewählt werden, wodurch dieser Ansatz dem Erwartungswertmodell sehr ähnlich wird, oder als

$$\Delta f = \frac{1}{k} \max\{f(s) \mid s \in \mathrm{pop}(t)\},$$

wodurch die Anzahl der Nachkommen des besten Individuums auf k begrenzt wird. Letztere Wahl zielt auf das Dominanzproblem, das so vermindert werden kann.

11.2.6 Rangbasierte Selektion

Bei der *rangbasierten Selektion* werden die Individuen der Population nach ihrer Fitness sortiert und ihnen so ein Rang zugeordnet. Dieser Ansatz ist durch verteilungsfreie Methoden der Statistik inspiriert, speziell etwa die Rangkorrelation. Jedem Rang wird dann eine Wahrscheinlichkeit zugeordnet, wobei den höheren Rängen (und folglich den besseren Individuen) höhere Wahrscheinlichkeiten zugesprochen werden. Für die eigentliche Auswahl wird auf die Glücksradauswahl oder eine ihrer Varianten (wie etwa das Erwartungswertmodell) zurückgegriffen, wobei die Rangwahrscheinlichkeiten die Rolle der relativen Fitness übernehmen.

Die rangbasierte Selektion hat den Vorteil, dass sie den Fitness-Wert und die Selektionswahrscheinlichkeit entkoppelt (die in der normalen Glücksradauswahl proportional zueinander sind). Nur die Reihenfolge der Fitness-Werte, aber nicht ihr absoluter Wert bestimmt die Selektionswahrscheinlichkeit. Folglich kann das Dominanzproblem leicht vermieden werden, nämlich dadurch, dass man die Rangwahrscheinlichkeiten so wählt, dass die höheren Ränge, obwohl sie natürlich mit höheren Wahrscheinlichkeiten ausgestattet werden, die niedrigeren Ränge nicht völlig dominieren. Außerdem führt der Fortschritt eines evolutionären Algorithmus nicht mehr zu einem verschwindenden Selektionsdruck (vgl. Abschnitt 11.2.3), weil die Streuung der Rangwahrscheinlichkeiten nicht von der Streuung der Fitness-Werte abhängt. Indem man die Rangwahrscheinlichkeiten mit der Zeit anpasst, kann man auch die Entwicklung des Selektionsdrucks bequem steuern: Indem Wahrscheinlichkeitsmasse von den niedrigeren zu den höheren Rängen übertragen wird, kann man langsam von Erforschung zu Ausnutzung übergehen.

Der einzige Nachteil einer rangbasierten Selektion ist, dass die Individuen sortiert werden müssen, was einen Rechenaufwand von $O(|\mathrm{pop}| \cdot \log_2 |\mathrm{pop}|)$ mit sich bringt. Im Gegensatz dazu ist die fitness-proportionale Selektion, zumindest in ihrer Grundform oder der Form des stochastischen universellen Stichprobenziehens, linear in der Anzahl der Individuen, weil man lediglich die Fitness-Werte summieren und dann $|\mathrm{pop}|$ Individuen auswählen muss.

11.2.7 Turnierauswahl

Für eine *Turnierauswahl* werden eine bestimmte Anzahl k von Individuen zufällig aus der aktuellen Population gezogen. Diese Individuen tragen ein Turnier aus, das von dem Individuum mit der höchsten Fitness gewonnen wird (wobei Gleichstände zufällig aufgelöst werden, d.h., gibt es mehrere Individuen mit der gleichen, höchsten Fitness, wird eines von ihnen zufällig ausgewählt). Als Preis erhält das Gewinnerindividuum einen Nachkommen in der nächsten Generation. Nach dem Turnier werden alle Individuen (einschließlich des Gewinners) in die aktuelle Population zurückgelegt. Da jedes Turnier genau ein Individuum auswählt, müssen $|\mathrm{pop}|$ Turnier veranstaltet werden, um die nächste Generation zu füllen.

Man beachte, dass alle Individuen mit der gleichen Wahrscheinlichkeit für eine Teilnahme an einem Turnier ausgewählt werden. Ihre Fitness beeinflusst nicht, ob sie an einem Turnier *teilnehmen* dürfen, sondern nur, wie wahrscheinlich es ist, dass sie ein Turnier, an dem sie teilnehmen, *gewinnen*. Offenbar ist es für Individuen mit hoher Fitness wahrscheinlicher, dass sie aus einem Turnier, an dem sie teilnehmen, als Gewinner hervorgehen. Individuen mit geringer Fitness können jedoch trotzem Nachkommen haben, nämlich wenn sie zufällig an einem Turnier teilnehmen, in dem alle anderen Teilnehmer noch geringere Fitness-Werte haben.

Die Individuen, die ein Turnier austragen, können mit oder ohne Zurücklegen ausgewählt werden, was jedoch meist keinen großen Unterschied macht, da Turniere meist relativ klein sind (wenige Teilnehmer), während Populationsgrößen sich in Tausenden bemessen, was eine erneute Auswahl sehr unwahrscheinlich macht.

Die Zahl k, $k \in \{2, 3, \ldots, |\,\mathrm{pop}\,|\}$, die *Turniergröße*, ist ein Parameter dieser Selektionsmethode, der von einem Anwender gewählt werden muss. Mit diesem Parameter kann der Selektionsdruck gesteuert werden: je größer das Turnier, um so stärker der Selektionsdruck. Wenn die Turniere klein sind (wenige Teilnehmer), haben Individuen mit geringer Fitness eine größere Chance, in einem Turnier zu landen, in dem alle Gegner eine noch geringere Fitness haben. Lediglich die $k - 1$ schlechtesten Individuen haben keine Chance auf Fortpflanzung (vorausgesetzt, alle Fitness-Werte sind verschieden und die Individuen eines Turniers werden ohne Zurücklegen ausgewählt). Je größer die Turniere dagegen sind, umso höher ist die Chance, dass mindestens ein anderer Teilnehmer eine hohe Fitness hat, damit das Turnier gewinnt, und so weniger gute Teilnehmer um mögliche Nachkommen bringt.

Turnierauswahl ist sehr gut geeignet, das Dominanzproblem zu vermeiden, da die Fitness-Werte nicht direkt die Selektionswahrscheinlichkeit beeinflussen. Selbst für das beste Individuum ist die zu erwartende Anzahl Nachkommen lediglich die erwartete Anzahl von Turnieren, an denen dieses Individuum teilnimmt. Diese Anzahl hängt von der Turniergröße k ab, aber nicht von der Fitness des Individuums.

In einer Variante der Turnierauswahl wird die deterministische Regel, dass das beste Individuum gewinnt, durch eine fitness-proportionale Auswahl ersetzt. D.h., es wird für jedes Individuum die turnierspezifische relative Fitness berechnet, und der Gewinner wird durch Glücksradauswahl bestimmt. Diese Abwandlung erlaubt schlechteren Individuen, selbst dann Kinder zu bekommen, wenn sie nur an Turnieren teilnehmen, in denen mindestens ein anderer Teilnehmer besser ist als sie.

Ein wichtiger Vorteil der Turnierauswahl ist, dass sie sich ausgezeichnet für eine parallelisierte Implementierung eines evolutionären Algorithmus eignet. Während z.B. die fitness-proportionale Selektion eine Zentralstelle erfordert, die die Fitness-Werte sammelt und normiert (d.h., die relativen Fitness-Werte berechnet), können beliebig viele Turniere parallel abgehalten werden, ohne dass zentrale Berechnungen oder eine Kommunikation zwischen den Turnieren nötig wären. Daher benutzen parallelisierte evolutionäre Algorithmen sehr oft Turnierauswahl.

11.2.8   Elitismus

Wegen des Zufallselementes der Selektionsverfahren, die wir bisher betrachtet haben, garantiert nur das Erwartungswertmodell (und einige seiner Varianten), dass das beste Individuum in die nächste Generation übernommen wird. Doch selbst wenn dies der Fall ist, ist das beste Individuum nicht vor Veränderungen durch genetische Operatoren (Mutation oder Rekombination mit einem anderen Individuum) geschützt. Folglich ist nicht sichergestellt, dass die Güte des besten Lösungskandidaten sich nie von einer Generation zur nächsten verschlechtert.

Da eine solche Verschlechterung sicher nicht wünschenswert ist, wird in evolutionären Algorithmen oft eine Technik namens *Elitismus* eingesetzt. D.h., das beste Individuum (oder auch die k besten Individuen, wobei k von einem Anwender zu wählen ist) werden ohne Änderungen in die nächste Generation übernommen. Dies stellt sicher, dass die beste(n) Lösung(en), die bislang gefunden wurden — d.h. die *Elite* der Population — nie verlorengehen oder (durch genetische Operatoren) zerstört werden können. Man beachte aber, dass andere Kopien der Elite-Individuen immer noch dem normalen Auswahl- und Veränderungsprozess unterworfen werden, in der Hoffnung, dass sie durch genetische Operatoren verbessert werden.

Eine eng verwandte Methode ist *lokaler Elitismus*, die bestimmt, wie Individuen behandelt werden, die durch genetische Operatoren verändert werden. In einem normalen evolutionären Algorithmus gelangen die durch die Anwendung eines genetischen Operators (Mutation oder Cross-Over) erzeugten Nachkommen in die neue Generation, während die Eltern verworfen werden. Wir können auch sagen, dass die Produkte (Kinder) die Originale (Eltern) ersetzen. Bei lokalem Elitismus entscheiden jedoch die Fitness-Werte der beteiligten Individuen, welche tatsächlich in die nächste Generation gelangen. Z.B. ersetzt ein mutiertes Individuum das Original nur dann, wenn seine Fitness besser ist als die des Originals. Von den vier in einem Cross-Over auftretenden Individuen (zwei Eltern, zwei Kinder), werden die beiden besten bestimmt und in die nächste Generation aufgenommen (was dazu führen kann, dass die beiden Eltern behalten und die beiden Kinder verworfen werden).

Evolutionäre Algorithmen, die (globalen oder lokalen) Elitismus verwenden, zeigen für gewöhnlich bessere Konvergenzeigenschaften, da lokale Optima konsistenter angesteuert werden. Speziell der lokale Elitismus birgt jedoch auch die Gefahren einer vorzeitigen Konvergenz und des Hängenbleibens in einem lokalen Optimum, weil keine (lokalen) Verschlechterungen möglich sind.

11.2.9 Nischentechniken

Das Ziel von *Nischentechniken* besteht darin, Übervölkerung (engl. *crowding*) zu vermeiden, wie sie in Abschnitt 11.2.1 beschrieben wurde, d.h., ein Mangel an Diversität, weil viele ähnliche Individuen gebildet oder ausgewählt werden. Hier betrachten wir die *deterministische Übervölkerung* und das *Teilen*.

Bei der *deterministischen Übervölkerung* (engl. *deterministic crowding*) sollen die erzeugten Nachkommen möglichst diejenigen Individuen der Population ersetzen, die ihnen am ähnlichsten sind. Dadurch kann die lokale Dichte der Individuen in einzelnen Gegenden des Suchraums nicht so leicht wachsen. Um diese Idee umzusetzen, brauchen wir natürlich ein Ähnlichkeits- oder Abstandmaß für die Individuen. Wenn die Chromosomen binärkodiert sind, mag der *Hamming-Abstand* eine geeignete Wahl sein. In anderen Fällen benötigt man spezielle Ähnlichkeits- oder Abstandsmaße, die auf die spezifische Kodierung der Lösungskandidaten Rücksicht nehmen. Es ist daher nicht möglich, allgemein verwendbare Maße anzugeben.

Eine Variante der deterministischen Übervölkerung, die außerdem Ideen des Elitismus (siehe den vorangehenden Abschnitt) enthält, ist der folgende Ansatz: in einer Cross-Over-Operation werden die beiden Eltern und die beiden Kinder in zwei

Paare eingeteilt, von denen jedes aus einem Elter und einem Kind besteht. Dabei sollte ein Kind möglichst demjenigen Elter zugeordnet werden sollte, dem es ähnlicher ist. Wenn beide Kinder dem gleichen Elter ähnlicher sind, wird das weniger ähnliche Kind dem anderen Elter zugeordnet. Gleichstände werden willkürlich aufgelöst. Aus jedem Paar wird dann das bessere Individuum gewählt und in die nächste Generation übernommen. Der Vorteil dieser Variante ist, dass wesentlich weniger Vergleiche berechnet werden müssen als in einem globalen Ansatz, der die ähnlichsten Individuen in der ganzen Population aufspüren muss.

Die Idee des *Teilens* (engl. *sharing*) besteht darin, die Fitness eines Individuums zu verringern, wenn es in seiner Nachbarschaft andere Individuen gibt (und folglich brauchen wir wieder ein Ähnlichkeits- oder Abstandsmaß für Individuen, um die Nachbarschaft zu definieren). Anschaulich müssen sich die Individuen die Resourcen einer Nische (d.h. einer Region im Suchraum) teilen, was eine negative Wirkung auf ihre Fitness hat. Eine mögliche Wahl für die Fitness-Reduktion ist

$$f_{\text{share}}(s) = \frac{f(s)}{\sum_{s' \in \text{pop}(t)} g(d(s, s'))},$$

wobei d ein Abstandsmaß für die Individuen ist und g die Größe und Form der Nische definiert. Ein konkretes Beispiel ist das *Exponentialgesetzteilen* (engl. *power law sharing*), das

$$g(x) = \begin{cases} 1 - \left(\frac{x}{\varrho}\right)^{\alpha} & \text{falls } x < \varrho, \\ 0, & \text{sonst,} \end{cases}$$

benutzt, wobei ϱ der Radius der Nische und α die Stärke der Wechselwirkung der Individuen (der Grad des Teilens der Resourcen) ist.

11.2.10 Charakterisierung von Selektionsmethoden

Selektionsmethoden werden oft durch bestimmte Begriffe charakterisiert, die ihre Eigenschaften beschreiben und damit einem Anwender ihre Wahl erleichtern sollen. Einige der wichtigeren Begriffe sind in Tabelle 11.3 zusammengestellt.

Die Unterscheidung von „statisch" und „dynamisch" beschreibt, ob sich der Selektionsdruck mit der Zeit ändert (vorzugsweise von niedrig: Erforschung — zu hoch: Ausnutzung), was durch die (relativen) Selektionswahrscheinlichkeiten für Individuen mit verschiedenen Fitness-Werten gesteuert wird. Die Charakterisierung als „auslöschend" (engl. *estinguishing*) oder „erhaltend" (engl. *preservative*) danach, ob Selektionswahrscheinlichkeiten Null sein können oder nicht, mag irreführend sein, da auch erhaltende Selektionsmethoden nicht alle Lösungskandidaten erhalten (können): Wegen des Zufallselementes der meisten Selektionsverfahren garantiert eine positive Wahrscheinlichkeit noch kein Überleben. Außerdem können nicht alle Lösungskandidaten erhalten werden, da dies wegen der begrenzten Population eine Vermehrung der besseren unmöglich machte. Der Zweck der Einschränkung, dass Individuen nur in einer Generation Nachkommen haben dürfen („reinrassig", engl. *pure-bred*) statt in mehreren („gemischtrassig", engl. *under-bred*) dient dazu, die Gefahr einer Übervölkerung einzelner Regionen des Suchraums zu vermindern, da Nachkommen dazu neigen, ihren Eltern ähnlich zu sein. „Linke" Selektionsmethoden, in denen den besten Individuen die Fortpflanzung versagt ist, verhindern eine

Begriff	Bedeutung
statisch	Selektionswahrscheinlichkeiten sind fest.
dynamic	Selektionswahrscheinlichkeiten ändern sich.
auslöschend	Selektionswahrscheinlichkeiten können 0 sein.
erhaltend	Alle Selektionswahrscheinlichkeiten sind größer 0.
reinrassig	Individuen können nur in einer Generation Nachkommen haben.
gemischtrassig	Individuen können in mehreren Generationen Nachkommen haben.
rechts	Alle Individuen einer Population können sich fortpflanzen.
links	Die besten Individuen einer Population können sich *nicht* fortpflanzen.
im Fluge	Nachkommen ersetzen unmittelbar ihre Eltern.
generationenbasiert	Die Menge der potentiellen Eltern ist fest, bis alle Nachkommen erzeugt sind.

Tabelle 11.3: Charakterisierung von Selektionsmethoden.

vorzeitige Konvergenz dadurch, dass (auch) Nachkommen von schlechteren Individuen erzwungen werden, wodurch die Erforschung des Suchraums explizit bevorzugt wird. Im Gegensatz dazu gibt es in „rechten" Selektionsmethoden keine solche Einschränkung. Schließlich verändern Selektionsmethoden, die „im Fluge" (engl. *on the fly*) arbeiten, die Population ständig durch Entfernen und Neueinfügen von Individuen (wie es auch in der Natur der Fall ist), während „generationenbasierte" (engl. *generational*) Methoden eine strikt diskretisierte Zeit benutzen.

11.3 Genetische Operatoren

Genetische Operatoren werden auf einen bestimmten Teil der Individuen einer Generation angewendet, um Variationen und Rekombinationen existierender Lösungskandidaten zu erzeugen. Obwohl zu erwarten ist, dass die meisten dieser Variationen schädlich sein werden, besteht eine gewisse Hoffnung, dass einige dieser Variationen (ein wenig) bessere Lösungskandidaten ergeben.

Genetische Operatoren werden meist nach der Anzahl der Individuen („Eltern"), auf denen sie arbeiten, in *Mutations*- oder *Variationsoperatoren* (nur ein Individuum/Elter, siehe Abschnitt 11.3.1), *Cross-Over-Operatoren* (zwei Individuen/Eltern, siehe Abschnitt 11.3.2) und Mehr-Elter-Operatoren (mehr als zwei Individuen, siehe Abschnitt 11.3.3) eingeteilt. Die letzten beiden Kategorien (d.h. mit mehr als einem Elter) werden manchmal auch allgemein *Rekombinationsoperatoren* genannt.

Ein wichtiger Aspekt genetischer Operatoren ist, ob der Suchraum unter ihrer Anwendung abgeschlossen ist (siehe Abschnitt 11.1.3). Wenn Lösungskandidaten z.B. als Permutationen kodiert sind (siehe etwa das Problem des Handlungsreisenden, Abschnitt 10.6), dann sollten die genetischen Operatoren diese Eigenschaft erhalten. D.h., wenn sie auf Eltern angewendet werden, die Permutationen sind, sollten die Nachkommen wieder Permutationen sein.

11.3.1 Mutationsoperatoren

Genetische Ein-Elter-Operatoren werden allgemein als *Mutations-* oder *Variationsoperatoren* bezeichnet. Diese Operatoren dienen i.w. dazu, ein Element *lokaler Suche* einzuführen, indem sie Nachkommen erzeugen, die ihrem Elter (sehr) ähnlich sind.

Wenn ein Lösungskandidat als Bitfolge kodiert ist (d.h., die Chromosomen bestehen aus Nullen und Einsen), dann ist *Bitmutation* die übliche Wahl. Sie besteht darin, dass zufällig gewählte Allele invertiert werden, d.h., eine 1 wird zu einer 0 und umgekehrt. Der folgende Algorithmus formalisiert diese Operation:

Algorithmus 11.1 (Bitmutation)

procedure *mutate_bits* (**var** $\vec{s}$: *array of bit*, p_m: *real*);
begin   (* *Mutationsrate* p_m *)
  for $i \in \{1, \ldots, length(s)\}$ **do begin**
    $u \leftarrow$ *ziehe zufällig aus* $U([0,1))$;
    if $u \leq p_m$ **then** $s_i \leftarrow 1 - s_i$; **end**
  end
end

Empirisch zeigte sich, dass $p_m = 1/length(s)$ oft nahezu optimal ist.

Während die Anzahl der Bits, die in der Standardform der Bitmutation invertiert werden, zufällig ist und daher in jeder Anwendung unterschiedlich sein kann (genauer: die Anzahl folgt einer Binomialverteilung mit dem Parameter p_m), wird diese Anzahl in einer häufig verwendeten Variante festgelegt. In diesem Fall wird die Mutationsrate p_m durch eine Anzahl n, $1 \leq n < length(s)$, von zu invertierenden Bits ersetzt, oder durch einen Bruchteil p_b, $1 < p_b < 1$, der mit $n = \lfloor p_b \cdot length(s) \rfloor$ in eine Anzahl von Bits umgerechnet wird. Wir bezeichnen diese Variante als *n-Bit-Mutation*. Der Spezialfall $n = 1$, der genau ein zufällig gewähltes Bit des Chromosoms invertiert, heißt *Ein-Bit-Mutation*.

Für Chromosomen, die Vektoren von reellen Zahlen sind, ist die *Gaußmutation* am verbreitetsten. Sie addiert zu jedem Gen eine Zufallszahl, die aus einer Normalverteilung (oder Gaußverteilung) gezogen wird, wie der folgende Algorithmus zeigt:

Algorithmus 11.2 (Gaußmutation)

procedure *mutate_gauss* (**var** $\vec{x}$: *array of real*, σ: *real*);
begin   (* *Standardabweichung* σ *)
  for $i \in \{1, \ldots, length(x)\}$ **do begin**
    $u \leftarrow$ *ziehe zufällig aus* $N(0, \sigma)$;
    $x_i \leftarrow x_i + u$;
    $x_i \leftarrow \max\{x_i, l_i\}$;   (* *Untergrenze* l_i *des Wertebereichs von* x_i *)
    $x_i \leftarrow \min\{x_i, u_i\}$;   (* *Obergrenze* u_i *des Wertebereichs von* x_i *)
  end
end

Der Parameter σ bestimmt die Streuung der Zufallszahlen und entspricht der Standardabweichung der Normal- oder Gaußverteilung. Er kann zu einem gewissen Grade dazu benutzt werden zu steuern, ob eine Erforschung des Suchraums bevorzugt (großes σ) oder eine lokale Optimierung ausgeführt werden soll (Ausnutzung, kleines σ). Es ist daher naheliegend, σ mit der Zeit zu verkleinern.

Eine Erweiterung der Gaußmutation ist die sogenannte *selbstadaptive Gaußmutation*. Statt einer einzelnen Standardabweichung σ, die für alle Chromosomen benutzt wird, erhält jedes Chromosom x seine eigene Standardabweichung σ_x, die zur Mutation seiner Gene verwendet wird. Außerdem werden nicht nur die Gene des Chromosoms x, sondern auch seine Standardabweichung σ_x mit einer Mutationsoperation angepasst. Der folgende Algorithmus formalisiert diese Operation:

Algorithmus 11.3 (Selbstadaptive Gaußmutation)

procedure *mutate_gsa* (**var** $\vec{x}$: *array of real*, **var** σ_x: *real*);
begin $(*$ *chromosomenspezifische Standardabweichung* σ_x $*)$
  $u \leftarrow$ *ziehe zufällig aus* $N(0,1)$;
  $\sigma_x \leftarrow \sigma_x \cdot \exp(u / \sqrt{length(x)})$;
  for $i \in \{1, \ldots, length(x)\}$ **do begin**
   $u \leftarrow$ *ziehe zufällig aus* $N(0, \sigma_x)$;
   $x_i \leftarrow x_i + u$;
   $x_i \leftarrow \max\{x_i, l_i\}$; $(*$ *Untergrenze* $l[i]$ *des Wertebereichs von* x_i $*)$
   $x_i \leftarrow \min\{x_i, u_i\}$; $(*$ *Obergrenze* $u[i]$ *des Wertebereichs von* x_i $*)$
  end
end

Die selbstadaptive Gaußmutation nutzt evolutionäre Anpassungen nicht nur, um gute Lösungskandidaten zu finden, sondern gleichzeitig, um die Mutationsschrittweiten zu optimieren (evolutionsstrategisches Prinzip, siehe Abschnitt 10.2). Anschaulich können wir sagen, dass Chromosomen mit einer „geeigneten" Standardabweichung — d.h. einer Standardabweichung, die zu Schritten „geeigneter Länge" in der Region des Suchraums führt, in dem sich das Chromosom befindet — eine größere Chance haben, gute Nachkommen zu erzeugen. Folglich wird sich diese Standardabweichung in der Population ausbreiten, zumindest unter den Individuen, die in der gleichen Region des Suchraums angesiedelt sind.

Eine Verallgemeinerung der (Ein-)Bitmutation auf Chromosomen die aus mehr oder weniger beliebigen Datenobjekten besteht, ist die sogenannte *Standardmutation*. Sie ersetzt einfach das aktuelle Allel eines zufällig ausgewählten Gens durch ein ebenso zufällig ausgewähltes anderes Allel. Ein Beispiel für ein Chromosom, das aus Ganzzahlen besteht (vgl. z.B. die Chromosomen, die wir in Abschnitt 10.4 verwendet haben) ist in Abbildung 11.10 gezeigt: Im dritten Gen wird das Allel 4 durch das Allel 6 ersetzt. Falls gewünscht, können mehrere Gene mutiert werden (vgl. das *n*-Damen-Problem in Abschnitt 10.4, speziell Abbildung 10.5 auf Seite 176).

Wie die Bitmutation besitzt die Standardmutation als Parameter entweder eine Mutationsrate p_m, die die Wahrscheinlichkeit angibt, dass ein Gen mutiert wird, oder eine Anzahl n von Genen, die mutiert werden sollen. Das neue Allel wird einfach gleichverteilt aus den anderen möglichen Allelen ausgewählt, d.h., jedes andere Allel hat die gleiche Wahrscheinlichkeit.

Der Mutationsoperator *Transposition* oder *Paartausch* tauscht die Allele zweier zufällig ausgewählter Gene in einem Chromosom aus (siehe Abbildung 11.11). Natürlich kann dieser Operator nur angewandt werden, wenn die betroffenen Gene die gleiche Menge möglicher Allele haben. Denn sonst könnte sich ein Chromosom ergeben, das ein Individuum außerhalb des Suchraums beschreibt, und das dann eine besondere Behandlung erfordert (vgl. Abschnitt 11.1.3). Die Transposition ist

Abbildung 11.10: Beispiel einer Standardmutation: ein Allel eines Gens wird durch ein zufällig gewähltes anderes Allel ersetzt.

Abbildung 11.11: Beispiel einer Transposition: zwei Gene tauschen ihre Allele.

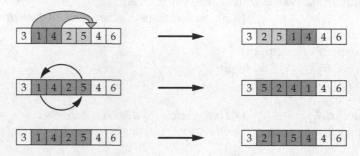

Abbildung 11.12: Mutationsoperatoren auf Teilfolgen: Verschiebung, Umkehrung (Inversion), und beliebige Permutation.

ein ausgezeichneter Mutationsoperator, wenn die Chromosomen Permutationen einer Menge von Ganzzahlen sind (wie etwa beim Problem des Handlungsreisenden, siehe Abschnitt 10.6), weil die Menge der Permutationen offensichtlich unter dieser Operation abgeschlossen ist.

Verallgemeinerungen der Transposition sind verschiedene Formen von (eingeschränkten) Permutationen der Allele einer Gruppe von Genen, die meist eine Teilfolge von $3, 4, \ldots, k$ Genes in dem Chromosom bilden. Zu diesen gehören die *Verschiebung* (engl. *shift*) einer Teilfolge an einen neuen Ort (was auch als eine begrenzte *zyklische Permutation* gesehen werden kann), die *Umkehrung* oder *Inversion* einer Teilfolge (d.h., die Ordnung der Allele wird umgedreht) und schließlich die Anwendung einer beliebigen *Permutation* auf die Allele einer Teilfolge. Abbildung 11.12 zeigt Beispiele für diese Operatoren anhand von Chromosomen, die Ganzzahlvektoren sind. Offenbar erfordern alle diese Operatoren, dass die Allelmengen der Gene in den betroffenen Teilfolgen gleich sind. Sie können mit der Länge der Teilfolge oder einer Wahrscheinlichkeitsverteilung über solche Längen parametrisiert werden. Da alle Operatoren dieses Typs lediglich die Allele permutieren, erhalten sie natürlich die Eigenschaft eines Chromosoms, eine Permutation einer Menge von Zahlen zu sein und sind daher bestens geeignet, wenn dies erforderlich ist, um den Suchraum unter den Mutationsoperatoren abgeschlossen zu machen (wie z.B. das Problem des Handlungsreisenden, siehe Abschnitte 10.6 und 11.1.3).

11.3.2   Cross-Over-Operatoren

Genetische Operatoren, die auf zwei Elternindividuen arbeiten, werden allgemein *Cross-Over-Operatoren* genannt. Der am besten bekannte Cross-Over-Operator ist das

Abbildung 11.13: Beispiel zum Einpunkt-Cross-Over.

Abbildung 11.14: Beispiel zum Zweipunkt-Cross-Over.

Abbildung 11.15: Beispiel zum uniformen Cross-Over. Für jedes Gen wird unabhängig entschieden, ob es ausgetauscht wird (+) oder nicht (−).

sogenannte *Einpunkt-Cross-Over* (siehe Abbildung 11.13): Ein Schnittpunkt wird zufällig gewählt und die Genfolgen auf einer Seite dieses Schnittpunktes werden zwischen den (Eltern-)Chromosomen ausgetauscht.

Eine direkte Erweiterung des Einpunkt-Cross-Over ist das *Zweipunkt-Cross-Over* (siehe Abbildung 11.14). Bei diesem Cross-Over-Operator werden zwei Schnittpunkte gewählt und der Abschnitt zwischen diesen beiden Schnittpunkten wird zwischen den (Eltern-)Chromosomen ausgetauscht.

Eine naheliegende Verallgemeinerung dieser Formen ist das *n-Punkt-Cross-Over*, bei dem n Schnittpunkte gewählt werden. Die Nachkommen werden erzeugt, indem die Abschnitte der Eltern-Chrosomen zwischen aufeinanderfolgenden Schnittpunkte abwechselnd ausgetauscht und beibehalten werden.

Als Beispiel und weil wir es in späteren mehrfach Algorithmen brauchen (vgl. Abschnitt 12.1), formulieren wird das Einpunkt-Cross-Over als Algorithmus (man beachte, dass der Wert eines „Allels" von der Kodierung anhängt; es kann ein Bit, eine Ganzzahl, eine reelle Zahl etc. sein):

Algorithmus 11.4 (Einpunkt-Cross-Over)

procedure *crossover_1point* (**var** $\vec{r}, \vec{s}$: *array of allele*);
begin (* *tausche einen Teil zweier Chromosomen* *)
   $c \leftarrow$ *ziehe zufällig aus* $\{1, \ldots, length(\vec{s}) - 1\}$; (* *wähle Schnittpunkt* *)
   for $i \in \{0, \ldots, c - 1\}$ **do begin** (* *durchlaufe den zu tauschenden Abschnitt* *)
      $t \leftarrow r_i; r_i \leftarrow s_i; s_i \leftarrow t;$ **end** (* *tausche Gene bis zum Schnittpunkt* *)
end

Statt eine bestimmte Anzahl von Schnittpunkten zu wählen, bestimmt das *uniforme Cross-Over* für jedes Gen unabhängig, gesteuert von einer Austauschwahrscheinlichkeit p_x, ob es ausgetauscht wird oder nicht (siehe Abbildung 11.15; ein „+" bedeutet, dass die Gene ausgetauscht, ein „−", dass sie beibehalten werden). Man beachte,

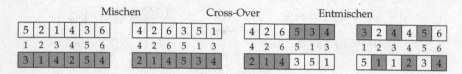

Abbildung 11.16: Beispiel zum Misch-Cross-Over (mit Einpunkt-Cross-Over).

Abbildung 11.17: Beispiel zum uniformen ordnungsbasierten Cross-Over.

dass das uniforme Cross-Over *nicht* äquivalent zu einem $(L-1)$-Punkt-Cross-Over ist (wobei $L = \text{length}(s)$), da das $(L-1)$-Punkt-Cross-Over abwechselnd Gene austauscht und beibehält. Uniformes Cross-Over wählt vielmehr die Anzahl der Schnittpunkte zufällig. (Man beachte aber, dass die verschiedenen Anzahlen von Schnittpunkten *nicht* gleichwahrscheinlich sind: Anzahlen nahe an $L/2$ sind wahrscheinlicher als große und kleine Anzahlen von Schnittpunkten.)

Misch-Cross-Over (engl. *shuffle crossover*) mischt die Gene zufällig, bevor ein beliebiger anderer Zwei-Elter-Operator angewandt wird, und entmischt die Gene anschließend wieder. Am häufigsten wird das Misch-Cross-Over mit einem einfachen Einpunkt-Cross-Over implementiert, wie es in Abbildung 11.16 gezeigt ist. Man sollte beachten, dass das Misch-Cross-Over *nicht* äquivalent zum uniformen Cross-Over ist. Beim uniformen Cross-Over ist die Anzahl der ausgetauschten Gene binomialverteilt mit dem Parameter p_x. Beim Misch-Cross-Over in Kombination mit dem Einpunkt-Cross-Over ist dagegen jede Anzahl von ausgetauschten Genen gleichwahrscheinlich. Dies ist einer der Gründe, warum das Misch-Crossover einer der empfehlenswertesten Cross-Over-Operatoren ist (vgl. auch Abschnitt 11.3.4).

Wenn die Chromosomen Permutationen sind, ist keiner der bisher betrachteten Cross-Over-Operatoren geeignet, weil keiner von ihnen sicherstellt, dass die erzeugten Kinder wieder Permutationen sind. Für Permutationen sollten spezielle, sogenannte *permutationserhaltende Cross-Over-Operatoren* verwendet werden, von denen wir hier zwei Varianten betrachten.

Uniformes ordnungsbasiertes Cross-Over ähnelt dem uniformen Cross-Over, da es ebenfalls für jedes Gen unabhängig entscheidet, ob es erhalten oder ausgetauscht werden soll (wobei die Entscheidung mit Hilfe einer Erhaltenswahrscheinlichkeit p_k getroffen wird). Es unterscheidet sich vom uniformen Cross-Over dadurch, wie es die Gene behandelt, die nicht erhalten werden sollen, d.h., wie die Lücken zwischen den erhaltenen Genen gefüllt werden. Diese Lücken können nämlich nicht einfach dadurch gefüllt werden, dass die entsprechenden Gene des anderen Elter eingefügt werden (wie im uniformen Cross-Over), da dies zu einem Chromosom führen könnte, das keine Permutation ist. Stattdessen werden die fehlenden Allele (Zahlen) gesammelt und in der Reihenfolge in die Lücken eingefügt, in der sie im anderen Elter auftreten (daher die Bezeichnung „ordnungsbasiert").

Ein Beispiel ist in Abbildung 11.17 gezeigt: die Pluszeichen markieren die Gene, die erhalten werden sollen. Es bleiben drei Lücken, die gefüllt werden müssen. Im

A: | 6 | 3 | 1 | 5 | 2 | 7 | 4 | B: | 3 | 7 | 2 | 5 | 6 | 1 | 4 |

Abbildung 11.18: Beispiel Eltern-Chromosomen für die Kantenrekombination.

| 6 | 5 | 2 | 7 | 4 | 3 | 1 |

Abbildung 11.19: Beispielkind, dass durch Kantenrekombination aus den Eltern in Abbildung 11.18 erzeugt wurde.

oberen Chromosom fehlen die Zahlen 3, 6 und 7, die im unteren Elter in der Reihenfolge 3, 7, 6 auftreten. In dieser Reihenfolge werden sie in die Lücken des oberen Chromosoms eingesetzt. Im unteren Chromsom fehlen die Zahlen 2, 5 und 7, die im oberen Elter in der Reihenfolge 5, 7, 2 auftreten. In dieser Reihenfolge werden sie in die Lücken des unteren Chromosoms eingesetzt.

Man beachte, dass nicht nur der Raum der Permutationen unter diesem Operator abgeschlossen ist, sondern dass er auch Ordnungsinformation erhält. Die erhaltenen Gene werden trivialerweise in der Ordnung erhalten, in der sie auftreten, während die Gene, mit denen die Lücken gefüllt werden, die Ordnung erhalten, in der sie im anderen Elter auftreten. Diese Eigenschaft kann für bestimmte Probleme und zugehörige Kodierungen der Lösungskandidaten nützlich sein, z.B. wenn Abarbeitungsreihenfolgen von Aufgaben in Planungsproblemen optimiert werden.

Eine anderer permutationserhaltender Cross-Over-Operator ist die sogenannte *Kantenrekombination*. Er wurde speziell für das Problem des Handlungsreisenden (siehe Abschnitt 10.6) entwickelt, in dem Rundreisen als Permutationen der besuchten Städte kodiert werden. Bei dieser Methode wird ein Chromosom als ein Graph gesehen oder eigentlich als eine Kette oder ein Ring von Kanten: Jedes Allel ist mit seinen Nachbarn im Chromosom durch Kanten verbunden. Außerdem sind das erste und das letzte Allel durch eine Kante verbunden. Die Cross-Over-Operation rekombiniert die Kanten der beiden Elternringe, was den Namen dieser Methode erklärt. Dieser Operator erhält Nachbarschaftsinformation.

Die Kantenrekombination ist ein vergleichsweise kompliziertes Verfahren, das in zwei Schritten abläuft. Im ersten Schritt wird eine *Kantentabelle* aufgestellt: für jedes Allel werden seine Nachbarn (in beiden Eltern) aufgelistet (wobei das letzte Allel ein Nachbar des ersten ist und umgekehrt). Wenn ein Allel in beiden Eltern den gleichen Nachbarn hat (wobei die Seite irrelevant ist), wird dieser Nachbar nur einmal aufgeführt, aber markiert, um anzuzeigen, dass er gesondert behandelt werden muss. Als Beispiel zeigt Tabelle 11.4 links die Kantentabelle für die beiden Eltern-Chromosomen die in Abbildung 11.18 gezeigt sind. In der Spalte „aggregiert" sind doppelte Nachbarn nur einmal aufgeführt und mit einem Stern markiert.

Im zweiten Schritt wird ein Kind erzeugt, wie in Tabelle 11.4 rechts gezeigt ist. Das erste Allel ist das erste Allel eines zufällig gewählten Elternchromosoms. D.h., mit den Beispieleltern aus Abbildung 11.18 können wir entweder mit 6 (erstes Allel von A) oder mit 3 anfangen (erstes Allel von B). In diesem Beispiel wählen wir 6. Das gewählte Allel wird aus allen Nachbarlisten der Kantentabelle gestrichen und seine eigene Nachbarliste wird ausgelesen (siehe die dritte Spalte der Tabelle in Tabelle 11.4 rechts; die Nachbarliste ist fettgedruckt). Aus dieser Nachbarliste wird ein Allel gemäß der folgenden Vorrangregeln gewählt:

Allel	Nachbar in A	in B	aggregiert
1	3, 5	6, 4	3, 4, 5, 6
2	5, 7	7, 5	5*, 7*
3	6, 1	4, 7	1, 4, 6, 7
4	7, 6	1, 3	1, 3, 6, 7
5	1, 2	2, 6	1, 2*, 6
6	4, 3	5, 1	1, 3, 4, 5
7	2, 4	3, 2	2*, 3, 4

Allel	Nachbar	Wahl: 6	5	2	7	4	3	1
1	3, 4, 5, 6	3, 4, 5	3, 4	3, 4	3, 4	3		
2	5*, 7*	5*, 7*	7*	7*	—	—	—	—
3	1, 4, 6, 7	1, 4, 7	1, 4, 7	1, 4, 7	1, 4	1	**1**	—
4	1, 3, 6, 7	1, 3, 7	1, 3, 7	1, 3, 7	1, 3	**1, 3**	—	—
5	1, 2*, 6	1, 2*	**1, 2***	—	—	—	—	—
6	1, 3, 4, 5	**1, 3, 4, 5**	—	—	—	—	—	—
7	2*, 3, 4	2*, 3, 4	2*, 3, 4	3, 4	**3, 4**	—	—	—

Tabelle 11.4: Beispiel einer Kantentabelle für die Kantenrekombination (links, vgl. Abbildung 11.18) und die Konstruktion eines Nachkommen aus einer solchen Kantentabelle durch Kantenrekombination (rechts, vgl. Abbildung 11.19).

1. markierte Nachbarn (d.h. Nachbarn, die in beiden Eltern auftreten),

2. Nachbarn mit kürzesten Nachbarlisten (markierte Nachbarn zählen einfach),

3. ein beliebiger Nachbar,

4. ein Allel, dass noch nicht im erzeugten Kind vorkommt.

Wenn es auf der höchsten anwendbaren Prioritätsstufe mehrere Möglichkeiten gibt, wird eines der auf dieser Stufe verfügbaren Allele zufällig ausgewählt (d.h., Gleichstände werden zufällig aufgelöst). In Tabelle 11.4 hat Allel 6 die Nachbarn 1, 3, 4 und 5. Keiner dieser Nachbarn ist markiert. Die erste Prioritätsstufe ist also leer, weswegen wir zur zweiten Prioritätsstufe übergehen. Hier haben die Nachbarlisten von 1, 3 und 4 jeweils vier Elemente, während die Nachbarliste der 5 nur drei Elemente enthält (weil das Allel 2 wegen seines doppelten Auftretens als Nachbar in dieser Liste markiert ist und daher nur einfach gezählt wird). Folglich müssen wir Allel 5 wählen, das so zum zweiten Allel des Kindes wird.

Der Vorgang wird dann mit diesem Allel fortgeführt: es wird aus allen Einträgen in der Kantentabelle entfernt und aus seiner Nachbarliste wird ein Nachbar gemäß der obigen Vorrangregeln gewählt (siehe die vierte Spalte in Tabelle 11.4 rechts; die Liste der Nachbarn ist wieder fettgedruckt). Da Allel 2 in der Nachbarliste markiert ist (und das einzige markierte Allel in dieser Liste ist), wird es wegen der ersten Vorrangregel ausgewählt und wird so zum dritten Allel des Kindes. Der Prozess der Auswahl von Nachbarn wird dann auf die gleiche Weise fortgeführt, bis das Kind vollständig ist, wie in den restlichen Spalten der Tabelle 11.4 rechts gezeigt. Wir erhalten so schließlich das Kind-Chromosom in Abbildung 11.19.

Analog zu diesem Prozess kann ein zweites Kind aus dem ersten Allel des anderen Elter erzeugt werden (hier: 3, da wir mit 6 angefangen haben). Dies wird jedoch nur selten so gemacht; meist wird je Elternpaar nur ein Kind erzeugt.

Man beachte, dass die Vorrangregeln markierte Allele gegenüber nicht markierten bevorzugen, um die Wahrscheinlichkeit zu erhöhen, dass Kanten, die in beiden Eltern vorhanden sind, in das Kind übernommen werden. Allele mit kurzen Nachbarlisten werden bevorzugt, um die Wahrscheinlichkeit zu verringern, dass man in

Abbildung 11.20: Beispiel zum Diagonal-Cross-Over.

einem späteren Schritt aus der letzten Prioritätsklasse (ein beliebiges Allel, dass noch nicht im Kind vorkommt) wählen muss, da dies eine neue Kante einführt, die in keinem der beiden Eltern vorkommt. Das Grundprinzip ist sehr einfach: kurze Nachbarlisten sind einem höheren Risiko ausgesetzt, durch Allelauswahlen leer zu werden. Daher sollte man sie früher verarbeiten als längere Listen.

Man beachte, dass die gerade beschriebene Kantenrekombination auch dann eingesetzt werden kann, wenn das erste und das letzte Allel eines Chromosoms *nicht* als benachbart angesehen werden. In diesem Fall sind einfach die zugehörigen Kanten (die den Ring oder Kreis schließen), nicht in die Kantentabelle aufzunehmen, so dass lediglich Ketten dargestellt werden. Wenn wir dagegen das erste und letzte Allel als Nachbarn auffassen, dann können wir im Prinzip ein beliebiges Startallel wählen, und nicht nur eines der ersten Allele der beiden Eltern. Diese Einschränkung (oder seine äquivalente Form, nämlich dass das letzte Allel eines der beiden Eltern als Startpunkt gewählt wird) wird nur benötigt, wenn man das erste und das letzte Allel *nicht* als benachbart ansieht, so dass das Kind von einem der beiden Endpunkte der Ketten aus konstruiert werden muss, die die Eltern darstellen.

11.3.3 Mehrelter-Operatoren

Das *Diagonal-Cross-Over* ist ein Rekombinationsoperator, der auf drei oder mehr Eltern angewendet wird und als eine Verallgemeinerung des Einpunkt-Cross-Over gesehen werden kann. Für k Eltern-Chromosomen wählt man zufällig $k-1$ verschiedene Schnittpunkte aus $\{1, \ldots, L-1\}$, wobei L die Länge der Chromosomen ist. Der i-te Abschnitt, $i = 2, \ldots, k$, (d.h., der Abschnitt zwischen dem $(i-1)$-ten und dem i-ten Schnittpunkt, wobei als k-ter Schnittpunkt stets das Ende der Chromosomen verwendet wird) wird dann zyklisch $(i-1)$ Schritte weit über die k Chromosomen verschoben. Als Beispiel zeigt Abbildung 11.20 ein Diagonal-Cross-Over von drei Eltern-Chromosomen und folglich zwei Schnittpunkten. Man sagt dem Diagonal-Cross-Over nach, dass es zu einer sehr guten Erforschung des Suchraums führt, speziell für eine große Zahl von Eltern (etwa 10–15).

11.3.4 Eigenschaften von Rekombinationsoperatoren

Rekombinationsoperatoren werden oft danach klassifiziert, ob sie bestimmte Eigenschaften haben, was dabei helfen kann, den besten Operator für ein gegebenes Problem auszuwählen. Zu den wichtigsten dieser Eigenschaften gehören, ob sie ortsabhängige Verzerrung und/oder Verteilungsverzerrung zeigen.

Ein Rekombinationsoperator zeigt *ortsabhängige Verzerrung* (engl. *positional bias*), wenn die Wahrscheinlichkeit, dass zwei Gene gemeinsam (d.h. von dem gleichen Elter) vererbt werden, von der relativen Position dieser Gene im Chromsom abhängt.

Ortsabhängige Verzerrung ist nicht wünschenswert, weil dann die genaue Anordnung der verschiedenen Gene in einem Chromosom entscheidend für den Erfolg oder Misserfolg eines evolutionären Algorithmus sein kann. Wenn die Genes für bestimmte Eigenschaften bezüglich des Cross-Over-Operators unglücklich angeordnet sind, kann es sehr schwer werden, die Allelkombination dieser Gene zu optimieren.

Ein Rekombinationsoperator, der ortsabhängige Verzerrung zeigt, ist das Einpunkt-Cross-Over: Die Wahrscheinlichkeit, dass zwei Gene zusammen vererbt werden ist umso höher, je näher diese Gene im Chromosom beieinanderliegen. Denn zwischen zwei Genen, die nahe beieinanderliegen, gibt es weniger mögliche Schnittpunkte. Nur wenn einer dieser Schnittpunkte gewählt wird, werden die Gene *nicht* zusammen vererbt. Da alle Schnittpunkte gleichwahrscheinlich sind, ist die Wahrscheinlichkeit, dass zwei Gene zusammen vererbt werden, umgekehrt proportional zu der Anzahl der möglichen Schnittpunkte zwischen ihnen und damit zu ihrem Abstand im Chromosom. Als Extremfall betrachten wir das erste und das letzte Gen in einem Chromosom. Diese beiden Gene können mit Einpunkt-Cross-Over nie zusammen vererbt werden, weil *alle* möglichen Schnittpunkte sie voneinander trennen. Wenn zwei Gene dagegen Nachbarn sind und es folglich nur einen möglichen Schnittpunkt zwischen ihnen gibt, werden sie nur mit einer Wahrscheinlichkeit von $1/(L-1)$ getrennt, wobei L die Länge der Chromosomen ist.

Ein Rekombinationsoperator zeigt *Verteilungsverzerrung* (engl. *distributional bias*), wenn die Wahrscheinlichkeit, dass eine bestimmte Anzahl von Genen zwischen den Eltern-Chromosomen ausgetauscht wird, nicht für alle möglichen Anzahlen von Genen gleich ist. Verteilungsverzerrung ist oft unerwünscht, weil sie dazu führt, dass Teillösungen unterschiedlicher Länge unterschiedliche Chancen haben, in die nächste Generation zu gelangen. Verteilungsverzerrung ist jedoch meist weniger kritisch (d.h., leichter tolerierbar) als ortsabhängige Verzerrung.

Ein Rekombinationsoperator, der Verteilungsverzerrung zeigt, ist das uniforme Cross-Over. Da für jedes Gen unabhängig von allen anderen Genen mit Wahrscheinlichkeit p_x entschieden wird, ob es ausgetauscht wird, ist die Zahl K der ausgetauschten Gene binomialverteilt mit dem Parameter p_x. D.h., es gilt

$$P(K = k) = \binom{L}{k} p_x^k \, (1 - p_x)^{L-k},$$

wobei L die Gesamtzahl der Gene in einem Chromosom ist. Folglich sind sehr kleine und sehr große Anzahlen weniger wahrscheinlich als Anzahlen in der Nähe von Lp_x. Im Gegensatz dazu zeigt das Einpunkt-Cross-Over keine Verteilungsverzerrung: Alle Schnittpunkte sind gleichwahrscheinlich und da die Gene auf der einen Seite des Schnittpunktes ausgetauscht werden, sind alle Anzahlen von ausgetauschten Genen offenbar gleichwahrscheinlich. Ein Beispiel eines Cross-Over-Operators, der weder ortsabhängige noch Verteilungsverzerrung zeigt, ist das auf einem Einpunkt-Cross-Over aufbauende *Misch-Cross-Over*.

11.3.5 Interpolierende und extrapolierende Rekombination

Alle Rekombinationsoperatoren, die wir bisher betrachtet haben, rekombinieren lediglich Allele in der Form, in der sie bereits in den Elternchromosomen vorliegen, erzeugen aber keine neuen. Allele. Folglich hängt ihre Wirksamkeit entscheidend von der Diversität der Population ab. Wenn es in der Population nur eine geringe Variation gibt (d.h. nur weitgehend ähnliche Allelkombinationen), können diese Rekombinationsoperatoren keine hinreichend verschiedenen Nachkommen erzeugen und folglich kann die Suche auf recht kleine Bereiche des Suchraums beschränkt bleiben, die allein mit dem in der Population vorhandenen genetischen Material erreicht werden können. Weist die Population dagegen hohe Diversität auf, können solche Rekombinationsoperatoren den Suchraum gut durchforsten.

Im Bereich der numerischen Parameteroptimierung wird dagegen eine weitere Form von Rekombinationsoperatoren möglich, die die Eigenschaften der Eltern in einer Weise miteinander verknüpft, die die Nachkommen mit neuen Eigenschaften ausstattet, die durch Allele kodiert werden, die (zumindest in genau dieser Form) in den Eltern nicht vorkommen. Ein Beispiel eines solchen Operators ist die interpolierende Rekombination, die die (reellwertigen) Allele der Eltern mit einem zufällig gewählten Mischparameter vermengt. Ein konkreteres Beispiel für Chromosomen die Vektoren von reellen Zahlen sind, ist das *arithmetische Cross-Over*, das als Interpolation zwischen Punkten (oder als konvexe Kombination von Punkten) gesehen werden kann, die durch die Eltern-Chromosomen dargestellt werden:

Algorithmus 11.5 (Arithmetisches Cross-Over)

function *crossover_arith* $(\vec{r}, \vec{s}: array\ of\ real) : array\ of\ real;$
begin
    $\vec{s}' \leftarrow neuer\ Vektor\ mit\ length(\vec{r})\ Elementen;$
    $u \leftarrow ziehe\ zufällig\ aus\ U([0,1]);$
    for $i \in \{1, \ldots, length(\vec{r})\}$ **do**
        $s'_i \leftarrow u \cdot r_i + (1-u) \cdot s_i;$
    return $\vec{s}';$
end

Man sollte jedoch beachten, dass die ausschließliche Anwendung eines solchen Mischoperators den sogenannten *Jenkins Albtraum* (engl. *Jenkins nightmare*) hervorbringen kann, d.h., das völlige Verschwinden aller Variation in der Population. Denn die Mischoperation führt zu einer starken Tendenz, alle Parameter (d.h. alle Gene) zu mitteln, die in der Population vorhanden sind. Daher sollte arithmetisches Cross-Over — zumindest in den frühen Generationen eines evolutionären Algorithmus, in denen die Erforschung des Suchraums entscheidend ist — mit einem stark zufallsbasierten, die Diversität der Population erhaltenden (oder gar steigernden) Mutationsoperator kombiniert werden.

Eine Alternative sind extrapolierende Rekombinationsoperatoren, die versuchen, Informationen aus mehreren Individuen abzuleiten. Anschaulich liefern sie eine Prognose, in welcher Richtung (von den untersuchten Elternindividuen aus gesehen) Fitnessverbesserungen zu erwarten sind. Dadurch kann eine extrapolierende Rekombination den Bereich des Suchraums verlassen, in dem sich die Individuen befinden, aus denen die Prognose abgeleitet wurde. Extrapolierende Rekombination ist nur eine aus einer ganzen Reihe von Rekombinationsmethoden, die Fitness-Werte berücksichtigen. Ein einfaches Beispiel eines extrapolierenden Operators ist arithmetisches Cross-Over mit $u \in U([-1,2])$. Man sollte jedoch beachten, dass ein extrapolierender Rekombinationsoperator normalerweise nicht einen Mangel an Diversität in einer Population ausgleichen kann.

Kapitel 12

Grundlegende evolutionäre Algorithmen

Das vorangehende Kapitel ging auf alle wesentlichen Elemente von evolutionären Algorithmen ein, nämlich wie eine Kodierung für die Lösungskandidaten gewählt werden sollte, damit sie günstige Eigenschaften hat, mit welchen Verfahren Individuen nach ihrer Fitness ausgewählt, und mit welchen genetischen Operatoren Lösungskandidaten verändert und rekombiniert werden können. Mit diesen Bausteinen ausgestattet, können wir in diesem Kapitel dazu übergehen, Grundformen von evolutionären Algorithmen zu untersuchen, die klassische genetische Algorithmen (in denen Lösungskandidaten durch einfache Bitfolgen kodiert werden, siehe Abschnitt 12.1), Evolutionsstrategien (die sich auf die numerische Optimierung konzentrieren, siehe Abschnitt 12.2) und die genetische Programmierung umfassen (die versucht, Funktionsausdrücke oder sogar einfache Programmstrukturen mit Hilfe von Evolutionsprinzipien abzuleiten, siehe Abschnitt 12.3). Abschließend werfen wir einen kurzen Blick auf andere populationsbasierte Ansätze (wie die Ameisenkolonie- und Teilchenschwarmoptimierung, siehe Abschnitt 12.4).

12.1 Genetische Algorithmen

In der Natur wird genetische Information in einem i.W. quaternären (vierwertigen) Kode dargestellt, der auf den vier *Nukleotiden* Adenin, Cytosin, Guanin und Thymin beruht, die in einer DNS-Sequenz auf einem Rückgrat von Phosphat-Desoxyribose aufgereiht sind (sogenannte *Primärstruktur* einer Nukleinsäure). Wenn es auch noch höhere Struktur gibt (z.B. die Tatsache, dass die Nukleotide meist als sogenannte *Codons* auftreten, die Tripel von Nukleotiden sind), ist dies doch die Basis des genetischen Kodes. Wenn diese Struktur in die Informatik übertragen wird, erscheint es am natürlichsten, alle Kodierung auf die am Ende binäre Informationsstruktur in einem Rechner zu gründen. D.h., wir verwenden Chromosomen, die Bitfolgen sind. Dies ist das unterscheidende Merkmal sogenannter *genetischer Algorithmen* (GA).

Im Grunde können natürlich alle evolutionären Algorithmen, die auf einem Digitalrechner ausgeführt werden, als genetische Algorithmen in diesem Sinne aufgefasst werden, einfach weil in einem Digitalrechner am Ende alle Information in Bits dargestellt wird, d.h. als Nullen und Einsen. Z.B. werden die Chromosomen aus Zahlenvektoren, die wir für das n-Damen-Problem betrachtet haben, gespeichert, indem die Zahlen binär dargestellt werden. Konkret könnte etwa das Chromosom $(4,2,0,6,1,7,5,3)$, das eine Lösung des 8-Damen-Problems beschreibt, bei Verwendung von drei Bits je Zahl als 100 010 000 110 001 111 101 011 gespeichert werden. Der Unterschied zwischen einem genetischen Algorithmus und dem evolutionären Algorithmus, den wir für das n-Damen-Problem verwendet haben, besteht in der Tatsache, dass in einem genetischen Algorithmus lediglich die durch ein Chromosom dargestellte Bitfolge betrachtet wird, während jede höhere Struktur vernachlässigt wird. (In obigem Beispiel: die Tatsache, dass Bit-Tripel zusammen betrachtet werden müssen, von denen jedes eine Linie (Spalte) angibt, in die eine Dame gesetzt wird.) D.h., wir trennen die Kodierung völlig von den genetischen Mechanismen, während in einem evolutionären Algorithmus bestimmte Aspekte der Kodierung berücksichtigt werden, z.B., um die genetischen Operatoren einzuschränken. (In dem obigen Beispiel: in dem evolutionären Algorithmus für das 8-Damen-Problem erlauben wir als Schnittpunkte für einen Cross-Over-Operator nur Punkte zwischen Bit-Tripeln, weil dies die interpretierbaren Informationseinheiten sind, während in einem genetischen Algorithmus Schnitte zwischen beliebigen Bits zulässig sind.)

Ein typischer genetischer Algorithmus arbeitet wie folgt:

Algorithmus 12.1 (Genetischer Algorithmus)

function *genalg* (f: *function, μ: int, p_x: real, p_m: real) : array of bit;*
begin   (∗ — *genetischer Algorithmus* ∗)
  $t \leftarrow 0$;   (∗ *initialisiere Generationenzähler* ∗)
  $\mathrm{pop}(t) \leftarrow$ *erzeuge μ zufällige Bitfolgen;*   (∗ μ *muss gerade sein* ∗)
  bewerte $\mathrm{pop}(t)$ *mit der Fitness-Funktion* f;   (∗ *berechne initiale Fitness* ∗)
  while *Abbruchkriterium nicht erfüllt* **do begin**
    $t \leftarrow t + 1$;   (∗ *zähle die nächste Generation* ∗)
    $\mathrm{pop}(t) \leftarrow \emptyset$;   (∗ *erzeuge die nächste Generation* ∗)
    $\mathrm{pop}' \leftarrow$ *wähle μ Individuen* $\vec{s}_1, \ldots, \vec{s}_\mu$ *mit Glücksradauswahl aus* $\mathrm{pop}(t)$;
    for $i \leftarrow 1, \ldots, \mu/2$ **do begin**   (∗ *verarbeite Individuen in Paaren* ∗)
      $u \leftarrow$ *ziehe Zufallszahl aus* $U([0,1))$;
      if $u \leq p_x$ **then** *crossover_1point*($\vec{s}_{2i-1}, \vec{s}_{2i}$); **end**
      mutate_bits($\vec{s}_{2i-1}$, p_m);   (∗ *Cross-Over-Rate p_x* ∗)
      mutate_bits($\vec{s}_{2i}$, p_m);   (∗ *und Mutationsrate p_m* ∗)
      $\mathrm{pop}(t) \leftarrow \mathrm{pop}(t) \cup \{\vec{s}_{2i-1}, \vec{s}_{2i}\}$;   (∗ *füge (veränderte) Individuen* ∗)
    end   (∗ *nächster Generation hinzu* ∗)
    bewerte $\mathrm{pop}(t)$ *mit der Fitness-Funktion* f;
  end   (∗ *berechne neue Fitness* ∗)
  return *bestes Individuum aus* $\mathrm{pop}(t)$;   (∗ *gib die Lösung zurück* ∗)
end

D.h., ein genetischer Algorithmus folgt i.W. dem Schema eines allgemeinen evolutionären Algorithmus (siehe Algorithmus 10.1 auf Seite 172). Nur benutzt er stets Bitfolgen als Chromosomen und wendet genetische Operatoren auf diese Chromosomen an, die jede höhere Struktur der Kodierung ignorieren. Ein genetischer Algorithmus wird hauptsächlich durch drei Parameter gesteuert: die Populationsgröße μ, für die eine gerade Zahl gewählt wird, um die Implementierung einer zufälligen Anwendung des Cross-Over-Operators zu vereinfachen, die Cross-Over-Wahrscheinlichkeit p_x, mit der für jedes Paar von Chromosomen entschieden wird, ob es Cross-Over unterworfen wird oder nicht, und die Mutationswahrscheinlichkeit p_m, mit der für jedes Bit eines Chromosoms entschieden wird, ob es invertiert wird oder nicht.

12.1.1 Das Schema-Theorem

Bisher haben wir die Frage, warum evolutionäre Algorithmen funktionieren, nur durch Rückgriff auf anschauliche Überlegungen und Plausibilitätsargumente beantwortet. Wegen ihrer Beschränkung auf Bitfolgen bieten genetische Algorithmen jedoch die Möglichkeit einer formaleren Analyse, die zuerst in [Holland 1975] vorgeschlagen wurde. Dies führt zu dem berühmten *Schema-Theorem*.

Da genetische Algorithmen ausschließlich auf Bitfolgen arbeiten, können wir unsere Betrachtungen auf binäre Chromosomen beschränken. Genauer betrachten wir sogenannte *Schemata*, d.h. nur teilweise festgelegte binäre Chromosomen. Dann untersuchen wir, wie sich die Anzahl an Chromosomen, die zu einem Schema passen, über mehrere Generationen eines genetischen Algorithmus hinweg entwickeln. Das Ziel dieser Untersuchung ist es, eine grobe stochastische Aussage abzuleiten, die beschreibt, wie ein genetischer Algorithmus den Suchraum erforscht.

Der Einfachheit halber beschränken wir uns ([Holland 1975] folgend) auf Bitfolgen einer festen Länge L. Weiter gehen wir stets von der spezifischen Form eines genetischen Algorithmus aus, wie er im vorangehenden Abschnitt angegeben wurde. D.h., wir nehmen an, dass Chromosomen durch fitness-proportionale Selektion (und speziell durch Glücksradauswahl, wie sie in Abschnitt 11.2.1 eingeführt wurde) in die Zwischenpopulation pop' gelangen, und dass als genetische Operatoren Einpunkt-Cross-Over (siehe Abschnitt 11.3.2) mit Wahrscheinlichkeit p_x auf Chromosomenpaare sowie Bitmutation (siehe Abschnitt 11.3.1) mit Wahrscheinlichkeit p_m auf Einzelchromosome angewendet wird.

Wir beginnen mit den Definitionen der benötigten Begriffe *Schema* und *Passung*.

Definition 12.1 (Schema) *Ein* Schema h *ist eine Zeichenkette der Länge L über dem Alphabet* $\{0, 1, *\}$*, d.h.,* $h \in \{0, 1, *\}^L$*. Das Zeichen $*$ wird* Jokerzeichen *genannt (engl. "wildcard character" oder "don't-care symbol").*

Definition 12.2 (Passung) *Ein (binäres) Chromosom* $c \in \{0, 1\}^L$ *passt auf ein Schema* $h \in \{0, 1, *\}^L$*, geschrieben als* $c \lhd h$*, genau dann, wenn es mit h an allen Stellen übereinstimmt, an denen h 0 oder 1 ist. Stellen, an denen h den Wert $*$ hat, werden nicht berücksichtigt (was den Namen* Jokerzeichen *für das Zeichen $*$ erklärt, da wir auch sagen können, dass das Zeichen $*$ sowohl auf eine 0 als auch auf eine 1 passt).*

Zur Veranschaulichung betrachten wir das folgende einfache Beispiel: Sei h ein Schema der Länge $L = 10$ und c_1, c_2 zwei verschiedene Chromosomen dieser Länge. Das Schema h und die Chromosomen c_1 und c_2 mögen so aussehen:

$$
\begin{aligned}
h &= \ \texttt{**0*11*10*} \\
c_1 &= \ \texttt{1100111100} \\
c_2 &= \ \texttt{1111111111}
\end{aligned}
$$

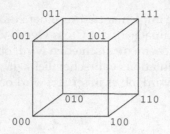 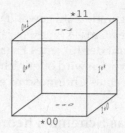

Abbildung 12.1: Geometrische Darstellung von Schemata als Hyperebenen in einem Einheitswürfel.

Offenbar passt das Chromosom c_1 auf das Schema h, d.h. $c_1 \lhd h$, weil c_1 sich von h nur an Stellen unterscheidet, an denen h den Wert $*$ hat. Das Chromosom c_2 dagegen passt nicht auf h, d.h. $c_2 \not\lhd h$, weil c_2 Einsen an Stellen enthält, an denen h Null ist (nämlich an den Positionen 3 und 9).

Es gibt insgesamt 2^L verschiedene Chromosomen und 3^L verschiedene Schemata. Jedes Chromosom passt auf $\sum_{i=0}^{L} \binom{L}{i} = 2^L$ Schemata (weil jede Wahl von i Stellen, an denen das Bit des Chromosoms durch $*$ ersetzt wird, ein Schema liefert, auf das das Chromosom passt). Vor diesem Hintergrund geht [Holland 1975] von der Idee aus, dass die Beobachtung eines Chromosoms der gleichzeitigen Beobachtung von vielen Schemata entspricht. Holland nannte dies *impliziten Parallelismus*.

Man beachte, dass eine Population der Größe μ im Prinzip nahezu $\mu 2^L$ verschiedene Schemata abdecken kann. Die Zahl der tatsächlich abgedeckten Schemata ist jedoch meist erheblich kleiner, besonders in späteren Generationen eines genetischen Algorithmus, weil der Selektionsdruck dazu tendiert, ähnliche Chromosomen hervorzubringen, die dann natürlich auf ähnliche Schemata passen. (Unter der Annahme, dass ähnliche Chromosomen ähnliche Fitness haben, bedeutet eine Auswahl von Individuen mit hoher Fitness, dass tendenziell ähnliche Chromosomen ausgewählt werden; zur Veranschaulichung vgl. Abbildung 11.7 auf Seite 199.)

Um Schemata besser zu verstehen, schauen wir uns zwei anschauliche Deutungen an. Geometrisch kann ein Schema gesehen werden als eine Hyperebene in einem Hyper-Einheitswürfel. Allerdings nicht als eine beliebige Hyperebene, sondern nur als eine solche, die parallel oder orthogonal zu den Seiten des Hyperwürfels ist. Dies ist in Abbildung 12.1 für drei Dimensionen veranschaulicht: Das Schema $*00$ beschreibt die Kante, die die Ecken 000 und 100 verbindet (unten vorne). Die linke Seitenfläche des Würfels wird durch das Schema $0**$ abgedeckt. Das Schema $***$, das nur aus Jokerzeichen besteht, beschreibt den gesamten Würfel.

Eine alternative Deutung betrachtet den Definitionsbereich der Fitness-Funktion. Nehmen wir dazu an, es sei eine einstellige Fitness-Funktion $f : [0,1] \to \mathbb{R}$ gegeben, deren Argument als Binärzahl kodiert wird (in der üblichen Weise — der Einfachheit halber vernachlässigen wir hier, dass eine solche Kodierung *Hamming-Klippen* einführt (siehe Abschnitt 11.1.1), die z.B. durch Gray-Kodes vermieden werden können). In diesem Fall entspricht jedes Schema einem „Streifenmuster" im Definitionsbereich der Funktion f. Dies ist in Abbildung 12.2 für die zwei Schemata $0* *\ldots*$ (links) und $**1*\ldots*$ (rechts) gezeigt.

Um unseren Plan auszuführen, die Entwicklung von zu einem Schema passenden Chromosomen zu verfolgen, müssen wir analysieren, wie die Auslese und die

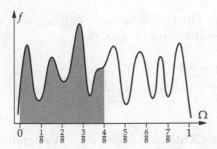 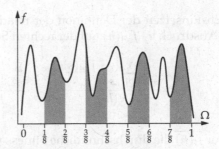

Abbildung 12.2: Darstellung von Schemata im Definitionsbereich einer Funktion. Links ist das Schema $0*\ldots*$ gezeigt, rechts das Schema $**1*\ldots*$.

Anwendung von genetischen Operatoren (d.h. Einpunkt-Cross-Over und Bitmutation) diese Chromosomen beeinflussen. Wir werden dies in drei Schritten tun. Im ersten Schritt betrachten wir die Wirkung der Auslese, im zweiten Schritt die Wirkung des Einpunkt-Cross-Over, und im dritten Schritt die Wirkung der Bitmutation. Wir unterscheiden die Populationen in diesen Schritten (sowie die sich auf sie beziehenden Größen) indem wir den Übergang vom Zeitpunkt t zum Zeitpunkt $t + 1$ unterteilen in die Schritte t (Ausgangspopulation), $t + \Delta t_s$ (Population nach Selektion, d.h., Zwischenpopulation pop'), $t + \Delta t_s + \Delta t_x$ (Population nach Selektion und Cross-Over), $t + \Delta t_s + \Delta t_x + \Delta t_m = t + 1$ (Population nach Selektion, Cross-Over und Mutation, die mit der neuen Population zum Zeitpunkt $t + 1$ identisch ist). In diesen Schritten sind wir i.W. an den (erwarteten) Anzahlen an Chromosomen interessiert, die zu einem Schema h passen. Wir bezeichnen diese Anzahlen mit $N(h, t')$ mit $t' \in \{t, t + \Delta t_s, t + \Delta t_s + \Delta t_x, t + 1\}$. Unser Ziel ist es, eine (stochastische) Beziehung zwischen $N(h, t)$ und $N(h, t + 1)$ abzuleiten.

Um die Wirkung der Selektion zu erfassen, müssen wir bestimmen, welche Fitness die Chromosomen haben, die auf das Schema h passen. Ausgehend von dieser Fitness ist dann die erwartete Anzahl an Nachkommen eines Chromosoms s bei fitness-proportionaler Selektion $\mu \cdot f_{\text{rel}}(s)$. Folglich ist die erwartete Anzahl an Chromosomen, die nach der Selektion auf das Schema h passen,

$$N(h, t + \Delta t_s) = \sum_{s \in \text{pop}(t), s \triangleleft h} \mu \cdot f_{\text{rel}}^{(t)}(s).$$

Um diese Anzahl auszudrücken, ohne dass wir uns auf einzelne Chromosomen s beziehen müssen, ist es bequem, die *durchschnittliche relative Fitness* von Chromosomen zu definieren, die auf ein Schema passen.

Definition 12.3 (Durchschnittliche relative Fitness) *Die* durchschnittliche relative Fitness *von Chromosomen, die in der Population* pop(t) *auf das Schema h passen, ist*

$$f_{\text{rel}}^{(t)}(h) = \frac{\sum_{s \in \text{pop}(t), s \triangleleft h} f_{\text{rel}}^{(t)}(s)}{N(h, t)}.$$

Mit dieser Definition können wir $N(h, t + \Delta t_s)$ so schreiben:

$$N(h, t + \Delta t_s) = N(h, t) \cdot \mu \cdot f_{\text{rel}}^{(t)}(h).$$

Durch Einsetzen der Definition der relativen Fitness (siehe Seite 196), können wir den Ausdruck $\mu \cdot f_{rel}(h)$ auf der rechten Seite umschreiben gemäß

$$\mu \cdot f_{rel}(h) = \frac{\sum_{s \in pop(t), s \lhd h} f_{rel}(s)}{N(h,t)} \cdot \mu = \frac{\frac{\sum_{s \in pop(t), s \lhd h} f(s)}{\sum_{s \in pop(t)} f(s)}}{N(h,t)} \cdot \mu = \frac{\frac{\sum_{s \in pop(t), s \lhd h} f(s)}{N(h,t)}}{\frac{\sum_{s \in pop(t)} f(s)}{\mu}} = \frac{\overline{f_t(h)}}{\overline{f_t}},$$

wobei $\overline{f_t(h)}$ die durchschnittliche Fitness von Chromosomen ist, die in Generation t auf das Schema h passen, und $\overline{f_t}$ die durchschnittliche Fitness aller Chromosomen der Generation t ist. Deshalb können wir die erwartete Anzahl an Chromosomen die nach der Selektion auf das Schema h passen schreiben als

$$N(h, t + \Delta t_s) = N(h,t) \cdot \frac{\overline{f_t(h)}}{\overline{f_t}}.$$

Um die Wirkung der genetischen Operatoren einzubeziehen, brauchen wir Maße, mit denen wir Wahrscheinlichkeiten berechnen können, dass die Passung auf ein Schema erhalten (oder zerstört) wird. Für das Einpunkt-Cross-Over müssen wir dazu bestimmen, wie wahrscheinlich es ist, dass die beteiligten Eltern-Chromosomen so zerschnitten werden, dass alle festen Elemente des betrachteten Schemas (keine Jokerzeichen) von demselben Elter ererbt werden. In diesem Fall passt der erzeugte Nachkomme auf das Schema, wenn der Elter auf das Schema passt. Anderenfalls kann die Passung auf das Schema verlorengehen, wie das folgende Beispiel zeigt:

$$
\begin{array}{llll}
h & = \text{***0*}|\text{1*1**} & \text{***0*1*1**} & = h \\
h \rhd c_1 & = \text{00000}|\text{11111} \rightarrow & \text{1111111111} & = c_1' \not\lhd h \\
h \not\rhd c_2 & = \text{11111}|\text{00000} \rightarrow & \text{0000000000} & = c_2' \not\lhd h
\end{array}
$$

Chromosom c_1 passt auf das Schema h, aber c_2 passt nicht. Ein Einpunkt-Cross-Over an der durch | markierten Stelle erzeugt zwei Kind-Chromosomen, die beide nicht auf das Schema passen. Wenn der Schnittpunkt jedoch anders gewählt wird, passt das Kind c_1' auf das Schema:

$$
\begin{array}{llll}
h & = \text{***}|\text{0*1*1**} & \text{***0*1*1**} & = h \\
h \rhd c_1 & = \text{000}|\text{0011111} \rightarrow & \text{1110011111} & = c_1' \lhd h \\
h \not\rhd c_2 & = \text{111}|\text{1100000} \rightarrow & \text{0001100000} & = c_2' \not\lhd h
\end{array}
$$

Offenbar kann die Lage des Schnittpunktes relativ zu den festen Zeichen des Schemas entscheidend dafür sein, ob ein Nachkomme auf das Schema passt. Dies legt den Begriff der *definierenden Länge* eines Schemas nahe:

Definition 12.4 (Definierende Länge eines Schemas) *Die* definierende Länge $dl(h)$ *eines Schemas h ist die Differenz zwischen den Positionen des letzten und des ersten Zeichens in h, die keine Jokerzeichen sind, sondern Zeichen aus $\{0,1\}$.*

Z.B. ist $dl(\text{**0*11*10*}) = 9 - 3 = 6$, weil das erste Zeichen, das kein Jokerzeichen ist (hier eine Null), an Position 3 steht, und das letzte Zeichen, das kein Jokerzeichen ist (hier ebenfalls eine Null) an Position 9 steht. Die definierende Länge ist die Differenz dieser beiden Zahlen.

Im Einpunkt-Cross-Over sind alle möglichen Schnittpunkte gleichwahrscheinlich. Folglich ist die Wahrscheinlichkeit, dass der zufällig gewählt Schnittpunkt so fällt, dass einige der festen Zeichen auf der einen Seite des Schnittpunktes liegen und einige auf der anderen (und folglich *nicht* alle festen Zeichen vom gleichen Elter ererbt werden) $\frac{dl(h)}{L-1}$, weil es $dl(h)$ Schnittpunkte zwischen dem ersten und dem letzten festen Zeichen gibt und insgesamt $L - 1$ mögliche Schnittpunkte (da L die Länge der Chromosomen ist). Im Gegensatz dazu ist die Wahrscheinlichkeit, dass alle festen Zeichen des Schemas auf der gleichen Seite des Schnittpunktes liegen (und folglich alle vom selben Elter ererbt werden, wodurch sichergestellt ist, dass das zugehörige Kind auf das Schema passt, wenn der Elter passt) $1 - \frac{dl(h)}{L-1}$.

Um einen Ausdruck für $N(h, t + \Delta t_s + \Delta t_x)$ abzuleiten, müssen wir betrachten, ob ein Chromosom einem Cross-Over unterworfen wird (sonst bleibt die Passung auf das Schema offenbar unverändert) und wenn, ob der Schnittpunkt in einer solchen Weise fällt, dass die festen Zeichen des Schemas vom gleichen Elter ererbt werden (dann wird die Passung des Elter auf das Kind übertragen). Bei der zweiten Möglichkeit müssen wir außerdem berücksichtigen, dass ein Schnittpunkt, durch den ein Kind die festen Zeichen eines Schemas zum Teil von dem Elter erbt, der auf das Schema passt, und zum Teil von dem anderen Elter, trotzdem auf das Schema passen kann, da die vom anderen Eltern ererbten Zeichen auf das Schema passen könnten. Dies ist insbesondere der Fall, wenn beide Eltern auf das Schema passen. Schließlich können Kinder, die auf das Schema passen, auch aus Eltern erzeugt werden, die beide *nicht* auf das Schema passen, wie folgendes Beispiel zeigt:

$$
\begin{aligned}
h &= \ast\ast\ast 0 \ast | 1 \ast 1 \ast\ast & \ast\ast\ast 0 \ast 1 \ast 1 \ast\ast &= h \\
h \not{\triangleright} c_1 &= 00010|11111 & \rightarrow \quad 1110111111 &= c_1' \triangleleft h \\
h \not{\triangleright} c_2 &= 11101|00100 & \rightarrow \quad 0001000100 &= c_2' \not{\triangleleft} h
\end{aligned}
$$

Der Grund, warum hier ein Kind auf das Schema passt, ist natürlich, dass beide Eltern *teilweise* auf das Schema passen, und das diese Teilpassungen günstig kombiniert werden. Man beachte allerdings, dass in einem solchen Fall höchstens ein Kind auf das Schema passen kann, jedoch nie beide.

Als Ergebnis der obigen Betrachtungen können wir schreiben:

$$
N(h, t + \Delta t_s + \Delta t_x) = \underbrace{(1 - p_x) \cdot N(h, t + \Delta t_s)}_{A} + \underbrace{p_x \cdot N(h, t + \Delta t_s) \cdot (1 - p_{\text{loss}})}_{B} + C,
$$

wobei p_x die Wahrscheinlichkeit ist, dass ein Chromosom einem Cross-Over unterworfen wird, und p_{loss} die Wahrscheinlichkeit, dass nach der Anwendung eines Einpunkt-Cross-Over die Nachkommen nicht mehr auf das Schema passen. A ist die erwartete Anzahl an Chromosomen, die auf das Schema h passen und die *nicht* einem Einpunkt-Cross-Over unterworfen werden (und folglich immer noch auf das Schema h passen). B ist die erwartete Anzahl an Chromosomen, die einem Einpunkt-Cross-Over unterworfen werden und dennoch anschließend auf das Schema h passen. C schließlich ist die erwartete Anzahl an auf das Schema h passenden Chromosomen, die durch günstige Kombinationen von Chromosomen erzeugt werden, die selbst nicht auf das Schema h passen.

Da es so gut wie unmöglich ist, den Term C angemessen zu schätzen, wird er vernachlässigt. Wir erhalten so zwar nur eine untere Schranke für $N(h, t + \Delta t_s + \Delta t_x)$, was jedoch für unsere Zwecke ausreichend ist. Um einen Ausdruck für p_{loss} abzuleiten, machen wir uns die Tatsache zunutze, dass der Verlust einer Passung nur möglich ist, wenn der zufällig gewählte Schnittpunkt so fällt, dass die festen Zeichen des Schemas *nicht* alle vom selben Elter ererbt werden. Wie oben beschrieben, ist diese Wahrscheinlichkeit $\frac{dl(h)}{L-1}$. Doch auch in diesen Fällen kann das Ergebnis immer noch auf das Schema passen (siehe oben). Da es schwierig ist, einen Ausdruck zu bestimmen, der *alle* möglichen Fälle erfasst, in denen die Passung erhalten wird, beschränken wir uns auf jene Fälle, in denen beide Eltern auf das Schema passen und folglich die Lage des Schnittpunktes irrelevant ist. Dies liefert den Ausdruck

$$p_{loss} \leq \frac{dl(h)}{L-1} \cdot \left(1 - \frac{N(h, t + \Delta t_s)}{\mu}\right).$$

Der erste Faktor beschreibt die Wahrscheinlichkeit, dass die Wahl des Schnittpunktes potentiell schädlich ist, und der zweite Faktor die Wahrscheinlichkeit, dass der andere Elter *nicht* auf das Schema passt und folglich eine gewisse Gefahr besteht, dass das Ergebnis nicht auf das Schema passt. Dieses Produkt liefert aber offenbar lediglich eine obere Schranke für p_{loss}, weil es davon ausgeht, dass jedes Einpunkt-Cross-Over mit einem potentiell schädlichen Schnittpunkt und einem zweiten Elter, der nicht auf das Schema passt, die Passung zerstört. Das ist aber sicherlich nicht der Fall, wie das folgende Beispiel zeigt:

$$
\begin{aligned}
h &= {*}{*}{*}0{*}|1{*}1{*}{*} & {*}{*}{*}0{*}1{*}1{*}{*} &= h \\
h \triangleright c_1 &= 00000|11111 & \rightarrow \quad 1110111111 &= c_1' \triangleleft h \\
h \not\triangleright c_2 &= 11101|00100 & \rightarrow \quad 0000000100 &= c_2' \not\triangleleft h
\end{aligned}
$$

Obwohl das Chromosom c_2 nicht auf das Schema h passt und der Schnittpunt des Einpunkt-Cross-Over so fält, dass einige der festen Zeichen des Schemas h von c_1 und einige von c_2 ererbt werden, passt das Kind-Chromosom c_1' auf das Schema h. Der Grund dafür ist natürlich, dass c_2 *teilweise* auf das Schema h passt. Es ist jedoch sehr schwer, Teilpassungen in dieser Analyse vollständig zu berücksichtigen und deshalb beschränken wir uns auf die oben angegebene obere Schranke für p_{loss}.

Wenn wir diese obere Schranke für p_{loss} in die Gleichung für $N(h, t + \Delta t_s + \Delta t_x)$ einsetzen, erhalten wir

$$
\begin{aligned}
&N(h, t + \Delta t_s + \Delta t_x) \\
&\geq \quad (1 - p_x) \cdot N(h, t + \Delta t_s) \\
&\quad + p_x \cdot N(h, t + \Delta t_s) \cdot \left(1 - \frac{dl(h)}{L-1} \cdot \left(1 - \frac{N(h, t + \Delta t_s)}{\mu}\right)\right) \\
&= \quad N(h, t + \Delta t_s) \left(1 - p_x + p_x \cdot \left(1 - \frac{dl(h)}{L-1} \cdot \left(1 - \frac{N(h, t + \Delta t_s)}{\mu}\right)\right)\right) \\
&= \quad N(h, t + \Delta t_s) \cdot \left(1 - p_x \frac{dl(h)}{L-1} \cdot \left(1 - \frac{N(h, t + \Delta t_s)}{\mu}\right)\right) \\
&= \quad N(h, t) \cdot \frac{\overline{f_t(h)}}{\overline{f_t}} \cdot \left(1 - p_x \frac{dl(h)}{L-1} \cdot (1 - N(h, t) \cdot f_{rel}(h))\right),
\end{aligned}
$$

wobei wir im letzten Schritt die Beziehung $N(h, t + \Delta t_s) = N(h, t) \cdot \mu \cdot f_{rel}(h)$ ausgenutzt haben. Man beachte, dass wir nur eine Ungleichung erhalten, da wir nur eine obere Grenze für p_{loss} benutzt und mögliche Zugewinne durch Rekombinationen von Chromosomen, die beide nicht auf das Schema h passen, vernachlässigt haben (weiter oben durch den Term C beschrieben, der hier fehlt).

Nachdem wir die Wirkung des Cross-Over behandelt haben, wenden wir uns nun der Mutation zu. Die (stochastische) Wirkung der Bitmutation kann leicht durch die *Ordnung* eines Schemas erfasst werden:

Definition 12.5 (Ordnung eines Schemas) *Die Ordnung* $\mathrm{ord}(h)$ *eines Schemas h ist die Anzahl der Nullen und Einsen in h, d.h.* $\mathrm{ord}(h) = \#(h,0) + \#(h,1) = L - \#(h,*)$ *wobei der Operator # die Anzahl der Auftreten seines zweiten Argumentes in seinem ersten Argument zählt.*

Z.B. ist $\mathrm{ord}(**0*11*10*) = 5$, weil dieses Chromosom 2 Nullen und 3 Einsen enthält und folglich insgesamt 5 festgelegte Zeichen (d.h. Nicht-Jokerzeichen).

Mit dem Begriff der Ordnung eines Schemas können wir die Wahrscheinlichkeit, dass die Passung auf ein Schema *nicht* durch eine Bitmutation eines Chromosoms verlorengeht, durch $(1 - p_m)^{\mathrm{ord}(h)}$ ausdrücken. Der Grund ist, dass ein einzelnes Bit mit der Wahrscheinlichkeit p_m invertiert und folglich mit Wahrscheinlichkeit $1 - p_m$ unverändert bleibt (siehe Algorithmus 11.1 auf Seite 208). Falls eines der festen Zeichen in dem Schema h, von denen es $\mathrm{ord}(h)$ gibt, invertiert wird, so passt das Ergebnis nicht mehr auf das Schema. Die übrigen $L - \mathrm{ord}(h)$ Zeichen sind dagegen irrelevant, da das Chromosom unabhängig vom Wert dieser Zeichen auf das Schema passt. Da für jedes Bit unabhängig von allen anderen entschieden wird, ob es invertiert wird oder nicht, ist die Wahrscheinlichkeit, dass eines der festen Bits des Schemas invertiert wird, $(1 - p_m)^{\mathrm{ord}(h)}$, d.h. das Produkt der Einzelwahrscheinlichkeiten.

Daher können wir die Wirkung der Bitmutation erfassen als

$$
\begin{aligned}
N(h, t+1) &= N(h, t + \Delta t_s + \Delta t_x + \Delta t_m) \\
&= N(h, t + \Delta t_s + \Delta t_x) \cdot (1 - p_m)^{\mathrm{ord}(h)}.
\end{aligned}
$$

Man beachte, dass andere Mutationsoperatoren ebenfalls leicht zu behandeln sind. Wenn z.B. höchstens ein Bit in einem Chromosom invertiert wird (sogenannte Ein-Bit-Mutation, siehe Abschnitt 11.3.1), kann die Wirkung beschrieben werden durch

$$
\begin{aligned}
N(h, t+1) &= N(h, t + \Delta t_s + \Delta t_x + \Delta t_m) \\
&= N(h, t + \Delta t_s + \Delta t_x) \cdot \left(1 - \frac{\mathrm{ord}(h)}{L}\right),
\end{aligned}
$$

wobei $\mathrm{ord}(h)/L$ die Wahrscheinlichkeit ist, dass ein festes Zeichen im Schema h im Chromosom invertiert wird (wobei wir annehmen, dass jedes Bit mit gleicher Wahrscheinlichkeit für eine Mutation ausgewählt wird).

Durch Einsetzen des Ergebnisses für $N(h, t + \Delta t_s + \Delta t_x)$, das wir weiter oben abgeleitet haben, erhalten wir schließlich das *Schema-Theorem* (für Bitmutation):

$$
N(h, t+1) \geq N(h, t) \cdot \frac{\overline{f_t(h)}}{\overline{f_t}} \left(1 - p_x \frac{\mathrm{dl}(h)}{L-1} \left(1 - \frac{N(h,t)}{\mu} \cdot \frac{\overline{f_t(h)}}{\overline{f_t}}\right)\right) (1 - p_m)^{\mathrm{ord}(h)}.
$$

Die allgemeine Form dieser Beziehung zwischen $N(h, t+1)$ und $N(h, t)$ ist offenbar

$$
N(h, t+1) \geq N(h, t) \cdot g(h, t).
$$

Vereinfachend können wir sagen, dass die Anzahl an Chromosomen die auf ein Schema h passen, in jeder Generation mit einem Faktor multipliziert wird und sich folglich im Laufe mehrerer Generationen exponentiell entwickelt. Falls $g(h, t) > 1$, so wächst die Anzahl der Chromosomen exponentiell. Ist dagegen $g(h, t) < 1$, so schrumpft diese Anzahl exponentiell. Da die Anzahl der auf ein Schema passenden Chromosomen nicht für *alle* Schemata abnehmen kann (einfach, weil die Populationsgröße konstant ist und die in der Population enthaltenen Chromosomen auf irgendwelche Schemata passen müssen), muss es Schemata geben, für die die Anzahl der auf sie passenden Chromosomen wächst (es sei denn, die Anzahl der passenden Chromosomen bleibt für *alle* Schemata gleich, was aber gleichbedeutend damit ist, dass die Population i.W. konstant ist).

Durch Analysieren der Faktoren von $g(h, t)$ können wir versuchen, Eigenschaften von Schemata abzuleiten, für die die Anzahl der passenden Chromosomen besonders schnell wächst (d.h., für die $g(h, t)$ groß ist). Da $g(h, t)$ ein Produkt ist, sollte jeder einzelne Faktor so groß wie möglich sein. Folglich sollten solche Schemata eine

- hohe durchschnittliche Fitness   (wegen des Faktors $\overline{f_t(h)} / \overline{f_t}$),
- kleine definierende Länge   (wegen des Faktors $1 - p_x \, \mathrm{dl}(h)/(L-1) \ldots$),
- geringe Ordnung   (wegen des Faktors $(1 - p_m)^{\mathrm{ord}(h)}$)

haben. Schemata mit diesen Eigenschaften werden auch *Bausteine* genannt, weswegen das Schema-Theorem manchmal als *Baustein-Hypothese* (engl. *building block hypothesis*) bezeichnet wird: die evolutionäre Suche konzentriert sich auf vielversprechende Bausteine von Lösungskandidaten.

Man sollte jedoch immer bedenken, dass das Schema-Theorem oder die Baustein-Hypothese in der oben abgeleiteten Form nur für Bitfolgen, fitness-proportionale Selektion, Einpunkt-Cross-Over und Bitmutation gilt. Wenn andere genetische Operatoren verwendet werden, kann es nötig sein, Bausteine durch andere Eigenschaften als die Ordnung oder die definierende Länge zu charakterisieren. Eine hohe durchschnittliche Fitness gehört jedoch immer zu den charakteristischen Eigenschaften, weil alle Selektionsmethoden solche Chromosomen bevorzugen, wenn auch unterschiedlich stark und nicht immer direkt proportional zu den Fitness-Werten.

Das Schema-Theorem sollte außerdem nicht unkritisch gesehen werden. So vernachlässigt es weitgehend die Wechselwirkung zwischen den verschiedenen Schemata sowie die Möglichkeit der *Epistasie* (die gesamte Ableitung setzt implizit (sehr) geringe Epistasie voraus). Weiter arbeitet es mit Erwartungswerten, die nicht streng gültig sind (außer für unendliche Populationsgrößen, die jedoch in der Praxis nicht erreicht werden können; endliche Populationen zeigen dagegen stochastische Drift, die wir nicht berücksichtigt haben). Der Faktor $g(h, t)$ ist außerdem nicht konstant, sondern zeitabhängig, da er von der konkreten Population zum Zeitpunkt t abhängt, so dass es etwas zweifelhaft erscheint, exponentielles Verhalten über mehrere Generationen zu behaupten (speziell, wenn Sättigungseffekte zu erwarten sind) etc.

12.1.2   Das Argument des zweiarmigen Banditen

Das Schema-Theorem legt es nahe, dass ein genetischer Algorithmus einen nahezu optimalen Ausgleich zwischen einer Erforschung des Suchraums und der Ausnutzung guter Lösungskandidaten erzielt. Als wichtiges Argument für diese Behauptung führte Holland das Modell eines *zweiarmigen Banditen* als Analogie an. Der Name „zweiarmiger Bandit" bezieht sich dabei auf die übliche Bezeichnung „einarmiger Bandit" (engl. *one-armed bandit*) für in den USA verbreitete Geldspielautomaten (engl. *slot machine*), da diese auf einer Seite einen Hebel („Arm") besitzen, mit dem sich mit Symbolen bedruckte Walzen in Bewegung versetzen lassen. Entsprechend ist ein zweiarmiger Bandit ein (fiktiver) Geldspielautomat mit zwei unabhängigen Hebeln („Armen") [Holland 1975, Mitchell 1998]. Diese beiden Hebel haben verschiedene erwartete Auszahlungen μ_1 bzw. μ_2 (je Spiel) mit Varianzen σ_1^2 bzw. σ_2^2, die alle unbekannt sind. Ohne Beschränkung der Allgemeinheit können wir jedoch $\mu_1 > \mu_2$ annehmen, wenn es nicht bekannt ist, welcher der beiden Hebel die höhere erwartete Auszahlung hat (d.h., es ist nicht bekannt, ob μ_1 dem linken oder dem rechten Hebel zugeordnet ist). Nehmen wir nun an, dass wir N Spiele mit einem solchen Automaten spielen können (ohne einen Einsatz bezahlen zu müssen). Mit welcher Spielstrategie können wir die Gewinnausschüttung maximieren?

Wenn wir wüssten, welcher Hebel die größere erwartete Auszahlung hat, benutzten wir ausschließlich diesen Hebel für alle Spiele, da dies offenbar die erwartete Gesamtausschüttung maximiert. Wenn wir dagegen nicht wissen, welcher Hebel besser ist, müssen wir einige Spiele investieren, um Informationen darüber zu sammeln, welcher Hebel die höhere Auszahlung liefert. Z.B. könnten wir dazu $2n$ Spiele, $2n < N$, aufwenden, in denen wir die beiden Hebel gleich oft benutzen (d.h., wir benutzen jeden der beiden Hebel n-mal). Dann bestimmen wir, welcher Hebel die höhere durchschnittliche Auszahlung je Spiel lieferte (Erforschung). In den verbleibenden $N - 2n$ Spielen benutzen wir dann ausschließlich den Hebel, der die höhere beobachtete Auszahlung lieferte (Ausnutzung). Unsere ursprüngliche Frage kann damit auch so formuliert werden: wie sollten wir n relativ zu N wählen, um die (erwartete) Gewinnauschüttung zu maximieren oder, gleichwertig, den (erwarteten) Verlust im Vergleich zu einer ausschließlichen Verwendung des besseren Hebels zu minimieren? Mit anderen Worten: Wie sollten wir Erforschung (erste $2n$ Versuche) und Ausnutzung (letzte $N - 2n$ Versuche) relativ zueinander gewichten?

Offenbar können Verluste aus zwei verschiedenen Gründen auftreten: (1) der unvermeidliche Verlust in der Phase, in der Information gesammelt wird, in der wir den schlechteren Hebel n-mal benutzen (unabhängig davon, welcher Hebel der schlechtere ist, da wir die beiden Hebel gleich oft benutzen), und (2) der Verlust, der dadurch entsteht, dass wir den (vermeintlich) besseren Hebel nur über eine empirische Schätzung aus endlich vielen Spielen bestimmen, wodurch uns der tatsächlich schlechtere Hebel als der bessere erscheinen könnte. Ersterer Verlust besteht darin, dass wir in den $2n$ Spielen, die wir der Erforschung der Lage widmen, zwingend

$$L_1(N, n) = n(\mu_1 - \mu_2)$$

verlieren, weil wir n Spiele mit dem Hebel mit der geringeren (erwarteten) Auszahlung μ_2 ausführen, statt den Hebel mit der höheren (erwarteten) Auszahlung μ_1 zu verwenden. Der Verlust in den verbleibenden $N - 2n$ Spielen kann dagegen nur stochastisch beschrieben werden. Sei p_n die Wahrscheinlichkeit, dass die durchschnittlichen Auszahlungen je Spiel und je Hebel, wie sie empirisch in den ersten $2n$ Spielen ermittelt wurden, tatsächlich den richtigen Hebel als den besseren identifizieren. (Der Index n dieser Wahrscheinlichkeit deutet an, dass sie offenbar von der Wahl der Zahl $2n$ abhängt: je größer $2n$, desto höher ist die Wahrscheinlichkeit, dass die aus den $2n$ Spielen empirisch bestimmte Schätzung der Auszahlung den richtigen Hebel anzeigt.) D.h., mit Wahrscheinlichkeit p_n benutzen wir in den anschließenden $N - 2n$ Spielen den Hebel mit der tatsächlich höheren Auszahlung μ_1, während wir mit der Wahrscheinlichkeit $1 - p_n$ in diesen Spielen den Hebel benutzen, der tatsächlich die geringere Auszahlung μ_2 hat. Im ersten Fall entsteht kein zusätzlicher Verlust (d.h., über das hinausgehend, was wir in der Erforschungsphase verloren haben), während wir im zweiten Fall in der Ausnutzungsphase zusätzlich

$$L_2(N, n) = (N - 2n)(\mu_1 - \mu_2)$$

verlieren, weil wir den falschen Hebel benutzen (d.h. denjenigen, der tatsächlich die geringere erwartete Auszahlung μ_2 hat). Der erwartete Gesamtverlust ist daher

$$
\begin{aligned}
L(N, n) \quad &= \quad \underbrace{L_1(N, n)}_{\text{Verlust durch Erforschung}} \quad + (1 - p_n) \quad \underbrace{L_2(N, n)}_{\text{Verlust durch falsche Ausnutzung}} \\
&= \quad n(\mu_1 - \mu_2) + (1 - p_n)(N - 2n)(\mu_1 - \mu_2) \\
&= \quad (\mu_1 - \mu_2)(np_n + (1 - p_n)(N - n)).
\end{aligned}
$$

Die letzte Form dieser Gleichung zeigt sehr schön, dass wir in dem Fall, in dem der bessere Hebel richtig identifiziert wurde (Wahrscheinlichkeit p_n), Gewinne dadurch verlieren, dass wir in der Erforschungsphase n-mal den schlechteren Hebel benutzen, während wir in dem Fall, in dem der falsche Hebel als der bessere identifiziert wurde (Wahrscheinlichkeit $1 - p_n$), Gewinne dadurch verlieren, dass wir $N - n$ Spiele mit dem schlechteren Hebel durchführen (von denen n in der Erforschungsphase stattfinden und $N - 2n$ in der Ausnutzungsphase).

Um n relativ zu N zu bestimmen, müssen wir die Verlustfunktion $L(N, n)$ bzgl. n minimieren. Dabei besteht das Hauptproblem darin, die Wahrscheinlichkeit p_n in Abhängigkeit von n auszudrücken (da p_n offenbar von n abhängt: je länger die Erforschung dauert, umso größer ist die Chance, dass sie zu der richtigen Entscheidung führt). Die technischen Details führen hier zu weit, weswegen wir nur das Endergebnis angeben [Holland 1975, Mitchell 1998]: n sollte gemäß

$$n \approx c_1 \ln \left(\frac{c_2 N^2}{\ln(c_3 N^2)} \right)$$

gewählt werden, wobei c_1, c_2 und c_3 positive Konstanten sind. Dieser Ausdrucks kann umgeschrieben werden zu [Holland 1975, Mitchell 1998]

$$N - n \approx e^{n/2c_1} \sqrt{\frac{\ln(c_3 N^2)}{c_2}} - n.$$

Da mit wachsendem n der Ausdruck $e^{n/2c_1}$ die rechte Seite dominiert, können wir diese Gleichung (unter weiterer Näherung) vereinfachen zu

$$N - n \approx e^{cn}.$$

Mit anderen Worten, die Anzahl $N - n$ der Spiele, die mit dem besser erscheinenden Hebel ausgeführt werden, sollte im Vergleich zu der Anzahl n der Spiele, die mit dem schlechter erscheinenden Hebel ausgeführt werden, exponentiell wachsen.

Obwohl dieses Ergebnis für einen zweiarmigen Banditen abgeleitet wurde, kann es leicht auf mehrarmige Banditen übertragen werden. In dieser allgemeineren Form wird es dann auf Schemata angewandt, wie sie im Schema-Theorem betrachtet werden: Die Hebel des Banditen entsprechen den verschiedenen Schemata, ihre Auszahlungen den (durchschnittlichen) Fitness-Werten von auf sie passenden Chromosomen. Ein Chromosom in einer Population, das auf ein Schema passt, wird als ein Spiel mit dem zugehörigen Hebel des Banditen gesehen. Man beachte allerdings, dass ein Chromosom auf viele Schemata passt, wodurch der Raum der Schemata auf inhärent parallele Weise erforscht wird [Holland 1975].

Wie wir im vorangehenden Abschnitt gesehen haben, sagt das Schema-Theorem, dass die Anzahl an Chromosomen, die auf Schemata mit höherer durchschnittlicher Fitness passen, im Laufe der Generationen exponentiell wächst. Das Argument des zwei- oder mehrarmigen Banditen sagt nun, dass dies eine optimale Strategie ist, um die Erforschung von Schemata (alle Hebel des Banditen werden benutzt) und ihre Ausnutzung (nur der (oder die) Hebel, die als besser beobachtet wurden, werden benutzt) gegeneinander zu gewichten.

12.1.3 Das Prinzip minimaler Alphabete

Um zu begründen, warum binäre Kodierungen, wie sie von genetischen Algorithmen verwendet werden, in einem gewissen Sinne „optimal" sind, beruft man sich manchmal auf das *Prinzip minimaler Alphabete*. Die Grundidee besteht darin, dass die Zahl der möglichen Schemata relativ zur Größe des Suchraums (oder der Population) maximal sein sollte, damit die Parallelisierung, die der Suche nach Schemata inhärent ist, so wirksam wie möglich ist. D.h., es sollte mit den Chromosomen einer Population eine möglichst große Zahl von Schemata abgedeckt werden.

Wenn Chromosomen als Folgen der Länge L über einem Alphabet $\mathcal{A}$ definiert werden, dann ist das Verhältnis der Zahl der Schemata zu der Größe des Suchraums $(|\mathcal{A}| + 1)^L / |\mathcal{A}|^L$. Dieses Verhältnis wird offenbar maximiert, wenn die Größe $|\mathcal{A}|$ des Alphabets minimiert wird. Da für das kleinste brauchbare Alphabet $|\mathcal{A}| = 2$ gilt, optimieren binäre Kodierungen dieses Verhältnis.

Eine anschaulichere Form dieses Argumentes wurde von [Goldberg 1989] vorgeschlagen: je größer das Alphabet, umso schwieriger ist es, sinnvolle Schemata zu finden, weil eine umso größere Zahl an Chromosomen auf ein Schema passt. Da ein Schema die Fitness der Chromosomen mittelt, die auf es passen, können einige schlechte Chromosomen (geringe Fitness), die zufällig auf das gleiche Schema passen, die Güte eines Schemas verderben. Man sollte daher versuchen, die Anzahl an Chromosomen, die auf ein Schema passen, so klein wie möglich zu halten. Da $(L - \mathrm{ord}(h))^{|\mathcal{A}|}$ Chromosomen auf ein Schema h passen, sollten wir ein Alphabet minimaler Größe verwenden. Wieder ergibt sich, da für das kleinste brauchbare Alphabet $|\mathcal{A}| = 2$ gilt, dass binäre Kodierungen optimal sein sollten.

Ob diese Argumente überzeugen, ist zumindest umstritten. Man wird mindestens zugeben müssen, dass das Ziel, die Zahl der Schemata relativ zur Größe des Suchraums zu maximieren, und das Ziel, ein gegebenes Problem auf natürlichere Weise mit einem größeren Alphabet auszudrücken, einander entgegengesetzt sein können [Goldberg 1991]. Weiter wurde in [Antonisse 1989] ein starkes Argument *für* größere Argumente vorgebracht. Inwiefern die Tatsache, dass in der Natur ein Alphabet mit vier (Nukleotide A,C,T,G) bzw. 20 Zeichen (die 64 möglichen Codons — Tripel von Nukleotiden — kodieren 20 Aminosäuren) auftritt, als Gegenargument gebraucht werden kann, ist dagegen unklar, da hier (bio-)chemische Gesetzmäßigkeiten ein höheres Gewicht haben könnten als informationstheoretische Aspekte.

12.2 Evolutionsstrategien

Evolutionsstrategien (ES) [Rechenberg 1973] sind die älteste Form evolutionärer Algorithmen. Sie konzentrieren sich auf numerische Optimierungsprobleme und arbeiten daher ausschließlich mit Vektoren reeller Zahlen. Ihr Name bezieht sich auf die evolutionsstrategischen Prinzipien, die wir in Abschnitt 10.2 erwähnt haben: in der (natürlichen) Evolution werden nicht nur die Organsimen optimiert, sondern auch die Mechanismen der Evolution. Diese umfassen Parameter wie Reproduktions- und Sterberaten, Lebensdauern, Anfälligkeit für Mutationen, Mutationsschrittwerten etc. Neben der Konzentration auf numerische Optimierungsprobleme ist ein unterscheidendes Merkmal von Evolutionsstrategien, das sie in vielen ihrer Formen Mutationsschrittweiten sowie Mutationsrichtungen anpassen.

Genauer ist eine Funktion $f : \mathbb{R}^n \to \mathbb{R}$ gegeben, für die wir einen optimalen Argumentvektor $\vec{x} = (x_1, \ldots, x_n)$ finden wollen, d.h., einen Argumentvektor, der ein Maximum oder Minimum der Funktion f liefert. Chromosomen sind daher solche Vektoren von reellen Zahlen. Evolutionsstrategien verzichten meist (aber nicht immer) auf *Cross-Over*, d.h., es gibt oft keine Rekombination von Chromosomen. Stattdessen konzentrieren sie sich auf die *Mutation* als wesentlichen Variationsoperator. In Evolutionsstrategien besteht die Mutation i.A. darin, dass ein Zufallsvektor $\vec{r}$, dessen Elemente r_i, $i = 1, \ldots, n$, Realisierungen von normalverteilten Zufallsvariablen mit Mittelwert 0 (unabhängig von Elementindex i) und Varianzen σ_i^2 oder Standardabweichungen σ_i sind. Die Varianzen σ_i^2 können vom Elementindex i abhängen oder auch nicht (d.h., es kann eine Varianz für den ganzen Vektor geben oder spezifische Varianzen für jedes Element) und außerdem eine Funktion des Generationenzähler t sein (zeitabhängige oder zeitunabhängige Varianz).

Wie wir weiter unten genauer untersuchen werden, können die Varianzen auch mit dem Chromosom verbunden und dadurch selbst Mutationen unterworfen sein. Auf diese Weise kann man eine Anpassung der Mutationsschrittweiten und -richtungen erreichen. Anschaulich kann man sagen, dass Chromosomen mit einer „passenden" Mutationsvarianz — d.h., einer Varianz, die für den Bereich des Suchraums, in dem sich das Chromosom befindet, Schritte „passender Weite" erzeugt — mit größerer Wahrscheinlichkeit gute Nachkommen haben. Daher ist zu erwarten, dass sich diese Varianz in der Population ausbreitet, zumindest unter den Individuen, die sich in der gleichen Gegend des Suchraums befinden. Es sollte aber beachtet werden, dass die Anpassung der Mutationsparameter indirekt ist and man folglich nicht erwarten kann, dass sie genauso wirksam und effizient ist wie die Optimierung der Funktionsargumente. Dennoch kann ihre Anpassung der Suche erheblich helfen.

12.2.1 Selektion

Die Selektion in Evolutionsstrategien ist ein *strenger Elitismus*: Nur die besten Individuen kommen in die nächste Generation. Es gibt kein Zufallselement, wie z.B. in den verschiedenen Formen der fitness-proportionalen Selektion (siehe Abschnitt 11.2.1), durch das bessere Individuen lediglich bessere Chancen haben, in die nächste Generation zu gelangen, wodurch nicht völlig ausgeschlossen ist, dass Individuen mit geringer Fitness ebenfalls Nachkommen haben.

Obwohl der Elitismus festes Prinzip ist, gibt es dennoch zwei verschiedene Formen der Selektion, die sich dadurch unterscheiden, ob in der Selektion nur Nachkommen oder Eltern und Nachkommen zusammen betrachtet werden. Sei μ die Anzahl der Individuen in der Elterngeneration und λ die Anzahl der Nachkommen, die durch Mutation erzeugt wurden. In der sogenannten *Plus-Strategie* werden Eltern und Kinder für die Selektion zusammengefaßt, d.h., die Selektion arbeitet auf $\mu + \lambda$ Individuen (weswegen eine Evolutionsstrategie, die dieses Schema benutzt, auch $(\mu + \lambda)$-Evolutionsstrategie genannt wird). In Gegensatz dazu betrachtet die Selektion in der *Komma-Strategie* (auch (μ, λ)-Evolutionsstrategie genannt) nur die Nachkommen. In beiden Fällen werden die besten μ Individuen für die nächste Generation ausgewählt, und zwar entweder aus den $\mu + \lambda$ Eltern- und Kind-Individuen in der Plus-Strategie oder nur aus den $\lambda > \mu$ Nachkommen in der Komma-Strategie.

Sowohl in der Plus- als auch in der Komma-Strategie übersteigt die Zahl λ der Nachkommen (meist) die Anzahl μ der Eltern (erheblich). Dieser Ansatz implementiert das Prinzip der Überproduktion, siehe Abschnitt 10.2. Es ist durch die Tatsache motiviert, dass i.A. die überwiegende Mehrheit der Mutationen schädlich ist.

Man beachte, dass in der Komma-Strategie notwendigerweise $\lambda \gg \mu$ oder wenigstens $\lambda > \mu$ gelten muss, damit genug Individuen für die Auswahl zur Verfügung stehen. (Offenbar führt $\lambda < \mu$ zu schrumpfenden Populationen und bei $\lambda = \mu$ ist die Fitness irrelevant, da alle Nachkommen unabhängig von ihrer Fitness ausgewählt werden müssen, um die nächste Generation zu füllen.) Obwohl nicht in gleicher Weise notwendig, ist es aber bei einer Plus-Strategie ebenfalls ratsam, mehr Nachkommen zu erzeugen, als es Eltern gibt, um die Gefahr eines Hängenbleibens in einem lokalen Optimum zu verringern, die durch den strengen Elitismus hervorgerufen wird. Eine typische Wahl (für beide Strategien) ist $\mu : \lambda = 1 : 7$.

Um die Tendenz der Plus-Strategie zu mindern, in einem lokalen Optimum hängen zu bleiben, wird sie manchmal für einige Generationen durch die Komma-Strategie ersetzt, wodurch die Diversität der Population wieder erhöht wird. Andererseits ist es in der Komma-Strategie, da alle Eltern-Individuen definitiv verlorengehen, ratsam, das beste, bisher gefundene Individuuum zusätzlich abzuspeichern, während dieses Individuum in der Plus-Strategie durch den strengen Elitismus automatisch erhalten bleibt (es sein denn, es wurden μ bessere Kinder erzeugt).

Als einfaches Beispiel betrachten wir hier den speziellen Fall der $(1+1)$-Evolutionsstrategie. Die „Anfangspopulation" $\vec{x}_0 \in \mathbb{R}^n$ besteht aus einem einzelnen Zufallsvektor von reellen Zahlen. Es wird nur ein Nachkomme $\vec{x}_t^* = \vec{x}_t + \vec{r}_t$ erzeugt, wobei $\vec{r}_t \in \mathbb{R}^n$ ein Zufallsvektor von reellen Zahlen ist, die aus einer Normalverteilung gezogen werden. Die Selektion besteht in der Zuweisung

$$\vec{x}_{t+1} = \begin{cases} \vec{x}_t^*, & \text{falls } f(\vec{x}_t^*) \geq f(\vec{x}), \\ \vec{x}_t, & \text{sonst.} \end{cases}$$

Weitere Generationen werden auf die gleiche Weise erzeugt, bis ein Abbruchkriterium erfüllt ist. Offenbar ist dieses Verfahren identisch zu einem Zufallsaufstieg, wie wir ihn in Abschnitt 10.5.2 beschrieben haben.

Wir können daher eine allgemeinere Plus-Strategie (mit $\mu > 1$, aber immer noch mit $\lambda = \mu$) als eine Art parallelen Zufallsaufstieg auffassen. Statt nur an einem einzelnen Punkt, wird die Suche gleichzeitig an verschiedenen Punkten durchgeführt, die stets die μ vielversprechendsten Pfade verfolgen. Dieses Verfahren unterscheidet sich allerdings von μ unabhängigen Zufallsaufstiegen: In einer Evolutionsstrategie können sowohl Elter als auch Kind eines Zufallsaufstiegpaars in die nächste Generation gelangen (was zu einer Verzweigung der Suche führt), während ein anderes Paar ausgelöscht wird (weder Elter noch Kind gelangt in die nächste Generation). Es gibt also einen Austausch von Informationen (über die Fitness-Werte) zwischen den verschiedenen Zufallsaufstiegen, durch den die Suche sich auf die vielversprechendsten Gegenden konzentriert. Mit $\lambda > \mu$ ist die Suche sogar noch effizienter, weil von einem Elter aus mehrere Pfade erforscht werden. Dies kann jedoch auch dazu führen, dass die Gefahr steigt, in einem lokalen Optimum hängen zu bleiben.

12.2.2 Globale Varianzanpassung

Wie wir am Anfang dieses Abschnitts erwähnt haben, unterscheiden sich Evolutionsstrategien u.a. dadurch von anderen Verfahren, dass sie versuchen, Mutationsschrittweiten anzupassen. In der einfachsten Form gibt es nur eine globale Varianz σ^2 (oder Standardabweichung σ), die für die Mutation aller Chromosomen verwendet wird. Diese Varianz wird im Laufe der Generationen angepasst, so dass die mittlere Konvergenzrate (näherungsweise) optimiert wird.

Um eine Regel für die Anpassung einer globalen Varianz abzuleiten, bestimmte [Rechenberg 1973] die optimale Varianz σ^2 für die beiden relativ einfachen Funktionen $f_1(x_1, \ldots, x_n) = a + bx_1$ und $f_2(x_1, \ldots, x_n) = \sum_{i=1}^{n} x_i^2$ durch Berechnung der Wahrscheinlichkeiten für eine erfolgreiche (den Argumentvektor verbessernde) Mutation. Diese Wahrscheinlichkeiten sind $p_1 \approx 0.184$ für f_1 und $p_2 \approx 0.270$ für f_2. Aus diesem Ergebnis leitete [Rechenberg 1973] heuristisch die sogenannte $\frac{1}{5}$-Erfolgsregel ab: In der Plus-Strategie ist die (durch σ oder σ^2 dargestellte) Mutationsschrittweite angemessen, wenn etwa $\frac{1}{5}$ der Nachkommen besser sind als die Eltern.

Mit der $\frac{1}{5}$-Erfolgsregel wird die Standardabweichung σ so angepasst: Wenn mehr als $\frac{1}{5}$ der Kinder besser sind als ihre Eltern, sollte die Standardabweichung vergrößert werden. Wenn dagegen weniger als $\frac{1}{5}$ der Kinder besser sind als ihre Eltern, dann sollte die Standardabweichung verkleinert werden. Das Prinzip dieser Regeln ist, dass unter der Annahme, dass ähnliche Individuen ähnliche Fitness haben, kleinere Veränderungen eines Individuums mit größerer Wahrscheinlichkeit zu einem besseren Individuum führen. Um die Regel so einfach wie möglich zu halten, wird die Standardabweichung σ vergrößert, indem sie mit einem von Benutzer vorzugebenden Faktor $\alpha > 1$ multipliziert wird, und verkleinert, indem sie durch den gleichen Faktor geteilt wird. Wir erhalten so das folgende Verfahren:

Algorithmus 12.2 (Globale Varianzanpassung)
function *varadapt_global* $(\sigma, p_s, \theta, \alpha: real) : real;$
begin   (∗ *Standardabweichung* σ, *Erfolgsquote* p_s ∗)
  if $p_s > \theta$ **then return** $\sigma \cdot \alpha;$ (∗ *Schwellenwert* $\theta = \frac{1}{5}$, *Anpassungsfaktor* $\alpha > 1$ ∗)
  if $p_s < \theta$ **then return** $\sigma / \alpha;$
  return $\sigma;$
end

Hier steht p_s für den Bruchteil der Kinder, die besser sind als die Eltern, d.h. die Erfolgsquote der Mutationen. Diese Quote kann als Maß für das Verhältnis von Erforschung zu Ausnutzung gesehen werden: Wenn die Erfolgsquote (zu) groß ist, dominiert die Ausnutzung guter Individuen, was zu vorzeitiger Konvergenz führen kann (vgl. Abschnitt 11.2.2). Wenn dagegen die Erfolgsquote (zu) gering ist, dominiert die Erforschung des Suchraums, was zu langsamer Konvergenz führen kann (jedoch wegen des strengen Elitismus nie zu verschwindendem Selektionsdruck).

Man beachte jedoch, dass die $\frac{1}{5}$-Erfolgsregel für größere Populationen oft zu optimistisch ist. Dann kann man, analog zum simulierten Ausglühen (siehe Abschnitt 10.5.3), eine Funktion einführen, die die gewünschte Erfolgsquote über die Zeit anhebt (und damit eine Tendenz zur Verringerung der Varianz hervorbringt). Dies ist der Grund, warum θ ein Parameter des obigen Algorithmus ist, und sein Wert nicht auf $\frac{1}{5}$ festgelegt wurde (obwohl dieser Wert oft verwendet wird).

Eine Komma-Strategie, die mit globaler Varianzanpassung alle k Generationen arbeitet, zeigt der folgende Algorithmus. Für eine Plus-Strategie müssen wir lediglich die Anweisung „pop' $\leftarrow \varnothing$" durch „pop' $\leftarrow$ pop$(t-1)$" ersetzen.

Algorithmus 12.3 (Adaptive Evolutionstrategie)

function *evostrat_global* (f: *function*, μ, λ, k: *int*, θ, α: *real*) : *object*;
begin   (* *Zielfunktion* f, *Populationsgröße* μ *)
  $t \leftarrow 0$;   (* *Nachkommenzahl* λ, *Anpassungshäufigkeit* k *)
  $s \leftarrow 0$;   (* *Schwellenwert* $\theta = \frac{1}{5}$, *Anpassungsfaktor* $\alpha > 1$ *)
  $\sigma \leftarrow$ *Wert für die Anfangsschrittweite*;
  pop$(t) \leftarrow$ *erzeuge eine Population mit* μ *Individuen*;
  bewerte pop(t) *mit der Funktion* f;
  while *Abbruchkriterium nicht erfüllt* **do begin**
    $t \leftarrow t+1$;   (* *zähle die nächste Generation* *)
    pop' $\leftarrow \varnothing$;   (* *für Plus-Strategie* pop' $\leftarrow$ pop$(t-1)$ *)
    for $i = 1, \ldots, \lambda$ **do begin**
      $\vec{x} \leftarrow$ *wähle zufälligen Elter gleichverteilt aus* pop(t);
      $\vec{y} \leftarrow$ *Kopie von* $\vec{x}$;   (* *erzeuge ein mutiertes Kind* *)
      mutate_gauss$(\vec{y}, \sigma)$;
      if $f(\vec{y}) > f(\vec{x})$ **then** $s \leftarrow s + 1$; **end**
      pop' $\leftarrow$ pop' $\cup \{\vec{y}\}$;(* *zähle erfolgreiche Mutationen* *)
    end
    pop$(t) \leftarrow$ *wähle beste* μ *Individuen aus* pop';
    if t mod $k = 0$ **then**   (* *alle* k *Generationen* *)
      $\sigma \leftarrow$ *varadapt_global*$(\sigma, s/k\lambda, \theta, \alpha)$;
      $s \leftarrow 0$;   (* *passe Varianz an und* *)
    end   (* *setze Erfolgszähler zurück* *)
  end
  return *bestes Individuum in* pop(t);
end

Wir erinnern noch einmal daran, dass es für eine Komma-Strategie ratsam sein kann, das beste, bisher in dem Verfahren gefundene Individuum abzuspeichern (da die Eltern alle verworfen werden), während die Plus-Strategie das beste Individuum wegen der Zusammenbetrachtung von Eltern und Kindern automatisch erhält.

12.2.3 Lokale Varianzanpassung

In Gegensatz zur globalen Varianzanpassung (siehe oben) benutzt die *lokale Varianzanpassung* chromosomen-spezifische Varianzen. D.h., ein Chromosom besteht nicht nur aus einem Vektor reeller Zahlen, die die Argumente der zu optimierenden Funktion f sind, sondern enthält außerdem eine Standardabweichung oder gar einen ganzen Vektor von Standardabweichungen (eine je Funktionsargument), der chromosomen-spezifische (und gen- bzw. locus-spezifische) Mutationsschrittweiten angibt. Im Evolutionsprozess werden nun nicht nur die Funktionsargumente verändert, sondern auch diese Standardabweichungen. Es ist plausibel, dass Chromosomen mit „schlechten" Standardabweichungen viele „schlechte" Nachkommen erzeugen, die dann im Selektionsschritt verworfen werden. Andererseits erzeugen Chromosomen mit „guten" Standardabweichungen wahrscheinlich eine größere Zahl von „guten" Nachkommen. Folglich sollten sich „gute" Standardabweichungen in der Population ausbreiten, obwohl sie die Fitness eines Individuums nicht direkt beeinflussen.

Eine selbstadaptive Komma-Strategie mit chromosomen-spezifischen Mutationsschrittweiten, die zur Anpassung der Schrittweiten die in Algorithmus 11.3 auf Seite 209 eingeführte selbstadaptive Gauß-Mutation verwendet, zeigt der folgende Algorithmus. Für eine Plus-Strategie muss man lediglich die Anweisung „pop' $\leftarrow \emptyset$" durch „pop' $\leftarrow$ pop$(t-1)$" ersetzen (siehe auch Kommentar).

Algorithmus 12.4 (Selbstadaptive Evolutionsstrategie)
function *adaptive_evostr (f: function, μ, λ: int) : object;*
begin				(* *Zielfunktion f, Populationsgröße μ* *)
 $t \leftarrow 0;$			(* *Nachkommenzahl λ* *)
 pop(t) $\leftarrow$ *erzeuge Population mit μ Individuen;*
 bewerte pop(t) *mit der Funktion f;*
 while *Abbruchkriterium nicht erfüllt* **do begin**
  $t \leftarrow t + 1;$		(* *zähle die nächste Generation* *)
  pop' $\leftarrow \emptyset;$		(* *für Plus-Strategie:* pop' $\leftarrow$ pop(t) *)
  for $i = 1, \ldots, \lambda$ **do begin**
   $(\vec{x}, \sigma_x) \leftarrow$ *wähle Elter zufällig gleichverteilt aus* pop(t);
   $(\vec{y}, \sigma_y) \leftarrow$ *copy of* $(\vec{x}, \sigma_x)$;
   mutate_gsa$(\vec{y}, \sigma_y)$;	(* *mutiere Individuum und Standardabweichung* *)
   pop' $\leftarrow$ pop' $\cup \{(\vec{y}, \sigma_y)\};$
  end
  bewerte pop' *mit der Funktion f;*
  pop(t) $\leftarrow$ *wähle bestes μ Individuum aus* pop';
 end
 return *bestes Individuum in* pop(t);
end

Man beachte, dass für elementspezifische Mutationsschrittweiten (d.h., einen Vektor von Standardabweichungen je Chromosom statt nur einer einzelnen Standardabweichung) ein etwas komplizierterer Mutationsoperator benötigt wird.

Eine übliche Regel zur Anpassung elementspezifischer Mutationsschrittweiten (d.h., einer Standardabweichung σ_i je Funktionsargument) ist:

$$\sigma_i' = \sigma_i \cdot \exp(r_1 \cdot u_0 + r_2 \cdot u_i).$$

Hier ist $\vec{u} = (u_0, u_1, \ldots, u_n)$ ein Vektor, dessen Elemente aus einer Standardnormalverteilung mit Mittelwert 0 und Varianz 1 (d.h. aus $N(0,1)$) gezogen werden, wobei n die Anzahl der Argumente der zu optimierenden Funktion f ist (und folglich die Länge des Chromosoms $\vec{x}$). [Bäck und Schwefel 1993] empfehlen $r_1 = 1/\sqrt{2n}$ und $r_2 = 1/\sqrt{2\sqrt{n}}$ zu wählen, während [Nissen 1997] zu $r_1 = 0.1$ und $r_2 = 0.2$ rät. Weiter wird eine untere Schranke für die Mutationsschrittweiten eingeführt (die natürlich mindestens 0 sein muss, da Standardabweichungen nicht negativ sein können).

12.2.4 Kovarianzen

In der Standardform der Varianzanpassung sind die Varianzen der verschiedenen Vektorelemente voneinander unabhängig. D.h., die *Kovarianzmatrix* des Mutationsoperators ist eine Diagonalmatrix (nur die Diagonalelemente sich von Null verschieden). Folglich kann der Mutationsoperator nur Richtungen im Suchraum bevorzugen, die parallel zu den Koordinatenachsen des Suchraums sind. Eine „schräg" liegende Richtung kann nicht dargestellt werden, auch wenn sie besser ist als eine achsenparallele Richtung. Als einfaches Beispiel betrachte man einen zweidimensionalen Suchraum. Wenn die besten Mutationen die beiden Argumente etwa gleich stark und in der *gleichen* Richtung verändern, kann dies nicht dadurch dargestellt werden, dass man lediglich unabhängige Varianzen für die beiden Argumente verwendet. Die beste Näherung besteht in gleichen Varianzen für beide Argumente, was jedoch mit der gleichen Wahrscheinlichkeit erlaubt, dass beide Argumente um etwa den gleichen Betrag, aber in *entgegengesetzten* Richtungen geändert werden.

Dieses Problem kann dadurch gelöst werden, dass man nicht nur elementspezifische Varianzen, sondern auch Kovarianzen einführt. In dem Beispiel eines einfachen zweidimensionalen Suchraums können wir z.B. eine Kovarianzmatrix wie

$$\Sigma = \begin{pmatrix} 1 & 0.9 \\ 0.9 & 1 \end{pmatrix}$$

verwenden. Mit dieser Kovarianzmatrix sind Änderungen der beiden Argumente in der gleichen Richtung (entweder werden beide vergrößert oder beide verkleinert) wesentlich wahrscheinlicher als Änderung in verschiedenen Richtungen (ein Argument wird vergrößert, während das andere verkleinert wird).

Zu Veranschaulichung einer Kovarianzmatrix, die *Korrelationen* zwischen den Änderungen der Argumente einführt, zeigt Abbildung 12.3 unkorrelierte, schwach positiv, stark positiv und stark negativ korrelierte Mutationen in einem zweidimensionalen Raum. Man beachte, dass in allen Diagrammen die Varianzen in beiden Koordinatenrichtungen gleich sind (was das Ergebnis einer Normalisierung der Dimensionen mit Hilfe der zugehörigen Varianz sein kann, wodurch sich gerade Korrelation und Kovarianz unterscheiden). Falls man verschiedene Varianzen in den verschiedenen Achsenrichtungen zulässt, wird klar, dass man mit korrelierten Mutationen beliebig „schräg" im Suchraum liegende Richtungen bevorzugen kann.

Um die Bedeutung einer Kovarianzmatrix besser zu verstehen, erinnere man sich an den eindimensionalen Fall. Eine Varianz ist oft nicht ganz leicht zu deuten: durch ihre quadratische Natur kann sie nicht so leicht zu der zugrundeliegenden Größe in Beziehung gesetzt werden. Dieses Problem wird üblicherweise dadurch gelöst, dass man die Standardabweichung berechnet, die die Quadratwurzel der Varianz ist

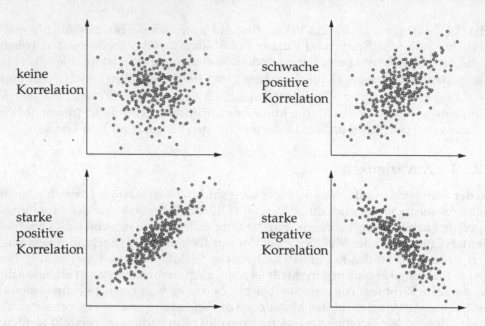

Abbildung 12.3: Veranschaulichung von Kovarianz und Korrelation.

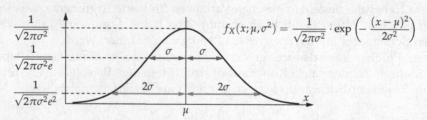

Abbildung 12.4: Deutung der Standardabweichung σ für eine eindimensionale Normalverteilung als Breite in der Höhe $\frac{1}{\sqrt{e}}$ des Maximums der Verteilung.

und dadurch die gleiche Größeneinheit wie die zugrundeliegende Größe hat. Falls der Zufallsprozess durch eine Normalverteilung beschrieben werden kann, ist die Standardabweichung leicht zu deuten, wie in Abbildung 12.4 gezeigt ist.

Diese bequeme Deutung im eindimensionalen Fall legt natürlich die Frage nahe, ob sie auf zwei oder mehr Dimensionen übertragen werden kann, um eine anschauliche Deutung einer Kovarianzmatrix zu erhalten. Das Problem ist i.W. das gleiche: Wegen seiner quadratischen Natur ist eine Kovarianzmatrix schwer zu deuten. Wenn wir ihre „Quadratwurzel" berechnen könnten, wäre es u.U. möglich, ein Analogon der Standardabweichung zu erhalten, das leichter zu deuten ist. Wir stehen damit vor dem Problem, die „Quadratwurzel" einer Matrix zu berechnen. Allerdings keiner beliebigen Matrix, sondern einer Kovarianzmatrix, die die angenehme Eigenschaft hat, symmetrisch und positiv definit zu sein.

Formaler ausgedrückt, sei $\mathbf{S}$ eine $n \times n$ Matrix, d.h. $\mathbf{S} = (s_{ij})_{1 \leq i \leq m, 1 \leq j \leq n}$. $\mathbf{S}$ heißt *symmetrisch* genau dann, wenn $\forall 1 \leq i, j \leq n : s_{ij} = s_{ji}$ (oder äquivalent, wenn $\mathbf{S}^\top = \mathbf{S}$, wobei $\mathbf{S}^\top$ die Transponierte der Matrix $\mathbf{S}$ ist). $\mathbf{S}$ heißt *positiv definit* genau dann, wenn für alle n-dimensionalen Vektoren $\vec{v} \neq \vec{0}$ gilt: $\vec{v}^\top S \vec{v} > 0$. Anschaulich gesprochen, kann die Abbildung eines Vektor mit einer positiv definiten Matrix den Vektor strecken oder stauchen, drehen (um weniger als $\pi/2$), aber nicht am Ursprung spiegeln. Für symmetrische positiv definite Matrizen kann man ein Analogon einer Quadratwurzel berechnen, und zwar z.B. mit einer sogenannten *Cholesky-Zerlegung* [Golub und Van Loan 1996]. Mit dieser Methode wird eine untere (oder linke) Dreiecksmatrix L (d.h., L hat nur auf und unter (oder links) von der Diagonale nicht-verschwindende Elemente, während alle anderen Elemente Null sind) so bestimmen, dass $LL^\top = S$. Indem man diese Gleichung einfach elementweise ausschreibt, erhalten wir für die Elemente von L

$$l_{ii} = \left(s_{ii} - \sum_{k=1}^{i-1} l_{ik}^2 \right)^{\frac{1}{2}},$$

$$l_{ji} = \frac{1}{l_{ii}} \left(s_{ij} - \sum_{k=1}^{i-1} l_{ik} l_{jk} \right), \qquad j = i+1, i+2, \dots, n.$$

Als Beispiel betrachten wir wieder den Spezialfall mit nur zwei Dimensionen. In diesem Fall kann ein Analogon der Quadratwurzel für eine Kovarianzmatrix

$$\Sigma = \begin{pmatrix} \sigma_x^2 & \sigma_{xy} \\ \sigma_{xy} & \sigma_y^2 \end{pmatrix} \quad \text{als} \quad L = \begin{pmatrix} \sigma_x & 0 \\ \frac{\sigma_{xy}}{\sigma_x} & \frac{1}{\sigma_x}\sqrt{\sigma_x^2\sigma_y^2 - \sigma_{xy}^2} \end{pmatrix}$$

berechnet werden. Die Matrix L ist wesentlich leichter zu deuten als die ursprüngliche Kovarianzmatrix Σ: Sie ist nämlich eine (lineare) Abbildung, die die Abweichung von einem isotropen Verhalten (d.h. richtungsunabhängigen, griech. ʼίσος: gleich und τρόπος: Richtung, Drehung) beschreibt, die durch die Kovarianzmatrix (im Vergleich zu einer Einheitsmatrix) dargestellt wird. Zur Veranschaulichung zeigt Abbildung 12.5 wie ein Einheitskreis mit der Dreiecksmatrix abgebildet wird, die sich durch Cholesky-Zerlegung aus der Kovarianzmatrix

$$\Sigma = \begin{pmatrix} 1.5 & 0.8 \\ 0.8 & 0.9 \end{pmatrix} \quad \text{als} \quad L \approx \begin{pmatrix} 1.2248 & 0 \\ 0.6532 & 0.6880 \end{pmatrix}$$

ergibt. Die Abbildung mit L hat für eine n-dimensionale Normalverteilung (oder Gaußverteilung) eine Bedeutung, die der Bedeutung der Standardabweichung im eindimensionalen Fall entspricht. Um dies besser zu verstehen, betrachten wir die Wahrscheinlichkeitsdichte einer n-dimensionalen Normalverteilung, d.h.

$$f_{\vec{X}}(\vec{x}; \vec{\mu}, \Sigma) = \frac{1}{\sqrt{(2\pi)^m |\Sigma|}} \cdot \exp\left(-\frac{1}{2}(\vec{x} - \vec{\mu})^\top \Sigma^{-1} (\vec{x} - \vec{\mu}) \right),$$

wobei μ ein n-dimensionaler Mittelwertvektor und Σ eine $n \times n$ Kovarianzmatrix sind. Diese Wahrscheinlichkeitsdichte ist für $n = 2$ in Abbildung 12.6 gezeigt: Das linke Diagramm zeigt eine Standardnormalverteilung (Einheitsmatrix als Kovarianzmatrix), während das rechte Diagramm eine allgemeine Normalverteilung zeigt (mit der oben angegebenen Kovarianzmatrix).

Für eine eindimensionale Normalverteilung gibt die Standardabweichung die Streuung (oder Dispersion) der Wahrscheinlichkeitsdichte über den Abstand zwischen dem Mittelwert und den Punkten an, die eine bestimmte Wahrscheinlichkeitsdichte relativ zur Höhe des Modus der Dichte haben (siehe Abbildung 12.4).

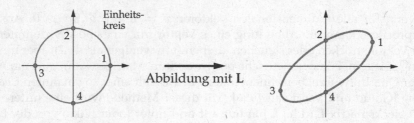

Abbildung 12.5: Abbildung des Einheitskreises mit Hilfe der Cholesky-Zerlegung.

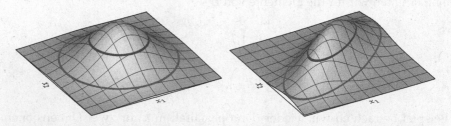

Abbildung 12.6: Linien gleicher Wahrscheinlichkeitsdichte für eine Standardnormalverteilung (links, Varianz 1 für beide Achsen, keine Kovarianz) und eine allgemeine Normalverteilung mit Kovarianzen (rechts).

Wenn wir, auf analoge Weise, Punkte mit der gleichen Wahrscheinlichkeitsdichte für eine zweidimensionale Verteilung markieren, erhalten wir geschlossene Kurven, die in Abbildung 12.6 durch graue Linien beschrieben sind: die dunklere Kurve entspricht σ, die hellere 2σ (in Analogie zu Abbildung 12.4).

Wie in Abbildung 12.6 zu sehen, sind diese Kurven für eine Standardnormalverteilung Kreise (links), während sie für eine allgemeine Normalverteilung mit Kovarianzen zu Ellipsen werden (rechts). Diese Ellipsen kann man erhalten, indem man die Kreise der Standardnormalverteilung mit der Matrix **L** abbildet, die sich durch ein Cholesky-Zerlegung aus der Kovarianzmatrix der allgemeinen Normalverteilung ergibt. Da die Diagramme in den Abbildungen 12.5 und 12.6 mit der gleichen Kovarianzmatrix berechnet wurden, ist dies hier besonders offensichtlich.

Falls wir nicht fordern, dass die „Quadratwurzel" einer Kovarianzmatrix eine untere (oder linke) Dreiecksmatrix sein soll (wie für eine Cholesky-Zerlegung), dann ist diese „Quadratwurzel" i.A. nicht eindeutig bestimmt. D.h., es kann mehrere Matrizen geben, die, wenn man sie mit ihrer eigenen Transponierten multipliziert, die Kovarianzmatrix ergeben. Es ist daher nicht überraschend, dass eine Cholesky-Zerlegung nicht die einzige Methode ist, mit der man ein mehrdimensionales Analogon einer Standardabweichung berechnen kann. Eine besonders vorteilhafte Alternative ist die *Eigenwertzerlegung* [Golub und Van Loan 1996], weil sie eine „Quadratwurzel" liefert, deren Bestandteile noch besser interpretierbar sind. Ihr Nachteil ist zwar, dass sie aufwendiger zu berechnen ist als eine Cholesky-Zerlegung [Press *et al.* 1992], doch ist dies für unsere Zwecke glücklicherweise nicht relevant, da wir lediglich daran interessiert sind, eine Kovarianzmatrix zu deuten, indem wir ein Analogon einer Standardabweichung bestimmen, aber nicht notwendigerweise eine solche Zerlegung in einer Evolutionsstrategie berechnen wollen.

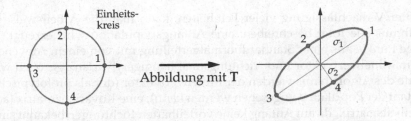

Abbildung 12.7: Abbildung des Einheitskreises mit Hilfe der Eigenwertzerlegung.

Eine Eigenwertzerlegung nutzt aus, dass jede symmetrische und positiv definite Matrix **S** geschrieben werden kann als [Golub und Van Loan 1996]

$$S = R \ \text{diag}(\lambda_1, \ldots, \lambda_n) \ R^{-1},$$

wobei die $\lambda_j \geq 0, j = 1, \ldots, n$, die sogenannten *Eigenwerte* von **S** sind und die Spalten von **R** die zugehörigen (normalisierten, d.h. auf Länge 1 gebrachten) *Eigenvektoren* von **S**. Die Eigenvektoren sind paarweise orthogonal zueinander. Folglich ist $R^{-1} = R^{\top}$, oder, mit anderen Worten, **R** ist eine Rotationsmatrix. Mit einer solchen Zerlegung können wir $S = TT^{\top}$ schreiben mit

$$T = R \ \text{diag}\left(\sqrt{\lambda_1}, \ldots, \sqrt{\lambda_m}\right).$$

Eine Eigenwertzerlegung hat den deutlichen Vorteil, dass die durch sie beschriebene Abbildung als eine Skalierung der Achsen (nämlich mit den Quadratwurzeln der Eigenwerte, die durch $\sqrt{\lambda_i}, i = 1, \ldots, n$ bezeichnet sind) und eine Drehung (dargestellt durch die Rotationsmatrix **R**) gesehen werden kann. Für den Spezialfall mit nur zwei Dimensionen ($n = 2$) führt eine Eigenwertzerlegung zu

$$T = \begin{pmatrix} c & -s \\ s & c \end{pmatrix} \begin{pmatrix} \sigma_1 & 0 \\ 0 & \sigma_2 \end{pmatrix}, \qquad \begin{aligned} \sigma_1 &= \sqrt{c^2\sigma_x^2 + s^2\sigma_y^2 + 2sc\sigma_{xy}}, \\ \sigma_2 &= \sqrt{s^2\sigma_x^2 + c^2\sigma_y^2 - 2sc\sigma_{xy}}. \end{aligned}$$

wobei $s = \sin\phi$, $c = \cos\phi$ und $\phi = \frac{1}{2}\arctan\frac{2\sigma_{xy}}{\sigma_x^2 - \sigma_y^2}$ gilt. Wie ein Einheitskreis mit der Matrix **T** abgebildet wird, ist (in völliger Analogie zu Abbildung 12.5) in Abbildung 12.7 gezeigt, und zwar für

$$\Sigma = \begin{pmatrix} 1.5 & 0.8 \\ 0.8 & 0.9 \end{pmatrix} \qquad \text{und daher} \qquad T \approx \begin{pmatrix} 1.1781 & -0.3348 \\ 0.8164 & 0.4832 \end{pmatrix},$$

was aus $\phi \approx 0.606 \approx 34.7°$, $\sigma_1 = \sqrt{\lambda_1} \approx 1.4333$ und $\sigma_2 = \sqrt{\lambda_2} \approx 0.5879$ berechnet wird. Man beachte, dass sich die Abbildung von der in Abbildung 12.5 gezeigten unterscheidet — auch wenn die Ellipse als Ganzes die gleiche ist — wie man an den Bildern der mit 1, 2, 3 und 4 markierten Punkte ablesen kann, die anders liegen. Hier bilden sie die Endpunkte der Hauptachsen der Ellipse.

Ein Mutationsoperator mit einer Kovarianzmatrix wird z.B. für die *selbstadaptive Kovarianzmatrix-Evolutionsstrategie* (engl. *covariance matrix adaptation evolution strategy*, CMA-ES) verwendet [Hansen 2006], die zu den empfehlenswertesten Varianten der Evolutionsstrategien gehört. Ohne alle mathematischen Details auszuführen und unter Vernachlässigung vieler Feinheiten, kann man die Arbeitsweise dieses Algorithmus wie folgt beschreiben: eine Anfangspopulation wird erzeugt, indem zufällige Punkte aus einer Standardnormalverteilung mit von einem Anwender gewähltem Mittelwertvektor und (richtungsunabhängiger) Varianz gezogen werden. Im Laufe des Algorithmus werden der Mittelwertvektor (der als prototypischer Repräsentant der Population angesehen werden kann), eine Kovarianzmatrix (anfangs eine Einheitsmatrix, da am Anfang keine vorteilhaften Richtungen bekannt sind und folglich alle Richtungen gleich behandelt werden sollten), und zwei Skalierungsfaktoren für die Mutation angepasst. Die letzten drei Größen beschrieben eine Wahrscheinlichkeitsverteilung, aus der die Mutationsvektoren zufällig gezogen werden, während der Mittelwertvektor und die aktuelle Population hauptsächlich zur Anpassung dieser Größen benutzt werden. Folglich kann dieser Ansatz als verwandt zu sogenannten Verteilungsschätzungsalgorithmen (engl. *estimation of distribution algorithms*) [Larrañaga und Lozano 2002, Lozano *et al.* 2006] gesehen werden, die genetische Algorithmen sind, die probabilistische Modelle von vielversprechenden Lösungskandidaten erzeugen und aus ihnen zufällige Stichproben ziehen.

Spätere Populationen werden erzeugt, indem ein Mutationsoperator angewendet wird, der eine isotrope und eine anisotrope Komponente vereint (wobei die griech. Vorsilbe $\alpha\nu$- eine Verneinung ausdrückt, d.h., „anisotrop" bedeutet *nicht* richtungsunabhängig und daher richtungsabhängig), die durch die beiden Skalierungsfaktoren gesteuert werden. Der Mittelwertvektor, die Kovarianzmatrix und die beiden Skalierungsfaktoren werden in jeder Iteration so angepasst, dass die Wahrscheinlichkeit, dass der Mutationsoperator vorteilhafte Mutationen wiederholt, vergrößert wird. Dies wird i.W. dadurch erreicht, dass die aktuelle Kovarianzmatrix mit einer (geeignet normierten) Kovarianzmatrix aktualisiert wird, die aus dem aktuellen Mittelwertvektor und den Individuen der neuen Population berechnet wird. Man beachte, dass die Kovarianzmatrix nur die Richtungsabhängigkeit der Mutationen beschreibt, während die eigentliche Mutationsschrittweite durch die beiden Skalierungsfaktoren gesteuert wird. Technische Details sowie einen Vergleich mit anderen Optimierungsmethoden findet man in [Hansen 2006].

Man beachte weiter, dass dieser Ansatz als verwandt zu Methoden angesehen werden kann, die die inverse Hesse-Matrix der zu optimierenden Funktion schätzen, wie sie z.B. in der Quasi-Newton-Methode der klassischen Optimierung verwendet wird [Press *et al.* 1992]. In diesem Sinne benutzt eine selbstadaptive Kovarianzmatrix-Evolutionsstrategie die Population der Lösungskandidaten hauptsächlich, um die Umgebung des mitgeführten Mittelwertvektors (der als Repräsentant des aktuell bevorzugten Lösungskandidaten gesehen werden kann) zu erforschen, um die Mutationsrichtung und -schrittweite zu optimieren. Sie ist daher eigentlich den lokalen Suchmethoden, die wir in Abschnitt 10.5 besprochen haben, enger verwandt, als Ansätzen, die eine Population eher dazu verwenden, den Suchraum auf breiterer Basis zu erforschen, indem gleichzeitig an vielen Stellen des Suchraums nach Optima (und nicht nur Verbesserungsrichtungen) gesucht wird.

Für ein Schema mit lokalen Anpassungen — obwohl man einen solchen Ansatz natürlich im Prinzip auch verfolgen kann — eignen sich Kovarianzmatrizen dagegen nicht so gut wie isotrope Varianzen, da dies erfordert, dass man $\frac{n(n+1)}{2}$ Mutationsparameter in die Chromosomen aufnimmt, was den Speicherbedarf für die Chromosomen erheblich vergrößert. Außerdem ist es zweifelhaft, ob eine indirekte Anpassung so vieler Parameter überhaupt wirksam und effizient sein kann.

12.2.5 Rekombinationsoperatoren

Evolutionsstrategien werden oft ohne einen Cross-Over-Operator ausgeführt. Wenn ein Cross-Over-Operator verwendet wird, wird er üblicherweise als zufällige Auswahl von Komponenten aus zwei Eltern definiert, d.h. analog zum uniformen Cross-Over (siehe Abschnitt 11.3.2):

$$(\mathbf{x_1}, x_2, x_3, \ldots, \mathbf{x_{n-1}}, x_n)$$
$$(y_1, \mathbf{y_2}, \mathbf{y_3}, \ldots, y_{n-1}, \mathbf{y_n}) \qquad \Rightarrow \qquad (x_1, y_2, y_3, \ldots, x_{n-1}, y_n).$$

Im Prinzip kann aber natürlich auch jeder andere Cross-Over-Operator, den wir in Abschnitt 11.3.2 besprochen haben, verwendet werden, wie z.B. 1-, 2- oder n-Punkt-Cross-Over etc. Eine Alternative ist die *Mischung* (engl. *blending*), wie sie z.B. durch das arithmetische Cross-Over implementiert wird (siehe Abschnitt 11.3.5):

$$(x_1, \ldots, x_n)$$
$$(y_1, \ldots, y_n) \qquad \Rightarrow \qquad \tfrac{1}{2}(x_1 + y_1, \ldots, x_n + y_n).$$

Falls dieser Cross-Over-Operator verwendet wird, sollte man berücksichtigen, dass er die Gefahr des *Jenkins Albtraums* (engl. *Jenkins nightmare*) mit sich bringt, d.h. die Gefahr des völligen Verschwindens jeder Variation in einer Population wegen der mittelnden Wirkung eines Mischungsoperators.

12.3 Genetische Programmierung

Mit *genetischer Programmierung* (engl. *genetic programming*, GP) versucht man, symbolische Ausdrücke oder sogar Programme mit bestimmten Eigenschaften zu erzeugen. Der Zweck dieser Ausdrücke oder Programme besteht gewöhnlich darin, bestimmte Eingaben mit bestimmten Ausgaben zu verknüpfen, um ein gegebenes Problem zu lösen. Genetische Programmierung kann auch als ein sehr allgemeines Verfahren gesehen werden, Programme zu lernen oder zu erzeugen, u.U. sogar so komplexe Programme wie einen Computergegner für das Damespiel (engl. *checkers*) [Fogel 2001]. Seine Anwendungsbereiche sind groß und vielfältig, da viele Probleme als Suche nach einem Programm aufgefasst werden können, z.B. Entwicklung von Reglern, Aufstellen von (Ablauf-)Plänen, Wissensrepräsentation, symbolische Regression, Entscheidungsbaumlernen etc. [Nilsson 1998].

Bisher haben wir nur Chomosomen betrachtet, die Vektoren einer festen Länge waren, z.B. Bitfolgen für genetische Algorithmen oder Vektoren reeller Zahlen für Evolutionsstrategien. Für die genetische Programmierung lassen wir die Einschränkung auf eine feste Länge jedoch fallen und erlauben Chromosomen, die sich in ihrer Länge unterscheiden. Genauer sind die Chromosomen der genetischen Programmierung Funktionsausdrücke und Programme, die üblicherweise *genetische Programme* genannt werden (oft ebenfalls mit „GP" abgekürzt).

Die formale Grundlage der genetischen Programmierung ist eine Grammatik, die die Sprache der genetischen Programme festlegt. Dem Standardansatz der Theorie formaler Sprachen folgend, definieren wir zwei Mengen, nämlich die Menge der $\mathcal{F}$ der *Funktionssymbole und Operatoren* und die Menge $\mathcal{T}$ der *Terminalsymbole* (Konstanten und Variablen). Diese Mengen sind problemspezifisch und folglich der

Kodierung vergleichbar, die wir bei anderen Formen von Chromosomen betrachtet haben (siehe Abschnitt 11.1). $\mathcal{F}$ und $\mathcal{T}$ sollten von endlicher Größe sein, um den Suchraum auf eine handhabbare Größe zu beschränken, aber auch hinreichend ausdrucksmächtig, um eine Lösung des gegebenen Problems zu ermöglichen.

Zur Veranschaulichung betrachten wir zwei Beispiele von Symbolmengen. Wenn wir eine Boolesche Funktion lernen wollen, die n binäre Eingaben auf zugeordnete Ausgaben abbildet, sind die folgenden Symbolmengen eine natürliche Wahl:

$$\mathcal{F} = \{\text{and}, \text{or}, \text{not}, \text{if} \ldots \text{then} \ldots \text{else} \ldots, \ldots\},$$
$$\mathcal{T} = \{x_1, \ldots, x_n, 1, 0\} \quad \text{or} \quad \mathcal{T} = \{x_1, \ldots, x_n, \text{true}, \text{false}\}.$$

Wenn die Aufgabe in symbolischer Regression[1] besteht, erscheinen die folgenden beiden Mengen angemessen:

$$\mathcal{F} = \{+, -, *, /, \sqrt{\ }, \sin, \cos, \log, \exp, \ldots\},$$
$$\mathcal{T} = \{x_1, \ldots, x_m\} \cup \mathbb{R}.$$

Eine wünschenwerte Eigenschaft der Menge $\mathcal{F}$ ist, dass alle Funktionen vollständig sind (engl. *domain complete*). D.h., die Funktionen in $\mathcal{F}$ sollten jeden möglichen Eingabewert akzeptieren. Falls dies nicht der Fall ist, kann das genetische Programm zu einem Fehler führen, wodurch es nicht vollständig ausgeführt werden kann, was im Evolutionsprozess Schwierigkeiten bereiten kann. Einfache Beispiele von nicht vollständigen Funktionen sind die Division, die zu einem Fehler führt, wenn der Divisor Null ist, oder ein Logarithmus, der nur positive Argumente zulässt.

Wenn die Funktionenmenge $\mathcal{F}$ Funktionen enthält, die nicht vollständig sind, müssen wir im Grunde ein Optimierungsproblem mit Nebenbedingungen lösen: Wir müssen sicherstellen, dass die Ausdrücke und Programme, die als Lösungskandidaten erzeugt werden, so gebaut sind, dass eine Funktion nie auf ein unpassendes Argument angewandt wird. Dazu können wir Reparaturmechanismen verwenden oder einen Strafterm in die Fitness-Funktion einführen (vgl. Abschnitt 11.1.3).

Alternativ können wir alle Funktionen in $\mathcal{F}$ sozusagen „vervollständigen", indem wir *geschützte Versionen* von fehleranfälligen (d.h. nicht vollständigen) Funktionen implementieren. Z.B. können wir eine geschützte Division einführen, die Null oder den (mit einem passenden Vorzeichen versehenen) maximal darstellbaren Wert liefert, wenn der Divisor Null ist, oder eine geschützte Version der n-ten Wurzel, die auf dem Absolutwert ihres Argumentes arbeitet, oder einen geschützten Logarithmus, der $\log(x) = 0$ für alle $x \leq 0$ liefert. In analoger Weise können wir Datentypen uminterpretieren und so Funktionen, die nur für einen Datentyp definiert sind, auf andere Datentypen anwendbar machen. Wenn z.B. die gewählte Funktionenmenge $\mathcal{F}$ sowohl Boolesche als auch numerische Funktionen enthält, können wir 0 als *falsch* und jeden von Null verschiedenen Wert als *wahr* ansehen (was auch in Programmiersprachen wie etwa C, C++ oder Python üblich ist), so dass Boolesche Funktionen auf numerische Argumente angewendet werden können. Indem man für Wahrheitswerte Zahlenwerte festlegt, z.B. 1 oder -1 für *wahr* und 0 für *falsch*, können umgekehrt numerische Funktionen auf Boolesche Argumente angewendet werden. Auch können wir einen Bedingungsoperator (*if* ...*then* ...*else* ...)

---

[1]Mit Hilfe der Regression findet man eine Funktion aus einer gegebenen Klasse und für gegebene Daten, indem man die Summe der quadratischen Abweichungen minimiert. Sie wird daher auch *Methode der kleinsten Quadrate* genannt, siehe Abschnitt 28.2.

definieren, der den *else*-Teil ausführt, es sei denn, die Bedingung hat einen echten Wahrheitswert *wahr* geliefert; nur dann wird der *then*-Teil ausgeführt.

Eine weitere wichtige Eigenschaft ist die Vollständigkeit (engl. *completeness*) der Mengen $\mathcal{F}$ und $\mathcal{T}$ bzgl. der Funktionen (Abbildungen von Eingaben auf Ausgaben), die sie darstellen können. Die genetische Programmierung kann nur dann ein gegebenes Problem wirksam lösen, wenn $\mathcal{F}$ und $\mathcal{T}$ ausreichend ausdrucksmächtig sind, um ein angemessenes Programm zu finden. Z.B. sind für die Aussagenlogik die beiden Mengen $\mathcal{F} = \{\wedge, \neg\}$ und $\mathcal{F} = \{\rightarrow, \neg\}$ vollständige Operationenmengen, weil jede Boolesche Funktion mit beliebig vielen Argumenten durch passende Kombinationen der Operatoren in diesen Mengen dargestellt werden kann. Die Menge $\mathcal{F} = \{\wedge\}$ ist dagegen keine vollständige Operationenmenge für die Darstellung Boolescher Funktionen, da nicht einmal die einfache Negation eines Argumentes dargestellt werden kann. Die kleinste Menge an Operatoren zu finden, mit denen sich eine gegebene Menge von Funktionen darstellen lässt, ist in den meisten Fällen NP-hart. Deshalb enthält $\mathcal{F}$ meist mehr Funktionen als tatsächlich notwendig sind. Dies ist jedoch nicht notwendigerweise ein Nachteil, da reichere Funktionenmengen oft auch einfachere und so leichter interpretierbare Lösungen erlauben.

Mit den Mengen $\mathcal{F}$ und $\mathcal{T}$ können genetische Programme erzeugt werden. Sie bestehen aus den Elementen von $\mathcal{C} = \mathcal{F} \cup \mathcal{T}$ und möglicherweise zusätzlich öffnenden und schließenden Klammern, um (falls nötig) die Präzedenz (Anwendungsreihenfolge) der Operatoren festzulegen oder ein Funktionssymbol und seine Argumente zusammenzufassen. Genetische Programme sind jedoch keine beliebigen Folgen dieser Symbole. Vielmehr beschränken sie sich auf sogenannte „wohlgeformte" Ausdrücke, d.h. Ausdrücke, die durch Befolgen bestimmer Regeln erzeugt werden können, so dass diese Ausdrücke auch interpretierbar sind. Diese Regeln legen eine Grammatik fest, die die Sprache der genetischen Programme definiert.

Diese Grammatik wird üblicherweise *rekursiv definiert* und basiert auf einer Präfixnotation der Funktionen und Operatoren, wie man sie aus funktionalen Programmiersprachen wie Lisp oder Scheme kennt. In diesen Sprachen sind alle Ausdrücke entweder Atome (unteilbare Einheiten, Basissymbole) oder verschachtelte Listen. Das erste Listenelement ist das Funktions- oder Operatorsymbol und die folgenden Listenelement sind die Funktionsargumente oder die Operanden.

Formal werden symbolische Ausdrücke so definiert:

- Konstanten und Variablen (d.h., die Elemente der Menge $\mathcal{T}$) sind (atomare) symbolische Ausdrücke.

- Wenn $t_1, \ldots, t_n$ symbolische Ausdrücke sind und $f \in \mathcal{F}$ ein n-stelliges Funktionssymbol, dann ist $(f\ t_1 \ldots t_n)$ ein symbolischer Ausdruck.

- Keine anderen Zeichenfolgen sind symbolische Ausdrücke.

Z.B. ist die Zeichenfolge „(+ (* 3 x) (/ 8 2))" ein symbolischer Ausdruck, der, in üblicherer Schreibweise, $3 \cdot x + \frac{8}{2}$ bedeutet. Im Gegensatz dazu ist die Zeichenfolge „2 7 * (3 /" kein gültiger oder „wohlgeformter" symbolischer Ausdruck.

Für die Erläuterungen der folgenden Abschnitte ist es hilfreich, einen symbolischen Ausdruck durch seinen *Zergliederungsbaum* (engl. *parse tree*) darzustellen. Zergliederungsbäume werden häufig z.B. in Compilern benutzt, speziell für arithmetische Ausdrücke wie den oben als Beispiel betrachteten. Ein Zergliederungsbaum für diesen symbolischen Ausdruck zeigt Abbildung 12.8.

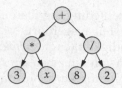

Abbildung 12.8: Zergliederungsbaum des symbolischen Ausdrucks $(+ (* 3\, x)\, (/\, 8\, 2))$.

Um gute symbolische Ausdrücke zur Lösung eines gegebenen Problems zu finden, benutzt die genetische Programmierung das gleiche allgemeine Verfahren eines evolutionären Algorithmus, das wir in Algorithmus 10.1 auf Seite 172 angegeben haben. D.h., wir erzeugen zunächst eine *Anfangspopulation* von zufälligen symbolischen Ausdrücken, die durch Berechnung ihrer Fitness-Werte *bewertet* werden. Die Fitness ist hier ein Maß dafür, wie gut ein genetisches Programm bestimmte Eingabevektoren auf ihre zugehörigen Ausgaben abbildet. Nehmen wir z.B. an, dass wir einen symbolischen Ausdruck finden wollen, der eine Boolesche Funktion berechnet, die als Menge von Ein- und Ausgabevektoren gegeben ist, wobei alle Ein- und Ausgaben entweder *wahr* oder *falsch* sind. In diesem Fall könnte die Fitness-Funktion einfach die Anzahl korrekt berechneter Ausgaben über alle Ein-Ausgabe-Paare auszählen. Falls die Aufgabe eine symbolische Regression ist, kann die Fitness-Funktion einfach die Summe der quadrierten Abweichungen von den gewünschten Ausgabewerten sein. Wenn wir etwa einen Datensatz haben, der aus Paaren (x_i, y_i), $i = 1, \ldots, n$, besteht, wobei x die Eingabe und y die Ausgabe ist, kann die Fitness als $f(c) = \sum_{i=1}^{n}(g(x_i) - y_i)^2$ berechnet werden, wobei g für das genetische Programm steht, dass eine Eingabe x auf einen Ausgabewert abbildet.

Die *Selektion* wird durch eine beliebige der in Abschnitt 11.2 besprochenen Methoden implementiert. Schließlich werden *genetische Operatoren*, und zwar meist nur Cross-Over, auf die ausgewählten Individuen angewandt und die so erzeugten Individuen werden erneut bewertet. Der Vorgang der Auswahl von Individuen, der Anwendung von genetischen Operatoren und der Bewertung der (neuen) Individuen wird wiederholt, bis ein Abbruchkriterium erfüllt ist, z.B. bis ein Ausdruck gefunden wurde, der eine vom Benutzer vorgegebene Mindest-Fitness erreicht. Im folgenden betrachten wir die einzelnen Schritte genauer.

12.3.1 Initialisierung

Das Erzeugen einer Anfangspopulation ist in der genetischen Programmierung etwas komplexer als in den evolutionären Algorithmen, die wir bislang betrachtet haben, denn wir können nicht einfach zufällige Folgen von Funktionssymbolen, Konstanten, Variablen und Klammern erzeugen. Wir müssen die rekursive Definition von gültigen oder „wohlgeformten" Ausdrücken beachten. Am natürlichsten erzeugt man ein genetisches Programm für die Anfangspopulation durch eine rekursive Funktion, die einfach der rekursiven Definition folgt. Außerdem erzeugen wir, auch weil es für die spätere Auswertung genetischer Programme hilfreich ist, keine Zeichenfolgen, sondern direkt die zugehörigen Zergliederungsbäume.

Um die Größe der Bäume zu begrenzen (aber auch, um sicherzustellen, dass die rekursive Funktion irgendwann abbricht), können wir eine maximale Baumtiefe oder eine maximale Anzahl Knoten festlegen. Wenn diese maximale Baumtiefe oder Knotenzahl erreicht ist, werden alle noch nicht festgelegten Funktionsargumente aus den Terminalsymbolen gewählt, um eine weitere Rekursion zu verhindern. Eine sehr einfache Form dieses Verfahren sieht so aus [Koza 1992]:

Algorithmus 12.5 (Initialisierung durch Wachsen)

function *init_grow* $(d, d_{max}: int) : node;$
begin   (* *aktuelle Tiefe d, maximale Tiefe d_{max}* *)
  if $d = 0$ (* *vermeide einfache Konstanten oder Variablen* *)
  then $n \leftarrow$ *ziehe gleichverteilt aus* $\mathcal{F};$
  elseif $d \geq d_{max}$ (* *brich in maximaler Tiefe ab* *)
  then $n \leftarrow$ *ziehe gleichverteilt aus* $\mathcal{T};$
  else $n \leftarrow$ *ziehe gleichverteilt aus* $\mathcal{F} \cup \mathcal{T};$ **end**
  forall $c \in$ *Argumente von n* **do**   (* *wenn Argumente/Operanden benötigt werden,* *)
    $c \leftarrow init\_grow(d + 1, d_{max});$ (* *erzeuge Teilausdrücke rekursiv* *)
  return $n;$ (* *falls $n \in \mathcal{T}$, also n keine Argumente hat,* *)
end   (* *gib den erzeugten Konten zurück* *)

Statt für $d < d_{max}$ einfach $\mathcal{F}$ und $\mathcal{T}$ zu vereinigen, können wir auch explizit die Wahrscheinlichkeit angeben, mit der ein Funktionssymbol (statt eines Terminalsymbols) gewählt wird. Mit einem solchen Parameter kann die Komplexität der Bäume zu einem gewissen Grad gesteuert werden: je höher diese Wahrscheinlichkeit ist, um so wahrscheinlicher ist es, dass ein Funktionssymbol gewählt wird.

Eine verbreitete Alternative zu dem oben angegebenen Verfahren ist eine „volle" Initialisierung, die den Zergliederungsbaum immer (d.h. in allen Zweigen) bis zu der gegebenen Maximaltiefe wachsen lässt [Koza 1992]:

Algorithmus 12.6 (Volle Initialisierung)

function *init_full* $(d, d_{max}: int) : node;$
begin   (* *aktuelle Tiefe d, maximale Tiefe d_{max}* *)
  if $d \geq d_{max}$ **then**   (* *brich in maximaler Tiefe ab* *)
    $n \leftarrow$ *ziehe gleichverteilt aus* $\mathcal{T};$
  else   (* *über der maximalen Baumtiefe* *)
    $n \leftarrow$ *ziehe gleichverteilt aus* $\mathcal{F};$
    for $c \in$ *arguments of n* **do**   (* *wähle immer ein Funktionssymbol* *)
      $c \leftarrow init\_full(d + 1, d_{max});$ (* *und erzeuge seine Arguments rekursiv* *)
  end
  return $n;$ (* *gib den erzeugten Knoten zurück* *)
end

Jede der beiden oben vorgestellten Methoden *init_grow* und *init_full* kann als alleinige Methode zum Erzeugen von Zergliederungsbäumen benutzt werden. Alternativ können die beiden Methoden kombiniert werden, indem eine Hälfte der Anfangspopulation mit der Methode *init_grow* und die andere Hälfte mit der Methode *init_full* erzeugt wird. Weiter ist es ratsam, die maximale Baumtiefe zwischen 1 und einem vom Benutzer vorzugebenden Maximum zu variieren, damit Bäume unterschiedlicher Tiefe erzeugt werden. Dieses Verfahren wird überlicherweise *hochlaufende Halb-und-Halb-Initialisierung* (engl. *ramped half-and-half initialization*) genannt [Koza 1992], wobei der Ausdruck „hochlaufend" sich auf die variierende maximale Baumtiefe bezieht, was dadurch umgesetzt wird, dass dieser Parameter mit jedem erzeugten Baum (bzw. jedes Baumpaar) um Eins erhöht wird.

Algorithmus 12.7 (hochlaufende Halb-und-Halb-Initialisierung)

function $init\_halfhalf$ $(\mu, d_{max}: int) : set\ of\ node;$
begin   (∗ maximale Tiefe d_{max} ∗)
  $P \leftarrow \varnothing;$ (∗ Populationsgröße μ (gerades Vielfaches von d_{max}) ∗)
  for $i \leftarrow 1 \ldots d_{max}$ do begin
    for $j \leftarrow 1 \ldots \mu / (2 \cdot d_{max})$ do begin
      $P \leftarrow P \cup init\_full(0, i);$
      $P \leftarrow P \cup init\_grow(0, i);$
    end   (∗ initialisiere eine Hälfte der Bäume voll ∗)
  end   (∗ und die andere Hälfte durch Wachsen ∗)
  return $P;$ (∗ gib die erzeugte Population zurück ∗)
end

Die hochlaufende Halb-und-Halb-Initialisierung stellt eine gute Diversität der Population sicher, da sie Bäume unterschiedlicher Tiefe und Komplexität erzeugt.

12.3.2   Genetische Operatoren

Eine Anfangspopulation der genetischen Programmierung hat (wie in jedem evolutionären Algorithmus) meist eine sehr niedrige Fitness, da es sehr unwahrscheinlich ist, dass zufälliges Erzeugen von Zergliederungsbäumen eine auch nur annähernd brauchbare Lösung liefert (es sei denn, das Problem ist trivial). Um bessere Lösungskandidaten zu erzeugen, werden genetische Operatoren angewandt. Der Einfachheit halber beschreiben wir diese genetischen Operatoren (Cross-Over und Mutation), indem wir an Beispielen zeigen, wie sie Zergliederunsgbäume verändern.

In der genetischen Programmierung besteht das *Cross-Over* in dem Austausch zweier Teilausdrücke (und folglich dem Austausch zweier Teilbäume der Zergliederungsbäume). Ein einfaches Beispiel für symbolische Ausdrücke für eine Boolesche Funktion ist in Abbildung 12.9 gezeigt, wobei die Eltern oben und die Kinder unten gezeigt sind. Die ausgetauschten Teilbäume sind umrandet.

Der Mutationsoperator ersetzt einen Teilausdruck (d.h. einen Teilbaum des Zergliederungsbaums) durch einen zufällig erzeugten neuen Teilausdruck. Um einen neuen Teilausdruck zu erzeugen, können wir einfach die oben angebene Initialisierungsmethode *init_grow* verwenden, wobei wir die maximale Baumtiefe z.B. als (kleine) Variation der alten Baumtiefe wählen. Ein einfaches Beispiel, wieder für eine Boolesche Funktion, zeigt Abbildung 12.10. Es ist üblich, die Mutation auf das Ersetzen kleiner Teilbäume zu beschränken (d.h. mit einer Tiefe, die nicht größer als etwa 3 oder 4 ist), so dass ein ähnliches Individuum erzeugt wird. Eine unbeschränkte Mutation könnte im Prinzip den gesamten Zergliederungsbaum ersetzen, was dazu äquivalent wäre, ein komplett neues Individuum einzuführen.

Wenn die Population hinreichend groß ist, so dass das in ihr vorhandene „genetische Material" eine ausreichende Diversität (i.W. der Funktions- und Terminalsymbole) garantiert, wird die Mutation oft fallengelassen und das Cross-Over ist der einzige genetische Operator.[2] Der Grund ist, dass in der genetischen Programmierung das Cross-Over ein wesentlicher mächtigerer Operator ist. Wenn wir es z.B.

---

[2]Man beachte, dass dies genau umgekehrt zu den Evolutionsstrategien ist (siehe Abschnitt 12.2), in denen das Cross-Over fallengelassen wird und die Mutation der einzige genetische Operator ist.

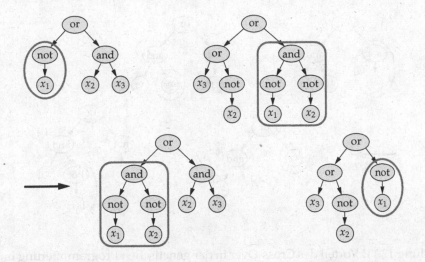

Abbildung 12.9: Cross-Over von zwei Teilausdrücken oder Teilbäumen.

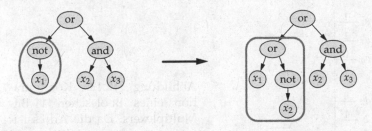

Abbildung 12.10: Mutation eines Teilausdrucks oder Teilbaums.

auf zwei identische Individuen anwenden, so können zwei verschiedene Kinder enstehen, weil zwei verschiedene Teilbäume ausgewählt werden können. Ein Beispiel zeigt Abbildung 12.11: Obwohl die beiden (identischen) Eltern recht einfach sind, kann ein Cross-Over erhebliche Veränderungen hervorrufen. Im Gegensatz dazu kann keiner der Operatoren, die wir in Abschnitt 11.3.2 besprochen haben, zu einer Veränderung führen, wenn er auf identische Chromosomen angewandt wird.

12.3.3 Anwendungsbeispiele

Zur Veranschaulichung der genetischen Programmierung betrachten wir kurz zwei Anwendungen und die in ihnen zu beachtenden Besonderheiten: Das Lernen der Booleschen Funktion eines Multiplexers und die symbolische Regression.

Das 11-Bit-Multiplexer-Problem

Ein klassisches Beispiel der genetischen Programmierung ist das Lernen eines Booleschen 11-Bit-Multiplexers [Koza 1992], d.h. eines Multiplexers mit 8 Daten- und 3 Adressleitungen. Ein solcher Multiplexers ist in Abbildung 12.12 skizziert, mit einem möglichen Eingabevektor und der zugehörigen Ausgabe. Der Zweck eines

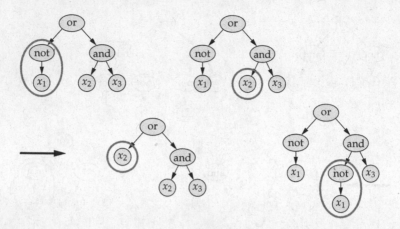

Abbildung 12.11: Vorteil des Cross-Over in der genetischen Programmierung im Vergleich zu vektorbasierten Cross-Over-Operatoren: auch wenn es auf zwei identische Chromosomen angewendet wird, können verschiedene Kinder erzeugt werden.

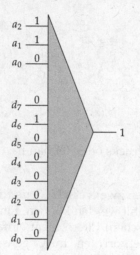

Abbildung 12.12: Konfiguration eines Booleschen 11-Bit-Multiplexers. Da die Adressleitungen a_0 bis a_2, als Binärzahl aufgefasst, den Wert 6 haben, wird die Datenleitung d_6 zum Ausgang durchgeschaltet.

Multiplexers ist es, den Wert der Datenleitung zum Ausgang durchzuschalten, die durch die Adressleitung angegeben wird. In dem Beispiel in Abbildung 12.12 stellen die Werte der Adressleitungen die Zahl 6 dar (in einer Binärkodierung) und folglich wird der Wert der Datenleitung d_6 zum Ausgang durchgeschaltet. Insgesamt gibt es $2^{11} = 2048$ mögliche Eingangskonfigurationen eines 11-Bit-Multiplexers. Jede dieser Konfigurationen ist mit einer aus einem Bit bestehenden Ausgabe verknüpft.

Um mit genetischer Programmierung einen symbolischen Ausdruck zu lernen, der die Funktion eines 11-Bit-Multiplexers beschreibt, wählen wir die folgenden beiden Symbolmengen, um Boolesche Funktionen der Eingaben darstellen zu können:

$$\mathcal{T} = \{a_0, a_1, a_2, d_0, \ldots, d_7\} \qquad \text{und} \qquad \mathcal{F} = \{\text{not}/1, \text{ and}/2, \text{ or}/2, \text{ if}/3\}.$$

D.h., die Menge $\mathcal{T}$ der Terminalsymbole enthält die 11 Eingabevariablen und die Funktionenmenge $\mathcal{F}$ vier einfache Boolesche Operatoren, mit denen diese Variablen kombiniert werden können. Die Zahlen nach dem „/" geben die Stelligkeit eines Operators an. D.h., die Negation hat nur ein Argument, „and" und „or" haben zwei Argumente, und „if" hat drei Argumente, die der Bedingung, dem *then*-Teil und dem *else*-Teil entsprechen. Da nur Wahrheitswerte (bzw. 0 und 1) auftreten, sind alle Funktionen vollständig. Auch ist die Funktionenmenge vollständig, da jede Boolesche Funktion mit den Elementen dieser Menge dargestellt werden kann.

Als Fitness-Funktion wählen wir $f(s) = 2048 - \sum_{i=1}^{2048} e_i$, wobei e_i der Fehler für die i-te Eingangskonfiguration ist. D.h., es ist $e_i = 0$, wenn die für die Konfiguration i berechnete Ausgabe mit der gewünschten Ausgabe übereinstimmt, und $e_i = 1$ anderenfalls. Als Abbruchkriterium wählen wir, dass ein Individuum mit Fitness 2048 erzeugt wurde. Da ein solches Individuum für alle 2048 Eingangskonfigurationen die richtige Ausgabe liefert, stellt es offenbar eine Lösung des Problems dar.

Um das Problem des 11-Bit-Multiplexers zu lösen, verwendete [Koza 1992] eine Population mit $\mu = 4000$ Individuen. Eine so hohe Anzahl von Individuen ist notwendig, da es mit einer kleineren Anzahl zu unwahrscheinlich wird, dass ein gutes Programm in einem Suchraum gefunden wird, der so groß ist wie der hier auftretende. (Man beachte, dass die Ausdrücke im Prinzip beliebig komplex werden können, wenn nicht Maßnahmen ergriffen werden, um ihre Größe zu beschränken.) Die anfängliche Baumtiefe (d.h. die maximale Baumtiefe in der Anfangspopulation) wurde auf 6 gesetzt und die maximale Baumtiefe auf 17 (d.h., es können keine Zergliederungsbäume mit einer Tiefe größer als 17 erzeugt werden).

In dem in [Koza 1992] beschriebenen Experiment betrugen die Fitness-Werte in der Anfangspopulation zwischen 768 und 1280, bei einer durchschnittlichen Fitness von 1063. Man beachte, dass der Erwartungswert bei 1024 liegt, da eine zufällige Ausgabe im Durchschnitt in der Hälfte der Fälle korrekt ist. Folglich ist dies ein plausibles Ergebnis für eine Anfangspopulation von genetischen Programmen, die i.W. zufällige Ausgaben erzeugt, da sie ja noch nicht auf das vorliegende Problem angepasst wurde. 23 Ausdrücke der Anfangspopulation hatten eine Fitness von 1280, wobei einer einem 3-Bit-Multiplexer entsprach, namlich (*if* a_0 d_1 d_2). Dies ist wichtig, da solche Individuen Bausteine für den größeren 11-Bit-Multiplexer liefern können.

In diesem Experiment wurde eine fitness-proportionale Selektionsmethode verwendet [Koza 1992]. 90% der Individuen (d.h. 3600) wurden Cross-Over unterworfen, während die verbleibenden 10% (d.h. 400 Individuen) unverändert gelassen wurden. [Koza 1992] berichtet, dass nach nur 9 Generationen die in Abbildung 12.13 gezeigte Lösung gefunden wurde, die in der Tat die (maximal mögliche) Fitness von 2048 hat. Wegen seiner Komplexität ist diese Lösung jedoch für Menschen schwer zu interpretieren (auch wenn man sich mit etwas Mühe davon überzeugen kann, dass sie tatsächlich die Boolesche Funktion eines 11-Bit-Multiplexers berechnet).

Um eine bessere Lösung zu erhalten, wird der Ausdruck gestutzt. *Stutzen* (oder *Editieren*) kann als eine asexuelle (genetische) Operation gesehen werden, die auf einzelne Individuen angewendet wird. Sie dient dazu, den Ausdruck zu vereinfachen, und wird meist in allgemeines und spezielles Stutzen unterteilt.

Allgemeines Stutzen wertet einen Teilbaum aus und ersetzt ihn durch das Ergebnis, wenn der Teilbaum eine Konstante liefert, z.B., weil seine Blätter nur Konstanten enthalten oder weil seine Struktur ihn unabhängig von seinen variablen Argumenten macht. Ein Beispiel für letzteres ist der Ausdruck „(or x_5 (not x_5))", der eine Tautologie ist und daher durch die Konstante *true* (bzw. 1) ersetzt werden kann, obwohl x_5 eine Variable ist, da ihr Wert für den Wert des Ausdrucks irrelevant ist.

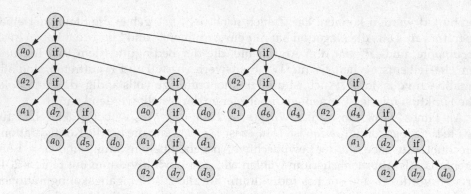

Abbildung 12.13: Lösung für einen 11-Bit-Multiplexer nach 9 Generationen.

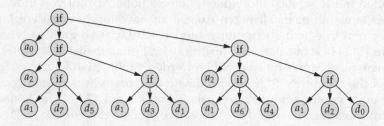

Abbildung 12.14: 11-Bit-Multiplexer aus Abbildung 12.13 nach Stutzen.

Spezielles Stutzen nutzt Äquivalenzen aus, die den Wert eines Ausdrucks nicht ändern, es aber möglich machen, die gleiche Funktion auf einfachere Weise auszudrücken. Einfache Beispiele solcher Äquivalenzen in der Booleschen Logik sind $A \wedge A \equiv A$, $B \vee B \equiv B$, wobei A und B beliebige Boolesche Ausdrücke sind, oder die DeMorganschen Gesetze, d.h. $\neg(A \vee B) \equiv \neg A \vee \neg B$ und seine duale Form. Ein Beispiel einer numerischen Äquivalenz ist $\sqrt{x^4} \equiv x^2$.

Im Prinzip können genetische Programme bereits während der evolutionären Suche gestutzt werden, nämlich indem man Stutzen als weiteren genetischen Operator einführt (neben Cross-Over und Mutation). Es reduziert dann die Anzahl von unnötig „aufgeblähten" Individuen, allerdings möglicherweise um den Preis einer geringeren Diversität der Population. Gewöhnlich wird Stutzen jedoch nur eingesetzt, um die schließlich gefundene Lösung zu vereinfachen, damit ein Ergebnis erzielt wird, das leichter zu interpretieren ist. Für das Beispiel des 11-Bit-Multiplexers zeigt Abbildung 12.14 eine gestutzte Lösung (die aus der in Abbildung 12.13 gezeigten in mehreren Schritten abgeleitet wurde).

Man beachte, dass diese (gestutzte) Lösung eine hierarchische Struktur hat. D.h., sie zerlegt das Problem des 11-Bit-Multiplexers in zwei kleinere Probleme, nämlich zwei 6-Bit-Multiplexer mit zwei Adress- und vier Datenleitungen, die wiederum in zwei 3-Bit-Multiplexer mit einer Adress- und zwei Datenleitungen unterteilt sind. Auf der obersten Ebene wird die Adressleitung a_0 benutzt, um zwischen den ungeraden Datenleitungen d_7, d_5, d_3 und d_1 (*then*-Teil der *if*-Anweisung an der Wurzel) und den geraden Datenleitungen d_6, d_4, d_2 und d_0 (*else*-Teil der *if*-Anweisung an der Wurzel) zu unterscheiden. In beiden Zweigen der nächsten Ebene unterscheidet die

Adressleitung a_2 zwischen dem höheren und dem niedrigeren Paar in jedem Vier-Tupel. Die abschließende Entscheidung zwischen den verbleibenden beiden Datenleitungen wird auf der untersten Ebene anhand der Adressleitung a_1 getroffen.

Obwohl die Population mit 4000 Individuen groß genug erscheint, wollen wir hier nicht unsere Zweifel verheimlichen, dass das Finden einer Lösung für das 11-Bit-Multiplexer-Problem in nur 9 Generationen ein typisches Ergebnis ist. Nach eigenen Erfahrungen mit genetischer Programmierung (für ein verwandtes Problem) haben wir den Eindruck, dass es meist länger dauert, bis eine Lösung gefunden wird, und dass die gefundenen Lösungen meist wesentlich komplizierter sind als die in Abbildung 12.13 gezeigt. Dies mag daran liegen, dass wir kein Stutzen verwendet haben, weder in der Suche, noch, um gefundene Lösungen zu vereinfachen, oder dass unsere Verfahren, die Komplexität der Zergliederungsbäume zu beschränken, nicht wirksam genug waren. Wir haben jedoch auf jeden Fall den Eindruck, dass die genetische Programmierung nicht ganz so einfach und geradlinig in ihrer Anwendung ist, wie wir sie hier beschrieben haben, und dass es u.U. vieler Optimierungen bedarf, um zufriedenstellende Lösungen zu erzielen.

Symbolische Regression mit Konstanten

Es ist vergleichsweise einfach (wenn auch keine triviale Aufgabe), Boolesche Funktionen mit genetischer Programmierung zu erzeugen, weil es höchsten zwei Konstanten gibt (wenn man sie denn überhaupt benutzen möchte): *wahr* und *falsch*. Für die symbolische Regression — d.h. die Anpassung einer reellwertigen Funktion an gegebene Datenpunkte — ist die Lage dagegen komplizierter. Nehmen wir dazu als Beispiel das geometrische Problem, dass der Radius r und die Fläche A verschiedener Kreise gegeben ist und wir die Beziehung zwischen dem Radius und der Fläche bestimmen möchten. D.h., wir wollen die Funktion $A = \pi r^2$ aus den gegebenen Beispieldaten erlernen, allerdings ohne diese Funktionsform oder irgendeine andere spezielle Funktionsform der Beziehung vorzugeben.

Die Wahl der Funktionenmenge $\mathcal{F}$ stellt offenbar kein Problem dar: Die mathematischen Grundoperationen (d.h. $+$, $-$, $*$, $/$) dürften oft (und zweifelos in unserem speziellen Beispiel) bereits ausreichen. Außerdem können wir leicht Funktionen wie die Quadratwurzel, den Logarithmus und einige trigonometrische Funktionen hinzufügen, ohne in ernsthafte Probleme zu geraten: $\mathcal{F}$ kann immer endlich gehalten werden. Die Menge der Terminalsymbole ist dagegen wesentlich schwerer zu wählen. Für dieses spezielle Problem (einen Ausdruck zu finden, der die Beziehung zwischen der Fläche und dem Radius eines Kreises beschreibt) ergibt sich zwar durch eine endliche Menge $\mathcal{T}$ noch kein Problem, da grundlegende mathematische Konstanten wie π und e zu Elementen von $\mathcal{T}$ gemacht werden können (und sollten). In allgemeineren Fällen, sogar schon bei der Aufgabe, eine einfache Regressionsgerade $y = ax + b$ zu gegebenen Paaren (x_i, y_i) zu finden, stehen wir jedoch vor einem prinzipiellen Problem: Offenbar können wie nicht einfach alle Zahlen in $\mathbb{R}$ zu Elementen von $\mathcal{T}$ machen, so dass wir alle Werte verfügbar haben, die wir ggf. für a und b brauchen, einfach weil die genetische Programmierung, wie wir sie bisher beschrieben haben, erfordert, dass die Menge $\mathcal{T}$ endlich ist. Weil $\mathcal{T}$ endlich sein muss, können wir nicht einmal $\mathbb{N}$ oder $\mathbb{Q}$ zu $\mathcal{T}$ hinzufügen. Doch wie können wir dann sicherstellen, dass wir die Konstanten, die notwendig sein könnten, um die fragliche Beziehung zu beschreiben, auch zur Verfügung haben? D.h., wie können wir sicherstellen, dass $\mathcal{F}$ und $\mathcal{T}$ zusammen ausdrucksmächtig genug sind, um alle Funktionen darzustellen, die wir in der Suche untersuchen wollen?

Die Lösung dieses Problem besteht darin, sogenannte *ephemerische Zufallskonstanten* einzuführen (aus griech. '$\varepsilon\varphi\acute{\eta}\mu\varepsilon\rho o\varsigma$: für einen Tag) [Koza 1992]. D.h., statt alle Elemente von $\mathbb{R}$ der Menge $\mathcal{T}$ hinzuzufügen, fügen wir nur ein spezielles Terminalsymbol hinzu, etwa das *Symbol* „$\mathbb{R}$" (nicht die *Menge* der reellen Zahlen). Wenn während der Initialisierung eines genetischen Programms dieses spezielle Symbol als Konstante ausgewählt wird, wird es nicht selbst benutzt, sondern es wird „im Fluge" ein Zufallswert aus einem sinnvollen Interval gewählt, wodurch wir Konstanten aus einer potentiell unendlichen Menge erzeugen können, ohne dass alle diese Konstanten selbst in $\mathcal{T}$ enthalten sein müssen.

Wenn ephemerische Zufallskonstanten benutzt werden, kann es ratsam sein, den Mutationsoperator zu erweitern, so dass er auch einen Zufallswert (z.B. gezogen aus einer Normalverteilung mit einer bestimmten Standardabweichung) auf eine Konstante in einem genetischen Programm addieren kann. Der Grund dafür ist, dass die Standardmutation eine Konstante nur durch eine Konstante ersetzen kann, die von Grund auf neu erzeugt wurde (als neuer Teilbaum der Tiefe 1) und daher von der alten Konstante völlig verschieden sein kann. Um jedoch eine graduelle Verbesserung von Lösungskandidaten in der symbolischen Regression zu ermöglichen, ist es angemessener, bereits vorhandene Konstanten nur geringfügig zu verändern.

12.3.4 Das Problem der Introns

Außer wenn explizit Gegenmaßnahmen ergriffen werden, zeigt die genetische Programmierung eine Tendenz mit jeder Generation immer größere und komplexere Individuen zu erzeugen. Der Hauptgrund für dieses Phänomen sind sogenannte *Introns*. In der Biologie sind Introns Teile der DNS-Sequenz, die keine Information in dem Sinne tragen, dass sie keine phenotypische Eigenschaft kodieren. Introns können entweder (wegen eines fehlenden Ableseauslösers) nur inaktiv oder tatsächlich funktionslose Nukleotidfolgen jenseits oder auch zwischen Genen sein (auch als *Schrott-DNS*, engl. *junk DNA*, bezeichnet). In der genetischen Programmierung können Introns z.B. dann auftreten, wenn Teilausdrücke wie „(if 2 > 1 *then* ...*else*...)" erzeugt werden. Hier ist der *else*-Teil des bedingten Ausdrucks ein Intron, weil es nie ausgewertet wird (es sei denn, die geprüfte Bedingung wird geändert).

Eine Mutations- oder Cross-Over-Operation, die lediglich ein Intron verändert, ist fitness-neutral, weil das Intron nie ausgeführt wird und die Fitness natürlich nur von den aktiven Programmteilen abhängt (d.h., den Teilausdrücken, die tatsächlich für einige Eingabedaten ausgewertet werden). Folglich können Introns beliebig in Größe und Komplexität wachsen, da diese Komplexität keine Fitness-Nachteile mit sich bringt. In der Natur ist die Lage etwas anders, da ein größeres Genom größere metabolische Kosten für das Kopieren etc. verursacht. Daher haben einige Organismen, für die die metabolischen Kosten ein schwerwiegender Fitness-Nachteil sind (speziell bestimmte Formen von Bakterien), sehr „geglättete" oder „rationalisierte" (engl. *streamlined*) Genome, die (fast) keine Introns enthalten.

Es ist im Allgemeinen ratsam, das Entstehen von Introns so weit wie möglich zu vermeiden, da Introns die Chromosomen unnötig vergrößern, die Verarbeitungszeit und den Speicherbedarf erhöhen und die gefundenen Lösungen schlechter zu interpretieren sind. Diese Nachteile können als analog zu den metabolischen Kosten gesehen werden, die Introns in der Natur verursachen. Diese Analogie legt auch die Idee nahe, einen Fitness-Strafterm für große und komplexe Chromosomen einzuführen, der z.B. eine Funktion der Tiefe oder der Anzahl Knoten des Zergliederungsbaums sein kann. Eine Alternative besteht in einem *Stutzen* der Chromosomen, wie es bereits im Zusammenhang mit dem Beispiel des 11-Bit-Multiplexers angesprochen wurde. Wenn es als ein genetischer Operator verwendet wird, dient es dem Zweck, die Chromosomen einfach zu halten, wenn auch um den Preis einer Verringerung der Diversität von „genetischem Material" in einer Population.

Zu weiteren Methoden, die vorgeschlagen wurden, um weniger Introns zu erzeugen, gehören modifizierte genetische Operatoren, z.B. die *Brutrekombination*. Dieser Operator erzeugt viele Kinder des gleichen Elternpaares indem ein Cross-Over-Operator mit verschiedenen Parametern angewendet wird. Aber nur das beste Kind der Brut gelangt in die nächste Generation. Diese Methode ist besonders hilfreich, wenn sie mit einem Strafterm für die Fitness kombiniert wird, weil sie dann Kinder bevorzugt, die das gleiche Ergebnis mit einfacheren Mitteln erzielen (d.h., mit einem weniger komplexen Chromosom). Die *intelligente Rekombination* wählt die Cross-Over-Punkte zweckmäßig, was ebenfalls das Erzeugen von Introns verhindern kann.

12.3.5   Erweiterungen

Im Laufe der weiteren Entwicklung der genetischen Programmierung wurden viele Erweiterungen und Verbesserungen vorgeschlagen. Um z.B. automatisch neue Funktionen definieren zu können, kann man eine sogenannte *Kapselung* (engl. *encapsulation*) einführen: potentiell gute Teilausdrücke werden vor einer Zerstörung durch Cross-Over und Mutation geschützt. Eine Möglichkeit, dies zu erreichen, besteht darin, neue Funktionen für bestimmte Teilausdrücke (eines Chromosoms mit hoher Fitness) zu definieren und zugehörige neue Symbole in die Funktionenmenge $\mathcal{F}$ aufzunehmen. Die Stelligkeit einer solchen neuen Funktion ist die Anzahl der (verschiedenen) Variablen in den Blättern ihres Teil-Zergliederungsbaums oder die Anzahl verschiedener Symbole in den Blättern (enschließlich Konstanten), so dass in einer Instanz Konstanten durch andere Werte ersetzt werden können. Andere Erweiterungen umfassen *Iterationen* und *Rekursion*, wodurch mächtigere Programmkonstrukte eingeführt werden, die wir hier jedoch nicht weiter untersuchen. Ein interessierter Leser kann weitergehende Informationen z.B. in [Banzhaf *et al.* 1998] finden.

12.4   Weitere populationsbasierte Ansätze

Schwarmintelligenz ist ein Forschungsgebiet der künstlichen Intelligenz, in dem das kollektive Verhalten von Populationen von einfachen Akteuren untersucht wird. Schwarmintelligenzsysteme sind oft durch das Verhalten bestimmter Tierarten inspiriert, und zwar besonders durch soziale Insekten (wie Ameisen, Termiten, Bienen etc.) und Tiere, die in Schwärmen, Herden oder Rudeln leben und zusammen nach Futter suchen (wie Fische, Vögel, Hirsche, Wölfe etc.). Indem sie zusammenarbeiten, sind diese Tiere oft in der Lage, ziemlich komplexe Probleme zu lösen. Z.B. können sie (kürzeste Wege) zu Nahrungsquellen finden (z.B. Ameisen, siehe unten), komplexe Nester bauen (z.B. Bienenstöcke), Beute jagen (z.B. Wolfsrudel), sich gegen Fressfeinde verteidigen (z.B. Fische und Hirsche) usw.

Schwarmintelligenzsysteme bestehen aus Akteuren, die meist sehr einfache Individuen mit beschränkten Fähigkeiten sind, die miteinander und mit der Umgebung nur lokal interagieren und meist keiner zentralen Steuerung gehorchen (auch wenn Tierschwärme manchmal hierarchisch aufgebaut sind, wie z.B. Wolfrudel, in denen es meist einen Leitwolf gibt). Dennoch zeigen sie, wenn man sie von einer höheren Warte aus betrachtet, ein „intelligentes" globales Verhalten, das aus *Selbstorganisation* resultiert. Kerneigenschaften von Schwarmintelligenzsystemen sind, wie sich die Individuen des Schwarms zu den Lösungskandidaten verhalten (wenigstens dann, wenn sie für Optimierungsaufgaben eingesetzt werden, was hier unser Thema ist) und wie Informationen zwischen den Individuen ausgetauscht werden. Folglich können verschiedene Ansätze nach diesen Eigenschaften klassifiziert werden. Einen recht vollständigen, wenn auch kurzen Überblick über von der Natur inspirierte Algorithmen und ihre Implementierung findet man in [Brownlee 2011].

Es ist natürlich nicht sehr überraschend, dass auch evolutionäre Algorithmen als Schwarmintelligenzsysteme aufgefasst werden können. In so gut wie allen ihren Varianten stellen die auftretenden Individuen Lösungskandidaten direkt dar und Information wird durch den Austausch von genetischem Material (das phänotypische Eigenschaften kodiert) zwischen Individuen übertragen. Ein alternativer Ansatz, der auch durch die biologische Evolution der Organismen inspiriert ist, ist das *populationsbasiertes inkrementelle Lernen* (siehe Abschnitt 12.4.1). Obwohl hier Individuen immer noch Lösungskandidaten darstellen, gibt es keine (explizite) Population und folglich keine Vererbung oder Rekombination. Vielmehr werden nur Populationsstatistiken aktualisiert, aus denen dann neue Individuen erzeugt werden.

Ameisenkolonieoptimierung (siehe Abschnitt 12.4.2) modelliert die Fähigkeit bestimmter Arten von Ameisen, den kürzesten Weg zu Nahrungsquellen zu finden. Informationen werden durch Veränderung der Umgebung ausgetauscht, d.h. durch sogenannte *Stigmergie*, speziell durch die Absonderung bestimmter chemischer Substanzen, die *Pheromone* genannt werden. Stigmergie ist eng mit dem Konzept eines erweiterten Phänotyps verwandt, wie es von [Dawkins 1982] vorgeschlagen wurde. Dieses Konzept bezieht in den Phänotyp alle Wirkungen eines Gens ein, unabhängig davon, ob sie sich innerhalb oder außerhalb des Körpers des Individuums befinden. In der Ameisenkolonieoptimierung *konstruieren* die Individuen Lösungskandidaten, und zwar hauptsächlich durch das Finden von (kürzesten) Wegen in einem Graphen.

Mit der Teilchenschwarmoptimierung (siehe Abschnitt 12.4.3) wird modelliert, wie Schwärme von Fischen oder Vögeln (oder Herden oder Rudel anderer Tiere) nach Nahrung suchen. Individuen stellen Lösungskandidaten dar und besitzen ein Gedächtnis, das ihre Bewegung beeinflusst. Informationen werden ausgetauscht, indem individuelle Lösungen über den Schwarm aggregiert werden und das Ergebnis benutzt wird, um die Bewegung der Individuen zusätzlich zu steuern.

12.4.1 Populationsbasiertes inkrementelles Lernen

Populationbasiertes inkrementelles Lernen (engl. *population-based incremental learning*, PBIL) [Baluja 1994] ist eine spezielle Form eines genetischen Algorithmus, d.h., es arbeitet mit einer binären Kodierung der Lösungskandidaten (vgl. Abschnitt 12.1). Im Gegensatz zu einem normalen genetischen Algorithmus arbeitet es jedoch nicht mit einer expliziten Population von Lösungskandidaten. Vielmehr werden nur Populationsstatistiken gespeichert und aktualisiert, die bestimmte Aspekte einer Population von (guten) Individuen erfassen (allerdings ohne diese Individuen tatsächlich darzustellen). Speziell wird für jedes Bit der gewählten Kodierung festgehalten (und aktualisiert), für welchen Bruchteil der (guten) Individuen das Bit den Wert 1 hat. Populationsbasiertes inkrementelles Lernen arbeitet wie folgt:

Algorithmus 12.8 (Populationsbasiertes inkrementelles Lernen)

function *pbil* $(f: function, \mu, \alpha, \beta, p_m: real) : object;$
begin $(* f: \text{Fitness-Funktion}, \mu: \text{Populationsgröße} *)$
  $t \leftarrow 0;$ $(* \alpha: \text{Lernrate}, \beta, p_m: \text{Mutationsstärke} *)$
  $s_{\text{best}} \leftarrow erzeuge\ zufälliges\ Individuum\ aus\ \{0,1\}^L;$
  $P^{(t)} \leftarrow (0.5, \ldots, 0.5) \in [0,1]^L;$ $(* initialisiere\ die\ Populationsstatistik *)$
  while *Abbruchkriterium nicht erfüllt* **do begin**
    $t \leftarrow t+1;$ $(* zähle\ die\ verarbeitete\ Generation *)$
    $s^* \leftarrow erzeuge\ Individuen\ aus\ \{0,1\}^L\ gemäß\ P^{(t-1)};$
    for $i \leftarrow 2, \ldots, \mu$ **do begin** $(* erzeuge\ \mu\ Individuen *)$
      $s \leftarrow erzeuge\ Individuen\ aus\ \{0,1\}^L\ gemäß\ P^{(t-1)};$
      if $f(s) > f(s^*)$ **then** $s^* \leftarrow s;$ **end**
    end $(* finde\ das\ beste\ erzeugte\ Individuum *)$
    for $k \in \{1, \ldots, L\}$ **do** $(* aktualisiere\ Populationsstatistik *)$
      $P_k^{(t)} \leftarrow \alpha \cdot s_k^* + (1-\alpha) \cdot P_k^{(t-1)};$
    if $f(s^*) > f(s_{\text{best}})$ **then** $s_{\text{best}} \leftarrow s^*;$ **end** $(* aktualisiere\ bestes\ Individuum *)$
    for $k \in \{1, \ldots, L\}$ **do begin** $(* durchlaufe\ die\ Bits\ der\ Kodierung *)$
      $u \leftarrow ziehe\ Zufallszahl\ aus\ U\ ((0,1]);$
      if $u < p_m$ **then** $(* für\ zufällig\ gewählte\ Bits *)$
        $v \leftarrow ziehe\ Zufallszahl\ aus\ U\ (\{0,1\});$
        $P_k^{(t)} \leftarrow v \cdot \beta + P_k^{(t)}(1-\beta);$
      end $(* mutiere\ Populationsstatistik *)$
    end
  end
  return $s_{\text{best}};$ $(* gib\ bestes\ Individuum\ zurück *)$
end

Man beachte, dass die Erzeugung neuer Chromosomen als zum uniformen Cross-Over (vgl. Abschnitt 11.3.2) verwandt angesehen werden kann, weil der Wert aller Bits unabhängig voneinander gemäß der Statistik $P^{(t)}$ bestimmt wird.

Von den erzeugten Individuen (die nie behalten werden, um eine tatsächliche Population zu bilden) wird nur das beste Individuum s^* (strenger Elitismus, vgl. Abschnitt 11.2.8) verwendet, um die Populationsstatistiken gemäß

$$P_k^{(t)} \leftarrow s_k^* \cdot \alpha + P_k^{(t-1)}(1-\alpha)$$

zu aktualisieren. Dabei ist α eine Art „Lernrate" die bestimmt, wie stark das beste Individuum einer Generation die Populationsstatistiken verändert. Eine geringe Lernrate wird typischerweise verwendet, um den Suchraum zu erforschen (weil sie die Populationsstatistiken nahe an einem Vektor hält, in dem alle Einträge 0.5 sind, und folglich keine spezifischen Bitwerte bevorzugt). Eine hohe Lernrate bewirkt dagegen eine Ausnutzung der aggregierten Populationsstatistiken. Man sollte daher ein

Population 1					Population 2			
1	1	0	0	Individuum 1	1	0	1	0
1	1	0	0	Individuum 2	0	1	1	0
0	0	1	1	Individuum 3	0	1	0	1
0	0	1	1	Individuum 4	1	0	0	1
0.5	0.5	0.5	0.5	Populationsstatistiken	0.5	0.5	0.5	0.5

Tabelle 12.1: Gleiche Statistiken für verschiedene Populationen [Weicker 2007].

zeithängiges α in Erwägung ziehen, das eine Erforschung des Suchraums in frühen Generationen bevorzugt und eine stärkere Ausnutzung der gesammelten Informationen in späteren (vgl. Abschnitt 11.2). D.h. der Wert des Parameters α sollte im Laufe der Generationen (langsam) zunehmen.

Der Parameter p_m (Mutationswahrscheinlichkeit) bestimmt die Wahrscheinlichkeit, mit der die Statistiken für die einzelnen Bits einer zufälligen Veränderung unterworfen werden, während β die Stärke dieser Änderungen steuert. Übliche Wahlen der Parameter des populationsbasierten inkrementellen Lernens sind: Populationgröße μ zwischen 20 und 100, Lernrate α zwischen 0.05 und 0.2, Mutationsrate p_m zwischen 0.001 und 0.02, Mutationsstärke $\beta = 0.05$ [Baluja 1994].

Das populationsbasierte inkrementelle Lernen behandelt die Bits einer gewählten Kodierung als unabhängig voneinander. Dies ist äquivalent zu der Annahme, dass die Kodierung nur verschwindende *Epistasie* zeigt (vgl. Abschnitt 11.1.2). Aus Sicht des Schema-Theorems (vgl. Abschnitt 12.1.1) ist festzustellen, dass das populationsbasierte inkrementelle Lernen *keinen* impliziten Parallelismus bzgl. der Erforschung von Schemata aufweist, sondern stattdessen nur ein einzelnes probabilistisches Schema verwendet (nämlich die Populationsstatistiken). Weiter sollte man berücksichtigen, dass sehr verschiedene Populationen die gleichen Populationsstatistiken haben können, wie das sehr einfache Beispiel in Tabelle 12.1 zeigt. Folglich ist das populationsbasierte inkrementelle Lernen nicht unbedingt für Probleme geeignet, in denen spezifische Kombinationen von Bits gefunden werden müssen.

Um diesen Nachteil zu vermeiden, versuchen verbesserte Formen die Abhängigkeiten zwischen den Bits zu explizit modellieren. Zu diesem Zweck eignen sich Bayes-Netze sehr gut. Dies sind sogenannte *graphische Modelle*, die hochdimensionale Wahrscheinlichkeitsverteilungen durch Ausnutzen bestehender Abhängigkeiten und Unabhängigkeiten kompakt darstellen. Bayes-Netze werden ausgiebig in Teil IV besprochen. Ein Beispiel, wie sie im populationsbasierten inkrementellen Lernen benutzt werden können, ist der sogenannte *Bayes-Optimierungsalgorithmus* (BOA) [Pelikan *et al.* 2000]. Dieser Algorithmus beginnt mit einem Bayes-Netz, das aus isolierten Knoten besteht, d.h. mit unabhängigen Bits (und das dadurch äquivalent zu PBIL ist). Es zieht eine Population als Stichprobe aus dem aktuellen Netz und bewertet die Individuen mit der Fitness-Funktion. Dann wird ein neues Bayes-Netz erzeugt, indem es aus den besten Individuen der Population gelernt wird (vgl. Kapitel 27) oder aus allen Individuen, die jedoch mit Fallgewichten versehen sind, die zu ihrer Fitness proportional sind. Dieser Vorgang wird wiederholt, bis ein Abbruchkriterium erfüllt ist. Einzelheiten zum Bayes- Optimierungsalgorithmus findet man in [Pelikan *et al.* 2000] oder [Brownlee 2011].

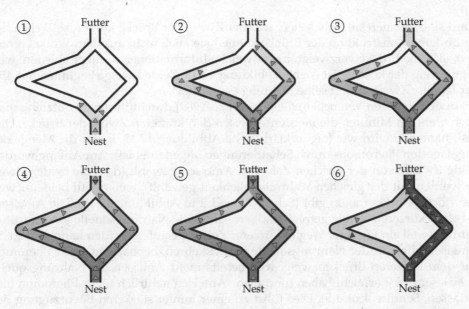

Abbildung 12.15: Das Doppelbrücken-Experiment. Die Schattierungen deuten die Pheromonmenge auf den Wegen an.

12.4.2 Ameisenkolonieoptimierung

Die Ameisenkolonieoptimierung (engl. *ant colony optimization*, ACO) [Dorigo 1992, Dorigo und Stützle 2004] ahmt das Wegesuchverhalten bestimmter Ameisenarten nach. Da Nahrung von einer entdeckten Nahrungsquelle zum Nest transportiert werden muss, bilden viele Ameisenarten „Transportwege", die durch „Duftmarken" aus chemischen Substanzen gekennzeichnet sind, die man *Pheromone* nennt (griech. φέρειν: tragen, ausüben ὁρμή: Antrieb). Da die meisten Ameisen praktisch blind sind, sind Pheromone ihre Hauptkommunikationsmittel (neben Geräuschen und Berührungen). Indem sie Pheromonspuren verfolgen, die von ihren Artgenossen gelegt wurden, finden Ameisen den Weg zu einer von anderen Ameisen der Population entdeckten Nahrungsquelle. Die Menge des abgesonderten Pheromons zeigt dabei sowohl die Güte als auch die Menge der gefundenen Nahrung an.

Der Vorgang des Hinterlassens von Spuren in der Umgebung, die Handlungen anderer Individuen auslösen, wird üblicherweise *Stigmergie* genannt (griech. στίγμα: Zeichen, Markierung und ἔργον: Arbeit, Handlung). Stigmergie versetzt Ameisen in die Lage, *kürzeste Wege* zu finden und zu verfolgen, ohne einen weitergehenden Überblick über die Lage zu haben. Um ihr Verhalten an die globalen Erfordernisse anzupassen, brauchen sie lediglich lokale Information. Anschaulich erhält der kürzeste Weg, nach einer anfänglich zufälligen Erforschung, mehr Pheromon als andere Wege, weil er in der gleichen Zeit von mehr Individuen abgelaufen wird.

Eine bemerkenswerte Illustration dieses Phänomens ist das sogenannte *Doppelbrücken-Experiment* [Goss et al. 1989]. In diesem Experiment wurde das Nest einer Ameisenkolonie der Art *Iridomyrmex humilis* mit einer Doppelbrücke mit einer Nahrungsquelle verbunden, wobei die beiden Zweige der Doppelbrücke unterschiedliche Länge hatten (siehe die Skizze in Abbildung 12.15). Da die Ameisen praktisch blind sind, können sie nicht sehen, welcher Zweig der Brücke kürzer ist. Wegen der besonderen Konstruktion der Brücke können sie auch nicht aus dem Winkel, unter dem sich die Brücke verzweigt, irgendwelche Informationen darüber ableiten, welcher Zweig der kürzere ist (siehe Abbildung 12.15: Beide Zweige beginnen mit 45°; der längere Zweig ändert seine Richtung erst später).

In dem meisten Versuchen, die [Goss *et al.* 1989] durchführten, benutzten schon nach wenigen Minuten die meisten Ameisen den kürzeren Zweig der Brücke. Dieses Phänomen wird wie folgt erklärt (siehe Abbildung 12.15, in der die Menge des abgelagerten Pheromons durch Schattierungen angedeutet ist): Am Anfang werden beide Zweige von der gleichen Zahl von Ameisen gewählt (d.h., die beiden Zweige werden mit der gleichen Wahrscheinlichkeit gewählt), weil es auf beiden Zweigen noch kein Pheromon gibt (Schritte 1 und 2 in Abbildung 12.15). Die Ameisen, die dem kürzeren Zweig gefolgt sind, erreichen die Nahrungsquelle jedoch früher (einfach weil ein kürzerer Weg in kürzerer Zeit abgelaufen werden kann, Schritt 3). Ameisen, die von der Nahrungsquelle zurückkehren, beobachten mehr Pheromon auf dem kürzeren Brückenzweig, weil bereits mehr Ameisen die Nahrungsquelle auf diesem Weg erreicht haben (und mehr Ameisen natürlich mehr Pheromon hinterlassen, Schritte 4 und 5). Dies führt zu einer immer stärkeren Bevorzugung des kürzeren Brückenzweiges, so dass nach einiger Zeit fast ausschließlich der kürzere Zweig gewählt wird (Schritt 6). Das Kernprinzip besteht hier darin, dass der kürzere Weg systematisch bekräftigt wird, was auch *Autokatalyse* genannt wird: Je mehr Pheromon bereits auf einem Weg liegt, desto mehr Ameisen wählen diesen Weg; je mehr Ameisen einem Weg folgen, desto mehr Pheromon wird auf ihm abgelegt.

Man beachte, dass der kürzeste Weg nur gefunden wird, wenn die Ameisen Pheromon in *beiden Richtungen* ablegen, d.h. auf dem Weg vom Nest zur Nahrungsquelle *und* auf dem Weg von der Nahrungsquelle zurück zum Nest. Nehmen wir dagegen an, dass die Ameisen Pheromon nur auf dem Weg *zur* Nahrungsquelle ablegen. Obwohl die ersten Ameisen, die von der Nahrungsquelle zurückkehren, den kürzeren Weg wählen (weil auf diesem Weg mehr Pheromon liegt, wie oben erläutert), wird die Pheromonmenge auf diesem Weg nicht systematisch erhöht, weil wir annehmen, dass die Ameisen auf dem Weg von der Nahrungsquelle zurück zum Nest kein Pheromon ablegen. Die zu Anfang aufgebaute Pheromondifferenz wird vielmehr langsam durch die Ameisen ausgeglichen, die (wenn auch etwas später) auf dem längeren Weg an der Nahrungsquelle ankommen. Das gleiche Argument gilt für die Gegenrichtung, zumindest, wenn wir annehmen, dass sich die Ameisen nicht daran erinnern können, auf welchem Weg sie zur Nahrungsquelle gelangt sind, und daher die Rückrichtung zufällig nach der Pheromonmenge wählen: In diesem Fall entsteht anfangs eine Pheromondifferenz durch die Ameisen, die auf dem kürzeren Weg zum Nest zurückkehren und daher früher ankommen. Obwohl am Anfang Ameisen, die am Nest aufbrechen, nachdem die ersten Ameisen von der Nahrungsquelle zurückgekehrt sind, eine Pheromondifferenz wahrnehmen, wird diese Differenz schließlich durch Ameisen ausgeglichen, die·auf dem längeren Weg zurückkehren. Folglich kann sich keine Bevorzugung des kürzeren Weges entwickeln.

Natürlich kann die Suche, wegen der zufälligen Wahl des Weges (die Ameisen wählen i.W. mit Wahrscheinlichkeiten, die den Pheromonmengen entsprechen), unter solchen Bedingungen immer noch am Ende auf einen der beiden Wege konvergieren. D.h., am Ende benutzen alle Ameisen den gleichen Zweig der Brücke. Ob dies aber der kürzere oder der längere Zweig ist, hängt allein vom Zufall ab.

Man beachte weiter, dass (unter den ursprünglichen Bedingungen, d.h., Pheromon wird in beiden Richtungen abgelegt) der kürzeste Weg nur gefunden wird, wenn beide Zweige von Beginn an existieren und keiner von beiden Pheromon aufweist: Eine Bevorzugung eines etablierten (mit Pheromon markierten) Weges wird aufrechterhalten. Diese plausible Behauptung wird gestützt durch ein zweites Doppelbrückenexperiment [Goss *et al.* 1989]: Im Anfangszustand ist das Nest nur durch den längeren Zweig der Brücke mit der Nahrungsquelle verbunden. Der zweite, kürzere Zweig wird erst nach einiger Zeit hinzugefügt. Bei dieser Versuchsdurchführung folgen die meisten Ameisen weiterhin dem längeren Zweig, der in der ersten Stufe des Experiments als Weg zur Futterquelle etabliert wurde. Nur in sehr seltenen Fällen wechseln die Ameisen auf den kürzeren Zweig (vermutlich verursacht durch eine sehr starke zufällige Fluktuation, welche Wege gewählt werden).

Das beschriebene Naturprinzip kann auf die rechnergestützte Optimierung übertragen werden, indem man das Problem des Findens kürzester Pfade in gewichteten Graphen betrachtet, z.B. des kürzesten Weges zwischen zwei gegebenen Knoten. Jede Ameise konstruiert einen Lösungskandidaten. Sie beginnt an einem der beiden gegebenen Knoten und bewegt sich von Knoten zu Knoten, indem sie die zu verfolgende Kante nach einer Wahrscheinlichkeitsverteilung wählt, die proportional zu den Pheromonmengen ist, die sie auf den Kanten vorfindet.

Dieser sehr direkte Ansatz leidet jedoch an dem Problem, dass von den Ameisen durchlaufene Kreise eine starke Tendenz aufweisen, sich selbst zu verstärken: Wenn eine Ameise einen Kreis durchläuft, führt das von ihr auf dem Kreis abgelegte Pheromon dazu, dass die Ameise den Kreis wahrscheinlich erneut durchläuft. Diesem Nachteil wird entgegengewirkt, indem Pheromon erst abgelegt wird, nachdem die Ameise einen vollständigen Pfad erzeugt hat. Außerdem werden aus einem gefundenen Pfad alle Kreise entfernt, bevor Pheromon abgelegt wird.

Ein weiteres potentielles Problem besteht darin, dass sich die Suche auf Lösungskandidaten konzentrieren könnte, die früh in diesem Prozess konstruiert wurden. Da auf diesen Lösungskandidaten schon früh Pheromon abgelegt wird, entsteht eine Tendenz, sich auf diese Lösungskandidaten (oder geringfügige Variationen dieser Lösungskandidaten) festzulegen. Dies kann in ähnlicher Weise zu *vorzeitiger Konvergenz* führen, wie wir es in Abschnitt 11.2.2 für evolutionäre Algorithmen untersucht haben. Um dieses Problem zu vermeiden, ist es üblich, eine *Pheromon-Verdunstung* einzuführen, (die in der Natur nur eine untergeordnete Rolle spielt). Weitere günstige Erweiterungen und Verbesserungen bestehen darin, die Menge des abzulegenden Pheromons von der Güte des konstruierten Lösungskandidaten abhängig zu machen, sowie in Heuristiken zur Verbesserung der Kantenauswahl, z.B., indem nicht nur das Pheromon, sondern auch das Gewicht der Kante berücksichtigt wird.

Nach diesen Betrachtungen sollte klar sein, dass die Ameisenkolonieoptimierung sehr gut geeignet ist, um das Problems des Handlungsreisenden zu lösen (vgl. Abschnitt 10.6). Wir stellen das Problem durch eine $n \times n$ Matrix $\mathbf{D} = (d_{ij})_{1 \leq i,j \leq n}$ dar, wobei n die Anzahl der Städte ist und d_{ij} den Abstand (oder die Reisekosten) zwischen den Städten i und j angibt. Offenbar gilt $\forall i \in \{1, \ldots, n\} : d_{ii} = 0$. Die Matrix $\mathbf{D}$ braucht jedoch nicht symmetrisch zu sein, d.h., es kann $d_{ij} \neq d_{ji}$ für einige i und j sein. Wir möchten eine Rundreise durch alle Städte finden, die minimale Länge hat. Formal wollen wir eine Permutation π der Zahlen $\{1, \ldots, n\}$ finden, die die Summe der Kantengewichte einer Rundreise minimiert, die die Städte in der durch die Permutation π angegebenen Reihenfolge besucht.

Der Abstandsmatrix $\mathbf{D}$ entsprechend werden die Pheromonablagerungen durch eine $n \times n$ Matrix $\Phi = (\phi_{ij})_{1 \le i,j \le n}$ dargestellt. Ein Matrixelement ϕ_{ij}, $i \ne j$, gibt an, wie günstig es ist, Stadt j direkt nach Stadt i zu besuchen, während die ϕ_{ii} nicht benutzt werden. Auch die Matrix Φ braucht nicht symmetrisch zu sein.

Die Matrixelemente ϕ_{ij}, $1 \le i,j \le n$, $i \ne j$, werden mit dem gleichen beliebigen kleinen Wert ϵ initialisiert. D.h., am Anfang trägt jede Kante die gleiche (geringe) Pheromonmenge, wodurch keine Kante bevorzugt wird. Alternativ können die Pheromonablagerungen mit Werten initialisiert werden, die umgekehrt proportional zu den Kantengewichten sind. Gemäß der oben gegebenen allgemeinen Beschreibung werden die Pheromonwerte benutzt, um die Wahrscheinlichkeit zu bestimmen, mit der die nächste zu besuchende Stadt während der Konstruktion der Rundreise ausgewählt wird. Sie werden auf Grundlage der Güte der konstruierten Rundreisen aktualisiert, indem Pheromon auf den Kanten guter Rundreisen abgelegt wird.

Jede Ameise konstruiert einen Lösungskandidaten, indem sie einen (zufälligen) Hamiltonschen Kreis durchläuft. Um zu vermeiden, dass eine bereits besuchte Stadt ein weiteres Mal besucht wird, wird jede Ameise mit einem „Gedächtnis" ausgestattet, das aus der Menge C der Indizes derjenigen Städte besteht, die noch nicht besucht wurden. (Man beachte, dass dies vom biologischen Vorbild abweicht!) Eine Ameise erzeugt eine Rundreise (einen Hamiltonschen Kreis) auf folgende Weise:

1. Die Ameise startet in einer beliebigen Stadt (zufällig gewählt).

2. Die Ameise verzeichnet die Pheromonmengen ϕ_{ij} auf den Verbindungen von der aktuellen Stadt i zu allen noch nicht besuchten Städten j und wählt Stadt j mit Wahrscheinlichkeit
$$p_{ij} = \frac{\phi_{ij}}{\sum_{k \in C} \phi_{ik}},$$
wobei C die Menge der Indizes der Städte ist, die noch nicht besucht wurden, und ϕ_{ij} die Menge an Pheromon auf der Verbindung von Stadt i zu Stadt j.

3. Die Ameise wiederholt den zweiten Schritt 2, bis sie alle Städte besucht hat.

Nachdem eine Rundreise erzeugt wurde, dargestellt durch eine Permutation π der Indizes der Städte, wird die Pheromonmatrix Φ gemäß
$$\forall i \in \{1, \ldots, n\}: \quad \phi_{\pi(i)\pi((i \bmod n)+1)} \leftarrow \phi_{\pi(i)\pi((i \bmod n)+1)} + Q(\pi),$$
aktualisiert, wobei Q eine Funktion ist, die die Güte des Lösungskandidaten misst. Eine natürliche Wahl für Q im Rahmen des Problems des Handlungsreisenden ist die (skalierte) inverse Länge der Rundreise
$$Q(\pi) = c \cdot \Big(\sum_{i=i}^{n} d_{\pi(i)\pi((i \bmod n)+1)} \Big)^{-1},$$
wobei c eine vom Anwender vorzugebende Konstante ist, die die Stärke der Pheromonänderungen steuert. Anschaulich: je kürzer die Rundreise (und daher je besser die Lösung), umso mehr Pheromen wird auf ihren Kanten abgelegt.

Außerdem *verdunstet Pheromon* nach jeweils μ Ameisen:
$$\forall i,j \in \{1, \ldots, n\}: \quad \phi_{ij} \leftarrow (1 - \eta) \cdot \phi_{ij},$$
wobei η ein Verdunstungsfaktor ist (Bruchteil des Pheromons, das verdunstet).

Der vollständige Ameisenkolonie-Algorithmus für das Problem des Handlungsreisenden (engl. *traveling salesman problem*, TSP) ist:

Algorithmus 12.9 (Ameisenkolonieoptimierung für TSP)

function *aco_tsp* (**D**: *matrix of real*, μ: *int*, η: *real*) : *list of int;*
begin   (* **D** $= (d_{ij})_{1 \leq i,j \leq n}$: *Abstandsmatrix* *)
  $\Phi \leftarrow (\phi_{ij})_{1 \leq i,j \leq n}$ (* μ: *Anzahl Ameisen*, η: *Verdunstung* *)
    mit $\phi_{ij} = \epsilon$ *für alle* i, j;   (* *initialisiere die Pheromonmatrix* *)
  $\pi_{\text{best}} \leftarrow$ *zufällige Permutation von* $\{1, \dots, n\}$;
  repeat   (* *Suchschleife* *)
    for $a \in \{1, \dots, \mu\}$ **do begin**   (* *konstruiere Lösungskandidaten* *)
      $C \leftarrow \{1, \dots, n\}$;   (* *Menge der zu besuchenden Städte* *)
      $i \leftarrow$ *wähle Anfangsstadt aus* C;
      $\pi \leftarrow (i)$;   (* *beginne Rundreise an gewählter Stadt* *)
      $C \leftarrow C \setminus \{i\}$;   (* *und entferne Stadt aus Restliste* *)
      while $C \neq \emptyset$ **do begin**   (* *nicht alle Städte wurden besucht* *)
        $j \leftarrow$ *wähle nächste Stadt der Rundreise aus* C
          mit Wahrscheinlichkeit $p_{ij} = \phi_{ij} / \sum_{k \in C} \phi_{ik}$;
        $\pi.append(j)$;   (* *füge gewählte Stadt zu Rundreise hinzu* *)
        $C \leftarrow C \setminus \{j\}$;   (* *und entferne sie aus Restliste* *)
        $i \leftarrow j$;   (* *gehe zu der gewählten Stadt* *)
      end
      aktualisiere Pheromonmatrix Φ *mit* π *und* $Q(\pi)$;
      if $Q(\pi) > Q(\pi_{\text{best}})$ **then** $\pi_{\text{best}} \leftarrow \pi$; **end**
    end   (* *aktualisiere beste Rundreise* *)
    aktualisiere Pheromonmatrix Φ *mit Verdunstung* η;
  until *Abbruchkriterium ist erfüllt;*
  return π_{best};   (* *gib die beste gefundene Rundreise zurück* *)
end

Dieser Grundalgorithmus kann auf verschiedene Weise erweitert werden. Z.B. können nahe Städte bevorzugt werden, analog zur Nächster-Nachbar-Heuristik: Augehend von der Stadt i, wähle die Stadt j mit Wahrscheinlichkeit

$$p_{ij} = \frac{\phi_{ij}^{\alpha} \tau_{ij}^{\beta}}{\sum_{k \in C} \phi_{ik}^{\alpha} \tau_{ik}^{\beta}},$$

wobei C wieder die Indizes der noch nicht besuchten Städte enthält und $\tau_{ij} = d_{ij}^{-1}$. Die Parameter α und β steuern den relativen Einfluss von Abstand und Pheromon.

Ein „gieriger" Ansatz führt eine noch stärkere Bevorzugung der besten Kante ein (darüber hinausgehend, dass sie die höchste Wahrscheinlichkeit besitzt), nämlich dass sie mit einer vom Anwender vorzugebenden Wahrscheinlichkeit p_{exploit} bevorzugt wird. D.h., die Ameise bewegt sich von Stadt i zur Stadt j_{best} mit

$$j_{\text{best}} = \arg\max_{j \in C} \phi_{ij} \quad \text{oder} \quad j_{\text{best}} = \arg\max_{j \in C} \phi_{ij}^{\alpha} \tau_{ij}^{\beta},$$

(und wählt damit die beste Kante) mit der Wahrscheinlichkeit p_{exploit}, während sie die nächste Stadt mit Wahrscheinlichkeit $1 - p_{\text{exploit}}$ nach der oben angegebenen Regel (d.h., gemäß der Wahrscheinlichkeiten p_{ij}) wählt.

Weiter können wir *Elitismus* einführen, indem wir stets auch die beste bekannte Rundreise verstärken: Nach jedem Durchlauf der Suche (d.h. nach jeweils μ Ameisen), wird zusätzliches Pheromon auf den Kanten der besten Rundreise abgelegt, die bisher gefunden wurde. Diese Pheromonmenge kann komfortabel als Anzahl Ameisen angegeben werden, die diese Rundreise (zusätzlich) durchlaufen.

Weitere Varianten umfassen die *rangbasierte Aktualisierung*, bei der nur auf den Kanten der besten m Lösungskandidaten des letzten Durchlaufs Pheromon abgelegt wird (und ggf. zusätzlich auf der besten bisher gefundenen Rundreise). Dieser Ansatz kann als verwandt zu rangbasierter Selektion angesehen werden (vgl. Abschnitt 11.2.6), während das normale Verfahren analog zu einer fitness-proportionalen Selektion ist (vgl. Abschnitt 11.2.1). Als *strengen Elitismus* bezeichnet man extreme Formen der rangbasierten Aktualisierung: Pheromon wird nur auf den Kanten des besten Lösungskandidaten des letzten Durchlaufs abgelegt oder sogar nur auf den Kanten des besten bisher gefundenen Lösungskandidaten. Dieser Ansatz bringt jedoch eine beträchtliche Gefahr vorzeitiger Konvergenz und eines Hängenbleibens in einem lokalen Optimum mit sich.

Um extreme Werte der Pheromonablagerungen zu vermeiden, ist es ratsam, *untere und obere Schranken* für die Pheromonmenge auf einer Kante einzuführen. Diese Schranken entsprechen unteren und oberen Grenzwerten für die Wahrscheinlichkeit, dass eine Kante gewählt wird, und können so dabei helfen, eine bessere Durchforstung des Suchraums zu erzwingen (jedoch um den Preis einer langsameren Konvergenz). Eine vergleichbare Wirkung kann durch *begrenzte Verdunstung* erzielt werden: Pheromon verdunstet nur von Kanten, die im letzten Durchlauf verwendet wurden. Dies vermindert das Risiko, dass Pheromonablagerungen sehr klein werden.

Verbesserungen des Standardansatzes, die dazu dienen, bessere Lösungskandidaten zu erzeugen, sind lokale Verbesserungen der Rundreise, z.B. das Entfernen von sich überkreuzenden Kanten, was offenbar nicht optimal sein kann. Allgemein können wir einfache Operationen betrachten, wie sie in einem Zufallsabstieg benutzt werden können (vgl. Abschnitt 10.5.2), und so (in einer begrenzten Zahl von Schritten) versuchen, Lösungskandidaten lokal zu optimieren. Zu solchen Operationen gehören das Austauschen zweier Städte, die nicht in aufeinanderfolgenden Schritten besucht werden, das Permutatieren von benachbarten Tripeln, das „Umdrehen" eines Teils einer Rundreise (vgl. Abschnitt 10.6) etc. Aufwendigere lokale Optimierungen sollten dagegen nur verwendet werden, um den besten Lösungskandidaten zu optimieren, bevor er von dem Optimierungsverfahren zurückgegeben wird.

Ein Programm, das die Ameisenkolonieoptimierung für das Problem des Handlungsreisenden veranschaulicht (und verschiedene der angesprochenen Verbesserungen enthält) steht auf der Webseite zu diesem Buch zur Verfügung:

http://www.computational-intelligence.eu

Um Ameisenkolonieoptimierung auf andere Optimierungsprobleme anwenden zu können, muss das Problem als Suche in einem Graphen formuliert werden. Insbesondere muss es möglich sein, einen Lösungskandidaten durch eine Menge von Kanten zu beschreiben. Diese Kanten brauchen aber nicht unbedingt einen Pfad zu bilden. Solange es ein iteratives Verfahren gibt, mit dem die Kanten der Menge gewählt werden (auf der Grundlage von durch Pheromonmengen beschriebenen Wahrscheinlichkeiten), kann Ameisenkolonieoptimierung eingesetzt werden. Noch allgemeiner kann man sagen, dass Ameisenkolonieoptimierung immer dann anwendbar ist, wenn Lösungskandidaten mit Hilfe einer Folge von (zufälligen) Entscheidungen konstruiert werden können, von denen jede eine (Teil-)Lösung erweitert. Der Grund liegt darin, dass die Folge der Entscheidungen als Pfad in einem *Entscheidungsgraphen* (engl. *decision graph*, auch *Konstruktionsgraph*, engl. *construction graph*, genannt) gesehen werden können. Die Ameisen erforschen Wege in diesem Entscheidungsgraphen und versuchen den besten (kürzesten, billigsten) Weg zu finden, der die beste Menge oder Folge von Entscheidungen liefert.

Zum Abschluß betrachten wir Konvergenzeigenschaften der Ameisenkolonieoptimierung. Für das „Standardverfahren", in dem (1) Pheromon mit einem konstanten Faktor von allen Kanten verdunstet, (2) neues Pheromon nur auf den Kanten des besten gefundenen Lösungskandidaten abgelegt wird (strenger Elitismus), und (3) die Pheromonwerte nach unten durch $\phi_{\min}$ begrenzt sind, kann man zeigen, dass die Suche in Wahrscheinlichkeit auf die optimale Lösung konvergiert [Dorigo und Stützle 2004]. D.h., geht die Zahl der Berechnungsschritte gegen unendlich, nähert sich die Wahrscheinlichkeit, dass die optimale Lösung gefunden wird, Eins. Wenn die untere Schranke $\phi_{\min}$ „hinreichend langsam" 0 wird, (z.B. gemäß $\phi_{\min} = \frac{c}{\ln(t+1)}$ wobei t der Iterationsschritt und c eine Konstante sind), kann man sogar zeigen, dass mit gegen unendlich gehender Zahl der Durchläufe jede Ameise der Kolonie die optimale Lösung mit einer sich Eins nähernden Wahrscheinlichkeit konstruiert.

12.4.3 Teilchenschwarmoptimierung

Die *Teilchenschwarmoptimierung* (engl. *particle swarm optimization*, PSO) [Kennedy und Eberhart 1995] ist durch das Verhalten von Tierarten inspiriert, die in Schwärmen, Herden oder Rudeln nach Futter suchen, z.B. Fische oder Vögel. Diese Suche ist dadurch charakterisiert, dass Individuen die Umgebung in der Nähe des Schwarms bis zu einer gewissen Entfernung erforschen, aber stets auch zum Schwarm zurückkehren. Auf diese Weise wird Information über entdeckte Nahrungsquellen an andere Mitglieder des Schwarms weitergeben, nämlich wenn das Mitglied, das eine Nahrungsquelle gefunden hat, zu dieser zurückkehrt und andere Mitglieder des Schwarms ihm folgen. Schließlich kann sich der gesamte Schwarm auf die Nahrungsquelle zubewegen (vorausgesetzt, sie ist ergiebig genug).

Die Teilchenschwarmoptimierung kann als eine Methode gesehen werden, die eine gradientenbasierte Suche (wie z.B. Gradientenaufstieg oder -abstieg, vgl. Abschnitt 10.5.1, und Zufallsaufstieg oder -abstieg, vgl. Abschnitt 10.5.2) mit einer populationsbasierten Suche (wie evolutionäre Algorithmen) verbindet. Wie Gradientenverfahren setzt sie voraus, dass der Suchraum Ω reellwertig ist, d.h. $\Omega \subseteq \mathbb{R}^n$. Folglich muss die zu optimierende Funktion die Form $f : \mathbb{R}^n \to \mathbb{R}$ haben.

Das Prinzip der Suche besteht darin, statt nur eines Lösungskandidaten einen ganzen „Schwarm" von m Lösungskandidaten zu verwenden und Informationen aus den einzelnen Lösungen zu aggregieren, um die Suche besser zu steuern. Jeder Lösungskandidat entspricht einem „Teilchen" mit einem Ort $\vec{x}_i$ im Suchraum und einer Geschwindigkeit $\vec{v}_i$, $i = 1, \ldots, m$. In jedem Schritt werden der Ort und die Geschwindigkeit des i-ten Teilchens angepasst gemäß

$$\vec{v}_i(t+1) = \alpha \vec{v}_i(t) + \beta_1 \big(\vec{x}_i^{(\text{lokal})}(t) - \vec{x}_i(t)\big) + \beta_2 \big(\vec{x}^{(\text{global})}(t) - \vec{x}_i(t)\big),$$
$$\vec{x}_i(t+1) = \vec{x}_i(t) + \vec{v}_i(t).$$

Dabei ist $\vec{x}_i^{(\text{lokal})}$ das *lokale Gedächtnis* des Individuums (d.h. Teilchens). Es ist der beste Punkt im Suchraum, den dieses Teilchen bis zum Zeitschritt t besucht hat. D.h.

$$\vec{x}_i^{(\text{lokal})} = \vec{x}_i\left(\arg\max_{u=1}^{t} f(\vec{x}_i(u))\right).$$

Analog ist $\vec{x}^{(\text{global})}$ das *globale Gedächtnis* des ganzen Schwarms. Es ist der beste Punkt im Suchraum, den ein beliebiges Individuum des Schwarms bis zum Zeitschritt t besucht hat (die beste bisher gefundene Lösung). D.h.

$$\vec{x}^{(\text{global})}(t) = \vec{x}_j^{(\text{lokal})}(t) \qquad \text{mit} \qquad j = \arg\max_{i=1}^{m} f\left(\vec{x}_i^{(\text{lokal})}\right).$$

Die Parameter β_1 und β_2, mit denen die Stärke der „Anziehung" durch die Punkte im lokalen und globalen Gedächtnis gesteuert wird, werden in jedem Schritt zufällig gewählt. Der Parameter α wird so gewählt, dass er mit der Zeit abnimmt. D.h., mit Fortschreiten der Zeit verringert sich der Einfluss der (aktuellen) Geschwindigkeit eines Teilchens und der (relative) Einfluss der Anziehung durch das lokale und das globale Gedächtnis nimmt zu. Allgemein kann beobachtet werden, dass nach einem Start mit recht hoher Geschwindigkeit (verursacht durch die Anziehung durch das globale Gedächtnis) die Teilchen immer langsamer werden und schließlich (fast) an dem besten, vom Schwarm gefundenen Punkt zur Ruhe kommen.

Das allgemeine Verfahren der Teilchenschwarmoptimierung ist:

Algorithmus 12.10 (Teilchenschwarmoptimierung)
function *pso (m: int, a, b, c: real) : array of real;*
begin   (* *m: Anzahl Teilchen* *)
  $t \leftarrow 0; q \leftarrow -\infty;$ (* *a, b, c: Aktualisierungsparameter* *)
  for $i \in \{1, \dots, m\}$ **do begin**   (* *initialisiere die Teilchen* *)
    $\vec{v}_i \leftarrow 0;$ (* *initialisiere Geschwindigkeit und Ort* *)
    $\vec{x}_i \leftarrow$ *wähle zufälligen Punkt aus* $\Omega = \mathbb{R}^n;$
    $\vec{x}_i^{(\text{lokal})} \leftarrow \vec{x}_i;$ (* *.initialisiere das lokale Gedächtnis* *)
    if $f(\vec{x}_i) \geq q$ **then begin** $\vec{x}^{(\text{global})} \leftarrow \vec{x}_i; q \leftarrow f(\vec{x}_i);$ **end**
  end   (* *berechne initiales globales Gedächtnis* *)
  repeat   (* *aktualisiere den Schwarm* *)
    $t \leftarrow t + 1;$ (* *zähle Aktualisierungsschritt* *)
    for $i \in \{1, \dots, m\}$ **do begin**   (* *aktualisiere lokales und globales Gedächtnis* *)
      if $f(\vec{x}_i) \geq f\left(\vec{x}_i^{(\text{lokal})}\right)$ **then** $\vec{x}_i^{(\text{lokal})} \leftarrow \vec{x}_i;$ **end**
      if $f(\vec{x}_i) \geq f\left(\vec{x}^{(\text{global})}\right)$ **then** $\vec{x}^{(\text{global})} \leftarrow \vec{x}_i;$ **end**
    end
    for $i \in \{1, \dots, m\}$ **do begin**   (* *aktualisiere die Teilchen* *)
      $\beta_1 \leftarrow$ *ziehe Zufallszahl aus* $[0, a);$
      $\beta_2 \leftarrow$ *ziehe Zufallszahl aus* $[0, a);$
      $\alpha \leftarrow b / t^c;$ (* *Beispiel für zeitabhängiges α* *)
      $\vec{v}_i(t+1) \leftarrow \alpha \cdot \vec{v}_i(t) + \beta_1\left(\vec{x}_i^{(\text{lokal})}(t) - \vec{x}_i(t)\right) + \beta_2\left(\vec{x}^{(\text{global})}(t) - \vec{x}_i(t)\right);$
      $\vec{x}_i(t+1) \leftarrow \vec{x}_i(t) + \vec{v}_i(t);$ (* *aktualisiere Geschwindigkeit und Ort* *)
    end
  until *Abbruchkriterium ist erfüllt;*
  return $\vec{x}^{(\text{global})};$ (* *gib besten gefundenen Punkt zurück* *)
end

Ein Demonstrationsprogramm, das eine Teilchenschwarmoptimierung mit diesem Algorithmus für einige zweidimensionale Funktionen mit vielen lokalen Optima visualisiert, kann auf der Webseite zu diesem Buch abgerufen werden:

http://www.computational-intelligence.eu

Da dieses Programm jedes Teilchen mit einem „Schweif" von vorangehenden Positionen visualisiert, kann die Bewegung der Teilchen gut verfolgt werden.

Mögliche Erweiterungen der Teilchenschwarmoptimierung sind vielfältig. Wenn der Suchraum nicht unbeschränkt ist, sondern eine echte Teilmenge des $\mathbb{R}^n$ (z.B. ein Hyperwürfel $[a, b]^n$), können die Teilchen von den Grenzen des Teilraums reflektiert werden, statt dass nur die Positionen auf den zulässigen Teilraum eingeschränkt werden. Weiter kann man die Aktualisierung der Teilchen stärker auf die *lokale Umgebung* eines Teilchens konzentrieren. In dieser Variante wird das globale Gedächtnis ersetzt durch das beste lokale Gedächtnis von Teilchen, die sich in der Nähe des zu aktualisierenden Teilchens befinden. Dies verbessert die Erforschung des Suchraums. Man kann außerdem eine *automatische Parameteranpassung* einführen, z.B. durch Methoden, die die Größe des Schwarms anpassen (etwa: ein Teilchen, dessen lokales Gedächtnis erheblich schlechter ist als das der Teilchen in seiner Umgebung, wird entfernt). Schließlich dienen *Mechanismen zur Diversitätssteuerung* dazu, eine vorzeitige Konvergenz auf suboptimale Lösungen zu verhindern. Eine Möglichkeit, dies zu erreichen, besteht darin, eine zusätzliche Zufallskomponente in die Geschwindigkeitsaktualisierung einzubauen, die die Diversität dadurch erhöht, dass sie die Teilchen die Umgebung auf vielfältigere Weise erforschen lässt.

Kapitel 13

Spezielle Anwendungen und Techniken

Mit diesem Kapitel runden wir unsere Betrachtung evolutionärer Algorithmen ab, indem wir einen Überblick über eine Anwendung und zwei spezielle Techniken für diese Art von Metaheuristiken geben. In Abschnitt 13.1 betrachten wir eine Verhaltenssimulation für das Gefangenendilemma mit Hilfe eines evolutionären Algorithmus. In Abschnitt 13.2 befassen wir uns mit evolutionären Algorithmen für die Mehrkriterienoptimierung, speziell bei einander entgegengesetzten Kriterien. Diese liefern nicht eine einzelne Lösung, sondern versuchen die sogenannte *Pareto-Grenze* mit mehreren Lösungskandidaten abzubilden. Abschließend betrachten wir parallelisierte Varianten evolutionärer Algorithmen in Abschnitt 13.3.

13.1 Verhaltenssimulation

Bisher haben wir evolutionäre Algorithmen verwendet, um numerische oder diskrete Optimierungsprobleme zu lösen. In diesem Abschnitt wenden wir sie jedoch zur Verhaltensimulation an, um Strategien für soziale Interaktion und Populationsdynamik zu erforschen. Die Grundlage für den vorgestellten Ansatz ist die *Spieltheorie*, die sich als sehr nützlich für die Analyse von sozialen und wirtschaftlichen Situationen herausgestellt hat und die eine der wichtigsten theoretischen Grundlagen der Wirtschaftwissenschaften ist. Das Prinzip der Spieltheorie besteht darin, handelnde Personen und ihre Aktionen als Spielzüge in einem formal definierten Rahmen zu modellieren. Hier betrachten wir speziell, wie die Verhaltensstrategie, die den Handlungen einer Person in einer bestimmten Situation zugrundeliegt, in einem Chromosom kodiert werden kann, so dass wir mit einem evolutionären Algorithmus die Eigenschaften erfolgreicher Strategien sowie den Einfluss der Verteilung verschiedener Strategien in einer Population untersuchen können.

13.1.1 Das Gefangenendilemma

Das am besten bekannte und am gründlichsten untersuchte Problem der Spieltheorie ist das sogenannte *Gefangenendilemma*. Dieses heikle Problem wird üblicherweise

A \ B	schweigt	gesteht
schweigt	-1 / -1	0 / -10
gesteht	-10 / 0	-5 / -5

Tabelle 13.1: Spezielle Auszahlungsmatrix des Gefangenendilemmas.

wie folgt eingekleidet: Zwei Personen haben eine Bank ausgeraubt und wurden verhaftet. Jedoch sind die gesammelten Indizien für eine Verurteilung wegen des Bankraubs nicht ausreichend. Es gibt aber Indizien, die für eine Verurteilung wegen einer geringeren Straftat (sagen wir, illegaler Besitz von Feuerwaffen) ausreichen. Nehmen wir an, für diese geringere Straftat hätten die Gefangenen eine Verurteilung zu einem Jahr Gefängnis zu erwarten. Um dennoch eine Verurteilung wegen des Bankraubs zu erreichen, könnte ein Staatsanwalt den beiden Gefangenen vorschlagen, Kronzeuge zu werden (jedenfalls in einem Land, in dem es eine Kronzeugenregelung gibt): Wenn einer der beiden Gefangenen den Bankraub zugibt (und damit den anderen belastet), wird er/sie von Strafe befreit, während der andere Gefangene mit der vollen Härte des Gesetzes bestraft wird, was 10 Jahre Gefängnis bedeutet. Das Problem besteht in der Tatsache, dass beiden Gefangenen die Möglichkeit angeboten wird und folglich beide versucht sein könnten zu gestehen. Wenn jedoch beide gestehen, ist die Kronzeugenregelung nicht anwendbar und folglich werden beide verurteilt. Da sie jedoch beide gestanden haben, erhalten sie mildernde Umstände zugesprochen und werden daher nur zu je 5 Jahren Gefängnis verurteilt.

Ein beliebtes Mittel, um Situationen wie die des Gefangenendilemmas zu analysieren, ist eine *Auszahlungsmatrix*. In eine solche Matrix wird für alle (Paare von) Handlungsmöglichkeiten die Auszahlung eingetragen, die die (beiden) Akteure erhalten. Für das Gefangenendilemma in der oben beschriebenen Form können wir die Auszahlungsmatrix aufstellen, die in Tabelle 13.1 gezeigt ist: Die Anzahl Genfängnisjahre ist die Auszahlung — als negative Zahl angegeben, um auszudrücken, das ein größerer (absoluter) Wert ein schlechteres Ergebnis ist.

Von einem unabhängigen Standpunkt aus gesehen, ist es am besten, wenn beide Gefangenen schweigen, denn dies minimiert die Gesamtzahl an Gefängnisjahren. Aber es gibt einen (starken) Anreiz zu gestehen, weil ein Geständnis — jedenfalls unter der Voraussetzung, dass der andere Gefangene schweigt — zu einer geringeren Strafe für den geständigen Gefangenen führt. Doch leider birgt diese Handlungsmöglichkeit die Gefahr, dass am Ende beide 5 Jahre im Gefängnis verbringen müssen. Folglich gibt es eine gewisse Tendenz, dass ein suboptimales Ergebnis erzielt wird. In formalen Begriffen ausgedrückt, ist das doppelte Geständnis ein sogenanntes *Nash-Gleichgewicht* [Nash 1951] dieser Auszahlungsmatrix: Keiner der beiden Akteure kann seine Auszahlung verbessern, indem er seine eigene Handlung ändert, wenn der andere Akteur seine Wahl beibehält. Eine Verbesserung ist nur dadurch erreichbar, dass *beide* Akteure ihre gewählte Handlung ändern.

[Nash 1951] zeigte, dass jede beliebige Auszahlungsmatrix (auch für mehr als zwei Handlungsmöglichkeiten je Akteur) ein Nash-Gleichgewicht besitzt, wenn sogenannte *gemischte Strategien* zugelassen werden. In einer gemischten Strategie können den Handlungsmöglichkeiten Wahrscheinlichkeiten zwischen 0 und 1 zugeordnet werden (die sich natürlich über alle Handlungsmöglichkeiten eines Akteurs zu 1 addieren müssen), während in einer sogenannten *reinen Strategie* nur die Wahrscheinlichkeiten 0 und 1 erlaubt sind, d.h., ein Akteur muss sich eindeutig für eine

A \ B	Aktion 1	Aktion 2
Aktion 1	1 \ 0	0 \ 3
Aktion 2	0 \ 0	2 \ 1

Tabelle 13.2: Eine Auszahlungsmatrix, die für reine Strategien kein Nash-Gleichgewicht besitzt.

A \ B	kooperiert	feindselig
kooperiert	R \ R	S \ T
feindselig	T \ S	P \ P

Tabelle 13.3: Allgemeine Auszahlungsmatrix des Gefangenendilemmas.

Handlung entscheiden. Wenn man sich auf reine Strategien beschränkt, kann es sein, dass es kein Nash-Gleichgewicht gibt. Ein Beispiel einer Auszahlungsmatrix, die für reine Strategien kein Nash-Gleichgewicht besitzt, ist in Abbildung 13.2 gezeigt. Diese Matrix besitzt jedoch, wie man leicht nachprüft, für gemischte Strategien das folgende Nash-Gleichgewicht: Akteur A wählt Aktion 1 mit Wahrscheinlichkeit $1/3$ und Aktion 2 mit Wahrscheinlichkeit $2/3$, während Akteur B Aktion 1 mit Wahrscheinlichkeit $3/4$ und Aktion 2 mit Wahrscheinlichkeit $1/4$ wählt. Wir werden uns aber im folgenden auf reine Strategien beschränken sowie auf Auszahlungsmatrizen, die auch für reine Strategien ein Nash-Gleichgewicht besitzen.

Indem wir die Situation des oben beschriebenen Gefangenendilemmas verallgemeinern, können wir es mit einer generischen Auszahlungsmatrix beschreiben, wie sie in Tabelle 13.3 gezeigt ist. Die Buchstaben bedeuten (aus den englischen Begriffen abgeleitet): **R** (von engl. *reward*) Belohnung für Kooperation, **P** (von engl. *punishment*) Strafe für wechselseitig feindseliges Verhalten, **T** (von engl. *temptation*) Anreiz zu feindseligem Verhalten, **S** (von engl. *sucker's payoff*) Ertrag des Gimpels. Man beachte, dass die genauen Werte von **R**, **P**, **T** und **S** nicht relevant sind, solange die folgenden Ungleichungen eingehalten werden:

$$\mathbf{T} > \mathbf{R} > \mathbf{P} > \mathbf{S} \quad \text{und} \quad 2 \cdot \mathbf{R} > \mathbf{T} + \mathbf{S}. \quad (13.1)$$

Die erste Bedingung besagt, dass der Anreiz zu feindseligem Verhalten in dem Fall, dass der andere kooperiert, größer sein muss als die Belohnung für Kooperation (denn sonst wäre es ja auch kein Anreiz). Weiter muss die Kooperation besser sein als wechselseitig feindseliges Verhalten. Schließlich sollte das wechselseitig feindselige Verhalten dem Ausgenutztwerden (Ertrag des Gimpels) immer noch vorzuziehen sein, so dass es einen Anreiz gibt, das Ausgenutztwerden zu vermeiden. Die zweite Bedingung wird benötigt, damit eine fortgesetzte Kooperation einem wechselseitigen Ausnutzen vorzuziehen ist (dies wird jedoch erst wichtig, wenn wir uns dem iterierten Gefangenendilemma zuwenden). Mit diesen Bedingungen ist das wechselseitig feindselige Verhalten ein Nash-Gleichgewicht der Auszahlungsmatrix.

Viele alltägliche Situationen sind dem Gefangenendilemma analog: Wir sehen uns oft Situationen gegenüber, in denen wir einen Handlungspartner übervorteilen können, um unseren persönlichen Nutzen zu maximieren, oder aber kooperieren können, um möglicherweise ein insgesamt besseres Ergebnis zu erzielen, aber nur unter Inkaufnahme des Risikos, selber ausgenutzt zu werden. Es wird oft argumentiert, dass in Situationen, die dem Gefangenendilemma analog sind, die vernünftigste Wahl wechselseitig feindseliges Verhalten ist, um sicherzustellen, dass man nicht

A \ B	kooperiert	feindselig
kooperiert	3 3	0 5
feindselig	0 5	1 1

Tabelle 13.4: Axelrod's Auszahlungsmatrix für das iterierte Gefangenendilemma.

ausgenutzt wird. Wir beobachten jedoch täglich im Großen wie im Kleinen kooperatives Verhalten und zwar nicht nur zwischen Menschen, sondern auch zwischen Tieren. In [Axelrod 1980] wird deshalb die Frage aufgeworfen, unter welchen Bedingungen in einer Welt von Egoisten ohne eine zentrale Autorität (die Handlungen vorschreibt) kooperatives Verhalten entstehen kann.

Eine Antwort wurde bereits einige Jahrhunderte vorher in dem Buch *Leviathan* [Hobbes 1651] — einem berühmten Klassiker der politischen Philosophie — gegeben: Unter gar keinen Bedingungen, wie auch immer sie geartet sein mögen! Nach [Hobbes 1651] war der Naturzustand, bevor eine staatliche Ordnung und damit eine steuernde zentrale Autorität existierte, dominiert von egoistischen Individuen, die miteinander auf so rücksichtslose Weise konkurrierten, dass das Leben „einsam, arm, eklig, brutal und kurz" war (engl. *"solitary, poor, nasty, brutish, and short"*).

Wir beobachten jedoch auf internationaler Ebene, dass Staaten miteinander sowohl ökonomisch als auch politisch kooperieren, obwohl es *de facto* keine zentrale Autorität gibt (es sei denn, man sieht die Vereinten Nationen als eine solche, trotz des Mangels an Weisungsbefugnis dieser Organisation). Außerdem zeigen Tiere kooperatives Verhalten ohne jede Form staatlicher Ordnung.

13.1.2 Das iterierte Gefangenendilemma

[Axelrod 1980, Axelrod 1984] schlug vor, eine Erklärung für beobachtetes kooperatives Verhalten trotz des Vorliegens eines nachteiligen Nash-Gleichgewichtes in Situationen, die dem Gefangenendilemma analog sind, dadurch zu finden, dass man die Aufmerksamkeit auf die *iterierte Version* dieses Modells lenkt. Der Anlass für diese Verschiebung ist, dass im täglichen Leben Interaktionen zwischen Menschen selten isoliert sind, sondern in einem sozialen Zusammenhang auftreten, die es wahrscheinlich machen, dass die gleichen Akteure es in der Zukunft noch einmal miteinander zu tun bekommen. Die Hoffnung besteht nun darin, dass die Erwartung zukünftiger Wiederholungen des Spiels den Anreiz verringert, sich feindselig zu verhalten, weil eine künftige Wiederholung die Möglichkeit der Vergeltung eröffnet. Diese Möglichkeit könnte einen Ansporn zur Kooperation liefern.

Diese Überlegungen führen zu den folgenden beiden Fragen:

- Entsteht im iterierten Gefangenendilemma Kooperation?
- Was ist die beste Handlungsstrategie im iterierten Gefangenendilemma?

Um einen konkreten Rahmen festzulegen, legte [Axelrod 1980, Axelrod 1984] die *Auszahlungsmatrix* fest, die in Tabelle 13.4 gezeigt ist. Die für die Größen $\mathbf{R}$, $\mathbf{P}$, $\mathbf{T}$ und $\mathbf{S}$ gewählten Werte sind die kleinsten nicht-negativen Ganzzahlen, die die Bedingungen in Gleichung 13.1 erfüllen. R. Axelrod lud dann Forscher verschiedener Disziplinen (Psychologie, Sozial- and Politikwissenschaften, Wirtschaftswissenschaften, Mathematik) ein, als Programm zu implementieren, was sie für eine optimale Strategie hielten, das iterierte Gefangenendilemma mit dieser Auszahlungsmatrix zu spielen. Die Programme sollten Zugriff auf alle Spiele haben, die sie bereits gegen den gleichen Gegner gespielt hatten. D.h., sie sollten in der Lage sein, Informationen über die Verhaltensstrategie des Gegners auszunutzen, die aus den Verläufen der vorangehenden Spiele abgeleitet werden könnten. Ein Programm sollte schließlich mit der Gesamtauszahlung bewertet werden, die es in einem Rundenturnier erzielt (d.h., jeder Teilnehmer spielt gegen jeden anderen Teilnehmer).

In diesem Rahmen veranstaltete R. Axelrod zwei Turniere. Im *ersten Turnier* traten 14 Programme und ein Zufallsspieler[1] in einem Rundenturnier mit 200 Spielen je Runde gegeneinander an. Der Gewinner des Turniers war ein überraschend einfaches Programm, geschrieben von dem Mathematiker A. Rapoport, das die simple, auf dem gesunden Menschenverstand beruhende Strategie des *Wie du mir, so ich dir* (engl. *tit for tat*) implementierte, die auf nur zwei Verhaltensregeln fusst: (1) Kooperiere im ersten Spielzug. (2) In allen folgenden Spielzügen kopiere den Zug des Gegners aus dem vorangehenden Spiel. Der Name „*Wie du mir, so ich dir*" dieser Strategie leitet sich aus der einfachen Tatsache ab, dass es Vergeltung übt, wenn der Gegner nicht kooperiert, indem es sich im nächsten Zug feindselig verhält.

Um das Ergebnis zu untermauern, veröffentlichte R. Axelrod den Quelltext aller Programme dieses ersten Turniers zusammen mit den erreichten Auszahlungen und lud zu einem zweiten Turnier ein. Die Hoffnung bei dieser Wiederholung bestand darin, dass durch Analyse der Ergebnisse des ersten Turniers Einsichten in die Bestandteile einer guten Strategie gewonnen werden könnten, so dass Programmentwickler in die Lage versetzt würden, bessere Programme zu schreiben. R. Axelrod veranstaltete dann ein *zweites Turnier*, an dem 62 Programme und ein Zufallsspieler teilnahmen.[2] Die Turnierbedingungen waren identisch, d.h., die Programme traten in einem Rundenturnier mit 200 Spielen je Runde gegeneinander an. Erstaunlicherweise war auch der Gewinner der gleiche, nämlich *Wie du mir, so ich dir*.

Dieses Ergebnis mag überraschend sein, weil die Strategie *Wie du mir, so ich dir* eben gerade *nicht* gegen jede andere Strategie gewinnt. Z.B. verliert es, wenn auch nur knapp, gegen eine Strategie, die sich immer (in allen einzelnen Spielen einer Runde) feindselig verhält (und damit „vernünftig" vom Standpunkt des nicht iterierten Gefangenendilemmas aus), weil es im ersten Spielzug ausgenutzt wird und nur den Ertrag des Gimpels erhält. Wenn es aber in der Population Akteure gibt, mit denen es kooperieren kann, kann es insgesamt einen Vorteil erzielen.

Außer der möglichen Übervorteilung im ersten Schritt besteht ein weiteres Problem von *Wie du mir, so ich dir* darin, dass es auf Fehler u.U. nicht angemessen reagiert. Nehmen wir dazu an, dass zwei Instanzen von *Wie du mir, so ich dir* gegeneinander spielen, anfangs auch miteinander kooperieren, sich dann aber in einem Zug eine Instanz aus Versehen feindselig verhält. Offenbar ist *Wie du mir, so ich dir* nicht in der Lage, die dann folgende Kette wechselseitiger Vergeltung zu durchbrechen.

Folglich kann es sinnvoll sein, die Strategie eines *Wie du zweimal mir, so ich dir* (engl. *tit for two tat*) als Alternative zu betrachten: Diese Strategie beginnt mit Vergeltungsschlägen erst dann, wenn sie zweimal in Folge ausgenutzt wurde. Sie hat den Vorteil, dass sie Kooperation aufrecht erhält, selbst wenn es einmal zu einem versehentlichen feindseligen Verhalten kommt. Sie hat aber auch den Nachteil, dass diese

---

[1] Alle Programme waren in der Programmiersprache *Fortran* geschrieben.
[2] Alle Programme waren in einer der Programmiersprachen *Fortran* und *Basic* geschrieben.

		1. Spiel	2. Spiel	3. Spiel		nächster Zug
1. Bit:	Antwort auf	(C,C),	(C,C),	(C,C):		C
2. Bit:	Antwort auf	(C,C),	(C,C),	(C,D):		D
3. Bit:	Antwort auf	(C,C),	(C,C),	(D,C):		C
⋮		⋮		⋮		⋮
64. Bit:	Antwort auf	(D,D),	(D,D),	(D,D):		D

Tabelle 13.5: Kodierung von Strategien für das Gefangenendilemma. Das erste Element jedes Paares gibt den eigenen Zug, das zweite den Zug des Gegners an. C steht für Kooperation (engl. *cooperate*), D für feindseliges Verhalten (engl. *defect*).

Strategie, wenn sie fest und dem Gegner bekannt ist, ausgebeutet werden kann: Ein Gegner, der sich in jedem zweiten Spielzug feindselig verhält, wird einen sehr klaren Vorteil erzielen, weil er von regelmäßigen höheren Auszahlungen profitiert.

13.1.3 Ein Ansatz mit einem genetischen Algorithmus

Obwohl die beiden Turniere mit Programmen ausgetragen wurden, die von fähigen und einen guten Ruf genießenden Forschern geschrieben worden waren, mag man immer noch daran zweifeln, ob der Raum der möglichen Strategien hinreichend gut durchforstet wurde. Außerdem könnte der Gewinner von der Auswahl der Turnierteilnehmer abhängen. Um noch besser untermauerte Ergebnisse zu erhalten, ging [Axelrod 1987] das Problem auf neue Weise an, nämlich durch Simulieren und Fortentwickeln von Populationen von Strategien für das Gefangenendilemma mit Hilfe eines genetischen Algorithmus, was den Bezug zum unserem Thema herstellt.

In diesem Ansatz wird eine Strategie kodiert, indem all möglichen Abfolgen von drei Spielen betrachtet werden. Da drei Spiele sechs Spielzüge umfassen (drei Züge durch jeden Gegner), von denen jeder entweder Kooperation oder feindseliges Verhalten sein kann, gibt es $2^6 = 64$ mögliche Folgen. Das Chromosom besteht deshalb aus 64 Bits, die einfach angeben, welcher Zug im nächsten Spiel ausgeführt werden sollte, wenn die zugehörige Folge von drei Spielausgängen beobachtet wurde (siehe Table 13.5). Weiter gibt es in jedem Chromosom 6 Bits, die die Spielabfolge „vor dem ersten Zug" angeben. Dies ist notwendig, damit durch das Chromosom eine einheitliche Strategie spezifiziert wird, die auch die ersten drei Spielzüge abdeckt, in denen die vorliegende Historie kürzer ist als drei Spiele. Insgesamt besteht jedes Chromosom damit aus 70 binären Genen, die entweder Kooperation (C, für engl. *cooperate*) oder feindseliges Verhalten (D, für engl. *defect*) kodieren.

Der genetische Algorithmus arbeitet nun wie folgt: Eine Anfangspopulation wird durch zufälliges Ziehen von Bitfolgen der Länge 70 erzeugt. Die Individuen einer Population werden bewertet, indem jedes Individuuum gegen hinreichend viele Gegner antritt, die zufällig aus der Population gezogen werden. (Abhängig von der Größe der Population ist ein volles Rundenturnier ggf. zu zeitaufwendig, da die Kosten quadratisch mit der Populationsgröße wachsen. Man beachte außerdem, dass das Experiment 1987 durchgeführt wurde, zu einer Zeit also, als die Rechenleistung noch wesentlich geringer war als heutzutage.) In jeder Gegnerpaarung werden

200 Spiele gespielt (also genausoviele wie in den oben beschriebenen Turnieren). Die Fitness eines Individuums wird berechnet als die durchschnittlich erzielte Auszahlung je Gegnerpaarung. Die Individuen für die nächste Generation werden gemäß dem vereinfachten Erwartungswertmodell ausgewählt, das in Abschnitt 11.2.5 erwähnt wurde: Sei $\mu_f(t)$ die durchschnittliche Fitness der Individuen in der Population zum Zeitpunkt t und $\sigma_f(t)$ die Standardabweichung der Fitness. Individuen s mit $f(s,t) < \mu_f(t) - \sigma_f(t)$ bekommen keine Nachkommen; Individuen s mit $\mu_f(t) - \sigma_f(t) \leq f(s,t) \leq \mu_f(t) + \sigma_f(t)$ bekommen ein Kind und Individuen s mit $f(s,t) > \mu_f(t) + \sigma_f(t)$ bekommen zwei Kinder. Als genetische Operatoren werden die Standardmutation und das Einpunkt-Cross-Over verwendet. Der Algorithmus läuft dann für eine gewisse Anzahl an Generationen und schließlich werden die besten Individuen der Endpopulation analysiert.

Im Ergebnis identifizierte [Axelrod 1987] die folgenden allgemeinen Muster:

- **Mach' keinen Ärger.** (engl. *Don't rock the boat.*)
  Kooperiere nach drei Kooperationen.
  (C,C), (C,C), (C,C) → C

- **Lass dich provozieren.** (engl. *Be provokable.*)
  Übe Vergeltung nach plötzlichem feindseligen Verhalten des Gegners.
  (C,C), (C,C), (C,D) → D

- **Nimm eine Entschuldigung an.** (engl. *Accept an apology.*)
  Kooperiere nach wechselseitiger Ausnutzung.
  (C,C), (C,D), (D,C) → C

- **Vergiss; sei nicht nachtragend.** (engl. *Forget; do not be resentful.*)
  Kooperiere nachdem nach feindseligem Verhalten Kooperation wiederhergestellt wurde (also ohne Vergeltung).
  (C,C), (C,D), (C,C) → C

- **Akzeptiere eine festgefahrene Situation.** (engl. *Accept a rut.*)
  Verhalte dich feindselig, nachdem sich der Gegner dreimal feindselig verhielt.
  (D,D), (D,D), (D,D) → D

Offenbar hat die Strategie des *Wie du mir, so ich dir*, die die beiden ersten Turniere mit von Menschen erstellten Programmen gewann, alle diese Eigenschaften. Der Strategie des *Wie du zweimal mir, so ich dir* fehlt lediglich die Eigenschaft, sich (unmittelbar) provozieren zu lassen, weil sie erst nach zwei aufeinanderfolgenden Ausbeutungen reagiert. Wie bereits bemerkt, macht dies die Strategie anfällig, wenn diese Strategie festgelegt und dem Gegner bekannt ist.

Man beachte, dass dieses Ergebnis nicht als Argument dafür verwendet werden sollte, dass *Wie du mir, so ich dir* immer die beste Strategie ist. Ein Einzelindividuum, das *Wie du mir, so ich dir* in einer Population spielt, die sich ihm gegenüber immer feindselig verhält, kann sich nicht durchsetzen. Damit es seine Vorteile ausspielen kann, braucht es eine (hinreichend große) Teilpopulation von Individuen, mit denen es kooperieren kann. Das Wachstum so einer Teilpopulation kann aber begünstigt werden, wenn die Individuen ihre Gegner auf der Grundlage ihrer Erfahrungen mit ihnen auswählen können, so dass sie für zukünftige Paarungen solche Individuen bevorzugen können, mit denen sie in der Vergangenheit kooperiert haben. Dies ist offenbar ein wesentlicher Aspekt, der auch in der realen Welt entscheidend ist.

13.1.4 Erweiterungen

Um die von [Axelrod 1987] erhaltenen Ergebnisse zu verallgemeinern und möglicherweise auch zu verbessern, können (auch unter Ausnutzung der größeren Rechenleistung moderner Computer) z.B. längere Spielhistorien betrachtet werden. Die Strategien können auch durch Moore-Automaten (das ist ein bestimmer Typ eines endlichen Automaten) beschrieben werden oder sogar durch allgemeine Programme (in einer einfachen Programmiersprache), die mit Hilfe der Prinzipien der genetischen Programmierung erzeugt werden können (vgl. Abschnitt 12.3).

Das Gefangenendilemma kann außerdem auf verschiedene Arten erweitert werden, um die von ihm beschriebene Lage realistischer zu machen, so dass allgemeinere Situation abgedeckt werden. Wir haben bereits erwähnt, dass Individuen normalerweise auswählen, mit wem sie (wiederholt) interagieren, und daher nicht gezwungen sind, erneut und mehrfach gegen einen Gegner anzutreten, der sie ausgenutzt hat. Außerdem sind reale Situation oft so beschaffen, dass es mehr als zwei Akteure gibt, was zu Mehrspielerversionen des Gefangenendilemmas führt. Weiter sind in der realen Welt die Folgen einer Handlung nicht immer perfekt beobachtbar. D.h., es ist nicht immer völlig klar, ob der letzte Zug des Gegners feindselig war oder nicht, auch wenn er (auf den ersten Blick) so aussah (z.B. nach der Auszahlung, die wir erhalten haben). Um zu vermeiden, dass man in einer Kette von wechselseitigen Vergeltungsschlägen gefangen wird, könnten Variationen der Strategie des *Wie du mir, so ich dir* nötig sein. Eine einfache Art, dies zu erreichen, wäre das Einführen eines Zufallselementes, jedenfalls dann, wenn eine Paarung in einer festgefahrenen Situation von Vergeltungsschlägen steckt: nach einer zufällig gewählten Zahl von Schritten könnte versucht werden, Kooperation wiederherzustellen, indem Kooperation angeboten wird, obwohl die letzten Spielzüge des Gegners feinselig waren. Man beachte aber, dass dies eine Zufallskomponente erfordert (um den Moment, in dem Kooperation angeboten wird, unvorhersagbar zu machen), was nicht in dem im vorangehenden Abschnitt beschriebenen Schema kodiert werden kann.

13.2 Mehrkriterienoptimierung

Im täglichen Leben sehen wir uns oft Situationen gegenüber, die nicht in der einfachen Form von Optimierungsproblemen beschrieben werden können, wie wir sie in Definition 10.1 auf Seite 164 definiert haben. Speziell müssen wir oft das Problem lösen, aus einer Menge von Alternativen, die verschiedene Kriterien zu unterschiedlichen Graden erfüllen, eine auszuwählen. Diese Kriterien sind oft sogar gegensätzlich. D.h., wenn wir versuchen, ein Kriterium besser zu erfüllen, so führt dies dazu, dass ein anderes Kriterium weniger gut erfüllt ist. Betrachten wir dazu die Aufgabe, eine (neue) Wohnung zu finden. Wünschenswert wären:

- große Grundfläche,
- eine bestimmte Anzahl Schlaf- und Badezimmer, eine Garage, ein Balkon etc.,
- niedrige Miete (ohne Nebenkosten),
- niedrige Nebenkosten,
- kurzer Weg zur Arbeitsstelle,

- kurze Wege zu Einkaufszentren und öffentlichen Einrichtungen,
- gute Umgebung (wenig Lärm, Luftverschmutzung etc.),
- gute Nachbarschaft etc.

Offenbar sind mehrere dieser Kriterien gegensätzlich. Gewöhnlich sind die Miete und die Nebenkosten umso höher, je größer die Grundfläche und je besser die Ausstattung der Wohnung ist. Weiter spiegelt die Miete oft die Güte der Lage der Wohnung wieder. Ein kurzer Weg zur Arbeitsstelle oder zu Einkaufszentren kann oft nicht mit einer ruhigen Lage in Einklang gebracht werden etc.

Ähnlichen Situationen sehen wir uns gegenüber, wenn wir irgendein Konsumgut zu kaufen erwägen. Im allgemeinen sind Qualität und Preis gegensätzliche Kriterien. (Es ist nur selten möglich, hohe Qualität zu einem niedrigen Preis zu bekommen.) Design (Aussehen) und (bequeme) Nutzbarkeit sind leider oft ebenfalls gegensätzliche Kriterien (was besser aussieht, ist oft weniger bequem zu benutzen).

13.2.1 Gewichtete Kombination der Kriterien

Formal kann die Mehrkriterienoptimierung durch k Zielfunktionen

$$f_i : \Omega \to \mathbb{R}, \qquad i = 1, \ldots, k,$$

beschrieben werden. Unser Ziel ist es, ein Element des Suchraums zu finden, für das alle Funktionen einen möglichst hohen Wert liefern.

Der einfachste Ansatz besteht sicher darin, alle k Zielfunktionen zu einer einzigen Zielfunktion zusammenzufassen und das Problem dadurch auf ein einfaches Optimierungsproblem zurückzuführen. Z.B. können wir die gewichtete Summe

$$f(s) = \sum_{i=1}^{k} w_i \cdot f_i(s)$$

berechnen, wobei die absoluten Werte der Gewichte die relative Wichtigkeit ausdrücken, die wir den verschiedenen Kriterien zuordnen (wobei man natürlich die Wertebereiche der Kriterien berücksichtigen muss), und die Vorzeichen der Gewichte zwischen zu maximierenden und zu minimierenden Kriterien unterscheiden.

Leider hat ein Ansatz, der mehrere Kriterien in dieser Weise zu vereinen versucht, schwerwiegende Nachteile: neben der Tatsache, dass es recht schwierig ist, geeignete Gewichte zu wählen, verlieren wir außerdem die Möglichkeit, unsere relativen Vorlieben gemäß den Eigenschaften anzupassen, die Lösungskandidaten haben, die wir im Laufe der Suche betrachten. (In realen Entscheidungsprozessen, wie der Suche nach einer neuen Wohnung, passen wir unsere relativen Vorlieben definitiv während der Suche an, z.B., wenn wir erkennen müssen, dass es Lösungen mit Eigenschaftskombinationen, wie wir sie uns vor Beginn der Suche vorgestellt haben, leider nicht gibt.) Dieses Problem ist sogar noch wesentlich grundsätzlicherer Natur. Im allgemeinen Fall geht es um das Problem, dass *Präferenzen aggregiert* werden müssen: Jedes Optimierungskriterium definiert eine Präferenzordnung auf den Lösungskandidaten und wir müssen diese Präferenzordnungen aggregieren, um eine Gesamtordnung der Lösungskandidaten zu erhalten.

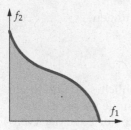 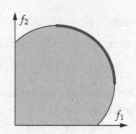 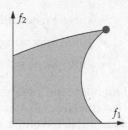

Abbildung 13.1: Veranschaulichung Pareto-optimaler Lösungen, d.h., der sogenannten *Pareto-Grenze*. Alle Punkte des Suchraums liegen in den grauen Bereichen (wobei die Funktionen f_1 und f_2 die Koordinaten liefern). Pareto-optimale Lösungen
befinden sich in dem Teil der Grenze, der dicker und dunkelgrau gezeichnet ist. Im
rechten Diagramm gibt es nur eine Pareto-optimale Lösung, in den anderen beiden
Diagrammen dagegen mehrere.

Man beachte, dass das gleiche Problem allgemein bei Wahlen auftritt: Jeder Wahl-
berechtigte hat eine Präferenzordnung der Kandidaten, und diese Präferenzordnungen müssen aggregiert werden, um ein Wahlergebnis zu bestimmen. Leider gibt
es, wie durch [Arrow 1951] gezeigt wurde, keine Aggregationsfunktion, die alle
wünschenswerten Eigenschaften hat. Dieses Ergebnis ist als *Arrow-Paradoxon* bekannt. Obwohl die Folgerung des Arrowschen Unmöglichkeitssatzes [Arrow 1951]
im Prinzip durch *skalierte Präferenzordnungen* vermieden werden können, führen die
benötigten Skalierungsfunktionen einen weiteren Freiheitsgrad ein und machen dadurch die Festlegung der Aggregation noch schwieriger.

13.2.2   Pareto-optimale Lösungen

Eine Alternative zu dem Ansatz, mehrere zu optimierende Kriterien (z.B. durch eine gewichtete Summe) zu einem einzelnen zu kombinieren, besteht darin, alle oder
wenigstens viele sogenannte *Pareto-optimale* Lösungen zu finden.

Definition 13.1 (Pareto-optimal) *Ein Element* $s \in \Omega$ *heißt* Pareto-optimal *bezüglich
der Zielfunktionen* f_i, $i = 1, \ldots, k$, *wenn es kein anderes Element* $s' \in \Omega$ *gibt, das die
folgenden beiden Bedingungen erfüllt:*

$$\forall i, 1 \leq i \leq k : \qquad f_i(s') \geq f_i(s) \qquad und$$
$$\exists i, 1 \leq i \leq k : \qquad f_i(s') > f_i(s).$$

Anschaulich bedeutet der Begriff *Pareto-optimal* (der nach dem italienischen Wirt-
schaftswissenschaftler V. Pareto benannt ist), dass der Erfüllungsgrad eines Kriteri-
ums nicht erhöht werden kann, ohne gleichzeitig den eines anderen zu verringern.
    Der Begriff *Pareto-optimal* kann auch in zwei Schritten wie folgt definiert werden:
Ein Element $s_1 \in \Omega$ *dominiert* ein Element $s_2 \in \Omega$ genau dann, wenn

$$\forall i, 1 \leq i \leq k : \qquad f_i(s_1) \geq f_i(s_2).$$

Ein Element $s_1 \in \Omega$ *dominiert* ein Element $s_2 \in \Omega$ *streng* wenn s_2 von s_1 dominiert
wird und

$$\exists i, 1 \leq i \leq k : \qquad f_i(s_1) > f_i(s_2).$$

Mit diesen Begriffen heißt ein Element $s_1 \in S$ *Pareto-optimal* genau dann, wenn es von keinem Element $s_2 \in \Omega$ streng dominiert wird. Die hier eingeührten Begriffe „dominiert" und „dominiert streng" sind nützlich, wenn wir weiter unten den Ablauf einiger Algorithmen beschreiben.

Der offensichtliche Vorteil einer Suche nach Pareto-optimalen Lösungen ist, dass die Zielfunktionen nicht kombiniert werden müssen (und wir folglich keine Gewichte und keine Aggregationsfunktion zu wählen brauchen). Weiter erhalten wir die Möglichkeit, unsere Sicht darauf, wie wichtig ein Kriterium relativ zu den anderen ist, auf der Grundlage der gefundenen Lösungen anzupassen. Der Nachteil ist jedoch, dass es nur sehr selten eine einzige Pareto-optimale Lösung gibt and daher das Optimierungsproblem meist keine eindeutige Lösung besitzt. Dies ist in Abbildung 13.1 veranschaulicht, in der drei verschiedene Formen der sogenannten *Pareto-Grenze* (d.h., der Menge der Pareto-optimalen Lösungen) für zwei zu optimierende Kriterien gezeigt sind. Die grauen Bereiche enthalten alle Lösungskandidaten, die gemäß den Werten angeordnet sind, die die Funktionen f_1 und f_2 ihnen zuordnen (d.h., die grauen Bereiche sind die Suchräume). Die dicken, dunkelgrauen Linien in den beiden linken Diagrammen und der dunkelgraue Kreis im rechten Diagramm zeigen die Pareto-Grenze. Offenbar sind die so markierten Punkte gerade die Lösungskandidaten, die nicht streng von irgendeinem anderen Lösungskandidaten dominiert werden. Nur im rechten Diagram gibt es eine eindeutige Lösung. In den anderen beiden Diagramen sind mehrere Lösungskandidaten Pareto-optimal.

13.2.3 Finden von Pareto-Grenzen mit evolutionären Algorithmen

Obwohl wir für evolutionäre Algorithmen bisher immer angenommen haben, dass nur eine einzelne, zu optimierende Funktion gegeben ist, können evolutionäre Algorithmen auch für die Mehrkriterienoptimierung eingesetzt werden. In diesem Fall besteht das Ziel darin, eine Auswahl von Lösungskandidaten zu finden, die auf oder wenigstens nahe an der Pareto-Grenze liegen. Außerdem sollen die Lösungskandidaten zusammen die Pareto-Grenze hinreichend gut abdecken. D.h., es sollen nicht. alle Lösungskandidaten im gleichen Teil der Pareto-Grenze liegen, während andere Teile von keinen Lösungskandidaten abgedeckt sind.

Das Ziel, die Pareto-Grenze hinreichend gut abzudecken, schließt einen Ansatz mit einer gewichteten Kombination der einzelnen Zielfunktionen aus, der es uns erlaubt hätte, eine der bereits besprochenen Methoden anzuwenden. Obwohl ein solcher Ansatz zweifellos eine Lösung liefert, die auf oder wenigstens nahe an der Pareto-Grenze liegt, deckt sie nur einen einzelnen Punkt ab. Auch wenn der Algorithmus nicht nur eine (die beste gefundene) Lösung sondern, sagen wir, die besten r Individuen der letzten berechneten Generation zurückgibt, ist es unwahrscheinlich, dass diese Individuen gut über die Pareto-Grenze verteilt sind, weil die Gewichte einen bestimmten Punkt auf der Pareto-Grenze allen anderen gegenüber bevorzugen. Dazu betrachte man noch einmal die Diagramme aus Abbildung 13.1: den Zielfunktionen zugeordnete Gewichte kann man sich als eine Gerade durch den Ursprung vorstellen, deren Steigung durch das Verhältnis der Gewichte gegeben ist. Die Lösungen, die durch eine gewichtete Summe der Zielfunktionen gefunden werden, befinden sich nahe am Schnittpunkt dieser Gerade mit der Pareto-Grenze. Dies setzt natürlich voraus, dass es überhaupt einen Schnittpunkt gibt, was in den beiden rechten Diagrammen nicht unbedingt der Fall zu sein braucht.

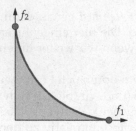

Abbildung 13.2: Problem des VEGA-Ansatzes: die Suche konzentriert sich auf die „Ecken", während Lösungskandidaten, die alle Kriterien einigermaßen erfüllen, vernachlässigt werden.

Eine offensichtliche Alternative ist der sogenannte *vektorbewertete genetische Algorithmus* (engl. *vector evaluated genetic algorithm*, VEGA) [Schaffer 1985], der wie folgt arbeitet: für alle $i \in \{1; \ldots, k\}$, wobei k die Anzahl der verschiedenen Kriterien ist, werden je $\lfloor \frac{\text{pop}}{k} \rfloor$ Individuen gemäß der Zielfunktion f_i ausgewählt. Anschaulich kann dies als Zusammenfassung von Teilpopulationen gesehen werden, von denen sich jede nach einer anderen Zielfunktion entwickelt (auch wenn dies in gewissem Sinne eine Übervereinfachung ist, da sich die Zielfunktion, mit der ein Lösungskandidat bewertet wird, von Generation zu Generation ändern kann). Klare Vorteile dieses Ansatzes sind seine Einfachheit und seine geringen Berechnungskosten. Sein großer Nachteil ist jedoch, dass Lösungen, die alle Kriterien einigermaßen erfüllen, aber keines besonders gut, einen signifikanten Selektionsnachteil haben. Folglich konzentriert sich die Suche bei einer Pareto-Grenze, die etwa so geformt ist wie in Abbildung 13.2 gezeigt, auf die „Ecken". Wenn man genetische Drift berücksichtigt, kann es sogar passieren, dass der Algorithmus schließlich auf eine willkürlich gewählte Ecke konvergiert, was zweifellos nicht wünschenswert ist.

Ein besserer Ansatz besteht darin, den oben eingeführten Begriff auszunutzen, dass einige Lösungskandidaten andere *dominieren*. Die Grundidee besteht darin, die Individuen der Population in eine Rangfolge von Individuenmengen einzuteilen, indem Schritt für Schritt die nicht-dominierten Individuen entfernt werden. Genauer läuft dieser Teilungs- und Rangbildungsprozess wie folgt ab:

1. Finde alle nicht-dominierten Lösungskandidaten der Population.

2. Ordne diesen Lösungskandidaten den höchsten Rang zu und entferne sie aus der Population.

3. Wiederhole das Bestimmen und Entfernen von nicht-dominierten Lösungen, denen immer niedrigere Ränge zugeordnet werden, bis die Population leer ist.

Ausgehend von den Rängen, die den Individuen auf diese Weise zugeordnet wurden, können wir dann z.B. eine rangbasierte Selektion durchführen , um die Individuen der nächsten Generation auszuwählen (vgl. Abschnitt 11.2.6). Dieser Ansatz wird üblicherweise mit Nischentechniken (vgl. Abschnitt 11.2.9) kombiniert, um Individuen zu unterscheiden, denen der gleiche Rang zugeordnet wurde. Der wesentliche Zweck der Nischentechniken ist dabei, sicherzustellen, dass die Individuen gut über den Bereich nahe der Pareto-Grenze verteilt sind. Z.B. können wir das Exponentialgesetzteilen (engl. *power law sharing*) einsetzen: Die einem Individuum zugeordnete Fitness ist umso geringer, je mehr Individuen der Population ähnliche Fitnesswerte haben. Man beachte, dass hier, im Gegensatz zu Abschnitt 11.2.9, das Ähnlichkeitsmaß für die Individuen aus den Zielfunktionen bestimmt wird und nicht von der Struktur des Chromosoms abhängt.

Eine Alternative ist der *genetische Algorithmus mit nicht-dominierter Sortierung* (engl. *non-dominated sorting genetic algorithm*, NSGA) [Srinivas und Deb 1994]. Statt rangbasierter Selektion verwendet dieser Algorithmus ein Verfahren, in dem der Gewinner über die Dominanzrelation ermittelt wird und das der *Turnierauswahl* (vgl. Abschnitt 11.2.7) eng verwandt ist. Außerdem werden Nischentechniken eingesetzt. Genauer läuft die Selektion der Individuen der nächsten Generation so ab:

Algorithmus 13.1 (NSGA-Selektion)

function $nsga\_sel$ (*A: array of array of real, n: int, ϵ: real) : list of int;*
begin $\qquad\qquad\qquad$ $(* A = (a_{ij})_{1 \le i \le r, 1 \le j \le k}: \textit{Fitness-Werte} *)$
$\quad I \leftarrow ();$ $\qquad\qquad\qquad$ $(* \textit{n: Turniergröße, } \epsilon: \textit{Nachbarschaftsgröße} *)$
$\quad$ **for** $t \in \{1, \dots, r\}$ **do begin**
$\qquad a \leftarrow U(\{1, \dots, r\});$
$\qquad b \leftarrow U(\{1, \dots, r\});$
$\qquad Q \leftarrow \textit{subset of } \{1, \dots, r\} \textit{ of size } n;$
$\qquad d_a \leftarrow \exists i \in Q : A_i >_{\text{dom}} A_a$
$\qquad d_b \leftarrow \exists i \in Q : A_i >_{\text{dom}} A_b$
$\qquad$ **if** $\quad d_a$ **and not** d_b **then** $I.append(b);$
$\qquad$ **elseif** d_b **and not** d_a **then** $I.append(a);$
$\qquad$ **else**
$\qquad\quad n_a \leftarrow |\{1 \le i \le r \mid d(A^{(i)}, A^{(a)}) < \epsilon\}|;$
$\qquad\quad n_b \leftarrow |\{1 \le i \le r \mid d(A^{(i)}, A^{(b)}) < \epsilon\}|;$
$\qquad\quad$ **if** $n_a < n_b$ **then** $I.append(a);$
$\qquad\quad$ **else** $\qquad\quad I.append(b);$ **end**
$\qquad$ **end**
$\quad$ **end**
$\quad$ **return** $I;$
end

D.h., dieser Algorithmus wählt wiederholt die (Indizes von) zwei Lösungskandidaten und vergleicht sie mit einer zufälligen Stichprobe der benutzerspezifizierten Größe n (n Turnierteilnehmer). Wenn eines der vorher gewählten Individuen von keinen Turnierteilnehmer dominiert wird, wird es für die nächste Generation ausgewählt. Wenn dagegen beide dominiert werden, wird dasjenige Individuum gewählt, das weniger Nachbarn in einer (Fitness-)Nachbarschaft der vom Benutzer vorgegebenen Größe ϵ hat. Der Algorithmus gibt eine Liste der Indizes der ausgewählten Individuen zurück.

Leider kann es passieren, dass dieser Algorithmus die Pareto-Grenze nur schlecht annähert. Dafür gibt es i.W. zwei Gründe: Der erste ist die Wahl des Parameters ε, der entscheidend dafür sein kann, dass eine gute Wahl getroffen wird. Zweitens benutzt dieser Algorithmus die Population zu zwei völlig verschiedenen Zwecken, nämlich als ein Gedächtnis für nicht-dominierte Individuen (Pareto-Grenze) und als eine lebende Population zur Erforschung des Suchraums. Es ist nicht unmittelbar klar, warum diese beiden Zwecke miteinander harmonieren sollten.

Das erwähnte Problem kann dadurch gelöst werden, dass nicht-dominierte Individuen aus der Population entfernt und in einem Archiv gespeichert werden. Dieses Archiv hat meist eine feste Größe, so dass neue Individuen nur hinzugefügt werden können, wenn (dominierte) Individuen aus ihm entfernt werden. Wenn es nicht vollständig gefüllt werden kann, weil nicht genügend nicht-dominierte Individuen bekannt sind, werden auch dominierte Individuen aufgenommen.

Dieser Ansatz ist unter dem Namen *Strength Pareto Evolutionary Algorithm 2* (SPEA2) [Zitzler *et al.* 2001] bekannt und arbeitet folgendermaßen:

Algorithmus 13.2 (SPEA2)

function *spea2 ($F_1, \ldots, F_k$: function, $\mu, \tilde{\mu}$: int) : set of object;*
begin   (* *Zielfunktionen $F_1, \ldots, F_k$* *)
 $t \leftarrow 0;$ (* *Populationsgröße μ, Archivgröße $\tilde{\mu}$* *)
 $P(t) \leftarrow$ *create population with μ individuals;*
 $R(t) \leftarrow \emptyset;$
 while *termination criterion not fulfilled* **do begin**
   evaluate $P(t)$ with the functions $F_1, \ldots, F_k$;
   for $A \in P(t) \cup R(t)$ **do**
     $noDom(A) \leftarrow |\{B \in P(t) \cup R(t) \mid A >_{\text{dom}} B\}|;$
   for $A \in P(t) \cup R(t)$ **do begin**
     $d \leftarrow$ *distance of A and its $\sqrt{\mu + \tilde{\mu}}$ nearest individuals in $P(t) \cup R(t)$;*
     $A.F \leftarrow \frac{1}{d+2} + \sum_{B \in P(t) \cup R(t), B >_{\text{dom}} A} noDom(B);$
   end
   $R(t+1) \leftarrow \{A \in P(t) \cup R(t) \mid A \text{ is non-dominated}\};$
   while $|R(t+1)| > \tilde{\mu}$ **do**
     remove from $R(t+1)$ the individual A that has the smallest value A.F;
   if $|R(t+1)| < \tilde{\mu}$ **then**
     fill $R(t+1)$ with the best dominated individuals from $P(t) \cup R(t)$; **end**
   $t \leftarrow t+1;$
   if *termination criterion not fulfilled* **then**
     $P(t) \leftarrow$ *select from $P(t-1)$ with tournament selection;*
     apply recombination and mutation to $P(t)$;
   end
 end
 return *non-dominated individuals from $R(t+1)$;*
end

SPEA2 ist eigentlich ein gewöhnlicher evolutionärer Algorithmus mit einer kombinierten Zielfunktion. Das Archiv, das immer auf einer vom Benutzer gewählten Größe gehalten wird, kann nicht-dominierte Individuen enthalten und wird außerdem für die Fitnessberechnung verwendet. Es wird eine Nischentechnik eingesetzt, die eine bestimmte Anzahl an Nachbarn auswertet.

Als letztes Beispiel eines evolutionären Algorithmus für die Mehrkriterien-Optimierung erwähnen wir die *Pareto-archived Evolutionary Strategy* (PAES) [Knowles und Corne 1999]. Dieser Ansatz basiert auf einer $(1+1)$-Evolutionsstrategie (vgl. Abschnitt 12.2), verwendet ebenfalls ein Archiv nicht-dominierter Lösungskandidaten, und arbeitet folgendermaßen:

Algorithmus 13.3 (PAES)

function *paes* $(F_1, \ldots, F_k: function, \tilde{\mu}: int)$: *set of object*;
begin $(* Zielfunktionen\ F_1, \ldots, F_k *)$
   $t \leftarrow 0$; $(* Archivgröße\ \tilde{\mu} *)$
   $A \leftarrow$ *create random individual*;
   $R(t) \leftarrow \{A\}$ *organized as a multidimensional hash table*;
   while *termination criterion not fulfilled* **do begin**
     $B \leftarrow$ *mutation of A*;
     evaluate B with the functions $F_1, \ldots, F_k$;
     if $\forall C \in R(t) \cup \{A\} : \textbf{not } C >_{\text{dom}} B$ **then**
       if $\exists C \in R(t) : B >_{\text{dom}} C$ **then**
         remove all individuals from $R(t)$ *that are dominated by B*;
         $R(t) \leftarrow R(t) \cup \{B\}$;
         $A \leftarrow B$;
       elseif $|R(t)| = \tilde{\mu}$ **then**
         $g^* \leftarrow$ *hash entry with the most entries*;
         $g \leftarrow$ *hash entry for B*;
         if *entries in g* $<$ *entries in* g^* **then**
           remove one entry from g^*;
           $R(t) \leftarrow$ *add B to* $R(t)$;
         end
       else
         $R(t) \leftarrow$ *add B to* $R(t)$;
         $g_A \leftarrow$ *hash entry for A*;
         $g_B \leftarrow$ *hash entry for B*;
         if *entries in* g_B $<$ *entries in* g_A **then** $A \leftarrow B$; **end**
       end
     end
     $t \leftarrow t + 1$;
   end
   return *non-dominated individuals from* $R(t+1)$;
end

Solange das Archiv nicht voll ist, werden neue Lösungskandidaten eingetragen. Ist es dagegen voll, wird zunächst versucht, eventuell vorhandene nicht-dominierte Lösungskandidaten zu entfernen, um Platz für neue Lösungskandidaten zu schaffen. Wenn es im Archiv keine solchen nicht-dominierten Lösungskandidaten gibt, wird eines der Individuen in dem Hash-Tabellenelement mit den meisten Einträgen entfernt (d.h., die Hash-Werte definieren Nischen).

Obwohl es eine Vielzahl von evolutionären Algorithmen für die Mehrkriterienoptimierung gibt, haben die meisten von ihnen Schwierigkeiten, die Pareto-Grenze gut anzunähern, wenn mehr als drei Kriterien gegeben sind. Einer der Gründe dafür ist natürlich, dass die Pareto-Grenze mit der Zahl der Kriterien (erheblich) wächst, was es für die Algorithmen schwierig macht, sie hinreichend gut abzudecken oder auch nur Lösungskandidaten zu finden, die ihr hinreichend nahe sind. Dieses Problem kann dadurch vermindert werden, dass man bereits während der Suche einem Anwender Lösungskandidaten zeigt und ihn wählen lässt, in welche Richtung im Suchraum die Suche fortgesetzt werden soll (halbautomatische Suche).

13.3   Parallelisierung

Evolutionäre Algorithmen sind recht teure Optimierungsverfahren. Um hinreichend gute Lösungen zu finden, muss man oft sowohl mit einer großen Population (einige tausend bis einige zehntausend Individuen) als auch mit einer großen Zahl von Generationen (einige hundert) arbeiten. Obwohl dieser Nachteil oft durch eine leicht bessere Lösungsqualität im Vergleich zu anderen Verfahren (z.B. lokalen Suchmethoden) ausgeglichen wird, kann die Ausführungszeit unangenehm lang sein. Eine Möglichkeit, diese Lage zu verbessern, besteht darin, die Algorithmen zu *parallelisieren*, d.h., die notwendigen Operationen auf mehrere Prozessoren zu verteilen (die Tatsache ausnutzend, dass eigentlich alle modernen Prozessoren mehrere Rechenkerne besitzen und auch Mehrprozessorrechner immer häufiger anzutreffen sind). In diesem Abschnitt betrachten wir, welche Schritte (hinreichend einfach) parallelisiert werden können und welche zusätzlichen, speziellen Techniken durch eine parallele Auslegung der Algorithmen inspiriert werden.

13.3.1   Parallelisierbare Operationen

Das *Erzeugen einer Anfangspopulation* ist meist sehr leicht parallelisierbar, weil normalerweise die Chromosomen der Anfangspopulation zufällig und unabhängig voneinander erzeugt werden. Nur der Versuch, Duplikate zu vermeiden, könnte Schwierigkeiten verursachen, da er den Vergleich von Individuen erfordert. Jedoch ist die Parallelisierung dieses Schrittes insgesamt von recht geringer Bedeutung, da die Anfangspopulation ja nur einmal erzeugt wird.

Die *Bewertung* der Chromosomen ist ebenfalls leicht zu parallelisieren, da normalerweise jedes Individuum unabhängig von allen anderen bewertet wird. Da bei sehr vielen wichtigen Problemen die Bewertung der Chromosomen der zeitaufwendigste Schritt ist, ist dies ein entscheidender Vorteil. Selbst in dem evolutionären Algorithmus, der zur Analyse des Gefangenendilemmas (vgl. Abschnitt 13.1.1) verwendet wurde, können Paarungen der Programme parallel ausgeführt werden.

Um *(relative) Fitness-Werte* oder eine Rangordnung der Individuen zu berechnen, brauchen wir dagegen eine Zentralstelle, die Bewertungen sammelt und auswertet. Folglich hängt es stark von der gewählten Selektionsmethode ab, ob die *Auswahl* (Selektion) der Individuen für die nächste Generation parallelisierbar ist: das *Erwartungswertmodell* und der *Elitismus* erfordern beide, dass die Population als Ganzes betrachtet wird. Sie brauchen daher eine Zentralstelle und sind folglich nur schwer zu parallelisieren. *Glücksradauswahl und rangbasierte Selektion* können nach dem Anfangsschritt der Berechnung der relativen Fitnesswerte bzw. der Bestimmung der Rangordnung der Individuen parallelisiert werden. Der Anfangsschritt benötigt jedoch eine Zentralstelle, die alle Fitness-Werte sammelt und normiert bzw. sortiert. Die *Turnierauswahl* ist meist am besten für eine parallele Ausführung geeignet, da alle Turniere voneinander unabhängig sind und folglich zur gleichen Zeit abgehalten werden können. Man findet sie daher in parallelisierten Algorithmen am häufigsten.

Genetische Operatoren können ebenfalls leicht parallel angewendet werden, denn sie betreffen nur ein Chromosom (Mutation) oder zwei (Cross-Over), und sind von allen anderen Chromosomen unabhängig. Selbst wenn Mehreltern-Operatoren (wie das Diagonal-Cross-Over) verwendet werden und mehrere Chromosomen zur gleichen Zeit betroffen sind, können mehrere Cross-Over-Prozesse gleichzeitig ablaufen.

Ob ein *Abbruchkriterium* parallelisiert werden kann, hängt von seiner genauen Form ab. Der einfache Test, ob eine bestimmte Zahl von Generationen berechnet wurde, kann problemlos parallelisiert werden. Abbruchkriterien wie

- das beste Individuum der Population ist besser als ein vom Benutzer vorgegebener Mindestwert, oder

- das beste Individuum hat sich eine bestimmte Anzahl von Generationen lang nicht (wesentlich) verändert,

benötigen jedoch eine zentrale Verwaltung, die diese Informationen über die Individuen sammelt und auswertet.

13.3.2 Inselmodell und Migration

Selbst wenn wir eine Selektionsmethode benötigen, die sich nicht so leicht parallelisieren lässt (wie z.B. die fitness-proportionale Selektion, die eine Zentralstelle wenigstens benötigt, um die relativen Fitness-Werte zu berechnen), können wir eine parallele Ausführung erreichen, indem wir einfach mehrere unabhängige Populationen parallel verarbeiten, jede auf ihrem eigenen Prozessor. Indem wir auf eine offensichtliche Analogie aus der Natur zurückgreifen, können wir sagen, das jede Population ihre eigene „Insel" bewohnt, was den Namen *Inselmodel* für eine solche Architektur erklärt. Ein reines Inselmodell ist äquivalent zu einem mehrfachen Ausführen des gleichen evolutionären Algorithmus, das im Prinzip auch seriell vorgenommen werden könnte. Gewöhnlich liefert es Ergebnisse, die ein wenig schlechter sind als die, die sich mit einem einzelnen Lauf mit einer größeren Population erzielen lassen.

Wenn die Populationen jedoch parallel verarbeitet werden, haben wir die zusätzliche Möglichkeit, zu bestimmten festen Zeitpunkten Individuen zwischen den Inseln auszutauschen. (Wegen des hohen Kommunikationsaufwands ist es nicht ratsam, in jeder Generation einen solchen Austausch vorzunehmen.) Indem wieder auf eine offensichtliche Naturanalogie zurückgegriffen wird, nennt man einen solchen Ansatz *Migration*. Die diesem Ansatz zugrundeliegende Idee ist, dass ein Austausch von genetischem Material zwischen den Inseln die Durchforstung des Suchraums durch die Inselpopulationen verbessert, ohne eine direkte Rekombinationen von Chromosomen von verschiedenen Inseln zu benötigen.

Es gibt viele Vorschläge, wie die *Migration zwischen den Inseln gesteuert* werden kann. Im *Zufallsmodell* werden zufällig Paare von Inseln ausgewählt, die dann einige ihrer Bewohner austauschen. In diesem Modell können Individuen zwischen beliebigen Inseln ausgetauscht werden. Diese Freiheit wird im *Netzwerkmodell* eingeschränkt, in dem die Inseln in einem Netzwerk oder Graphen angeordnet sind. Individuen können dann nur zwischen Inseln wandern, die in dem verwendeten Graphen durch eine Kante verbunden sind. Typische Graphenstrukturen sind rechteckige und hexagonale Gitter in zwei oder drei Dimensionen. Entlang welcher Kanten Individuen ausgetauscht werden, wird zufällig bestimmt.

Statt lediglich Individuen und damit genetisches Material zwischen ihnen auszutauschen, können Inselpopulationen auch als Wettbewerber aufgefasst werden (*Wettbewerbsmodell*, engl. *contest model*). In diesem Fall unterscheiden sich die evolutionären Algorithmen, die auf den verschiedenen Inseln ausgeführt werden, in ihren Methoden und/oder Parametern. Als Wirkung dieses Wettbewerbs werden die Populationen der Inseln je nach der durchschnittlichen Fitness ihrer Individuen vergrößert oder verkleinert. Dabei wird meist eine Untergrenze für die Größe der Populationen festgelegt, so dass keine Inseln ganz leer werden können.

13.3.3 Zelluläre evolutionäre Algorithmen

Zelluläre evolutionäre Algorithmen sind eine Form der Parallelisierung die auch als *„Isolation durch Abstand"* bezeichnet wird. Sie arbeiten mit einer großen Zahl (virtueller) Prozessoren, von denen jeder ein einzelnes Individuum (oder nur eine kleine Zahl von Individuen) verarbeitet. Die Prozessoren sind auf einem rechteckigen Gitter angeordnet, meist in Form eines Torus, um Randeffekte zu vermeiden. Selektion und Cross-Over sind auf benachbarte Prozessoren beschränkt, d.h., auf Prozessoren, die durch eine Kante des Gitters verbunden sind. *Selektion* bedeutet, dass ein Prozessor das beste Individuum der (vier) benachbarten Prozessoren auswählt (oder eines dieser Chromosomen zufällig gemäß ihrer Fitness). Der Prozessor führt dann ein *Cross-Over* des ausgewählten Chromsoms mit seinem eigenen durch. Das bessere der beiden Kinder, die sich aus einem solchen Cross-Over ergeben, ersetzt das Chromosom des Prozessors (lokaler Elitismus). Ein Prozessor kann sein Chromosom auch *mutieren*, doch ersetzt das Ergebnis das alte Chromosom nur, wenn es besser ist (wieder lokaler Elitismus). In einer solchen Architektur bilden sich Gruppen von benachbarten Prozessoren, die ähnliche Chromosomen verwalten. Dies mindert die meist zerstörerische Wirkung des Cross-Over.

13.3.4 Kombination mit lokalen Suchmethoden

Der Ansatz von [Mühlenbein 1989] ist eine Kombination eines evolutionären Algorithmus mit einem Zufallsaufstieg. Nachdem ein neues Individuum durch Mutation oder Cross-Over erzeugt wurde, wird es durch Zufallsaufstieg optimiert: zufällige Mutationen werden ausgeführt und behalten, wenn sie die Fitness verbessern. Sonst werden sie rückgängig gemacht und eine andere Mutation wird ausprobiert. Offenbar kann diese lokale Optimierung durch Zufallsaufstieg leicht parallelisiert werden, weil sie von den Individuen unabhängig voneinander ausgeführt wird.

Weiter suchen Individuen nicht in der gesamten Population nach Partnern für ein Cross-Over, sondern nur in ihrer (lokalen) Nachbarschaft, was ebenfalls die Parallelsierung erleichtert. Man beachte aber, dass dies ein Abstandsmaß für die Individuen erfordert und dadurch den Ansatz verwandt zu Nischentechniken macht (vgl. Abschnitt 11.2.9). Die Kinder (die Cross-Over-Produkte) führen ebenfalls einen Zufallsaufstieg aus. Die Individuen der nächsten Generation werden mit *lokalem Elitismus* ausgewählt (vgl. Abschnitt 11.2.8), d.h., die beiden besten Individuen aus den vier beteiligten (zwei Eltern und zwei Kinder) ersetzen die Eltern.

Teil III

Fuzzy-Systeme

Kapitel 14

Fuzzy-Mengen und Fuzzy-Logik

Viele Aussagen über die Welt sind nicht entweder wahr oder falsch, so daß die klassische Logik für das Schließen mit solchen Aussagen nicht angemessen ist. Weiter haben viele Konzepte, die in der menschlichen Kommunikation verwendet werden, keine scharfen Grenzen, so daß die klassische Mengenlehre zur Darstellung solcher Konzepte nicht angemessen ist. Das wesentliche Ziel der Fuzzy-Logik und Fuzzy-Mengenlehre ist es, die Nachteile der klassischen Logik und klassischen Mengelehre zu überwinden.

14.1 Natürliche Sprache und formale Modelle

Die klassische Mathematik basiert auf der Grundannahme, dass allen formal-logischen Aussagen immer einer der beiden Wahrheitswerte *wahr* oder *falsch* zugeordnet werden kann. Sofern sich ein formales Modell für eine zu bearbeitende Aufgabe angeben lässt, stellt die gewöhnliche Mathematik mächtige Werkzeuge zur Problemlösung bereit. Die Beschreibung eines formalen Modells geschieht in einer Terminologie, die sehr viel strikteren Regeln folgt als die natürliche Umgangssprache. Auch wenn die formale Spezifikation häufig mit großem Aufwand verbunden ist, so lassen sich durch sie Missinterpretationen vermeiden. Außerdem können im Rahmen eines formalen Modells Vermutungen bewiesen oder bisher unbekannte Zusammenhänge abgeleitet werden.

Trotzdem spielen im alltäglichen Leben formale Modelle bei der Kommunikation zwischen Menschen im Prinzip keine Rolle. Der Mensch ist in der Lage, natürlich-sprachliche Informationen hervorragend zu verarbeiten, ohne überhaupt an eine Formalisierung der Gegebenheiten zu denken. Bspw. kann ein Mensch den Rat, beim langsamen Anfahren nur wenig Gas zu geben, direkt in die Praxis umsetzen. Soll das langsame Anfahren automatisiert werden, so ist zunächst nicht klar, wie dieser Hinweis konkret umgesetzt werden kann. Eine konkrete Angabe in Form eines eindeutigen Wertes — etwa: drücke das Gaspedal mit einer Geschwindigkeit von einem Zentimeter pro Sekunde herunter — wird bei einer Automatisierung benötigt. Umgekehrt kann der Mensch mit dieser Information wenig anfangen.

Üblicherweise wird daher die Automatisierung eines Vorgangs nicht auf „gute Ratschläge" aus heuristischem oder Erfahrungswissen gestützt, sondern auf der

Grundlage eines formalen Modells des technischen oder physikalischen Systems vorgenommen. Diese Vorgehensweise ist sicherlich sinnvoll, insbesondere dann, wenn sich ein gutes Modell angeben lässt.

Ein völlig anderer Ansatz besteht darin, das umgangssprachlich formulierte Wissen direkt für den Entwurf der Automatisierung zu nutzen. Ein Hauptproblem dabei ist die Umsetzung verbaler Beschreibungen in konkrete Werte, z.B. die oben erwähnte Zuordnung von „ein wenig Gas geben" und dem Herunterdrücken des Gaspedals mit einer Geschwindigkeit von einem Zentimeter pro Sekunde.

Der Mensch verwendet in seinen Beschreibungen überwiegend unscharfe oder impräzise Konzepte. Nur selten treten fest definierte Begriffe wie bspw. „Überschallgeschwindigkeit" als Angabe für die Geschwindigkeit eines beobachteten Flugzeugs auf. „Überschallgeschwindigkeit" bezeichnet eine eindeutige Menge von Geschwindigkeiten, da die Schallgeschwindigkeit eine feste Größe ist und somit eindeutig klar ist, ob ein Flugzeug schneller als der Schall ist oder nicht. Bei den häufiger verwendeten unscharfen Konzepten wie *schnell, sehr groß, kurz* usw. ist eine eindeutige Entscheidung, ob ein gegebener Wert das entsprechende Attribut verdient, nicht mehr möglich. Dies hängt zum einen damit zusammen, dass die Attribute eine kontextabhängige Bedeutung haben. Wenn wir *schnell* auf Flugzeuge beziehen, verstehen wir sicherlich andere Geschwindigkeiten darunter, als wenn wir an Autos denken. Aber selbst in dem Fall, dass der Kontext — z.B. Autos — klar ist, fällt es schwer, eine scharfe Trennung zwischen schnellen und nicht-schnellen Autos zu ziehen. Die Schwierigkeit besteht nicht darin, den richtigen Wert zu finden, ab der ein Auto (bzw. dessen Höchstgeschwindigkeit) als schnell bezeichnet werden kann. Dies würde voraussetzen, dass es einen solchen Wert überhaupt gibt. Es widerstrebt einem eher, sich überhaupt auf einen einzelnen Wert festzulegen. Es gibt sicherlich Geschwindigkeiten, die man eindeutig als schnell für ein Auto einstufen würde, genauso wie einige Geschwindigkeiten als nichtschnell gelten. Dazwischen gibt es jedoch einen Bereich der mehr oder weniger schnellen Autos.

Diese Art von Impräzision sollte nicht mit dem Begriff der Unsicherheit verwechselt werden. Unsicherheit bezieht sich auf das Eintreten eines Ereignisses oder darauf, ob eine Aussage wahr oder falsch ist. Es ist bspw. unsicher, ob eine Würfel eine 6 würfeln wird. Er wird aber mit Sicherheit entweder genau die Zahl 6 würfeln oder eine definitiv andere Zahl. Ein Würfel wird nicht die Zahl ungefähr 6 liefern. Im Gegensatz dazu könnte das Verfassen eines Dokuments etwa 6 Stunden in Anspruch nehmen. Voraussichtlich wird dieser Vorgang nicht exakt 6 Stunden dauern, sondern ein wenig mehr oder weniger. Ein ausführlicheres Beispiel zum Unterschied zwischen Impräzision im Sinne einer graduellen Eigenschaft und Unsicherheit wird im nächsten Abschnitt diskutiert.

14.2 Fuzzy-Mengen

Die Idee der Fuzzy-Mengen besteht nun darin, dieses Problem zu lösen, indem man die scharfe, zweiwertige Unterscheidung gewöhnlicher Mengen, bei denen ein Element entweder vollständig oder gar nicht dazugehört, aufgibt. Statt dessen lässt man bei Fuzzy-Mengen graduelle Zugehörigkeitsgrade zu. Bei einer Fuzzy-Menge muss daher für jedes Element angegeben werden, zu welchem Grad es zur Fuzzy-Menge gehört. Wir definieren daher:

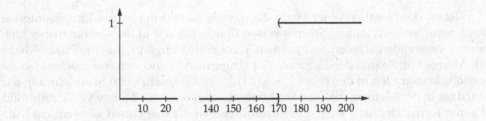

Abbildung 14.1: Die charakteristische Funktion der Menge von Geschwindigkeiten, die größer als 170 km/h sind.

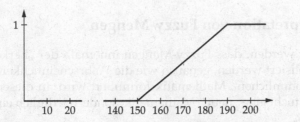

Abbildung 14.2: Die Fuzzy-Menge μ_{hv} der hohen Geschwindigkeiten.

Definition 14.1 *Eine* Fuzzy-Menge *oder* Fuzzy-Teilmenge μ *der Grundmenge X ist eine Abbildung* $\mu : X \to [0,1]$, *die jedem Element* $x \in X$ *seinen* Zugehörigkeitsgrad $\mu(x)$ *zu* μ *zuordnet. Die Menge aller Fuzzy-Mengen von X bezeichnen wir mit* $\mathcal{F}(X)$.

Eine gewöhnliche Mengen $M \subseteq X$ kann man als spezielle Fuzzy-Menge ansehen, indem man sie mit ihrer *charakteristischen Funktion* oder *Indikatorfunktion*

$$I_M : X \to \{0,1\}, \qquad x \mapsto \begin{cases} 1 & \text{falls } x \in M \\ 0 & \text{sonst} \end{cases}$$

identifiziert. In diesem Sinne können Fuzzy-Mengen auch als verallgemeinerte charakteristische Funktionen aufgefasst werden.

Beispiel 14.1 Abbildung 14.1 zeigt die charakteristische Funktion der Menge der Geschwindigkeiten, die größer als 170 km/h sind. Diese Menge stellt keine angemessene Modellierung der Menge aller hohen Geschwindigkeiten dar. Aufgrund des Sprunges bei dem Wert 170 wäre 169.9 km/h keine hohe Geschwindigkeit, während 170.1 km/h bereits vollständig als hohe Geschwindigkeit gelten würde. Eine Fuzzy-Menge wie in Abbildung 14.2 dargestellt scheint daher das Konzept *hohe Geschwindigkeit* besser wiederzugeben. □

Einige Autoren verstehen unter einer Fuzzy-Menge explizit nur ein impräzises Konzept $\mathcal{A}$ wie *hohe Geschwindigkeit* und bezeichnen die Funktion $\mu_{\mathcal{A}}$, die jedem Element seinen Zugehörigkeitsgrad zu dem impräzisen Konzept zuordnet, als Zugehörigkeits- oder charakterisierende Funktion der Fuzzy-Menge bzw. des impräzisen Konzepts $\mathcal{A}$. Vom formalen Standpunkt aus betrachtet bringt diese Unterscheidung keinen Vorteil, da für Berechnungen immer die Zugehörigkeitsfunktion — also das, was wir hier unter einer Fuzzy-Menge verstehen — benötigt wird.

Neben der Notation einer Fuzzy-Menge als Abbildung in das Einheitsintervall sind zum Teil auch andere Schreibweisen üblich, die wir in diesem Buch aber nicht weiter verwenden werden. In manchen Veröffentlichungen wird eine Fuzzy-Menge als Menge von Paaren der Elemente der Grundmenge und den entsprechenden Zugehörigkeitsgraden in der Form $\{(x, \mu(x)) \mid x \in X\}$ geschrieben in Anlehnung daran, dass in der Mathematik eine Funktion üblicherweise als Menge von Urbild-Bild-Paaren formal definiert wird. Eher irreführend ist die manchmal verwendete Notation einer Fuzzy-Menge als formale Summe $\sum_{x \in X} x/\mu(x)$ bei höchstens abzählbarer bzw. als „Integral" $\int_{x \in X} x/\mu(x)$ bei überabzählbarer Grundmenge X.

14.2.1 Interpretation von Fuzzy-Mengen

Es sollte betont werden, dass Fuzzy-Mengen innerhalb der „herkömmlichen" Mathematik formalisiert werden, genauso wie die Wahrscheinlichkeitstheorie im Rahmen der „herkömmlichen" Mathematik formuliert wird. In diesem Sinne eröffnen Fuzzy-Mengen nicht eine „neue" Mathematik, sondern lediglich einen neuen Zweig der Mathematik.

Aus der Erkenntnis, dass sich bei der streng zweiwertigen Sicht impräzise Konzepte, mit denen der Mensch sehr gut umgehen kann, nicht adäquat modellieren lassen, haben wir den Begriff der Fuzzy-Menge auf einer rein intuitiven Basis eingeführt. Wir haben nicht näher spezifiziert, wie Zugehörigkeitsgrade zu interpretieren sind. Die Bedeutungen von 1 als volle Zugehörigkeit und 0 als keine Zugehörigkeit sind zwar offensichtlich. Wie ein Zugehörigkeitsgrad von 0.7 zu deuten ist oder warum man lieber 0.7 anstatt 0.8 als Zugehörigkeitsgrad eines bestimmten Elementes wählen sollte, haben wir offen gelassen. Diese Fragen der Semantik werden oft vernachlässigt, was dazu führt, dass keine konsequente Interpretation der Fuzzy-Mengen durchgehalten wird und so Inkonsistenzen entstehen können. Versteht man Fuzzy-Mengen als verallgemeinerte charakteristische Funktionen, ist es zunächst einmal nicht zwingend, das Einheitsintervall als kanonische Erweiterung der Menge $\{0, 1\}$ anzusehen. Prinzipiell wäre auch eine andere linear geordnete Menge oder allgemeiner ein Verband L anstelle des Einheitsintervalls denkbar. Man spricht dann von L-Fuzzy-Mengen. Diese spielen jedoch in den Anwendungen im allgemeinen fast keine Rolle. Aber selbst wenn man sich auf das Einheitsintervall als die Menge der möglichen Zugehörigkeitsgrade festlegt, sollte geklärt werden, in welchem Sinne bzw. als welche Art von Struktur es verstanden wird.

Das Einheitsintervall kann als eine ordinale Skala aufgefasst werden, d.h., es wird allein die lineare Ordnung der Zahlen verwendet, bspw. um Präferenzen auszudrücken. In diesem Fall ist die Interpretation einer Zahl zwischen 0 und 1 als Zugehörigkeitsgrad nur im Vergleich mit einem anderen Zugehörigkeitsgrad sinnvoll. Auf diese Weise kann ausgedrückt werden, dass ein Element eher zu einer Fuzzy-Menge gehört als ein anderes. Ein Problem, das sich aus dieser rein ordinalen Auffassung des Einheitsintervalls ergibt, ist die Unvergleichbarkeit von Zugehörigkeitsgraden, die von verschiedenen Personen angegeben wurden. Die gleiche Schwierigkeit besteht beim Vergleich von Benotungen. Zwei Prüfungskandidaten, die dieselbe Note bei verschiedenen Prüfern erhalten haben, können in ihren Leistungen durchaus sehr unterschiedlich sein. Die Notenskala wird jedoch i.a. nicht als reine ordinale Skala verwendet. Durch die Festlegung, bei welchen Leistungen oder bei welcher

Fehlerquote eine entsprechende Note zu vergeben ist, wird versucht, eine Vergleichbarkeit der von verschiedenen Prüfern stammenden Noten zu erreichen.

Das Einheitsintervall besitzt mit der kanonischen Metrik, die den Abstand zweier Zahlen quantifiziert, und Operationen wie der Addition und der Multiplikation wesentlich reichere Strukturen als die lineare Ordnung der Zahlen. In vielen Fällen ist es daher günstiger, das Einheitsintervall als metrische Skala aufzufassen, umso eine konkretere Interpretation der Zugehörigkeitsgrade zu erhalten. Wir stellen diese Fragen nach der Semantik von Zugehörigkeitsgraden und Fuzzy-Mengen bis zum Abschnitt 17 zurück und beschränken uns zunächst auf eine naive Interpretation von Zugehörigkeitsgraden in dem Sinne, dass die Eigenschaft, Element einer Menge zu sein, graduell erfüllt sein kann.

Es sollte betont werden, dass Gradualität etwas völlig anderes als das Konzept der Wahrscheinlichkeit ist. Es ist klar, dass eine Fuzzy-Menge μ nicht als Wahrscheinlichkeitsverteilung bzw. -dichte aufgefasst werden darf, da μ i.a. *nicht* der wahrscheinlichkeitstheoretischen Bedingung

$$\sum_{x \in X} \mu(x) = 1 \qquad \text{bzw.} \qquad \int_X \mu(x)dx = 1$$

genügt. Der Zugehörigkeitsgrad $\mu(x)$ eines Elementes x zur Fuzzy-Menge μ sollte auch nicht als Wahrscheinlichkeit dafür interpretiert werden, dass x zu μ gehört.

Um den Unterschied zwischen gradueller Erfülltheit und Wahrscheinlichkeit zu veranschaulichen, betrachten wir folgendes Beispiel in Anlehnung an [Bezdek 1993].

U bezeichne die „Menge" der ungiftigen Flüssigkeiten. Ein Verdurstender erhält zwei Flaschen A und B und die Information, dass die Flasche A mit Wahrscheinlichkeit 0.9 zu U gehört, während B einen Zugehörigkeitsgrad von 0.9 zu U besitzt. Aus welcher der beiden Flaschen sollte der Verdurstende trinken? Die Wahrscheinlichkeit von 0.9 für A könnte etwa daher stammen, dass die Flasche einem Raum mit zehn Flaschen, von denen neun mit Mineralwasser gefüllt sind und eine eine Zyankalilösung enthält, zufällig entnommen wurde. Der Zugehörigkeitsgrad von 0.9 dagegen bedeutet, dass die Flüssigkeit „einigermaßen" trinkbar ist. Bspw. könnte sich in B ein Fruchtsaft befinden, dessen Haltbarkeitsdatum gerade überschritten wurde. Es ist daher ratsam, die Flasche B zu wählen.

Die Flüssigkeit in der Flasche A besitzt die Eigenschaft ungiftig zu sein entweder ganz (mit Wahrscheinlichkeit 0.9) oder gar nicht (mit Wahrscheinlichkeit 0.1). Dagegen erfüllt die Flüssigkeit in B die Eigenschaft ungiftig zu sein nur graduell.

Die Wahrscheinlichkeitstheorie und Fuzzy-Mengen dienen demnach zur Modellierung völlig unterschiedlicher Phänomene — nämlich der Quantifizierung der Unsicherheit, ob ein Ereignis eintritt oder ob eine Eigenschaft erfüllt ist, bzw. der Angabe inwieweit eine Eigenschaft vorhanden ist.

14.3 Repräsentation von Fuzzy-Mengen

Nachdem wir im ersten Abschnitt Fuzzy-Mengen formal als Funktionen von einer Grundmenge in das Einheitsintervall eingeführt haben, beschäftigen wir uns nun mit verschiedenen Möglichkeiten, Fuzzy-Mengen anzugeben, und mit geeigneten Methoden zur Darstellung und Speicherung von Fuzzy-Mengen.

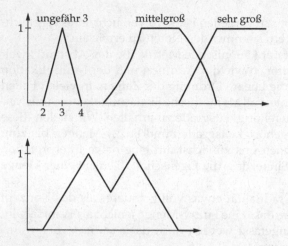

Abbildung 14.3: Drei konvexe Fuzzy-Mengen.

Abbildung 14.4: Eine nicht-konvexe Fuzzy-Menge.

14.3.1   Definition mittels Funktionen

Ist die Grundmenge $X = \{x_1, \ldots, x_n\}$, über der wir Fuzzy-Mengen betrachten, eine endliche, diskrete Menge von einzelnen Objekten, kann eine Fuzzy-Menge μ i.A. nur durch die direkte Angabe der Zugehörigkeitsgrade $\mu(x)$ für jedes Element $x \in X$ spezifiziert werden — etwa in der Form

$$\mu \,\hat{=}\, \big\{ (x_1, \mu(x_1)), \ldots, (x_n, \mu(x_n)) \big\}.$$

In den meisten Fällen, die wir hier betrachten werden, besteht die Grundmenge X aus Werten, die eine reellwertige Variable annehmen kann, so dass X fast immer ein reelles Intervall ist. Eine Fuzzy-Menge μ ist dann eine reelle Funktion mit Werten im Einheitsintervall, die bspw. durch die Zeichnung ihres Graphen festgelegt und veranschaulicht werden kann. Bei einer rein grafischen Definition von Fuzzy-Mengen lassen sich die Zugehörigkeitsgrade einzelner Elemente nur ungenau bestimmen, was zu Schwierigkeiten bei weiteren Berechnungen führt, so dass sich die grafische Darstellung nur zur Veranschaulichung eignet.

Üblicherweise werden Fuzzy-Mengen zur Modellierung von Ausdrücken — die häufig auch als *linguistische* Ausdrücke bezeichnet werden, um den Sprachbezug zu betonen — wie „ungefähr 3", „mittelgroß" oder „sehr groß" verwendet, die einen unscharfen Wert oder ein unscharfes Intervall beschreiben. Solchen Ausdrücken zugeordnete Fuzzy-Mengen sollten bis zu einem bestimmten Wert monoton steigend und ab diesem Wert monoton fallend sein. Fuzzy-Mengen dieser Art werden als *konvex* bezeichnet.

Abbildung 14.3 zeigt drei konvexe Fuzzy-Mengen, welche zur Modellierung der Ausdrücke „ungefähr 3", „mittelgroß" und „sehr groß" verwendet werden könnten. In Abbildung 14.4 ist eine nichtkonvexe Fuzzy-Menge dargestellt. Aus der Konvexität einer Fuzzy-Menge μ folgt nicht, dass μ auch als reelle Funktion konvex ist.

Es ist oft sinnvoll, sich auf einige wenige Grundformen konvexer Fuzzy-Mengen zu beschränken, so dass eine Fuzzy-Menge durch die Angabe von wenigen Parametern eindeutig festgelegt wird. Typische Beispiele für solche parametrischen Fuzzy-

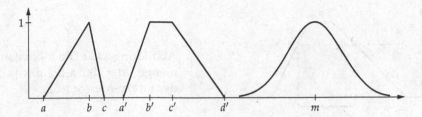

Abbildung 14.5: Die Dreiecksfunktion $\Lambda_{a,b,c}$, die Trapezfunktion $\Pi_{a',b',c',d'}$ und die Glockenkurve $\Omega_{m,s}$.

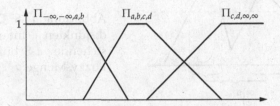

Abbildung 14.6: Die Trapezfunktionen $\Pi_{-\infty,-\infty,a,b}$, $\Pi_{a,b,c,d}$ und $\Pi_{c,d,\infty,\infty}$.

Mengen sind die *Dreiecksfunktionen* (vgl. Abbildung 14.5)

$$\Lambda_{a,b,c} : \mathbb{R} \to [0,1], \quad x \mapsto \begin{cases} \frac{x-a}{b-a} & \text{falls } a \leq x \leq b \\ \frac{c-x}{c-b} & \text{falls } b \leq x \leq c \\ 0 & \text{sonst,} \end{cases}$$

wobei $a < b < c$ gelten muss.

Dreiecksfunktionen sind Spezialfälle von *Trapezfunktionen* (vgl. Abbildung 14.5)

$$\Pi_{a',b',c',d'} : \mathbb{R} \to [0,1], \quad x \mapsto \begin{cases} \frac{x-a'}{b'-a'} & \text{falls } a' \leq x \leq b' \\ 1 & \text{falls } b' \leq x \leq c' \\ \frac{d'-x}{d'-c'} & \text{falls } c' \leq x \leq d' \\ 0 & \text{sonst,} \end{cases}$$

wobei $a' < b' \leq c' < d'$ gelten muss. Wir lassen außerdem die Parameterkombinationen $a' = b' = -\infty$ bzw. $c' = d' = \infty$ zu. Die sich ergebenden Trapezfunktionen sind in Abbildung 14.6 dargestellt. Für $b' = c'$ folgt $\Pi_{a',b',c',d'} = \Lambda_{a',b',d'}$.

Sollen anstelle stückweiser linearer Funktionen wie den Dreiecks- oder Trapezfunktionen glatte Funktionen verwendet werden, bieten sich bspw. *Glockenkurven* der Form

$$\Omega_{m,s} : \mathbb{R} \to [0,1], \quad x \mapsto \exp\left(\frac{-(x-m)^2}{s^2}\right)$$

an. Es gilt $\Omega_{m,s}(m) = 1$. Der Parameter s legt fest, wie breit die Glockenkurve ist.

14.3.2 Niveaumengen

Die Angabe oder Darstellung einer Fuzzy-Menge als Funktion von der Grundmenge in das Einheitsintervall, die jedem Element einen Zugehörigkeitsgrad zuordnet,

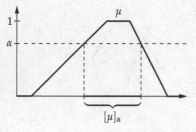

Abbildung 14.7: Die α-Niveaumenge oder der α-Schnitt $[\mu]_\alpha$ der Fuzzy-Menge μ.

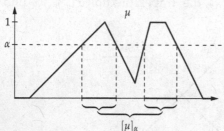

Abbildung 14.8: Der aus zwei disjunkten Intervallen bestehende α-Schnitt $[\mu]_\alpha$ der Fuzzy-Menge μ.

bezeichnet man als *vertikale Sicht*. Eine andere Möglichkeit, Fuzzy-Mengen zu beschreiben, bietet die *horizontale Sicht*, bei der man für jeden Wert α aus dem Einheitsintervall die Menge der Elemente betrachtet, die einen Zugehörigkeitsgrad von mindestens α zur Fuzzy-Menge besitzen.

Definition 14.2 *Es sei* $\mu \in \mathcal{F}(X)$ *eine Fuzzy-Menge der Grundmenge* X *und es sei* $0 \leq \alpha \leq 1$. *Die (gewöhnliche) Menge*

$$[\mu]_\alpha = \{x \in X \mid \mu(x) \geq \alpha\}$$

heißt α*-Niveaumenge oder* α*-Schnitt der Fuzzy-Menge* μ.

Abbildung 14.7 zeigt den α-Schnitt $[\mu]_\alpha$ der Fuzzy-Menge μ für den Fall, dass μ eine Trapezfunktion ist. Der α-Schnitt ist dann ein abgeschlossenes Intervall. Für beliebige Fuzzy-Mengen gilt weiterhin, dass eine Fuzzy-Menge über den reellen Zahlen genau dann konvex ist, wenn alle ihre Niveaumengen Intervalle sind. In Abbildung 14.8 ist der aus zwei disjunkten Intervallen bestehende α-Schnitt einer nichtkonvexen Fuzzy-Menge dargestellt.

Eine wichtige Eigenschaft der Niveaumengen einer Fuzzy-Menge ist, dass sie die Fuzzy-Menge eindeutig charakterisieren. Kennt man die Niveaumengen $[\mu]_\alpha$ einer Fuzzy-Menge μ für alle $\alpha \in [0,1]$, so lässt sich der Zugehörigkeitsgrad $\mu(x)$ eines beliebigen Elementes x zu μ durch die Formel

$$\mu(x) = \sup\{\alpha \in [0,1] \mid x \in [\mu]_\alpha\} \tag{14.1}$$

bestimmen. Geometrisch bedeutet dies, dass eine Fuzzy-Menge die obere Einhüllende ihrer Niveaumengen ist.

Die Charakterisierung einer Fuzzy-Menge durch ihre Niveaumengen erlaubt es uns später in den Abschnitten 14.5 und 15, Operationen auf Fuzzy-Mengen niveauweise auf der Ebene gewöhnlicher Mengen durchzuführen.

Man verwendet den Zusammenhang zwischen einer Fuzzy-Menge und ihren Niveaumengen häufig auch zur internen Darstellung der Fuzzy-Menge in einem

Rechner. Man beschränkt sich auf die α-Schnitte für endlich viele ausgewählte Werte α, bspw. $\alpha = 0.25, 0.5, 0.75, 1$, und speichert die zugehörigen Niveaumengen einer Fuzzy-Menge. Um den Zugehörigkeitsgrad eines Elementes x zur Fuzzy-Menge μ zu bestimmen, kann dann die Formel (14.1) herangezogen werden, wobei das Supremum nur noch über die endlich vielen Werte von α gebildet wird. Auf diese Weise werden die Zugehörigkeitsgrade diskretisiert, und man erhält eine Approximation der ursprünglichen Fuzzy-Menge. Abbildung 14.10 zeigt die Niveaumengen $[\mu]_{0.25}, [\mu]_{0.5}, [\mu]_{0.75}$ und $[\mu]_1$ der in Abbildung 14.9 dargestellten Fuzzy-Menge μ. Verwendet man nur diese vier Niveaumengen zur Speicherung von μ, ergibt sich die Fuzzy-Menge

$$\tilde{\mu}(x) = \max\left\{\alpha \in \{0.25, 0.5, 0.75, 1\} \mid x \in [\mu]_\alpha\right\}$$

in Abbildung 14.11 als Approximation für μ.

Die Beschränkung auf endlich viele Niveaumengen bei der Betrachtung oder Speicherung einer Fuzzy-Menge entspricht einer Diskretisierung aller Zugehörigkeitsgrade. Neben dieser vertikalen Diskretisierung kann auch eine horizontale Diskretisierung, d.h., der Domänen, vorgenommen werden. Wie fein oder grob die Diskretisierungen der beiden Richtungen zu wählen sind, ist problemabhängig, so dass es hierzu keine generellen Aussagen gibt. Allgemein bringt eine große Genauigkeit für die Zugehörigkeitsgrade selten signifikante Verbesserungen, da die Zugehörigkeitsgrade meist lediglich heuristisch ermittelt oder ungefähr angegeben werden können und ein menschlicher Experte bei einer Beurteilung ebenfalls nur auf eine begrenzte Anzahl von Unterscheidungsstufen bzw. Akzeptanz- oder Zugehörigkeitsgraden zurückgreift.

14.4 Fuzzy-Logik

Der Begriff *Fuzzy-Logik* hat drei unterschiedliche Bedeutungen. Am häufigsten versteht man unter Fuzzy-Logik die Fuzzy-Logik im weiteren Sinne, zu der alle Anwendungen und Theorien zählen, in denen Fuzzy-Mengen auftreten.

Im Gegensatz zur Fuzzy-Logik im weiteren Sinne umfasst die zweite, etwas enger gefasste Bedeutung des Begriffs Fuzzy-Logik die Ansätze des approximativen Schließens, bei denen Fuzzy-Mengen innerhalb eines Inferenzmechanismus — wie er etwa in Expertensystemen auftritt — gehandhabt und propagiert werden.

Die Fuzzy-Logik im engeren Sinne, um die es in diesem Abschnitt geht, betrachtet die Fuzzy-Systeme aus der Sicht der mehrwertigen Logik und befasst sich mit Fragestellungen, die eng mit logischen Kalkülen und den damit verbundenen Deduktionsmechanismen zusammenhängen.

Wir benötigen die Fuzzy-Logik vor allem für die Einführung der mengentheoretischen Operationen für Fuzzy-Mengen. Die Grundlage dieser Operationen wie Vereinigung, Durchschnitt oder Komplement bilden die logischen Verknüpfungen wie Disjunktion, Konjunktion bzw. Negation. Wir wiederholen daher kurz die für die Fuzzy-Logik zu verallgemeinernden Konzepte aus der klassischen Logik. Eine detaillierte Einführung in die Fuzzy-Logik als eine mehrwertige Logik findet man z.B. in [Gottwald 2003].

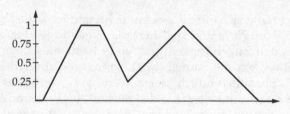

Abbildung 14.9: Die Fuzzy-Menge μ.

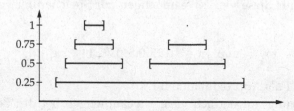

Abbildung 14.10: Die α-Niveaumengen der Fuzzy-Menge μ für $\alpha = 0.25, 0.5, 0.75, 1$.

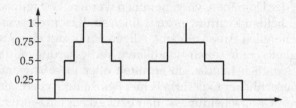

Abbildung 14.11: Die aus den α-Niveaumengen erhaltene Approximation der Fuzzy-Menge μ.

14.4.1 Aussagen und Wahrheitswerte

Die klassische Aussagenlogik beschäftigt sich mit dem formalen Umgang von Aussagen, denen einer der beiden Wahrheitswerte 1 (für wahr) oder 0 (für falsch) zugeordnet werden kann. Die Aussagen repräsentieren wir durch griechische Buchstaben φ, ψ usw. Typische Aussagen, für die die formalen Symbole φ_1 und φ_2 stehen könnten, sind

$$\varphi_1 : \quad \text{Vier ist eine gerade Zahl.}$$
$$\varphi_2 : \quad 2 + 5 = 9.$$

Den Wahrheitswert, der einer Aussage φ zugeordnet wird, bezeichnen wir mit $[\![\varphi]\!]$. Für die beiden obigen Aussagen ergibt sich $[\![\varphi_1]\!] = 1$ und $[\![\varphi_2]\!] = 0$. Wenn die Wahrheitswerte einzelner Aussagen bekannt sind, lassen sich anhand von Wahrheitswerttabellen, durch die logische Verknüpfungen definiert werden, die Wahrheitswerte von zusammengesetzen Aussagen bestimmen. Die für uns wichtigsten logischen Verknüpfungen sind das logische UND $\wedge$ (die Konjunktion), das logische ODER $\vee$ (die Disjunktion) und die Verneinung NICHT $\neg$ (die Negation) sowie die Implikation IMPLIZIERT $\rightarrow$.

Die Konjunktion $\varphi \wedge \psi$ zweier Aussagen φ und ψ ist genau dann wahr, wenn sowohl φ als auch ψ wahr ist. Die Disjunktion $\varphi \vee \psi$ von φ und ψ erhält den Wahr-

$[\varphi]$	$[\psi]$	$[\varphi \wedge \psi]$
1	1	1
1	0	0
0	1	0
0	0	0

$[\varphi]$	$[\psi]$	$[\varphi \vee \psi]$
1	1	1
1	0	1
0	1	1
0	0	0

$[\varphi]$	$[\psi]$	$[\varphi \to \psi]$
1	1	1
1	0	0
0	1	1
0	0	1

$[\varphi]$	$[\neg\varphi]$
1	0
0	1

Tabelle 14.1: Die Wahrheitswerttabellen für die Konjunktion, die Disjunktion, die Implikation und die Negation.

heitswert 1 (wahr), wenn mindestens einer der beiden Aussagen wahr ist. Die Implikation $\varphi \to \psi$ ist nur dann falsch, wenn die Prämisse φ wahr und die Konklusion ψ falsch ist. Die Negation $\neg\varphi$ der Aussage φ ist immer dann falsch, wenn φ wahr ist. Diese Sachverhalte sind in den Wahrheitswerttabellen für die Konjunktion, die Disjunktion, die Implikation und die Negation in Tabelle 14.1 dargestellt.

Aus diesen Definitionen ergibt sich, dass die Aussagen

Vier ist eine gerade Zahl UND $2 + 5 = 9$.

und

Vier ist eine gerade Zahl IMPLIZIERT $2 + 5 = 9$.

falsch sind, während die Aussagen

Vier ist eine gerade Zahl ODER $2 + 5 = 9$.

und

NICHT $2 + 5 = 9$.

beide wahr sind. Formal ausgedrückt bedeutet dies $[\varphi_1 \wedge \varphi_2] = 0$, $[\varphi_1 \to \varphi_2] = 0$, $[\varphi_1 \vee \varphi_2] = 1$ und $[\neg\varphi_2] = 1$.

Die Annahme, dass eine Aussage nur entweder wahr oder falsch sein kann, erscheint bei der Betrachtung mathematischer Sachverhalte durchaus sinnvoll. Für viele der natürlich-sprachlichen Aussagen, mit denen wir täglich umgehen, wäre eine strenge Trennung in wahre und falsche Aussagen unrealistisch und würde ungewollte Konsequenzen haben. Wenn jemand verspricht, zu einer Verabredung um 17.00 Uhr zu kommen, so war seine Aussage falsch, wenn er um 17.01 Uhr erscheint. Niemand würde ihn als Lügner bezeichnen, auch wenn in einer sehr strengen Auslegung seine Behauptung nicht korrekt war. Noch komplizierter verhält es sich, wenn jemand zusagt, um ca. 17.00 Uhr zu einem Treffen zu erscheinen. Je größer die Differenz zwischen Abweichung seines Eintreffzeitpunktes zu 17.00 Uhr, desto „weniger wahr" war seine Aussage. Eine scharfe Abgrenzung eines festen Zeitraums, der ca. 17.00 Uhr entspricht, lässt sich nicht angeben.

Der Mensch ist in der Lage, unscharfe Aussagen zu formulieren, zu verstehen, aus ihnen Schlussfolgerungen zu ziehen und mit ihnen zu planen. Wenn jemand um 11.00 Uhr eine Autofahrt beginnt, die ca. vier Stunden dauert und die Fahrt voraussichtlich für eine etwa halbstündige Mittagspause unterbrochen wird, kann ein Mensch diese unscharfen Informationen problemlos verarbeiten und schlussfolgern, wann der Reisende sein Ziel ungefähr erreichen wird. Eine Formalisierung dieses einfachen Sachverhalts in einem logischen Kalkül, in dem Aussagen nur wahr oder falsch sein können, ist nicht adäquat.

Die Verwendung unscharfer Aussagen oder Angaben in der natürlichen Sprache ist nicht die Ausnahme, sondern eher die Regel. In einem Kochrezept würde niemand die Angabe „Man nehme eine Prise Salz" durch „Man nehme 80 Salzkörner" ersetzen wollen. Die Verlängerung des Bremsweges beim Autofahren auf nasser Fahrbahn berechnet der Fahrer nicht, indem er in einer physikalischen Formel die kleinere Reibungskonstante der nassen Fahrbahn berücksichtigt, sondern er beachtet die Regel, dass der Bremsweg umso länger wird, je rutschiger die Straße ist.

Um diese Art der menschlichen Informationsverarbeitung besser modellieren zu können, lassen wir daher graduelle Wahrheitswerte für Aussagen zu, d.h., eine Aussage kann nicht nur wahr (Wahrheitswert 1) oder falsch (Wahrheitswert 0) sein, sondern auch mehr oder weniger wahr, was durch einen Wert zwischen 0 und 1 ausgedrückt wird.

Der Zusammenhang zwischen Fuzzy-Mengen und unscharfen Aussagen lässt sich folgendermaßen beschreiben. Eine Fuzzy-Menge modelliert i.A. eine ganz bestimmte Eigenschaft, die die Elemente der Grundmenge mehr oder weniger ausgeprägt besitzen können. Betrachten wir bspw. noch einmal die Fuzzy-Menge μ_{hG} der hohen Geschwindigkeiten aus Abbildung 14.2 auf Seite 291. Die Fuzzy-Menge repräsentiert die Eigenschaft oder das Prädikat *hohe Geschwindigkeit*, d.h. der Zugehörigkeitsgrad einer konkreten Geschwindigkeit v zur Fuzzy-Menge der hohen Geschwindigkeiten gibt den „Wahrheitswert" an, der der Aussage „v ist eine hohe Geschwindigkeit" zugeordnet wird. In diesem Sinne legt eine Fuzzy-Menge für eine Menge von Aussagen die jeweiligen Wahrheitswerte fest — in unserem Beispiel für alle Aussagen, die man erhält, wenn man für v einen konkreten Geschwindigkeitswert einsetzt. Um zu verstehen, wie man mit Fuzzy-Mengen operiert, ist es daher nützlich, zunächst einmal unscharfe Aussagen zu betrachten.

Der Umgang mit zusammengesetzten unscharfen Aussagen wie „160 km/h ist eine hohe Geschwindigkeit UND die Länge des Bremsweges beträgt ca. 110 m", erfordert die Erweiterung der Wahrheitswerttabellen für die logischen Verknüpfungen wie Konjunktion, Disjunktion, Implikation oder Negation. Die in Tabelle 14.1 dargestellten Wahrheitswerttabellen legen für jede logische Verknüpfung eine Wahrheitswertfunktion fest. Für die Konjunktion, die Disjunktion und die Implikation ordnet diese Wahrheitswertfunktion jeder Kombination von zwei Wahrheitswerten (den φ und ψ zugeordneten Wahrheitswerten) einen Wahrheitswert zu (den Wahrheitswert der Konjunktion, Disjunktion von φ und ψ bzw. der Implikation $\varphi \rightarrow \psi$). Die der Negation zugeordnete Wahrheitswertfunktion besitzt als Argument nur einen Wahrheitswert. Bezeichnen wir mit w_* die Wahrheitswertfunktion, die mit der logischen Verknüpfung $* \in \{\wedge, \vee, \rightarrow, \neg\}$ assoziiert wird, so ist w_* eine zwei- bzw. einstellige Funktion, d.h.

$$w_\wedge, w_\vee, w_\rightarrow : \{0,1\}^2 \rightarrow \{0,1\}, \quad w_\neg : \{0,1\} \rightarrow \{0,1\}.$$

Für unscharfe Aussagen, bei denen das Einheitsintervall $[0,1]$ an die Stelle der zweielementigen Menge $\{0,1\}$ als Menge der zulässigen Wahrheitswerte tritt, müssen den logischen Verknüpfungen Wahrheitswertfunktionen

$$w_\wedge, w_\vee, w_\rightarrow : \quad [0,1]^2 \rightarrow [0,1], \quad w_\neg : \quad [0,1] \rightarrow [0,1]$$

zugeordnet werden, die auf dem Einheitsquadrat bzw. dem Einheitsintervall definiert sind.

Eine Mindestanforderung, die wir an diese Funktionen stellen, ist, dass sie eingeschränkt auf die Werte 0 und 1 dasselbe liefern, wie die entsprechenden Wahrheitswertfunktion, die mit den klassischen logischen Verknüpfungen assoziiert werden. Diese Forderung besagt, dass die Verknüpfung unscharfer Aussagen, die eigentlich scharf sind, da ihnen einer der beiden Wahrheitswerte 0 oder 1 zugeordnet ist, mit der üblichen Verknüpfung scharfer Aussagen übereinstimmt.

Die am häufigsten verwendeten Wahrheitswertfunktionen in der Fuzzy-Logik für die Konjunktion und die Disjunktion sind das Minimum bzw. das Maximum, d.h. $w_\wedge(\alpha, \beta) = \min\{\alpha, \beta\}$, $w_\vee(\alpha, \beta) = \max\{\alpha, \beta\}$. Üblicherweise wird die Negation durch $w_\neg(\alpha) = 1 - \alpha$ definiert. In dem 1965 erschienenen Aufsatz [Zadeh 1965], in dem L. Zadeh den Begriff der Fuzzy-Menge einführte, wurden diese Funktionen zugrundegelegt. Die Implikation wird oft im Sinne der *Łukasiewicz-Implikation*

$$w_\rightarrow(\alpha, \beta) = \min\{1 - \alpha + \beta, 1\}$$

oder der *Gödel-Implikation*

$$w_\rightarrow(\alpha, \beta) = \begin{cases} 1 & \text{falls } \alpha \leq \beta \\ \beta & \text{sonst} \end{cases}$$

verstanden.

14.4.2 t-Normen und t-Conormen

Da wir die Wahrheitswerte aus dem Einheitsintervall bisher nur rein intuitiv als graduelle Wahrheiten interpretiert haben, erscheint die Wahl der oben genannten Wahrheitswertfunktionen für die logischen Verknüpfungen zwar plausibel, aber nicht zwingend. Anstatt willkürlich Funktionen festzulegen, kann man auch einen axiomatischen Weg beschreiten, indem man gewisse sinnvolle Eigenschaften von den Wahrheitswertfunktion verlangt und so die Klasse der möglichen Wahrheitswertfunktionen einschränkt. Wir erklären diesen axiomatischen Ansatz exemplarisch am Beispiel der Konjunktion.

Wir betrachten als potentiellen Kandidaten für die Wahrheitswertfunktion der Konjunktion die Funktion $t : [0,1]^2 \rightarrow [0,1]$. Der Wahrheitswert einer Konjunktion mehrerer Aussagen hängt nicht von der Reihenfolge ab, in der man die Aussagen konjunktiv verknüpft. Um diese Eigenschaft zu garantieren, muss t kommutativ und assoziativ sein, d.h., es muss gelten:

$$(T1) \quad t(\alpha, \beta) = t(\beta, \alpha)$$
$$(T2) \quad t(t(\alpha, \beta), \gamma) = t(\alpha, t(\beta, \gamma)).$$

Der Wahrheitswert der Konjunktion $\varphi \wedge \psi$ sollte nicht kleiner als der Wahrheitswert der Konjunktion $\varphi \wedge \chi$ sein, wenn χ einen geringeren Wahrheitswert besitzt als ψ. Dies erreichen wir durch die Monotonie von t:

$$(T3) \text{ Aus } \beta \leq \gamma \text{ folgt } t(\alpha, \beta) \leq t(\alpha, \gamma).$$

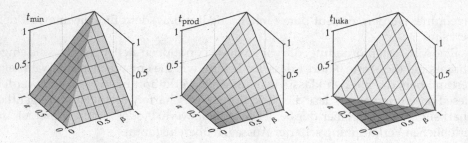

Abbildung 14.12: Die t-Normen $t_{\min}$ (Minimum), t_{prod} (algebraisches Produkt) und t_{luka} (Łukasiewicz) als dreidimensionale Funktionsgraphen.

Aufgrund der Kommutativität (T1) ist t mit (T3) in beiden Argumenten monoton nicht-fallend.

Schließlich verlangen wir noch, dass sich durch konjunktives Hinzufügen einer wahren Aussage ψ zu einer anderen Aussage φ der Wahrheitswert nicht ändert, dass also der Wahrheitswert von φ mit dem von $\varphi \wedge \psi$ übereinstimmt. Für t ist diese Forderung gleichbedeutend mit

$$\text{(T4)} \; t(\alpha, 1) = \alpha.$$

Definition 14.3 *Eine Funktion* $t : [0,1]^2 \to [0,1]$ *heißt* t-Norm *(trianguläre Norm), wenn sie die Axiome* (T1) – (T4) *erfüllt.*

Als Wahrheitswertfunktion für die Konjunktion sollte im Rahmen der Fuzzy-Logik immer eine t-Norm gewählt werden. Aus der Eigenschaft (T4) folgt, dass für jede t-Norm t gilt: $t(1,1) = 1$ und $t(0,1) = 0$. Aus $t(0,1) = 0$ erhalten wir mit der Kommutativität (T1) $t(1,0) = 0$. Außerdem muss wegen der Monotonieeigenschaft (T3) und $t(0,1) = 0$ auch $t(0,0) = 0$ gelten. Somit stimmt jede t-Norm eingeschränkt auf die Werte 0 und 1 mit der durch die Wahrheitswerttabelle der gewöhnlichen Konjunktion gegebenen Wahrheitswertfunktion überein.

Man kann leicht überprüfen, dass die bereits erwähnte Wahrheitswertfunktion $t(\alpha, \beta) = \min\{\alpha, \beta\}$ für die Konjunktion eine t-Norm ist. Andere Beispiele für t-Normen sind

Łukasiewicz-t-Norm:	$t(\alpha, \beta) = \max\{\alpha + \beta - 1, 0\}$
algebraisches Produkt:	$t(\alpha, \beta) = \alpha \cdot \beta$
drastisches Produkt:	$t(\alpha, \beta) = \begin{cases} 0 & \text{falls } 1 \notin \{\alpha, \beta\} \\ \min\{\alpha, \beta\} & \text{sonst} \end{cases}$

Das Minimum, das algebraische Produkt und die Łukasiewicz t-Norm sind in Abbildung 14.12 als dreidimensionale Funktionsgraphen dargestellt.

Diese wenigen Beispiele zeigen schon, dass das Spektrum der t-Normen sehr breit ist. Die Grenzen werden durch das drastische Produkt, das die kleinste t-Norm darstellt und außerdem unstetig ist, und das Minimum, das die größte t-Norm ist, vorgegeben. Das Minimum hebt sich noch durch eine weitere wichtige Eigenschaft von den anderen t-Normen ab. Das Minimum ist die einzige idempotente t-Norm, d.h., dass allein für das Minimum die Eigenschaft $t(\alpha, \alpha) = \alpha$ für alle $\alpha \in [0,1]$ erfüllt ist.

Nur die Idempotenz einer t-Normen garantiert, dass die Wahrheitswerte der Aussagen φ und $\varphi \wedge \varphi$ übereinstimmen, was zunächst wie eine selbstverständliche Forderung aussieht und somit das Minimum als einzige sinnvolle Wahrheitswertfunktion für die Konjunktion auszeichnen würde. Dass die Idempotenz jedoch nicht immer wünschenswert ist, zeigt das folgende Beispiel, bei dem sich ein Käufer für eines von zwei Häuser A und B entscheiden muss. Da sich die Häuser in fast allen Punkten stark ähneln, trifft er die Wahl aufgrund der beiden Kriterien günstiger Preis und gute Lage. Nach reiflichen Überlegungen ordnet er die folgenden „Wahrheitswerte" den den Kauf bestimmenden Aussagen zu:

	Aussage	Wahrheitswert $[\![\varphi_i]\!]$
φ_1	Der Preis für Haus A ist günstig.	0.9
φ_2	Die Lage von Haus A ist gut.	0.6
φ_3	Der Preis für Haus B ist günstig.	0.6
φ_4	Die Lage von Haus B ist gut.	0.6

Die Wahl fällt auf das Haus $x \in \{A, B\}$, für das die Aussage „Der Preis für Haus x ist günstig UND die Lage von Haus x ist gut" den größeren Wahrheitswert ergibt, d.h., der Käufer entscheidet sich für Haus A, falls $[\![\varphi_1 \wedge \varphi_2]\!] > [\![\varphi_3 \wedge \varphi_4]\!]$ gilt, im umgekehrten Fall für das Haus B. Wird der Wahrheitswert der Konjunktion mit Hilfe des Minimums bestimmt, erhalten wir in beiden Fällen den Wert 0.6, so dass die beiden Häuser als gleichwertig anzusehen wären. Dies widerspricht aber der Tatsache, dass zwar die Lage der beiden Häuser gleich bewertet wurde, Haus A jedoch für einen günstigeren Preis zu erwerben ist. Wählt man als Wahrheitswertfunktion für die Konjunktion eine nicht-idempotente t-Norm wie bspw. das algebraische Produkt oder die Łukasiewicz t-Norm, so wird in jedem Fall das Haus A vorgezogen.

Neben den hier erwähnten Beispielen für t-Normen gibt es zahlreiche weitere. Insbesondere lassen sich mit Hilfe eines frei wählbaren Parameters ganze Familien von t-Normen definieren, etwa die Weber-Familie

$$t_\lambda(\alpha, \beta) = \max \left\{ \frac{\alpha + \beta - 1 + \lambda \alpha \beta}{1 + \lambda}, 0 \right\}$$

die für jedes $\lambda \in (-1, \infty)$ eine t-Norm festlegt. Für $\lambda = 0$ ergibt sich die Łukasiewicz-t-Norm.

Da in praktischen Anwendungen neben dem Minimum vorwiegend noch das algebraische Produkt und die Łukasiewicz-t-Norm auftreten, verzichten wir an dieser Stelle auf die Vorstellung weiterer Beispiele für t-Normen. Eine ausführlichere Behandlung der t-Normen findet man bspw. in [Klement *et al.* 2000, Kruse *et al.* 1994].

Analog zu den t-Normen, die mögliche Wahrheitswertfunktionen für die Konjunktion repräsentieren, werden die Kandidaten für Wahrheitsfunktionen der Disjunktion definiert. Wie die t-Normen sollten sie die Eigenschaften (T1) – (T3) erfüllen. Anstelle von (T4) fordert man allerdings

$$(\text{T4}') \ t(\alpha, 0) = \alpha,$$

d.h., dass sich durch disjunktives Hinzufügen einer falschen Aussage ψ zu einer anderen Aussage φ der Wahrheitswert nicht ändert, dass also der Wahrheitswert von φ mit dem von $\varphi \vee \psi$ übereinstimmt.

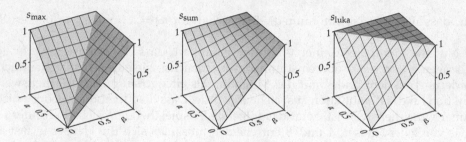

Abbildung 14.13: Die t-Conormen s_{max} (Maximum), s_{sum} (algebraische Summe) und s_{luka} (Łukasiewicz) als dreidimensionale Funktionsgraphen.

Definition 14.4 *Eine Funktion* $s : [0,1]^2 \to [0,1]$ *heißt* t-Conorm *(trianguläre Conorm), wenn sie die Axiome* (T1) – (T3) *und* (T4') *erfüllt.*

Zwischen t-Normen und t-Conormen besteht ein dualer Zusammenhang: Jede t-Norm t induziert eine t-Conorm s mittels

$$s(\alpha, \beta) = 1 - t(1 - \alpha, 1 - \beta), \tag{14.2}$$

genau wie man umgekehrt aus einer t-Conorm s durch

$$t(\alpha, \beta) = 1 - s(1 - \alpha, 1 - \beta), \tag{14.3}$$

die entsprechende t-Norm zurückerhält. Die Gleichungen (14.2) und (14.3) korrespondieren mit den DeMorganschen Gesetzen

$$[\![\varphi \vee \psi]\!] = [\![\neg(\neg\varphi \wedge \neg\psi)]\!] \quad \text{und} \quad [\![\varphi \wedge \psi]\!] = [\![\neg(\neg\varphi \vee \neg\psi)]\!],$$

wenn man die Negation durch die Wahrheitswertfunktion $[\![\neg\varphi]\!] = 1 - [\![\varphi]\!]$ berechnet.

Die t-Conormen, die man aufgrund der Formel (14.2) aus den t-Normen Minimum, Łukasiewicz-t-Norm, algebraisches und drastisches Produkt erhält, sind

Maximum:	$s(\alpha, \beta) = \max\{\alpha, \beta\}$
Łukasiewicz-t-Conorm:	$s(\alpha, \beta) = \min\{\alpha + \beta, 1\}$
algebraische Summe:	$s(\alpha, \beta) = \alpha + \beta - \alpha\beta$
drastische Summe:	$s(\alpha, \beta) = \begin{cases} 1 & \text{falls } 0 \notin \{\alpha, \beta\} \\ \max\{\alpha, \beta\} & \text{sonst.} \end{cases}$

Das Maximum, die algebraische Summe und die Łukasiewicz t-Conorm sind in Abbildung 14.13 als dreidimensionale Funktionsgraphen dargestellt.

Dual zu den t-Normen ist die drastische Summe die größte, das Maximum die kleinste t-Conorm. Außerdem ist das Maximum die einzige idempotente t-Conorm. Wie bei den t-Normen lassen sich parametrische Familien von t-Conormen definieren.

$$s_\lambda(\alpha, \beta) = \min\left\{\alpha + \beta - \frac{\lambda\alpha\beta}{1 + \lambda}, 1\right\}$$

bilden bspw. die Weber-Familie der t-Conormen.

Beim Rechnen mit t-Normen und t-Conormen sollte man sich bewusst sein, dass nicht unbedingt alle Gesetze, die man für Konjunktion und Disjunktion kennt, auch für t-Normen und t-Conormen gelten. So sind Minimum und Maximum nicht nur die einzigen idempotenten t-Normen bzw. t-Conormen, sondern auch das einzige über die Dualität (14.2) definierte Paar, das die Distributivgesetze erfüllt.

Wir hatten im Beispiel des Hauskaufs leicht gesehen, dass die Idempotenz einer t-Norm nicht immer wünschenswert ist. Das gleiche gilt für t-Conormen. Betrachten wir die Aussagen $\varphi_1, \ldots, \varphi_n$, die konjunktiv oder disjunktiv verknüpft werden sollen. Der entscheidende Nachteil der Idempotenz ist, dass bei der Konjunktion mittels des Minimums der sich ergebende Wahrheitswert der Verknüpfung der Aussagen allein vom Wahrheitswert der Aussage abhängt, der der kleinste Wahrheitswert zugeordnet ist. Entsprechend bestimmt bei der Disjunktion im Sinne des Maximums nur die Aussage mit dem größten Wahrheitswert den Wahrheitswert der verknüpften Aussage. Durch den Verzicht auf die Idempotenz wird dieser Nachteil vermieden. Ein anderer Ansatz besteht in der Verwendung *kompensatorischer Operatoren*, die einen Kompromiss zwischen Konjunktion und Disjunktion darstellen. Ein Beispiel für einen kompensatorischen Operator ist der *Gamma-Operator* [Zimmermann und Zysno 1980]

$$\Gamma_\gamma(\alpha_1, \ldots, \alpha_n) = \left(\prod_{i=1}^n \alpha_i \right) \cdot \left(1 - \prod_{i=1}^n (1 - \alpha_i) \right)^\gamma.$$

Dabei ist $\gamma \in [0,1]$ ein frei wählbarer Parameter. Für $\gamma = 0$ ergibt der Gamma-Operator das algebraische Produkt, für $\gamma = 1$ die algebraische Summe. Ein anderer kompensatorischer Operator ist das arithmetische Mittel. Weitere Vorschläge für derartige Operatoren findet man z.B. in [Mayer *et al.* 1993]. Ein großer Nachteil dieser Operatoren besteht in der Verletzung der Assoziativität. Wir werden diese Operatoren daher nicht weiter verwenden.

Ähnlich wie zwischen t-Normen und t-Conormen ein Zusammenhang besteht, lassen sich auch Verbindungen zwischen t-Normen und Implikationen herstellen. Eine stetige t-Norm t induziert die *residuierte Implikation* $\vec{t}$ durch die Formel

$$\vec{t}(\alpha, \beta) = \sup\{\gamma \in [0,1] \mid t(\alpha, \gamma) \leq \beta\}.$$

Auf diese Weise erhält man durch Residuierung die Łukasiewicz-Implikation aus der Łukasiewicz-t-Norm und die Gödel-Implikation aus dem Minimum.

Später werden wir noch die zugehörige *Biimplikation* $\overleftrightarrow{t}$ benötigen, die durch die Formel

$$\begin{aligned}
\overleftrightarrow{t}(\alpha, \beta) &= \vec{t}(\max\{\alpha, \beta\}, \min\{\alpha, \beta\}) \qquad (14.4) \\
&= t(\vec{t}(\alpha, \beta), \vec{t}(\beta, \alpha)) \\
&= \min\{\vec{t}(\alpha, \beta), \vec{t}(\beta, \alpha)\}
\end{aligned}$$

festgelegt ist. Motiviert ist diese Formel durch die Definition der Biimplikation oder Äquivalenz in der klassischen Logik mittels

$$\llbracket \varphi \leftrightarrow \psi \rrbracket = \llbracket (\varphi \rightarrow \psi) \wedge (\psi \rightarrow \varphi) \rrbracket.$$

Neben den logischen Verknüpfungen wie der Konjunktion, der Disjunktion, der Implikation oder der Negation spielen in der (Fuzzy-)Logik noch die Quantoren $\forall$ (für alle) und $\exists$ (es existiert ein) eine wichtige Rolle.

Es ist naheliegend, den Quantoren Wahrheitswertfunktionen zuzuordnen, die an die Wahrheitswertfunktion der Konjunktion bzw. der Disjunktion angelehnt sind. Wir betrachten die Grundmenge X und das Prädikat $P(x)$. X könnte bspw. die Menge $\{2, 4, 6, 8, 10\}$ sein und $P(x)$ das Prädikat „x ist eine gerade Zahl." Ist die Menge X endlich, etwa $X = \{x_1, \ldots, x_n\}$, so ist offenbar die Aussage $(\forall x \in X)(P(x))$ äquivalent zu der Aussage $P(x_1) \wedge \ldots \wedge P(x_n)$. Es ist daher in diesem Fall möglich, den Wahrheitswert der Aussage $(\forall x \in X)(P(x))$ über die Konjunktion zu definieren, d.h.

$$\llbracket (\forall x \in X)(P(x)) \rrbracket = \llbracket P(x_1) \wedge \ldots \wedge P(x_n) \rrbracket.$$

Ordnet man der Konjunktion das Minimum als Wahrheitswertfunktion zu, ergibt sich

$$\llbracket (\forall x \in X)(P(x)) \rrbracket = \min\{\llbracket P(x) \rrbracket \mid x \in X\},$$

was problemlos mittels

$$\llbracket (\forall x \in X)(P(x)) \rrbracket = \inf\{\llbracket P(x) \rrbracket \mid x \in X\},$$

auch auf unendliche Grundmengen X erweiterbar ist. Andere t-Normen als das Minimum werden i.a. nicht für den Allquantor herangezogen, da sich bei einer nicht-idempotenten t-Norm bei unendlicher Grundmenge sehr leicht der Wahrheitswert 0 für eine Aussage mit einem Allquantor ergeben kann.

Eine analoge Herangehensweise für den Existenzquantor, für den bei einer endlichen Grundmenge die Aussagen $(\exists x \in X)(P(x))$ und $P(x_1) \vee \ldots \vee P(x_n)$ äquivalent sind, führt zu der Definition

$$\llbracket (\exists x \in X)(P(x)) \rrbracket = \sup\{\llbracket P(x) \rrbracket \mid x \in X\}.$$

Als Beispiel betrachten wir das Prädikat $P(x)$, mit der Interpretation „x ist eine hohe Geschwindigkeit". Der Wahrheitswert $\llbracket P(x) \rrbracket$ sei durch die Fuzzy-Menge der hohen Geschwindigkeiten aus Abbildung 14.2 auf Seite 291 gegeben, d.h. $\llbracket P(x) \rrbracket = \mu_{hG}(x)$. Somit gilt bspw. $\llbracket P(150) \rrbracket = 0$, $\llbracket P(170) \rrbracket = 0.5$ und $\llbracket P(190) \rrbracket = 1$. Die Aussage $(\forall x \in [170, 200])(P(x))$ („Alle Geschwindigkeiten zwischen 170 km/h und 200 km/h sind hohe Geschwindigkeiten") besitzt somit den Wahrheitswert

$$\begin{aligned} \llbracket (\forall x \in [170, 200])(P(x)) \rrbracket &= \inf\{\llbracket P(x) \rrbracket \mid x \in [170, 200]\} \\ &= \inf\{\mu_{hG}(x) \mid x \in [170, 200]\} \\ &= 0.5. \end{aligned}$$

Analog erhält man $\llbracket (\exists x \in [100, 180])(P(x)) \rrbracket = 0.75$.

14.4.3 Voraussetzungen und Probleme

Wir haben in diesem Abschnitt über Fuzzy-Logik verschiedene Möglichkeiten untersucht, wie unscharfe Aussagen verknüpft werden können. Eine wesentliche Grundannahme, die wir dabei getroffen haben, ist, dass wir *Wahrheitsfunktionalität* voraussetzen dürfen. Das bedeutet, dass der Wahrheitswert der Verknüpfung mehrerer

Aussagen allein von den Wahrheitswerten der einzelnen Aussagen, aber nicht von den Aussagen selbst abhängt. In der klassischen Logik gilt diese Annahme. Ein Beispiel, wo sie nicht gilt, ist die Wahrscheinlichkeitstheorie bzw. die probabilistische Logik. In der Wahrscheinlichkeitstheorie reicht es nicht aus, die Wahrscheinlichkeit zweier Ereignisse zu kennen, um die Wahrscheinlichkeiten dafür zu bestimmen, ob beide Ereignisse gleichzeitig eintreten oder mindestens eines der beiden Ereignisse eintritt. Hierzu benötigt man zusätzlich die Information, inwieweit die beiden Ereignisse abhängig sind. Im Falle der Unabhängigkeit etwa ist die Wahrscheinlichkeit für das Eintreten beider Ereignisse das Produkt der Einzelwahrscheinlichkeiten und die Wahrscheinlichkeit dafür, dass mindestens eines der beiden Ereignisse eintritt, die Summe der Einzelwahrscheinlichkeiten. Ohne zu wissen, ob die Ereignisse unabhängig sind, lassen sich diese Wahrscheinlichkeiten nicht angeben.

Man sollte sich der Voraussetzung der Wahrheitsfunktionalität im Rahmen der Fuzzy-Logik bewusst sein. Sie ist durchaus nicht immer erfüllt. Mit dem Beispiel des Hauskaufs haben wir die Verwendung nicht-idempotenter t-Normen motiviert. Werden diese t-Normen wie z.B. das algebraische Produkt dann auch auf solche Aussagen wie „Der Preis für Haus A ist günstig UND ... UND der Preis für Haus A ist günstig" angewandt, so kann diese Aussage einen beliebig kleinen Wahrheitswert erhalten, wenn nur genügend viele Konjunktionen auftreten. Je nachdem, wie man die Konjunktion interpretiert, kann dieser Effekt widersprüchlich oder wünschenswert sein. Versteht man die Konjunktion eher im klassischen Sinne, so sollte die konjunktive Verknüpfung einer Aussage mit sich selbst zu sich selbst äquivalent sein, was bei nicht-idempotenten t-Normen nicht gegeben ist. Eine andere Interpretation sieht die Konjunktion eher als Auflistung von Argumenten für oder gegen eine These oder in einem Beweis. Die mehrfache Verwendung desselben (unscharfen) Arguments innerhalb eines Beweises führt dazu, dass der Beweis weniger glaubwürdig wird und so Idempotenz selbst bei der Konjunktion einer Aussage mit sich selbst nicht erwünscht ist.

Wir werden in der weiteren Behandlung der Fuzzy-Systeme das Konzept der Wahrheitsfunktionalität nicht weiter in Frage stellen. Es sollte jedoch betont werden, dass die Annahme der Wahrheitsfunktionalität sehr restriktiv ist und zu Inkonsistenzen führen kann, wenn sie nicht erfüllt ist.

14.5 Operationen auf Fuzzy-Mengen

In den Abschnitten 14.2 und 14.3 haben wir Fuzzy-Mengen zur Modellierung impräziser Konzepte und Repräsentationsformen für Fuzzy-Mengen kennengelernt. Um mit Hilfe impräziser Konzepte operieren oder schlussfolgern zu können, benötigen wir geeignete Verknüpfungen für Fuzzy-Mengen. Wir werden daher in diesem Abschnitt aus der gewöhnlichen Mengenlehre bekannte Operationen wie Vereinigung, Durchschnitt oder Komplementbildung auf Fuzzy-Mengen erweitern.

14.5.1 Durchschnitt

Die Vorgehensweise, wie die Mengenoperationen für Fuzzy-Mengen definiert werden, erläutern wir ausführlich am Beispiel des Durchschnitts. Für zwei gewöhnliche Mengen M_1 und M_2 gilt, dass ein Element x genau dann zum Durchschnitt der beiden Mengen gehört, wenn es sowohl zu M_1 als auch zu M_2 gehört. Ob x zum Durchschnitt gehört, hängt also allein von der Zugehörigkeit von x zu M_1 und M_2 ab, aber nicht von der Zugehörigkeit eines anderen Elementes $y \neq x$ zu M_1 und M_2. Formal ausgedrückt bedeutet dies

$$x \in M_1 \cap M_2 \quad \Longleftrightarrow \quad x \in M_1 \wedge x \in M_2. \tag{14.5}$$

Für zwei Fuzzy-Mengen μ_1 und μ_2 gehen wir ebenfalls davon aus, dass der Zugehörigkeitsgrad eines Elementes x zum Durchschnitt der beiden Fuzzy-Mengen allein von den Zugehörigkeitsgraden von x zu μ_1 und μ_2 abhängt. Den Zugehörigkeitsgrad $\mu(x)$ eines Elementes x zur Fuzzy-Menge μ interpretieren wir als Wahrheitswert $[\![x \in \mu]\!]$ der unscharfen Aussage „$x \in \mu$", dass x ein Element von μ ist. Um den Zugehörigkeitsgrad eines Elementes x zum Durchschnitt der Fuzzy-Mengen μ_1 und μ_2 zu bestimmen, müssen wir daher in Anlehnung an die Äquivalenz (14.5) den Wahrheitswert der Konjunktion „x ist Element von μ_1 UND x ist Element von μ_2" berechnen. Wie man den Wahrheitswert der Konjunktion zweier unscharfer Aussagen definiert, haben wir im vorhergehenden Abschnitt über Fuzzy-Logik kennengelernt. Dazu ist es notwendig, eine t-Norm t als Wahrheitswertfunktion für die Konjunktion zu wählen. Wir definieren daher den Durchschnitt zweier Fuzzy-Mengen μ_1 und μ_2 (bzgl. der t-Norm t) als die Fuzzy-Menge $\mu_1 \cap_t \mu_2$ mit

$$(\mu_1 \cap_t \mu_2)(x) = t(\mu_1(x), \mu_2(x)).$$

Interpretieren wir den Zugehörigkeitsgrad $\mu(x)$ eines Elementes x zur Fuzzy-Menge μ als Wahrheitswert $[\![x \in \mu]\!]$ der unscharfen Aussage „$x \in \mu$", dass x ein Element von μ ist, lässt sich die Definition für den Durchschnitt zweier Fuzzy-Mengen auch in der Form

$$[\![x \in (\mu_1 \cap_t \mu_2)]\!] = [\![x \in \mu_1 \wedge x \in \mu_2]\!]$$

schreiben, wobei der Konjunktion als Wahrheitswertfunktion die t-Norm t zugeordnet wird.

Durch die Definition des Durchschnitts von Fuzzy-Mengen mit Hilfe einer t-Norm übertragen sich die Eigenschaften der t-Norm auf den Durchschnittsoperator: die Axiome (T1) und (T2) sorgen dafür, dass die Durchschnittsbildung für Fuzzy-Mengen kommutativ and assoziativ ist. Die Monotonieeigenschaft (T3) garantiert, dass durch Austauschen einer Fuzzy-Menge μ_1 durch eine Fuzzy-Obermenge μ_2, d.h., $\mu_1(x) \leq \mu_2(x)$ für alle x, bei der Durchschnittsbildung mit einer Fuzzy-Menge μ sich der Durchschnitt nicht verkleinern kann:

$$\text{Aus } \mu_1 \leq \mu_2 \text{ folgt } \mu \cap_t \mu_1 \leq \mu \cap_t \mu_2.$$

Aus der Forderung (T4) für t-Normen schlussfolgern wir, dass der Durchschnitt einer Fuzzy-Menge mit einer scharfen Menge bzw. der charakteristischen Funktion der scharfen Menge wieder die ursprüngliche Fuzzy-Menge eingeschränkt auf die Menge, mit der geschnitten wird, ergibt. Ist $M \subseteq X$ eine gewöhnliche Teilmenge von X und $\mu \in \mathcal{F}(X)$ eine Fuzzy-Menge von X, so folgt

$$(\mu \cap_t I_M)(x) = \begin{cases} \mu(x) & \text{falls } x \in M \\ 0 & \text{sonst.} \end{cases}$$

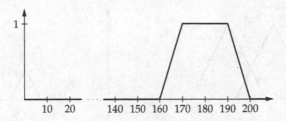

Abbildung 14.14: Die Fuzzy-Menge $\mu_{170-190}$ der Geschwindigkeiten, die nicht wesentlich kleiner als 170 km/h und nicht viel größer als 190 km/h sind.

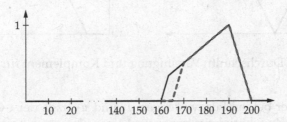

Abbildung 14.15: Der Durchschnitt $\mu_{hG} \cap_t \mu_{170-190}$ der Fuzzy-Mengen μ_{hG} und $\mu_{170-190}$, berechnet mit dem Minimum (durchgezogene Linie) und der Łukasiewicz-t-Norm (gestrichelte Linie).

Üblicherweise wird bei der Durchschnittsbildung von Fuzzy-Mengen das Minimum als t-Norm zugrundegelegt, sofern nicht explizit darauf hingewiesen wird, dass eine andere t-Norm verwendet wird. Wir schreiben daher $\mu_1 \cap \mu_2$ statt $\mu_1 \cap_t \mu_2$ im Fall $t = \min$.

Wir betrachten den Durchschnitt der Fuzzy-Menge μ_{hG} der hohen Geschwindigkeiten aus Abbildung 14.2 auf Seite 291 mit der in Abbildung 14.14 dargestellten Fuzzy-Menge $\mu_{170-190}$ der Geschwindigkeiten, die nicht wesentlich kleiner als 170 km/h und nicht viel größer als 190 km/h sind. Beide Fuzzy-Mengen sind Trapezfunktionen:

$$\mu_{hG} = \Pi_{150,180,\infty,\infty}, \quad \mu_{170-190} = \Pi_{160,170,190,200}.$$

Abbildung 14.15 zeigt den Durchschnitt der beiden Fuzzy-Mengen auf der Basis des Minimums (durchgezogene Linie) und der Łukasiewicz-t-Norm (gestrichelte Linie).

14.5.2 Vereinigung

Ganz analog wie wir aus der Repräsentation (14.5) die Definition des Durchschnitts zweier Fuzzy-Menge abgeleitet haben, lässt sich auf der Basis von

$$x \in M_1 \cup M_2 \quad \Longleftrightarrow \quad x \in M_1 \vee x \in M_2.$$

die Vereinigung zweier Fuzzy-Mengen festlegen. Es ergibt sich

$$(\mu_1 \cup_s \mu_2)(x) = s(\mu_1(x), \mu_2(x)),$$

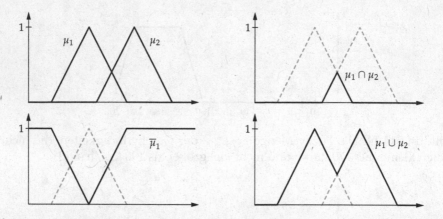

Abbildung 14.16: Durchschnitt, Vereinigung und Komplement für Fuzzy-Mengen.

als Vereinigung der beiden Fuzzy-Mengen μ_1 und μ_2 bzgl. der t-Conorm s. In der Interpretation des Zugehörigkeitsgrades $\mu(x)$ eines Elementes x zur Fuzzy-Menge μ als Wahrheitswert $[\![x \in \mu]\!]$ der unscharfen Aussage „$x \in \mu$", dass x ein Element von μ ist, lässt sich die Definition für die Vereinigung auch in der Form

$$[\![x \in (\mu_1 \cup_t \mu_2)]\!] = [\![x \in \mu_1 \lor x \in \mu_2]\!]$$

wiedergeben, wobei der Disjunktion als Wahrheitswertfunktion die t-Conorm s zugeordnet wird. Die am häufigsten verwendete t-Conorm als Grundlage für die Vereinigung von Fuzzy-Mengen ist das Maximum. Im Fall $t = \max$ verwenden wir daher auch die Abkürzung $\mu_1 \cup \mu_2$ für $\mu_1 \cup_s \mu_2$.

14.5.3 Komplement

Das Komplement einer Fuzzy-Menge wird aus der Formel

$$x \in \overline{M} \quad \Longleftrightarrow \quad \neg(x \in M)$$

für gewöhnliche Mengen abgeleitet, in der $\overline{M}$ für das Komplement der (gewöhnlichen) Menge M steht. Ordnen wir der Negation die Wahrheitswertfunktion $w_\neg(\alpha) = 1 - \alpha$ zu, erhalten wir als Komplement $\overline{\mu}$ der Fuzzy-Menge μ die Fuzzy-Menge

$$\overline{\mu_1}(x) = 1 - \mu(x),$$

was gleichbedeutend ist mit

$$[\![x \in \overline{\mu}]\!] = [\![\neg(x \in \mu)]\!].$$

Die Abbildung 14.16 veranschaulicht Durchschnitts-, Vereinigungs- und Komplementbildung für Fuzzy-Mengen.

Die Komplementbildung für Fuzzy-Mengen ist zwar wie das Komplement für gewöhnliche Mengen involutorisch, d.h., es gilt $\overline{\overline{\mu}} = \mu$. Jedoch sind die Gesetze für klassische Mengen, dass der Durchschnitt einer Menge mit ihrem Komplement

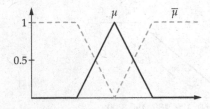
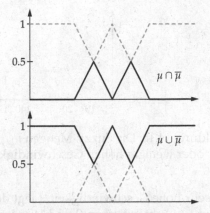

Abbildung 14.17: Vereinigung und Durchschnitt einer Fuzzy-Menge mit ihrem Komplement.

die leere, die Vereinigung mit ihrem Komplement die Grundmenge ergibt, abgeschwächt zu $(\mu \cap \overline{\mu})(x) \leq 0.5$ und $(\mu \cup \overline{\mu})(x) \geq 0.5$ für alle x aus der Grundmenge. In Abbildung 14.17 ist dieser Sachverhalt noch einmal verdeutlicht.

Werden der Durchschnitt und die Vereinigung auf der Grundlage des Minimums bzw. des Maximums definiert, kann man auf die im Abschnitt 14.3 eingeführte Repräsentation von Fuzzy-Mengen durch die Niveaumengen zurückgreifen. Es gilt

$$[\mu_1 \cap \mu_2]_\alpha = [\mu_1]_\alpha \cap [\mu_2]_\alpha \quad \text{und} \quad [\mu_1 \cup \mu_2]_\alpha = [\mu_1]_\alpha \cup [\mu_2]_\alpha$$

für alle $\alpha \in [0,1]$. Die Niveaumengen des Durchschnitts und der Vereinigung zweier Fuzzy-Mengen ergeben sich nach diesen beiden Gleichungen als Durchschnitt bzw. Vereinigung der Niveaumengen der einzelnen Fuzzy-Mengen.

14.5.4 Linguistische Modifizierer

Neben dem Komplement als einstellige Operation auf Fuzzy-Mengen, die aus der entsprechenden Operation für gewöhnliche Mengen hervorgegangen ist, gibt es natürlich noch weitere Fuzzy-Mengen-spezifische einstellige Operationen, die für gewöhnliche Mengen nicht sinnvoll sind. Eine Fuzzy-Menge repräsentiert i.a. ein impräzises Konzept wie „hohe Geschwindigkeit", „jung" oder „groß". Aus solchen Konzepten lassen sich weitere impräzise Konzepte mit Hilfe *linguistischer Modifizierer* („linguistic hedges") wie „sehr" oder „mehr oder weniger" herleiten.

Wir betrachten als Beispiel die Fuzzy-Menge μ_{hG} der hohen Geschwindigkeiten aus Abbildung 14.2 auf Seite 291. Wie sollte die Fuzzy-Menge μ_{shG} aussehen, die das Konzept der *„sehr* hohen Geschwindigkeiten" repräsentiert? Da eine sehr hohe Geschwindigkeit sicherlich auch als hohe Geschwindigkeit bezeichnet werden kann, aber nicht unbedingt umgekehrt, sollte der Zugehörigkeitsgrad einer spezifischen Geschwindigkeit v zur Fuzzy-Menge μ_{shG} i.a. niedriger sein als zur Fuzzy-Menge μ_{hG}. Dies erreicht man, indem man den linguistischen Modifizierer „sehr" ähnlich wie die Negation als einstelligen logischen Operator versteht und ihm eine geeignete Wahrheitswertfunktion zuordnet, bspw. $w_{\text{sehr}}(\alpha) = \alpha^2$, so dass sich $\mu_{shG}(x) = (\mu_{hG}(x))^2$ ergibt. Damit ist eine Geschwindigkeit, die zum Grad 1 eine hohe Geschwindigkeit ist, auch eine sehr hohe Geschwindigkeit. Eine Geschwindigkeit, die keine hohe Geschwindigkeit ist (Zugehörigkeitsgrad 0), ist genauso wenig

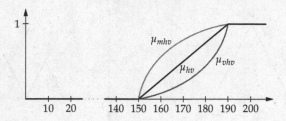

Abbildung 14.18: Die Fuzzy-Mengen μ_{hG}, μ_{shG} und μ_{mhG} der hohen, sehr hohen und mehr oder weniger hohen Geschwindigkeiten.

eine sehr hohe Geschwindigkeit. Liegt der Zugehörigkeitsgrad einer Geschwindigkeit zu μ_{hG} echt zwischen 0 und 1, so ist sie ebenfalls eine sehr hohe Geschwindigkeit, allerdings mit einem geringeren Zugehörigkeitsgrad.

Analog ordnet man dem linguistischen Modifizierer „mehr oder weniger" eine Wahrheitswertfunktion zu, die eine Vergrößerung des Wahrheitswertes bzw. Zugehörigkeitsgrades ergibt, bspw. $w_{\text{mehr oder weniger}}(\alpha) = \sqrt{\alpha}$.

Abbildung 14.18 zeigt die Fuzzy-Menge μ_{hG} der hohen Geschwindigkeiten und die sich daraus ergebenden Fuzzy-Mengen μ_{shG} der sehr hohen Geschwindigkeiten und μ_{mhG} der mehr oder weniger hohen Geschwindigkeiten.

Kapitel 15

Das Extensionsprinzip

Im vorhergehenden Abschnitt haben wir die Erweiterung der mengentheoretischen Operationen Durchschnitt, Vereinigung und Komplement auf Fuzzy-Mengen kennengelernt. Wir wenden uns jetzt der Frage zu, wie man gewöhnliche Abbildungen für Fuzzy-Mengen verallgemeinern kann. Die Antwort ermöglicht es, Operationen wie das Quadrieren, die Addition, Subtraktion, Multiplikation und Division, aber auch mengentheoretische Begriffe wie die Hintereinanderschaltung von Relationen für Fuzzy-Mengen zu definieren.

15.1 Abbildungen von Fuzzy-Mengen

Wir betrachten als Beispiel die Abbildung $f : \mathbb{R} \to \mathbb{R}$, $x \mapsto |x|$. Die in Abbildung 15.1 dargestellte Fuzzy-Menge $\mu = \Lambda_{-1.5,-0.5,2.5}$ steht für das impräzise Konzept „ca. -0.5".

Durch welche Fuzzy-Menge sollte „der Betrag von ca. -0.5" repräsentiert werden, d.h., was ist das Bild $f[\mu]$ der Fuzzy-Menge μ? Für eine gewöhnliche Teilmenge M einer Grundmenge X ist das Bild $f[M]$ unter der Abbildung $f : X \to Y$ definiert als die Teilmenge von Y, deren Elemente Urbilder in M besitzen. Formal heißt das

$$f[M] = \{y \in Y \mid (\exists x \in X)(x \in M \wedge f(x) = y)\},$$

oder anders ausgedrückt

$$y \in f[M] \quad \Longleftrightarrow \quad (\exists x \in X)(x \in M \wedge f(x) = y). \tag{15.1}$$

Bspw. ergibt sich für $M = [-1, 0.5] \subseteq \mathbb{R}$ und die Abbildung $f(x) = |x|$ die Menge $f[M] = [0, 1]$ als Bild von M unter f.

Die Beziehung (15.1) ermöglicht uns, das Bild einer Fuzzy-Menge μ unter einer Abbildung f zu definieren. Wie im vorhergehenden Abschnitt bei der Erweiterung mengentheoretischer Operationen auf Fuzzy-Mengen greifen wir hier auf die im Abschnitt 14.4 vorgestellten Konzepte der Fuzzy-Logik zurück. Für Fuzzy-Mengen bedeutet (15.1)

$$[\![y \in f[\mu]]\!] = [\![(\exists x \in X)(x \in \mu \wedge f(x) = y)]\!].$$

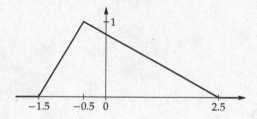

Abbildung 15.1: Die Fuzzy-Menge $\mu = \Lambda_{-1.5,-0.5,1.5}$, die für „ca. -0.5" steht.

Dabei ist der Existenzquantor wie in Abschnitt 14.4 erläutert mit Hilfe des Supremums auszuwerten und der Konjunktion eine t-Norm t zuzuordnen, so dass sich die Fuzzy-Menge

$$f[\mu](y) \;=\; \sup\{t\,(\mu(x),[\![f(x)=y]\!])\mid x\in X\} \tag{15.2}$$

als Bild von μ unter f ergibt. Die Wahl der t-Norm t spielt in diesem Fall keine Rolle, da die Aussage $f(x)=y$ entweder wahr oder falsch ist, d.h. $[\![f(x)=y]\!]\in\{0,1\}$, so dass

$$t\,(\mu(x),[\![f(x)=y]\!]) \;=\; \begin{cases} \mu(x) & \text{falls } f(x)=y \\ 0 & \text{sonst} \end{cases}$$

folgt. Damit vereinfacht sich (15.2) zu

$$f[\mu](y) \;=\; \sup\{\mu(x)\mid f(x)=y\}. \tag{15.3}$$

Diese Definition besagt, dass der Zugehörigkeitsgrad eines Elementes $y\in Y$ zum Bild der Fuzzy-Menge $\mu\in\mathcal{F}(X)$ unter der Abbildung $f:X\to Y$ der größtmögliche Zugehörigkeitsgrad aller Urbilder von y zu μ ist. Man bezeichnet diese Art der Erweiterung einer Abbildung auf Fuzzy-Mengen als *Extensionsprinzip* (für eine Funktion mit einem Argument).

Für das Beispiel der Fuzzy-Menge $\mu = \Lambda_{-1.5,-0.5,2.5}$ die für das imprägise Konzept „ca. -0.5" steht, ergibt sich als Bild unter der Abbildung $f(x)=|x|$ die in Abbildung 15.2 dargestellte Fuzzy-Menge. Wir bestimmen im folgenden exemplarisch den Zugehörigkeitsgrad $f[\mu](y)$ für $y\in\{-0.5,0,0.5,1\}$. Da wegen $f(x)=|x|\geq 0$ der Wert $y=-0.5$ kein Urbild unter f besitzt, erhalten wir $f[\mu](-0.5)=0$. $y=0$ hat als einziges Urbild $x=0$, so dass $f[\mu](0)=\mu(0)=5/6$ folgt. Für $y=0.5$ existieren die beiden Urbilder $x=-0.5$ und $x=0.5$, so dass sich

$$f[\mu](0.5) \;=\; \max\{\mu(-0.5),\mu(0.5)\} \;=\; \max\{1,2/3\} \;=\; 1$$

ergibt. Die beiden Urbilder von $y=1$ sind $x=-1$ und $x=1$. Somit erhalten wir

$$f[\mu](1) \;=\; \max\{\mu(-1),\mu(1)\} \;=\; \max\{0.5,0.5\} \;=\; 0.5.$$

Beispiel 15.1 Es sei $X = X_1\times\ldots\times X_n, i\in\{1,\ldots,n\}$. Wir bezeichnen mit

$$\pi_i:X_1\times\ldots\times X_n\to X_i,\qquad (x_1,\ldots,x_n)\mapsto x_i$$

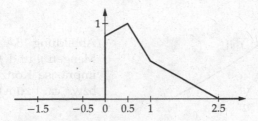

Abbildung 15.2: Die Fuzzy-Menge, die für das impräzise Konzept „der Betrag von ca. -0.5" steht.

die Projektion aus dem kartesischen Produkt $X_1 \times \ldots \times X_n$ in den i-ten Koordinatenraum X_i. Die Projektion einer Fuzzy-Menge $\mu \in \mathcal{F}(X)$ in den Raum X_i ist nach dem Extensionsprinzip (15.3)

$$\pi_i[\mu](x) = \sup\{ \ \mu(x_1, \ldots, x_{i-1}, x, x_{i+1}, \ldots, x_n) \mid$$
$$x_1 \in X_1, \ldots, x_{i-1} \in X_{i-1}, x_{i+1} \in X_{i+1}, \ldots, x_n \in X_n \}.$$

Abbildung 15.3 zeigt die Projektion einer Fuzzy-Menge, die in zwei verschiedenen Bereichen Zugehörigkeitsgrade größer als 0 annimmt. □

15.2 Abbildungen von Niveaumengen

Der Zugehörigkeitsgrad eines Elementes zum Bild einer Fuzzy-Menge lässt sich durch die Bestimmung der Zugehörigkeitsgrade der Urbilder des Elementes zur ursprünglichen Fuzzy-Menge berechnen. Eine andere Möglichkeit, das Bild einer Fuzzy-Menge zu charakterisieren, besteht in der Angabe ihrer Niveaumengen. Leider kann die Niveaumenge des Bildes einer Fuzzy-Menge i.a. nicht direkt aus der entsprechenden Niveaumenge der ursprünglichen Fuzzy-Menge bestimmt werden. Es gilt zwar die Beziehung $[f[\mu]]_\alpha \supseteq f[[\mu]_\alpha]$. Die Gleichheit ist jedoch nicht zwingend. Bspw. erhalten wir für die Fuzzy-Menge

$$\mu(x) = \begin{cases} x & \text{falls } 0 \le x \le 1 \\ 0 & \text{sonst} \end{cases}$$

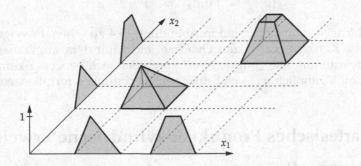

Abbildung 15.3: Die Projektion einer Fuzzy-Menge in den Raum X_2.

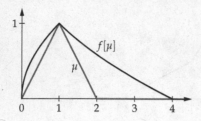

Abbildung 15.4: Die Fuzzy-Mengen μ und $f[\mu]$ für das impräzise Konzept „ca. 1" bzw. „ca. 1 zum Quadrat".

als Bild unter der Abbildung

$$f(x) = I_{\{1\}}(x) = \begin{cases} 1 & \text{falls } x = 1 \\ 0 & \text{sonst} \end{cases}$$

die Fuzzy-Menge

$$f[\mu](y) = \begin{cases} 1 & \text{falls } y \in \{0,1\} \\ 0 & \text{sonst.} \end{cases}$$

Damit folgt $[f[\mu]]_1 = \{0,1\}$ und $f[[\mu]_1] = \{1\}$ wegen $[\mu]_1 = \{1\}$.

Dieser unangenehme Effekt, dass das Bild einer Niveaumenge echt in der entsprechenden Niveaumenge der Bild-Fuzzy-Menge enthalten ist, kann, sofern die Grundmenge $X = \mathbb{R}$ aus den reellen Zahlen besteht, nicht auftreten, wenn die Abbildung f stetig ist und für alle $\alpha > 0$ die α-Niveaumengen der betrachteten Fuzzy-Menge kompakt sind. In diesem Falle ist daher eine Charakterisierung der Bild-Fuzzy-Menge über die Niveaumengen möglich.

Beispiel 15.2 Wir betrachten die Abbildung $f : \mathbb{R} \to \mathbb{R}, x \mapsto x^2$. Das Bild einer Fuzzy-Menge $\mu \in \mathcal{F}(\mathbb{R})$ ist offenbar durch

$$f[\mu](y) = \begin{cases} \max\{\mu(\sqrt{y}), \mu(-\sqrt{y})\} & \text{falls } y \geq 0 \\ 0 & \text{sonst} \end{cases}$$

gegeben. Die Fuzzy-Menge $\mu = \Lambda_{0,1,2}$ repräsentiere das impräzise Konzept „ca. 1". Wir beantworten die Frage, was „ca. 1 zum Quadrat" ist, indem wir die Niveaumengen der Bild-Fuzzy-Menge $f[\mu]$ aus den Niveaumengen von μ bestimmen. Dies ist hier möglich, da die Funktion f und die Fuzzy-Menge μ stetig sind. Offenbar gilt $[\mu]_\alpha = [\alpha, 2 - \alpha]$ für alle $0 < \alpha \leq 1$. Daraus folgt

$$[f[\mu]]_\alpha = f[[\mu]_\alpha] = [\alpha^2, (2-\alpha)^2].$$

Die Fuzzy-Mengen μ und $f[\mu]$ sind in Abbildung 15.4 zu sehen. Es zeigt sich, dass das impräzise Konzept „ca. 1 zum Quadrat" nicht mit dem impräzisen Konzept „ca. 1" übereinstimmt. Die „Impräzision" vergrößert sich bei „ca. 1 zum Quadrat" gegenüber „ca. 1", ähnlich wie sich Fehler bei Berechnungen fortpflanzen. □

15.3   Kartesisches Produkt & zylindrische Erweiterung

Bisher haben wir nur Abbildungen mit einem Argument auf Fuzzy-Mengen erweitert. Um Operationen wie die Addition für Fuzzy-Mengen über den reellen Zahlen zu definieren, benötigen wir ein Konzept, wie man eine Abbildung $f : X_1 \times \ldots \times X_n \to Y$ auf ein Tupel $(\mu_1, \ldots, \mu_n) \in \mathcal{F}(X_1) \times \ldots \times \mathcal{F}(X_n)$ von Fuzzy-Mengen anwendet. Da wir die Addition als Funktion mit zwei Argumenten $f : \mathbb{R} \times \mathbb{R} \to \mathbb{R}$, $(x_1, x_2) \mapsto x_1 + x_2$ auffassen können, ließe sich damit die Addition von Fuzzy-Mengen über den reellen Zahlen einführen.

Um das in Gleichung (15.3) beschriebene Extensionsprinzip auf Abbildungen mit mehreren Argumenten zu verallgemeinern, führen wir den Begriff des kartesischen Produkts von Fuzzy-Mengen ein. Gegeben seien die Fuzzy-Mengen $\mu_i \in \mathcal{F}(X_i)$, $i = 1, \ldots, n$. Das *kartesische Produkt* der Fuzzy-Mengen $\mu_1, \ldots, \mu_n$ ist die Fuzzy-Menge

$$\mu_1 \times \ldots \times \mu_n \in \mathcal{F}(X_1 \times \ldots \times X_n)$$

mit

$$(\mu_1 \times \ldots \times \mu_n)(x_1, \ldots, x_n) = \min\{\mu_1(x_1), \ldots, \mu_n(x_n)\}.$$

Diese Definition ist durch die Eigenschaft

$$(x_1, \ldots, x_n) \in M_1 \times \ldots \times M_n \quad \Longleftrightarrow \quad x_1 \in M_1 \wedge \ldots \wedge x_n \in M_n$$

des kartesischen Produkts gewöhnlicher Mengen motiviert und entspricht der Formel

$$[\![(x_1, \ldots, x_n) \in \mu_1 \times \ldots \times \mu_n]\!] = [\![x_1 \in \mu_1 \wedge \ldots \wedge x_n \in \mu_n]\!],$$

wobei der Konjunktion das Minimum als Wahrheitswertfunktion zugeordnet wird.

Ein Spezialfall eines kartesischen Produkts ist die *zylindrische Erweiterung* einer Fuzzy-Menge $\mu \in \mathcal{F}(X_i)$ auf den Produktraum $X_1 \times \ldots \times X_n$. Die zylindrische Erweiterung ist das kartesische Produkt von μ mit den restlichen Grundmengen X_j, $j \neq i$, bzw. deren charakteristischen Funktionen:

$$\hat{\pi}_i(\mu) = I_{X_1} \times \ldots \times I_{X_{i-1}} \times \mu \times I_{X_{i+1}} \times \ldots \times I_{X_n},$$

$$\hat{\pi}_i(\mu)(x_1, \ldots, x_n) = \mu(x_i).$$

Offenbar ergibt die Projektion einer zylindrischen Erweiterung wieder die ursprüngliche Fuzzy-Menge, d.h. $\pi_i[\hat{\pi}_i(\mu)] = \mu$, sofern die Mengen $X_1, \ldots, X_n$ nicht leer sind. Allgemein gilt $\pi_i[\mu_1 \times \ldots \times \mu_n] = \mu_i$, wenn die Fuzzy-Mengen $\mu_j, j \neq i$, *normal* sind, d.h. $(\exists x_j \in X_j)(\mu_j(x_j)) = 1$.

15.4 Extensionsprinzip für mehrelementige Abbildungen

Mit Hilfe des kartesischen Produkts können wir das Extensionsprinzip für Abbildungen mit mehreren Argumenten auf das Extensionsprinzip für Funktionen mit einem Argument zurückführen. Es sei die Abbildung

$$f : X_1 \times \ldots \times X_n \to Y$$

gegeben. Dann ist das Bild des Tupels

$$(\mu_1, \ldots, \mu_n) \in \mathcal{F}(X_1) \times \ldots \times \mathcal{F}(X_n)$$

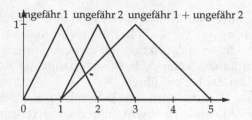

Abbildung 15.5: Das Resultat des Extensionsprinzips für „ca. 1 + ca. 2".

von Fuzzy-Mengen unter f die Fuzzy-Menge

$$f[\mu_1,\ldots,\mu_n] = f[\mu_1 \times \ldots \times \mu_n]$$

über der Grundmenge Y, d.h.

$$f[\mu_1,\ldots,\mu_n](y) \tag{15.4}$$

$$= \sup_{(x_1,\ldots,x_n)\in X_1\times\ldots\times X_n} \big\{(\mu_1 \times \ldots \times \mu_n)(x_1,\ldots,x_n)f(x_1,\ldots,x_n) = y\big\}$$

$$= \sup_{(x_1,\ldots,x_n)\in X_1\times\ldots\times X_n} \big\{\min\{\mu_1(x_1),\ldots,\mu_n(x_n)\}f(x_1,\ldots,x_n) = y\big\}.$$

Diese Formel repräsentiert das *Extensionsprinzip* von Zadeh, so wie es 1975 eingeführt wurde [Zadeh 1975a, Zadeh 1975b, Zadeh 1975c].

Beispiel 15.3 Die Abbildung $f : \mathbb{R} \times \mathbb{R} \to \mathbb{R}$, $(x_1, x_2) \mapsto x_1 + x_2$ sei die Addition. Die Fuzzy-Mengen $\mu_1 = \Lambda_{0,1,2}$ und $\mu_2 = \Lambda_{1,2,3}$ repräsentieren die impräzisen Konzepte „ca. 1" und „ca. 2". Dann ergibt sich nach dem Extensionsprinzip die
Fuzzy-Menge $f[\mu_1, \mu_2] = \Lambda_{1,3,5}$ für das impräzise Konzept „ca. 1 + ca. 2" (vgl. Abbildung 15.5). Auch hier tritt derselbe Effekt wie beim Quadrieren von „ca. 1" (siehe
Beispiel 15.2 und Abbildung 14.4) auf, dass die „Unschärfe" bei der Ergebnis-Fuzzy-
Menge größer ist als bei den Fuzzy-Mengen, die addiert wurden.   □

Analog zur Addition von Fuzzy-Mengen lassen sich Subtraktion, Multiplikation und Division über das Extensionsprinzip definieren. Da diese Operationen stetig sind, können wie im Beispiel 15.2 die Niveaumengen der resultierenden Fuzzy-
Mengen bei diesen Operationen direkt aus den Niveaumengen der dargestellten
Fuzzy-Mengen berechnet werden, sofern diese stetig sind. Rechnet man mit konve-
xen Fuzzy-Mengen, betreibt man durch das Betrachten der Niveaumengen Intervallarithmetik auf den jeweiligen Niveaus. Die Intervallarithmetik [Moore 1966, Moore
1979] erlaubt das Rechnen mit Intervallen anstelle von reellen Zahlen.

Bei der Anwendung des Extensionsprinzips sollte man sich bewusst sein, dass
zwei Verallgemeinerungsschritte gleichzeitig durchgeführt werden: zum einen die
Erweiterung von einzelnen Elementen auf Mengen und zum anderen der Übergang
von scharfen Mengen auf Fuzzy-Mengen. Dass durch das Extensionsprinzip wichtige Eigenschaften der ursprünglichen Abbildung verloren gehen, muss nicht unbedingt an dem Übergang von scharfen Mengen zu Fuzzy-Mengen liegen, sondern

kann bereits durch die Erweiterung der Abbildung auf gewöhnliche Mengen verursacht werden. Bspw. kann die Addition bei Fuzzy-Mengen im Gegensatz zur Addition einer gewöhnlichen Zahl i.a. nicht mehr rückgangig gemacht werden. So gibt es keine Fuzzy-Menge, die addiert zu der Fuzzy-Menge für „ca. 1 + ca. 2" aus Abbildung 15.5 wieder die Fuzzy-Menge für „ca. 1" ergibt. Dieses Phänomen tritt aber schon in der Intervallarithmetik auf, so dass nicht das „Fuzzifizieren" der Addition, sondern das Erweitern der Addition auf Mengen das eigentliche Problem darstellt.

Kapitel 16

Fuzzy-Relationen

Relationen eignen sich zur Beschreibung von Zusammenhängen zwischen verschiedenen Variablen, Größen oder Attributen. Formal ist eine (zweistellige) Relation über den Grundmengen X und Y eine Teilmenge R des kartesischen Produkts $X \times Y$ von X und Y. Die Paare $(x, y) \in X \times Y$, die zur Relation R gehören, verbindet ein Zusammenhang, der durch die Relation R beschrieben wird. Man schreibt daher häufig statt $(x, y) \in R$ auch xRy.

Wir werden den Begriff der Relation zum Begriff der Fuzzy-Relation verallgemeinern. Fuzzy-Relationen sind nützlich für die Darstellung und das Verständnis von Fuzzy-Reglern, bei denen es um eine Beschreibung eines unscharfen Zusammenhangs zwischen Ein- und Ausgangsgrößen geht. Außerdem kann auf der Basis spezieller Fuzzy-Relationen, den in Abschnitt 17 behandelten Ähnlichkeitsrelationen, eine Interpretation von Fuzzy-Mengen und Zugehörigkeitsgraden angegeben werden, die besonders für Fuzzy-Regler von Bedeutung ist.

16.1 Gewöhnliche Relationen

Bevor wir die Definition von Fuzzy-Relationen einführen, wiederholen wir kurz grundlegende Sichtweisen und Konzepte für gewöhnliche Relationen, die zum Verständnis der Fuzzy-Relationen notwendig sind.

Beispiel 16.1 Die sechs Türen eines Hauses sind mit Schlössern versehen, die durch bestimmte Schlüssel geöffnet werden können. Die Menge der Türen T sei $\{t_1, \ldots, t_6\}$, die Menge der verfügbaren Schlüssel sei $S = \{s_1, \ldots, s_5\}$ und s_5 sei der Generalschlüssel, mit dem jede der sechs Türen geöffnet werden kann. Der Schlüssel s_1 passt nur zur Tür t_1, s_2 zu t_1 und t_2, s_3 zu t_3 und t_4, s_4 zu t_5. Formal können wir diesen Sachverhalt durch die Relation $R \subseteq S \times T$ („passt zu") beschreiben. Das Paar $(s, t) \in S \times T$ ist genau dann ein Element von R, wenn der Schlüssel s zur Tür t passt, d.h.

$$R = \{ \; (s_1, t_1), (s_2, t_1), (s_2, t_2), (s_3, t_3), (s_3, t_4), (s_4, t_5),$$
$$(s_5, t_1), (s_5, t_2), (s_5, t_3), (s_5, t_4), (s_5, t_5), (s_5, t_6) \; \}.$$

R	t_1	t_2	t_3	t_4	t_5	t_6
s_1	1	0	0	0	0	0
s_2	1	1	0	0	0	0
s_3	0	0	1	1	0	0
s_4	0	0	0	0	1	0
s_5	1	1	1	1	1	1

Tabelle 16.1: Die Relation R: „Schlüssel passt zur Tür"

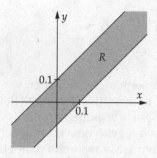

Abbildung 16.1: Die Relation $y \,\hat{=}\, x \pm 0.1$.

Eine andere Möglichkeit die Relation R darzustellen, zeigt die Tabelle 16.1. Dabei steht eine 1 an der Position (s_i, t_j), wenn $(s_i, t_j) \in R$ gilt, bzw. eine 0, falls $(s_i, t_j) \notin R$. $\Box$

Beispiel 16.2 Wir betrachten ein Messgerät, das eine Größe $y \in \mathbb{R}$ mit einer Genauigkeit von ± 0.1 misst. Ist x_0 der gemessene Wert, so wissen wir, dass der wahre y_0 im Intervall $[x_0 - 0.1, x_0 + 0.1]$ liegt. Die Relation

$$R = \{(x, y) \in \mathbb{R} \times \mathbb{R} \mid |x - y| \leq 0.1\}$$

beschreibt diesen Sachverhalt. Sie ist in Abbildung 16.1 graphisch dargestellt. $\Box$

Abbildungen bzw. deren Graphen können als Spezialfall von Relationen angesehen werden. Ist $f : X \to Y$ eine Abbildung von X nach Y, so ist der Graph von f die Relation

$$\mathrm{graph}(f) = \{(x, f(x)) \mid x \in X\}.$$

Umgekehrt repräsentiert eine Relation $R \subseteq X \times Y$ genau dann den Graphen einer Funktion, wenn zu jedem $x \in X$ genau ein $y \in Y$ existiert, so dass das Paar (x, y) in R enthalten ist.

16.2 Anwendung von Relationen und Inferenz

Bisher haben wir Relationen nur deskriptiv verwendet. Relationen lassen sich aber auch ähnlich wie Funktionen auf Elemente oder Mengen anwenden. Ist $R \subseteq X \times Y$

$$
\begin{array}{cccccc|cccccc}
& & & & & & 1 & 0 & 0 & 0 & 0 & 0 \\
& & & & & & 1 & 1 & 0 & 0 & 0 & 0 \\
& & & & & & 0 & 0 & 1 & 1 & 0 & 0 \\
& & & & & & 0 & 0 & 0 & 0 & 1 & 0 \\
& & & & & & 1 & 1 & 1 & 1 & 1 & 1 \\
\hline
1 & 1 & 1 & 1 & 0 & & 1 & 1 & 1 & 1 & 1 & 0
\end{array}
$$

Tabelle 16.2: Das Falk-Schema zur Berechnung von $R[M]$

eine Relation zwischen den Mengen X und Y und $M \subseteq X$ eine Teilmenge von X, dann ist das Bild von M unter R die Menge

$$
R[M] = \{y \in Y \mid (\exists x \in X)((x,y) \in R \wedge x \in M)\}. \tag{16.1}
$$

$R[M]$ enthält diejenigen Elemente aus Y, die zu mindestens einem Element aus der Menge M in Relation stehen.

Ist $f : X \to Y$ eine Abbildung, ergibt die Anwendung der Relation $\mathrm{graph}(f)$ auf eine einelementige Menge $\{x\} \subseteq X$ die einelementige Menge, die den Funktionswert von x enthält:

$$
\mathrm{graph}(f)[\{x\}] = \{f(x)\}.
$$

Allgemein gilt

$$
\mathrm{graph}(f)[M] = f[M] = \{y \in Y \mid (\exists x \in X)(x \in M \wedge f(x) = y)\}
$$

für beliebige Teilmengen $M \subseteq X$.

Beispiel 16.3 Wir benutzen die Relation R aus dem Beispiel 16.1, um zu bestimmen, welche Türen sich öffnen lassen, wenn man im Besitz der Schlüssel $s_1, \ldots, s_4$ ist. Dazu müssen wir alle Elemente (Türen) berechnen, die zu mindestens einem der Schlüssel $s_1, \ldots, s_4$ in der Relation „passt zu" stehen, d.h.,

$$
R[\{s_1, \ldots, s_4\}] = \{t_1, \ldots, t_5\}
$$

ist die gesuchte Menge von Türen.

Die Menge $R[\{s_1, \ldots, s_4\}]$ kann sehr einfach mit Hilfe der Matrix in Tabelle 16.1 bestimmt werden. Dazu kodieren wir die Menge $M = \{s_1, \ldots, s_4\}$ als Zeilenvektor mit fünf Komponenten, der an der i-ten Stelle eine 1 als Eintrag erhält, wenn $s_i \in M$ gilt, bzw. eine 0 im Falle $s_i \notin M$. So ergibt sich der Vektor $(1,1,1,1,0)$. Wie bei dem Falk-Schema für die Matrixmultiplikation eines Vektors mit einer Matrix schreiben wir den Vektor links unten neben die Matrix. Danach transponieren wir den Vektor und führen einen Vergleich mit jeder einzelnen Spalte der Matrix durch. Tritt bei dem Vektor und einer Spalte gleichzeitig eine 1 auf, notieren wir unter der entsprechenden Spalte eine 1, ansonsten eine 0. Der sich auf diese Weise ergebende Vektor $(1,1,1,1,1,0)$ unterhalb der Matrix gibt in kodierter Form die gesuchte Menge $R[M]$ an: Er enthält an der i-ten Stelle genau dann eine 1, wenn $t_i \in R[M]$ gilt. Tabelle 16.2 verdeutlicht dieses „Falk-Schema" für Relationen. $\square$

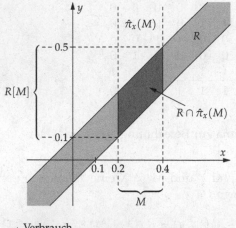

Abbildung 16.2: Grafische Bestimmung der Menge $R[M]$.

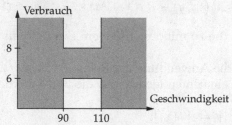

Abbildung 16.3: Die Relation für die Regel $v \in [90, 110] \to b \in [6, 8]$.

Beispiel 16.4 Wir greifen das Beispiel 16.2 wieder auf und nehmen an, dass wir die Information haben, dass das Messgerät einen Wert zwischen 0.2 und 0.4 angezeigt hat. Daraus können wir folgern, dass der wahre Wert in der Menge $R\big[[0.2, 0.4]\big] = [0.1, 0.5]$ enthalten ist. Abbildung 16.2 veranschaulicht diesen Sachverhalt.

Aus der Grafik erkennt man, dass man die Menge $R[M]$ als Projektion des Durchschnitts der Relation mit der zylindrischen Erweiterung der Menge M erhält, d.h.

$$R[M] = \pi_y \left[R \cap \hat{\pi}_x(M) \right]. \tag{16.2}$$

□

Beispiel 16.5 Logische Inferenz mit Implikationen der Form $x \in A \to y \in B$ lässt sich mit Relationen berechnen. Dazu kodieren wir die Regel $x \in A \to y \in B$ durch die Relation

$$R = \{(x, y) \in X \times Y \mid x \in A \to y \in B\} = (A \times B) \cup \bar{A} \times Y. \tag{16.3}$$

Dabei sind X und Y die Mengen der möglichen Werte die x bzw. y annehmen können. Für die Regel „Wenn die Geschwindigkeit zwischen 90 km/h und 110 km/h beträgt, dann liegt der Benzinverbrauch zwischen 6 und 8 Litern" (als logische Formel: $v \in [90, 110] \to b \in [6, 8]$) ergibt sich die Relation aus Abbildung 16.3.

Wenn wir wissen, dass die Geschwindigkeit den Wert v hat, können wir im Falle $90 \leq v \leq 110$ schließen, dass für den Benzinverbrauch b die Beziehung $6 \leq b \leq 8$ gilt. Andernfalls können wir nur aufgrund der gegebenen Regel nichts über den

Benzinverbrauch aussagen, d.h., wir erhalten $b \in [0, \infty)$. Dasselbe Ergebnis liefert die Anwendung der Relation R auf die einelementige Menge $\{v\}$:

$$R[\{v\}] = \begin{cases} [6,8] & \text{falls } v \in [90,110] \\ [0,\infty) & \text{sonst.} \end{cases}$$

Allgemeiner gilt: Wenn die Geschwindigkeit irgendeinen Wert aus der Menge M annimmt, so folgt im Falle $M \subseteq [90,110]$, dass der Benzinverbrauch zwischen 6 und 8 Litern liegt, andernfalls folgt nur $b \in [0, \infty)$, was sich ebenfalls aus der Anwendung der Relation R auf die Menge M ergibt:

$$R[M] = \begin{cases} [6,8] & \text{falls } M \subseteq [90,110] \\ \varnothing & \text{falls } M = \varnothing \\ [0,\infty) & \text{sonst.} \end{cases}$$

$\square$

16.3 Inferenzketten

Das obige Beispiel zeigt, wie sich eine logische Inferenz mit einer Relation darstellen lässt. Beim Schlussfolgern treten üblicherweise Inferenzketten der Form $\varphi_1 \to \varphi_2$, $\varphi_2 \to \varphi_3$ auf, aus der wir $\varphi_1 \to \varphi_3$ ableiten können. Ein ähnliches Prinzip kann auch für Relationen angegeben werden. Es seien die Relationen $R_1 \subseteq X \times Y$ und $R_2 \subseteq Y \times Z$ gegeben. Ein Element x steht indirekt in Relation zu einem Element $z \in Z$, wenn es ein Element $y \in Y$ gibt, so dass x und y in der Relation R_1 und y und z in der Relation R_2 stehen. Man „gelangt von x nach z über y". Auf diese Weise lässt sich die Hintereinanderschaltung der Relationen R_1 und R_2 als Relation

$$R_2 {\circ} R_1 = \{(x,z) \in X \times Z \mid (\exists y \in Y)((x,y) \in R_1 \wedge (y,z) \in R_2)\} \tag{16.4}$$

zwischen X und Z definieren. Es gilt dann für alle $M \subseteq X$

$$R_2 \big[R_1[M] \big] = (R_2 {\circ} R_1)[M].$$

Für die Relationen $\operatorname{graph}(f)$ und $\operatorname{graph}(g)$, die von den Abbildungen $f : X \to Y$ bzw. $g : Y \to Z$ induziert werden, folgt, dass die Hintereinanderschaltung der Relation mit der von der Hintereinanderschaltung der Abbildungen f und g induzierten Relation übereinstimmt:

$$\operatorname{graph}(g \circ f) = \operatorname{graph}(g) \circ \operatorname{graph}(f).$$

Beispiel 16.6 Wir erweitern das Beispiel 16.1 der Schlüssel und Türen, indem wir eine Menge $P = \{p_1, p_2, p_3\}$ von drei Personen betrachten, die im Besitz verschiedener Schlüssel sind, was wir durch die Relation

$$R' = \{(p_1,s_1),(p_1,s_2),(p_2,s_3),(p_2,s_4),(p_3,s_5)\} \subseteq P \times T$$

ausdrücken. Dabei ist $(p_i, s_j) \in R'$ gleichbedeutend damit, dass Person p_i der Schlüssel s_j zur Verfügung steht. Die Hinteranderschaltung

$$\begin{aligned} R {\circ} R' = \{ \ & (p_1,t_1),(p_1,t_2),(p_2,t_3),(p_2,t_4),(p_2,t_5), \\ & (p_3,t_1),(p_3,t_2),(p_3,t_3),(p_3,t_4),(p_3,t_5),(p_3,t_6) \ \} \end{aligned}$$

der Relationen R' und R enthält das Paar $(p,t) \in P \times T$ genau dann, wenn Person p die Tür t öffnen kann. Mit der Relation $R \circ R'$ lässt sich bspw. bestimmen, welche Türen geöffnet werden können, wenn die Personen p_1 und p_2 anwesend sind. Die gesuchte Menge der Türen ist

$$(R \circ R')[\{p_1, p_2\}] = \{t_1, \ldots, t_5\} = R\Big[R'[\{p_1, p_2\}]\Big].$$

□

Beispiel 16.7 Im Beispiel 16.2 gab der von einem Messgerät angezeigte Wert x den wahren Wert y bis auf eine Genauigkeit von 0.1 an, was durch die Relation $R = \{(x,y) \in \mathbb{R} \times \mathbb{R} \mid |x-y| \leq 0.1\}$ wiedergegeben wurde. Lässt sich die Größe z aus der Größe y mit einer Genauigkeit von 0.2 bestimmen, entspricht dies der Relation $R' = \{(y,z) \in \mathbb{R} \times \mathbb{R} \mid |x-y| \leq 0.2\}$. Die Hintereinanderschaltung von R' und R ergibt die Relation $R' \circ R = \{(x,z) \in \mathbb{R} \times \mathbb{R} \mid |x-z| \leq 0.3\}$. Wenn das Messgerät den Wert x_0 anzeigt, können wir folgern, dass der Wert der Größe z in der Menge

$$(R' \circ R)[\{x_0\}] = [x_0 - 0.3, x_0 + 0.3]$$

liegt.   □

Beispiel 16.8 Das Beispiel 16.5 demonstrierte, wie sich eine Implikation der Form $x \in A \to y \in B$ durch eine Relation darstellen lässt. Ist eine weitere Regel $y \in C \to z \in D$ bekannt, so lässt sich im Falle $B \subseteq C$ die Regel $x \in A \to z \in D$ ableiten. Andernfalls lässt sich bei der Kenntnis von x nichts über z aussagen, d.h., wir erhalten die Regel $x \in X \to z \in Z$. Die Hintereinanderschaltung der die Implikationen $x \in A \to y \in B$ und $y \in C \to z \in D$ repräsentierenden Relationen R' und R ergibt entsprechend die Relation, die mit der Implikation $x \in A \to z \in D$ bzw. $x \in A \to z \in Z$ assoziiert wird:

$$R' \circ R = \begin{cases} (A \times D) \cup (\bar{A} \times Z) & \text{falls } B \subseteq C \\ (A \times Z) \cup (\bar{A} \times Z) = X \times Z & \text{sonst.} \end{cases}$$

□

16.4   Einfache Fuzzy-Relationen

Nachdem wir einen kurzen Überblick über grundlegende Begriffe und Konzepte für gewöhnliche Relationen gegeben haben, wenden wir uns nun den Fuzzy-Relationen zu.

Definition 16.1 *Eine Fuzzy-Menge $\varrho \in \mathcal{F}(X \times Y)$ heißt (zweistellige) Fuzzy-Relation zwischen den Grundmengen X und Y.*

Eine Fuzzy-Relation ist demnach eine verallgemeinerte gewöhnliche Relation, bei der zwei Elemente graduell in Relation stehen können. Je größer der Zugehörigkeitsgrad $\varrho(x,y)$ ist, desto stärker stehen x und y in Relation.

ϱ	g	m	h
a	0.0	0.3	1.0
f	0.6	0.9	0.1
i	0.8	0.5	0.2

Tabelle 16.3: Die Fuzzy-Relation ϱ: „x ist Renditeobjekt mit Risikofaktor y"

Beispiel 16.9 $X = \{a, f, i\}$ bezeichne die Menge der Renditeobjekte Aktien (a), fest-verzinsliche Wertpapiere (f) und Immobilien (i). Die Menge $Y = \{g, m, h\}$ enthält die Elemente geringes (g), mittleres (m) und hohes (h) Risiko. Die in Tabelle 16.3 angegebene Fuzzy-Relation $\varrho \in \mathcal{F}(X \times Y)$ gibt für jedes Paar $(x, y) \in X \times Y$ an, inwieweit x als Renditeobjekt mit dem Risikofaktor y angesehen werden kann.

Bspw. bedeutet der Tabelleneintrag in der Spalte m und der Zeile i, dass Immobilien zum Grad 0.5 als Renditeobjekt mit mittlerem Risiko angesehen werden können, d.h., es gilt $\varrho(i, m) = 0.5$. □

Beispiel 16.10 Für das Messgerät aus Beispiel 16.2 wurde eine Genauigkeit von 0.1 angegeben. Es ist jedoch nicht sehr realistisch anzunehmen, dass bei einem angezeigten Wert x_0 jeder Wert aus dem Intervall $[x_0 - 0.1, x_0 + 0.1]$ als gleich glaubwürdig als wahrer Wert der gemessenen Größe angesehen werden kann. Als Alternative zur scharfen Relation R aus Beispiel 16.2 zur Repräsentation dieses Sachverhalts bietet sich daher eine Fuzzy-Relation an, z.B.

$$\varrho : \mathbb{R} \times \mathbb{R} \to [0, 1], \quad (x, y) \mapsto 1 - \min\{10|x - y|, 1\},$$

die den Zugehörigkeitsgrad 1 für $x = y$ ergibt und eine in $|x - y|$ lineare Abnahme des Zugehörigkeitsgrades zur Folge hat, bis die Differenz zwischen x und y den Wert 0.1 überschreitet. □

Um mit Fuzzy-Relationen ähnlich wie mit gewöhnlichen Relationen operieren zu können, müssen wir die in Gleichung (16.1) angegebene Formel zur Bestimmung des Bildes einer Menge unter einer Relation auf Fuzzy-Mengen und Fuzzy-Relationen erweitern.

Definition 16.2 *Für eine Fuzzy-Relation $\varrho \in \mathcal{F}(X \times Y)$ und eine Fuzzy-Menge $\mu \in \mathcal{F}(X)$ ist das Bild von μ unter ϱ die Fuzzy-Menge*

$$\varrho[\mu](y) = \sup\{\min\{\varrho(x, y), \mu(x)\} \mid x \in X\} \tag{16.5}$$

über der Grundmenge Y.

Diese Definition lässt sich auf mehrere Arten rechtfertigen. Sind ϱ und μ die charakteristischen Funktionen einer gewöhnlichen Relation R bzw. Menge M, so ist $\varrho[\mu]$ die charakteristische Funktion des Bildes $R[M]$ von M unter R. Die Definition ist somit eine Verallgemeinerung der Formel (16.1) für scharfe Mengen.

Die Formel (16.1) ist äquivalent zu der Aussage

$$y \in R[M] \iff (\exists x \in X)((x, y) \in R \land x \in M).$$

Man erhält die Formel (16.5) für Fuzzy-Relationen aus dieser Äquivalenz, indem man der Konjunktion das Minimum als Wahrheitswertfunktion zuordnet und den Existenzquantor als Supremum auswertet, d.h.

$$\varrho[\mu](y) \;=\; [\![\, y \in \varrho[\mu]\,]\!]$$

$$=\; [\![\,(\exists x \in X)\big((x,y) \in \varrho \wedge x \in \mu\big)\,]\!]$$

$$=\; \sup\big\{\,\min\{\varrho(x,y),\mu(x)\} \mid x \in X\,\big\}.$$

Die Definition 16.2 lässt sich auch aus dem Extensionsprinzip herleiten. Wir betrachten dazu die partielle Abbildung

$$f : X \times (X \times Y) \to Y, \qquad (x,(x',y)) \mapsto \begin{cases} y & \text{falls } x = x' \\ \text{undefiniert} & \text{sonst.} \end{cases} \tag{16.6}$$

Es ist offensichtlich, dass für eine Menge $M \subseteq X$ und eine Relation $R \subseteq X \times Y$

$$f[M, R] \;=\; f[M \times R] \;=\; R[M]$$

gilt.

Bei der Einführung des Extensionsprinzips haben wir an keiner Stelle gefordert, dass die auf Fuzzy-Mengen zu erweiternde Abbildung f überall definiert sein muss. Das Extensionsprinzip lässt sich daher auch auf partielle Abbildungen anwenden. Das Extensionsprinzip für die Abbildung (16.6), die der Berechnung eines Bildes einer Menge unter einer Relation zugrundeliegt, liefert die in der Definition 16.2 angegebene Formel für das Bild einer Fuzzy-Menge unter einer Fuzzy-Relation.

Eine weitere Rechtfertigung der Definition 16.2 ergibt sich aus der in Beispiel 16.4 und Abbildung 16.2 beschriebenen Berechnungsweise des Bildes einer Menge unter einer Relation als Projektion des Durchschnitts der zylindrischen Erweiterung der Menge mit der Relation (vgl. Gleichung (16.2)). Setzt man in die Gleichung (16.2) statt der Menge M eine Fuzzy-Menge μ und für die Relation R eine Fuzzy-Relation ϱ ein, ergibt sich wiederum die Formel (16.5), wenn der Durchschnitt von Fuzzy-Mengen durch das Minimum bestimmt wird und die Projektion und die zylindrische Erweiterung für Fuzzy-Mengen wie im Abschnitt 15 berechnet werden.

Beispiel 16.11 Mit Hilfe der Fuzzy-Relation aus dem Beispiel 16.9 soll eine Einschätzung des Risikos eines Fonds vorgenommen werden, der sich vorwiegend auf Aktien konzentriert, sich aber auch zu einem geringeren Teil im Immobilienbereich engagiert. Wir repräsentieren diesen Fond über der Grundmenge $\{a, i, f\}$ der Renditeobjekte als Fuzzy-Menge μ mit

$$\mu(a) = 0.8, \qquad \mu(f) = 0, \qquad \mu(i) = 0.2.$$

Um das Risiko dieses Fonds zu bestimmen, berechnen wir das Bild der Fuzzy-Menge μ unter der Fuzzy-Relation ϱ aus Tabelle 16.3. Es ergibt sich

$$\varrho[\mu](g) = 0.2, \qquad \varrho[\mu](m) = 0.3, \qquad \varrho[\mu](h) = 0.8.$$

Ähnlich wie im Beispiel 16.3 lässt sich die Fuzzy-Menge $\varrho[\mu]$ mit Hilfe eines modifizierten Falk-Schemas angeben. Dazu müssen anstelle der Nullen und Einsen in der Tabelle 16.2 die entsprechenden Zugehörigkeitsgrade eingetragen werden. Unter der jeweiligen Spalte ergibt sich der Zugehörigkeitsgrad des korrespondierenden Elementes zur Fuzzy-Menge $\varrho[\mu]$, indem man für jeden Eintrag der Spalte das Minimum mit dem dazugehörigen Wert des μ repräsentierenden Vektors bildet und das Maximum dieser Minima errechnet. In diesem Sinne gleicht die Berechnung des Bildes einer Fuzzy-Menge μ unter einer Fuzzy-Relation ϱ der Matrixmultiplikation einer Matrix mit einem Vektor, bei der die Multiplikation der Komponenten durch das Minimum und die Addition durch das Maximum ersetzt wird. □

Beispiel 16.12 Wir nehmen an, dass das Messgerät aus Beispiel 16.10 einen Wert von „ungefähr 0.3" angezeigt hat, was wir mit der Fuzzy-Menge $\mu = \Lambda_{0.2,0.3,0.4}$ modellieren. Für den wahren Wert y ergibt sich die Fuzzy-Menge

$$\varrho[\mu](y) = 1 - \min\{5|y - 0.3|, 1\}$$

als Bild der Fuzzy-Menge μ unter der Relation ϱ aus Beispiel 16.10. □

Beispiel 16.13 Das Beispiel 16.5 hat gezeigt, dass sich logische Inferenz auf der Basis einer Implikation der Form $x \in A \rightarrow y \in B$ mit einer Relation darstellen lässt. Wir verallgemeinern dieses Verfahren für den Fall, dass A und B durch Fuzzy-Mengen μ bzw. ν ersetzt werden. Dazu definieren wir in Anlehnung an die Gleichung (16.3) mit der Formel $[\![(x,y) \in \varrho]\!] = [\![x \in \mu \rightarrow y \in \nu]\!]$, in der wir als Wahrheitswertfunktion für die Implikation die Gödel-Implikation wählen, die Fuzzy-Relation

$$\varrho(x,y) = \begin{cases} 1 & \text{falls } \mu(x) \leq \nu(y) \\ \nu(y) & \text{sonst.} \end{cases}$$

Die Regel „Wenn x ungefähr 2 ist, dann ist y ungefähr 3" führt dann zur Fuzzy-Relation

$$\varrho(x,y) = \begin{cases} 1 & \text{falls } \min\{|3 - y|, 1\} \leq |2 - x| \\ 1 - \min\{|3 - y|, 1\} & \text{sonst,} \end{cases}$$

wenn man „ungefähr 2" durch die Fuzzy-Menge $\mu = \Lambda_{1,2,3}$ und „ungefähr 3" durch die Fuzzy-Menge $\nu = \Lambda_{2,3,4}$ modelliert. Aus der Kenntnis von „x ist ungefähr 2.5", repräsentiert durch die Fuzzy-Menge $\mu' = \Lambda_{1.5,2.5,3.5}$, erhalten wir für y die Fuzzy-Menge

$$\varrho[\mu'](y) = \begin{cases} y - 1.5 & \text{falls } 2.0 \leq y \leq 2.5 \\ 1 & \text{falls } 2.5 \leq y \leq 3.5 \\ 4.5 - y & \text{falls } 3.5 \leq y \leq 4.0 \\ 0.5 & \text{sonst,} \end{cases}$$

die in Abbildung 16.4 zu sehen ist.

Der Zugehörigkeitsgrad eines Elementes y_0 zu dieser Fuzzy-Menge sollte in dem Sinne interpretiert werden, dass er angibt, inwieweit es noch für möglich gehalten wird, dass die Variable y den Wert y_0 annimmt. Diese Sichtweise ist die Verallgemeinerung dessen, was sich bei der auf gewöhnlichen Mengen basierenden Implikation im Beispiel 16.5 ergab. Dort waren als Ergebnis nur zwei Mengen möglich: die gesamte Grundmenge, wenn die Prämisse der Implikation nicht unbedingt erfüllt war, bzw. die in der Konklusion der Implikation angegebene Menge für den Fall,

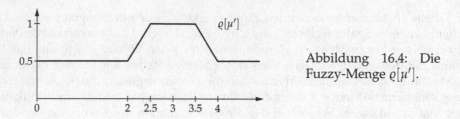

Abbildung 16.4: Die Fuzzy-Menge $\varrho[\mu']$.

dass die Prämisse galt. Der erste Fall besagt, dass aufgrund der Regel noch alle Werte für y denkbar sind, während im zweiten Fall ausschließlich Werte aus der Konklusionsmenge in Frage kommen. Durch die Verwendung von Fuzzy-Mengen anstelle der gewöhnlichen Mengen kann sowohl die Prämisse als auch die Konklusion der Implikation partiell erfüllt sein. Dies hat zur Folge, dass nicht mehr nur die Grundmenge und die Konklusions(-Fuzzy-)Menge als Ergebnisse in Betracht kommen, sondern auch Fuzzy-Mengen dazwischen. Die Tatsache, dass alle Werte y einen Zugehörigkeitsgrad von mindestens 0.5 zur Fuzzy-Menge $\varrho[\mu']$ besitzen, ist dadurch begründet, dass ein Wert, nämlich $x_0 = 2.0$, existiert, der einen Zugehörigkeitsgrad von 0.5 zur Fuzzy-Menge μ' und einen Zugehörigkeitsgrad von 0 zu μ hat. Das bedeutet, dass die Variable x zum Grad 0.5 einen Wert annehmen kann, bei dem sich aufgrund der Implikation nichts über y aussagen lässt, d.h., dass y jeden beliebigen Wert aus der Grundmenge annehmen kann. Der Zugehörigkeitsgrad 1 des Wertes $x_0 = 2.5$ zur Fuzzy-Menge μ' hat zur Folge, dass alle Werte aus dem Intervall $[2.5, 3.5]$ einen Zugehörigkeitsgrad von 1 zu $\varrho[\mu']$ besitzen. Denn für $x_0 = 2.5$ ergibt sich $\mu(2.5) = 0.75$, d.h., die Prämisse der Implikation ist zum Grad 0.75 erfüllt, so dass es für die Gültigkeit der Implikation ausreicht, wenn die Konklusion ebenfalls zum Grad von mindestens 0.75 erfüllt ist. Dies gilt genau für die Werte aus dem Intervall $[2.5, 3.5]$.

Für die Zugehörigkeitsgrade zwischen 0 und 1 zur Fuzzy-Menge $\varrho[\mu']$ lassen sich analoge Überlegungen anstellen.   □

16.5 Verkettung von Fuzzy-Relationen

Zum Ende dieses Abschnitts wenden wir uns der Verkettung oder Hintereinanderschaltung von Fuzzy-Relationen zu. Ähnlich wie wir bei der Definition des Bildes einer Fuzzy-Menge unter einer Fuzzy-Relation die Formel (16.1) für gewöhnliche Mengen zugrundegelegt haben, greifen wir für die Hintereinanderschaltung von Fuzzy-Relationen auf die Gleichung (16.4) zurück.

Definition 16.3 *Es seien $\varrho_1 \in \mathcal{F}(X \times Y)$ und $\varrho_2 \in \mathcal{F}(Y \times Z)$ Fuzzy-Relationen. Dann ergibt die* Hintereinanderschaltung *der beiden Fuzzy-Relationen die Fuzzy-Relation*

$$(\varrho_2 \circ \varrho_1)(x, z) = \sup \{ \min\{\varrho_1(x, y), \varrho_2(y, z)\} \mid y \in Y \} \tag{16.7}$$

zwischen den Grundmengen X und Z.

Diese Definition erhält man aus der Äquivalenz

$$(x, z) \in R_2 \circ R_1 \iff (\exists y \in Y)((x, y) \in R_1 \wedge (y, z) \in R_2),$$

ϱ'	gv	kv	kg	gg
g	0.0	0.4	1.0	0.0
m	0.3	1.0	1.0	0.4
h	1.0	1.0	1.0	1.0

Tabelle 16.4: Die Fuzzy-Relation ϱ': „Bei dem Risiko y ist der Gewinnn/Verlust z möglich"

indem man der Konjunktion das Minimum als Wahrheitswertfunktion zuordnet und den Existenzquantor durch das Supremum auswertet, so dass sich

$$
\begin{aligned}
(\varrho_2 \circ \varrho_1)(x,z) &= [\![(x,y) \in (\varrho_2 \circ \varrho_1)]\!] \\
&= [\![(\exists y \in Y)((x,y) \in R_1 \wedge (y,z) \in R_2)]\!] \\
&= \sup\{\min\{\varrho_1(x,y), \varrho_2(y,z)\} \mid y \in Y\}
\end{aligned}
$$

ergibt.

Die Formel (16.7) erhält man auch, wenn man das Extensionsprinzip auf die partielle Abbildung

$$
f : (X \times Y) \times (Y \times Z) \to (X \times Y),
$$

$$
((x,y),(y',z)) \mapsto \begin{cases} (x,z) & \text{falls } y = y' \\ \text{undefiniert} & \text{sonst} \end{cases}
$$

anwendet, die der Hintereinanderschaltung gewöhnlicher Relationen zugrunde liegt, da

$$
f[R_1, R_2] = f[R_1 \times R_2] = R_2 \circ R_1
$$

gilt.

Sind ϱ_1 und ϱ_2 die charakteristischen Funktionen der gewöhnlichen Relationen R_1 bzw. R_2, so ist $\varrho_2 \circ \varrho_1$ die charakteristische Funktion der Relation $R_2 \circ R_1$. In diesem Sinne verallgemeinert die Definition 16.3 die Hintereinanderschaltung von Relationen für Fuzzy-Relationen.

Für jede Fuzzy-Menge $\mu \in \mathcal{F}(X)$ gilt

$$
(\varrho_2 \circ \varrho_1)[\mu] = \varrho_2[\varrho_1[\mu]].
$$

Beispiel 16.14 Wir erweitern die in Beispiel 16.11 diskutierte Risikoeinschätzung eines Fonds um die Menge $Z = \{gv, kv, kg, gg\}$. Die Elemente stehen für „großer Verlust", „kleiner Verlust", „kleiner Gewinn" bzw. „großer Gewinn". Die Fuzzy-Relation $\varrho' \in \mathcal{F}(Y \times Z)$ in Tabelle 16.4 gibt für jedes Tupel $(y,z) \in Y \times Z$ an, inwieweit bei dem Risiko y der Gewinn bzw. Verlust z für möglich gehalten wird. Das Ergebnis der Hintereinanderschaltung der Fuzzy-Relationen ϱ und ϱ' zeigt Tabelle 16.5.

In diesem Fall, in dem die Grundmengen endlich sind und sich die Fuzzy-Relationen als Tabellen oder Matrizen darstellen lassen, entspricht die Berechnungsvorschrift für die Hintereinanderschaltung von Fuzzy-Relationen einer Matrixmultiplikation, bei der anstelle der komponentenweisen Multiplikation das Minimum

ϱ'	gv	kv	kg	gg
a	1.0	1.0	1.0	1.0
f	0.3	0.9	0.9	0.4
i	0.3	0.5	0.8	0.4

Tabelle 16.5: Die Fuzzy-Relation $\varrho' \circ \varrho$: „Bei dem Renditeobjekt x ist der Gewinnn/Verlust z möglich"

gebildet und die Addition durch das Maximum ersetzt wird. Für den Fond aus Beispiel 16.11, der durch die Fuzzy-Menge μ

$$\mu(a) = 0.8, \qquad \mu(f) = 0, \qquad \mu(i) = 0.2.$$

repräsentiert wurde, ergibt sich

$$(\varrho' \circ \varrho)[\mu](gv) = (\varrho' \circ \varrho)[\mu](kv) = (\varrho' \circ \varrho)[\mu](kg) = (\varrho' \circ \varrho)[\mu](gg) = 0.8$$

als die den möglichen Gewinn bzw. Verlust beschreibende Fuzzy-Menge $\square$

Beispiel 16.15 Die Genauigkeit des Messgerätes aus Beispiel 16.10 wurde durch die Fuzzy-Relation $\varrho(x,y) = 1 - \min\{10|x - y|, 1\}$ beschrieben, die angibt, inwieweit bei dem angezeigten Wert x der Wert y als wahrer Wert in Frage kommt. Wir nehmen an, dass das (analoge) Messgerät nicht genau abgelesen werden kann, und verwenden dafür die Fuzzy-Relation $\varrho'(a,x) = 1 - \min\{5|a - x|, 1\}$. Dabei gibt $\varrho'(a,x)$ an, inwieweit bei dem abgelesenen Wert a der Wert x als wahrer Wert der Anzeige angenommen werden kann. Wenn wir von dem abgelesenen Wert a direkt auf den wahren Wert y der zu messenden Größe schließen wollen, benötigen wir dazu die Hintereinanderschaltung der Fuzzy-Relationen ϱ' und ϱ.

$$(\varrho \circ \varrho')(a,y) = 1 - \min\left\{\frac{10}{3}|a - y|, 1\right\}$$

Bei einem abgelesenen Wert $a = 0$ erhalten wir für den wahren Wert y die Fuzzy-Menge

$$(\varrho \circ \varrho')[I_{\{0\}}] = \Lambda_{-0.3,0,0.3}.$$

$\square$

Kapitel 17

Ähnlichkeitsrelationen

In diesem Abschnitt werden wir einen speziellen Typ von Fuzzy-Relationen, die Ähnlichkeitsrelationen, näher untersuchen, die eine wichtige Rolle bei der Interpretation von Fuzzy-Reglern spielen und ganz allgemein dazu verwendet werden können, die einem Fuzzy-System inhärente Ununterscheidbarkeit zu charakterisieren.

17.1 Ähnlichkeit

Ähnlichkeitsrelationen sind Fuzzy-Relationen, die für je zwei Elemente oder Objekte angeben, inwieweit sie als ununterscheidbar oder ähnlich angesehen werden. Von einer Ähnlichkeitsrelation sollte man erwarten, dass sie reflexiv und symmetrisch ist, d.h., dass jedes Element zu sich selbst (zum Grad eins) ähnlich ist und dass x genauso ähnlich zu y wie y zu x ist. Zusätzlich zu diesen beiden Mindestanforderungen an Ähnlichkeitsrelationen verlangen wir noch die folgende abgeschwächte Transitivitätsbedingung: Ist x zu einem gewissen Grad ähnlich zu y und ist y zu einem gewissen Grad ähnlich zu z, dann sollte auch x zu einem gewissen (evtl. geringeren) Grad ähnlich zu z sein. Formal definieren wir eine Ähnlichkeitsrelation wie folgt:

Definition 17.1 *Eine* Ähnlichkeitsrelation $E : X \times X \rightarrow [0,1]$ *bzgl. der t-Norm t auf der Grundmenge X ist eine Fuzzy-Relation über $X \times X$, die den Bedingungen*

(E1)	$E(x,x) = 1,$	(Reflexivität)
(E2)	$E(x,y) = E(y,x),$	(Symmetrie)
(E3)	$t(E(x,y), E(y,z)) \leq E(x,z).$	(Transitivität)

für alle $x,y,z \in X$ genügt.

Die Transitivitätsbedingung für Ähnlichkeitsrelationen kann im Sinne der Fuzzy-Logik, wie sie im Kapitel 14.4 vorgestellt wurde, folgendermaßen verstanden werden: Der Wahrheitswert der Aussage

x und y sind ähnlich UND y und z sind ähnlich

sollte höchstens so groß sein wie der Wahrheitswert der Aussage

x und z sind ähnlich,

wobei der Konjunktion UND als Wahrheitswertfunktion die t-Norm t zugeordnet wird.

Im Beispiel 16.10 haben wir bereits ein Beispiel für eine Ähnlichkeitsrelation kennengelernt, nämlich die Fuzzy-Relation

$$\varrho : \mathbb{R} \times \mathbb{R} \to [0,1], \quad (x,y) \mapsto 1 - \min\{10|x-y|, 1\},$$

die angibt, inwieweit zwei Werte mit einem Messgerät unterscheidbar sind. Es lässt sich leicht nachweisen, dass diese Fuzzy-Relation eine Ähnlichkeitsrelation bzgl. der Łukasiewicz-t-Norm $t(\alpha, \beta) = \max\{\alpha + \beta - 1, 0\}$ ist. Wesentlich allgemeiner gilt, dass eine beliebige Pseudometrik, d.h., ein Abstandsmaß $\delta : X \times X \to [0, \infty)$, das die Symmetriebedingung $\delta(x,y) = \delta(y,x)$ und die Dreiecksungleichung $\delta(x,y) + \delta(y,z) \geq \delta(x,z)$ erfüllt, mittels

$$E^{(\delta)}(x,y) = 1 - \min\{\delta(x,y), 1\}$$

eine Ähnlichkeitsrelation bzgl. der Łukasiewicz-t-Norm induziert und umgekehrt, dass jede Ähnlichkeitsrelation E bzgl. der Łukasiewicz-t-Norm durch

$$\delta^{(E)}(x,y) = 1 - E(x,y)$$

eine Pseudometrik definiert. Es gelten die Beziehungen $E = E^{(\delta^{(E)})}$ und $\delta(x,y) = \delta^{(E^{(\delta)})}(x,y)$, falls $\delta(x,y) \leq 1$ gilt, so dass Ähnlichkeitsrelationen und (durch eins beschränkte) Pseudometriken als duale Konzepte angesehen werden können.

Wir werden später noch sehen, dass es sinnvoll ist, Ähnlichkeitsrelationen bzgl. anderer t-Normen als der Łukasiewicz-t-Norm zu betrachten, um die Unschärfe bzw. die damit verbundene Ununterscheidbarkeit in Fuzzy-Systemen zu kennzeichnen.

17.2 Fuzzy-Mengen und extensionale Hüllen

Geht man davon, dass eine Ähnlichkeitsrelation eine gewisse Ununterscheidbarkeit charakterisiert, so sollte man erwarten, dass sich kaum unterscheidbare Elemente auch ähnlich verhalten bzw. ähnliche Eigenschaften besitzen. Für Fuzzy-Systeme ist die (unscharfe) Eigenschaft, Element einer (Fuzzy-)Menge zu sein, wesentlich. Daher spielen die Fuzzy-Mengen eine wichtige Rolle, die eine gegebene Ähnlichkeitsrelation in dem Sinne respektieren, dass ähnliche Elemente auch ähnliche Zugehörigkeitsgrade besitzen. Diese Eigenschaft wird als Extensionalität bezeichnet und formal folgendermaßen definiert:

Definition 17.2 *Es sei $E : X \times X \to [0,1]$ eine Ähnlichkeitsrelation bzgl. der t-Norm t auf der Grundmenge X. Eine Fuzzy-Menge $\mu \in \mathcal{F}(X)$ heißt* extensional *bzgl. E, wenn für alle $x, y \in X$*

$$t\big(\mu(x), E(x,y)\big) \leq \mu(y)$$

gilt.

Die Extensionalitätsbedingung lässt sich im Sinne der Fuzzy-Logik so interpretieren, dass der Wahrheitswert der Aussage

> x ist ein Element der Fuzzy-Menge μ UND
> x und y sind ähnlich (ununterscheidbar)

höchstens so groß sein sollte wie der Wahrheitswert der Aussage

> y ist ein Element der Fuzzy-Menge μ,

wobei der Konjunktion UND als Wahrheitswertfunktion die t-Norm t zugeordnet wird.

Eine Fuzzy-Menge kann immer zu einer extensionalen Fuzzy-Menge erweitert werden, indem man zu ihr alle Elemente hinzufügt, die zumindest zu einem ihrer Elemente ähnlich sind. Formalisiert man diese Idee, ergibt sich die folgende Definition.

Definition 17.3 *Es sei* $E : X \times X \to [0,1]$ *eine Ähnlichkeitsrelation bzgl. der t-Norm t auf der Grundmenge X. Die extensionale Hülle* $\hat{\mu}$ *der Fuzzy-Menge* $\mu \in \mathcal{F}(X)$ *(bzgl. der Ähnlichkeitsrelation E) ist durch*

$$\hat{\mu}(y) = \sup \{t(E(x,y), \mu(x)) \mid x \in X\}$$

gegeben.

Ist t eine stetige t-Norm, so ist die extensionale Hülle $\hat{\mu}$ von μ die kleinste extensionale Fuzzy-Menge, die μ enthält — enthalten sein im Sinne von $\leq$.

Man erhält die extensionale Hülle einer Fuzzy-Menge μ unter der Ähnlichkeitsrelation E im Prinzip als das Bild von μ unter der Fuzzy-Relation E wie in der Definition 16.2. Allerdings ist bei der extensionalen Hülle das Minimum in der Formel (16.5) in Definition 16.2 durch die t-Norm t ersetzt.

Beispiel 17.1 Wir betrachten die Ähnlichkeitsrelation $E : \mathbb{R} \times \mathbb{R} \to [0,1]$, $E(x,y) = 1 - \min\{|x - y|, 1\}$ bzgl. der Łukasiewicz-t-Norm, die durch die übliche Metrik $\delta(x,y) = |x - y|$ auf den reellen Zahlen induziert wird. Eine (gewöhnliche) Menge $M \subseteq \mathbb{R}$ lässt sich durch ihre charakteristische Funktion I_M als Fuzzy-Menge auffassen, so dass sich auch extensionale Hüllen gewöhnlicher Mengen berechnen lassen.

Die extensionale Hülle eines Punktes x_0, d.h. der einelementigen Menge x_0, bzgl. der oben angegebenen Ähnlichkeitsrelation E ergibt eine Fuzzy-Menge in Form der Dreiecksfunktion $\Lambda_{x_0-1,x_0,x_0+1}$. Die extensionale Hülle des Intervalls $[a, b]$ ist die Trapezfunktion $\Pi_{a-1,a,b,b+1}$ (vgl. Abbildung 17.1). □

Dieses Beispiel stellt eine interessante Verbindung zwischen Fuzzy-Mengen und Ähnlichkeitsrelationen her: die in der Praxis häufig verwendeten Dreiecks- und Trapezfunktionen lassen sich als extensionale Hüllen von Punkten bzw. Intervallen interpretieren, d.h., als unscharfe Punkte bzw. Intervalle in einer impräzisen Umgebung, die durch die von der üblichen Metrik auf den reellen Zahlen induzierten Ähnlichkeitsrelation charakterisiert wird.

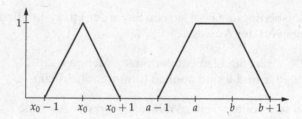

Abbildung 17.1: Die extensionale Hülle des Punktes x_0 und des Intervalls $[a, b]$.

17.3 Skalierungskonzepte

Die übliche Metrik auf den reellen Zahlen lässt nur sehr eingeschränkte Formen von Dreiecks- und Trapezfunktionen als extensionale Hüllen von Punkten bzw. Intervallen zu: der Betrag der Steigung der Schrägen muss eins sein. Es ist allerdings sinnvoll, Skalierungen der üblichen Metrik zu erlauben, so dass sich auch andere Formen von Fuzzy-Mengen als extensionale Hüllen ergeben. Diese Skalierungen können zweierlei Bedeutungen haben.

Der Ähnlichkeitsgrad zweier Messwerte hängt stark von der verwendeten Maßeinheit ab. Zwei Messwerte in Kilo-Einheiten gemessen können einen sehr geringen Abstand haben und daher als nahezu ununterscheidbar bzw. ziemlich ähnlich angesehen werden, während dieselben Werte in Milli-Einheiten angegeben sehr weit voneinander entfernt liegen und als unterscheidbar erachtet werden. Um die Ähnlichkeitsrelation an die Maßeinheit anzupassen, muss der Abstand oder die reelle Achse wie im Beispiel 16.10 mit einer Konstanten $c > 0$ skaliert werden, so dass sich als skalierte Metrik $|c \cdot x - c \cdot y|$ ergibt, die die Ähnlichkeitsrelation $E(x, y) = 1 - \min\{|c \cdot x - c \cdot y|, 1\}$ induziert.

Eine Erweiterung dieses Skalierungskonzepts besteht in der Verwendung variabler Skalierungsfaktoren, die eine lokale problemabhängige Skalierung ermöglichen.

Beispiel 17.2 Das Verhalten einer Klimaanlage soll mit unscharfen Regeln beschrieben werden. Es ist weder notwendig noch sinnvoll, die Raumtemperatur, auf die die Klimaanlage reagiert, mit einer möglichst großen Genauigkeit zu messen. Jedoch spielen die einzelnen Temperaturen unterschiedliche Rollen. So sind bspw. Temperaturen von 10°C oder 15°C als viel zu kalt anzusehen, und die Klimaanlage sollte mit voller Leistung heizen, genauso wie Werte von 27°C oder 32°C als viel zu warm zu beurteilen sind und die Klimaanlage daher mit voller Leistung kühlen sollte. Eine Unterscheidung der Werte 10°C und 15°C bzw. 27°C und 32°C ist daher für die Regelung der Raumtemperatur irrelevant. Da zwischen 10°C und 15°C nicht unterschieden werden muss, bietet sich ein sehr kleiner, positiver Skalierungsfaktor an — im Extremfall sogar der Skalierungsfaktor Null, bei dem die Temperaturen überhaupt nicht unterschieden werden. Es wäre jedoch falsch, für den gesamten Temperaturbereich einen kleinen Skalierungsfaktor zu wählen, da die Klimaanlage z.B. zwischen der zu kalten Temperatur 18.5°C und der zu warmen Temperatur 23.5°C sehr deutlich unterscheiden muss.

Anstelle eines globalen Skalierungsfaktors sollten hier verschiedene Skalierungsfaktoren für einzelne Bereiche gewählt werden, so dass bei Temperaturen, die nahe der optimalen Raumtemperatur liegen, eine feine Unterscheidung vorgenommen

Temperatur (in °C)	Skalierungsfaktor	Interpretation
< 15	0.00	genauer Wert bedeutungslos (viel zu kalte Temperatur)
15-19	0.25	zu kalt, aber annähernd o.k., nicht sehr sensitiv
19-23	1.50	sehr sensitiv, nahe dem Optimum
23-27	0.25	zu warm, aber annähernd o.k., nicht sehr sensitiv
> 27	0.00	genauer Wert bedeutungslos (viel zu heiße Temperatur)

Tabelle 17.1: Unterschiedliche Sensitivität und Skalierungsfaktoren für die Raumtemperatur

Wertepaar (x,y)	Skal.-Faktor c	transf. Abstand $\delta(x,y) = \lvert c \cdot x - c \cdot y \rvert$	Ähnlichkeitsgrad $E(x,y) = 1 - \min\{\delta(x,y), 1\}$
(13,14)	0.00	0.000	1.000
(14,14.5)	0.00	0.000	1.000
(17,17.5)	0.25	0.125	0.875
(20,20.5)	1.50	0.750	0.250
(21,22)	1.50	1.500	0.000
(24,24.5)	0.25	0.125	0.875
(28,28.5)	0.00	0.000	1.000

Tabelle 17.2: Mittels Skalierungsfaktoren transformierte Abstände und der induzierte Ähnlichkeitsgrad

wird, während bei viel zu kalten bzw. viel zu warmen Temperaturen jeweils nur sehr grob unterschieden werden muss. Tabelle 17.1 gibt exemplarisch eine Unterteilung in fünf Temperaturbereiche mit jeweils eigenem Skalierungsfaktor an.

Mittels dieser Skalierungsfaktoren ergibt sich ein transformierter Abstand zwischen den Temperaturen, der zur Definition einer Ähnlichkeitsrelation herangezogen werden kann. In Tabelle 17.2 sind die transformierten Abstände und die sich daraus ergebenden Ähnlichkeitsgrade für einige Temperaturwertepaare angegeben. Die einzelnen Wertepaare liegen jeweils paarweise in einem Bereich, in dem sich der Skalierungsfaktor nicht ändert. Um den transformierten Abstand und den daraus resultierenden Ähnlichkeitsgrad für zwei Temperaturen zu bestimmen, die nicht in einem Bereich mit konstantem Skalierungsfaktor liegen, überlegen wir uns zunächst die Wirkung eines einzelnen Skalierungsfaktors.

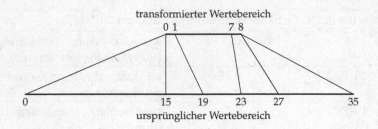

Abbildung 17.2: Transformation eines Wertebereichs mittels Skalierungsfaktoren.

Betrachten wir ein Intervall $[a, b]$, bei dem wir den Abstand zwischen zwei Punkten mit dem Skalierungsfaktor c messen, können wir ebenso das Intervall um den Faktor c strecken (falls $c > 1$ gilt) bzw. stauchen (falls $0 \leq c < 1$ gilt) und die Abstände zwischen den Punkten in dem transformierten (gestreckten bzw. gestauchten) Intervall berechnen. Um verschiedene Skalierungsfaktoren für einzelne Bereiche zu berücksichtigen, müssen wir daher jedes Teilintervall, auf dem der Skalierungsfaktor konstant bleibt, entsprechend strecken bzw. stauchen und die so transformierten Teilintervalle wieder aneinanderfügen. Auf diese Weise ergibt sich eine stückweise lineare Transformation des Wertebereiches wie sie in der Abbildung 17.2 dargestellt ist.

An drei Beispielen soll die Berechnung des transformierten Abstands und des daraus resultierenden Ähnlichkeitsgrades erläutert werden. Es soll der Ähnlichkeitsgrad zwischen den Werten 18 und 19.2 bestimmt werden. Der Wert 18 liegt im Intervall 15 bis 19 mit dem konstanten Skalierungsfaktor 0.25. Dieses Intervall der Länge vier wird somit zu einem Intervall der Länge eins gestaucht. Der Abstand des Wertes 18 zur Intervallgrenze 19 wird daher ebenfalls um den Faktor 0.25 gestaucht, so dass der transformierte Abstand zwischen 18 und 19 genau 0.25 beträgt. Um den transformierten Abstand zwischen 18 und 19.2 zu berechnen, müssen wir zu diesem Wert noch den transformierten Abstand zwischen 19 und 19.2 addieren. In diesem Bereich ist der Skalierungsfaktor konstant 1.5, so dass der Abstand zwischen 19 und 19.2 um den Faktor 1.5 gestreckt wird und somit den transformierten Abstand 0.3 ergibt. Als transformierten Abstand zwischen den Werten 18 und 19.2 erhalten wir somit $0.25 + 0.3 = 0.55$, was zu einem Ähnlichkeitsgrad von $1 - \min\{0.55, 1\} = 0.45$ führt.

Als zweites Beispiel betrachten wir das Wertepaar 13 und 18. Der transformierte Abstand zwischen 13 und 15 ist aufgrund des dort konstanten Skalierungsfaktors 0 ebenfalls 0. Als transformierter Abstand zwischen 15 und 18 ergibt sich mit dem dortigen Skalierungsfaktor 0.25 der Wert 0.75, der auch gleichzeitig den transformierten Abstand zwischen 13 und 18 angibt. Der Ähnlichkeitsgrad zwischen 13 und 18 ist daher 0.25.

Schließlich sollen noch der transformierte Abstand und die Ähnlichkeit zwischen den Werten 22.8 und 27.5 bestimmt werden. Hier müssen insgesamt drei Bereiche mit verschiedenen Skalierungsfaktoren berücksichtigt werden: zwischen 22.8 und 23 beträgt der Skalierungsfaktor 1.5, zwischen 23 und 27 genau 0.25 und zwischen 27 und 27.5 konstant 0. Damit ergeben sich als transformierte Abstände 0.3, 1 und 0 für die Wertepaare (22.8,23), (23,27) bzw. (27,27.5). Als Summe dieser Abstände gibt der Wert 1.3 den transformierten Abstand zwischen 22.8 und 27.5 an. Als Ähnlichkeitsgrad erhalten wir somit $1 - \min\{1.3, 1\} = 0$. □

Die Idee, für einzelne Bereiche unterschiedliche Skalierungsfaktoren zu verwenden, lässt sich erweitern, indem man jedem Wert einen Skalierungsfaktor zuordnet, der angibt, wie genau in der direkten Umgebung des Wertes unterschieden werden sollte. Anstelle einer stückweise konstanten Skalierungsfunktion wie im Beispiel 17.2 können so beliebige (integrierbare) Skalierungsfunktionen $c : \mathbb{R} \to [0, \infty)$ verwendet werden. Der transformierte Abstand zwischen den Werten x und y unter einer solchen Skalierungsfunktion wird dann mit Hilfe der Formel

$$\left| \int_x^y c(s)\, ds \right| \tag{17.1}$$

berechnet [Klawonn 1994].

17.4 Interpretation von Fuzzy-Mengen

Fuzzy-Mengen lassen sich als induzierte Konzepte ausgehend von Ähnlichkeitsrelationen, etwa als extensionale Hüllen scharfer Mengen, interpretieren. Im Folgenden soll die Betrachtungsweise umgekehrt werden, d.h., wir gehen von einer Menge von Fuzzy-Mengen aus und suchen eine geeignete Ähnlichkeitsrelation dazu. Die hier vorgestellten Ergebnisse werden wir später für die Interpretation und Untersuchung von Fuzzy-Reglern verwenden. Bei Fuzzy-Reglern werden üblicherweise für den Wertebereich jeder relevanten Variablen unscharfe Ausdrücke zur Beschreibung von ungefähren Werten verwendet. Diese unscharfen Ausdrücke werden wiederum durch Fuzzy-Mengen repräsentiert. Es ist also für jeden Wertebereich X eine Menge $\mathcal{A} \subseteq \mathcal{F}(X)$ von Fuzzy-Mengen vorgegeben. Die diesen Fuzzy-Mengen inhärente Ununterscheidbarkeit lässt sich — wie wir später noch genauer sehen werden — mit Hilfe von Ähnlichkeitsrelationen charakterisieren. Eine entscheidende Rolle spielt dabei die gröbste (größte) Ähnlichkeitsrelation, bei der alle Fuzzy-Mengen in der betrachteten Menge $\mathcal{A}$ extensional sind. Der folgenden Satz, der in [Klawonn und Castro 1995] bewiesen wird, beschreibt, wie diese Ähnlichkeitsrelation berechnet werden kann.

Satz 17.1 *Es sei t eine stetige t-Norm und $\mathcal{A} \subseteq \mathcal{F}(X)$ eine Menge von Fuzzy-Mengen. Dann ist*

$$E_{\mathcal{A}}(x, y) = \inf\left\{ \overleftrightarrow{t}(\mu(x), \mu(y)) \mid \mu \in \mathcal{A} \right\} \tag{17.2}$$

die gröbste Ähnlichkeitsrelation bzgl. der t-Norm t, bei der alle Fuzzy-Mengen aus $\mathcal{A}$ extensional sind. Dabei ist $\overleftrightarrow{t}$ die zur t-Norm t gehörende Biimplikation aus Gleichung (14.4).

Mit gröbster Fuzzy-Relation ist hier gemeint, dass für jede Ähnlichkeitsrelation E, bei der alle Fuzzy-Mengen aus $\mathcal{A}$ extensional sind, folgt, dass $E_{\mathcal{A}}(x, y) \geq E(x, y)$ für alle $x, y \in X$ gilt.

Die Formel (17.2) für die Ähnlichkeitsrelation $E_{\mathcal{A}}$ lässt sich sinnvoll im Rahmen der Fuzzy-Logik erklären. Interpretiert man die Fuzzy-Mengen in $\mathcal{A}$ als Repräsentation unscharfer Eigenschaften, so sind zwei Elemente x und y bzgl. dieser Eigenschaften ähnlich zueinander, wenn für jede „Eigenschaft" $\mu \in \mathcal{A}$ gilt, dass x genau dann die Eigenschaft μ besitzt, wenn auch y sie besitzt. Ordnet man der Aussage „ x besitzt die Eigenschaft μ" den Wahrheitswert $\mu(x)$ zu und interpretiert „genau dann, wenn" mit der Biimplikation $\overleftrightarrow{t}$, so ergibt sich, wenn „für jede" im Sinne des Infimums aufgefasst wird, gerade die Formel (17.2) für den Ähnlichkeitsgrad zweier Elemente.

Beispiel 17.1 zeigte, dass typische Fuzzy-Mengen wie Dreiecksfunktionen als extensionale Hüllen einzelner Punkte auftreten. Für die Fuzzy-Regler wird die Interpretation einer Fuzzy-Menge als unscharfer Punkt sehr hilfreich sein. Wir widmen uns daher noch der Frage, wann die Fuzzy-Mengen in einer vorgegebenen Menge $\mathcal{A} \subseteq \mathcal{F}(X)$ von Fuzzy-Mengen als extensionale Hüllen von Punkten aufgefasst werden können.

Satz 17.2 *Es sei t eine stetige t-Norm und $\mathcal{A} \subseteq \mathcal{F}(X)$ eine Menge von Fuzzy-Mengen. Zu jedem $\mu \in \mathcal{A}$ existiere ein $x_\mu \in X$ mit $\mu(x_\mu) = 1$. Es existiert genau dann eine Ähnlichkeitsrelation E, so dass für alle $\mu \in \mathcal{A}$ die extensionale Hülle des Punktes x_μ mit der Fuzzy-Menge μ übereinstimmt, wenn die Bedingung*

$$\sup_{x \in X}\{t(\mu(x), \nu(x))\} \leq \inf_{y \in X}\{\overleftrightarrow{t}(\mu(y), \nu(y))\} \tag{17.3}$$

für alle $\mu, \nu \in \mathcal{A}$ erfüllt ist. In diesem Fall ist $E = E_\mathcal{A}$ die gröbste Ähnlichkeitsrelation, bei der die Fuzzy-Mengen in $\mathcal{A}$ als extensionale Hüllen von Punkten aufgefasst werden können.

Die Bedingung (17.3) besagt, dass der Nicht-Disjunktheitsgrad zweier beliebiger Fuzzy-Mengen $\mu, \nu \in \mathcal{A}$ nicht größer sein darf als ihr Gleichheitsgrad. Die entsprechenden Formeln ergeben sich, indem die folgenden Bedingungen im Sinne der Fuzzy-Logik interpretiert werden:

- Zwei Mengen μ und ν sind genau dann nicht disjunkt, wenn gilt

$$(\exists x)(x \in \mu \wedge x \in \nu).$$

- Zwei Mengen μ und ν sind genau dann gleich, wenn gilt

$$(\forall y)(y \in \mu \leftrightarrow y \in \nu).$$

Die Bedingung (17.3) aus Satz 17.2 ist insbesondere dann automatisch erfüllt, wenn die Fuzzy-Mengen μ und ν bzgl. der t-Norm t disjunkt sind, d.h., es gilt $t(\mu(x), \nu(x)) = 0$ für alle $x \in X$. Der Beweis dieses Satzes findet sich in [Kruse *et al.* 1994].

Die Variablen, die bei Fuzzy-Reglern eine Rolle spielen, sind üblicherweise reell. Ähnlichkeitsrelationen über den reellen Zahlen lassen sich sehr einfach und sinnvoll auf der Grundlage von Skalierungsfunktionen basierend auf dem Abstandsbegriff, wie er in der Formel (17.1) gegeben ist, definieren. Für den Fall, dass die Ähnlichkeitsrelation im Satz 17.2 durch eine Skalierungsfunktion induziert werden soll, wurde in [Klawonn 1994] das folgende Resultat bewiesen.

Satz 17.3 *Es sei $\mathcal{A} \subseteq \mathcal{F}(\mathbb{R})$ eine nicht-leere, höchstens abzählbare Menge von Fuzzy-Mengen, so dass für jedes $\mu \in \mathcal{A}$ gilt:*

- *Es existiert ein $x_\mu \in \mathbb{R}$ mit $\mu(x_\mu) = 1$.*

- *μ ist (als reellwertige Funktion) auf $(-\infty, x_\mu]$ monoton steigend.*

- *μ ist auf $[x_\mu, -\infty)$ monoton fallend.*

- *μ ist stetig.*

- *μ ist fast überall differenzierbar.*

Es existiert genau dann eine Skalierungsfunktion $c : \mathbb{R} \to [0, \infty)$, so dass für alle $\mu \in \mathcal{A}$ die extensionale Hülle des Punktes x_μ bzgl. der Ähnlichkeitsrelation

$$E(x, y) = 1 - \min\left\{ \left| \int_x^y c(s)\, ds \right|, 1 \right\}$$

mit der Fuzzy-Menge μ übereinstimmt, wenn die Bedingung

$$\min\{\mu(x), \nu(x)\} > 0 \;\Rightarrow\; \left| \frac{d\mu(x)}{dx} \right| = \left| \frac{d\nu(x)}{dx} \right| \tag{17.4}$$

für alle $\mu, \nu \in \mathcal{A}$ fast überall erfüllt ist. In diesem Fall kann

$$c : \mathbb{R} \to [0, \infty), \quad x \mapsto \begin{cases} \left| \frac{d\mu(x)}{dx} \right| & \text{falls } \mu \in \mathcal{A} \text{ und } \mu(x) > 0 \\ 0 & \text{sonst} \end{cases}$$

als (fast überall wohldefinierte) Skalierungsfunktion gewählt werden.

Beispiel 17.3 Um zu veranschaulichen, wie extensionale Hüllen von Punkten bzgl. einer durch eine stückweise konstante Skalierungsfunktion induzierte Ähnlichkeitsrelation aussehen, greifen wir noch einmal die Skalierungsfunktion

$$c : [0, 35) \to [0, \infty), \quad s \mapsto \begin{cases} 0 & \text{falls} & 0 \leq s < 15 \\ 0.25 & \text{falls} & 15 \leq s < 19 \\ 1.5 & \text{falls} & 19 \leq s < 23 \\ 0.25 & \text{falls} & 23 \leq s < 27 \\ 0 & \text{falls} & 27 \leq s < 35. \end{cases}$$

aus Beispiel 17.2 auf. Abbildung 17.3 zeigt die extensionalen Hüllen der Punkte 15, 19, 21, 23 und 27 bzgl. der Ähnlichkeitsrelation, die durch die Skalierungsfunktion c induziert wird.

Dass gerade diese extensionalen Hüllen Dreiecks- oder Trapezfunktionen darstellen, liegt daran, dass die Skalierungsfunktion links bzw. rechts der angegebenen Punkte sich frühestens dann ändert, wenn der Ähnlichkeitsgrad zu dem betrachteten Punkt auf null gesunken ist. Wählt man Punkte, in deren Nähe sich die Skalierungsfunktion ändert, die aber nicht direkt auf einer Sprungstelle der Skalierungsfunktion liegen, ergeben sich i.a. nur stückweise lineare, konvexe Fuzzy-Mengen als extensionale Hülle von Punkten, wie sie in Abbildung 17.4 zu sehen sind.

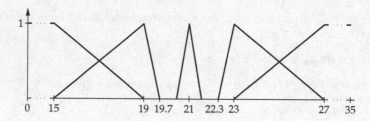

Abbildung 17.3: Die extensionalen Hüllen der Punkte 15, 19, 21, 23 und 27.

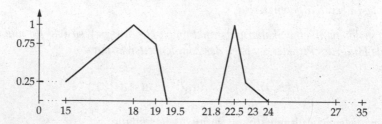

Abbildung 17.4: Die extensionalen Hüllen der Punkte 18.5 und 22.5.

Häufig werden bei Fuzzy-Reglern die zugrundeliegenden Fuzzy-Mengen auf die folgende Weise festgelegt, wie sie in Abbildung 17.5 veranschaulicht ist. Man wählt Werte $x_1 < x_2 < \ldots < x_n$ und verwendet Dreiecksfunktionen der Form $\Lambda_{x_{i-1},x_i,x_{i+1}}$ bzw. an den Rändern x_1 und x_n des betrachteten Bereichs die Trapezfunktionen $\Pi_{-\infty,-\infty,x_1,x_2}$ und $\Pi_{x_{n-1},x_n,\infty,\infty}$, d.h.

$$\mathcal{A} = \{\Lambda_{x_{i-1},x_i,x_{i+1}} \mid 1 < i < n\} \cup \{\Pi_{-\infty,-\infty,x_1,x_2}, \Pi_{x_{n-1},x_n,\infty,\infty}\}.$$

In diesem Fall lässt sich immer eine Skalierungsfunktion c angeben, so dass die Fuzzy-Mengen als extensionale Hüllen der Punkte $x_1, \ldots, x_n$ interpretierbar sind, nämlich

$$c(x) = \frac{1}{x_{i+1} - x_i} \qquad \text{falls } x_i < x < x_{i+1},$$

$\square$

Nachdem wir uns so ausführlich mit Ähnlichkeitsrelationen auseinandergesetzt haben, sollen einige prinzipielle Überlegungen über Fuzzy-Mengen, Ähnlichkeitsrelationen und deren Zusammenhänge folgen.

Der Grundgedanke bei Fuzzy-Mengen besteht in der Möglichkeit, graduelle Zugehörigkeitsgrade zu verwenden. Ähnlichkeitsrelationen basieren auf dem fundamentalen Konzept der Ununterscheidbarkeit oder Ähnlichkeit. Das Einheitsintervall dient als Wertebereich sowohl für gradueller Zugehörigkeiten als auch für Ähnlichkeitsgrade. Die Zahlenwerte zwischen 0 und 1 werden dabei auf eine eher intuitive Weise interpretiert. Eine eindeutige Festlegung, was ein Zugehörigkeits- oder Ähnlichkeitsgrad von 0.8 oder 0.9 bedeutet und worin der Unterschied zwischen beiden besteht, außer, dass 0.9 größer als 0.8 ist, wird nicht näher festgelegt.

Ähnlichkeitsrelationen bzgl. der Łukasiewicz-t-Norm lassen sich auf Pseudometriken zurückführen. Das Konzept der Metrik bzw. der Abstandsbegriff ist zumin-

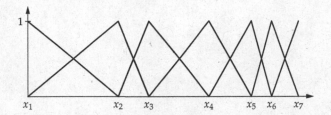

Abbildung 17.5: Fuzzy-Mengen, für die sich eine Skalierungsfunktion definieren lässt.

dest bei dem Umgang mit reellen Zahlen elementar und bedarf keiner weiteren Erklärung. In diesem Sinne sind Ähnlichkeitsrelationen auf den reellen Zahlen, die durch die kanonische Metrik — evtl. unter Berücksichtigung einer geeigneten Skalierung — induziert werden, als elementares Konzept anzusehen, bei dem die Ähnlichkeitsgrade dual zum Abstandsbegriff bei Metriken interpretiert werden.

Fuzzy-Mengen lassen sich wiederum als aus Ähnlichkeitsrelationen abgeleitetes Konzept im Sinne extensionaler Hüllen von Punkten oder Mengen auffassen, so dass auf diese Weise den Zugehörigkeitsgraden eine konkrete Bedeutung beigemessen wird. Es stellt sich die Frage, inwieweit Fuzzy-Mengen in diesem Sinne interpretiert werden sollten. Die Antwort lautet sowohl ja als auch nein. Ja, in dem Sinne, dass eine fehlende Interpretation der Zugehörigkeitsgrade dazu führt, dass die Wahl der Fuzzy-Mengen und der Operationen wie t-Normen mehr oder weniger willkürlich wird und sich als reines Parameteroptimierungsproblem darstellt. Ja, auch in dem Sinne, dass man es zumindest im Bereich der Fuzzy-Regler i.a. mit reellen Zahlen zu tun hat und dass nicht willkürliche Fuzzy-Mengen im Sinne beliebiger Funktionen von den reellen Zahlen in das Einheitsintervall verwendet werden, sondern üblicherweise Fuzzy-Mengen, die auf der Basis von Ähnlichkeitsrelationen interpretierbar sind. Auch die vorgestellten Zusammenhänge zwischen Fuzzy-Mengen und Ähnlichkeitsrelationen, die es ermöglichen, aus Ähnlichkeitsrelationen Fuzzy-Mengen abzuleiten und umgekehrt, Ähnlichkeitsrelationen zu Fuzzy-Mengen zu bestimmen, sprechen für die Interpretation der Fuzzy-Mengen mittels Ähnlichkeitsrelationen.

Kapitel 18

Possibilitätstheorie und verallgemeinerte Maße

Die Interpretation von Fuzzy-Mengen Sinne von Ähnlichkeitsrelationen ist bei weitem nicht die einzige mögliche Sichtweise, wie die Possibilitätstheorie zeigt. Es würde zu weit führen, detailliert zu erläutern, wie Fuzzy-Mengen als Possibilitätsverteilungen aufgefasst werden können. Das folgende Beispiel vermittelt eine Idee, wie Possibilitätsverteilungen interpretiert werden können.

Beispiel 18.1 Wir betrachten ein kleines Gebiet in dem Flugzeuge mit einer automatischen Kamera beobachtet werden. Die Aufzeichnungen mehrerer Tage ergeben, dass 20 Flugzeuge vom Typ A, 30 vom Typ B und 50 vom Typ C das Gebiet überquert haben. Wenn man hört, dass ein Flugzeug über das Gebiet fliegt, würde man annehmen, dass es sich mit 20-, 30- bzw. 50-prozentiger Wahrscheinlichkeit um ein Flugzeug des Typs A, B bzw. C handelt.

Dieses Beispiel soll nun leicht modifiziert werden, um die Bedeutung von Possibilitätsverteilungen zu erläutern. Zusätzlich zu der automatischen Kamera steht ein Radargerät und ein Mikrophon zur Verfügung. Wiederum wurden 100 Flugzeuge mit Hilfe des Mikrophons registriert. Allerdings konnten aufgrund schlechter Sichtverhältnisse durch die Kamera nur 70 Flugzeuge eindeutig identifiziert werden, nämlich 15 vom Typ A, 20 vom Typ B und 35 vom Typ C. Bei den restlichen 30 Flugzeugen ist das Radargerät bei 10 Flugzeugen ausgefallen, so dass über den Typ dieser Flugzeuge nichts ausgesagt werden kann. Über die 20 Flugzeuge, die das Radargerät geortet hat und die nicht durch die Kamera identifiziert werden konnten, lässt sich sagen, dass 10 eindeutig vom Typ C sind, da dieser Flugzeugtyp durch seine wesentlich geringere Größe durch das Radar von den Typen A und B unterschieden werden kann, während die anderen 10 vom Typ A oder B sein müssen.

Die 100 Beobachtungen liegen jetzt nicht mehr wie im ersten Fall vor, in dem man bei jeder Beobachtung genau einen Flugzeugtyp identifizieren konnte und somit für jeden Flugzeugtypen genau angeben konnte, wie oft er beobachtet wurde. Jetzt lassen sich die einzelnen Beobachtungen als Mengen möglicher Flugzeuge darstellen. Wie oft die jeweilige Menge beobachtet wurde, ist noch einmal in Tabelle 18.1 zusammengefasst.

Menge	{A}	{B}	{C}	{A, B}	{A, B, C}
beobachtete Anzahl	15	20	45	10	10

Tabelle 18.1: Mengenwertige Beobachtungen von Flugzeugtypen

Eine Wahrscheinlichkeit für die einzelnen Flugzeuge lässt sich nun nicht mehr ohne Zusatzannahmen über die Verteilung der Flugzeugtypen bei den Beobachtungen $\{A, B\}$ und $\{A, B, C\}$ angeben. Eine Alternative bieten hier die (nicht-normalisierten) Possibilitätsverteilungen. Anstelle einer Wahrscheinlichkeit im Sinne einer relativen Häufigkeit bestimmt man einen *Möglichkeitsgrad*, indem man den Quotienten aus den Fällen, in denen das Auftreten des entsprechenden Flugzeugs aufgrund der beobachteten Menge möglich ist, und der Gesamtzahl der Beobachtungen bildet. Auf diese Weise erhält man als Möglichkeitsgrad 35/100 für A, 40/100 für B und 55/100 für C. Diese „Fuzzy-Menge" über der Grundmenge {A,B,C} bezeichnet man dann als *Possibilitätsverteilung*. □

Dieses Beispiel verdeutlicht den klaren Unterschied zwischen einer possibilistischen und einer auf Ähnlichkeitsrelationen basierenden Interpretation von Fuzzy-Mengen. Der possibilistischen Sicht liegt eine Form von Unsicherheit zugrunde, bei der das wahrscheinlichkeitstheoretische Konzept der relativen Häufigkeit durch Möglichkeitsgrade ersetzt wird. Die Grundlage der Ähnlichkeitsrelationen bildet nicht ein Unsicherheitsbegriff, sondern eine Vorstellung von Ununterscheidbarkeit oder Ähnlichkeit, insbesondere als Dualität zum Konzept des Abstandes. Bei den Fuzzy-Reglern steht eher die Modellierung von Impräzision auf der Basis „kleiner Abstände" im Vordergrund, so dass für das Verständnis der Fuzzy-Regler die Ähnlichkeitsrelationen wichtiger sind.

Die Possibilitätstheorie [Zadeh 1978, Dubois und Prade 1988] lässt sich ähnlich wie die Wahrscheinlichkeitstheorie mit Hilfe sehr einfacher Axiome aufbauen. Dabei wird der Begriff des Wahrscheinlichkeitsmaßes durch das Konzept des Possibilitätsmaßes ersetzt. Possibilitätsmaße unterscheiden sich von Wahrscheinlichkeitsmaßen dadurch, dass sie die nicht mehr die Eigenschaft der Additivität erfüllen müssen. Für ein Wahrscheinlichkeitsmaß P gilt für beliebige disjunkte (messbare) Mengen das additive Gesetz

$$P(A \cup B) = P(A) + P(B),$$

das bei Possibilitätsmaßen π durch die Eigenschaft

$$\pi(A \cup B) = \max\{\pi(A), \pi(B)\}$$

ersetzt wird. Diese Überlegungen führen zu dem allgemeineren Begriff der nichtadditiven Maße wie sie bspw. in [Denneberg 1994] behandelt werden.

Kapitel 19

Fuzzy-Regelsysteme

Der größte Erfolg von Fuzzy-Systemen im Bereich der industriellen und kommerziellen Anwendungen wurde zweifellos mit Fuzzy-Reglern erzielt. Die Fuzzy-Regelung bietet eine Möglichkeit, einen nicht-linearen tabellenbasierten Regler zu definieren, indem man seine nicht-lineare Übertragungsfunktion angibt, ohne jeden einzelnen Tabelleneintrag spezifizieren zu müssen. Die Fuzzy-Regelungstechnik ergab sich jedoch nicht aus klassischen regelungstechnischen Ansätzen. Tatsächlich liegen ihre Wurzeln im Bereich der regelbasierten Systeme. Fuzzy-Regler bestehen einfach aus einer Menge impräziser Regeln die zu einer wissensbasierten Interpolation eine impräzise definierte Funktion benutzt werden können [Moewes und Kruse 2012].

19.1 Mamdani-Regler

Das erste Modell eines regelbasierten Fuzyy-Systems, das wir hier vorstellen, wurde 1975 von Mamdani [Mamdani und Assilian 1975] auf der Grundlage der bereits Anfang der siebziger Jahre in [Zadeh 1971, Zadeh 1972, Zadeh 1973] publizierten allgemeineren Ideen von Zadeh entwickelt und für Fuzzy-Regler verwendet.

Der *Mamdani-Regler* basiert auf einer endlichen Menge $\mathcal{R}$ von sogenannten Wenn-Dann-Regeln $R \in \mathcal{R}$ der Form

$$R: \qquad \text{If } x_1 \text{ is } \mu_R^{(1)} \text{ and } \ldots \text{ and } x_n \text{ is } \mu_R^{(n)}$$
$$\text{then } y \text{ is } \mu_R. \tag{19.1}$$

Dabei sind $x_1, \ldots, x_n$ Eingangsgrößen des Reglers und y die Ausgangsgröße. Üblicherweise stehen die Fuzzy-Mengen $\mu_R^{(i)}$ bzw. μ_R für linguistische Werte, d.h. für impräzise Konzepte wie „ungefähr null", „mittelgroß" oder „negativ klein", die wiederum durch Fuzzy-Mengen repräsentiert werden. Zur Vereinfachung der Notation verwenden wir im Folgenden auch die Fuzzy-Mengen synonym für die linguistischen Werte, die sie modellieren.

Wesentlich für das Verständnis des Mamdani-Reglers ist die Interpretation der Regeln. Die Regeln sind nicht als logische Implikationen aufzufassen, sondern im Sinne einer stückweise definierten Funktion. Besteht die Regelbasis $\mathcal{R}$ aus den Regeln $R_1, \ldots, R_r$, so sollte man sie als stückweise Definition einer unscharfen Funktion verstehen, d.h.

$$f(x_1, \ldots, x_n) \approx \begin{cases} \mu_{R_1} & \text{falls } x_1 \approx \mu_{R_1}^{(1)} \text{ und } \ldots \text{ und } x_n \approx \mu_{R_1}^{(n)} \\ \vdots & \\ \mu_{R_r} & \text{falls } x_1 \approx \mu_{R_r}^{(1)} \text{ und } \ldots \text{ und } x_n \approx \mu_{R_r}^{(n)} \end{cases} \quad (19.2)$$

ist eine gewöhnliche Funktion punktweise über einem Produktraum endlicher Mengen in der Form

$$f(x_1, \ldots, x_n) \approx \begin{cases} y_1 & \text{falls } x_1 = x_1^{(1)} \text{ und } \ldots \text{ und } x_n = x_1^{(n)}, \\ \vdots & \\ y_r & \text{falls } x_1 = x_r^{(1)} \text{ und } \ldots \text{ und } x_n = x_r^{(h)} \end{cases} \quad (19.3)$$

gegeben, erhält man ihren Graphen mittels der Formel

$$\text{graph}(f) = \bigcup_{i=1}^{r} \left(\hat{\pi}_1(\{x_i^{(1)}\}) \cap \ldots \cap \hat{\pi}_n(\{x_i^{(n)}\}) \cap \hat{\pi}_Y(\{y_i\}) \right). \quad (19.4)$$

Eine *Fuzzifizierung* dieser Formel unter Verwendung des Minimums für den Durchschnitt und des Maximums (Supremums) für die Vereinigung ergibt als Fuzzy-Graphen der durch die Regelmenge $\mathcal{R}$ beschriebenen Funktion die Fuzzy-Menge

$$\mu_{\mathcal{R}} : X_1 \times \ldots \times X_n \times Y \to [0, 1],$$

$$(x_1, \ldots, x_n, y) \mapsto \sup_{R \in \mathcal{R}} \{\min\{\mu_R^{(1)}(x_1), \ldots, \mu_R^{(n)}(x_n), \mu_R(y)\}$$

bzw.

$$\mu_{\mathcal{R}} : X_1 \times \ldots \times X_n \times Y \to [0, 1],$$

$$(x_1, \ldots, x_n, y) \mapsto \max_{i \in \{1, \ldots, r\}} \{\min\{\mu_{R_i}^{(1)}(x_1), \ldots, \mu_{R_i}^{(n)}(x_n), \mu_{R_i}(y)\}$$

im Falle einer endlichen Regelbasis $\mathcal{R} = \{R_1, \ldots, R_r\}$.

Falls ein konkreter Eingangsvektor $(a_1, \ldots, a_n)$ vorliegt für die Eingangsgrößen $x_1, \ldots, x_n$ vor, erhält man als „Ausgangswert" die Fuzzy-Menge

$$\mu_{\mathcal{R}, a_1, \ldots, a_n}^{\text{output}} : Y \to [0, 1], \quad y \mapsto \mu_{\mathcal{R}}(a_1, \ldots, a_n, y).$$

Die Fuzzy-Menge $\mu_{\mathcal{R}}$ kann als Fuzzy-Relation über den Mengen $X_1 \times \ldots \times X_n$ und Y interpretiert werden. Die Fuzzy-Menge $\mu_{\mathcal{R}, a_1, \ldots, a_n}^{\text{output}}$ entspricht dann dem Bild der einelementigen Menge $\{(a_1, \ldots, a_n)\}$ bzw. ihrer charakteristischen Funktion unter der Fuzzy-Relation $\mu_{\mathcal{R}}$. Im Prinzip könnte daher anstelle eines scharfen Eingangsvektors auch eine Fuzzy-Menge als Eingabe verwendet werden. Aus diesem Grund wird bei Fuzzy-Reglern häufig von *Fuzzifizierung* gesprochen, d.h. der Eingangsvektor $(a_1, \ldots, a_n)$ wird in eine Fuzzy-Menge umgewandelt, was i.A. nur der Darstellung als charakteristische Funktion einer einelementigen Menge entspricht.

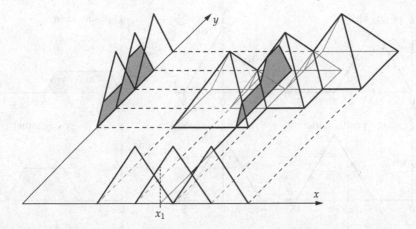

Abbildung 19.1: Die Projektion eines Eingabewertes x_1 auf die Ausgabe Achse y.

Man kann die Fuzzifizierung auch in einem anderen Sinne interpretieren. Im Abschnitt über Fuzzy-Relationen haben wir gesehen, dass man das Bild einer Fuzzy-Menge unter einer Fuzzy-Relation erhält, indem man die Fuzzy-Menge zylindrisch erweitert, den Durchschnitt mit der zylindrischen Erweiterung mit der Fuzzy-Relation bildet und das Ergebnis in den Bildraum projiziert. In diesem Sinne kann man die zylindrische Erweiterung des gemessenen Tuples bzw. die zugehörige charakteristische Funktion als Fuzzifizierung auffassen, die für die Durchschnittsbildung mit der Fuzzy-Relation notwendig ist.

Abbildung 19.1 veranschaulicht diese Vorgehensweise. Um eine grafische Darstellung zu ermöglichen, werden nur eine Eingangsgröße und die Ausgangsgröße betrachtet. Im Bild sind drei Regeln dargestellt, wobei die Fuzzy-Mengen auf der vorderen Achse von links nach rechts den Fuzzy-Mengen auf der nach hinten verlaufenden Achse entsprechend von vorn nach hinten durch die drei Regeln zugeordnet werden. Die Fuzzy-Relation $\mu_{\mathcal{R}}$ wird durch die drei Pyramiden im Bild repräsentiert. Ist der Eingangswert x gegeben, so wird durch die zylindrische Erweiterung von $\{x\}$ eine Schnittfläche durch die Pyramiden definiert. Die Projektion dieser Schnittfläche auf die nach hinten verlaufende Achse ergibt die Fuzzy-Menge $\mu_{\mathcal{R},x}^{\text{output}}$, die den gesuchten Ausgangswert unscharf charakterisiert.

Schematisch lässt sich die Berechnung des Stellwertes folgendermaßen veranschaulichen. In Abbildung 19.2 werden zwei Regeln eines Mamdani-Reglers mit zwei Eingangsgrößen und einer Ausgangsgröße betrachtet. Zunächst wird nur eine der beiden Regeln — nennen wir sie R — betrachtet. Der Erfüllungsgrad der Prämisse für die vorliegenden Eingangswerte wird in Form des Minimums der jeweiligen Zugehörigkeitsgrade zu den entsprechenden Fuzzy-Mengen bestimmt. Die Fuzzy-Menge in der Konklusion der Regel wird dann auf der Höhe des vorher bestimmten Erfüllungsgrades „abgeschnitten", d.h. als Zugehörigkeitsgrad eines Ausgangswertes ergibt sich das Minimum aus Zugehörigkeitsgrad zur Konklusions-Fuzzy-Menge und Erfüllungsgrad der Regel.

Ist der Erfüllungsgrad der Regel 1, so erhält man exakt die Konklusions-Fuzzy-Menge als Resultat, d.h. $\mu_R = \mu_{R,a_1,\ldots,a_n}^{\text{output}}$. Kann die Regel im Falle des betrachteten

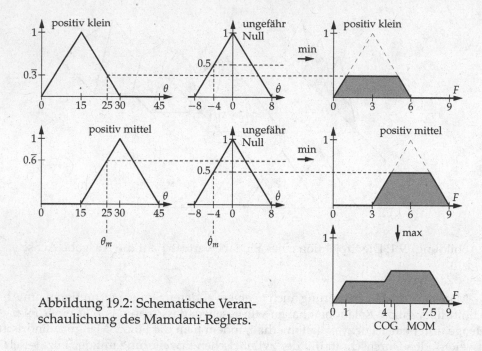

Abbildung 19.2: Schematische Veranschaulichung des Mamdani-Reglers.

Eingangsvektors nicht angewendet werden (Erfüllungsgrad 0), folgt $\mu_{R,a_1,\dots,a_n}^{\text{output}} = 0$,
d.h. aufgrund der Regel kann nichts über den Ausgangswert ausgesagt werden.

Analog wird mit den anderen Regeln verfahren — in Abbildung 19.2 ist nur ei-
ne weitere dargestellt —, so dass man für jede Regel R eine Fuzzy-Menge $\mu_{R,a_1,\dots,a_n}^{\text{output}}$
erhält, die aber nur für die „feuernden", d.h. bei dem aktuell vorliegenden Eingangs-
vektor anwendbaren Regeln nicht identisch 0 ist. Diese Fuzzy-Mengen müssen im
nächsten Schritt zu einer einzelnen, den Ausgangswert charakterisierenden Fuzzy-
Menge zusammengefasst werden.

Um zu erklären, auf welche Weise diese Aggregation durchgeführt wird, greifen wir noch einmal die Interpretation der Regelbasis des Fuzzy-Reglers im Sinne
einer unscharfen, stückweisen Definition einer Funktion (vgl. (19.2)) auf. Bei einer
gewöhnlichen stückweise definierten Funktion müssen die einzelnen Fälle disjunkt
sein bzw. dasselbe Resultat liefern, da sonst der Funktionswert nicht eindeutig festgelegt ist. Man stelle sich vor, dass jeder einzelne Fall für jeden Eingangswert einen
„Funktionswert" in Form einer Menge vorschreibt: Trifft der Fall für den betrachteten Eingangswert zu, so liefert er die einelementige Menge mit dem spezifizierten
Funktionswert. Andernfalls liefert er die leere Menge. Bei dieser Interpretation ergibt sich der Funktionswert bzw. die einelementige Menge, die den Funktionswert
enthält, durch die Vereinigung der sich in den Einzelfällen ergebenden Mengen.

Aus diesem Grund müssen auch die sich aus den Regeln ergebenden Fuzzy-
Mengen $\mu_{R,a_1,\dots,a_n}^{\text{output}}$ (disjunktiv) vereinigt werden, was üblicherweise durch die t-Conorm max geschieht, d.h.

$$\mu_{\mathcal{R},a_1,\dots,a_n}^{\text{output}} = \max_{R \in \mathcal{R}}\{\mu_{R,a_1,\dots,a_n}^{\text{output}}\} \qquad (19.5)$$

ist die Ausgangs-Fuzzy-Menge unter der Regelbasis $\mathcal{R}$ bei gegebenem Eingangsvektor $(a_1, \ldots, a_n)$. Auf diese Weise ergibt sich für die beiden in Abbildung 19.2 dargestellten Regeln die dort gezeigte Ausgangs-Fuzzy-Menge.

Um einen konkreten Ausgangswert zu erhalten, muss für die Ausgangs-Fuzzy-Menge noch eine *Defuzzifizierung* vorgenommen werden. Wir beschränken uns an dieser Stelle exemplarisch auf eine heuristische Defuzzifizierungsstrategie. Am Ende dieses Abschnitts und nach der Einführung der konjunktiven Regelsysteme werden wir das Thema der Defuzzifizierung erneut aufgreifen und tiefer untersuchen.

Um die Grundidee der Defuzzifizierung bei dem Mamdani-Regler zu verstehen, betrachten wir noch einmal die in Abbildung 19.2 bestimmte Ausgangs-Fuzzy-Menge. Die Fuzzy-Mengen in der Konklusion der beiden Regeln interpretieren wir als unscharfe Werte. Ebenso stellt die Ergebnis-Fuzzy-Menge eine unscharfe Beschreibung des gewünschten Ausgangswertes dar. Anschaulich lässt sich die Ausgangs-Fuzzy-Menge in Abbildung 19.2 so verstehen, dass eher ein Wert im rechten Bereich zu wählen ist, zu einem gewissen geringeren Grad kommt jedoch auch ein Wert aus dem linken Bereich in Frage. Diese Interpretation wird auch dadurch gerechtfertigt, dass die Prämisse der ersten Regel, die einen unscharfen Wert im rechten Bereich vorschlägt, besser erfüllt ist als die der zweiten. Es sollte daher ein Ausgangswert gewählt werden der etwas mehr im rechten Bereich liegt, der also das Ergebnis der ersten Regel stärker berücksichtigt als das der zweiten, die zweite Regel aber trotzdem mit berücksichtigt.

Eine Defuzzifizierungsstrategie, die diesem Kriterium genügt, ist die Schwerpunktsmethode (Center of Gravity (COG), Center of Area (COA)). Als Ausgangswert wird bei dieser Methode der Schwerpunkt (bzw. seine Projektion auf die Ordinate) der Fläche unter der Ausgangs-Fuzzy-Menge verwendet, d.h.

$$\mathrm{COA}(\mu_{\mathcal{R},a_1,\ldots,a_n}^{\mathrm{output}}) = \frac{\int_Y \mu_{\mathcal{R},a_1,\ldots,a_n}^{\mathrm{output}} \cdot y \, dy}{\int_Y \mu_{\mathcal{R},a_1,\ldots,a_n}^{\mathrm{output}} \, dy}. \tag{19.6}$$

Voraussetzung für die Anwendbarkeit dieser Methode ist natürlich die Integrierbarkeit der Funktionen $\mu_{\mathcal{R},a_1,\ldots,a_n}^{\mathrm{output}}$ und $\mu_{\mathcal{R},a_1,\ldots,a_n}^{\mathrm{output}} \cdot y$, die jedoch immer gegeben sein wird, sofern die in den Regeln auftretenden Fuzzy-Mengen halbwegs „vernünftige", z.B. stetige Funktionen repräsentieren.

19.1.1 Hinweise zum Reglerentwurf

Bei der Wahl der Fuzzy-Mengen für die Eingangsgrößen sollte sichergestellt werden, dass der Wertebereich der jeweiligen Eingangsgröße vollständig abgedeckt ist, d.h. dass es für jeden möglichen Wert mindestens eine Fuzzy-Menge existiert, zu der er einen Zugehörigkeitsgrad größer als Null aufweist. Andernfalls kann der Fuzzy-Regler für diesen Eingangswert keinen Ausgangswert bestimmen.

Da die Fuzzy-Mengen ungefähren Werten oder Bereichen entsprechen sollen, ist eine Beschränkung auf konvexe Fuzzy-Mengen sinnvoll. Dreiecks- und Trapezfunktionen eignen sich besonders gut, da sie parametrisch dargestellt werden können und die Bestimmung der Zugehörigkeitsgrade keinen großen Rechenaufwand erfordert. In den Bereichen, wo der Regler sehr sensitiv auf kleine Änderungen einer Eingangsgröße reagieren muss, sollten sehr schmale Fuzzy-Mengen gewählt werden, um eine gute Unterscheidbarkeit der Werte zu gewährleisten. Dabei ist allerdings zu beachten, dass die Anzahl der möglichen Regeln sehr schnell mit der Anzahl der Fuzzy-Mengen wächst. Bei k_i Fuzzy-Mengen für die i-te Eingangsgröße besteht eine vollständige Regelbasis, die jeder Kombination von Fuzzy-Mengen der n Eingangsgrößen genau eine Fuzzy-Menge der Ausgangsgröße zuordnet, aus insgesamt $k_1 \cdot \ldots \cdot k_n$ Regeln. Bei vier Eingangsgrößen mit nur jeweils fünf Fuzzy-Mengen ergeben sich bereits 625 Regeln.

Für die Wahl der Fuzzy-Mengen für die Ausgangsgröße gilt ähnliches wie für die Eingangsgrößen. Sie sollten konvex sein und in den Bereichen, wo ein sehr genauer Ausgangswert wichtig für die Strecke ist, sollten schmale Fuzzy-Menge verwendet werden. Die Wahl der Fuzzy-Mengen für die Ausgangsgröße hängt außerdem eng mit der Defuzzifikationsstrategie zusammen. Es ist zu beachten, dass z.B. asymmetrische Dreiecksfunktionen der Form $\Lambda_{x_0-a,x_0,x_0+b}$ mit $a \neq b$ bei der Defuzzifizierung zu Resultaten führen, die nicht unbedingt der Intuition entsprechen. Feuert nur eine einzige Regel mit dem Erfüllungsgrad Eins und alle anderen mit Null, so erhält man vor der Defuzzifizierung als Ergebnis die Fuzzy-Menge in der Konklusion der Regel. Ist diese eine asymmetrische Dreiecksfunktion $\Lambda_{x_0-a,x_0,x_0+b}$, folgt $\text{COA}(\Lambda_{x_0-a,x_0,x_0+b}) \neq x_0$, da der Schwerpunkt des Dreiecks nicht direkt unter der Spitze x_0 liegt.

Ebenso kann mit der Schwerpunktsmethode niemals ein Randwert des Intervalls der Ausgangswerte erreicht werden, d.h. der Minimal- und Maximalwert der Ausgangsgröße ist für den Fuzzy-Regler nicht erreichbar. Eine Möglichkeit, dieses Problem zu lösen, besteht darin, die Fuzzy-Mengen über die Intervallgrenzen für die Ausgangsgröße hinaus zu definieren. Dabei sollte sichergestellt werden, dass durch die Defuzzifizierung kein Wert außerhalb des zulässigen Intervalls für die Ausgangsgröße berechnet wird bzw. der Ausgangswert dann automatisch durch den entsprechenden Randwert begrenzt wird.

Bei der Festlegung der Regelbasis sollte man auf Vollständigkeit achten, d.h. dass für jeden möglichen Eingangsvektor mindestens eine Regel feuert. Das bedeutet nicht, dass für jede Kombination von Fuzzy-Mengen der Eingangsgrößen unbedingt eine Regel mit diesen Fuzzy-Mengen in der Prämisse formuliert werden muss. Zum einen gewährleistet eine hinreichende Überlappung der Fuzzy-Mengen, dass auch bei einer geringeren Anzahl als der Maximalzahl der Regeln trotzdem für jeden Eingangsvektor noch eine Regel feuert. Zum anderen kann es Kombinationen von Eingangswerten geben, die einem Systemzustand entsprechen, der nicht erreicht werden kann oder unter keinem Umständen erreicht werden darf. Für diese Fälle ist es überflüssig, Regeln zu formulieren. Weiterhin sollte darauf geachtet werden, dass keine Regeln mit derselben Prämisse und unterschiedlichen Konklusionen existieren.

Den Mamdani-Regler, wie er hier vorgestellt wurde, bezeichnet man aufgrund der Formel (19.5) für die Ausgangs-Fuzzy-Menge $\mu_{\mathcal{R},a_1,\ldots,a_n}^{\text{output}}$ auch als Max-Min-Regler. Maximum und Minimum wurden als Interpretation der Vereinigung bzw. des Durchschnitts in der Formel (19.4) verwendet.

Natürlich können auch andere t-Normen und t-Conormen an Stelle des Minimums bzw. des Maximums verwendet werden. In den Anwendungen werden häufig das Produkt als t-Norm und die Bounded Sum $s(\alpha,\beta) = \min\{\alpha + \beta, 1\}$ als t-Conorm bevorzugt. Der Nachteil des Minimums und des Maximums liegt in der Idempotenz. Die Ausgabe-Fuzzy-Menge $\mu_{\mathcal{R},a_1,\ldots,a_n}^{\text{output}}$ einer Regel R wird allein durch den Eingangswert bestimmt, für den sich der minimale Zugehörigkeitsgrad zu der entsprechenden Fuzzy-Menge in der Prämisse ergibt. Eine Änderung eines anderen Eingangswertes bewirkt für die betrachtete Regel erst dann etwas, wenn sie so groß ist, dass sich für diesen Eingangswert ein noch kleinerer Zugehörigkeitsgrad ergibt.

Wenn die Fuzzy-Mengen $\mu_{R,a_1,\ldots,a_n}^{output}$ mehrerer Regeln zum gleichen Grad für einen bestimmten Ausgangswert sprechen, so kann es erwünscht sein, dass dieser Ausgangswert ein größeres Gewicht erhalten sollte, als wenn nur eine Regel mit demselben Grad für ihn sprechen würde. Die Aggregation der Ergebnis-Fuzzy-Mengen der einzelnen Regeln durch das Maximum schließt das jedoch aus, so dass in diesem Fall z.B. die Bounded Sum zu bevorzugen wäre.

Im Prinzip kann auch die Berechnung des Erfüllungsgrades der Prämisse und der Einfluss, den der Erfüllungsgrad auf die Fuzzy-Menge in der Konklusion einer Regel hat, auf unterschiedliche Weise geschehen, d.h. durch unterschiedlich t-Normen realisiert werden. In einigen Ansätzen wird sogar individuell für jede einzelne Regel eine passende t-Norm ausgewählt.

Teilweise werden sogar t-Conormen für die Berechnung des Erfüllungsgrades einer Regel zugelassen, die dann natürlich als

$$R: \qquad \text{If } x_1 \text{ is } \mu_R^{(1)} \text{ or } \ldots \text{ or } x_n \text{ is } \mu_R^{(n)}$$
$$\text{then } y \text{ is } \mu_R.$$

gelesen werden muss. Im Sinne unserer Interpretation der Regeln als stückweise Definition einer Funktion kann diese Regel durch die n Regeln

$$R_i: \qquad \text{If } x_i \text{ is } \mu_R^{(i)}$$
$$\text{then } y \text{ is } \mu_R.$$

ersetzt werden.

In einigen kommerziellen Programmen werden gewichtete Regeln zugelassen, bei denen die berechneten Ausgabe-Fuzzy-Mengen noch mit dem zugeordneten Gewicht multipliziert werden. Gewichte erhöhen die Anzahl der frei wählbaren Parameter eines Fuzzy-Reglers, ihre Wirkung kann direkt durch eine geeignete Wahl der Fuzzy-Mengen in der Prämisse oder der Konklusion erzielt werden und sie erschweren die Interpretierbarkeit des Reglers.

Die Grundidee des Mamdani-Reglers als stückweise Definition einer unscharfen Funktion setzt implizit voraus, dass die Prämissen der Regeln eine unscharfe disjunkte Fallunterscheidung repräsentieren. Wir wollen an dieser Stelle diesen Begriff nicht exakt formalisieren. Missachtet man diese Vorausssetzung, kann der Fuzzy-Regler ein unerwünschtes Verhalten zeigen. So kann eine verfeinerte Regelung nicht durch bloßes hinzufügen weiterer Regeln erreicht werden, ohne die bestehenden Fuzzy-Mengen zu verändern. Als Extrembeispiel betrachten wir die Regel

$$\text{If } x \text{ is } I_X \text{ then } y \text{ is } I_Y,$$

wobei als Fuzzy-Mengen für die Prämisse und die Konklusion die charakteristische Funktion des jeweiligen Wertebereichs gewählt wurde, die also konstant eins ist. Unabhngig davon welche Regeln man noch hinzufügt wird die Ausgangs-Fuzzy-Menge immer konstant eins bleiben. Wir werden auf dieses Problem noch einmal zurückkommen, wenn wir die konjunktiven Regelsysteme einführen.

 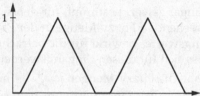

Abbildung 19.3: Ein Fahrzeug, das auf ein Objekt zufährt (links), und eine mögliche Ausgangs-Fuzzy-Menge eines Reglers zur Steuerung des Fahrzeugs, die aus zwei disjunkten Fuzzy-Mengen besteht (rechts).

Ein weiteres Problem der unscharfen disjunkten Fallunterscheidung illustriert Abbildung 19.3, in der eine Ausgangs-Fuzzy-Menge gezeigt wird, deren Defuzzifizierung Schwierigkeiten bereitet.

Sollte zwischen den beiden unscharfen Werten die die Dreiecke repräsentieren interpoliert werden, wie es z.B. die Schwerpunktsmethode tun würde? Das würde bedeuten, dass man bei der Defuzzifizierung einen Wert erhält, dessen Zugehörigkeitsgrad zur Ausgangs-Fuzzy-Menge Null beträgt, was sicherlich nicht der Intuition entspricht. Oder stellen die beiden Dreiecke zwei alternative Ausgangswerte dar, von denen einer auszuwählen ist? So könnte die dargestellte Fuzzy-Menge die Ausgangs-Fuzzy-Menge eines Reglers sein, der ein Auto um Hindernisse steuern soll. Die Fuzzy-Menge besagt dann, dass man nach links oder nach recht ausweichen soll, aber nicht geradeaus weiter direkt auf das Hindernis zufahren sollte. Diese Interpretation steht im Widerspruch zum Mamdani-Regler als stückweise Definition einer unscharfen Funktion, da die Funktion in diesem Fall nicht wohldefiniert ist, weil einer Eingabe gleichzeitig zwei unscharfe Werte zugeordnet werden.

19.1.2 Defuzzifizierungsmethoden

In den letzten Jahren wurden zahlreiche Defuzzifizierungsmethoden vorgeschlagen, die mehr oder weniger intuitiv auf der Basis entwickelt wurden, dass eine Fuzzy-Menge und keine weitere Information gegeben ist. Ein systematischer Ansatz, der von der Interpretation der zu defuzzifizierenden Fuzzy-Menge ausgeht, fehlt allerdings noch.

Eine allgemeine Defuzzifizierung hat zwei Aufgaben gleichzeitig auszuführen. Zum einen muss aus einer unscharfen Menge eine scharfe Menge errechnet werden, zum anderen muss aus einer Menge von (unscharfen) Werten ein Wert ausgewählt werden. Es ist keineswegs eindeutig, in welcher Reihenfolge dies zu geschehen hat. Bspw. könnte auch die Fuzzy-Menge aus Abbildung 19.3 defuzzifiziert werden, indem man zuerst einen der beiden unscharfen Werte, d.h. eines der beiden Dreiecke auswählt und dann diese Fuzzy-Menge, die nur noch einen unscharfen Wert repräsentiert, geeignet defuzzifiziert. Umgekehrt könnte man zunächst aus der unscharfen Menge eine scharfe Menge erzeugen — nämlich die Menge, die die beiden Punkte unter den Spitzen der Dreiecke enthält — und dann einen der beiden Punkt auswählen. Diese Überlegungen fließen weder in den axiomatischen Ansatz für die Defuzzifizierung [Runkler und Glesner 1993] noch in die meisten Defuzzifizierungsmethoden ein, die implizit davon ausgehen, dass die zu defuzzifizierende

Fuzzy-Menge nur einen unscharfen Wert und nicht eine Menge unscharfer Werte darstellt.

Wesentlich für die Wahl der Defuzzifizierungsstrategie ist ebenso die Semantik des zugrunde liegenden Fuzzy-Reglers bzw. des Fuzzy-Systems. Wir werden im nächsten Abschnitt genauer erläutern, dass der Mamdani-Regler auf einer Interpolationsphilosophie beruht. Andere Ansätze teilen diese Philosophie nicht, wie wir im Abschnitt über konjunktive Regelsysteme sehen werden.

An dieser Stelle gehen wir noch auf einige Defuzzifizierungsstrategien und ihre Eigenschaften ein, um die Defuzzifizierungsproblematik etwas ausführlicher zu erläutern.

Mean-of-Maxima (MOM) ist eine sehr einfache Defuzzifizierungsstrategie, bei der als Ausgangswert der Mittelwert der Werte mit maximalem Zugehörigkeitsgrad zur Ausgangs-Fuzzy-Menge gewählt wird. Diese Methode wird in der Praxis nur sehr selten angewandt, da sie bei symmetrischen Fuzzy-Mengen zu einer sprunghaften Regelung führt. Der Ausgangswert bei der Mean-of-Maxima-Methode hängt bei vorgegebenen Eingangswerten allein von der Ausgangs-Fuzzy-Menge ab, die zu der Regel mit dem höchsten Erfüllungsgrad gehört — sofern nicht zufällig zwei oder mehr Regeln denselben maximalen Erfüllungsgrad aufweisen, deren zugeordnete Ausgangs-Fuzzy-Mengen auch noch verschieden sind. Werden Fuzzy-Mengen verwendet, die (als reellwertige Funktionen) achsensymmetrisch um einen ihrer Werte mit Zugehörigkeitsgrad 1 sind, so ergibt sich bei der Mean-of-Maxima-Methode dieser Wert für die Achsensymmetrie unabhängig vom Erfüllungsgrad der entsprechenden Regel. Das bedeutet, dass der Ausgangswert solange konstant bleibt, wie die zugehörige Regel den maximalen Erfüllungsgrad aufweist. Ändern sich die Eingangswerte so, dass eine andere Regel (mit einer anderen Ausgangs-Fuzzy-Menge) den maximalen Erfüllungsgrad liefert, ändert sich der Ausgangswert bei MOM sprunghaft. Genau wie die Center-of-Area-Methode ergibt sich auch bei MOM der evtl. unerwünschte Mittelwert in dem in Abbildung 19.3 illustrierten Defuzzifizierungsproblem.

In [Kahlert und Frank 1994] wird eine Methode zur Vermeidung dieses Effektes von COA und MOM vorgeschlagen. Es wird immer der am weitesten rechts (oder alternativ immer der am weitesten links) liegende Wert mit maximalem Zugehörigkeitsgrad gewählt. Diese Methode wurde laut [Kahlert und Frank 1994] patentiert. Ähnlich wie MOM kann sie aber auch zu sprunghaften Änderungen des Ausgangswertes führen.

Die Schwerpunktsmethode ist relativ rechenaufwändig und besitzt nicht unbedingt die Interpolationseigenschaften, die man erwarten würde. Betrachten wir bspw. einen Mamdani-Regler mit der folgenden Regelbasis:

> If x is 'ungefähr 0'   then y is 'ungefähr 0'
> If x is 'ungefähr 1'   then y is 'ungefähr 1'
> If x is 'ungefähr 2'   then y is 'ungefähr 2'
> · If x is 'ungefähr 3'   then y is 'ungefähr 3'
> If x is 'ungefähr 4'   then y is 'ungefähr 4'

Dabei werden die Terme 'ungefähr 0',..., 'ungefähr 4' jeweils die durch Fuzzy-Mengen in Form symmetrischer Dreiecksfunktionen der Breite Drei, d.h. durch $\Lambda_{-1,0,1}, \Lambda_{0,1,2}, \Lambda_{1,2,3}, \Lambda_{2,3,4}$ bzw. $\Lambda_{3,4,5}$ dargestellt. Scheinbar beschreiben die Regeln die Gerade $y = x$. Bei der Anwendung der Schwerpunktsmethode ergibt sich aber

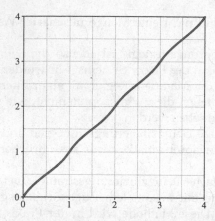

Abbildung 19.4: Interpolation einer Geraden mittels Schwerpunktmethode.

als Funktion die nur bei den Werten 0, 0.5, 1, 1.5,..., 3.5 und 4 mit dieser Geraden übereinstimmt. An allen anderen Stellen ergeben sich leichte Abweichungen wie Abbildung 19.4 zeigt.

Diese und andere unerwünschte Effekte, wie sie etwa bei der Verwendung assymetrischer Zugehörigkeitsfunktionen in den Konklusionen auftreten können, lassen sich vermeiden, indem Regeln verwendet werden, deren Konklusion jeweils aus einem scharfen Wert besteht. Für die Beschreibung der Eingabewerte verwendet man weiterhin Fuzzy-Mengen, die Ausgaben werden in den Regeln aber scharf vorgegeben. Die Defuzzifizierung gestaltet sich in diesem Fall ebenfalls als sehr einfach: Man bildet den Mittelwert aus den mit den zugehörigen Erfüllungsgraden der Regeln gewichteten Ausgabewerten in den Regeln, d.h.

$$y = \frac{\sum_R \mu^{\text{output}}_{R,a_1,...,a_n} \cdot y_R}{\sum_R \mu^{\text{output}}_{R,a_1,...,a_n}} \tag{19.7}$$

Dabei liegen die Regeln in der Form

$$R: \quad \text{If } x_1 \text{ is } \mu_R^{(1)} \text{ and } \dots \text{ and } x_n \text{ is } \mu_R^{(n)}, \text{ then } y \text{ is } y_R$$

mit den scharfen Ausgabewerten y_R vor. $a_1, \dots, a_n$ sind die gemessenen Eingabewerte für die Eingangsgrößen $x_1, \dots, x_n$ und $\mu^{\text{output}}_{R,a_1,...,a_n}$ bezeichnet wie bisher den Erfüllungsgrad der Regel R bei diesen Eingabewerten.

Die Frage, wie man Ausgabe-Fuzzy-Mengen am besten defuzzifiziert wird selbst heute noch aktiv diskutiert: Erst vor kurzem wurden Kernfunktionen eingeführt, um bekannte Defuzzifizierung-methoden zu verallgemeinern [Runkler 2012], z.B., um die Glattheitseigenschaften zu verbessern.

19.2 Takagi-Sugeno-Kang-Regler

Takagi-Sugeno- oder *Takagi-Sugeno-Kang-Regler* (TS- oder TSK-Modelle) [Sugeno 1985, Takagi und Sugeno 1985] verwenden Regeln der Form

$$R: \text{ If } x_1 \text{ is } \mu_R^{(1)} \text{ and } \dots \text{ and } x_n \text{ is } \mu_R^{(n)} \text{ then } y = f_R(x_1, \dots, x_n). \tag{19.8}$$

Wie bei den Mamdani-Reglern (19.1) werden die Eingangswerte in den Regeln unscharf beschrieben. Die Konklusion einer einzelnen Regel besteht bei den TSK-Modellen aber nicht mehr aus einer Fuzzy-Menge, sondern gibt eine von den Eingangsgrößen abhängige Funktion an. Die Grundidee besteht dabei darin, dass in dem unscharfen Bereich, der durch die Prämisse der Regel beschrieben wird, die Funktion in der Konklusion eine gute Beschreibung des Ausgangsgröße darstellt. Werden bspw. lineare Funktionen verwendet, so wird das gewünschte Ein-/Ausgabeverhalten lokal (in unscharfen Bereichen) durch lineare Modelle beschrieben. An den Übergängen der einzelnen Bereich muss geeignet zwischen den einzelnen Modellen interpoliert werden. Dies geschieht mittels

$$y = \frac{\sum_R \mu_{R,a_1,\ldots,a_n} \cdot f_R(x_1,\ldots,x_n)}{\sum_R \mu_{R,a_1,\ldots,a_n}}. \tag{19.9}$$

Hierbei sind $a_1,\ldots,a_n$ die gemessenen Eingabewerte für die Eingangsgrößen $x_1,\ldots,x_n$ und $\mu_{R,a_1,\ldots,a_n}$ bezeichnet den Erfüllungsgrad der Regel R bei diesen Eingabewerten.

Einen Spezialfall des TSK-Modells stellt die Variante des Mamdani-Regler dar, bei dem wir die Fuzzy-Mengen in den Konklusionen der Regeln durch konstante Werte ersetzt werden und den Ausgabewert somit nach Gleichung (19.7) berechnen. Die Funktionen f_R sind in diesem Fall konstant.

Bei TSK-Modellen führt eine starke Überlappung der Regeln, d.h. der unscharfen Bereiche, in denen die lokalen Modelle f_R gelten sollen, dazu, dass die Interpolationsformel (19.9) die einzelnen Modelle völlig verwischen kann. Wir betrachten als Beispiel die folgenden Regeln:

If x is 'sehr klein'	then $y = x$
If x is 'klein'	then $y = 1$
If x is 'groß'	then $y = x - 2$
If x is 'sehr groß'	then $y = 3$

Zunächst sollen die Terme 'sehr klein', 'klein', 'groß' und 'sehr groß' durch die vier Fuzzy-Mengen in Abbildung 19.5 modelliert werden. In diesem Fall werden die vier in den Regeln lokal definierten Funktionen $y = x$, $y = 1$, $y = x - 2$ und $y = 3$ wie in Abbildung 19.5 zu sehen jeweils exakt wiedergegeben. Wählen wir leicht überlappende Fuzzy-Mengen, so berechnet das TSK-Modell die Funktion in Abbildung 19.6. In Abbildung 19.7 wird schließlich das Resultat des TSK-Modells dargestellt, das mit den noch stärker überlappenden Fuzzy-Mengen arbeitet.

Wir sehen somit, dass das TSK-Modell zu leichten Überschwingern führen kann (Abbildung 19.6), selbst wenn die Fuzzy-Mengen nur eine geringfügige Überlappung aufweisen. Bei Fuzzy-Mengen mit einer Überschneidung wie sie bei Mamdani-Reglern durchaus üblich ist, erkennt man die einzelnen lokalen Funktionen überhaupt nicht mehr (Abbildung 19.7).

Eine sinnvolle Strategie, diesen i.A. unerwünschten Effekt zu verhindern, besteht in der Vermeidung von Dreiecksfunktionen, die beim TSK-Modell besser durch Trapezfunktionen ersetzt werden. Wählt man die Trapezfunktionen so, dass eine Überlappung nur an den Flanken der Trapezfunktionen auftritt, wird das jeweilige lokale Modell in den Bereichen mit Zugehörigkeitsgrad Eins exakt wiedergegeben.

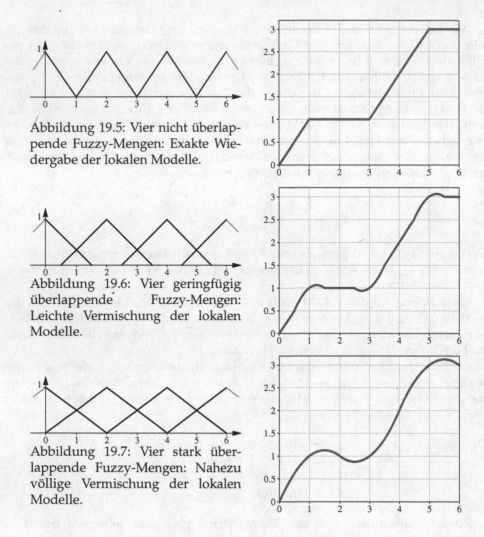

Abbildung 19.5: Vier nicht überlappende Fuzzy-Mengen: Exakte Wiedergabe der lokalen Modelle.

Abbildung 19.6: Vier geringfügig überlappende Fuzzy-Mengen: Leichte Vermischung der lokalen Modelle.

Abbildung 19.7: Vier stark überlappende Fuzzy-Mengen: Nahezu völlige Vermischung der lokalen Modelle.

19.3   Mamdani-Regler und Ähnlichkeitsrelationen

Bei der Einführung der Mamdani-Regler haben wir bereits gesehen, dass die dabei verwendeten Fuzzy-Regeln unscharfe Punkte auf dem Graphen der zu beschreibenden Regelungs- oder Übertragungsfunktion repräsentieren. Mit Hilfe der Ähnlichkeitsrelationen aus dem Kapitel 17 lassen sich Fuzzy-Mengen, wie sie bei Mamdani-Reglern auftreten, als unscharfe Punkte interpretieren. Diese Interpretation des Mamdani-Reglers soll hier genauer untersucht werden.

19.3.1   Interpretation eines Reglers

Zunächst gehen wir davon aus, dass ein Mamdani-Regler vorgegeben ist. Wir setzen weiterhin voraus, dass die Fuzzy-Mengen, die auf den Wertebereichen der Eingangs- und Ausgangsgrößen definiert sind, die Voraussetzungen des Satzes 17.2 oder besser noch des Satzes 17.3 erfüllen. In diesem Fall können Ähnlichkeitsrelationen berech-

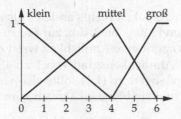 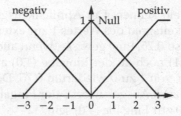

Abbildung 19.8: Zwei Fuzzy-Partitionen.

net werden, so dass sich die Fuzzy-Mengen als extensionale Hüllen von einzelnen Punkten interpretieren lassen.

Beispiel 19.1 Für einen Mamdani-Regler mit zwei Eingangsgrößen x und y und einer Ausgangsgröße z wird für die Eingangsgrößen jeweils die linke Fuzzy-Partition aus Abbildung 19.8 und für die Ausgangsgröße die rechte Fuzzy-Partition aus Abbildung 19.8 verwendet. Die Regelbasis besteht aus den vier Regeln

R_1: If x is *klein*   and y is *klein*   then z is *positiv*
R_2: If x is *mittel*   and y is *klein*   then z is *null*
R_3: If x is *mittel*   and y is *groß*   then z is *null*
R_4: If x is *groß*   and y is *groß*   then z is *negativ*

Die verwendeten Fuzzy-Partitionen erfüllen die Voraussetzungen von Satz 17.3, so dass sich geeignete Skalierungsfunktionen finden lassen. Für die linke Fuzzy-Partition in Abbildung 19.8 lautet die Skalierungsfunktion

$$c_1 : [0,6] \to [0,\infty), \qquad x \mapsto \begin{cases} 0.25 & \text{falls } 0 \le x < 4 \\ 0.5 & \text{falls } 4 \le x \le 6, \end{cases}$$

für die rechte Fuzzy-Partition

$$c_2 : [-3,3] \to [0,\infty), \qquad x \mapsto \frac{1}{3}.$$

Die Fuzzy-Mengen *klein, mittel, groß, negativ, null* und *positiv* entsprechen den extensionalen Hüllen der Punkte 0, 4, 6, −3, 0 bzw. 3, wenn die durch die angegebenen Skalierungsfunktionen induzierten Ähnlichkeitsrelationen zugrundegelegt werden.

Die vier Regeln besagen dann, dass der Graph der durch den Regler beschriebenen Funktion durch die Punkte (0,0,3), (4,0,0), (4,6,0) und (6,6,−3) gehen sollte. □

Die Interpretation auf der Basis der Ähnlichkeitsrelationen in dem obigen Beispiel liefert vier Punkte auf dem Graphen der gesuchten Funktion und zusätzlich die Information, die in den Ähnlichkeitsrelationen steckt. Die Berechnung der gesamten Funktion stellt somit eine Interpolationsaufgabe dar: Gesucht ist eine Funktion, die durch die vorgegebenen Punkte geht und im Sinne der Ähnlichkeitsrelationen ähnliche Werte wiederum auf ähnliche Werte abbildet.

Wenn wir bspw. den Ausgabewert für die Eingabe (1,1) berechnen wollen, so ist (1,1) am ähnlichsten zu der Eingabe (0,0), für die wir den Ausgabewert 3 aufgrund der Regeln kennen. Der Ähnlichkeitsgrad von 1 zu 0 ist nichts anderes als der Zugehörigkeitsgrad des Wertes 1 zur extensionalen Hülle von 0, d.h. zur Fuzzy-Menge *klein*, also 0.75. Eine gewisse, wenn auch etwas geringere Ähnlichkeit weist die Eingabe (1,1) noch zu der Eingabe (4,0) auf. Der Ähnlichkeitsgrad von 1 zu 4 beträgt 0.25, der von 1 zu 0 wiederum 0.75. Der Ausgabewert zu (1,1) sollte also vor allem ähnlich zum Ausgabewert 3 der Eingabe (0,0) und ein bisschen ähnlich zum Ausgabewert 0 zur Eingabe (4,0) sein.

Hierbei haben wir bisher offen gelassen, wie die beiden Ähnlichkeitsgrade, die man durch die beiden Komponenten der Eingangswerte erhält, zu aggregieren sind. Hier bietet sich eine t-Norm, z.B. das Minimum an. Wie gut ist bspw. der Ausgabewert 2 für die Eingabe (1,1)? Hierzu berechnen wir den Ähnlichkeitsgrad des Punktes (1,1,2) zu den durch die vier Regeln vorgegebenen Punkten. Dabei werden die Ähnlichkeitsgrade zunächst komponentenweise in Form der Zugehörigkeitsgrade zu den entsprechenden Fuzzy-Mengen bestimmt.

Für den durch die Regel R_1 vorgegebenen Punkt ergibt sich so ein Ähnlichkeitsgrad von $2/3 = \min\{0.75, 0.75, 2/3\}$. Für R_2 erhalten wir $0.25 = \min\{0.25, 0.75, 2/3\}$. Für die beiden Regeln R_3 und R_4 ist der Ähnlichkeitsgrad 0, da schon die Eingabewerte nicht zu den Regeln passen. Der Ähnlichkeitsgrad bzgl. der vorgegebenen vier Punkte bzw. Regeln entspricht dem bestmöglichen Wert, d.h. 2/3. Auf diese Weise können wir zu jedem Ausgabewert z einen Ähnlichkeitsgrad bei vorgegebener Eingabe (1,1) bestimmen, indem wir die eben beschriebene Berechnung für den Punkt $(1,1,z)$ durchführen. Damit erhalten wir bei vorgegebener Eingabe (1,1) eine Funktion

$$\mu : [-3,3] \to [0,1],$$

die wir als Fuzzy-Menge über dem Ausgabebereich interpretieren können. Vergleichen wir die Berechnung mit der Berechnungsvorschrift des Mamdani-Reglers, so erhalten wir exakt die Ausgabe-Fuzzy-Menge (19.5) des entsprechenden Mamdani-Reglers.

19.3.2 Konstruktion eines Reglers

Anstatt die Skalierungsfaktoren bzw. Ähnlichkeitsrelationen und die entsprechenden Interpolationspunkte indirekt aus einem Mamdani-Regler zu bestimmen, können diese auch direkt vorgegeben und der Mamdani-Regler daraus berechnet werden. Der Vorteil besteht zum einen darin, dass man nicht mehr beliebige Fuzzy-Mengen spezifizieren kann, sondern nur Fuzzy-Mengen, die eine gewisse Konsistenz aufweisen. Zum anderen ist die Interpretation der Skalierungsfaktoren und insbesondere der zu spezifizierenden Interpolationspunkte sehr einfach. Die Skalierungsfaktoren lassen sich im Sinne des Beispiels 17.2 deuten. In den Bereichen, wo es bei der Regelung auf sehr genaue Werte ankommt, sollte zwischen den einzelnen Werten auch sehr genau unterschieden werden, d.h. ein großer Skalierungsfaktor gewählt werden, während für Bereiche, in denen es auf die exakten Werte weniger ankommt, ein kleiner Skalierungsfaktor ausreicht. Dies führt dazu, dass in Bereichen, in denen genau geregelt werden muss, bzw. in denen die Reglerausgabe sehr sensitiv auf die Eingabe reagieren muss, bei dem zugehörigen Mamdani-Regler sehr schmale Fuzzy-Mengen verwendet werden, während die Fuzzy-Mengen in den unbedenklichen Bereichen breiter sein dürfen. Damit lässt sich auch erklären, warum die Fuzzy-Mengen in der Nähe des Arbeitspunktes eines Reglers im Gegensatz zu anderen Bereichen häufig sehr schmal gewählt werden: Im Arbeitspunkt ist meistens eine sehr genaue Regelung erforderlich. Dagegen muss, wenn der Prozess sich sehr weit vom Arbeitspunkt entfernt hat, in vielen Fällen vor allem erst einmal stark gegengeregelt werden, um den Prozess erst einmal wieder in die Nähe des Arbeitspunktes zu bringen.

Bei der Verwendung der Skalierungsfunktionen wird auch deutlich, welche impliziten Zusatzannahmen bei dem Entwurf eines Mamdani-Reglers gemacht werden. Die Fuzzy-Partitionen werden jeweils auf den einzelnen Bereichen definiert und dann in den Regeln verwendet. Im Sinne der Skalierungsfunktionen bedeutet dies, dass die Skalierungsfunktionen als unabhängig voneinander angenommen werden. Die Ähnlichkeit von Werten in einem Bereich hängt nicht von den konkreten Werten in anderen Bereichen ab. Um diesen Sachverhalt zu verdeutlichen, betrachten wir einen einfachen PD-Regler, der als Eingangsgrößen den Fehler — die Abweichung vom Sollwert — und die Änderung des Fehlers verwendet. Es ist offensichtlich, dass es bei einem kleinen Fehlerwert für den Regler sehr wichtig ist zu wissen, ob die Fehleränderung eher etwas größer oder eher etwas kleiner als Null ist. Man würde daher einen großen Skalierungsfaktor in der Nähe von Null des Grundbereichs der Fehleränderung wählen, d.h. schmale Fuzzy-Mengen verwenden. Andererseits spielt es bei einem sehr großen Fehlerwert kaum eine Rolle, ob die Fehleränderung eher etwas in den positiven oder negativen Bereich tendiert. Dies spricht aber für einen kleinen Skalierungsfaktor in der Nähe von Null des Grundbereichs der Fehleränderung, also für breite Fuzzy-Mengen. Um dieses Problem zu lösen, gibt es drei Möglichkeiten:

1. Man spezifiziert eine Ähnlichkeitsrelation im Produktraum von Fehler und Fehleränderung, die die oben beschriebene Abhängigkeit modelliert. Dies erscheint allerdings äußerst schwierig, da sich die Ähnlichkeitsrelation im Produktraum nicht mehr über Skalierungsfunktionen angeben lässt.

2. Man wählt einen hohen Skalierungsfaktor in der Nähe von Null des Grundbereichs der Fehleränderung und muss dafür unter Umständen, wenn der Fehlerwert groß ist, viele fast identische Regeln haben, die sich nur bei der Fuzzy-Menge für die Fehleränderung unterscheiden, etwa

> If Fehler is *groß* and Änderung is *positiv klein*   then *y* is *negativ*.
> If Fehler is *groß* and Änderung is *null*   then *y* is *negativ*.
> If Fehler is *groß* and Änderung is *negativ klein* then *y* is *negativ*.

3. Man verwendet Regeln, in denen nicht alle Eingangsgrößen vorkommen, z.B.

> If Fehler is *groß* then *y* is *negativ*.

Die Interpretation des Mamdani-Reglers im Sinne der Ähnlichkeitsrelationen erklärt auch, warum es durchaus sinnvoll ist, dass sich benachbarte Fuzzy-Mengen einer Fuzzy-Partition auf der Höhe 0.5 schneiden. Eine Fuzzy-Menge stellt einen (unscharfen) Wert dar, der später bei den Interpolationspunkten verwendet wird. Wenn ein Wert spezifiziert wurde, lässt sich aufgrund der Ähnlichkeitsrelationen etwas über ähnliche Werte aussagen, so lange bis der Ähnlichkeitsgrad auf Null abgefallen ist. An dieser Stelle sollte spätestens ein neuer Wert für die Interpolation eingeführt werden. Dieses Konzept führt dazu, dass sich die Fuzzy-Mengen genau auf der Höhe 0.5 schneiden. Man könnte die Interpolationspunkte natürlich auch beliebig dicht setzen, sofern entsprechend detaillierte Kenntnisse über den zu regelnden Prozess vorhanden sind. Dies würde zu sehr stark überlappenden Fuzzy-Mengen führen. Im Sinne einer möglichst kompakten Repräsentation des Expertenwissens wird man dies aber nicht tun, sondern erst dann neue Interpolationspunkte einführen, wenn es nötig ist.

Selbst wenn ein Mamdani-Regler nicht die Voraussetzungen einer der Sätze 17.2 oder 17.3 erfüllt, kann es sinnvoll sein, die zugehörigen Ähnlichkeitsrelationen aus Satz 17.1 zu berechnen, die die Fuzzy-Mengen zumindest extensional machen, auch wenn sie nicht unbedingt als extensionale Hüllen von Punkten interpretierbar sind. In [Klawonn und Castro 1995] wurde u.a. folgendes für diese Ähnlichkeitsrelationen gezeigt:

1. Die Ausgabe eines Mamdani-Reglers ändert sich nicht, wenn man anstelle eines scharfen Eingabewertes seine extensionale Hülle als Eingabe verwendet.

2. Die Ausgabe-Fuzzy-Menge eines Mamdani-Reglers ist immer extensional.

Dies bedeutet, dass die Ununterscheidbarkeit oder Unschärfe, die in den Fuzzy-Partitionen inhärent kodiert ist, nicht überwunden werden kann. Dieser Zusammenhang zwischen Fuzzy-Reglern und Ähnlichkeitsrelationen kann auch dazu genutzt werden, um effiziente Lernalgorithmen für Fuzzy-Regler zu entwerfen [Klawonn 2006].

19.4   Logikbasierte Regler

In diesem Abschnitt betrachten wir, welche Konsequenzen sich ergeben, wenn die Regeln eines Fuzzy-Reglers im Sinne von logischen Implikationen interpretiert werden. Wir haben bereits in Beispiel 16.13 gesehen, wie sich eine logische Inferenz mit Hilfe einer Fuzzy-Relation modellieren lässt. Dieses Konzept soll jetzt für die Fuzzy-Regelung verwendet werden. Zur Vereinfachung der Darstellung betrachten wir zunächst nur Fuzzy-Regler mit jeweils einer Eingangs- und einer Ausgangsgröße. Die Regeln haben die Form

$$\text{If } x \text{ is } \mu \text{ then } y \text{ is } \nu.$$

Bei einer einzelnen Regel dieser Form und einem vorgegebenen Eingangswert x erhalten wir eine Ausgabe-Fuzzy-Menge nach der Berechnungsvorschrift aus Beispiel 16.13. Genau wie bei dem Mamdani-Regler ergibt sich als Ausgabe-Fuzzy-Menge exakt die Fuzzy-Menge ν, wenn der Eingangswert x einen Zugehörigkeitsgrad von Eins zur Fuzzy-Menge μ aufweist. Im Gegensatz zum Mamdani-Regler wird die Ausgabe-Fuzzy-Menge umso größer, je schlechter der Prämisse zutrifft, d.h. je geringer der Wert $\mu(x)$ wird. Im Extremfall $\mu(x) = 0$ erhalten wir als Ausgabe die Fuzzy-Menge, die konstant Eins ist. Der Mamdani-Regler würde hier die Fuzzy-Menge, die konstant Null ist, liefern. Bei einem logikbasierten Regler sollte die Ausgabe-Fuzzy-Menge daher als Menge der noch möglichen Werte interpretiert werden. Wenn die Prämisse überhaupt nicht zutrifft ($\mu(x) = 0$) kann aufgrund der Regel nichts geschlossen werden und alle Ausgabewerte sind möglich. Trifft die Regel zu 100% zu ($\mu(x) = 1$), so sind nur noch die Werte aus der (unscharfen) Menge ν zulässig. Eine einzelne Regel liefert daher jeweils eine Einschränkung aller noch möglichen Werte. Da alle Regeln als korrekt (wahr) angesehen werden, müssen alle durch die Regeln vorgegebenen Einschränkungen erfüllt sein, d.h. die resultierenden Fuzzy-Mengen aus den Einzelregeln müssen im Gegensatz zum Mamdani-Regler miteinander geschnitten werden.

Sind r Regeln der Form

$$R_i: \quad \text{If } x \text{ is } \mu_{R_i} \text{ then } y \text{ is } \nu_{R_i}. \qquad (i = 1, \dots, r)$$

vorgegeben, ist die Ausgabe-Fuzzy-Menge bei einem logikbasierten Regler daher bei der Eingabe $x = a$

$$\mu_{\underline{R},a}^{\text{out, logic}} : Y \to [0,1], \quad y \mapsto \min_{i \in \{1,\dots,r\}} \{[\![a \in \mu_{R_i} \to y \in \nu_{R_i}]\!]\}.$$

Hierbei muss noch die Wahrheitswertfunktion der Implikation $\to$ festgelegt werden. Mit der Gödel-Implikation erhalten wir

$$[\![a \in \mu_{R_i} \to y \in \nu_{R_i}]\!] = \begin{cases} \nu_{R_i}(y) & \text{falls } \nu_{R_i}(y) < \mu_{R_i}(a) \\ 1 & \text{sonst,} \end{cases}$$

während die Łukasiewicz-Implikation zu

$$[\![a \in \mu_{R_i} \to y \in \nu_{R_i}]\!] = \min\{1 - \nu_{R_i}(y) + \mu_{R_i}(a), 1\}$$

führt. Im Gegensatz zur Gödel-Implikation, bei der sich unstetige Ausgabe-Fuzzy-Mengen ergeben können, sind die Ausgabe-Fuzzy-Mengen bei der Łukasiewicz-Implikation immer stetig, sofern die beteiligten Fuzzy-Mengen (als reellwertige Funktionen) stetig sind.

Wird in den Regeln nicht nur eine Eingangsgröße sondern mehrere verwendet, d.h. es liegen Regeln der Form (19.1) vor, so muss der Wert $\mu_{R_i}(a)$ bei dem Eingangsvektor $(a_1, \dots, a_n)$ lediglich durch

$$[\![a_1 \in \mu_{R_i}^{(1)} \wedge \dots \wedge a_n \in \mu_{R_i}^{(n)}]\!]$$

ersetzt werden. Für die auftretende Konjunktion sollte als Wahrheitswertfunktion wiederum eine geeignete t-Norm gewählt werden, z.B. das Minimum, die Łukasiewicz-t-Norm oder das algebraische Produkt.

Im Falle des Mamdani-Reglers, wo die Regeln unscharfe Punkte repräsentieren, macht es keinen Sinn, Regeln der Art

$$\text{If } x_1 \text{ is } \mu_1 \text{ or } x_2 \text{ is } \mu_2 \text{ then } y \text{ is } \nu.$$

zu verwenden. Bei logikbasierten Reglern kann jedoch ein beliebiger logischer Ausdruck mit Prädikaten (Fuzzy-Mengen) über den Eingangsgrößen in der Prämisse stehen, so dass Regeln mit Disjunktionen oder auch Negationen bei logikbasierten Reglern durchaus auftreten dürfen [Klawonn 1992]. Es müssen nur geeignete Wahrheitswertfunktionen für die Auswertung der verwendeten logischen Operationen spezifiziert werden.

Auf einen wesentlichen Unterschied zwischen Mamdani- und logikbasierten Reglern sollte noch hingewiesen werden. Da jede Regel bei einem logikbasierten Regler eine Einschränkung (Constraint) an die Übertragungsfunktion darstellt [Klawonn und Novak 1996], kann die Wahl sehr schmaler Fuzzy-Mengen in der Ausgabe bei (stark) überlappenden Fuzzy-Mengen in der Eingabe dazu führen, dass die Einschränkungen einen Widerspruch ergeben und der Regler die leere Fuzzy-Menge (konstant Null) ausgibt. Bei der Spezifikation der Fuzzy-Mengen sollte diese Tatsache berücksichtigt werden, indem die Fuzzy-Mengen in den Eingangsgrößen eher schmaler, in der Ausgangsgröße eher breiter gewählt werden.

Beim Mamdani-Regler führt eine Erhöhung der Anzahl der Regeln, dadurch dass die Ausgabe-Fuzzy-Mengen der einzelnen Regeln vereinigt werden, im allgemeinen zu einer weniger scharfen Ausgabe. Im Extremfall bewirkt die triviale aber inhaltslose Regel

$$\text{If } x \text{ is } anything \text{ then } y \text{ is } anything,$$

wobei *anything* durch eine Fuzzy-Menge die konstant Eins ist modelliert wird, dass die Ausgabe-Fuzzy-Menge ebenfalls immer konstant Eins ist. Dies ist unabhängig davon, welche weiteren Regeln in dem Mamdani-Regler noch verwendet werden. Bei einem logikbasierten Regler hat diese Regel keine Auswirkungen.

Kapitel 20

Fuzzy-Relationalgleichungen

20.1 Lösbarkeit von Fuzzy-Relationalgleichungen

Wir betrachten Fuzzy-Regeln noch einmal aus der Sicht der Fuzzy-Relationen, die im Kapitel 16 eingeführt wurden. Zunächst interessieren wir und nur für eine einfache Regel der Form

$$R: \quad \text{If } x \text{ is } \mu_R^{(1)} \text{ then } y \text{ is } \mu_R. \tag{20.1}$$

Wir interpretieren diese Regel in dem Sinne, dass wir eine Methode suchen, um bei der unscharfen Eingabe in Form der Fuzzy-Menge $\mu_R^{(1)}$ als Ausgabe die Fuzzy-Menge μ_R erhalten. Fuzzy-Relationen bieten eine Möglichkeit, Fuzzy-Mengen auf Fuzzy-Mengen abzubilden. Wir suchen also eine Fuzzy-Relation ϱ_R, die die *Fuzzy-Relationalgleichung*

$$\varrho_R[\mu_R^{(1)}] = \mu_R \tag{20.2}$$

löst. Sind die beiden Fuzzy-Mengen $\mu_R^{(1)}$ und μ_R normal, d.h. gibt es jeweils mindestens ein Element x und y, so dass $\mu_R^{(1)}(x) = 1$ bzw. $\mu_R(y) = 1$ gilt, so gibt es immer eine Lösung dieser Fuzzy-Relationalgleichung. In diesem Fall ist die Fuzzy-Relation

$$\varrho_R^{\max} = \mu_R^{(1)} \to \mu_R, \tag{20.3}$$

wobei $\to$ die Gödelimplikation ist. Daher wird diese Fuzzy-Relation auch *Gödel-Relation* genannt.

Die kleinste Lösung im Falle der Lösbarkeit ist die Fuzzy-Relation

$$\varrho_R^{\min} = \mu_R^{(1)} \wedge \mu_R, \tag{20.4}$$

wobei $\wedge$ durch das Minimum ausgewertet wird.

Sind mehrere Regeln der Form (20.1) gegeben und es wird eine Fuzzy-Relation ϱ_R, die das System dieser Fuzzy-Relationalgleichunge löst, so reicht die Bedingung der Normalität der Fuzzy-Mengen allein nicht mehr für eine Existenz der Lösung aus. Wenn das System von Fuzzy-Relationalgleichungen überhaupt lösbar ist, so ist das Minimum der Gödel-Relationen, die die einzelnen Fuzzy-Relationalgleichungen lösen, ebenfalls eine Lösung. Sie ist dann auch gleichzeitig die größte Lösung.

Selbst im Falle der Lösbarkeit des Systems von Fuzzy-Relationalgleichungen ist nicht garantiert, dass das Maximum der kleinsten Lösungen (20.4) ebenfalls eine Lösung ist. Sofern die Fuzzy-Relation, die sich aus dem Maximum der kleinsten Lösungen der Einzelgleichungen ergibt, ebenfalls eine Lösung des Systems von Fuzzy-Relationalgleichungen darstellt, ist sie auch gleichzeitig die kleinste Lösung des Systems.

Selbst wenn keine Lösung des Systems von Fuzzy-Relationalgleichungen existiert, lässt sich zeigen, dass das Minimum über die Gödelrelationen für die Lösung der Einzelgleichungen eine gute approximative Lösung ergibt [Gottwald 1993].

20.2 Fuzzy-Regelsysteme und -Relationalgleichungen

Wir greifen noch einmal Fuzzy-Regeln der Form

$$R: \qquad \text{If } x_1 \text{ is } \mu_R^{(1)} \text{ and } \dots \text{ and } x_n \text{ is } \mu_R^{(n)}$$
$$\text{then } y \text{ is } \mu_R. \qquad (20.5)$$

auf, die bereits am Anfang des Kapitels 19.1 eingeführt wurden.

Wir interpretieren ein Menge solcher Regeln als System von Fuzzy-Relationalgleichungen, indem wir die Eingabe-Fuzzy-Mengen $\mu_R^{(1)}, \dots, \mu_R^{(n)}$ als eine Fuzzy-Menge μ_X über dem Produktraum der Eingangsgrößen $x_1, \dots, x_n$ betrachten, wobei

$$\mu_X(x_1, \dots, x_n) = \min\{\mu_R^{(1)}(x_1), \dots, \mu_R^{(n)}(x_n)\}. \qquad (20.6)$$

Auf diese Weise lässt sich eine Menge von Regeln der Form (20.5) als System von Fuzzy-Relationalgleichungen interpretieren. Aus dem vorhergehenden Abschnitt wissen wir, dass im Falle der Existenz einer Lösung über die Gödelrelation eine Lösung in Form einer Fuzzy-Relation ϱ des Systems von Fuzzy-Relationalgleichungen berechnet werden kann. Wendet man ϱ auf die Eingabe-Fuzzy-Mengen der Regeln an, so erhält man jeweils die Ausgabe-Fuzzy-Menge der entsprechenden Regel. Die Fuzzy-Relation ϱ lässt sich natrlich auch auf andere Eingaben anwenden, insbesondere auch auf scharfe Eingabewerte, die charakteristische Funktionen als Fuzzy-Mengen interpretiert werden können. Ausgehend von den Regeln erhält man so durch die Lösung ϱ des assoziierten Systems von Fuzzy-Relationalgleichungen eine Berechnungsvorschrift, die für scharfen Eingaben, aber auch für Fuzzy-Mengen einen Ausgabe-Fuzzy-Menge ermittelt.

Für logikbasierte Regler auf der Basis der Gödel-Implikation, wie sie in Kapitel 19.4 beschrieben sind, stimmt die Berechnungsvorschrift für die Ausgabe-Fuzzy-Menge mit der Berechnung auf der Grundlage der Lösung des Systems von Fuzzy-Relationalgleichungen mit Hilfe der Gödel-Relation überein.

Entsprechendes gilt für den Mamdani-Regler und die mittels Maximum der Lösungen (20.4) konstruierte Fuzzy-Relation. Ein entscheidender Unterschied zum Ansatz auf Basis der Gödel-Relation besteht darin, dass die Gödel-Relation garantiert eine Lösung des Systems von Fuzzy-Relationalgleichungen ist, sofern überhaupt eine Lösung existiert. Dies kann bei der Fuzzy-Relation auf der Grundlage von Gleichung (20.4) und damit für den Mamdani-Regler nicht sichergestellt werden. Damit auch diese Fuzzy-Relation eine Lösung des Systems von Fuzzy-Relationalgleichungen liefert, müssen stärkere Voraussetzungen verlangt werden, wie sie z.B. im Satz 17.2 beschrieben ist. Die dortige Voraussetzung ist allerdings bei Verwendung des Minimums als t-Norm extrem restriktiv.

Kapitel 21

Hybride Systeme zur Optimierung von Fuzzy-Reglern

Ein vielversprechendes Anwendungskonzept von Fuzzy-Reglern besteht in ihrer Kombination mit anderen Techniken aus dem Bereich der Computational Intelligence, um die Vorteile von Fuzzy-Reglern — die Interpretierbarkeit — mit denen von neuronalen Netzen — Lernfähigkeit — oder evolutionären Algorithmen — Möglichkeit zur Adaption — zu vereinen. Es gibt eine Vielzahl solcher Kombinationsansätze, die als hybride Fuzzy-Systeme bezeichnet werden. Ihr Ziel besteht in der Feinabstimmung oder Verbesserung von Fuzzy-Reglern und Regeln durch die Optimierung geeigneter Zielfunktionen. Im Folgenden werden einige der populärsten Ansätze hybriden Fuzzy-Systeme vorgestellt. Abschnitt 21.1 behandelt Neuro-Fuzzy-Regler, die Lernalgorithmen aus dem Bereich der neuronalen Netze nutzen, um Fuzzy-Regeln aus Daten zu erhalten. Andere Ansätze aus dem maschinellen Lernen wie z.B. Support Vector Machines oder a Rough-Set-Methoden werden auch verwendet [Moewes und Kruse 2011, Moewes und Kruse 2013], sollen hier aber nicht näher behandelt werden. Abschnitt 21.2 erläutert, wie evolutionäre Algorithmen genutzt werden können, um Chromosomen zu optimieren, die einzelne Fuzzy-Regeln oder eine ganze Fuzzy-Regelbasis repräsentieren. Weiterführende Ansätze werden in [Michels *et al.* 2006] beschrieben.

21.1 Neuro-Fuzzy-Regler

Mithilfe von Lernmethoden aus dem Bereich der neuronalen Netze lassen sich bestehende Fuzzy-Regler optimieren oder es können Fuzzy-Regler direkt aus den Daten gelernt werden. Diese hybriden Ansätze werden als Neuro-Fuzzy-Systeme bezeichnet. Es gibt eine Reihe von unterschiedlichen und teilweise sehr spezialisierten Neuro-Fuzzy-Systemen. Neben regelungstechnischen Anwendungen wurden Ansätze für Klassifikationsaufgaben und zur Regression entwickelt. Eine umfangreiche Einführung in die Thematik findet sich in dem Buch [Nauck *et al.* 1997, Nauck und Nürnberger 2012]. In diesem Abschnitt werden die grundlegenden Konzepte und einige ausgewählte Ansätze diskutiert.

Fuzzy-Systeme haben zum Ziel, interpretierbar zu sein, und sie erlauben es, Vorwissen über den Regelungsprozess in Form von Regeln zu formulieren. Dagegen liefern neuronale Netze in der Regel nicht-interpretierbare Black-Box-Modelle, können aber anhand von Daten lernen. Eine Kombination von Fuzzy-Systemen mit Lernverfahren der neuronalen Netze kann genutzt werden, um einen Fuzzy-Regler, der auf der Basis von Vorwissen definiert wurde, zu optimieren oder einen Fuzzy-Regler komplett zu erlernen. Aufgrund der Möglichkeit, Vorwissen in Form von Fuzzy-Regeln zu formulieren, kann die Lernzeit und die benötigte Menge an Daten zum Trainieren eines Systems erheblich reduziert werden gegenüber einem neuronalen Netz, das alles nur datenbasiert ohne Vorwissen lernen muss. Wenn nur eine relativ kleine Menge an Trainingsdaten zur Verfügung steht, kann das Lernen unter Umständen überhaupt nur funktionieren, wenn Vorwissen berücksichtigt wird. Außerdem ist ein Neuro-Fuzzy-System — zumindest im Prinzip — in der Lage einen Regler zu erlernen, dessen Regelstrategie interpretierbar ist und dessen Regeln überprüft und gegebenenfalls noch angepasst oder revidiert werden können.

Bei Neuro-Fuzzy-Regler lassen sich kooperative und hybride Modelle unterscheiden. In kooperativen Modellen operieren das neuronale Netz un der Fuzzy-Regler getrennt. Das neuronale Netz erzeugt (offline) oder optimiert (online, d.h. während der Regelung) Regelungsparameter [Kosko 1992, Nomura *et al.* 1992]. Hybride Modelle versuchen, die Konzepte neuronaler Netze und von Fuzzy-Reglern in einer Struktur zu vereinigen, so dass ein hybrider Fuzzy-Regler auch als neuronales Netz interpretiert und gegebenenfalls auch mithilfe eines neuronalen Netzes implementiert werden kann. Hybrid Modelle besitzen den Vorteil einer integrierten Struktur, die keine Kommunikation zwischen den beiden Modellen erfordert. Diese Systeme sind daher im Prinzip in der Lage, sowohl online als auch offline zu lernen. Daher haben sich die hybriden Modelle auch mehr durchgesetzt als die kooperativen [Halgamuge und Glesner 1994, Jang 1993, Nauck und Kruse 1993].

Das Prinzip der hybriden Modelle besteht darin, Fuzzy-Mengen und -Regeln auf eine neuronale Netzwerkstruktur abzubilden, was im Folgenden genauer erklärt werden soll. Dazu betrachten wir die Fuzzy-Regel R_i eines Mamdani-Reglers in Form der Gleichung 19.1, d.h.

$$R_i: \qquad \text{If } x_1 \text{ is } \mu_i^{(1)} \text{ and} \dots \text{and } x_n \text{ is } \mu_i^{(n)}$$
$$\text{then } y \text{ is } \mu_i,$$

oder die Fuzzy-Regel R_i' eines TSK-Reglers (s. Gleichung 19.8), d.h.

$$R_i': \quad \text{If } x_1 \text{ is } \mu_i^{(1)} \text{ and} \dots \text{and } x_n \text{ is } \mu_i^{(n)}, \text{then } y = f_i(x_1, \dots, x_n).$$

Die Erfüllungsgrad $\tilde{a}_i$ dieser Regeln lässt sich mit einer t-Norm berechnen. Für gegebene Eingangswerte $x_1, \dots, x_n$ erhalten wir für $\tilde{a}_i$ mit der Minimum-t-Norm

$$\tilde{a}_i(x_1, \dots, x_n) = \min\{\mu_i^{(1)}(x_1), \dots, \mu_i^{(n)} x_n\}.$$

Eine Möglichkeit, eine solche Regel durch ein neuronales Netz darzustellen, besteht darin, jede reellwertig gewichtete Verbindung w_{ji} von einem Eingabeneuron u_j zu einem inneren Neuron u_i durch eine Fuzzy-Menge $\mu_i^{(j)}$ zu ersetzen. Damit repräsentiert jedes innere Neuron eine Regel und die Verbindungen von den Eingabeneuro-

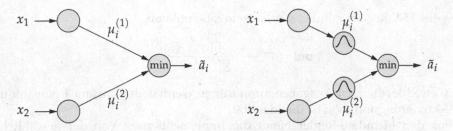

Abbildung 21.1: Beispiel eines neuronalen Netzes zur Berechnung der Aktivierung bzw. des Erfüllungsgrades der Prämisse einer Fuzzy-Regel: Die Fuzzy-Mengen werden als Gewichte (links) oder als Neuronen (rechts) modelliert.

nen entsprechen den Fuzzy-Mengen der Prämissen der Regeln. Um den Erfüllungsgrad einer Regel eines inneren Neurons zu berechnen, müssen nur die Netzeingabefunktionen geeignet modifiziert werden. Wählt man beispielsweise das Minimum als t-Norm, definiert man die Netzeingabefunktion als

$$\text{net}_i = \min\{\mu_i^{(1)}(x_1), \ldots, \mu_i^{(n)} x_n\}.$$

Ersetzt man noch die Aktivierungsfunktionen der Neuronen durch die identische Funktion, dann entspricht die Aktivierung des Neurons dem Erfüllungsgrad $\tilde{a}_i$ der Regel. Auf diese Weise kann ein Neuron direkt genutzt werden, um den Erfüllungsgrad der entsprechenden Regel zu bestimmen. Eine grafische Veranschaulichung einer solchen Regel mit zwei Eingangsgrößen ist in Abbildung 21.1 (links) dargestellt.

In einem anderen Ansatz werden die Fuzzy-Mengen in den Prämissen der Regeln als einzelne Neuronen repräsentiert. Die Netzeingabefunktion ist somit die Identität und die Aktivierungsfunktion liefert den Zugehörigkeitsgrad zur Fuzzy-Menge, die das Neuron repräsentiert. Auf diese Weise berechnet jedes Neuron den Zugehörigkeitsgrad zur Fuzzy-Menge, die dem Neuron zugeordnet ist. In dieser Darstellungsweise werden zwei Neuronenschichten benötigt, um die Prämisse einer Fuzzy-Regel zu modellieren (s. Abbildung 21.1 rechts). Der Vorteil dieses Ansatzes besteht darin, dass die einzelnen Fuzzy-Mengen von mehreren Regeln genutzt werden können, so dass nicht jede Regel andere Fuzzy-Mengen verwendet, was zur besseren Interpretierbarkeit der Fuzzy-Regelbasis beiträgt.

In diesem Modell werden die Gewichte w_{ij} zwischen den Neuronen für die Fuzzy-Mengen und den Regel-Neuronen mit 1 initialisiert und werden als konstant betrachtet. Die Gewichte für die Eingabewerte können dazu verwendet werden, um die Eingangsgrößen zu skalieren.

Zur Auswertung der Regeln muss noch festgelegt werden, ob ein Mamdani- oder ein TSK-Regler zugrunde liegen soll. Für den TSK-Regler sind verschiedene Realisierungen möglich. Im Wesentlichen muss für jede Regel ein weiteres Neuron angefügt werden, um die Ausgabefunktion f_i zu modellieren. f_i kann dann als Netzeingabefunktion definiert werden und das entsprechende Neuron muss mit allen Eingabeneuronen $(x_1, \ldots, x_n)$ verbunden werden. In einem Ausgabeneuron werden die Aktivierungen der Regeln $\tilde{a}_i$ mit den Ausgaben der entsprechenden Funktionen f_i verrechnet. Die Ausgabefunktion des Ausgabeneurons berechnet schließlich die Ausgabe des TSK-Reglers mithilfe der Netzeingabefunktion

$$\text{out} = \frac{\sum_{i=1}^{r} \tilde{a}_i \cdot f_i(x_i, \ldots, x_n)}{\sum_{i=1}^{r} \tilde{a}_i}.$$

Die Gewichte, die zum Ausgabeneuron führen werden als konstant 1 gewählt und die Aktivierungsfunktion ist die Identität.

Für den Mamdani-Regler hängt die Implementierung von der gewählten t-Conorm und der Defuzzifizierungsstrategie ab. In jedem Fall aggregiert ein Ausgabeneuron die Aktivierungen der Regel-Neuronen und berechnet die scharfe Ausgabe mithilfe einer modifizierten Netzeingabefunktion basierend auf den Fuzzy-Mengen in den Konklusionen der Regeln.

Die Übertragung einer Fuzzy-Regelbasis in eine Netzwerkstruktur kann durch die folgenden Schritte zusammengefasst werden:

1. Für jede Eingangsgröße x_i wird ein Neuron in der Eingabeschicht mit dem gleichen Namen wie die Eingangsgröße definiert.

2. Für jede Fuzzy-Menge $\mu_i^{(j)}$ wird ein Neuron mit dem gleichen Namen wie die Fuzzy-Menge erzeugt, das mit dem entsprechenden Neuron x_i verbunden wird.

3. Für jede Ausgangsgröße y_i wird ein Neuron mit dem gleichen Namen definiert.

4. Für jede Fuzzy-Regel R_i wird ein inneres (Regel-)Neuron generiert, das ebenfalls als R_i bezeichnet wird. Es wird eine t-Norm festgelegt, um die Aktivierung der Regel zu berechnen.

5. Jedes Regel-Neuron R_i wird mit den entsprechenden Neuronen verbunden, die die Fuzzy-Mengen in der Prämisse der Regel repräsentieren.

6. Mamdani-Regler: Jedes Regel-Neuron wird mit dem Ausgabeneuron verbunden. Als Gewicht wird die Fuzzy-Menge in der Konklusion der Regel verwendet. Außerdem müssen eine t-Conorm und eine Defuzzifizierungsmethode festgelegt werden, die entsprechend in das Ausgabeneuron integriert werden.

   TSK-Regler: Für jedes Regel-Neuron wird ein weiteres Neuron erzeugt, das für die Berechnung der Funktion in der Konklusion der entsprechenden Regel zuständig ist. Diese Neuronen erhalten Eingaben von den Eingabeneuronen und leiten die berechneten Funktionswerte an das Ausgabeneuron weiter, das dann den Ausgabewert mittels der Funktionswerte und den Aktivierungen der Regeln berechnet.

Durch diese Ansätze, eine Fuzzy-Regelbasis als neuronales Netz darzustellen, lassen sich Lernalgorithmen für neuronale Netze auf diese speziellen Strukturen anwenden. Allerdings können die Lernalgorithmen in der Regel nicht eins-zu-eins übernommen werden, sondern es sind gewisse Anpassungen erforderlich. Die Netzeingabe- und die Aktivierungsfunktionen müssen geändert werden und auch das Erlernen der parametrisierten Fuzzy-Mengen anstelle der reellwertigen Gewichte erfordert eine Anpassung. In den folgenden Abschnitten werden zwei hybride

Neuro-Fuzzy-Systeme etwas detaillierter vorgestellt. Außerdem werden Prinzipien, aber auch Probleme der Neuro-Fuzzy-Architekturen diskutiert, insbesondere im Hinblick auf regelungstechnische Anwendungen.

21.1.1 Modelle für feste Lernaufgaben

Neuro-Fuzzy-Modelle für feste Lernaufgaben versuchen, die Fuzzy-Mengen und — für TSK-Modelle — die Parameter der Ausgabefunktion einer vorgegebenen Regelbasis auf der Basis von bekannten Ein-Ausgabe-Tupeln zu optimieren. Das Lernen mit einer festen Lernaufgabe ist dann geeignet, wenn bereits eine grobe Beschreibung für die Regelung in Form einer Fuzzy-Regelbasis existiert, aber das Regelverhalten noch optimiert werden soll. Wenn entsprechende Messdaten der Regelungsstrecke vorliegen (sowohl für die Zustandsvariablen als auch für die zugehörigen Stellgrößen), kann das Neuro-Fuzzy-System mit diesen Daten angepasst werden.

Solche Neuro-Fuzzy-Systeme sind auch dann sinnvoll anwendbar, wenn ein bereits existierender Regler durch einen Fuzzy-Regler ersetzt werden soll. In diesem Fall können Messdaten des bereits bestehenden Reglers inklusive der berechneten Stellwerte erfasst und zum Trainieren des Neuro-Fuzzy-Systems verwendet werden. Es wird dabei davon ausgegangen, dass bereits eine Regelbasis formuliert wurde, die das Verhalten des bestehenden Reglers zumindest grob annähert.

Wenn keine initiale Fuzzy-Regelbasis zur Verfügung steht und auch nicht erstellt werden soll oder kann, lassen sich z.B. Fuzzy-Clustering-Techniken (s. Kapitel 22 auf Seite 387) oder evolutionäre Algorithmen anwenden, um eine initiale Regelbasis aus vorhandenen Trainingsdaten zu generieren.

Im Folgenden wird ein typisches Beispiel für ein Neuro-Fuzzy-System auf der Basis einer festen Lernaufgabe vorgestellt: das ANFIS-Modell. Neben dem ANFIS-Modell gibt es eine Reihe weiterer Ansätze, die auf ähnlichen Prinzipien basieren. Für eine Übersicht über andere Modelle sei auf z.B. auf [Nauck *et al.* 1997] verwiesen.

Das ANFIS-Modell

In [Jang 1993] wurde das Neuro-Fuzzy-System *ANFIS* (Adaptive-Network-based Fuzzy Inference System) entwickelt, das mittlerweile in diverse Regler und Simulationswerkzeuge integriert wurde. Das ANFIS Modell basiert auf einer hybriden Struktur, so dass es sowohl als neuronales Netz als auch als Fuzzy-System interpretierbar ist. Das Modell basiert auf Fuzzy-Regeln wie sie in TSK-Reglern verwendet werden. Abbildung 21.2 zeigt beispielhaft ein Modell mit den drei Fuzzy-Regeln

$$R_1 : \quad \text{If } x_1 \text{ is } A_1 \text{ and } x_2 \text{ is } B_1 \text{ then } y = f_1(x_1, x_2)$$
$$R_2 : \quad \text{If } x_1 \text{ is } A_1 \text{ and } x_2 \text{ is } B_2 \text{ then } y = f_2(x_1, x_2)$$
$$R_3 : \quad \text{If } x_1 \text{ is } A_2 \text{ and } x_2 \text{ is } B_2 \text{ then } y = f_3(x_1, x_2),$$

wobei A_1, A_2, B_1 und B_2 linguistische Terme sind, die den entsprechenden Fuzzy-Mengen $\mu_j^{(i)}$ in den Prämissen der Regeln zugeordnet sind. Die Funktionen f_i in den Konklusionen des ANFIS-Modells sind linear in den Eingabevariablen, etwa im obigen Beispiel

$$f_i = p_i x_1 + q_i x_2 + r_i.$$

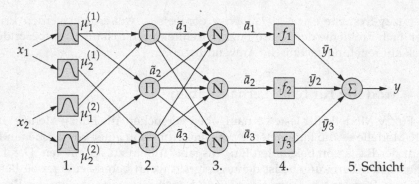

Abbildung 21.2: Struktur eines ANFIS-Netzwerks mit drei Regeln.

Hier verwenden wir die Produkt-t-Norm zur Auswertung der Prämisse, d.h. die Neuronen in der zweiten Schicht berechnen die Aktivierung der Regel R_i mittels

$$\tilde{a}_i = \prod_j \mu_i^{(j)}(x_j).$$

Im ANFIS-Modell ist die Auswertung der Konklusionen der Regeln und die Berechnung des Ausgabewertes auf die Schichten 3, 4 und 5 aufgeteilt. Schicht 3 ermittelt auf der Basis der Aktivierung $\tilde{a}_i$ den Beitrag $\bar{a}_i$, den jede Regel für die Gesamtausgabe liefert. Daher berechnen die Neuronen in der dritten Schicht

$$\bar{a}_i = a_i = \text{net}_i = \frac{\tilde{a}_i}{\sum_j \tilde{a}_j}.$$

Die Neuronen der vierten Schicht bestimmen die gewichteten Ausgabewerte basierend auf den Eingabevariablen x_k und den relativen Regelungsaktivierungen $\bar{a}_i$ der vorhergehenden Schicht:

$$\bar{y}_i = a_i = \text{net}_i = \bar{a}_i f_i(x_1, \ldots, x_n).$$

Schließlich ermittelt das Ausgabeneuron u_{out} in der fünften Schicht die Gesamtausgabe des neuronalen Netzwerks bzw. des Fuzzy-Systems durch

$$y = a_{\text{out}} = \text{net}_{\text{out}} = \sum_i \bar{y}_i = \frac{\sum_i \tilde{a}_i f_i(x_1, \ldots, x_n)}{\sum_i \tilde{a}_i}.$$

Das ANFIS-Modell benötigt zum Lernen eine feste Lernaufgabe, so dass für das Lernen eine ausreichende Menge von Ein-/Ausgabe-Werten zur Verfügung stehen muss. Mithilfe dieser Trainingsdaten werden die Modellparameter, d.h. die Parameter der Fuzzy-Mengen und der Ausgabefunktionen f_i angepasst.

Verschiedene Lernmethoden werden dafür in [Jang 1993] vorgeschlagen. Neben einem reinen Gradientenverfahren analog zur Fehler-Rückpropagation der neuronalen Netze (s. Abschnitt 5.5 auf Seite 62) lassen sich auch andere Techniken in Kombination mit Verfahren zur approximativen Lösung überbestimmter linearer Gleichungssysteme einsetzen, etwa die Kleinste-Quadrate-Methode. Hier werden die

Parameter der Prämissen, d.h. der Fuzzy-Mengen, mit einem Gradientenverfahren und die Parameter der Konklusionen, d.h. die Koeffizienten für die linearen Ausgabefunktionen, mit der Kleinsten-Quadrate-Methode angepasst. Das Lernen erfolgt durch alternierende Optimierung, wobei jeweils abwechselnd nur die Parameter der Prämissen bzw. nur der Konklusionen angepasst werden, während der jeweils andere Parametersatz als fest betrachtet wird.

Im ersten Schritt werden alle Eingabevektoren durch das Netzwerk bis Schicht 3 propagiert. Für jeden Eingabevektor werden die Regelaktivierungen gespeichert. Auf dieser Basis kann dann ein entsprechendes (überbestimmtes) Gleichungssystem zur Berechnung der Parameter der Funktionen f_i in den Konklusionen erstellt werden, dass dann mittels der Kleinsten-Quadrate-Methode gelöst wird.

Sind r_{ij} die Parameter der Ausgabefunktionen f_i, $x_i(k)$ die Eingabevariablen, $y(k)$ der Ausgabewert des k-ten Trainingsvektors und $\bar{a}_i(k)$ die relativen Regelaktivierungen, erhalten wir

$$y(k) = \sum_i \bar{a}_i(k)y_i(k) = \sum_i \bar{a}_i(k)\left(\sum_{j=1}^{n} r_{ij}x_j(k) + r_{i0}\right), \qquad \forall k.$$

Somit ergibt sich mit $\hat{x}_i(k) := [1, x_1(k), \dots, x_n(k)]^T$ das überbestimmte lineare Gleichungssystem

$$\mathbf{y} = \bar{\mathbf{a}}\mathbf{R}\mathbf{X},$$

sofern eine genügend große Anzahl m von Trainingsdaten ($m > (n+1) \cdot r$, wobei r die Anzahl der Regeln und n die Anzahl der Eingabevariablen ist) zur Verfügung steht.

Die Unbekannten dieses linearen Gleichungssystems — die Parameter der Ausgabefunktionen f_i in der Matrix $\mathbf{R}$ — können so mithilfe der Kleinsten-Quadrate-Methode berechnet werden, nachdem alle Trainingsdaten durch das Netz propagiert wurden. Schließlich wird der Fehler des Ausgabeneurons auf der Basis der Ausgabefunktionen mit den so bestimmten Koeffizienten berechnet und dann die Parameter der Fuzzy-Mengen mit einem Gradientenverfahren optimiert. Die Kombination der beiden Verfahren führt zu einer schnelleren Konvergenz gegenüber einem reinen Gradientenverfahren für alle Parameter, da die Kleinste-Quadrate-Methode jeweils schon die optimale Lösung für Koeffizienten der Funktionen — bezogen auf die festgehaltenen anderen Parameter der Fuzzy-Mengen — liefert.

Leider gibt es im ANFIS-Modell keinerlei Restriktionen bei der Optimierung der Fuzzy-Mengen in den Regelprämissen. Es kann z.B. nicht garantiert werden, dass der gesamte Eingabebereich nach der Optimierung noch durch die Fuzzy-Mengen abgedeckt wird, so dass später bei bestimmten Eingaben Definitionslücken entstehen können. Dies muss am Ende der Optimierung überprüft werden. Außerdem werden die Fuzzy-Mengen im Prinzip unabhängig voneinander optimiert, so dass sie sich „überholen" können und somit die ursprüngliche Reihenfolge der Fuzzy-Menge in der „Partition" geändert wird. Dies führt insbesondere dann zu Problemen, wenn der optimierte Regler weiterhin im Sinne der vorher festgelegten linguistischen Terme für die Fuzzy-Mengen interpretiert werden soll.

21.1.2 Modelle mit verstärkendem Lernen

Die Grundidee des verstärkenden Lernens [Barto *et al.* 1983] besteht darin, dass man versucht, die Informationen, die man zum Lernen benötigt, minimal zu halten. Im Gegensatz zum Lernen mit einer festen Lernaufgabe müssen beim verstärkenden Lernen keine vorgegebenen Stellwerte bekannt sein, was oft realistisch ist. Es reicht beim verstärkenden Lernen beispielsweise nur anzugeben, ob die Regelaktion in die richtige Richtung geht oder im Extremfalls nur die Information, ob die Regelstrecke überhaupt noch stabil ist.

Ein wesentliches Problem beim verstärkenden Lernen besteht darin, den konkreten Einfluss einer Regelaktion zu bestimmen, um den Regler entsprechend anzupassen. Man kann im Allgemeinen nicht davon ausgehen, dass die zuletzt ausgeführte Regelaktion den größten Einfluss auf den Systemzustand hat, insbesondere bei Systemen mit langen Verzögerungs- und Latenzzeiten. Dieses Problem wird auch als *Credit Assignment Problem* [Barto *et al.* 1983] bezeichnet, d.h. die Schwierigkeit einer Regelaktion ihren (langfristigen) Effekt auf das zu regelnde System zuzuordnen.

Es gibt eine Reihe von Varianten des verstärkenden Lernens, die alle im Wesentlichen auf dem Prinzip basieren, das Lernproblem in zwei Teilsysteme aufzuteilen: Ein „kritisierendes" System (Kritiker) und ein System, das eine Beschreibung der Regelungsstrategie abspeichert und sie anwendet (Aktor). Der Kritiker bewertet den aktuellen Zustand der Regelstrecke unter Berücksichtigung der vorhergehenden Zustände und der Regelaktion, bewertet damit die Regelaktion selbst und veranlasst, wenn nötig, eine Anpassung der Regelungsstrategie.

Die meisten Ansätze des verstärkenden Lernens basieren auf einer Kombination mit neuronalen Netzen [Kaelbling *et al.* 1996]. Vielversprechend sind vor allem Methoden, die dynamische Programmierung nutzen, um eine optimale Regelstrategie zu finden. Eine Übersicht zu diesem Thema findet man z.B. in [Sutton und Barto 1998].

Im Bereich der Neuro-Fuzzy-Systeme wurden viele Ansätze mit verstärkendem Lernen vorgeschlagen. Aber bisher kann keines dieser Modelle wirklich mit Ansätzen, die allein auf neuronalen Netzen basieren, konkurrieren. Beispiel für Neuro-Fuzzy-Ansätze sind GARIC [Berenji und Khedkar 1993], FYNESSE [Riedmiller *et al.* 1999] und das NEFCON-Modell [Nürnberger *et al.* 1999], das kurz im Folgenden beschrieben werden soll.

Das NEFCON-Modell

Das grundlegende Ziel des NEFCON-Modells (Neuro-Fuzzy-Regler) besteht darin, online eine interpretierbare Fuzzy-Regelbasis mit einer möglichst kleinen Anzahl von Trainingszyklen zu erlernen. Außerdem sollte es möglich sein, bereits bestehendes Vorwissen auf möglichst einfache Weise in den Trainingsprozess einzubringen, um so den Lernaufwand zu verringern. Darin besteht der Unterschied zu den meisten Ansätzen des verstärkenden Lernens, die versuchen, einen optimalen Regler ohne Vorwissen zu erlernen, und somit einen sehr viel längeren Lernprozess benötigen. Das NEFCON-Modell beinhaltet zusätzlich einen heuristischen Ansatz zum Erlernen der Regelbasis. In diesem Aspekt unterscheidet es sich von den meisten anderen Neuro-Fuzzy-Systemen, die meistens nur für die Optimierung einer bestehenden Regelbasis eingesetzt werden können.

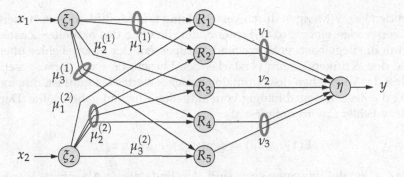

Abbildung 21.3: Ein NEFCON-System mit zwei Eingangsgrößen und fünf Regeln.

R_1:   if x_1 is $A_1^{(1)}$ and x_2 is $A_1^{(2)}$ then y is B_1

R_2:   if x_1 is $A_1^{(1)}$ and x_2 is $A_2^{(2)}$ then y is B_1

R_3:   if x_1 is $A_2^{(1)}$ and x_2 is $A_2^{(2)}$ then y is B_2

R_4:   if x_1 is $A_3^{(1)}$ and x_2 is $A_2^{(2)}$ then y is B_3

R_5:   if x_1 is $A_3^{(1)}$ and x_2 is $A_3^{(2)}$ then y is B_3

Tabelle 21.1: Die Regelbasis des NEFCON-Systems aus Abbildung 21.3.

Das NEFCON-Modell ist ein hybrider Ansatz für einen Neuro-Fuzzy-Regler auf der Basis eines Mamdani-Reglers. Die Netzwerkstruktur erhält man — analog wie in der Beschreibung in Abschnitt 21.1 — durch Interpretation der Fuzzy-Mengen als Gewichte und die Ein- und Ausgangsgrößen sowie die Regeln als Neuronen. Somit kann die Netzwerkstruktur als ein mehrschichtiges Perzeptron mit drei Schichten aufgefasst werden, eine Art Fuzzy-Perzeptron. Das Fuzzy-Perzeptron entsteht aus dem Perzeptron durch die Ersetzung der Gewichte durch Fuzzy-Mengen und die Netzeingabe und die Aktivierung des Ausgabeneurons als Fuzzy-Mengen. Abbildung 21.3 zeigt ein Beispiel für einen Fuzzy-Regler mit fünf Regel-Neuronen, zwei Eingangsgrößen und einer Ausgangsgröße.

Die inneren Neuronen $R_1, \ldots, R_5$ repräsentieren die Regeln, die Neuronen x_1, x_2 und y die Eingangs- bzw. Ausgangsgröße und $\mu_r^{(i)}$ und ν_r entsprechen den Fuzzy-Mengen in den Prämissen bzw. den Konklusionen der Regeln. Die Verbindungen mit gemeinsamen Gewichten — durch Ringe gekennzeichnet — entsprechen gleichen Fuzzy-Mengen. Wenn diese „Gewichte", d.h. die entsprechenden Fuzzy-Mengen angepasst werden, müssen sie bei allen Verbindungen gleich geändert werden. Ansonsten könnte derselbe linguistische Term in verschiedenen Regeln durch unterschiedliche Fuzzy-Mengen repräsentiert werden. Die Regelbasis, die durch das Netzwerk definiert wird, entspricht den Fuzzy-Regeln in der Tabelle 21.1.

Der Lernprozess des NEFCON-Modells lässt sich in zwei Phasen unterteilen. In der ersten Phase wird eine initiale Regelbasis gelernt, sofern noch keine Regelbasis vorgegeben wurde. In der ersten Phase kann auch eine bestehende unvollständige Regelbasis vervollständigt werden. In der zweiten Phase werden die in den Regeln auftretenden Fuzzy-Mengen durch Verschiebung und Modifikation optimiert. Beide Phasen verwenden einen Fuzzy-Fehler e, der die Güte des aktuellen Zustands bewertet, um die Regelbasis entsprechend anzupassen. Der Fuzzy-Fehler übernimmt die Rolle des „Kritikers" beim verstärkenden Lernen. Es wird vorausgesetzt, dass zumindest das Vorzeichen des optimalen Ausgabewertes bekannt ist, d.h. in welche Richtung die Regelaktion abhängig vom aktuellen Zustand gehen sollte. Der erweiterte Fuzzy-Fehler E wird definiert als

$$E(x_1, ..., x_n) = \text{sgn}(y_{\text{opt}}) \cdot e(x_1, ..., x_n),$$

wobei $(x_1, ..., x_n)$ die Eingangswerte sind. Am Ende dieses Abschnitts werden kurz eine Methoden vorgestellt, wie der Fehler der Regelstrecke beschrieben werden kann.

Erlernen einer Regelbasis

Wenn keine Regelbasis für die entsprechende Regelstrecke angegeben werden kann, wird ein Lernalgorithmus benötigt, mit dem eine initiale Regelbasis automatisch erlernt werden kann. Es geht dabei im Wesentlichen nur darum, die Regeln selbst zu erlernen. Die entsprechenden Fuzzy-Mengen werden dabei noch nicht unbedingt optimiert. Methoden zum Erlernen einer initialen Regelbasis lassen sich in drei Kategorien unterteilen: Methoden, die ohne Vorwissen mit einer leeren Regelbasis beginnen, Methoden, die mit einer „vollständigen Regelbasis beginnen, d.h. alle möglichen Regeln aus Kombinationen von Fuzzy-Mengen für die Prämissen und die Konklusion bilden die Regelbasis), und Methoden, die mit einer zufälligen Regelbasis starten. Im Folgenden werden Algorithmen für die ersten beiden Kategorien vorgestellt. Die Algorithmen erfordern keine feste Lernaufgabe. Sie versuchen, mithilfe des erweiterten Fuzzy-Fehlers E eine Regelbasis zu erlernen (s. auch [Nürnberger *et al.* 1999]). Beide Methoden setzen jedoch voraus, dass eine geeignete — wenn auch nicht optimierte — Aufteilung der Wertebereiche für die Eingangsgrößen und die Ausgangsgröße in Fuzzy-Mengen (s. auch Abschnitt 19.3.2) vorgegeben ist. Die im Folgenden vorgestellten Algorithmen verzichten bewusst auf die Nutzung einer festen Lernaufgabe, da dies erfordern würde, dass für eine hinreichend große Menge von Systemzuständen der optimale Wert der Stellgröße bereits bekannt ist.

Eine Top-Down- oder Reduktionsmethode zum Erlernen einer Regelbasis

Die Top-Down- oder Reduktionsmethode startet mit einer Regelbasis, die aus allen möglichen Regeln besteht, die aus den Fuzzy-Mengen für die Eingangsgrößen und die Ausgangsgröße gebildet werden können. Damit enthält sie natürlich auch viele widersprüchliche Regeln.

Der Algorithmus besteht aus zwei Phasen, die eine bestimmte Zeit lang bzw. eine vorher festgelegte Anzahl von Iterationsschritten ausgeführt werden. Während der ersten Phase werden Regeln eliminiert, die eine Ausgabe vorschlagen, deren Vorzeichen schon in die falsche Richtung deutet. In der zweiten Phase wird immer wieder zufällig eine Regel aus den verbleibenden Regeln mit identischer Prämisse ausgewählt. Der Fehler jeder Regel, d.h. der Ausgabefehler des gesamten Netzwerks gewichtet mit der Aktivierung der individuellen Regel wird akkumuliert. Am Ende der zweiten Phase wird aus jeder Gruppe von Regeln mit identischer Prämisse die

Regel ausgewählt, der der kleinste Fehlerwert zugeordnet ist. Alle anderen Regeln mit der gleichen Prämisse werden aus der Regelbasis entfernt.

Ein Nachteil dieses Eliminationsverfahrens besteht darin, dass es mit einer sehr großen Regelbasis beginnt, und somit sehr viel Speicher- und Rechenaufwand erforderlich ist. Daher sollte — zumindest wenn es viele Eingangsgrößen gibt und die Einteilung der Wertebereiche in Fuzzy-Mengen relativ fein vorgenommen wird — die im Folgenden vorgestellte Bottom-Up- oder inkrementelle Methode zum Erlernen der Regelbasis bevorzugt werden.

Eine Bottom-Up- oder Eliminationsmethode zum Erlernen einer Regelbasis

Dieses Lernverfahren startet mit einer leeren Regelbasis, wobei aber trotzdem eine Aufteilung der Wertebereiche für die Eingangsgrößen und die Ausgangsgröße in Fuzzy-Mengen bereits vorgegeben sein muss. Auch dieser Algorithmus besteht aus zwei Phasen. In der ersten Phase werden zunächst die einzelnen Fuzzy-Mengen für die Eingangsgrößen ausgewertet und jeweils die Fuzzy-Menge ausgewählt, die den höchsten Zugehörigkeitsgrad bei der entsprechenden Eingabe liefert, um damit eine Prämisse für eine Regel zu bilden. Dann versucht der Algorithmus eine geeignete Ausgabe zu „raten", basierend auf dem aktuellen Fuzzy-Fehler. Es wird angenommen, dass Eingabemuster mit ähnlichen Fehlerwerten ähnliche Ausgaben erfordern. Auf Basis dieser Annahme wird die Ausgabe der neuen Regel bestimmt. In der zweiten Phase werden die Fuzzy-Mengen in den Konklusionen der Regeln optimiert. Dabei werden nicht die Parameter der Fuzzy-Mengen geändert, sondern gegebenenfalls nur eine Fuzzy-Menge in der Konklusion durch eine andere ersetzt.

Die verwendete Heuristik bildet den erweiterten Fuzzy-Fehler E linear auf den Wertebereich der Stellgröße ab, so dass eine direkte Abhängigkeit zwischen Fehler und Stellgröße angenommen wird. Dies kann zu Problemen führen, insbesondere wenn der Regler einen starken Integralanteil benötigt, um den Sollwert zu erreichen. Allerdings sollte in einem solchen Fall dies bei den Eingangsgrößen berücksichtigt und der vorhergehende Wert der Stellgröße als weitere Eingangsgröße verwendet werden.

Durch den inkrementellen Lernprozess lässt sich Vorwissen leicht in die Regelbasis integrieren. Bei Vorwissen, das aus einer unvollständigen Regelbasis besteht, werden fehlende Regeln während des Lernens ergänzt. Allerdings kann wegen der bereits oben erwähnten Probleme nicht immer garantiert werden, dass eine geeignete Regelbasis durch den Lernprozess gefunden wird.

Regelbasen, die mit einem der oben beschriebenen Verfahren erlernt wurden, sollten anschließend manuell hinsichtlich ihrer Konsistenz untersucht werden, zumindest wenn die im Folgenden beschriebene Optimierungsmethode keine zufriedenstellende Lösung finden kann. In jedem Fall sollte bestehendes Vorwissen in die Regelbasis vor dem Lernprozess integriert werden und der Lernprozess sollte die Regeln des Vorwissens nicht verändern dürfen.

Optimierung der Regelbasis

Der NEFCON-Lernalgorithmus zur Optimierung der Regelbasis basiert auf der Fehler-Rückpropagation wie bei den mehrschichtigen Perzeptren. Der Fehler wird beginnend bei den Ausgabeneuronen rückwärts durch das Netz propagiert und wird lokal für die Anpassung der Fuzzy-Mengen verwendet.

Die Optimierung der Regelbasis geschieht durch Veränderung der Fuzzy-Mengen sowohl in den Prämissen als auch in den Konklusionen der Regeln. Abhängig vom Beitrag zur Stellgröße und dem resultierenden Fehler werden die Fuzzy-Mengen einer Regel „belohnt" oder „bestraft". Das bedeutet, dass hier das Prinzip des verstärkenden Lernens angewendet wird. Eine „Belohnung" oder „Bestrafung" einer Fuzzy-Menge kann durch Verschiebung oder Vergrößerung oder Verkleinerung des Bereichs mit positiven Zugehörigkeitsgraden erfolgen. Diese Anpassungen der Fuzzy-Mengen werden iterativ durchgeführt, d.h. während des Lernprozesses wird der Regler mit den aktuellen Fuzzy-Mengen verwendet, um eine Stellgröße zu berechnen, und nach jeder Ausführung einer Regelaktion wird der neue Zustand bewertet und eine inkrementelle Änderung der Fuzzy-Mengen vorgenommen.

Ein grundlegendes Problem dieses Ansatzes besteht darin, dass der Fehler des Systems sehr genau definiert werden muss, um Probleme bei der Bewertung des Reglers zu vermeiden, wie sie am Beginn dieses Abschnitts diskutiert wurden. In vielen Fällen kann diese genaue Festlegung des Fehler sehr schwierig oder gar unmöglich sein. Trotzdem können die vorgestellten Methoden zumindest auf einfache Regelstrecken angewendet werden und sie können hilfreich beim Entwurf von Fuzzy-Reglern für komplexere Regelstrecken sein. Solche Regler sollten am Ende noch auf Konsistenz und möglichst auch auf Stabilität geprüft werden.

21.2   Evolutionäre Fuzzy-Regler

Wenn ein Fuzzy-Regler mithilfe eines evolutionären Algorithmus erlernt werden soll, muss zunächst einmal die Ziel- oder Fitnessfunktion definiert werden, die der evolutionäre Algorithmus optimieren soll. Wenn eine feste Lernaufgabe vorliegt — beispielsweise wenn die Messgrößen der Regelstrecke und die Regelaktionen eines menschlichen Anlagenfahrers aufgezeichnet wurden — sollte der Fuzzy-Regler diese Daten möglichst gut approximieren. Als Fehlerfunktion bietet sich beispielsweise der mittlere quadratische Fehler oder der mittlere absolute Fehler oder auch die maximale Abweichung der Reglerfunktion von den gemessenen Ausgabewerten des Anlagenfahrers.

Stammen die aufgezeichneten Daten von verschiedenen Anlagenfahrern, kann eine Approximation der Daten zu einem sehr schlechten Gesamtverhalten des Reglers führen, wenn die Anlagenfahrer zwar einzelnen sehr gute Ergebnisse erzielen, aber unterschiedliche Regelstrategien verwenden. Dann wird der Fuzzy-Regler eine Mittelung der unterschiedlichen Regelstrategien vornehmen, die unter Umständen überhaupt nicht funktioniert. Soll beispielsweise ein Fahrzeug gesteuert werden, das einem Hindernis ausweichen soll, so könnten die Fahrer die Strategien nach links bzw. nach rechts ausweichen wählen. Eine Mittelung dieser beiden sinnvollen Einzelstrategien würde aber dazu führen, dass das Fahrzeug direkt auf das Hindernis zusteuert. Die Daten sollten daher möglichst auf das Vorhandensein ambivalenter Regelstrategien untersucht werden.

Steht ein Simulationsmodell der Regelstrecke zur Verfügung, lassen sich diverse Kriterien definieren, die ein guter Regler erfüllen sollte, z.B. die Zeit oder die Energie, die benötigt wird, um das System von einem Ausgangszustand in einen Zielzustand zu bringen, oder auch wie stark oder wie häufig das System zu Überschwingungen neigt. Nutzt der evolutionäre Algorithmus ein Simulationsmodell mit einer solchen Fitnessfunktion, ist es oft günstiger, die Fitnessfunktion anfangs so zu formulieren, dass das Regelungsverhalten noch sehr großzügig bewertet wird und erst später eine strenge Bewertung vorgenommen wird. In einer zufälligen Anfangspopulation von Reglern wird wahrscheinlich keiner der Regler in der Lage sein, den Zielzustand überhaupt zu erreichen, so dass alle Regler im Sinne der Zeit zum Erreichen des Zielzustands automatisch als gleich schlecht bewertet werden würden. Zu Beginn könnte die Fitnessfunktion daher zunächst nur bewerten, wie lange es der Regler schafft, das System in einer größeren Umgebung des Zielzustands zu halten [Hopf und Klawonn 1994]. Mit steigender Anzahl von Generationen wird die Zielfunktion dann immer strikter gewählt, bis sie schließlich das eigentliche Optimierungsziel widerspiegelt.

Die Parameter eines Fuzzy-Reglers, die mithilfe eines evolutionären Algorithmus erlernt werden können, lassen sich in drei Gruppen einteilen, die im Folgenden näher beschrieben werden.

21.2.1 Die Regelbasis

Wir gehen zunächst davon aus, dass die Fuzzy-Mengen vordefiniert sind oder simultan durch eine andere Methode optimiert werden. Wenn der Fuzzy-Regler beispielsweise zwei Eingangsgrößen hat, für die n_1 bzw. n_2 Fuzzy-Mengen definiert sind, kann für jede der $n_1 \cdot n_2$ möglichen Kombinationen eine Regel formuliert bzw. eine Ausgabe festgelegt werden. Für einen Mamdani-Regler mit n_0 Fuzzy-Mengen für die Stellgröße könnte man für den evolutionären Algorithmus ein Chromosom mit $n_1 \cdot n_2$ Parametern wählen (Genen, von denen jedes einen der n_0 Fuzzy-Mengen der Stellgröße annehmen kann). Allerdings wäre eine solche lineare Kodierung der Regeltabelle als Chromosom oder Vektor mit $n_1 \cdot n_2$ Komponenten nicht günstig für das Crossover. Crossover sollte es dem evolutionären Algorithmus ermöglichen, gute Teillösungen (Chromosomen), die unterschiedliche gute Parameter (Gene) besitzen, zu einer guten Lösung zusammenzusetzen.

Für die Optimierung einer Regelbasis eines Fuzzy-Reglers sind die Bedingungen, bei denen Crossover vorteilhaft ist, erfüllt, nämlich dass die zu optimierenden Parameter eine gewisse Unabhängigkeit aufweisen. Benachbarte Regeln in einer Regeltabelle operieren auf überlappenden Regionen des Zustandsraums, so dass sie oft gleichzeitig einen Beitrag zur Berechnung der Stellgröße liefern. Dies bedeutet, dass zwischen diesen Regeln eine starke Abhängigkeit besteht. Dagegen feuern nicht-benachbarte Regeln niemals gleichzeitig und interagieren daher nicht miteinander. In diesem Sinne sind nicht-benachbarte Regeln unabhängig. Gibt es zwei Fuzzy-Regler in einer Population eines evolutionären Algorithmus, die jeweils in einer anderen Region des Zustands- oder Eingaberaums eine gut funktionierende Teilregeltabelle gefunden haben, führt die Kombination dieser beiden Regler insgesamt zu einer Verbesserung des Regelungsverhaltens. Allerdings entspricht ein Bereich des Zustandsraums, der durch Regeln abgedeckt wird, nicht einer Zeile oder Spalte in der Regeltabelle, sondern einer rechteckigen Teiltabelle. Ein klassischer evolutionärer Algorithmus würde mittels Crossover nur lineare Ausschnitte aus der Regeltabelle austauschen, was aber nicht der obigen Idee entspricht, dass man Teilbereiche von interagierenden Regeln der Regeltabelle beim Crossover möglichst erhält. Soll eine Regelbasis eines Reglers mit zwei Eingangsgrößen optimiert werden, ist es daher sinnvoll, vom klassischen Crossover abzuweichen, das auf einem eindimensionalen linearen Chromosom operiert. Anstelle eines linearen Chromosoms sollte in diesem Fall ein planares oder zweidimensionales Chromosom verwendet werden und beim Crossover sollten Teilrechtecke innerhalb der Regeltabellen ausgetauscht werden [Kinzel *et al.* 1994]. Dies gilt für den Fall zweier Eingangsgrößen. Das Prinzip lässt sich einfach auf mehr als zwei Eingangsgrößen erweitern. Bei drei Eingangsgrößen würde man ein Chromosom in Form eines Würfels oder Quaders verwenden und allgemein bei k Eingangsgrößen einen k-dimensionalen Hyperquader.

Um beim Mutationsprozess keine drastischen Änderungen zuzulassen, sollte die Fuzzy-Menge in der Konklusion einer Regel durch Mutation nicht durch eine beliebige andere ausgetauscht werden, sondern durch eine benachbarte.

Bei einem TSK-Regler müssen für die Regelbasis Ausgabefunktionen anstelle von Fuzzy-Mengen bestimmt werden. Üblicherweise sind die Funktionen in parametrisierter Form gegeben, z.B.

$$f(x,y;a_R,b_R,c_R) = a_R + b_R x + c_R y$$

bei den Eingangsgrößen x und y. Dabei sind a_R, b_R und c_R drei Parameter, die für jede Regel R bestimmt werden müssen. Für eine Regeltabelle wie oben mit $n_1 \cdot n_2$ möglichen Einträgen müssten dann insgesamt $3 \cdot n_1 \cdot n_2$ reellwertige Parameter für die Regeltabelle optimiert werden. Hier bietet sich eine Evolutionsstrategie (s. Abschnitt 12.2 auf Seite 232) an, da es sich hier um kontinuierliche und nicht um diskrete Parameter handelt.

Wenn die Regeltabelle nicht vollständig ausgefüllt und die Anzahl der Regeln begrenzt werden soll, könnte man jeder Regel einen zusätzlichen binären Parameter (Gen) zuordnen, der angibt, ob die Regel im Regler verwendet werden soll oder nicht. Im Falle eines TSK-Regler hätten wir es dann mit einem echten evolutionären Algorithmus zu tun, da es gleichzeitig kontinuierliche (die Koeffizienten der Ausgabefunktionen) und diskrete Parameter (die binären Gene) gibt. Die Anzahl der genutzten Regeln kann vorher festgelegt werden, indem man einer festen Anzahl der binären Gene den Wert 1 oder „wahr" zuordnet. Man muss dann sicherstellen, dass diese feste Anzahl von Einsen durch Mutation und Crossover nicht verändert wird. Mutation könnte dazu immer gleichzeitig eine Regel aktivieren und eine andere deaktivieren. Beim Crossover wäre ein Reparaturalgorithmus erforderlich. Wenn es nach dem Crossover zu viele aktive Regeln gibt, könnten zufällig ausgewählte Regeln deaktiviert werden, bis die erwünschte Anzahl aktiver Regeln erreicht ist.

Eine bessere Strategie bestünde darin, die Anzahl der Regeln nicht zu Beginn festzulegen, sondern eine flexible Anzahl von Regeln zuzulassen. Da Fuzzy-Regler mit einer kleineren Anzahl von Regeln wegen der besseren Interpretierbarkeit zu bevorzugen sind, könnte man einen Bestrafungsterm in die Fitnessfunktion einbeziehen, der den Wert der Fitnessfunktion umso stärker verschlechtert, je mehr Regeln aktiv sind. Wie bei allen Bestrafungstermen muss auch hier ein geeignetes Gewicht für die Bestrafung gewählt werden. Ist das Gewicht zu groß, konzentriert sich der evolutionäre Algorithmus fast ausschließlich darauf, die Regelbasis klein zu halten und kaum auf die Güte des Reglers zu achten. Ein zu kleines Gewicht für den Bestrafungsterm führt dazu, dass sehr große Regelbasen entstehen können.

21.2.2   Die Fuzzy-Mengen

Üblicherweise werden die Fuzzy-Mengen in parametrisierter Form angegeben, etwa als Dreiecks-, Trapez- oder Gauß-Funktionen. Die entsprechenden reellwertigen Parameter eignen sich zur Optimierung durch eine Evolutionsstrategie. Gibt man der Evolutionsstrategie jedoch freie Hand bei der Optimierung dieser Parameter, wird man selten sinnvolle Ergebnisse erhalten. Die optimierten Fuzzy-Mengen können extrem überlappen und eine sinnvolle Interpretation der Regeln ist nicht möglich, auch wenn der Regler gut funktioniert. Dann wäre der Fuzzy-Regler eine Black Box wie ein neuronales Netz.

Es wird daher empfohlen, die Parameter so zu definieren, dass die Interpretierbarkeit der Regeln gewährleistet ist. Bei Dreiecksfunktionen als Zugehörigkeitsfunktionen könnte man die Parameter beispielsweise so festlegen, dass bei benachbarten Fuzzy-Mengen die linke Fuzzy-Menge gerade dann den Zugehörigkeitsgrad 0 erreicht, wenn die rechte den Zugehörigkeitsgrad 1 annimmt. In diesem Fall hätte die Evolutionsstrategie genauso viele Parameter wie es Fuzzy-Mengen gibt. Jeder Parameter gibt an, wo die entsprechende Dreiecksfunktion den Wert 1 annimmt.

Selbst mit dieser Parametrisierung können unerwünschte Effekte auftreten. Beispielsweise könnte die Fuzzy-Menge „approximately zero" aufgrund von Mutation die Fuzzy-Menge „positive small" überholen. Eine einfache Änderung in der Kodierung der Parameter kann dieses Problem lösen: Der Wert des Parameters k wird nicht als die Spitze der entsprechenden Dreiecksfunktion interpretiert, sondern als der Abstand zur Spitze der vorhergehenden Dreiecksfunktion. Der Nachteil dieser Kodierung besteht darin, dass die Änderung des Parameters der ganz linken Fuzzy-Menge durch Mutation dazu führt, dass auch alle anderen Fuzzy-Mengen verschoben werden, was zu einem völlig anderen Verhalten des Reglers führen kann. Werden die Fuzzy-Mengen unabhängig voneinander parametrisiert, hat eine Mutation immer nur eine lokale Auswirkung. Daher sollte die unabhängige Parametrisierung der Fuzzy-Mengen bevorzugt werden, allerdings mit dem Zusatz, dass „Überholvorgänge" von Fuzzy-Mengen verboten werden. Auf diese Weise verursachen Mutationen nur kleine Änderungen und die Interpretierbarkeit des Reglers bleibt gleichzeitig erhalten.

21.2.3   Weitere Parameter

Mithilfe evolutionärer Algorithmen lassen sich neben den Regeln und den Fuzzy-Mengen auch weitere Parameter eines Fuzzy-Reglers optimieren. Beispielsweise könnte man eine parametrisierte t-Norm für die Aggregation der Fuzzy-Mengen in der Prämisse einer Regel verwenden und jede Regel könnte somit ihre individuelle t-Norm für die Aggregation nutzen. Entsprechend könnte man eine parametrisierte Defuzzifizierungsstrategie optimieren. Solche Parameter führen jedoch sehr leicht dazu, dass die Interpretierbarkeit des Reglers verloren geht. Daher werden wir die Optimierung solcher Parameter hier nicht weiter betrachten.

Bis jetzt haben wir die Frage noch nicht beantwortet, ob die Regelbasis und die Fuzzy-Mengen gleichzeitig oder getrennt voneinander optimiert werden sollten. Wenn sich die Regelbasis noch drastisch ändern kann, macht es wenig Sinn, eine Feineinstellung der Fuzzy-Mengen vorzunehmen. Die Regelbasis bildet das Skelett des Fuzzy-Reglers. Die konkrete Wahl der Fuzzy-Mengen ist für die Feinabstimmung verantwortlich. Um die Anzahl der Parameter des jeweiligen evolutionären Algorithmus überschaubar zu halten, ist es daher meistens günstiger, zuerst die Regelbasis mit einer Standardeinteilung der Wertebereiche in Fuzzy-Mengen zu erlernen und danach mit der optimierten Regelbasis eine Feinabstimmung der Fuzzy-Mengen vorzunehmen.

21.2.4 Ein Genetischer Algorithmus zum Erlernen eines TSK-Reglers

Zur Veranschaulichung der Parameterkodierung von Fuzzy-Reglern bei evolutionären Algorithmen, wird in diesem Abschnitt ein genetischer Algorithmus zum Erlernen eines TSK-Regler vorgestellt [Lee und Takagi 1993]. Der Algorithmus versucht gleichzeitig alle Parameter zu optimieren, d.h. die Regelbasis und auch die Fuzzy-Mengen.

Um die Regeln

$$R_r : \text{If } x_1 \text{ is } \mu_R^{(1)} \text{ and } \ldots \text{ and } x_n \text{ is } \mu_R^{(n)} \text{ then } y = f_r(x_1, \ldots, x_n),$$

eines TSK-Reglers mit den Ausgabefunktionen

$$f_r(x_1, \ldots, x_n) = p_0^r + x_1 \cdot p_1^r + \ldots + x_n \cdot p_n^r,$$

zu erlernen, müssen die Fuzzy-Mengen für die Eingangsgrößen und die Parameter $p_0, \ldots, p_n$ der Ausgabefuntion jeder Regel geeignet kodiert werden.

In diesem Ansatz werden Fuzzy-Mengen in Form von Dreiecksfunktionen verwendet, die binär kodiert werden. Das (Teil-)Chromosom (Membership Function Chromosome MFC) für eine Fuzzy-Menge sieht exemplarisch folgendermaßen aus:

leftbase	center	rightbase
10010011	10011000	11101001

Die Parameter *leftbase*, *rightbase* und *center* entsprechen keinen absoluten Werten oder Koordinaten, sondern geben Distanzen zu Referenzpunkten an. *leftbase* und *rightbase* beziehen sich auf den Abstand zu *center*, das wiederum nicht die absolute Lage der Spitze der Dreiecksfunktion angibt, sondern Abstand zur Spitze der links daneben liegenden Dreiecksfunktion. Sofern diese Parameter immer positiv sind, gibt es keine Überholmanöver und keine Abnormalitäten bei den Fuzzy-Mengen.

Die Parameter $p_0, \ldots, p_n$ einer Regel werden direkt als Binärzahlen kodiert und ergeben das (Teil-)Chromosom (Rule Parameter Chromosome RPC) für die Konklusionsteile der Regeln, beispielsweise:

p_0	$\ldots$	p_n
10010011	$\ldots$	11101001

Basierend auf diesen Parameterkodierungen wird die gesamte Regelbasis eines TSK-Reglers folgendermaßen als binärer String dargestellt:

Variable 1	$\ldots$	Variable n	Parameter der Regelkonklusionen
$MFC_{1\ldots m_1}$	$\ldots$	$MFC_{1\ldots m_n}$	$RPC_{1\ldots(m_1 \cdot \ldots \cdot m_n)}$

Neben der Optimierung der Parameter versucht der Algorithmus gleichzeitig, die Anzahl der Fuzzy-Mengen, die für eine Eingangsgröße verwendet werden, zu minimieren. Außerdem versucht der Algorithmus noch die Anzahl der Regeln in der Regelbasis zu minimieren. Dazu wird eine maximale Anzahl von Fuzzy-Mengen vorgegeben. Fuzzy-Mengen, die außerhalb des Wertebereichs einer Eingangsgröße liegen, werden automatisch eliminiert. Außerdem bevorzugt der Selektionsprozess Regler mit kleineren Regelbasen.

In [Lee und Takagi 1993] wurde dieser Ansatz am invertierten Pendel getestet, bei dem ein Stab balanciert werden soll, der sich in einer Achse frei bewegen kann. Bei einer Regelbasis mit fünf Fuzzy-Mengen für jede der beiden Eingangsgröße (die Winkeldifferenz zur aufrechten Position des Stabs und die Winkelgeschwindigkeit) und einer 8-Bit-Binärkodierung der reellen Parameter, ergibt sich ein Chromosom der Länge $2 \cdot (5 \cdot 3 \cdot 8) + (5 \cdot 5) \cdot (3 \cdot 8) = 840$. Die Fitnessfunktion bewertet die Zeit, die die Regler benötigen, um das invertierte Pendel aus acht verschiedenen Startpositionen vertikal aufzustellen. Dazu werden drei Fälle unterschieden:

1. Wenn der Regler es schafft, das invertierte Pendel innerhalb einer vorgegebenen Zeit in die vertikale Position zu bringen, wird seine Fitness umso besser bewertet, je schneller er die vertikale Position erreicht hat.

2. Ist der Regler nicht in der Lage, das invertierte Pendel in die vertikale Position innerhalb der vorgegebenen Zeit zu bringen, der Stab aber zumindest nicht umfällt, erhält er eine fest vorgegebene Fitness, die immer schlechter ist als die eines Reglers, der das Pendel aufrichten konnte.

3. Wenn das invertierte Pendel während der Tests umfällt, erhält der Regler eine umso höhere Fitness je länger das Pendel nicht umgefallen ist. Die Fitness ist aber immer schlechter als die Fitness in den beiden vorhergehenden Fällen.

Die Autoren von [Lee und Takagi 1993] berichten, dass für das Erlernen eines brauchbaren Reglers mehr als 1000 Generationen erforderlich sind. Diese recht große Generationenzahl wird durch die recht große Chromosomenlänge verursacht. Außerdem werden Abhängigkeiten innerhalb des Chromosoms nicht immer durch Nähe der Gene repräsentiert. Die Fuzzy-Mengen der Prämisse einer Regel sind im Chromosom sehr weit von den Genen der Parameter für die Ausgabefunktion der entsprechenden Regel entfernt, so dass Crossover in der Regel eine sehr zerstörerische Wirkung zeigt.

Interessant an diesem Ansatz ist die Möglichkeit, die Anzahl der benötigten Regeln zu minimieren. Es geht nicht nur primär darum, das Verhalten des Reglers zu optimieren, sondern auch darum, die wesentlichen Regeln für die Regelbasis zu bestimmen.

Kapitel 22

Fuzzy Clustering

Nach einem kurzen Überblick über Fuzzy-Methoden in der Datenanalyse konzentriert sich dieses Kapitel auf die Fuzzy-Clusteranalyse — dem ältesten Fuzzy-Ansatz zur Datenanalyse. Dabei bezeichnet „Fuzzy-Clustering" i.w. eine Familie von prototypbasierten Clusteranalyse-Methoden, die alle als die Aufgabe formuliert werden können, eine bestimmte Zielfunktion zu minimieren. Diese Methoden können aufgefaßt werden als „Fuzzifizierungen" z.B. des klassischen c-Means-Algorithmus, der versucht, die Summe der (quadrierten) Abstände zwischen den Datenpunkten und den ihnen jeweils zugeordneten Clusterzentren zu minimieren. Um einen solchen „scharfen" (engl. *crisp*) Ansatz zu „fuzzifizieren" ist es jedoch nicht ausreichend, für die Variablen, die die Zuordnung der Datenpunkte zu den Clustern beschreiben, einfach Werte aus dem Einheitsintervall zuzulassen: das Minimum der Zielfunktion wird dann immer noch für eine eindeutige Zuordnung der Datenpunkte zu den Clustern angenommen (Partitionierung der Daten). Es ist deshalb notwendig, die Zielfunktion auf bestimmte Weisen zu verändern, um tatsächlich Zugehörigkeitsgrade zu erhalten. Dieses Kapitel beschreibt die am weitesten verbreiteten Mittel zur „Fuzzifizierung" der Clusteranalyse und vergleicht ihre Eigenschaften.

22.1 Fuzzy-Methoden in der Datenanalyse

Bisher haben wir Fuzzy-Methoden i.w. zu Modellierungszwecken in Situationen betrachtet, in denen es vorteilhaft war, impräzise Konzepte einzubeziehen. Folglich sind die sich ergebenden (Fuzzy-)Modelle von menschlichen Experten erzeugt und daher Ergebnisse eines rein wissensbasierten Herangehens (engl. *knowledge-based approach*). Fuzzy-Modelle können jedoch auch (automatisch) aus Daten abgeleitet werden, vorausgesetzt eine hinreichende Menge brauchbarer und relevanter Daten steht zur Verfügung (datengetriebener Ansatz, engl. *data-driven approach*).

Rein wissenbasierte und rein datengetriebene Ansätze können dabei als die Extrempunkte eines Spektrums von Strategien gesehen werden. Sie können jedoch auch, auf verschiedenen Ebenen, kombiniert werden. Z.B. kann ein Experte ein wissenbasiertes Modell vorgeben und Daten benutzen, um einige Parameter anzupassen — etwa die genaue Position einer Dreiecks-Fuzzy-Menge. Oder Expertenwissen kann benutzt werden, um sehr allgemein die Modellklasse zu wählen, aus der dann ein spezifisches Modell mit konkreten Parametern aufgrund der Daten gewählt wird. (Künstliche) neuronale Netze sind ein typisches Beispiel für die zweite Strategie, wo nur der Typ oder die Struktur des neuronalen Netzes vorgegeben wird und dieses Netz dann mit Hilfe von Daten trainiert wird.

Es ist daher nicht überraschend, dass auch bei einem rein datengetriebenen Ansatz Fuzzy-Techniken im Rahmen der Datenanalyse, des Data Mining oder des maschinellen Lernens benutzt werden. Man beachte dabei, dass der Begriff „Fuzzy-Datenanalyse" auf zwei verschiedene Weisen interpretiert werden kann:

- **Analyse von Fuzzy-Daten**
  Gemessene Daten sind oft unpräzise oder verrauscht (d.h., mit Fehlern verschiedener Art behaftet). In Fragebögen werden als Antwort-Wahlmöglichkeiten oft Ausdrücke wie „stimme sehr zu", „stimme zu", „unentschieden", „lehne ab", „lehne sehr ab" angeboten, die im Grunde impräzise Ausdrücke sind. Eine Möglichkeit, derartige Impräzision und Ungenauigkeit in den Daten zu behandeln, besteht darin, die Daten durch Fuzzy-Mengen zu modellieren und dann die sich ergebenden „Fuzzy-Daten" zu analysieren. Es gibt dabei zwei Hauptinterpretationen von Fuzzy-Mengen im Bereich der statistischen Datenanalyse [Dubois 2012]: in der *epistemischen Sichtweise* werden Fuzzy-Mengen benutzt, um unvollständiges Wissen über ein zugrundeliegendes Objekt oder eine präzise (Meß-)Größe darzustellen [Kwakernaak 1978, Kruse 1987]. In der *ontischen Sichtweise* dagegen werden Fuzzy-Mengen aufgefaßt als komplexe wirkliche Gebilde [Puri und Ralescu 1986, Blanco-Fernández *et al.* 2012]. Man beachte dabei, dass wegen der verschiedenen Bedeutung der Daten in diesen Sichtweisen die statistischen Methoden ebenfalls verschieden sein müssen. Wir betrachten dieses Thema hier jedoch nicht weiter. Ein interessierter Leser kann eine Fülle von Informationen in den Lehrbüchern [Kruse und Meyer 1987, Bandemer und Näther 1992, Viertl 2011] und in den Konferenzbänden der Serie „Soft Methods in Probability and Statistics" [Kruse *et al.* 2012] finden.

- **Fuzzy-Techniken zur Analyse von (scharfen) Daten**
  Auch wenn Daten verrauscht oder ungenau sein können, bleiben sie in dieser zweiten Sichtweise scharf und Fuzzy-Methoden werden nur zu ihrer Analyse eingesetzt. In diesem Fall ist das Ziel oft, Fuzzy-Modelle zu erzeugen, die die scharfen Daten beschreiben. Als Beispiel für die Anwendung von Fuzzy-Methoden in der Datenanalyse konzentrieren wir uns in diesem Kapitel auf die älteste Fuzzy-Methode zur Datenanalyse, nämlich die Fuzzy-Clusteranalyse. Es gibt aber eine ganze Reihe von Fuzzy-Techniken, mit denen (scharfe) Daten analysiert werden können. Z.B. gibt es eine umfangreiche Sammlung von Methoden um Parameter zu optimieren oder Fuzzy-Regelsysteme aus Daten zu lernen. Weiter gibt es Anwendungen im Bereich des Data Mining und des maschinellen Lernens. Es würde hier zu weit führen, wollten wir auf alle diese Ansätze im Detail eingehen. Einem interessierten Leser seien die ausgezeichneten Überblicke in [Hüllermeier 2005, Hüllermeier 2011] empfohlen.

In beiden Forschungsgebieten finden auch heute noch lebendige Diskussionen statt: vor wenigen Jahren wurden von drei der Autoren diese Buches zwei Konferenzen über diese Themen organisiert [Borgelt *et al.* 2012, Kruse *et al.* 2012], die als Bestandteile von Konferenzserien auch in den darauffolgenden Jahren stattfanden.

22.2 Clusteranalyse

Das Ziel des *Clustering* oder der *Clusteranalyse* [Everitt 1981, Jain und Dubes 1988, Kaufman und Rousseeuw 1990, Hoeppner *et al.* 1999] ist es, gegebene Objekte so in Gruppen (*Clustern*, auch: Klassen) zusammenzufassen, dass Objekte aus der gleichen Gruppe einander so ähnlich wie möglich sind, während Objekte aus verschiedenen Gruppen so verschieden wie möglich sein sollten. Um den Begriff der Ähnlichkeit zu formalisieren, so dass man ihn mathematisch angemessen behandeln kann, wird er üblicherweise über ein *Abstands-* oder *Distanzmaß* zwischen Punkten (oder Vektoren) definiert, die die Objekte in einem metrischen Raum (meist $\mathbb{R}^m$) darstellen. Zwei Objekte werden dann als umso ähnlicher angesehen, je kleiner der Abstand der sie darstellenden Datenpunkte ist.

Ein üblicher Ansatz, Cluster zu beschreiben, besteht darin, *Prototypen* anzugeben, die die Lage und möglicherweise auch die Größe und die Form der Cluster im Datenraum geeignet erfassen. Mit einem solchen Ansatz kann das allgemeine Ziel der Clusteranalyse formuliert werden als die Aufgabe, einen Satz von Clusterprototypen sowie eine Zuordnung der gegebenen Datenpunkte zu ihnen so zu bestimmen, dass die Datenpunkte so nah wie möglich an den Prototypen liegen, denen sie zugeordnet sind. Indem man diesen anschaulichen Ansatz formalisiert, und für die Prototypen lediglich Punkte aus dem Datenraum verwendet, die die *Clusterzentren* darstellen, erhält man unmittelbar die Zielfunktion des klassischen c-Means-Clustering [Ball und Hall 1967, Hartigan und Wong 1979, Lloyd 1982]: man summiere einfach die (quadrierten) Abstände der Datenpunkte zu den Clusterzentren, denen sie zugeordnet sind. Der c-Means-Algorithmus versucht dann, diese Zielfunktion zu minimieren, indem abwechselnd (1) die Zuordnung der Datenpunkte zu den Clustern neu bestimmt und (2) die Clusterzentren neu berechnet werden.

Leider liefert der c-Means-Algorithmus stets eine Partitionierung der Daten, d.h., jeder Datenpunkt wird genau einem Cluster zugeordnet. Dies ist jedoch nicht immer zweckdienlich, da es zu willkürlichen Clustergrenzen führen kann und außerdem Punkte nicht angemessen behandelt, die zwischen zwei (oder mehr) Clustern liegen, ohne eindeutig einem dieser Cluster zugeordnet werden zu können. Dieses Problems kann entweder durch einen wahrscheinlichkeitsbasierten Ansatz, wie die Schätzung einer Mischung von Gaußverteilungen mit Hilfe des Expectation-Maximization-Algorithmus (EM) (siehe z.B. [Dempster *et al.* 1977, Everitt und Hand 1981, Bilmes 1997]), oder mit einer der verschiedenen „Fuzzifizierungen" des klassischen partitionierenden Schemas (siehe z.B. [Ruspini 1969, Dunn 1973, Bezdek 1981, Bezdek *et al.* 1999, Hoeppner *et al.* 1999, Borgelt 2005]) gelöst werden.

In diesem Kapitel konzentrieren wir uns auf den zweiten Ansatz, d.h. darauf, wie die Zielfuktion des klassischen c-Means-Clustering so verändert werden kann, dass man eine graduelle Zugehörigkeit zu den Clustern erhält (sogenanntes *Fuzzy-Clustering*). Wir betrachten verschiedene Methoden, die in der Literatur zu diesem Zweck vorgeschlagen wurden, und vergleichen ihre Eigenschaften.

22.3 Voraussetzungen und Notation

Gegeben sei ein Datensatz $\mathbf{X} = \{\vec{x}_1, \ldots, \vec{x}_n\}$ mit n Datenpunkten, jeder ein m-dimensionaler reellwertiger Vektor, d.h., $\forall j; 1 \leq j \leq n : \vec{x}_j = (x_{j1}, \ldots, x_{jm}) \in \mathbb{R}^m$. Diese

Datenpunkte sollen in c Cluster gruppiert werden, wobei jeder Cluster durch einen Prototypen $\vec{c}_i, i = 1, \ldots, c$, beschrieben wird. Die Menge aller Clusterprototypen bezeichnen wir mit $\mathbf{C} = \{\vec{c}_1, \ldots, \vec{c}_c\}$. Wir beschränken uns hier auf Prototypen, die nur aus einem Clusterzentrum bestehen, d.h., $\forall i; 1 \leq i \leq c : \vec{c}_i = (c_{i1}, \ldots, c_{im}) \in \mathbb{R}^m$. Die Zuordnung der Datenpunkte zu den Clusterzentren wird durch eine $c \times n$ Matrix $\mathbf{U} = (u_{ij})_{1 \leq i \leq c; 1 \leq j \leq n}$ beschrieben, die *Partitionsmatrix* genannt wird. Im klassischen Fall gibt jedes Matrixelement $u_{ij} \in \{0, 1\}$ an, ob der Datenpunkt $\vec{x}_j$ zum Cluster $\vec{c}_i$ gehört oder nicht. In graduellen Fall dagegen gibt $u_{ij} \in [0, 1]$ den Grad an, zu dem $\vec{x}_j$ zu $\vec{c}_i$ gehört (Zugehörigkeitsgrad, engl. *degree of membership*).

Weiter beschränken wir uns auf den (quadrierten) euklidischen Abstand als Maß für den Abstand zwischen einem Datenpunkt $\vec{x}_j$ und einem Clusterzentrum $\vec{c}_i$, d.h.,

$$d_{ij}^2 = d^2(\vec{c}_i, \vec{x}_j) = (\vec{x}_j - \vec{c}_i)^\top (\vec{x}_j - \vec{c}_i) = \sum_{k=1}^m (x_{jk} - c_{ik})^2.$$

Eine verbreitete Alternative ist der (quadrierte) Mahalanobis-Abstand mit einer clusterspezifischen Kovarianzmatrix Σ_i [Gustafson und Kessel 1979, Gath und Geva 1989], d.h., $d_{ij}^2 = (\vec{x}_j - \vec{c}_i)^\top \Sigma_i^{-1} (\vec{x}_j - \vec{c}_i)$. Eine solche Wahl fügt den Clusterprototypen jedoch mindestens einen Formparameter und in einigen Ansätzen auch einen Größenparameter hinzu (siehe z.B. [Bezdek *et al.* 1999, Hoeppner *et al.* 1999, Borgelt 2005]). Dennoch ist eine Erweiterung der Ansätze in dieser Richtung i.A. problemlos. Schwieriger gestaltet sich eine Anpassung auf den L_1-Abstand [Jajuga 2003], d.h., auf $d_{ij} = \sum_{k=1}^m |x_{jk} - c_{ik}|$, oder auf andere Abstandsmaße der Minkowski-Familie, auch wenn dies in einigen Fällen sicherlich sinnvoll ist. Diese besonderen Varianten liegen jedoch weit außerhalb dessen, was wir in diesem Kapitel behandeln können.

22.4   Klassisches c-Means-Clustering

Wie bereits bemerkt, dient das klassische c-Means-Clustering dazu, zu einem gegebenen Datensatz $\mathbf{X}$ eine Menge $\mathbf{C}$ von Clusterzentren sowie eine Partitionsmatrix $\mathbf{U}$ zu finden, so dass die Zielfunktion

$$J(\mathbf{X}, \mathbf{C}, \mathbf{U}) = \sum_{i=1}^c \sum_{j=1}^n u_{ij} d_{ij}^2$$

unter den beiden Nebenbedingungen (1) $\forall i; 1 \leq i \leq c : \forall j; 1 \leq j \leq n : u_{ij} \in \{0, 1\}$ und (2) $\forall j; 1 \leq j \leq n : \sum_{i=1}^c u_{ij} = 1$ minimiert wird. Diese Nebenbedingungen stellen sicher, dass jeder Datenpunkt genau einem Cluster zugeordnet wird (Partitionierung des Datensatzes in c Cluster). Dadurch wird u.a. auch die triviale (und nutzlose) Lösung $\forall i; 1 \leq i \leq c : \forall j; 1 \leq j \leq n : u_{ij} = 0$ vermieden.

Da das Minimum dieser Zielfunktion nicht direkt auf analytischem Wege gefunden werden kann, wird eine *alternierende Optimierung* verwendet, um eine Lösung zu bestimmen. Bei diesem Schema werden zunächst die Clusterzentren zufällig initialisiert, z.B., indem c Datenpunkte zufällig ausgewählt oder c Punkte aus einer passend gewählten Verteilung über den Datenraum gezogen werden. Dann werden die beiden Schritte (1) Aktualisierung der Partitionsmatrix (Zuordnung der Datenpunkte) und (2) Aktualisierung der Clusterzentren abwechselnd durchgeführt, bis Konvergenz eintritt, d.h., bis sich die Clusterzentren nicht mehr ändern.

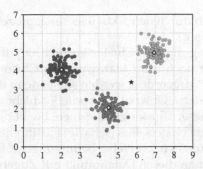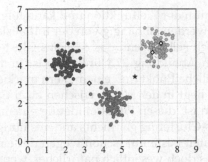

Abbildung 22.1: Ein Datensatz mit drei Clustern und einem zusätzlichen Punkt (mit einem Stern markiert). Ergebnis eines erfolgreichen c-Means-Clustering (links) und ein lokales Minimum (rechts); die Clusterzentren sind durch Rauten markiert.

Bei der Aktualisierung der Partitionsmatrix wird jeder Datenpunkt $\vec{x}_j$ dem Cluster $\vec{c}_i$ zugeordnet, dessen Zentrum ihm am nächsten liegt. D.h., die Partitionsmatrix wird aktualisiert gemäß der Regel

$$u_{ij} = \begin{cases} 1, & \text{falls } i = \text{argmin}_{i=1}^{c}\, d_{ij}^2, \\ 0, & \text{sonst.} \end{cases}$$

Bei der Aktualisierung der Clusterzentren wird jedes Clusterzentrum neu berechnet als Mittelwert der Datenpunkte, die ihm zugeordnet wurden (daher der Name c-Means-Clustering; engl. *mean*: Mittelwert), d.h.,

$$c_i = \frac{\sum_{j=1}^{n} u_{ij}\, \vec{x}_j^2}{\sum_{j=1}^{n} u_{ij}}.$$

Dieser Aktualisierungprozess konvergiert mit Sicherheit und meist tritt Konvergenz sogar schon nach relativ wenigen Schritten ein. Leider hängt er jedoch sehr empfindlich von den Anfangsbedingungen ab (d.h., von den anfangs gewählten Clusterzentren). Deshalb kann er leicht unerwünschte Ergebnisse liefern, die durch lokale Minima der Zielfunktion hervorgerufen werden. Um mit diesem Problem umzugehen, wird meist empfohlen, den Cluster-Algorithmus mehrfach mit verschiedenen Initialisierungen auszuführen und das beste Ergebnis auszuwählen, d.h., dasjenige Ergebnis, das den kleinsten Wert der Zielfunktion liefert.

Zur Veranschaulichung des Problems der lokalen Minima betrachten wir den einfachen, zwei-dimensionalen Datensatz, der in Abbildung 22.1 gezeigt ist. Anschaulich ist klar, dass es in diesem Datensatz drei Cluster gibt (zumindest, wenn wir den usätzlichen Punkt zunächst einmal ignorieren). Folglich erwarten wir als Ergebnis einer Clusteranalyse eine Wahl der Clusterzentren, wie sie im linken Diagramm zu sehen ist: die Rauten sind die berechneten Clusterzentren. Obwohl dieses Ergebnis mit einer geeigneten Initialisierung erzielt wird, liefert eine andere Initialisierung das im rechten Diagramm gezeigte Ergebnis. Da zwei der Clusterzentren im gleichen Cluster liegen (nämlich dem rechts oben), während die anderen beiden Cluster nur durch ein Clusterzentrum abgedeckt werden, das zwischen ihnen zu liegen kommt, ist das Ergebnis sicherlich so nicht brauchbar. Es entspricht jedoch einem lokalen

Minimum der Zielfunktion und kann folglich durch den Aktualisierungsprozess erreicht werden (abhängig von der Initialisierung).

Doch selbst wenn das c-Means-Clustering die drei Cluster korrekt identifiziert (wie in Abbildung 22.1 links), so ist immer noch nicht klar, welchem Cluster der zusätzliche Punkt (mit einem Stern markiert) zugeordnet werden sollte, denn dieser Punkt liegt in der Mitte zwischen zwei Clustern. Obwohl es zweifellos nicht angemessen ist, diesen Punkt eindeutig einem dieser Cluster zuzuordnen, bleibt dem c-Means-Clustering gar nichts anderes übrig, da es stets eine (scharfe) Partitionierung der Daten bestimmt (schon wegen der einzuhaltenden Nebenbedingungen). Dabei wäre es doch wesentlich natürlicher, wenn man diesen Datenpunkt mit Zugehörigkeitsgraden mehr als einem Cluster zuordnen könnte, z.B., mit einem Grad von 0.5 zu jedem der beiden Clusterzentren, denen er am nächsten liegt.

Um solche Zugehörigkeitsgrade zu erhalten, scheint es — zumindest auf den ersten Blick — auszureichen, wenn man einfach die zulässigen Werte für die Elemente u_{ij} der Partitionsmatrix von der Menge $\{0, 1\}$ auf das reelle Intervall $[0, 1]$ erweitert, ohne die Zielfunktion selbst zu verändern. Leider ist dies jedoch nicht der Fall: das Minimum der Zielfunktion wird immer noch für eine scharfe Zuordnung der Datenpunkte zu den Clustern angenommen, ganz gleich ob eine solche scharfe Zuordnung (durch die erste Nebenbedingung) erzwungen wird oder nicht.

Dies kann man leicht wie folgt zeigen: sei $k_j = \mathrm{argmin}_{i=1}^{c} \, d_{ij}^2$, d.h., sei k_j der Index des Clusterzentrums, das dem Datenpunkt $\vec{x}_j$ am nächsten liegt. Dann gilt

$$J(\mathbf{X}, \mathbf{C}, \mathbf{U}) = \sum_{i=1}^{c} \sum_{j=1}^{n} u_{ij} d_{ij}^2 \;\geq\; \sum_{i=1}^{c} \sum_{j=1}^{n} u_{ij} d_{k_j j}^2 = \sum_{j=1}^{n} d_{k_j j}^2 \underbrace{\sum_{i=1}^{c} u_{ij}}_{=1 \ \text{(2. Nebenbedingung)}}$$

$$= \sum_{j=1}^{n} \left(1 \cdot d_{k_j j}^2 + \sum_{\substack{i=1 \\ i \neq k_j}}^{c} 0 \cdot d_{ij}^2 \right).$$

Daher ist es am besten, $\forall j; 1 \leq j \leq n : u_{k_j j} = 1$ und $u_{ij} = 0$ für $1 \leq i \leq c, i \neq k_j$ zu wählen. Mit anderen Worten: die Zielfunktion wird minimiert, wenn jeder Datenpunkt voll dem nächstliegenden Cluster zugeordnet wird, obwohl wir Zugehörigkeitsgrade zwischen 0 und 1 zugelassen haben.

22.5   Transformation der Zugehörigkeiten

Da eine einfache Erweiterung des Wertebereichs für die Matrixelemente u_{ij} nicht zu Zugehörigkeits*graden* führt, müssen wir die Zielfunktion verändern, wenn wir graduelle Zugehörigkeiten wollen. Der bekannteste Ansatz dazu ist, die Zugehörigkeiten u_{ij} mit einer Funktion h zu transformieren, d.h., eine Zielfunktion der Form

$$J(\mathbf{X}, \mathbf{C}, \mathbf{U}) = \sum_{i=1}^{c} \sum_{j=1}^{n} h(u_{ij}) \, d_{ij}^2$$

zu verwenden, wobei h eine konvexe Funktion auf dem reellen Interval $[0, 1]$ ist. Diese verallgemeinerte Form wurde zuerst in [Klawonn und Hoeppner 2003] betrachtet, wobei wie folgt abgeleitet wurde, warum h convex sein muss: der Einfachheit halber beschränken wir uns auf zwei Cluster $\vec{c}_1$ und $\vec{c}_2$ und betrachten nur die Terme der Zielfunktion, die sich auf einen einzelnen Datenpunkt $\vec{x}_j$ beziehen. D.h., wir betrachten $J(\vec{x}_j, \vec{c}_1, \vec{c}_2, u_{1j}, u_{2j}) = h(u_{1j})\, d_{1j}^2 + h(u_{2j})\, d_{2j}^2$ und untersuchen, wie sich dieser Ausdruck für verschiedene Werte u_{1j} und u_{2j} verhält. Man beachte, dass wir eine eindeutige Zuordnung der Datenpunkte dabei nicht völlig ausschließen wollen: für sehr verschiedene Abstände d_{1j} und d_{2j} sollte es zumindest im Prinzip immer noch möglich sein, den Datenpunkt eindeutig dem näherliegenden Cluster zuzuordnen. Wir nehmen daher an, dass sich d_{1j} und d_{2j} nur wenig unterscheiden, so dass eine graduelle Zuordnung tatsächlich erwünscht ist.

Der Ausdruck $J(\vec{x}_j, \vec{c}_1, \vec{c}_2, u_{1j}, u_{2j})$ wird minimiert, indem wir u_{1j} und u_{2j} geeignet wählen. Durch Ausnutzen der zweiten Nebenbedingung $\sum_{i=1}^{c} u_{ij} = 1$ erhalten wir $J(\vec{x}_j, \vec{c}_1, \vec{c}_2, u_{1j}) = h(u_{1j})\, d_{1j}^2 + h(1 - u_{1j})\, d_{2j}^2$. Eine notwendige Bedingung für ein Minimum ist offenbar $\frac{\partial}{\partial u_{1j}} J(\vec{x}_j, \vec{c}_1, \vec{c}_2, u_{1j}) = h'(u_{1j})\, d_{1j}^2 - h'(1 - u_{1j})\, d_{2j}^2 = 0$, wobei $'$ für die Ableitung nach dem Funktionsargumentes steht. Dies führt zu $h'(u_{1j})\, d_{1j}^2 = h'(1 - u_{1j})\, d_{2j}^2$, was ein weiteres Argument liefert, warum eine graduelle Zuordnung der Datenpunkte ohne eine Funktion h nicht optimal sein kann: falls h die Identität ist, gilt $h'(u_{1j}) = h'(1 - u_{1j}) = 1$, und folglich kann die Gleichung $h'(u_{1j})\, d_{1j}^2 = h'(1 - u_{1j})\, d_{2j}^2$ nicht erfüllt sein, wenn die Abstände verschieden sind.

Für die weitere Analyse nehmen wir ohne Beschränkung der Allgemeinheit an, dass $d_{1j} < d_{2j}$ gilt, woraus $h'(u_{1j}) > h'(1 - u_{1j})$ folgt. Weiter wissen wir, dass $u_{1j} > u_{2j} = 1 - u_{1j}$ gilt, weil der Zugehörigkeitsgrad zu dem näherliegenden Cluster größer sein sollte als zu dem fernerliegenden. Mit anderen Worten: die Funktion muss umso steiler sein, je größer ihr Argument ist. Folglich muss h eine konvexe Funktion auf dem Einheitsintervall sein [Klawonn und Hoeppner 2003].

Da wir uns hier auf den euklidischen Abstand beschränken (siehe Abschnitt 22.3), können wir bereits die Aktualisierungsregel für die Clusterzentren ableiten, nämlich indem wir die notwendige Bedingung ausnutzen, dass am Minimum der Zielfunktion J die partiellen Ableitungen bzgl. der Clusterzentren verschwinden müssen. Folglich gilt $\forall k; 1 \le k \le c$:

$$\nabla_{\vec{c}_k} J(\mathbf{X}, \mathbf{C}, \mathbf{U}) = \nabla_{\vec{c}_k} \sum_{i=1}^{c} \sum_{j=1}^{n} h(u_{ij})\, (\vec{x}_j - \vec{c}_i)^\top (\vec{x}_j - \vec{c}_i) = -2 \sum_{j=1}^{n} h(u_{ij})(\vec{x}_j - \vec{c}_i) \overset{!}{=} 0.$$

Unabhängig von der Funktion h folgt unmittelbar

$$\vec{c}_i = \frac{\sum_{j=1}^{n} h(u_{ij})\vec{x}_j}{\sum_{j=1}^{n} h(u_{ij})}.$$

Diese Aktualisierungsregel zeigt bereits einen der wesentlichen Nachteile einer Fuzzifizierung durch Transformation der Zugehörigkeiten, nämlich dass die Transformationsfunktion in die Aktualisierung der Clusterzentren eingeht. Es wäre zweifellos natürlicher, wenn die Zugehörigkeitsgrade direkt als Gewichte in der Berechnung des Mittelwertes aufträten. Dies hätte auch den Vorteil, dass alle Datenpunkte mit dem gleichen Einheitsgewicht eingehen (da definitionsgemäß $\sum_{i=1}^{c} u_{ij} = 1$). Die Datenpunkte sind jedoch vielmehr mit den transformierten Zugehörigkeiten $h(u_{ij})$ gewichtet, wodurch die Datenpunkte verschiedene Gewichte erhalten, da sich diese transformierten Werte nicht zu Eins summieren müssen.

Man kann jedoch argumentieren, dass dieser Effekt durchaus erwünscht sein kann: da die Funktion h konvex ist, ist das Gesamtgewicht $\sum_{i=1}^{c} h(u_{ij})$ von Datenpunkten $\vec{x}_j$ mit einer eindeutigeren Zuordnung (ein Zugehörigkeitsgrad ist wesentlich größer als die anderen) höher (das Maximum 1 wird für eine völlig eindeutige Zuordnung zu einem einzigen Cluster angenommen) als das von Datenpunkten mit einer weniger eindeutigen Zuordnung (mehrere Zugehörigkeitsgrade sind etwa gleich groß). Folglich hängen in diesem Schema die Orte der Clusterzentren stärker von den Datenpunkten ab, die „typisch" für diese Cluster sind. Solch ein Effekt entspricht der Idee von z.B. robusten Regressionstechniken, in denen ebenfalls Datenpunkte ein geringeres Gewicht bekommen, wenn sie nicht gut durch die Regressionsfunktion beschrieben werden. Dieser Bezug zu robusten statistischen Methoden wird in größerer Tiefe z.B. in [Davé und Krishnapuram 1997] untersucht.

Um die Aktualisierungsregel für die Partitionsmatrix (und damit die Zugehörigkeitsgrade u_{ij}) abzuleiten, müssen wir die genaue Form der Funktion h kennen. Die mit Abstand häufigste Wahl ist $h(u_{ij}) = u_{ij}^2$, die zu der Standardzielfunktion des Fuzzy-Clustering führt [Dunn 1973]. Die allgemeinere Form $h(u_{ij}) = u_{ij}^w$ wurde durch [Bezdek 1981] eingeführt, wobei der Exponent w, $w > 1$, üblicherweise *Fuzzifier* genannt wird, da er die Weichheit bzw. Uneindeutigkeit (engl. *fuzziness*) der Datenpunktzuordnungen bestimmt: je größer w, desto weicher sind die Grenzen zwischen den Clustern. Dies führt zu der häufig verwendeten Zielfunktion [Bezdek 1981, Bezdek *et al.* 1999, Hoeppner *et al.* 1999, Borgelt 2005]

$$J(\mathbf{X}, \mathbf{U}, \mathbf{C}) = \sum_{i=1}^{c} \sum_{j=1}^{n} u_{ij}^w \, d_{ij}^2.$$

Die Aktualisierungsregel für die Zugehörigkeitsgrade wird nun abgeleitet, indem die Nebenbedingungen $\forall j; 1 \leq j \leq n : \sum_{i=1}^{c} u_{ij} = 1$ durch Lagrange-Faktoren in die Zielfunktion einbezogen werden. Dies führt zu der Lagrange-Funktion

$$L(\mathbf{X}, \mathbf{U}, \mathbf{C}, \Lambda) = \underbrace{\sum_{i=1}^{c} \sum_{j=1}^{n} u_{ij}^w \, d_{ij}^2}_{=J(\mathbf{X},\mathbf{U},\mathbf{C})} + \sum_{j=1}^{n} \lambda_j \left(1 - \sum_{i=1}^{c} u_{ij} \right),$$

wobei $\Lambda = (\lambda_1, \ldots, \lambda_n)$ die Lagrange-Faktoren sind, einer je Nebenbedingung.

Da am Minimum der Lagrange-Funktion die partiellen Ableitungen nach den Zugehörigkeitsgraden verschwinden müssen, erhalten wir

$$\frac{\partial}{\partial u_{kl}} L(\mathbf{X}, \mathbf{U}, \mathbf{C}, \Lambda) = w \, u_{kl}^{w-1} \, d_{kl}^2 - \lambda_l \stackrel{!}{=} 0 \qquad \text{und daher} \qquad u_{kl} = \left(\frac{\lambda_l}{w \, d_{kl}^2} \right)^{\frac{1}{w-1}}.$$

Summieren dieser Gleichungen über die Cluster (so dass wir die zugehörigen Nebenbedingungen für die Zugehörigkeitsgrade ausnutzen können, die aus der Lagrange-Funktion zurückerhalten werden, weil die partiellen Ableitungen nach den Lagrange-Faktoren am Minimum ebenfalls verschwinden müssen), ergibt

$$1 = \sum_{i=1}^{c} u_{ij} = \sum_{i=1}^{c} \left(\frac{\lambda_j}{w \, d_{ij}^2} \right)^{\frac{1}{w-1}} \qquad \text{und daher} \qquad \lambda_j = \left(\sum_{i=1}^{c} (w \, d_{ij}^2)^{\frac{1}{1-w}} \right)^{1-w}.$$

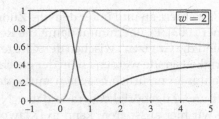 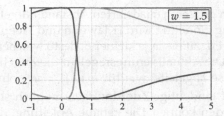

Abbildung 22.2: Zugehörigkeitsgrade zu zwei Clustern mit Fuzzifiern $w = 2$ (links) und $w = 1.5$ (rechts): verschiedene Schärfe/Weichheit der Clustergrenzen.

Folglich erhalten wir für die Zugehörigkeitsgrade $\forall i; 1 \leq i \leq c: \forall j; 1 \leq j \leq n$:

$$u_{ij} = \frac{d_{ij}^{\frac{2}{1-w}}}{\sum_{k=1}^{c} d_{kj}^{\frac{2}{1-w}}} \quad \text{und daher für } w = 2: \quad u_{ij} = \frac{d_{ij}^{-2}}{\sum_{k=1}^{c} d_{kj}^{-2}}.$$

Diese Berechnungsvorschrift erscheint (speziell für einen Fuzzifier $w = 2$) recht natürlich, da sie die Zugehörigkeitsgrade anhand der relativen inversen quadrierten Abstände der Datenpunkte von den Clusterzentren bestimmt.

Die Wirkung des Fuzzifiers w ist in Abbildung 22.2 veranschaulicht. Die beiden Diagramme dieser Abbildung zeigen die Zugehörigkeitsgrade für Punkte auf der x-Achse für zwei Clusterzentren, die bei $x = 0$ und $x = 1$ liegen, für die Werte $w = 2$ (links) und $w = 1.5$ (rechts). Es ist deutlich, dass der größere Fuzzifier $w = 2$ zu einem weicheren Übergang zwischen den beiden Clustern führt, da die Zugehörigkeitsgrade weniger steil abfallen (oder ansteigen) als für den Fuzzifier $w = 1.5$.

Die obige Berechnungsvorschrift hat jedoch den Nachteil, dass sie *immer* zu einer graduellen Zugehörigkeit führt. Ganz egal, wie weit ein Datenpunkt von einem Clusterzentrum entfernt ist, hat doch er einen positiven Zugehörigkeitsgrad zu diesem Cluster. Sogar noch schlimmer: je weiter ein Datenpunkt von allen Clusterzentren entfernt ist, umso ähnlicher werden die Zugehörigkeitsgrade. Dieser Effekt kann ebenfalls in Abbildung 22.2 abgelesen werden: je weiter wir in den Diagrammen nach rechts gehen, umso näher rücken die Zugehörigkeitsgrade zu den beiden CLustern zusammen. Die unerwünschten Ergebnisse, die durch diese Eigenschaft speziell bei sehr ungleich dicht besetzten Clustern hervorgerufen werden können, wurden sehr klar in [Klawonn und Hoeppner 2003] herausgearbeitet.

Weiter wurde in [Klawonn und Hoeppner 2003] aufgedeckt, dass der Grund für dieses Verhalten im wesentlichen in der Tatsache zu suchen ist, dass $h'(u_{ij}) = \frac{d}{du_{ij}} u_{ij}^w = w u_{ij}^{w-1}$ an der Stelle $u_{ij} = 0$ verschwindet. Dies legt die Idee nahe, eine Transformationsfunktion zu verwenden, die diese Eigenschaft nicht hat und es dadurch — zumindest for hinreichend extreme Abstandsverhältnisse — erlaubt, dass Datenpunkte eindeutig einzelnen Clustern zugeordnet werden. In [Klawonn und Hoeppner 2003] wird dazu die Funktion $h(u_{ij}) = \alpha u_{ij}^2 + (1 - \alpha) u_{ij}$, $\alpha \in (0, 1]$, oder in einer leichter interpretierbaren Form, $h(u_{ij}) = \frac{1-\beta}{1+\beta} u_{ij}^2 + \frac{2\beta}{1+\beta} u_{ij}$, $\beta \in [0, 1)$, vorgeschlagen. Diese Transformation beruht auf der Standardfunktion $h(u_{ij}) = u_{ij}^2$ und vermischt sie mit der Identität, um eine verschwindende Ableitung bei Null zu vermeiden. Der Parameter β kann, für zwei Cluster, als das Verhältnis des kleineren zum größeren quadrierten Abstand aufgefaßt werden, an und unter dem die Zuordnung eindeutig wird [Klawonn und Hoeppner 2003]. Er übernimmt damit die Rolle des Fuzzifiers w: je kleiner β, desto weicher sind die Grenzen zwischen den Clustern.

Die Aktualisierungsregel für die Zugehörigkeitsgrade werden i.w. in der gleichen Weise abgeleitet wie für $h(u_{ij}) = u_{ij}^w$, obwohl man natürlich beachten muss, dass jetzt eindeutige Zuordnungen möglich sind und Zugehörigkeitsgrade daher Null werden können. Die genaue Ableitung, die wir hier aussparen, kann in [Klawonn und Hoeppner 2003] oder [Borgelt 2005] nachgelesen werden. Sie liefert

$$u_{ij} = \frac{u'_{ij}}{\sum_{k=1}^{c} u'_{kj}} \quad \text{mit} \quad u'_{ij} = \max\left\{0,\, d_{ij}^{-2} - \frac{\beta}{1+\beta(c_j-1)} \sum_{k=1}^{c_j} d_{\varsigma(k)j}^{-2}\right\},$$

wobei $\varsigma : \{1,\ldots,c\} \to \{1,\ldots c\}$ eine Permutation der Cluster-Indizes ist, so dass $\forall i; 1 \le i < c : d_{\varsigma(i)j} \le d_{\varsigma(i+1)j}$ gilt (d.h., ς sortiert die Abstände aufsteigend), und

$$c_j = \max\left\{k \,\middle|\, d_{\varsigma(k)j}^{-2} > \frac{\beta}{1+\beta(k-1)} \sum_{i=1}^{k} d_{\varsigma(i)j}^{-2}\right\}$$

die Anzahl der Cluster angibt, zu denen der Datenpunkt $\vec{x}_j$ eine nicht verschwindende Zugehörigkeit hat. Diese Berechnungsvorschrift ist recht natürlich, da sie immer noch (wie die Standardregel) die Zugehörigkeitsgrade gemäß der relativen inversen quadratischen Abstände zu den Clustern berechnet, aber einen Versatz abzieht, wodurch eindeutige Zuordnungen möglich werden.

22.6 Regularisierung der Zugehörigkeiten

Wie wir im vorangehenden Abschnitt gesehen haben, hat eine Transformation der Zugehörigkeiten in der Zielfunktion den Nachteil, dass dann die Transformationsfunktion in der Aktualisierungsvorschrift für die Clusterzentren auftritt. Um diesen Nachteil zu vermeiden, kann man alternativ versuchen, eine Fuzzifizierung zu erreichen, ohne die Zugehörigkeitsgrade in ihrer Gewichtung der (quadrierten) Abstände zu verändern. Graduelle Zugehörigkeiten werden in diesem Fall dadurch erzielt, dass man einen Regularisierungsterm zu der Zielfunktion hinzufügt, der das Minimum von einer eindeutigen Zuordnung wegdrückt. In den meisten Fällen nimmt die Zielfunktion dann die folgende Form an:

$$J(\mathbf{X},\mathbf{C},\mathbf{U}) = \sum_{i=1}^{c}\sum_{j=1}^{n} u_{ij}d_{ij}^2 + \gamma\sum_{i=1}^{c}\sum_{j=1}^{n} f(u_{ij}),$$

wobei f eine konvexe Funktion auf dem reellen Interval $[0,1]$ ist. Der Parameter γ übernimmt die Rolle des Fuzzifiers w: je größer der Wert von γ, desto weicher werden die Grenzen zwischen den Clustern.

Um diese Zielfunktion zu analysieren, wenden wir wieder die gleiche Technik wie im vorangehenden Abschnitt an: wir beschränken uns auf zwei Cluster $\vec{c}_1$ und $\vec{c}_2$ und betrachten die Terme, die sich auf einen einzelnen Datenpunkt $\vec{x}_j$ beziehen. D.h., wir betrachten $J(\vec{x}_j,\vec{c}_1,\vec{c}_2,u_{1j},u_{2j}) = u_{1j}d_{1j}^2 + u_{2j}d_{2j}^2 + \gamma f(u_{1j}) + \gamma f(u_{2j})$. Da

$u_{2j} = 1 - u_{1j}$, gilt $J(\vec{x}_j, \vec{c}_1, \vec{c}_2, u_{1j}) = u_{1j}d_{1j}^2 + (1 - u_{1j})d_{2j}^2 + \gamma f(u_{1j}) + \gamma f(1 - u_{1j})$. An einem Minimum der Zielfunktion muss die partielle Ableitung $\frac{\partial}{\partial u_{1j}} J(\vec{x}_j, \vec{c}_1, \vec{c}_2, u_{1j}) =$ $d_{1j}^2 - d_{2j}^2 + \gamma f'(u_{1j}) - \gamma f'(1 - u_{1j}) = 0$ verschwinden, wobei ' wieder die Ableitung nach dem Funktionsargument bezeichnet. Dies führt zu der einfachen Bedingung $d_{1j}^2 + \gamma f'(u_{1j}) = d_{2j}^2 + \gamma f'(1 - u_{1j})$.

Weiter nehmen wir wieder ohne Beschränkung der Allgemeinheit an, dass $d_{1j} < d_{2j}$ gilt, woraus $f'(u_{1j}) > f'(1 - u_{1j})$ folgt. Außerdem wissen wir, dass $u_{1j} > u_{2j} = 1 - u_{1j}$, weil der Zugehörigkeitsgrad für den näherliegenden Cluster größer sein sollte als für den fernerliegenden. Mit anderen Worten: die Funktion f muss umso steiler sein, je größer ihr Argument ist. Folglich muss sie eine konvexe Funktion auf dem Einheitsintervall sein, um graduelle Zugehörigkeiten zu erlauben.

Genauer erhalten wir $(d_{2j}^2 - d_{1j}^2)/\gamma = f'(u_{1j}) - f'(1 - u_{1j})$ als Bedingung für ein Minimum. Weil f eine konvexe Funktion auf dem Einheitsintervall ist, ist der größtmögliche Wert der rechten Seite $f'(1) - f'(0)$. Falls $f'(1) - f'(0) < \infty$, ist eine eindeutige Zuordnung prinzipiell möglich, weil es in diesem Fall Werte für d_{1j}^2, d_{2j}^2 und γ gibt, so dass das Minimum der Funktion $J(\vec{x}_j, \vec{c}_1, \vec{c}_2, u_{1j})$ bzgl. u_{ij} entweder nicht existiert oder außerhalb des Einheitsintervalls liegt. In solch einer Situation ist die beste Wahl die eindeutige Zuordnung $u_{1j} = 1$ und $u_{2j} = 0$ (wobei wir natürlich immer noch annehmen, dass $d_{1j} < d_{2j}$ gilt).

Als Aktualisierungsregel für die Clusterzentren können wir einfach das Ergebnis des vorangehenden Abschnitts übertragen, da der Regularisierungsterm nicht von den Clusterzentren abhängt. Daher haben wir die einfache Berechnungsvorschrift (da hier $h(u_{ij}) = u_{ij}$)

$$\vec{c}_i = \frac{\sum_{j=1}^{n} u_{ij}\vec{x}_j}{\sum_{j=1}^{n} u_{ij}}.$$

Dies verdeutlicht den Vorteil eines Regularisierungsansatzes, weil die Zugehörigkeitsgrade direkt als Gewichte auftreten, mit denen die Datenpunkte in die Mittelwertberechnung eingehen, die das neue Clusterzentrum liefert.

Um die Aktualisierungsregel für die Zugehörigkeitsgrade zu bestimmen, müssen wir die Nebenbedingungen $\forall j; 1 \leq j \leq n : \sum_{i=1}^{c} u_{ij} = 1$ berücksichtigen. Dies geschieht in der üblichen Weise (siehe den vorangehenden Abschnitt), nämlich indem sie mit Lagrange-Faktoren in die Zielfunktion einbezogen werden. Die sich ergebende Lagrange-Funktion ist

$$L(\mathbf{X}, \mathbf{U}, \mathbf{C}, \Lambda) = \underbrace{\sum_{i=1}^{c} \sum_{j=1}^{n} u_{ij}d_{ij}^2 + \gamma \sum_{i=1}^{c} \sum_{j=1}^{n} f(u_{ij})}_{=J(\mathbf{X}, \mathbf{C}, \mathbf{U})} + \sum_{j=1}^{n} \lambda_j \left(1 - \sum_{i=1}^{c} u_{ij}\right),$$

wobei $\Lambda = (\lambda_1, \ldots, \lambda_n)$ die Lagrange-Faktoren sind, einer je Nebenbedingung.

Weil an einem Minimum der Lagrange-Funktion die partiellen Ableitungen nach den Zugehörigkeitsgraden verschwinden müssen, erhalten wir

$$\frac{\partial}{\partial u_{kl}} L(\mathbf{X}, \mathbf{U}, \mathbf{C}) = d_{kl}^2 + \gamma f'(u_{kl}) - \lambda_l \overset{!}{=} 0 \quad \text{und damit} \quad u_{kl} = f'^{-1}\left(\frac{\lambda_l - d_{kl}^2}{\gamma}\right),$$

wobei $'$ wieder die Ableitung nach dem Argument der Funktion und f'^{-1} die Inverse der Ableitung der Funktion f bezeichnet. Analog zu Abschnitt 22.5 werden nun die Nebenbedingungen für die Zugehörigkeitsgrade ausgenutzt, um $1 = \sum_{k=1}^{c} u_{kj} = \sum_{k=1}^{c} f'^{-1}((\lambda_j - d_{kj}^2)/\gamma)$ zu erhalten. Diese Gleichung muss nach λ_j aufgelöst und das Ergebnis dann benutzt werden, um λ_l in dem oben abgeleiteten Ausdruck für die Zugehörigkeitsgrade u_{kl} zu ersetzen. Aber um dies durchführen zu können, müssen wir die genaue Form der Regularisierungsfunktion f kennen.

Die in der Literatur vorgeschlagenen Regularisierungsfunktionen f (konkrete Beispiele werden weiter unten betrachtet) können als aus einem Ansatz maximaler Entropy abgeleitet angesehen werden. D.h., der Term der Zielfunktion, der die u_{ij} zwingt, die gewichtete Summe der quadrierten Abstände zu minimieren, wird durch einen Term ergänzt, der sie zwingt, die Entropien der Verteilungen über die Cluster zu maximieren, die die u_{ij} für jeden Datenpunkt beschreiben. In dieser Weise werden die u_{ij} von einer eindeutigen Zuordnung, die minimale Entropy hat, „weggedrückt" in Richtung auf eine Zuordnung mit lauter gleichen Zugehörigkeitsgraden, die maximale Entropie besitzt. Allgemein benutzt ein solcher Ansatz eine Zielfunktion

$$J(\mathbf{X}, \mathbf{C}, \mathbf{U}) = \sum_{i=1}^{c} \sum_{j=1}^{n} u_{ij} d_{ij}^2 - \gamma \sum_{j=1}^{n} H(\vec{u}_j),$$

wobei $\vec{u}_j = (u_{1j}, \ldots, u_{cj})$ die Zugehörigkeitsgrade auflistet, die der Datenpunkt $\vec{x}_j$ zu den verschiedenen Clustern hat. H berechnet ihre Entropie, da $\vec{u}_j$ zumindest formal eine Wahrscheinlichkeitsverteilung ist, weil die Zugehörigkeitsgrade $\forall i; 1 \leq i \leq c$: $u_{ij} \in [0,1]$ and $\sum_{i=1}^{c} u_{ij} = 1$ erfüllen.

Um den Maximum-Entropie-Ansatz genauer auszuarbeiten, betrachten wir die verallgemeinerte Entropie nach [Daroczy 1970]. Sei $\vec{p} = (p_1, \ldots, p_r)$ eine Wahrscheinlichkeitsverteilung über r Werten. Dann ist die *Daróczy-Entropie* definiert als

$$H_\beta(\vec{p}) = \frac{2^{\beta-1}}{2^{\beta-1}-1} \sum_{i=1}^{r} p_i(1 - p_i^{\beta-1}) = \frac{2^{\beta-1}}{2^{\beta-1}-1} \left(1 - \sum_{i=1}^{r} p_i^\beta\right).$$

Aus dieser Formel erhalten wir die wohlbekannte *Shannon-Entropie* [Shannon 1948] als Grenzfall für $\beta \to 1$, d.h., als

$$H_1(\vec{p}) = \lim_{\beta \to 1} H_\beta(\vec{p}) = -\sum_{i=1}^{r} p_i \log_2 p_i.$$

Eingesetzt in die entropie-regularisierte Zielfunktion liefert sie

$$J(\mathbf{X}, \mathbf{C}, \mathbf{U}) = \sum_{i=1}^{c} \sum_{j=1}^{n} u_{ij} d_{ij}^2 + \gamma \sum_{i=1}^{c} \sum_{j=1}^{n} u_{ij} \ln u_{ij},$$

wobei der Faktor $1/\ln 2$ (der sich aus der Beziehung $\log_2 u_{ij} = \ln u_{ij} / \ln 2$ ergibt) in den Faktor γ einbezogen wird, da der natürliche Logarithmus eine einfachere mathematische Behandlung erlaubt. D.h., wir betrachten $f(u_{ij}) = u_{ij} \ln u_{ij}$ [Karayiannis 1994, Li und Mukaidono 1995, Miyamoto und Mukaidono 1997, Boujemaa 2000] und erhalten folglich $f'(u_{ij}) = 1 + \ln u_{ij}$ und $f'^{-1}(y) = e^{y-1}$. Indem wir die letztere Beziehung in die oben abgeleiteten Formeln für die Aktualisierung der Zugehörigkeitsgrade einsetzen, gelangen wir zu der Berechnungsvorschrift

$$u_{ij} = \frac{e^{-d_{ij}^2/\gamma}}{\sum_{k=1}^{c} e^{-d_{kj}^2/\gamma}}.$$

Wie schon in [Mori *et al.* 2003, Honda und Ichihashi 2005] hervorgehoben, ist dieser Ansatz durch diese Vorschrift eng mit dem Expectation-Maximization-Algorithmus (EM) für Mischungen von Gaußverteilungen verwandt [Dempster *et al.* 1977, Everitt und Hand 1981, Bilmes 1997]. Denn wenn wir $\gamma = 2\sigma^2$ setzen, erhalten wir genau die Berechnungsformel für den Expectation-Schritt. Folglich kann diese Aktualisierungsregel interpretiert werden als Berechnung der Wahrscheinlichkeit, dass ein Datenpunkt $\vec{x}_j$ aus einer Gaußverteilung gezogen wurde, die ihren Mittelpunkt am Ort $\vec{c}_i$ und die Varianz σ^2 hat. Weiter folgt, da die Aktualisierungsregel für die Clusterzentren mit dem Maximization-Schritt übereinstimmt, dass diese Form des Fuzzy-Clustering vom Expectation-Maximization-Algorithmus für eine Mischung von Gaußverteilungen tatsächlich ununterscheidbar ist.

Man beachte, dass aus $f'(u_{ij}) = 1 + \ln u_{ij}$ folgt, dass $f'(1) - f'(0) = \infty$. Deshalb liefert die Shannon-Entropie stets graduelle Zugehörigkeiten. Dieser Nachteil ist hier jedoch weniger schädlich, da $e^{-d_{ij}^2/\gamma}$ wesentlich „steiler" ist als d_{ij}^{-2} und daher wesentlich weniger anfällig für unerwünschte Ergebnisse bei ungleich dicht besetzten Clustern (vgl. die Diskussion in [Döring *et al.* 2005]).

Ein anderer, oft verwendeter Spezialfall der Daróczy-Entropie ist die sogenannte *quadratische Entropie*, die sich ergibt, wenn wir den Parameter $\beta = 2$ wählen, d.h.,

$$H_2(\vec{p}) = 2\sum_{i=1}^{r} p_i(1 - p_i) = 2 - 2\sum_{i=1}^{r} p_i^2.$$

Eingesetzt in die entropie-regularisierte Zielfunktion liefert er

$$J(\mathbf{X}, \mathbf{C}, \mathbf{U}) = \sum_{i=1}^{c}\sum_{j=1}^{n} u_{ij}d_{ij}^2 + \gamma\sum_{i=1}^{c}\sum_{j=1}^{n} u_{ij}^2,$$

da der konstante Term 2 keinen Einfluß auf die Lage des Minimums hat und daher weggelassen werden kann. Weiter kann der Faktor 2 in den Faktor γ einbezogen werden. D.h., wir betrachten $f(u_{ij}) = u_{ij}^2$ [Miyamoto und Umayahara 1997] und erhalten so $f'(u_{ij}) = 2u_{ij}$ und schließlich $f'^{-1}(y) = \frac{y}{2}$ für die benötigte inverse Funktion der Ableitung.

Um die Aktualisierungsvorschrift für die Zugehörigkeitsgrade abzuleiten, müssen wir der Tatsache Beachtung schenken, dass $f'(1) - f'(0) = 2$ gilt. Folglich sind eindeutige Zuordnungen zumindest im Prinzip möglich und einige Zugehörigkeitsgrade können verschwinden. Dennoch kann die genaue Herleitung leicht durchgeführt werden, wenn man z.B. den gleichen Wegen folgt, auf denen für den analogen Ansatz im vorangehenden Abschnitt, der ebenfalls verschwindende Zugehörigkeitsgrade erlaubt, die Aktualisierungsregel abgeleitet wird.

Die sich ergebende Berechnungsvorschrift ist $\forall i : 1 \leq i \leq c : \forall j : 1 \leq j \leq n :$

$$u_{ij} = \max\left\{0, \frac{1}{c_j}\left(1 + \sum_{k=1}^{c_j} \frac{d_{\varsigma(k)j}^2}{2\gamma}\right) - \frac{d_{ij}}{2\gamma}\right\},$$

wobei $\varsigma : \{1, \ldots, c\} \to \{1, \ldots c\}$ eine Permutation der Cluster-Indizes ist, so dass $\forall i; 1 \leq i < c : d_{\varsigma(i)j} \leq d_{\varsigma(i+1)j}$ gilt (d.h, ς sortiert die Abstände aufsteigend), und

$$c_j = \max \left\{ k \mid \sum_{i=1}^{k} d_{\varsigma(i)j}^2 > k\, d_{kj} - 2\gamma \right\}$$

die Anzahl der Cluster angibt, zu denen der Datenpunkt $\vec{x}_j$ eine nicht verschwinden-de Zugehörigkeit hat. In dieser Vorschrift kann 2γ interpretiert werden als ein Referenzabstand, relativ zu dem alle Abstände beurteilt werden. Für zwei Cluster ist 2γ die Differenz zwischen den Abständen eines Datenpunktes zu den beiden Cluster-zentren an und über dem sich eine eindeutige Zuordnung einstellt. Dies ist offenbar gleichwertig zu der Aussage, dass sich die Abstände zu den beiden Clustern, wenn sie in 2γ-Einheiten gemessen werden, nur um weniger als 1 unterscheiden dürfen, um eine graduelle Zugehörgkeit zu liefern.

Ein Nachteil dieser Berechnungsvorschrift ist, dass sie sich auf die Differenz der Abstände statt auf ihr Verhältnis bezieht, was natürlicher erscheint. Dies hat zur Fol-ge, dass ein Datenpunkt, der den Abstand x zu einem Cluster und den Abstand y zum anderen hat, in genau der gleichen Weise behandelt wird wie ein Datenpunkt, der den Abstand $x + z$ zum ersten Cluster und den Abstand $y + z$ zum zweiten hat, unabhängig vom Wert von z (vorausgesetzt $z \geq -\min\{x, y\}$).

Alternativen zu den betrachteten Ansätzen modifizieren den Shannon-Entropie-Term, z.B., indem $f(u_{ij}) = u_{ij} \ln u_{ij} + (1 - u_{ij}) \ln(1 - u_{ij})$ verwen-det wird [Yasuda et al. 2001], oder ersetzen ihn durch die Kullback-Leibler-Informationsdivergenz [Kullback und Leibler 1951] der (geschätzten) Cluster-Wahrscheinlichkeitsverteilung [Ichihashi et al. 2001], d.h., $f(u_{ij}) = u_{ij} \ln \frac{u_{ij}}{p_i}$ mit $p_i = \frac{1}{n} \sum_{j=1}^{n} u_{ij}$.

Weiter wurde versucht, $f(u_{ij}) = u_{ij}^w$ zu verwenden [Yang 1993, Özdemir und Akarun 2002], allerdings in Kombination mit $h(u_{ij}) = u_{ij}^w$ (um technische Schwierig-keiten zu vermeiden), so dass die Zielfunktion effektiv zu

$$J(\mathbf{X}, \mathbf{C}, \mathbf{U}) = \sum_{i=1}^{c} \sum_{j=1}^{n} u_{ij}^w \left(d_{ij}^2 + \gamma \right)$$

wird. Daher handelt es sich eigentlich um einen hybriden Anstaz, der eine Transfor-mation der Zugehörigkeiten mit einer Regularisierung verbindet. Ein weiterer hybri-der Ansatz, der in [Wei und Fahn 2002] vorgeschlagen wurde, verbindet $h(u_{ij}) = u_{ij}^w$ mit einer Regularisierung mit Hilfe der Shannon-Entropie $f(u_{ij}) = u_{ij} \ln u_{ij}$. Schließ-lich wurde in [Bezdek und Hathaway 2003] eine verallgemeinerte Zielfunktion vor-geschlagen und in [Yu und Yang 2007] tiefergehend untersucht.

Es sollte allerdings beachtet werden, dass der Ansatz in [Frigui und Krishnapu-ram 1997], der von der verallgemeinerten Zielfunktion aus [Bezdek und Hathaway 2003] abgedeckt wird und auf

$$J(\mathbf{X}, \mathbf{C}, \mathbf{U}) = \sum_{i=1}^{c} \sum_{j=1}^{n} u_{ij}^w d_{ij}^2 - \gamma \sum_{i=1}^{c} p_i^2 \qquad \text{mit} \qquad p_i = \frac{1}{n} \sum_{j=1}^{n} u_{ij}$$

beruht, *kein* Regularisierungsschema für die Zugehörigkeiten ist, da es nur für $w > 1$ eine graduelle Zuordnung liefert. In diesem Ansatz dient der Entropieterm (der addiert statt subtrahiert wird) dazu, die Anzahl der Cluster automatisch zu bestimmen.

Ein verwandter Ansatz ist das *possibilistische Clustering* [Krishnapuram und Keller 1993, Krishnapuram und Keller 1996], das die Nebenbedingungen $\forall j; 1 \leq j \leq n :$ $\sum_{i=1}^{c} u_{ij} = 1$ für die Zugehörigkeitsgrade aufgibt und auf der Zielfunktion

$$J(\mathbf{X}, \mathbf{C}, \mathbf{U}) = \sum_{i=1}^{c} \sum_{j=1}^{n} u_{ij}^{w} d_{ij}^{2} + \sum_{i=1}^{c} \eta_i \sum_{j=1}^{n} (1 - u_{ij})^{w}$$

beruht. Die η_i sind hier geeignet gewählte positive Faktoren (einer je Cluster $\vec{c}_i$, $1 \leq i \leq c$) die den Abstand angeben, an dem der Zugehörigkeitsgrad eines Datenpunktes zu einem Cluster 0.5 ist. Ausgehend von einem Ergebnis eines vorher ausgeführten Laufs des Standard-Fuzzy-Clustering, werden sie üblicherweise als der durchschnittliche Abstand der Datenpunkte zum Clusterzentrum initialisiert, d.h., $\eta_i = \sum_{j=1}^{n} u_{ij}^{w} d_{ij}^{2} / \sum_{j=1}^{n} u_{ij}^{w}$, und können danach festgehalten oder in jeder Iteration abgepaßt werden [Krishnapuram und Keller 1993].

Obwohl dieser Ansatz in bestimmten Anwendungen sinnvoll sein kann, sollte beachtet werden, dass die Zielfunktion des possibilistischen Clustering nur dann wirklich minimiert wird, wenn alle Cluster identisch sind [Timm *et al.* 2004], da da Fehlen der Nebenbedingungen $\forall j; 1 \leq j \leq n : \sum_{i=1}^{c} u_{ij} = 1$ die Cluster entkoppelt. Daher *erfordert* dieser Ansatz eigentlich, dass der Optimierungsprozess in einem lokalen Minimum hängen bleibt, damit ein brauchbares Ergebnis erzielt wird. Dies ist zweifellos eine zumindest sehr merkwürdige Eigenschaft.

22.7 Vergleich der Ansätze

Da das klassische c-Means-Clustering keine graduellen Zugehörigkeiten liefert, und zwar selbst dann nicht, wenn man den Zugehörigkeiten erlaubt, Werte aus dem Einheitsintervall anzunehmen, muss die Zielfunktion verändert werden, wenn graduelle Zuordnungen gewünscht sind. Dazu gibt es grundsätzlich zwei Möglichkeiten: entweder werden die Zugehörigkeiten transformiert oder es wird ein Term hinzugefügt, der die Zugehörigkeiten regularisiert. In beiden Fällen können Varianten abgeleitet werden, die teilweise eindeutige Zuordnungen erlauben, d.h., in denen einige Zugehörigkeitsgrade verschwinden können, sowie Varianten, die eine allgemeine graduelle Zuordnung unabhängig von den Daten erzwingen. Alle diese Varianten haben Vor- und Nachteile: die Transformation der Zugehörigkeiten zieht es nach sich, dass die Transformationsfunktion in die Aktualisierung der Clusterzentren eingeht, verwendet dafür aber ein recht natürliches Schema relativer inverser quadrierter Abstände zur (Neu-)Berechnung der Zugehörigkeitsgrade. Eine Regularisierung mit quadratischer Entropie erlaubt verschwindende Zugehörigkeitsgrade, benutzt aber Abstandsdifferenzen statt der natürlicheren Abstandsverhältnisse. Eine Regularisierung mit der Shannon-Entropie führt zu einem Verfahren, dass äquivalent zum Expectation-Maximization-Algorithmus (EM) für eine Mischung von Gaußverteilungen ist und daher kaum als echter Fuzzy-Ansatz aufgefaßt werden kann. Dennoch sind wir der Auffassung, speziell auf Grundlage der Betrachtungen in [Döring *et al.* 2005] (die zeigen, dass in diesem speziellen Fall die zwingend graduelle Zuordnung unproblematisch ist), der Auffassung, dass er wegen seiner zahlreichen praktischen Vorteil der empfehlenswerteste Ansatz ist.

Teil IV

Bayes-Netze

Kapitel 23

Bayes-Netze

Relationale Datenbanksysteme zählen zu den am weitesten verbreiteten Strukturierungsarten in heutigen Unternehmen. Eine Datenbank besteht typischerweise aus mehreren Tabellen, die jeweils für das Unternehmen grundsätzliche Objekte wie bspw. Kundendaten, Bestellungen oder Produktinformationen beschreiben. Jede Zeile beschreibt ein Objekt, wobei die Spalten jeweils Werte eines Attributes enthalten. Relationen zwischen diesen Objekten werden ebenfalls über Tabellen abgebildet.[1] Ein wesentlicher Teil der Datenbanktheorie befasst sich mit der möglichst redundanzfreien und effizienten Repräsentation der Daten, wobei das Augenmerk hauptsächlich auf dem Abrufen und Ablegen von Daten liegt.

Ein fiktives Realwelt-Beispiel

Vor dem Einstieg in die Theorie, soll ein Beispiel eines fiktiven Fahrzeugherstellers die Konzepte illustrieren. Dieser Hersteller verwaltet für jedes Bauteil seiner Fahrzeuge eine Tabelle mit möglichen Produkten verschiedener Zulieferer. Der Einfachheit halber wollen wir von lediglich drei Bauteilen ausgehen: Motor, Getriebe und Bremsen. Tabellen 23.1, 23.2 und 23.3 zeigen Beispielwerte für diese Bauteile. Die erste Spalte bezeichnet jeweils den Primärschlüssel, d.h. dasjenige Attribut, welches jeden Tabelleneintrag eindeutig identifiziert. Des Weiteren seien alle Teile miteinander kombinierbar, sodass es 36 verschiedene Fahrzeugkonfigurationen gibt. Die weiter oben angedeutete Zerlegung zum Reduzieren von Redundanz ist hier nicht gezeigt. Z.B. könnte eine weitere Tabelle die Adressen- und Kontaktdaten der einzelnen Zulieferfirmen beinhalten, die lediglich durch ihren Namen in den Tabellen 23.1, 23.2 und 23.3 referenziert sind.

Wir wollen nun aber zusätzlich zu reinen Abfragen aus der Datenbank einen Schritt weiter gehen und *Schlussfolgerungen* ziehen. Dies könnten bspw. Antworten auf Fragen sein wie: „Zulieferer X kann momentan nur Getriebe g_4 liefern. Welche Folgen muss dies auf den Einkauf von Bremsen und Motoren haben?" Die Beantwortung solcher Fragen stützt sich auf historische Informationen (z.B. die Verbauraten von Bauteilen in der Vergangenheit) und Expertenwissen (z.B. die technische Kombinierbarkeit einzelner Bauteile), welche mit Hilfe der Wahrscheinlichkeitstheo-

---

[1]Daher verwenden wir die Begriffe *Tabelle* und *Relation* synonym.

MID	Leistung	Hersteller	$\cdots$
m_1	100 kW	Firma 1	$\cdots$
m_2	150 kW	Firma 2	$\cdots$
m_3	200 kW	Firma 3	$\cdots$

Tabelle 23.1: Tabelle Motoren

BID	Material	Hersteller	$\cdots$
b_1	Stahl	Firma 1	$\cdots$
b_2	Stahl	Firma 2	$\cdots$
b_3	Keramik	Firma 2	$\cdots$

Tabelle 23.2: Tabelle Bremsen

GID	Gänge	Automatik	$\cdots$
g_1	4	n	$\cdots$
g_2	5	n	$\cdots$
g_3	5	y	$\cdots$
g_4	6	y	$\cdots$

Tabelle 23.3: Tabelle Getriebe

GID	MID	BID	$P(\cdot)$
g_1	m_1	b_1	0.084
g_1	m_1	b_2	0.056
$\vdots$	$\vdots$	$\vdots$	$\vdots$
g_4	m_3	b_2	0.072
g_4	m_3	b_3	0.080

Tabelle 23.4: Skizze der ternären Relation mit den relativen Häufigkeiten aller 36 möglichen Fahrzeugkombinationen. Die vollständige Relation findet sich in Abbildung 23.1.

rie beschrieben und genutzt werden. Eine solche Wahrscheinlichkeitsverteilung ist in Abbildung 23.1 vollständig (zusammen mit allen Randverteilungen) angegeben. Tabelle 23.4 skizziert die Abspeicherung derselben in der Datenbank. Die obige Fragestellung, wie sich die Verteilung der Bremsen und Motoren berechnet, wenn lediglich Getriebe g_4 verfügbar ist, ist in Abbildung 23.2 gezeigt. Offensichtlich werden alle Fahrzeugkombinationen unmöglich, für die $G \neq g_4$ gilt. Da das Resultat wieder eine Wahrscheinlichkeitsverteilung sein muss, wurden die verbleibenden Einträge in der „Scheibe" für den Wert g_4 auf die Summe Eins normalisiert. Dies geschah, indem jeder Eintrag durch die Wahrscheinlichkeit $P(G = g_4) = 0.280$ geteilt wurde. Um also bspw. die neue Verbaurate für die Bremse b_1 zu bestimmen, sind implizit folgende Rechenschritte notwendig:[2]

$$
\begin{aligned}
P(B = b_1 \mid G = g_4) &= \frac{\displaystyle\sum_{m \in \mathrm{dom}(M)} P(M = m, B = b_1, G = g_4)}{\displaystyle\sum_{m \in \mathrm{dom}(M)} \sum_{b \in \mathrm{dom}(B)} P(M = m, B = b, G = g_4)} \\
&= \frac{8 + 17 + 9}{80 + 17 + 3 \ + \ 72 + 68 + 6 \ + \ 8 + 17 + 9} \\
&\approx 0.122
\end{aligned}
$$

Die Summationen zeigen deutlich, mit welchem Aufwand die direkte Berechnung solcher bedingten Wahrscheinlichkeiten verbunden ist. Bei einer dreidimensionalen Datenbasis wie im Beispiel ist dies noch vertretbar. In realen Anwendungen hat man es jedoch mit bis zu mehreren Hundert Attributen zu tun, die wesentlich größere Wertebereiche aufweisen. Bei einer realistischen Attributanzahl von 200 und nur

---

[2]Hier bezeichne $\mathrm{dom}(M)$ die Menge aller Werte des Attributes M.

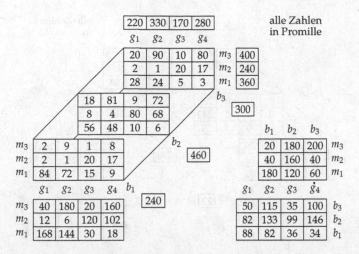

Abbildung 23.1: Dreidimensionale Wahrscheinlichkeitsverteilung über den Attributen Getriebe, Motor und Bremse. Zusätzlich sind die Marginalverteilungen (Summen über Zeilen, Spalten oder beides) angegeben.

drei Werten pro Attribut hat der Zustandsraum eine Größe von $3^{200} \approx 2,6 \cdot 10^{95}$ und besitzt damit mehr unterschiedliche Ausprägungen als das sichtbare Universum Elementarteilchen.[3] Eine Summation selbst über Teilbereiche der Verteilung ist dann nicht mehr möglich. Ebenfalls muss die Verteilung effizient abgespeichert werden, da es zum einen unmöglich ist, alle Attributwert-Kombinationen abzuspeichern und diese zum anderen wahrscheinlich nie benötigt werden. Letzteres überlegt man sich leicht wie folgt: Selbst wenn alle Fahrzeuge auf der Erde von unserem fiktiven Hersteller geliefert würden und keine zwei Fahrzeuge sich glichen, dann ist diese Anzahl (im dreistelligen Millionenbereich liegend geschätzt) verschwindend gering im Vergleich zu den theoretisch möglichen 3^{200}.

Die grundlegende Idee, eine hochdimensionale Verteilung p, die das Wissen über einen Anwendungsbereich enthält, effizient zu speichern und zu verwenden besteht darin, sie in eine Menge $\{p_1, \ldots, p_s\}$ von (möglicherweise überlappenden) Verteilungen geringerer Dimension so zu zerlegen, dass es möglich ist, aus diesen Verteilungen die gleichen Schlüsse zu ziehen, wie aus der Originalverteilung p. Wie man leicht nachprüft, gilt in der Beispielverteilung $P(G, M, B)$ aus Abbildung 23.1 folgender Zusammenhang:

$$P(G = g, M = m, B = b) \quad = \quad \frac{P(G = g, M = m) \cdot P(M = m, B = b)}{P(M = m)} \tag{23.1}$$

Offenbar reichen die beiden zweidimensionalen Verteilungen über die Attribute B und M, sowie G und M aus[4], um die dreidimensionale Originalverteilung fehlerfrei wiederherzustellen. Das Attribut M spielt hier eine besondere Rolle in Bezug auf die Wiederherstellbarkeit, da es in beiden zweidimensionalen Verteilungen auftritt. Wir

---

[3]Bei einer Schätzung von 10^{87} Elementarteilchen im Universum.

[4]Die eindimensionale Verteilung über M lässt sich durch vertretbar aufwändiges Summieren über eine der beiden zweidimensionalen Verteilungen generieren.

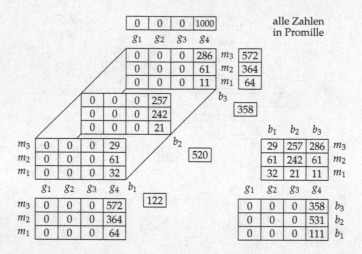

Abbildung 23.2: Bedingte Verteilung(en) unter der Bedingung $G = g_4$.

Abbildung 23.3: Graphisches Modell der Relation aus Abbildung 23.1.

werden den in Gleichung 23.1 beschriebenen Zusammenhang später als *bedingte Unabhängigkeit* (der Attribute G und B bei gegebenem Attribut M) kennenlernen. Solche bedingten Unabhängigkeiten werden anschaulich in Form von (gerichteten oder ungerichteten) Graphen beschrieben mit dem Ziel, allein anhand graphentheoretischer Kriterien auf stochastische Eigenschaften aller Wahrscheinlichkeitsverteilungen zu schließen, die dem Graphen zugrunde liegen. Für unser Beispiel ist ein ungerichteter Graph in Abbildung 23.3 dargestellt. Die Attribute, deren gemeinsame Verteilung benötigt wird, sind durch eine Kante verbunden. Ein weiterer Vorteil einer solchen Graphenrepräsentation wird sein, dass sie uns eine Anleitung liefert, wie neue Beobachtungen (also bekannt gewordene Werte einzelner Attribute, wie in unserem Beispiel der Wert g_4 des Attributes G) zum Aktualisieren aller restlichen Attribute genutzt werden kann, ohne die hochdimensionale Originalverteilung wiederherstellen zu müssen. So beschreibt der Graph anhand seiner Kanten in Abbildung 23.3 einen Pfad, auf dem Information über Attribut G genutzt werden kann, um über Attribut M auf Attribut B zu schließen. Es sind damit nur die beiden niederdimensionalen Verteilungen jener Attribute nötig, die durch eine Kante verbunden sind:

$$P(B = b_1 \mid G = g_4) = \frac{1}{P(G = g_4)} \cdot \sum_{m \in \mathrm{dom}(M)} \frac{P(G = g_4, M = m) \cdot P(M = m, B = b_1)}{P(M = m)}$$

$$= \frac{1000}{280} \cdot \left(\frac{18 \cdot 180}{360 \cdot 1000} + \frac{102 \cdot 40}{240 \cdot 1000} + \frac{160 \cdot 20}{400 \cdot 1000} \right)$$

$$= \frac{34}{280} \approx 0.122$$

Man macht sich leicht klar, dass bei einer realen (großen) Anzahl von Attributen nur unter dieser eben skizzierten Ausnutzung von bedingten Unabhängigkeiten eine Propagation von Wissen überhaupt möglich ist. Zusammenfassend lassen sich folgende Fragen ableiten, die in den folgenden Kapiteln beantwortet werden:

1. Wie kann (Experten-)Wissen über komplexe Anwendungsbereiche effizient repräsentiert werden? Hier werden wir Repräsentationsformen durch gerichtete und ungerichtete Graphen als Bayes- und Markov-Netze kennenlernen.

2. Wie können Schlussfolgerungen innerhalb dieser Repräsentationen durchgeführt werden? Die Graphenstrukturen werden uns helfen, bekannt gewordene Informationen effizient durch das jeweilige (Bayes- oder Markov-)Netz zu propagieren.

3. Wie können solche Repräsentationen (automatisch) aus gesammelten Daten extrahiert werden? Hier wird das Lernen von Bayes- oder Markov-Netzen besprochen und ausführlich an einem Beispiel für Bayes-Netze erläutert.

Kapitel 24

Grundlagen der Wahrscheinlichkeits- und Graphentheorie

Dieses Kapitel führt die für die Definition von Bayes- und Markov-Netzen notwendigen theoretischen Konzepte ein. Nachdem wichtige Grundlagen der Wahrscheinlichkeitstheorie — besonders die (bedingte) stochastische Unabhängigkeit — diskutiert sind, gehen wir auf relevante graphentheoretische Begriffe ein, mit besonderer Betonung sogenannter Trennkriterien. Diese Kriterien erlauben es uns später, stochastische Unabhängigkeiten durch gerichtete oder ungerichtete Graphen auszudrücken.

24.1 Wahrscheinlichkeitstheorie

Der klassische Wahrscheinlichkeitsbegriff und die Interpretation als relative Häufigkeit sind stark in unserer Intuition verwurzelt. Die moderne Mathematik hat sich jedoch die axiomatische Methode zu eigen gemacht, bei der von der Bedeutung der Objekte, über die man spricht, abstrahiert wird. Sie nimmt Objekte als gegeben an, die keine anderen Eigenschaften haben als ihre Identität (d.h., sie sind voneinander unterscheidbar), und untersucht lediglich die Struktur der Relationen zwischen diesen Objekten, die sich aus vorausgesetzten Axiomen ergibt. Auch die Wahrscheinlichkeitstheorie wird daher heute axiomatisch aufgebaut, und zwar über die sogenannten Kolmogorow-Axiome [Kolmogorov 1933]. Unter einem Ereignis wird in diesen Axiomen einfach eine Menge von Elementarereignissen verstanden, die unterscheidbar sind, d.h. eine Identität haben. Eine Wahrscheinlichkeit ist dann eine Zahl, die einem Ereignis zugeordnet wird, sodass das System dieser Zahlen bestimmten Bedingungen genügt, die in den Axiomen festgelegt sind. Zunächst definieren wir jedoch die grundlegenden Begriffe *Ereignisalgebra* und *σ-Algebra*.

Definition 24.1 (Ereignisalgebra) *Sei Ω ein Ereignisraum (also eine Grundgesamtheit von Elementarereignissen). Ein Mengensystem $\mathcal{E}$ über Ω heißt Ereignisalgebra genau* *dann, wenn folgende Bedingungen gelten:*

- *Das sichere Ereignis Ω und das unmögliche Ereignis $\emptyset$ sind in $\mathcal{E}$.*

- *Für jedes $A \in \mathcal{E}$ gehört auch das Komplement $\overline{A} = \Omega \setminus A$ zu $\mathcal{E}$.*

- *Liegen A und B in $\mathcal{E}$, so liegen auch $A \cup B$ und $A \cap B$ in $\mathcal{E}$.*

Es kann außerdem die folgende Bedingung erfüllt sein:

- *Gehört für alle $i \in \mathbb{N}$ das Ereignis A_i zu $\mathcal{E}$, dann gehören auch die Ereignisse $\bigcup_{i=1}^{\infty} A_i$ und $\bigcap_{i=1}^{\infty} A_i$ zu $\mathcal{E}$.*

In diesem Fall nennt man $\mathcal{E}$ eine σ-Algebra.

In der Semantik der Ereignisse bedeutet $A \cup B$ das Ereignis, das eintritt, wenn A oder B eintritt. Der Schnitt $A \cap B$ tritt ein genau dann, wenn A und B eintreten und das Komplement $\overline{A}$ tritt ein genau dann, wenn A nicht eintritt. Zwei Ereignisse A und B nennt man genau dann *unvereinbar*, wenn sie nicht zusammen eintreten können, d.h. wenn ihr Schnitt das unmögliche Ereignis liefert: $A \cap B = \emptyset$.

Um einem Ereignis eine Wahrscheinlichkeit zuzuweisen, bedient man sich der sogenannten Kolmogorow-Axiome:

Definition 24.2 (Kolmogorow-Axiome) *Sei $\mathcal{E}$ eine Ereignisalgebra über einem endlichen Ereignisraum Ω.*

- *Die Wahrscheinlichkeit $P(A)$ eines Ereignisses $A \in \mathcal{E}$ ist eine eindeutig bestimmte, nicht-negative Zahl, die höchstens gleich Eins sein kann, d.h., es gilt $0 \leq P(A) \leq 1$.*

- *Das sichere Ereignis Ω besitzt die Wahrscheinlichkeit Eins: $P(\Omega) = 1$*

- *Additionsaxiom: Sind die Ereignisse A und B unvereinbar (gilt also $A \cap B = \emptyset$), so gilt $P(A \cup B) = P(A) + P(B)$.*

Bei Ereignisräumen Ω, die unendlich viele Elementarereignisse enthalten, muss $\mathcal{E}$ eine σ-Algebra sein und das Additionsaxiom ersetzt werden durch:

- *erweitertes Additionsaxiom: Sind $A_1, A_2, \ldots$ abzählbar unendlich viele, paarweise unvereinbare Ereignisse, so gilt*

$$P\left(\bigcup_{i=1}^{\infty} A_i\right) = \sum_{i=1}^{\infty} A_i.$$

Allein aus diesen drei Axiomen lassen sich u.a. die folgenden Eigenschaften ableiten:

- $\forall A \in \mathcal{E} : P(\overline{A}) = 1 - P(A)$

- $P(\emptyset) = 0$

- Für paarweise unvereinbare Ereignisse $A_1, \ldots, A_n$ gilt:

$$P(\bigcup_{i=1}^{n} A_i) = \sum_{i=1}^{n} P(A_i)$$

- Für beliebige (nicht notwendigerweise unvereinbare) Ereignisse A und B gilt:

$$P(A \cup B) = P(A) + P(B) - P(A \cap B)$$

Die Kolmogorow-Axiome sind widerspruchsfrei, da es Systeme gibt, die allen diesen Axiomen genügen. Die Axiomatik von Kolmogorow gestattet es, die Wahrscheinlichkeitstheorie als Teil der Maßtheorie aufzubauen und die Wahrscheinlichkeit als nicht-negative normierte additive Mengenfunktion, d.h. als Maß zu interpretieren.

Da die Definitionen für Ereignisalgebra und Kolmogorow-Axiome nicht eindeutig sind, sondern jeweils eine Klasse von Mengensystemen bzw. Funktionen beschreiben, muss man für eine konkrete Anwendung die jeweils gewählten Objekte spezifizieren, was mit dem Begriff eines *Wahrscheinlichkeitsraumes* geschieht.

Definition 24.3 (Wahrscheinlichkeitsraum) *Sei Ω ein Ereignisraum, $\mathcal{E}$ eine σ-Algebra über Ω und P eine auf $\mathcal{E}$ erklärte Wahrscheinlichkeit. Dann nennt man das Tripel $(\Omega, \mathcal{E}, P)$ einen* Wahrscheinlichkeitsraum.

Bisher haben wir allein die Wahrscheinlichkeiten von Ereignissen berechnet, ohne jedoch auf die Änderung derselben einzugehen, die stattfinden kann, wenn neue Informationen (in Form von wiederum Ereignissen) bekannt werden. Das heißt, wir fragen erneut nach der Wahrscheinlichkeit eines Ereignisses, nachdem wir Kenntnis über das (Nicht-)Eintreten eines oder mehrerer anderer Ereignisse erlangt haben.

Definition 24.4 (Bedingte Wahrscheinlichkeit) *Seien A und B beliebige Ereignisse mit $P(B) > 0$. Dann heißt*

$$P(A \mid B) = \frac{P(A \cap B)}{P(B)}$$

die bedingte Wahrscheinlichkeit *von A gegeben (die Bedingung) B.*

Hieraus lässt sich der folgende Satz ableiten:

Satz 24.1 (Produktsatz/Multiplikationssatz) *Für beliebige Ereignisse A und B gilt*

$$P(A \cap B) = P(A \mid B) \cdot P(B) = P(B \mid A) \cdot P(A).$$

Für eine Menge U von Ereignissen zusammen mit einer auf ihnen erklärten beliebigen totalen Ordnung $\prec$, lässt sich durch einfache Induktion über die Ereignisse die Verallgemeinerung des Multiplikationssatzes ableiten:

$$P\left(\bigcap_{A \in U} A \right) = \prod_{A \in U} P\left(A \,\middle|\, \bigcap_{B \prec A} B \right)$$

Sollte es kein $B \in U$ mit $B \prec A$ geben, ist der Schnitt in der Bedingung der rechten Seite nicht etwa leer, sondern wird gar nicht erst ausgeführt, was zu einem impliziten Ω führt:

$$P\left(A \,\middle|\, \bigcap_{B \prec A} B \right) = P\left(A \,\middle|\, \Omega \cap \bigcap_{B \prec A} B \right) = P(A \mid \Omega) = P(A)$$

Für $U = \{A, B\}$ mit $B \prec A$ folgt der obige Satz 24.1. Des Weiteren lassen sich auch mehrere Ereignisse als Bedingung verwenden.

Satz 24.2 *Seien* U, V *und* W *nichtleere Mengen von Ereignissen mit* $U = V \cup W$ *und* $V \cap W = \emptyset$. *Dann gilt*

$$P\Big(\bigcap_{A \in U} A \Big) = P\Big(\bigcap_{A \in V} A \Big| \bigcap_{A \in W} A \Big) \cdot P\Big(\bigcap_{A \in W} A \Big).$$

Eine bedingte Wahrscheinlichkeit hat alle Eigenschaften einer Wahrscheinlichkeit, d.h., sie erfüllt die Kolmogorow-Axiome. Damit gilt:

Satz 24.3 *Für ein fest gewähltes Ereignis* B *mit* $P(B) > 0$ *stellt die durch*

$$P_B(A) = P(A \mid B)$$

definierte Funktion P_B *eine Wahrscheinlichkeit dar, die die Bedingung* $P_B(\overline{B}) = 0$ *erfüllt.*

Definition 24.5 (Vollständige Ereignisdisjunktion) *Sei* U *eine Menge von Ereignissen. Die Ereignisse in* U *bilden eine vollständige Ereignisdisjunktion, wenn alle Ereignisse paarweise unvereinbar sind (d.h., wenn* $\forall A, B \in U : A \neq B \Leftrightarrow A \cap B = \emptyset$ *gilt) und wenn gilt* $\bigcup_{A \in U} = \Omega$, *sie also zusammen den ganzen Ereignisraum abdecken.*

Satz 24.4 (Vollständige Wahrscheinlichkeit) *Sei* U *eine Menge von Ereignissen, die eine vollständige Ereignisdisjunktion bilden. Dann gilt für die Wahrscheinlichkeit eines beliebigen Ereignisses* B

$$P(B) = \sum_{A \in U} P(B \mid A) P(A).$$

Teilt man die rechte Gleichung aus Satz 24.1 durch $P(B)$ und ersetzt selbigen Term durch seine vollständige Ereignisdisjunktion, so erhält man den Satz von Bayes.[1]

Satz 24.5 (Satz von Bayes) *Sei* U *eine Menge von Ereignissen, die eine vollständige Ereignisdisjunktion bilden. Weiterhin sei* B *ein Ereignis mit* $P(B) > 0$. *Dann gilt*

$$\forall A \in U : P(A \mid B) = \frac{P(B \mid A) P(A)}{P(B)} = \frac{P(B \mid A) P(A)}{\sum_{A' \in U} P(B \mid A') P(A')}.$$

Diese Formel heißt auch die Formel über die Wahrscheinlichkeit von Hypothesen, da man mit ihr die Wahrscheinlichkeit von Hypothesen, z.B. über das Vorliegen verschiedener Krankheiten bei einem Patienten, berechnen kann, wenn man weiß, mit welcher Wahrscheinlichkeit die verschiedenen Hypothesen (hier: A) zu den Ereignissen $B \in U$ (z.B. Krankheitssymptomen) führen.

24.1.1 Zufallsvariablen und Zufallsvektoren

Bisher haben wir die Elemente der Grundgesamtheit zu Mengen (Ereignissen) zusammengefasst, ohne jedoch eine konkrete Vorschrift für die z.B. in A befindlichen Elemente anzugeben. Des Weiteren fehlt uns noch die Möglichkeit, Eigenschaften der Elemente der Grundgesamtheit anzugeben. Angenommen, die Grundgesamtheit Ω sei die Menge aller Studierenden der Universität Magdeburg. Dann interessieren uns bspw. die Attribute Geschlecht, Jahrgang und Studiengang. Um diesen

---

[1] Auch: Bayesscher Satz, Bayesian Theorem.

Attributen Werte zuzuordnen, bedient man sich Funktionen, die auf Ω definiert sind und in einen jeweils geeigneten Wertebereich (z.B. {männlich, weiblich} oder {Inf, Math, BWL, ...}) abbilden. Das Urbild einer solchen Funktion ist eine Menge von Elementarereignissen (z.B. die Menge aller Studenten, die Informatik studieren oder alle weiblichen Studenten). Stellen alle diese Urbilder auch Ereignisse (im Sinne der zugrunde liegenden Ereignisalgebra) dar, so nennt man diese Funktionen *Zufallsvariablen*.

Definition 24.6 ((Diskrete) Zufallsvariable) *Eine auf einem Ereignisraum Ω definierte Funktion X mit Wertebereich* dom(X) *heißt* Zufallsvariable, *wenn das Urbild jeder Teilmenge ihres Wertebereichs eine Wahrscheinlichkeit besitzt. Eine Teilmenge $W \subseteq$ dom(X) hat unter X das Urbild*

$$X^{-1}(W) = \{\omega \in \Omega \mid X(\omega) \in W\} \overset{\text{Abk.}}{=} \{X \in W\}.$$

Man beachte, dass es sich trotz des Namens Zufalls*variable* und trotz der üblichen Benennung mit Großbuchstaben um Funktionen handelt. Im weiteren Verlauf bezeichnen wir den Wertebereich einer Zufallsvariable X (bzw. den Wertebereich einer jeden Funktion) mit dom(X) (von engl. *domain*). Das Konzept der Zufallsvariablen lässt sich auch auf Mengen von Zufallsvariablen verallgemeinern.

Definition 24.7 (Zufallsvektor) *Seien $X_1, \ldots, X_n$ Zufallsvariablen, die alle auf derselben Grundgesamtheit Ω und derselben Ereignisalgebra $\mathcal{E}$ definiert sind, dann heißt der Vektor $\vec{X} = (X_1, \ldots, X_n)$* Zufallsvektor.

Für die Berechnung der Wahrscheinlichkeit einer Ausprägung eines Zufallsvektors werden wir die folgende konjunktive Interpretation. Gleichzeitig führen wir eine Reihe von abkürzenden Schreibweisen ein:

$$
\begin{aligned}
\forall \vec{x} \in \underset{i=1}{\overset{n}{\times}} \text{dom}(X_i): \quad P(\vec{X} = \vec{x}) \;&\equiv\; P(\vec{x}) \\
&\equiv\; P(x_1, \ldots, x_n) \\
&\equiv\; P(X_1 = x_1, \ldots, X_n = x_n) \\
&\equiv\; P\Big(\bigwedge_{i=1}^{n} X_i = x_i \Big) \\
&:=\; P\Big(\bigcap_{i=1}^{n} \{X_i = x_i\} \Big) \\
&=\; P\Big(X_1^{-1}(x_1) \cap \cdots \cap X_n^{-1}(x_n) \Big)
\end{aligned}
$$

Haben wir eine Menge von Zufallsvariablen gegeben, so können wir uns die Einzelwahrscheinlichkeiten der einzelnen Wertkombinationen als strukturierte Beschreibung des zugrunde liegenden Wahrscheinlichkeitsraumes vorstellen und werden diese als Wahrscheinlichkeitsverteilung bezeichnen. Wir definieren diese zuerst für eine einzelne Zufallsvariable.

Definition 24.8 ((Wahrscheinlichkeits-)Verteilung)
Eine Zufallsvariable X, deren Wertevorrat $\mathrm{dom}(X)$ *nur endlich oder abzählbar unendlich ist, heißt diskret. Die Gesamtheit* p_X *aller Zahlenpaare*

$$(x_i, P(X = x_i)) \quad mit \quad x_i \in \mathrm{dom}(X)$$

heißt (Wahrscheinlichkeits-)Verteilung *der diskreten Zufallsvariablen X und verwenden die Notation*

$$p_X(x_i) = P(X = x_i) \quad \text{für alle } x_i \in \mathrm{dom}(X).$$

Die Generalisierung dieses Verteilungsbegriffes auf Mengen von Zufallsvariablen ist offensichtlich und wird nicht explizit angegeben.

Bisher wurde die Mehrdimensionalität über Vektoren beschrieben. Die Wertkombinationen wären demnach folglich Vektoren, also Elemente des kartesischen Produktes der Wertebereiche der einzelnen Zufallsvariablen. Um später die Notation zu vereinfachen, wollen wir uns von der inhärenten Ordnung frei machen, die solch einem kartesischen Produkt zugrunde liegt. Wir wählen daher den Weg, ein Tupel (welches fortan anstelle eines Vektors verwendet wird) als Funktion auf der *Menge* der Zufallsvariablen zu definieren. Auf diese Weise wird die Reihenfolge der Zufallsvariablen irrelevant.

Definition 24.9 (Tupel) *Sei* $V = \{A_1, \ldots, A_n\}$ *eine endliche Menge von Zufallsvariablen mit den Wertebereichen* $\mathrm{dom}(A_i)$, $i = 1, \ldots, n$. *Eine* Instanziierung *der Zufallsvariablen in V oder ein* Tupel *über V ist eine Abbildung*

$$\vec{t}_V : V \to \bigcup_{A \in V} \mathrm{dom}(A),$$

welche die folgende Bedingung erfüllt:

$$\forall A \in V : \vec{t}_V(A) \in \mathrm{dom}(A)$$

Die Vektorschreibweise wird verwendet, um anzudeuten, dass das Tupel mehr als einer Variable einen Wert zuweist. Ist ein Tupel auf nur einer Variable erklärt, werden wir die skalare Schreibweise t verwenden. Sollte die Menge V aus dem Kontext klar sein, werden wir den Index weglassen. Ein Tupel über der Zufallsvariablenmenge $\{A, B, C\}$, welches A den Wert a_1, B den Wert b_2 und C den Wert c_2 zuweist, schreiben wir als

$$\vec{t} = \left(A \mapsto a_1, B \mapsto b_2, C \mapsto c_2 \right),$$

oder kürzer (wenn man anhand des Wertes das Attribut feststellen kann):

$$\vec{t} = (a_1, b_2, c_2)$$

Für die Gleichheit zweier Tupel müssen beide auf denselben Variablenmengen erklärt sein und dieselben Werte liefern:

$$\vec{t}_V = \vec{t}'_U \quad \Leftrightarrow \quad V = U \wedge \forall A \in V : t(A) = t'(A).$$

Den Wertebereich eines Tupels schränken wir mit einer Projektion ein, die wie folgt definiert ist.

Definition 24.10 (Projektion (eines Tupels)) *Sei $\vec{t}_X$ ein Tupel über einer Menge X von Zufallsvariablen und $Y \subseteq X$. Dann steht $\text{proj}_Y^X(\vec{t}_X)$ für die Projektion des Tupels t_X auf Y. Das heißt, die Abbildung $\text{proj}_Y^X(\vec{t}_X)$ weist nur Elementen aus Y einen Wert zu.*

Ist die Menge X klar vom Kontext, werden wir diese wie V weiter oben weglassen.

Bisher haben wir immer sämtliche Zufallsvariablen zur Berechnung von Wahrscheinlichkeiten in Betracht gezogen. Sind Wahrscheinlichkeiten über weniger Zufallsvariablen von Interesse, marginalisiert (summiert) man über sämtliche Wertkombinationen aller zu eliminierenden Zufallsvariablen.

Definition 24.11 (Marginalisierung, Randverteilung, Marginalverteilung)
Sei $V = \{X_1, \ldots, X_n\}$ eine Menge von Zufallsvariablen auf demselben Wahrscheinlichkeitsraum und p_V eine Wahrscheinlichkeitsverteilung über V. Für jede Teilmenge $M \subset V$ ist die Marginalisierung über M definiert als diejenige Verteilung $p_{V \setminus M}$, die entsteht, wenn über alle Werte aller Zufallsvariablen in M summiert wird, d.h. wenn gilt:

$$\forall x_1 \in \text{dom}(X_1) : \cdots \forall x_n \in \text{dom}(X_n) :$$

$$p_{V \setminus M}\left(\bigwedge_{X_i \in V \setminus M} X_i = x_i \right) = \sum_{\substack{\forall X_j \in M: \\ \forall x_j \in \text{dom}(X_j)}} p_V\left(\bigwedge_{X_j \in M} X_j = x_j, \bigwedge_{X_i \in V \setminus M} X_i = x_i \right).$$

Für $V \setminus M = \{X\}$ nennt man p_X die Marginal- oder Randverteilung von X.

So berechnet man aus Tabelle 24.1 z.B. die folgenden marginalen Wahrscheinlichkeiten:

$$
\begin{aligned}
P(\mathsf{G} = \mathsf{m}) &= 0.5 & P(\mathsf{R} = \mathsf{r}) &= 0.3 \\
P(\mathsf{G} = \mathsf{w}) &= 0.5 & P(\mathsf{R} = \bar{\mathsf{r}}) &= 0.7
\end{aligned}
$$

$$
\begin{aligned}
P(\mathsf{R} = \mathsf{r}, \mathsf{S} = \mathsf{s}) &= 0.01 & P(\mathsf{R} = \mathsf{r}, \mathsf{S} = \bar{\mathsf{s}}) &= 0.29 \\
P(\mathsf{R} = \bar{\mathsf{r}}, \mathsf{S} = \mathsf{s}) &= 0.04 & P(\mathsf{R} = \bar{\mathsf{r}}, \mathsf{S} = \bar{\mathsf{s}}) &= 0.66
\end{aligned}
$$

In den letzten Absätzen wurden die Begriffe Zufallsvariable und Attribut gleichbedeutend genutzt. Einige andere synonyme Begriffe, die im weiteren Verlauf Anwendung finden, sind *Zufallsgröße*, *Eigenschaft* und *Dimension*. Darüber hinaus werden wir bei Wahrscheinlichkeitsangaben nur noch mit Zufallsvariablen arbeiten; nicht mehr mit direkt gegebenen Ereignissen als Teilmengen von Ω. Es sei daher noch einmal der formale Unterschied der Wahrscheinlichkeitsangaben betont: Bei einem Ereignis A, also einer Teilmenge $A \subseteq \Omega$, steht $P(A)$ für eine konkrete Wahrscheinlichkeit, d.h. $P(A) \in [0, 1]$. Handelt es sich bei A jedoch (wie ab jetzt immer) um eine Zufallsvariable, so stellt der Ausdruck $P(A)$ eine allquantifizierte Aussage über alle Elemente des Wertebereiches von A dar. Für zwei Zufallsvariablen A und B steht

$$P(A \mid B) = \frac{P(A, B)}{P(B)}$$

für die folgende ausführliche Aussage:

$$\forall a \in \text{dom}(A) : \forall b \in \text{dom}(B) : P(A = a \mid B = b) = \frac{P(A = a, B = b)}{P(B = b)}$$

p_{orig}	$G = m$		$G = w$	
	$R = r$	$R = \bar{r}$	$R = r$	$R = \bar{r}$
$S = s$	0	0	0.01	0.04
$S = \bar{s}$	0.2	0.3	0.09	0.36

Tabelle 24.1: Beispielverteilung mit bedingter Unabhängigkeit.

24.1.2 Unabhängigkeiten

In Kapitel 23 wurde das Zerlegen einer hochdimensionalen Verteilung in mehrere niederdimensionale Verteilungen motiviert. Die wesentliche Eigenschaft, die dabei ausgenutzt wird, ist die (bedingte) Unabhängigkeit zwischen Attributen. Beginnen wir zuerst mit der sog. marginalen (d.h. unbedingten) Unabhängigkeit. Wie der Name suggeriert, benötigen wir ein Kriterium, welches bei zwei Zufallsvariablen A und B ausdrückt, dass es unerheblich ist, den Wert von bspw. B zu kennen, um eine Aussage über A zu machen. Formal soll sich also die marginale Wahrscheinlichkeitsverteilung von A nicht von bedingten Verteilungen A gegeben B unterscheiden:

Definition 24.12 (Unabhängigkeit von Zufallsvariablen)
Die Zufallsvariable A ist von der Zufallsvariable B mit $0 < P(B) < 1$ genau dann (stochastisch) unabhängig, wenn gilt

$$P(A \mid B) = P(A)$$

oder äquivalent, wenn gilt

$$P(A, B) = P(A) \cdot P(B).$$

Letzteren Ausdruck erhält man durch einsetzen der Definition 24.4[2] für $P(A \mid B)$ und Umstellen nach $P(A, B)$. Man beachte, dass die Beziehung der (stochastischen) Unabhängigkeit symmetrisch ist, d.h., ist A (stochastisch) unabhängig von B, so ist auch B (stochastisch) unabhängig von A. Weiter lässt sich der Begriff der (stochastischen) Unabhängigkeit leicht auf mehr als zwei Ereignisse erweitern:

Definition 24.13 (Vollständige (stochastische) Unabhängigkeit)
Sei U eine Menge von Zufallsvariablen. Die Zufallsvariablen in U heißen vollständig (stochastisch) unabhängig, wenn gilt:

$$\forall V \subseteq U: \quad P\left(\bigcap_{A \in V} A\right) = \prod_{A \in V} P(A).$$

Da keine der bisher verwendeten Wahrscheinlichkeitsausdrücke einen Bedingungsteil besitzt, spricht man auch von *unbedingter* oder *marginaler* Unabhängigkeit.

Tabelle 24.1 zeigt eine dreidimensionale Beispielverteilung mit den booleschen Attributen Geschlecht, Schwanger und Raucher. Marginalisiert man diese Verteilung

---
[2]Diese Definition war für Ereignisse definiert. Wir verwenden hier implizit die allquantifizierte Form über alle Werte der Zufallsvariablen.

p_1	R = r	R = r̄	
S = s	0.01	0.04	0.05
S = s̄	0.29	0.66	0.95
	0.30	0.70	

(a) Verteilung $p_1 = P(\mathsf{R}, \mathsf{S})$

p_2	R = r	R = r̄	
S = s	0.015	0.035	0.05
S = s̄	0.285	0.665	0.95
	0.300	0.700	

(b) Verteilung $p_2 = P(\mathsf{R}) \cdot P(\mathsf{S})$

p_3	R = r	R = r̄	
S = s	0	0	0
S = s̄	0.4	0.6	1.0
	0.4	0.6	

(c) Verteilung $p_3 = P(\mathsf{R}, \mathsf{S} \mid \mathsf{G} = \mathsf{m})$

p_4	R = r	R = r̄	
S = s	0.02	0.08	0.1
S = s̄	0.18	0.72	0.9
	0.20	0.80	

(d) Verteilung $p_4 = P(\mathsf{R}, \mathsf{S} \mid \mathsf{G} = \mathsf{w})$

Tabelle 24.2: Verteilungen zur Illustration der bedingten Unabhängigkeit „Schwanger bedingt unabhängig von Raucher gegeben Geschlecht".

über das Attribut Geschlecht, erhält man die Verteilung in Abbildung 24.2(a). Berechnet man nun die Randverteilungen der verbleibenden beiden Attribute und generiert daraus wieder die Verbundverteilung beider Attribute, wie sie Abbildung 24.2(b) zeigt, so sieht man, dass beide verschieden sind und somit die Größen Raucher und Schwanger *nicht* unabhängig sind (auch wenn die Zahlenwerte einander recht nahe kommen).

Betrachtet man jedoch die Spalten für die beiden Werte des Attributes Geschlecht in Tabelle 24.1 separat und renormiert die Wahrscheinlichkeitswerte auf Summe Eins, so erhält man die bedingten Verteilungen wie sie in den Abbildungen 24.2(c) und 24.2(d) dargestellt sind.

Testet man diese beiden Verteilungen auf Unabhängigkeit, wird man feststellen, dass in beiden Fällen die Attribute Schwanger und Raucher unabhängig sind. Wir erhalten also eine Unabhängigkeit unter der Bedingung, dass der Wert der dritten Variable Geschlecht bekannt ist. Man spricht daher von der *bedingten Unabhängigkeit von* Schwanger *und* Raucher *gegeben* Geschlecht.

Die mathematische Formulierung ergibt sich, indem man den Wahrscheinlichkeitsausdrücken in den Gleichungen von Definition 24.12 eine (zusätzliche) Bedingung einfügt:

$$P(A \mid B, C) = P(A \mid C) \qquad \Leftrightarrow \qquad P(A, B \mid C) = P(A \mid C)\, P(B \mid C).$$

Man beachte, dass die Unabhängigkeit für sämtliche Bedingungen, also für alle möglichen Attributausprägungen von C gelten muss, um von bedingter Unabhängigkeit gegeben C sprechen zu können:

$$\forall a \in \mathrm{dom}(A) : \forall b \in \mathrm{dom}(B) : \forall c \in \mathrm{dom}(C) :$$
$$P(A = a, B = b \mid C = c) = P(A = a \mid C = c)\, P(B = b \mid C = c)$$

Für den weiteren Gebrauch werden wir den auf Attributmengen erweiterten bedingten Unabhängigkeitsbegriff verwenden.

Definition 24.14 (Bedingte Unabhängigkeit von Zufallsvariablen) *Es seien die paarweise disjunkten Mengen Von Zufallsvariablen* $X = \{A_1, \ldots, A_k\}$, $Y = \{B_1, \ldots, B_l\}$ *und* $Z = \{C_1, \ldots, C_m\}$ *gegeben. Man nennt* X *und* Y *bezüglich einer gegebenen Verteilung* p *bedingt unabhängig gegeben* Z *— geschrieben* $X \perp\!\!\!\perp_p Y \mid Z$ *— genau dann, wenn gilt:*

$$\forall a_1 \in \mathrm{dom}(A_1) : \cdots \forall a_k \in \mathrm{dom}(A_k) :$$
$$\forall b_1 \in \mathrm{dom}(B_1) : \cdots \forall b_l \in \mathrm{dom}(B_l) :$$
$$\forall c_1 \in \mathrm{dom}(C_1) : \cdots \forall c_m \in \mathrm{dom}(C_m) :$$
$$P(A_1 = a_1, \ldots, A_k = a_k \mid B_1 = b_1, \ldots, B_l = b_l, C_1 = c_1, \ldots, C_m = c_m)$$
$$= P(A_1 = a_1, \ldots, A_k = a_k \mid C_1 = c_1, \ldots, C_m = c_m).$$

Oder kürzer:

$$P(A_1, \ldots, A_k \mid B_1, \ldots, B_l, C_1, \ldots, C_m) = P(A_1, \ldots, A_k \mid C_1, \ldots, C_m).$$

24.2 Graphentheorie

Um Bayes-Netze darzustellen, werden *gerichtete, azyklische Graphen*[3] verwendet. In diesem Abschnitt werden die graphentheoretischen Grundbegriffe erläutert.

24.2.1 Grundbegriffe

Definition 24.15 ((Einfacher) Graph) *Ein einfacher Graph — im Folgenden nur* Graph *genannt — ist ein Tupel* $G = (V, E)$, *wobei*

$$V = \{A_1, \ldots, A_n\}$$

eine endliche Menge von n *Knoten ist und*

$$E \subseteq (V \times V) \setminus \{(A, A) \mid A \in V\}$$

die Kantenmenge *darstellt.*

Ein solcher Graph heißt *einfach*, da keine Mehrfachkanten oder Schleifen (Kanten von Knoten zu sich selbst) erlaubt sind.

Definition 24.16 (Gerichtete Kante) *Sei* $G = (V, E)$ *ein (einfacher) Graph. Eine Kante* $e = (A, B) \in E$ *heißt* gerichtete Kante, *falls gilt:*

$$(A, B) \in E \Rightarrow (B, A) \notin E$$

Eine solche Kante zeige von A *nach* B, *geschrieben* $A \rightarrow B$. *Der Knoten* A *heißt* Elternknoten *von* B, *während* B *der* Kindknoten *von* A *ist.*

---

[3]engl. *directed, acyclic graphs*, kurz *DAG*.

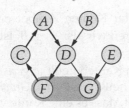 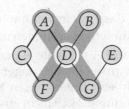

Abbildung 24.1: Die Adjazenzmengen des Knotens D für den gerichteten und ungerichteten Fall sind grau unterlegt. Der geschlossene Pfad $A - D - F - C$ stellt einen Zyklus bzw. einen Kreis dar.

Definition 24.17 (Ungerichtete Kante) *Sei* $G = (V, E)$ *ein Graph. Zwei Paare* (A, B) *und* (B, A) *aus* E *stellen eine einzige* ungerichtete Kante *zwischen den Knoten* A *und* B *dar, wenn gilt:*

$$(A, B) \in E \Rightarrow (B, A) \in E$$

Eine solche Kante notieren wir mit $A - B$ *oder* $B - A$.

Definition 24.18 (Adjazenzmenge) *Sei* $G = (V, E)$ *ein Graph. Die Menge der Knoten, die über eine Kante von einem gegebenem Knoten* A *erreichbar sind, heißt* Adjazenzmenge *von* A:

$$\mathrm{adj}(A) = \{B \in V \mid (A, B) \in E\}$$

Definition 24.19 (Pfad) *Sei* $G = (V, E)$ *ein Graph. Eine Folge* ρ *von* r *paarweise verschiedenen Knoten*

$$\rho = \langle A_{i_1}, \ldots, A_{i_r} \rangle$$

heißt Pfad *von* A_i *nach* A_j, *falls gilt:*

- $A_{i_1} = A_i$

- $A_{i_r} = A_j$

- $(A_{i_k}, A_{i_{k+1}}) \in E$ *oder* $(A_{i_{k+1}}, A_{i_k}) \in E$, $\qquad 1 \leq k < r$

Die symmetrische Formulierung des letzten Punktes erlaubt auch Pfade entgegen die Kantenrichtung, was später eine Rolle spielen wird. Ein Pfad mit ausschließlich ungerichteten Kanten heißt ungerichteter Pfad *und wird mit*

$$\rho = A_{i_1} - \cdots - A_{i_r}$$

notiert, während Pfade mit ausschließlich gerichteten Kanten, die zusätzlich ausschließlich in Kantenrichtung verlaufen, als gerichtete Pfade *bezeichnet und folgendermaßen geschrieben werden:*

$$\rho = A_{i_1} \rightarrow \cdots \rightarrow A_{i_r}$$

Pfade, mit ausschließlich gerichteten Kanten, die aber auch entgegen der Kantenrichtung verlaufen dürfen, heißen *gemischte Pfade* und werden entsprechend der Kantenrichtungen geschrieben. Im linken Graphen von Abbildung 24.1 gibt es z.B. einen gemischten Pfad $F \leftarrow D \rightarrow G \leftarrow E$.

Die Tatsache, dass in einem Graphen G der Knoten A über einen gerichteten Pfad ρ mit dem Knoten B verbunden ist, notieren wir als: $A \overset{\rho}{\underset{G}{\leadsto}} B$. Ist der Pfad ungerichtet, wird dies mit $A \overset{\rho}{\underset{G}{\longleftrightarrow}} B$ abgekürzt.

Ein Graph mit ausschließlich ungerichteten Kanten heißt *ungerichteter Graph*. Ein Graph mit ausschließlich gerichteten Kanten heißt *gerichteter Graph*. Man beachte, dass die Pfad-Definition 24.19 nicht ausschließt, dass es eine Kante vom letzten zum ersten Knoten geben könnte. Ist dies der Fall, so unterscheidet man je nach Art des Graphen — ungerichtet oder gerichtet — nach Zyklen und Kreisen.

Definition 24.20 (Zyklus) *Sei $G = (V, E)$ ein gerichteter Graph. Ein Pfad*

$$\rho = X_1 \to \cdots \to X_k$$

mit $X_k \to X_1 \in E$ heißt Zyklus.

Definition 24.21 (Kreis) *Sei $G = (V, E)$ ein ungerichteter Graph. Ein Pfad*

$$\rho = X_1 - \cdots - X_k$$

mit $X_k - X_1 \in E$ heißt Kreis.

Der Pfad $A - D - F - C$ ist in Abbildung 24.1 ein Zyklus im gerichteten und eine Kreis im ungerichteten Graphen.

Definition 24.22 (Baum) *Ein ungerichteter Graph, in dem jedes Paar von Knoten mit genau einem Pfad verbunden ist, heißt* Baum.

Definition 24.23 (Minimaler spannender Baum)
Sei $G = (V, E)$ ein ungerichteter Graph und w eine Funktion, die jeder Kante in E ein Gewicht zuordnet:

$$w : E \to \mathbb{R}$$

Ein Graph $G' = (V, E')$ heisst minimaler spannender Baum *(engl.* minimum spanning tree*), falls gilt:*

- *G' ist ein Baum.*

- *$E' \subseteq E$*

- *$\sum\limits_{e \in E'} w(e) = \min$*

Das heißt, es gibt keinen anderen Baum über alle Knoten V, der eine kleinere Kantengewichtssumme hat.[4]

Analog werden sog. *maximal spannende Bäume* (engl. *maximum spanning trees*) definiert: Die Summe der Kantengewichte muss in diesem Fall maximal sein. Algorithmen zur Bestimmung von maximal bzw. minimal spannenden Bäumen sind u.a.:

- KRUSKAL-Algorithmus [Kruskal 1956]

- PRIM-Algorithmus [Prim 1957]

---

[4]Wohl aber kann es mehrere Bäume mit jeweils der gleichen minimalen Kantengewichtssumme geben.

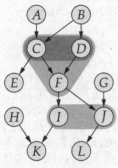
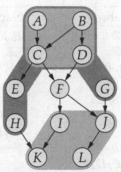

$$\begin{aligned}
\mathrm{pa}(F) &= \{C, D\} \\
\mathrm{ch}(F) &= \{J, K\} \\
\mathrm{fa}(F) &= \{C, D, F\}
\end{aligned}$$

$$\begin{aligned}
\mathrm{ancs}(F) &= \{A, B, C, D\} \\
\mathrm{descs}(F) &= \{J, K, L, M\} \\
\text{non-descs}(F) &= \{A, B, C, D, E, G, H\}
\end{aligned}$$

Abbildung 24.2: Verwandschaftsbeziehungen in gerichteten Graphen.

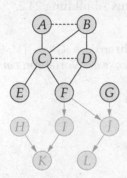

Abbildung 24.3: Moralgraph des durch die Knotenmenge $\{E, F, G\}$ aus Abbildung 24.2 induzierten minimalen Vorfahrgraphen. Die durch Moralisierung erzeugten Kanten sind gestrichelt dargestellt.

Im Folgenden werden Begriffe für gerichtete Graphen vorgestellt.

Definition 24.24 (Elternknoten, Kindknoten, Familie) *Sei* $G \doteq (V, E)$ *ein gerichteter Graph und* $A \in V$ *ein Knoten. Die Menge der* Elternknoten[5] *von* A *ist definiert als:*

$$\mathrm{pa}(A) = \{B \in V \mid B \to A \in E\}$$

Analog ist die Menge der Kindknoten *von* A *festgelegt:*

$$\mathrm{ch}(A) = \{B \in V \mid A \to B \in E\}$$

Die Familie *des Knotens* A *besteht aus* A *selbst und seinen Elternknoten:*

$$\mathrm{fa}(A) = \{A\} \cup \mathrm{pa}(A)$$

Definition 24.25 (Azyklischer, gerichteter Graph (DAG)) *Ein gerichteter Graph* $G = (V, E)$ *wird* azyklisch *genannt, wenn für jeden Pfad* $X_1 \to \cdots \to X_k$ *in* G *gilt:*

$$X_k \to X_1 \notin E$$

---

[5]Wir verzichten darauf, graphenspezifische Funktionen (wie in diesem Fall pa und ch) noch mit dem entsprechenden Graphen zu indizieren, da in diesem Buch in allen Fällen jeweils nur ein Graph zur Diskussion steht.

	Vorfahren	Nachfahren	Nicht-Nachfahren
A	$\emptyset$	$\{C,E,F,J,K,L,M\}$	$\{B,D,G,H\}$
B	$\emptyset$	$\{C,D,E,F,J,K,L,M\}$	$\{A,G,H\}$
C	$\{A,B\}$	$\{E,F,J,K,L,M\}$	$\{A,B,D,G,H\}$
D	$\{B\}$	$\{F,J,K,L,M\}$	$\{A,B,C,E,G,H\}$
E	$\{A,B,C\}$	$\emptyset$	$\{A,B,C,D,F,G,H,J,K,L,M\}$
F	$\{A,B,C,D\}$	$\{J,K,L,M\}$	$\{A,B,C,D,E,G,H\}$
G	$\emptyset$	$\{K,M\}$	$\{A,B,C,D,E,F,H,J,L\}$
H	$\emptyset$	$\{L\}$	$\{A,B,C,D,E,F,G,J,K,M\}$
J	$\{A,B,C,D,F\}$	$\{L\}$	$\{A,B,C,D,E,F,G,H,K,M\}$
K	$\{A,B,C,D,F,G\}$	$\{M\}$	$\{A,B,C,D,E,F,G,H,J,L\}$
L	$\{A,B,C,D,F,H,J\}$	$\emptyset$	$\{A,B,C,D,E,F,G,H,J,K,M\}$
M	$\{A,B,C,D,F,G,K\}$	$\emptyset$	$\{A,B,C,D,E,F,G,H,J,K,L\}$

Tabelle 24.3: Eigenschaften des Beispielgraphen aus Abbildung 24.2.

Definition 24.26 (Vorfahren, Nachfahren, Nicht-Nachfahren) *Sei* $G = (V,E)$ *ein gerichteter, azyklischer Graph[6] und* $A \in V$ *ein Knoten. Die Menge der* Vorfahren *von* A *ist definiert als:*

$$\mathrm{ancs}(A) = \{B \in V \mid \exists \rho : B \overset{\rho}{\underset{G}{\leadsto}} A\}$$

Für die Menge der Nachfahren *von* A *gilt:*

$$\mathrm{descs}(A) = \{B \in V \mid \exists \rho : A \overset{\rho}{\underset{G}{\leadsto}} B\}$$

Die Menge der Nicht-Nachfahren *des Knotens* A *lautet:*

$$\mathrm{non\text{-}descs}(A) = V \setminus \{A\} \setminus \mathrm{descs}(A)$$

Beispiel 24.1 Der linke Teil von Abbildung 24.2 zeigt einen gerichteten, azyklischen Graphen (DAG) zusammen mit den Eltern, Kindern und der Familie des Knotens F. Die folgende Definition führt drei weitere „Verwandtschaftsbeziehungen" ein: Der rechte Teil von Abbildung 24.2 zeigt einen DAG zusammen mit den Nachfahren, den Vorfahren und den Nicht-Nachfahren des Knotens F. Tabelle 24.3 zeigt zusätzlich die Vor-, Nach- und Nicht-Nachfahren aller Knoten des Graphen aus Abbildung 24.2.

Ist α eine Anordnung, die jedem Buchstaben der Knotenbeschriftung die Position im Alphabet zuordnet ($\alpha(A) = 1, \ldots, \alpha(G) = 7$), so nennt man α auch eine topologische Ordnung. □

Definition 24.27 ((Induzierter) Teilgraph) *Sei* $G = (V,E)$ *ein ungerichteter Graph und* $W \subseteq V$ *eine Menge von Knoten. Dann heißt* $G_W = (W, E_W)$ *mit*

$$E_W = \{(u,v) \in E \mid u,v \in W\}$$

durch W *induzierter Teilgraph von* G.

---

[6]Im Gegensatz zu Definition 24.24 fordern wir hier Azyklizität, da sonst Knoten Vor- oder Nachfahren ihrer selbst sein könnten.

Abbildung 24.4: Alle Elternpaare sind bei der Moralisierung zu betrachten. Es kann hilfreich sein, den Graphen in ein anderes Layout zu bringen, um alle einzufügenden Kanten zu erkennen. Im linken Graphen ist die Kante $A - D$ leicht zu übersehen. Eine äquivalente Darstellung des Graphen (rechts) zeigt die Situation deutlicher.

Definition 24.28 (Minimaler Vorfahrgraph) *Sei $G = (V, E)$ ein gerichteter, azyklischer Graph und $M \subseteq V$ eine Menge von Knoten. Der kleinste Teilgraph von G, der alle Vorfahren aller Knoten aus M enthält, heißt* minimaler Vorfahrgraph. *Das heißt, es ist der durch die Menge*

$$M \cup \bigcup_{A \in M} \text{ancs}(A)$$

induzierte Teilgraph von G.

Definition 24.29 (Moralgraph, Moralisierung) *Sei $G = (V, E)$ ein gerichteter, azyklischer Graph. Sein* Moralgraph G' *ist ein ungerichteter Graph mit gleicher Knotenmenge, der entsteht, indem man in allen Familien von G die unverbundenen Elternknoten mit einer (beliebig orientierten) Kante verbindet und danach sämtliche gerichteten Kanten durch eine ungerichtete ersetzt. Diese Transformation bezeichnet man als* Moralisierung.[7]

Beispiel 24.2 (Moralisierter minimaler Vorfahrgraph) Zuerst betrachten wir den durch die Knotenmenge $\{E, F, G\}$ induzierten minimalen Vorfahrgraphen des Graphen aus Abbildung 24.2. Dieser ist in Abbildung 24.3 schwarz dargestellt. Die ignorierten Nachfahren der Knoten der induzierenden Menge sind grau schattiert. Nun soll dieser Graph moralisiert werden. Dazu sind alle unverbundenen Elternknoten mit einer Kante zu verbinden und danach die Kantenrichtungen zu löschen. Dies betrifft hier die Eltern $\{C, D\}$ des Knotens F und die Eltern $\{A, B\}$ des Knotens C. Es ist zu beachten, dass bei mehr als zwei Eltern eines Knotens alle möglichen Elternpaare durch eine Kante zu verbinden sind . Abbildung 24.4 verdeutlicht dies. Hier muss die Kante $A - D$ ebenfalls eingefügt werden.   □

Definition 24.30 (Vollständiger Graph) *Ein ungerichteter Graph $G = (V, E)$ heißt* vollständig *genau dann, wenn jedes Paar (verschiedener) Knoten aus V durch eine Kante verbunden ist.*

Definition 24.31 (Vollständige Menge, Clique)
Sei $G = (V, E)$ ein ungerichteter Graph. Eine Menge $W \subseteq V$ heißt vollständig *genau dann, wenn sie einen vollständigen Teilgraphen induziert. W heißt zusätzlich* Clique *genau dann, wenn sie maximal ist, d.h. wenn es nicht möglich ist, einen Knoten zu W hinzuzufügen ohne die Vollständigkeit zu verletzen.*

---

[7]Der Begriff geht auf [Lauritzen und Spiegelhalter 1988] zurück. Die Intuition: Im Graph werden „unverheiratete Elternknoten" eines gemeinsamen Kindknotens „verheiratet". Diese konservative Namensgebung ist jedoch ungünstig gewählt, da Kindknoten mehr als zwei Elternknoten haben können, die nach Definition alle untereinander verheiratet werden müssen! Der Begriff hat sich jedoch eingebürgert.

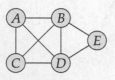
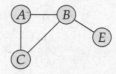

<table>
<tr><td>Unvollständiger
Graph</td><td>Induzierter
Subgraph (W, E_W)
mit
$W = \{A, B, C, E\}$</td><td>Vollständiger
(Sub)Graph</td></tr>
</table>

Abbildung 24.5: Induzierung zweier Teilgraphen aus dem linken Graphen.

Wir werden später den Begriff der Clique aus Gründen der besseren Formulierung auf Teilgraphen anwenden. Gemeint ist dann die Knotenmenge dieses Teilgraphen.

Beispiel 24.3 (Cliquen) Die drei Graphen aus Abbildung 24.5 besitzen die folgenden Cliquen:

Links:	$\{A, B, C, D\}$ und $\{B, D, E\}$
Mitte:	$\{A, B, C\}$ und $\{B, E\}$
Rechts:	$\{A, B, C, D\}$

In einem Baum (z.B. der Graph in Abbildung 24.2 ohne die Kante (B, C) und ohne Kantenrichtungen) stellt jede Kante eine Clique dar. □

Definition 24.32 (Anordnung, Nummerierung) *Sei $G = (V, E)$ ein (beliebiger) Graph und α eine bijektive Funktion mit*

$$\alpha : V \to \{1, \ldots, |V|\},$$

dann nennt man α eine Anordnung *bzw.* Nummerierung.

Definition 24.33 (Topologische Ordnung) *Sei α eine Anordnung auf einem gerichteten, azyklischen Graphen $G = (V, E)$, dann heißt α* topologische Ordnung, *falls gilt:*

$$\forall A \in V : \forall B \in \text{descs}(A) : \alpha(A) < \alpha(B)$$

Ein gerichteter, azyklischer Graph kann mehrere topologische Ordnungen haben.

Definition 24.34 (Perfekte Ordnung) *Sei $G = (V, E)$ ein ungerichteter Graph mit n Knoten und $\alpha = \langle v_1, \ldots, v_n \rangle$ eine totale Ordnung auf V. Dann heißt α* perfekt, *wenn die Mengen*

$$\text{adj}(v_i) \cap \{v_1, \ldots, v_{i-1}\}, \quad i = 1, \ldots, n$$

vollständig sind.

Ein ungerichteter Graph kann mehrere oder aber auch keine perfekte Knotenordnung besitzen.

Abbildung 24.6 zeigt einen ungerichteten Graphen und eine Knotenanordnung α, die bezüglich des Graphen perfekt ist. Die Tabelle zeigt für jeden Knoten der Ordnung das Perfektheitskriterium. Die Schnitte in der rechten Spalte zeigen, dass für alle Knoten das Kriterium aus Definition 24.34 erfüllt ist: Die zweielementigen Mengen entsprechen Kanten, die alle im Graphen enthalten sind; die einelementigen und die leere Menge sind trivialerweise vollständig.

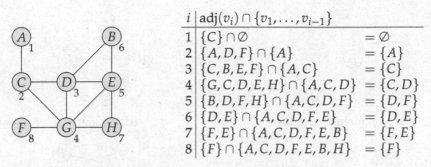

Abbildung 24.6: α ist eine perfekte Ordnung.

Definition 24.35 (Sehne eines Kreises (engl. *chord*)) *Eine Sehne eines Kreises ist eine Kante zwischen zwei Knoten des Kreises, die jedoch selbst nicht im Kreis enthalten ist.*

Der Kreis $B - D - F - H - E$ des Graphen in Abbildung 24.6 besitzt zwei Sehnen: $D - E$ und $F - E$. Offenbar können nur Kreise mit einer Länge größer drei Sehnen besitzen. Durch Sehnen werden große Kreise in mehrere kleinere unterteilt. Es wird sich später als nützlich erweisen, keine sehnenlosen Kreise mit mehr als drei Knoten zu haben.

Definition 24.36 (Triangulierter Graph) *Ein ungerichteter Graph heißt* trianguliert *genau dann, wenn jeder einfache Kreis (d.h. ein Pfad, in dem — abgesehen vom Start- und Endknoten — jeder Knoten höchstens einmal vorkommt) mit mehr als drei Knoten eine Sehne besitzt.*

Es ist zu beachten, dass ein triangulierter Graph nicht zwingend aus Dreiecken bestehen muss. So ist bspw. auch der mittlere Graph in Abbildung 24.5 trianguliert; ein Einfügen der Kante $C - E$ ist nicht nötig. Andererseits ist nicht jeder Graph, der aus Dreiecken besteht notwendigerweise auch trianguliert: Abbildung 24.7 zeigt im oberen Teil eine offensichtlich notwendige Triangulierung. Diese muss jedoch auch auf die Graphen im unteren Teil angewendet werden. Beide sind äquivalent und besitzen keine Sehne im Kreis $A - B - E - C$.

Definition 24.37 (Maximum Cardinality Search (MCS))
Sei $G = (V, E)$ ein ungerichteter Graph. Eine durch Maximum Cardinality Search erzeugte Knotenordnung α entsteht wie folgt:

1. *Wähle einen beliebigen Startknoten aus V und weise ihm die Ordnung 1 zu.*

2. *Weise die nächsthöhere Ordnungsnummer einem derjenigen Knoten zu, die mit den meisten bisher schon nummerierten Knoten benachbart sind.*

Offensichtlich ist die MCS nicht eindeutig. In Abbildung 24.8 ist ein Beispiel zu sehen. Knoten A bekommt die Nummer 1 zugewiesen, danach muss Knoten C die Nummer 2 bekommen, da er der einzige Nachbar ist. Für Nummer 3 kommen D und F infrage, da beide mit je einem schon nummerierten Knoten (eben C) verbunden sind. Ohne Beschränkung der Allgemeinheit entscheiden wir uns für D als dritten Knoten in der Ordnung. Nun bekommt F zwingend die Nummer 4 zugewiesen,

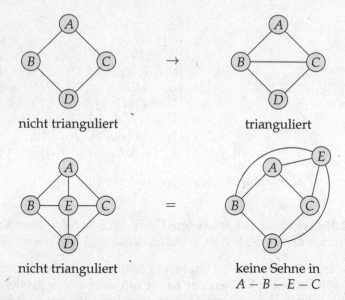

nicht trianguliert   trianguliert

nicht trianguliert   keine Sehne in
$A - B - E - C$

Abbildung 24.7: Oben: Triangulierung kann durch Einfügen der Kante $B - C$ (oder auch $A - D$) erreicht werden. Unten: Der Graph ist nicht trianguliert, wie man leichter durch eine alternative Darstellung sieht.

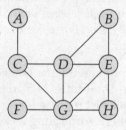

Abbildung 24.8: Beispiel einer Maximum Cardinality Search beginnend mit dem Knoten A. Die Nummer 3 kann Knoten D oder F zugewiesen werden, für Nummer 6 hat man die Wahl zwischen Knoten H und B.

da er als einziger Knoten im Graph mit zwei schon nummerierten Knoten (C und D) verbunden ist. Mit gleichem Argument weist man Knoten E die Nummer 5 zu. Für Nummer 6 besteht wieder die Wahl zwischen zwei Knoten: B und H. Setzen wir $\alpha(B) = 6$, so folgt $\alpha(H) = 7$ und schließlich $\alpha(G) = 8$.

24.2.2 Verbundgraphen

Das bisherige (ungerichtete) Graphenkonzept beschrieb eine algebraische Struktur, in der einzelne Elemente (die Knoten) untereinander in Relation standen, was durch die Kantenmenge modelliert wurde. Wir wollen nun dieses Konzept auf *Mengen von Knoten* ausweiten und somit sog. Verbund- oder Cluster-Graphen definieren. Da wir nur Begriffe einführen, die später von Bedeutung sind, verzichten wir auf eine allgemeine Beschreibung dieser Konzepte und verweisen den interessierten Leser bspw. auf [Castillo *et al.* 1997]. Anstelle beliebige Teilmengen von V als neue Knoten zuzulassen, beschränken wir uns auf die Cliquen eines Graphen.

Definition 24.38 (Verbundgraph, Join-Graph) *Sei* $G = (V, E)$ *ein ungerichteter Graph und* $C = \{C_1, \ldots, C_p\}$ *seine Cliquen. Dann heißt* $G' = (C, E')$ *Verbundgraph oder* Join-Graph, *wenn in* E' *ausschließlich Kanten zwischen nicht-disjunkten Knoten existieren, d.h. wenn gilt:*

$$(C_i, C_j) \in E' \Rightarrow C_i \cap C_j \neq \emptyset$$

Folglich können wir aus einem gegebenen ungerichteten Graphen den zugehörigen Verbundgraphen generieren: Zuerst werden die Cliquen bestimmt und danach untereinander verbunden, wenn sie einen nichtleeren Schnitt besitzen. Abbildung 24.9 zeigt ein Beispiel. Der ungerichtete Graph auf der linken Seite besitzt sechs Cliquen: $\{A, C\}, \{C, D, F\}, \{B, D\}, \{B, E\}, \{G, F\}$ und $\{E, F, H\}$. Diese bilden die Knoten des Verbundgraphen auf der rechten Seite. Die sieben Kanten folgen aus den wechselseitigen Schnittbeziehungen.

Wir werden später Verbundgraphen verwenden, um Erkenntnisse über bestimmte Attribute (welche offensichtlich den Elementen von V entsprechen werden) allen anderen Attributen mitzuteilen. Der Algorithmus dieser Evidenzpropagation benötigt jedoch eine Spezialform eines Verbundgraphen. Zum einen muss sichergestellt sein, dass Informationen auf genau einem Pfad zwischen Cliquen ausgetauscht werden. Zum anderen müssen Änderungen eines Attributs in einer Clique allen anderen Cliquen, die dieses Attribut ebenfalls enthalten, mitzuteilen sein. Die erste Forderung lässt sich durch das Verwenden von Verbundbäumen erreichen, also Verbundgraphen mit Baumstruktur. Da in einem Baum zwischen je zwei Knoten exakt ein Pfad existiert, ist dieser auch der Pfad für die durchzuführende Evidenzpropagation. Die zweite Forderung lässt sich graphentheoretisch folgendermaßen formulieren: Besitzen zwei beliebige Cliquen gemeinsame Attribute, so müssen diese Attribute auch in allen Cliquen des sie verbindenden Pfades enthalten sein. Auf diese Weise entsteht keine „Lücke", die die Evidenzpropagation blockieren würde. Diese geforderte Eigenschaft ist als sog. Running Intersection Property bekannt.

Definition 24.39 (Running Intersection Property (RIP))
Sei $G = (V, E)$ *ein ungerichteter Graph mit* r *Cliquen. Eine Ordnung dieser Cliquen hat die Running Intersection Property, falls es für jedes* $j > 1$ *ein* $i < j$ *gibt, für das die Bedingung*

$$C_j \cap (C_1 \cup \cdots \cup C_{j-1}) \subseteq C_i$$

erfüllt ist.

Bevor wir die Running Intersection Property illustrieren, benötigen wir noch die Definition für einen Verbundbaum.

Definition 24.40 (Verbundbaum) *Ein Verbundgraph mit Baumstruktur, dessen Cliquen die Running Intersection Property erfüllen, heißt* Verbundbaum.

Machen wir uns diese RIP anhand eines Beispiels klar. Betrachten wir dazu den Graphen in Abbildung 24.10. Ordnet man die Cliquen aufsteigend nach ihrem Index, so besitzt diese Ordnung die RIP, wie man leicht in Tabelle 24.5 nachprüft. Damit wird auch klar, wie uns die RIP hilft, eine Baumstruktur aufzubauen: Für jede Clique wissen wir, dass es mindestens eine andere Clique in der Ordnung vor ihr gibt, mit der sie mindestens einen gemeinsamen Knoten besitzt. Daher besitzt jede

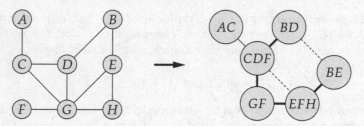

Abbildung 24.9: Zugehöriger Verbundgraph eines ungerichteten Graphen, zu dem kein Verbundbaum existiert. Werden bspw. die beiden gestrichelten Kanten weggelassen, um einen Baum zu erzeugen, erfüllt dieser die RIP nicht mehr. So enthält der hervorgehobene Pfad von BD nach BE nicht das Attribut B. Es gibt hier keine Möglichkeit, durch das Weglassen anderer Kanten die RIP zu erreichen.

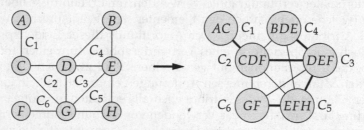

Abbildung 24.10: Zugehöriger Verbundgraph eines ungerichteten, triangulierten Graphen.

Clique (außer der ersten) der Ordnung mindestens einen Nachbarkandidaten. Kreise sind nicht zu befürchten, da ja nur Cliquen betrachtet werden, die in der Ordnung zuvorkommen. Folglich können wir folgende Bildungsvorschrift für einen Verbundbaum verwenden: Beginnend mit der letzten Clique der (die RIP erfüllenden) Ordnung wird sie mit derjenigen in der Ordnung vorausgehenden Clique verbunden, mit der sie den größten gemeinsamen Schnitt besitzt. Bei Mehrdeutigkeiten werde willkürlich entschieden. Abbildung 24.10 zeigt einen möglichen Verbundbaum, der wie folgt zustande gekommen ist:

1. Beginnend mit der letzten Clique der Ordnung, C_6, wird eine der vorangehenden Cliquen gesucht, die die RIP erfüllt (siehe auch Tabelle 24.5). Es gibt drei Kandidaten: C_5, C_3 und C_2. Alle drei haben einen gleichgroßen (einelementigen) Schnitt $\{F\}$ mit C_6, weshalb wir uns willkürlich für eine Clique entscheiden, die im Verbundbaum benachbart sein soll: C_5.

2. C_5 besitzt mit C_3 den größten Schnitt $\{E, F\}$ und wird daher mit ihr verbunden.

3. C_4 besitzt ebenfalls mit C_3 den größten Schnitt, nämlich $\{D, E\}$ und wird ihr verbunden.

4. Clique C_3 besitzt lediglich mit C_2 einen nichtleeren Schnitt und bekommt folglich diese Clique als Nachbar.

5. C_2 wird trivialerweise mit C_1 verbunden, da es die letzte verbleibende Clique mit nichtleerem Schnitt ist.

C_i	R_i	S_i	
C_1	$\{A,C\}$	$\emptyset$	
C_2	$\{D,F\}$	$\{C\}$	$D,F \perp\!\!\!\perp_G A \mid C$
C_3	$\{E\}$	$\{D,F\}$	$E \perp\!\!\!\perp_G A,C \mid D,F$
C_4	$\{B\}$	$\{D,E\}$	$\rightarrow$ $\quad B \perp\!\!\!\perp_G A,C,F \mid D,E$
C_5	$\{H\}$	$\{E,F\}$	$H \perp\!\!\!\perp_G A,B,C,D \mid E,F$
C_6	$\{G\}$	$\{F\}$	$G \perp\!\!\!\perp_G A,B,C,D,E,H \mid F$

Tabelle 24.4: Residual- und Separatormengen des Graphen aus Abbildung 24.10 zusammen mit den daraus ableitbaren u-Separationen.

j				i
2	$C_2 \cap C_1$	$= \{C\}$	$\subseteq C_1$	1
3	$C_3 \cap (C_1 \cup C_2)$	$= \{D,F\}$	$\subseteq C_2$	2
4	$C_4 \cap (C_1 \cup C_2 \cup C_3)$	$= \{D,E\}$	$\subseteq C_3$	3
5	$C_5 \cap (C_1 \cup C_2 \cup C_3 \cup C_4)$	$= \{E,F\}$	$\subseteq C_3$	3
6	$C_6 \cap (C_1 \cup C_2 \cup C_3 \cup C_4 \cup C_5)$	$= \{F\}$	$\subseteq C_5$	5

Tabelle 24.5: Die Cliquenordnung $C_1, \ldots, C_6$ des Graphen in Abbildung 24.10 besitzt die RIP.

Der so entstandene Verbundbaum ist im rechten Teil der Abbildung 24.10 durch dick gezeichnete Kanten zu sehen. Durch die RIP werden zwei weitere Arten von Knotenmengen festgelegt:

Definition 24.41 (Residualmenge, Separatormenge) *Sei* $C_1, \ldots, C_n$ *eine die RIP erfüllende Cliquenordnung. Dann nennt man die Mengen*

$$S_i = C_i \cap (C_1 \cup \cdots \cup C_{i-1}), \qquad i = 1, \ldots, n, \; S_1 = \emptyset$$

Separatormengen *und*

$$R_i = C_i \setminus S_i, \qquad i = 1, \ldots, n$$

Residualmengen.

Mit diesen Definitionen und der RIP können wir leicht folgende Separationskriterien im Verbundgraphen angeben:

$$R_i \perp\!\!\!\perp (R_1 \cup \cdots \cup R_{i-1}) \setminus S_i \mid S_i, \qquad i = 2, \ldots, n \tag{24.1}$$

Beispiel 24.4 Machen wir uns diese Konzepte anhand der Graphen in Abbildung 24.10 klar. Tabelle 24.4 zeigt alle Residual- und Separatormengen der Cliquen auf. Ebenso finden sich die per Formel 24.1 ableitbaren u-Separationen. □

Einen beliebigen Verbundgraphen eine Baumstruktur zu geben gestaltet sich sehr einfach, da lediglich hinreichend viele Kanten weggelassen werden müssen. Die Frage ist nur, ob man immer auch die RIP erhalten kann. Dies ist nicht so, wie man in Abbildung 24.9 nachvollziehen kann. Zwei Kanten müssen entfernt werden, um eine Baumstruktur zu erreichen. Allerdings erfüllt keiner der so zu erreichenden Bäume die RIP. Werden bspw. die Kanten $CDF - EFH$ und $BD - BE$ entfernt, so enthalten

Clique	Rang		
$\{A,C\}$	$\max\{\alpha(A),\alpha(C)\}$	$=2$	$\to C_1$
$\{C,D,F\}$	$\max\{\alpha(C),\alpha(D),\alpha(F)\}$	$=4$	$\to C_2$
$\{D,E,F\}$	$\max\{\alpha(D),\alpha(E),\alpha(F)\}$	$=5$	$\to C_3$
$\{B,D,E\}$	$\max\{\alpha(B),\alpha(D),\alpha(E)\}$	$=6$	$\to C_4$
$\{F,E,H\}$	$\max\{\alpha(F),\alpha(E),\alpha(H)\}$	$=7$	$\to C_5$
$\{F,G\}$	$\max\{\alpha(F),\alpha(G)\}$	$=8$	$\to C_6$

Tabelle 24.6: Ableitung einer Cliquenordnung mit RIP aus der perfekten Knotenordnung α aus Abbildung 24.6.

die Cliquen BD und BE beide das Attribut B, dies gilt jedoch nicht für die Cliquen des Pfades, der sie verbindet.

Die Frage, ob es eine strukturelle Eigenschaft eines Verbundgraphen (oder seines zugrunde liegenden ungerichteten Graphen) gibt, die einen Verbundbaum garantiert, wurde in [Jensen 1988] positiv beantwortet: Ein ungerichteter Graph G hat einen Verbundbaum genau dann, wenn G trianguliert ist. Leider ist die Definition der Running Intersection Property nicht konstruktiv, d.h. sie liefert zwar ein Kriterium, mit dem man bei einer gegebenen Cliquenordnung entscheiden kann, ob diese die RIP erfüllt oder nicht. Allerdings liefert sie keinen Algorithmus, mit dem man eine solche Cliquenordnung finden könnte. Zur Lösung des Problems machen wir uns folgenden Zusammenhang zunutze: Besitzt ein ungerichteter Graph eine perfekte Ordnung und ordnet man seine Cliquen aufsteigend nach der jeweils größten perfekten Zahl ihrer Knoten, so erfüllt diese Cliquenordnung die RIP. Die in Tabelle 24.5 überprüfte Cliquenordnung wurde aus der perfekten Ordnung aus Abbildung 24.6 generiert. Tabelle 24.6 illustriert diese Zuweisung.

Wir haben nun das Problem des Findens einer Cliquenordnung auf das Problem des Findens einer perfekten Knotenordnung reduziert, was auf den ersten Blick wenig sinnvoll erscheint, da es mehr Knoten als Cliquen gibt. Ziel ist es also, eine perfekte Ordnung auf den Knoten des ungerichteten Graphen zu finden (dies ist für allgemeine Graphen nicht gesichert). Hier hilft uns folgender Zusammenhang: Die Knoten eines ungerichteten Graphen besitzen mindestens eine perfekte Ordnung genau dann, wenn der Graph trianguliert ist.

Als letzter Baustein dieser Kette fehlt noch die Konstruktion einer solchen perfekten Ordnung. Hierzu nutzen wir folgende Aussage: Eine durch Maximum Cardinality Search auf einem triangulierten Graphen erzeugte Knotenordnung ist perfekt. Fassen wir diese Schlusskette noch einmal zusammen:

| Ungerichteter, trianguierter Graph $G=(V,E)$ | $\to$ | Durch MCS auf V gefundene Knotenordnung ist perfekt | $\to$ | Cliquenordnung nach der jeweils größten perfekten Knotenzahl erfüllt RIP | $\to$ | Verbundbaum nach der RIP aufbauen |

24.2.3 Separationen

Ein Ziel graphischer Modelle ist es, möglichst viele der in einer hochdimensionalen Wahrscheinlichkeitsverteilung gültigen (bedingten) Unabhängigkeiten in einem

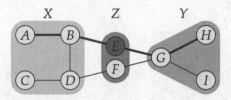

Abbildung 24.11: Die Knotenmengen $\{A, B, C, D\}$ und $\{G, H, J\}$ sind durch die Menge $\{E, F\}$ u-separiert. Hervorgehoben ist die beispielhafte Blockierung des Pfades $A - B - E - G - H$ durch den Knoten E.

gerichteten oder ungerichteten Graphen zu kodieren, um dann allein unter Ausnutzung graphentheoretischer Kriterien auf wahrscheinlichkeitstheoretische Zustände zu schließen. Der Umstand, dass innerhalb einer Menge von Attributen bestimmte Unabhängigkeiten herrschen, soll durch Knoten im Graphen repräsentiert werden, die in bestimmter Weise von einander getrennt, d.h. separiert werden. Wir werden für beide Graphenarten (ungerichtet und gerichtet) je ein Separationskriterium kennenlernen.

Beginnen wir mit der Betrachtung eines ungerichteten Graphen $G = (V, E)$, in dessen Knotenmenge drei disjunkte Teilmengen X, Y und Z ausgezeichnet sind. Die Menge Z soll die Mengen X und Y genau dann u-separieren[8], wenn jeder Pfad eines Knotens in X zu jedem Knoten in Y blockiert ist. Ein Pfad sei genau dann blockiert, wenn er einen blockierenden Knoten enthält. Ein Knoten ist genau dann blockierend, wenn er in Z liegt. Diese etwas umständliche Definition der u-Separation wird uns später bei der Definition der d-Separation für gerichtete Graphen helfen.

Definition 24.42 (u-Separation, u-Trennung) *Sei* $G = (V, E)$ *ein ungerichteter Graph und* X, Y *und* Z *drei disjunkte Teilmengen von* V. *X und Y werden in G durch Z genau dann u-separiert, wenn jeder Pfad eines Knotens in X zu einem Knoten in Y mindestens einen Knoten aus Z enthält. Dies wird als*

$$X \perp\!\!\!\perp_G Y \mid Z$$

notiert. Ein Pfad, der mindestens einen Knoten aus Z enthält heißt blockiert, *ansonsten* aktiv.

Betrachten wir ein Beispiel in Abbildung 24.11. Die Menge $Z = \{E, F\}$ separiert die Knotenmengen $\{A, B, C, D\}$ und $\{G, H, J\}$, da sämtliche Pfade von der einen in die andere Menge durch Z verlaufen, wie am Pfad $A - B - E - G - H$ exemplarisch gezeigt ist.

Eine alternative aber äquivalente Möglichkeit auf u-Separation zu testen ist die folgende: Man entfernt die Knoten der Menge Z (und alle Kanten, die mit diesen Knoten verbunden sind) aus dem Graphen. Wenn es keinen Pfad mehr zwischen den Mengen X und Y gibt, so sind beide durch Z u-separiert. Abbildung 24.12 illustriert dies anhand des Beispiels aus Abbildung 24.11.

Für gerichtete Graphen müssen aus (später erläuterten) semantischen Gründen die Kantenrichtungen zur Bestimmung der Blockierung eines Pfades berücksichtigt

---

[8]Das *u* steht für *u*ndirected (ungerichtet).

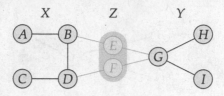

Abbildung 24.12: Nach dem Entfernen der Knoten der Menge Z aus dem Graphen existiert kein Pfad mehr von X nach Y: beide Mengen sind durch Z u-separiert.

werden. Ab jetzt werden wir unter Pfaden immer gemischte Pfade verstehen, also solche, in denen man auch entgegen den Kantenrichtungen laufen darf. Es seien wieder drei disjunkte Teilmengen X, Y und Z der Knotenmenge eines gerichteten Graphen gegeben. Wir verwenden die gleichen Überlegungen wie bei der obigen Beschreibung der u-Separation, nur werden wir das Kriterium für einen blockierenden Knoten modifizieren. Erneut seien die Mengen X und Y d-separiert[9] genau dann, wenn jeder Pfad eines Knotens aus X zu einem Knoten in Y blockiert ist. Ein Pfad ist genau dann blockiert, wenn er mindestens einen blockierenden Knoten enthält. Ein Knoten ist blockierend, falls seine Kantenrichtungen *entlang des Pfades*

- seriell oder divergierend sind und der Knoten selbst in Z liegt, oder

- konvergierend sind und weder der Knoten selbst, noch einer seiner Nachfahren in Z liegt.

Die vier möglichen Kantenrichtungen an einem Knoten sind wie folgt in zwei Gruppen unterteilt:

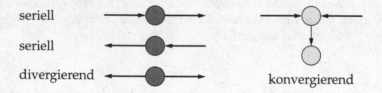

Der Typ eines Knotens (also seriell, konvergierend oder divergierend) hängt jeweils vom konkreten Pfad ab, in dem er sich befindet. In Abbildung 24.13 ist der Knoten E im Pfad $C \rightarrow E \rightarrow G$ seriell, während er im Pfad $C \rightarrow E \leftarrow D$ konvergierend und schließlich im Pfad $F \leftarrow E \rightarrow G$ divergierend ist.

Definition 24.43 (d-Separation, d-Trennung) *Sei $G = (V, E)$ ein gerichteter Graph und X, Y und Z drei disjunkte Teilmengen von V. X und Y werden in G durch Z genau dann d-separiert, wenn es keinen Pfad eines Knotens in X zu einem Knoten in Y gibt, entlang dem folgende beiden Kriterien erfüllt sind:*

1. *Jeder Knoten mit konvergierenden Kanten ist in Z oder hat einen Nachfahren in Z.*

2. *Jeder andere Knoten ist nicht in Z.*

---

[9]Das *d* steht für *directed*.

Dies wird als

$$X \perp\!\!\!\perp_G Y \mid Z$$

notiert. Ein Pfad, der die beiden obigen Kriterien erfüllt heißt aktiv, ansonsten *(durch Z)* blockiert.

Man beachte die beiden äquivalenten aber wechselseitig negierten Definitionen der d-Separation. Die erste Beschreibung definiert die Blockiertheit eines Pfades und fordert für eine d-Separation ausschließlich blockierte Pfade. Die zweite Definition beschreibt d-Separation als die Abwesenheit jeglicher aktiver Pfade. Wir geben hier beide Varianten an, da sie beide in der Literatur zu finden sind.

Betrachten wir einige Beispiele. In den folgenden referenzierten Abbildungen werden die Mengen X und Y hell- bzw. mittelgrau schattiert sein, während die Menge Z dunkelgrau dargestellt wird.

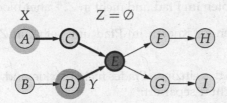

Abbildung 24.13: Knoten E blockiert den einzigen Pfad von A nach D: $A \perp\!\!\!\perp_G D \mid \emptyset$.

Beispiel 24.5 In Abbildung 24.13 sind X und Y jeweils einelementig und Z ist leer. Da es sich um einen Baum handelt, ist nur ein Pfad zu überprüfen:

$$A \rightarrow C \rightarrow E \leftarrow D$$

- C ist serieller Knoten im Pfad und nicht in Z. Daher blockiert er nicht.

- E ist konvergierender Knoten im Pfad und nicht in Z. Ebenso sind seine Nachfolger F, H, G und J nicht in Z. Folglich blockiert E.

Die Existenz eines blockierenden Knotens ist ausreichend für die Blockade eines Pfades. Folglich gilt

$$A \perp\!\!\!\perp_G D \mid \emptyset. \qquad \square$$

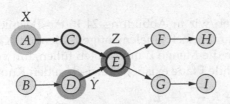

Abbildung 24.14: Da $E \in Z$ wird der Pfad von A nach D aktiv: $A \not\perp\!\!\!\perp_G D \mid E$.

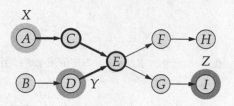

Abbildung 24.15: J aktiviert den Pfad von A nach D: $A \not\perp_G D \mid J$.

Beispiel 24.6 Im Gegensatz zu Beispiel 24.5 enthält nun die Menge Z den Knoten E. Abbildung 24.14 zeigt die Situation. Wieder ist im Baum nur der folgende Pfad zu überprüfen:

$$A \rightarrow C \rightarrow E \leftarrow D$$

- C ist serieller Knoten im Pfad und nicht in Z. Daher blockiert er nicht.

- E ist konvergierender Knoten im Pfad und selbst in Z. Folglich blockiert er ebenfalls nicht.

Damit sind alle Knoten des einzigen Pfades nicht blockierend, folglich der Pfad aktiv und somit A und D nicht d-separiert:

$$A \not\perp_G D \mid E. \qquad \square$$

Beispiel 24.7 Nun wird anstelle des Knotens E einer seiner Nachfahren in die Menge Z aufgenommen. Abbildung 24.15 zeigt die Situation. Erneut ist im Baum nur der folgende Pfad zu überprüfen:

$$A \rightarrow C \rightarrow E \leftarrow D$$

- C ist serieller Knoten im Pfad und nicht in Z. Daher blockiert er nicht.

- E ist konvergierender Knoten im Pfad aber selbst nicht in Z. Jedoch ist einer seiner Nachfahren (J) in Z. Folglich blockiert E nicht.

Damit sind alle Knoten des einzigen Pfades nicht blockierend, folglich der Pfad aktiv und somit A und D nicht d-separiert:

$$A \not\perp_G D \mid J. \qquad \square$$

Beispiel 24.8 Betrachten wir in Abbildung 24.16 ein Beispiel mit mehr als einem Pfad zwischen den (immer noch einelementigen) Mengen $X = \{D\}$ und $Y = \{L\}$. Wir werden sukzessive die Menge Z mit Knoten füllen, um verschiedene Szenarien durchzuspielen. Folgende Pfade existieren zwischen den Knoten D und L:

Pfad 1: $D \rightarrow H \rightarrow K \leftarrow I \rightarrow L$
Pfad 2: $D \leftarrow B \rightarrow E \rightarrow I \rightarrow L$
Pfad 3: $D \leftarrow B \rightarrow E \leftarrow C \rightarrow F \rightarrow J \rightarrow L$

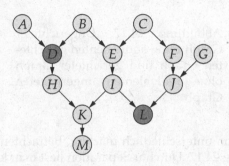

Abbildung 24.16: Graph für
Beispiel 24.8.

- $Z = \emptyset$

  Pfad 1: blockiert $K, M \notin Z$
  Pfad 2: aktiv $B, E, I \notin Z$
  Pfad 3: blockiert $E, I \notin Z$ $\Rightarrow$ $D \not\perp_G L \mid \emptyset$

- $Z = \{E\}$

  Pfad 1: blockiert $K, M \notin Z$
  Pfad 2: blockiert $E \in Z$
  Pfad 3: aktiv $E \in Z$ $\Rightarrow$ $D \not\perp_G L \mid E$

- $Z = \{E, J\}$

  Pfad 1: blockiert $K, M \notin Z$
  Pfad 2: blockiert $E \in Z$
  Pfad 3: blockiert $J \in Z$ $\Rightarrow$ $D \perp_G L \mid \{E, J\}$

$\square$

Es ist zu beachten, dass die u-Separation im Gegensatz zur d-Separation monoton ist. Wenn eine Menge Z zwei Knotenmengen X und Y u-separiert, dann werden X und Y auch von allen Obermengen von Z u-separiert oder formal:

$$X \perp\!\!\!\perp Y \mid Z \;\Rightarrow\; X \perp\!\!\!\perp Y \mid Z \cup W, \qquad\qquad (24.2)$$

wobei W eine vierte disjunkte Knotenmenge ist. Dies ist unmittelbar klar, da Pfade nur durch Knoten in Z blockiert werden können. Ein Hinzufügen von weiteren Knoten kann lediglich weitere Pfade blockieren, aber nie einen vormals blockierten Pfad aktivieren. Anders verhält es sich bei der d-Separation, bei der ein Hinzufügen von Knoten zu Z sehr wohl einen Pfad aktivieren und vormals d-getrennte Mengen X und Y nun zusammenhängen lassen kann. Würden wir im Beispiel 24.8 die Menge $Z = \{E, J\}$, die die Knoten D und L d-separiert, um bspw. den Knoten K erweitern, so aktiviert dieser den Pfad $D \to H \to K \leftarrow I \to L$ und verhindert die d-Trennung von D und L:

$$D \perp\!\!\!\perp L \mid \{E, J\} \quad \text{aber} \quad D \not\perp\!\!\!\perp L \mid \{E, J, K\}$$

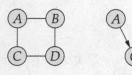

Abbildung 24.17: Ungerichteter Graph ohne äquivalenten gerichteten Graph und gerichteter Graph ohne äquivalenten ungerichteten Graph.

Auch sind u-Separation und d-Separation unterschiedlich mächtig. Betrachten wir den ungerichteten Graphen in Abbildung 24.17. Durch u-Separation liest man leicht folgende beiden Separationen ab:

$$A \perp\!\!\!\perp C \mid \{B,D\} \quad \text{und} \quad B \perp\!\!\!\perp D \mid \{A,C\}.$$

Es lässt sich jedoch kein gerichteter Graph finden, der diese beiden Separationen gleichzeitig und ausschließlich[10] enthält. Würde man die Kanten von A ausgehend über B und D nach C ausrichten, würde man per d-Separation zwar die Aussage $A \perp\!\!\!\perp C \mid \{B,D\}$ erhalten, jedoch folgte sofort $B \not\!\perp\!\!\!\perp D \mid \{A,C\}$, da C ein konvergierender Knoten wäre, der den Pfad $D \to C \leftarrow B$ aktivierte.

Umgekehrt lässt sich auch nicht zu jedem gerichteten Graph ein (bzgl. der in ihm kodierten Separationskriterien) äquivalenter ungerichteter Graph finden, wie der rechte Graph in Abbildung 24.17 zeigt. In ihm ist die d-Separation

$$A \perp\!\!\!\perp B \mid \emptyset$$

kodiert. Erneut lässt sich diese Aussage allein in keinem ungerichteten Graphen abbilden, ohne zusätzliche Separationen zu kodieren.

---

[10]Die Ausschließlichkeit müssen wir fordern, um keine zusätzlichen Separationen im Graphen zu kodieren. Ansonsten würde ein kantenloser Graph sämtliche denkbaren Separationen beinhalten, also auch die beiden oben angegebenen.

Kapitel 25

Zerlegungen

Ziel dieses Kapitels ist die Zusammenführung des Konzeptes der bedingten Unabhängigkeit und der Separation in Graphen. Beide wurden als dreistellige Relationen $(\cdot \perp\!\!\!\perp \cdot \mid \cdot)$ auf entweder Attributen oder Knoten dargestellt und es scheint vielversprechend, die wahrscheinlichkeitstheoretischen Gegebenheiten einer Verteilung mit Hilfe eines Graphen zu beschreiben, um dann lediglich anhand graphentheoretischer Eigenschaften (Separationen) auf (bedingte) Unabhängigkeiten zu schließen. Denn letztere sind es, welche eine Zerlegung und Evidenzpropagation erst ermöglichen.

Wir werden zuerst eine Axiomatisierung des Begriffes der bedingten Unabhängigkeit (bzw. der Separation) vornehmen, was auf [Dawid 1979] und [Pearl und Paz 1987] zurückgeht. Damit können dann rein syntaktisch neue Unabhängigkeiten bzw. Separationen aus einer Menge bereits bekannter abgeleitet werden, ohne die wahrscheinlichkeits- oder graphentheoretischen Definitionen selbst zu prüfen.

Definition 25.1 (Semi-Graphoid- und Graphoid-Axiome)
Sei V eine Menge mathematischer Objekte und $(\cdot \perp\!\!\!\perp \cdot \mid \cdot)$ *eine dreistellige Relation auf V. Weiter seien W, X, Y und Z vier disjunkte Teilmengen von V. Dann heißen die Aussagen*

a) *Symmetrie:* $\qquad\qquad\quad (X \perp\!\!\!\perp Y \mid Z) \Rightarrow (Y \perp\!\!\!\perp X \mid Z)$

b) *Zerlegung:* $\qquad\qquad (W \cup X \perp\!\!\!\perp Y \mid Z) \Rightarrow (W \perp\!\!\!\perp Y \mid Z) \wedge (X \perp\!\!\!\perp Y \mid Z)$

c) *Schwache Vereinigung:* $(W \cup X \perp\!\!\!\perp Y \mid Z) \Rightarrow (X \perp\!\!\!\perp Y \mid Z \cup W)$

d) *Zusammenziehung:* $\quad (X \perp\!\!\!\perp Y \mid Z \cup W) \wedge (W \perp\!\!\!\perp Y \mid Z) \Rightarrow (W \cup X \perp\!\!\!\perp Y \mid Z)$

die Semi-Graphoid-Axiome. *Eine dreistellige Relation* $(\cdot \perp\!\!\!\perp \cdot \mid \cdot)$*, die die Semi-Graphoid-Axiome für alle W, X, Y und Z erfüllt, heißt* Semi-Graphoid. *Die obigen Aussagen und*

e) *Schnitt:* $\qquad\qquad\quad (W \perp\!\!\!\perp Y \mid Z \cup X) \wedge (X \perp\!\!\!\perp Y \mid Z \cup W) \Rightarrow (W \cup X \perp\!\!\!\perp Y \mid Z)$

heißen Graphoid-Axiome. *Eine dreistellige Relation* $(\cdot \perp\!\!\!\perp \cdot \mid \cdot)$*, die die Graphoid-Axiome für alle W, X, Y und Z erfüllt, heißt* Graphoid.

Die Axiome b) bis e) sind in Abbildung 25.1 schematisch dargestellt.

Wenn wir von Mengen $\mathcal{I}$ von Unabhängigkeits- oder Separationsaussagen sprechen, meinen wir algebraisch dieselben Strukturen, lediglich deren Herkunft ist verschieden.

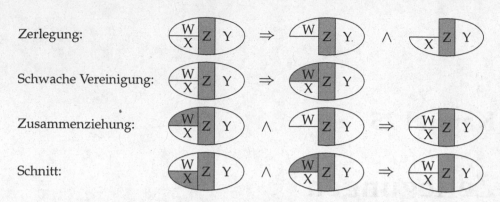

Abbildung 25.1: Illustration der Graphoid-Axiome und der Trennung in Graphen.

Definition 25.2 *Sei* $V = \{A_1, \ldots, A_n\}$ *eine Menge von Attributen. Weiterhin sei p eine Verteilung über den Attributen V. Dann stehe* $\mathcal{I}_p \subseteq 2^V \times 2^V \times 2^V$ *für die Menge aller (bedingter) Unabhängigkeitsaussagen, die in p gelten.*

Definition 25.3 *Sei* $V = \{A_1, \ldots, A_n\}$ *eine Menge von Knoten. Weiterhin sei G ein ungerichteter Graph mit Knotenmenge V. Dann stehe* $\mathcal{I}_G$ *für die Menge aller Separationsaussagen, die sich durch u-Separation aus G ablesen lassen.*

Definition 25.4 *Sei* $V = \{A_1, \ldots, A_n\}$ *eine Menge von Knoten. Weiter sei G ein gerichteter, azyklischer Graph mit Knotenmenge V. Dann stehe* $\mathcal{I}_{\vec{G}}$ *für die Menge aller Separationsaussagen, die sich durch d-Separation aus G ablesen lassen.*

Hat man eine Menge von Axiomen $\mathcal{A}$ gegeben, so lassen sich aus einer gegebenen Menge $\mathcal{I}$ von bedingten Unabhängigkeitsaussagen rein syntaktisch weitere (mglw. noch nicht in $\mathcal{I}$ enthaltene) Aussagen ableiten. Lässt sich eine Aussage I vermöge $\mathcal{A}$ aus $\mathcal{I}$ ableiten, so schreiben wir:

$$\mathcal{I} \vdash_{\mathcal{A}} I$$

Folgt eine bedingte Unabhängigkeitsaussage I semantisch (im Rahmen einer zugrunde liegenden Theorie $\mathcal{T}$) aus einer Menge $\mathcal{I}$ von Aussagen, so notieren wir dies mit

$$\mathcal{I} \models_{\mathcal{T}} I.$$

In unserem Fall sind die mit $\mathcal{T}$ bezeichneten Theorien bzw. Begriffe die Wahrscheinlichkeitstheorie, die u- und die d-Separation. Die semantische Folgerbarkeit einer bedingten Unabhängigkeit I aus einer Menge von Unabhängigkeitsaussagen $\mathcal{I}$ bedeutet dann, dass I in allen Verteilungen gelten muss, in denen auch sämtliche Aussagen aus $\mathcal{I}$ gelten:

$$\mathcal{I} \models_p I \quad \Leftrightarrow \quad \forall p : \mathcal{I} \subseteq \mathcal{I}_p \Rightarrow I \in \mathcal{I}_p$$

Analog wird auch die semantische Folgerbarkeit in Graphen definiert.

Es stellt sich bei einem Axiomensystem immer die Frage, inwieweit Ableitungen *korrekt* und *vollständig* sind, d.h. inwieweit jede ableitbare Aussage im Rahmen der

		Korrektheit	Vollständigkeit
bedingte	allg. Verteilungen	Semi-Graphoid-Axiome	nein*
Unabhängigkeit	strikt pos. Verteil.	Graphoid-Axiome	
u-Separation		Graphoid-Axiome	nein†
d-Separation		Graphoid-Axiome	nein‡

* In [Pearl 1988] vermutet, jedoch in [Studeny 1989, Studeny 1990] widerlegt.

† Ersetzt man die schwache Vereinigung durch zwei zusätzliche Axiome, so ist das resultierende Axiomensystem korrekt und vollständig [Pearl und Paz 1987].

‡ Gegenbeispiel in [Borgelt *et al.* 2009, S. 102].

Tabelle 25.1: Übersicht über die Korrektheit und Vollständigkeit der (Semi-)Graphoid-Axiome hinsichtlich vier verschiedener Unabhängigkeits- bzw. Separationsbegriffe.

Theorie $\mathcal{T}$ korrekt ist und ob auch alle mit Hilfe der Theorie $\mathcal{T}$ aus der Menge $\mathcal{I}$ folgerbaren Aussagen auch anhand der Axiome ableitbar sind.

$$\mathcal{I} \vdash_{\mathcal{A}} I \quad \Rightarrow \quad \mathcal{I} \models_{\mathcal{T}} I \qquad \text{(Korrektheit)}$$
$$\mathcal{I} \vdash_{\mathcal{T}} I \quad \Rightarrow \quad \mathcal{I} \models_{\mathcal{A}} I \qquad \text{(Vollständigkeit)}$$

Nach diesen theoretischen Überlegungen kommen wir nun zu den konkreten Eigenschaften der bedingten Unabhängigkeit und der beiden Separationskriterien.

Satz 25.1 *Die bedingte stochastische Unabhängigkeit erfüllt die Semi-Graphoid-Axiome. Für strikt positive Wahrscheinlichkeitsverteilungen erfüllt sie die Graphoid-Axiome.*

Satz 25.2 *Die u-Separation und d-Separation erfüllen die Graphoid-Axiome.*

Beide Sätze machen Korrektheitsaussagen: Die Semi-Graphoid-Axiome sind korrekt für beliebige Wahrscheinlichkeitsverteilungen, die Graphoid-Axiome sind für die u- und d-Separation und für strikt positive Wahrscheinlichkeitsverteilungen korrekt. Im Allgemeinen sind die Axiome jedoch nicht vollständig [Studeny 1989, Studeny 1990]. Tabelle 25.1 fasst die Sachverhalte noch einmal zusammen.

Wie haben gesehen, dass die u- und d-Separation die gleichen Axiome erfüllt, wie der Begriff bedingte Unabhängigkeitsbegriff (einer strikt positiven Wahrscheinlichkeitsverteilung). Die Idee liegt nahe, die in einer Wahrscheinlichkeitsverteilung enthaltenen bedingten Unabhängigkeiten in einem gerichteten oder ungerichteten Graphen zu kodieren, sodass ablesbare Separationen zugleich gültigen bedingten Unabhängigkeiten entsprechen.

Die Isomorphie beider Begriffe (also der bedingten Unabhängigkeit und einer der beiden Separationskriterien) ist im Allgemeinen leider nicht erreichbar. Grund hierfür ist zum einen die Tatsache, dass bspw. die u-Trennung stärkere Axiome erfüllt, als die Graphoid-Axiome. Als ein Beispiel sei die Diskrepanz zwischen dem (Semi-)Graphoid-Axiom der schwachen Vereinigung und der Monotonie der u-Separation gegeben: Die Implikation 24.2 auf Seite 437 ähnelt stark dem Axiom der schwachen Vereinigung mit dem Unterschied, dass die Knotenmenge W nicht schon u-separiert sein muss. Man nennt die Implikation 24.2 auch das Axiom der starken Vereinigung [Pearl und Paz 1987]. Zum anderen erfüllt laut Satz 25.1 die bedingte Unabhängigkeit in allgemeinen Verteilungen nur die Semi-Graphoid-Axiome. Daher können Ableitungen, die dem Schnittaxiom entsprechen schon zu falschen Schlüssen führen, was ebenfalls an einem Beispiel erläutert werden soll.

Beispiel 25.1 (bedingte Unabhängigkeit erfüllt i.A. nicht das Schnittaxiom)
Wir betrachten die folgende (nicht strikt positive) dreidimensionale Wahrscheinlichkeitsverteilung über die binären Attribute A, B und C mit $P(A = a_1, B = b_1, C = c_1) = P(A = a_2, B = b_2, C = c_2) = 0.5$ (alle anderen Wertkombinationen haben die Wahrscheinlichkeit Null). In dieser Verteilung gelten u.a. die folgenden bedingten Unabhängigkeiten:

$$A \perp\!\!\!\perp B \mid C, \qquad A \perp\!\!\!\perp C \mid B \quad \text{und} \quad B \perp\!\!\!\perp C \mid A$$

Die macht man sich leicht klar: Die linke Tabelle stellt die Verteilung p_{ABC} dar, die beiden anderen zweidimensionalen bedingten Verteilungen gegeben das Attribut C. Beide Verteilungen zeigen außerdem die bedingten Randverteilungen $p_{A|C}$ und $p_{B|C}$.

p_{ABC}	c_1		c_2	
	a_1	a_2	a_1	a_2
b_1	$1/2$	0	0	0
b_2	0	0	0	$1/2$

$p_{AB\mid c_1}$	a_1	a_2	
b_1	1	0	1
b_2	0	0	0
	1	0	

$p_{AB\mid c_2}$	a_1	a_2	
b_1	0	0	0
b_2	0	1	1
	0	1	

Offensichtlich gilt (auch für die anderen Attributkombinationen) folgender Zusammenhang, was genau den o.a. bedingten Unabhängigkeiten entspricht:

$$\forall a \in \text{dom}(A) : \forall b \in \text{dom}(B) : \forall c \in \text{dom}(C) :$$
$$P(A = a, B = b \mid C = c) = P(A = a \mid C = c) \cdot P(B = b \mid C = c)$$

Wenden wir das Schnittaxiom (mit $Z = \emptyset$) paarweise auf die obigen Unabhängigkeiten an, so schließen wir:

W	X	Y	Inference
$\{A\}$	$\{C\}$	$\{B\}$	$AC \perp\!\!\!\perp B \mid \emptyset$
$\{A\}$	$\{B\}$	$\{C\}$	$AB \perp\!\!\!\perp C \mid \emptyset$
$\{B\}$	$\{C\}$	$\{A\}$	$BC \perp\!\!\!\perp A \mid \emptyset$

p_{AB}	a_1	a_2	
b_1	$1/2$	0	$1/2$
b_2	0	$1/2$	$1/2$
	$1/2$	$1/2$	

p'_{AB}	a_1	a_2	
b_1	$1/4$	$1/4$	$1/2$
b_2	$1/4$	$1/4$	$1/2$
	$1/2$	$1/2$	

Wenden wir schließlich das Zerlegungsaxiom auf die eben gefolgerten Unabhängigkeiten an, so enden wir mit den folgenden Aussagen:

$$A \perp\!\!\!\perp B \mid \emptyset, \qquad B \perp\!\!\!\perp C \mid \emptyset \quad \text{and} \quad C \perp\!\!\!\perp A \mid \emptyset.$$

Keine der drei (hier: marginalen) Unabhängigkeiten gilt jedoch in p_{ABC}, wie man leicht überprüft. So lässt sich die Verteilung p_{AB} eben nicht aus den beiden Randverteilungen p_A und p_B berechnen, wie der Vergleich zwischen p_{AB} und p'_{AB} zeigt. Für alle anderen Attributkombinationen gilt dies ebenfalls. $\square$

Abbildung 25.2: Zusammenhänge der Folgerbarkeit von bedingten Unabhängigkeiten in den verschiedenen Kartenarten.

25.1 Abhängigkeits- und Unabhängigkeitsgraphen

Aufgrund der im Allgemeinen nicht herstellbaren Isomorphie der Unabhängigkeits- und Separationsbegriffe, werden wir uns mit abgeschwächten Varianten befassen. Dazu betrachten wir zuerst die folgenden Definitionen.

Definition 25.5 (Abhängigkeitskarte, Unabhängigkeitskarte, perfekte Karte)
Sei $(\cdot \perp\!\!\!\perp_p \cdot \mid \cdot)$ eine dreistellige Relation, die die bedingten Unabhängigkeiten einer gegebenen Verteilung p über der Attributmenge V repräsentiert. Ein ungerichteter (gerichteter) Graph $G = (V, E)$ heißt bedingter Abhängigkeitsgraph oder Abhängigkeitskarte bzgl. p genau dann, wenn für alle disjunkten Teilmengen $X, Y, Z \subset V$

$$X \perp\!\!\!\perp_p Y \mid Z \Rightarrow X \perp\!\!\!\perp_G Y \mid Z$$

gilt, d.h. wenn G durch u-Separation (d-Separation) alle bedingten Unabhängigkeiten in p beschreibt und folglich ausschließlich korrekte Abhängigkeiten erklärt.

Ein ungerichteter (gerichteter) Graph $G = (V, E)$ heißt bedingter Unabhängigkeitsgraph oder Unabhängigkeitskarte bzgl. p genau dann, wenn für alle disjunkten Teilmengen $X, Y, Z \subset V$

$$X \perp\!\!\!\perp_G Y \mid Z \Rightarrow X \perp\!\!\!\perp_p Y \mid Z$$

gilt, d.h. wenn G durch u-Separation (d-Separation) nur solche bedingten Unabhängigkeiten beschreibt, die auch in p gelten. G heißt perfekte Karte der bedingten (Un)abhängigkeiten in p genau dann, wenn er sowohl eine Abhängigkeits- als auch eine Unabhängigkeitskarte (bzgl. p) ist.

Ein Abhängigkeitsgraph kann also zusätzlich zu sämtlichen bedingten Unabhängigkeiten der Verteilung p weitere enthalten, die in p ungültig sind. Ein Unabhängigkeitsgraph hingegen kodiert nur solche bedingten Unabhängigkeiten, die auch in p gültig sind, möglicherweise aber nicht alle. Abbildung 25.2 illustriert diesen Zusammenhang.

Wir haben in Kapitel 23 gesehen, dass wir unter Ausnutzung von bedingten Unabhängigkeiten in der Lage sind, Verteilungen zu zerlegen und effizient mit ihnen zu rechnen. Folglich muss sichergestellt werden, dass aus einem Graphen unter keinen Umständen (in der Verteilung) ungültige bedingte Unabhängigkeiten abgeleitet werden. Da wir im Allgemeinen keine perfekten Karten erwarten können, werden wir uns mit Unabhängigkeitsgraphen begnügen. Aus ihnen sind zwar mitunter nicht alle in einer Verteilung gültigen bedingten Unabhängigkeiten ableitbar (und daher die Zerlegung nicht so effizient, wie sie sein könnte), jedoch ist sichergestellt, dass keine falschen bedingten Unabhängigkeiten ablesbar sind (die Zerlegung als korrekt ist).

Es sei noch erwähnt, dass jeder isolierte Graph $G = (V, \emptyset)$, der also lediglich aus unverbundenen Knoten besteht, eine triviale Abhängigkeitskarte ist. In einem solchen Graphen gelten offensichtlich sämtliche konstruierbaren bedingten und marginalen Unabhängigkeiten und somit ganz sicher auch alle, die in einer beliebigen Verteilung (über V) vorkommen. Oder anders betrachtet: In Definition 25.5 wurde festgestellt, dass eine Abhängigkeitskarte ausschließlich korrekte Abhängigkeiten kodiert. Abhängigkeiten erfordern jedoch verbundene Knoten. Folglich ist die Menge der in einem isolierten Graphen kodierten Abhängigkeiten leer und diese leere Menge ist (triviale) Teilmenge einer jeden Abhängigkeitenmenge (einer beliebigen Verteilung über V). Umgekehrt ist jeder vollständig verbundene Graph (also eine Clique V) eine triviale Unabhängigkeitskarte. Da Unabhängigkeiten durch das Fehlen bestimmter Kanten kodiert werden, ist bei einem vollständig verbundenen Graphen G die Menge $\mathcal{I}_G$ offensichtlich leer und somit (triviale) Teilmenge einer jeden Menge $\mathcal{I}_p$.

Eine triviale Unabhängigkeitskarte ist — wenn auch korrekt — von wenig Nutzen. Wir interessieren uns daher für Graphen, die möglichst viele Unabhängigkeiten einer gegebenen Verteilung abbilden, d.h., für die $|\mathcal{I}_G|$ möglichst groß ist, ohne jedoch die Inklusion $\mathcal{I}_G \subseteq \mathcal{I}_p$ zu verletzen. Auch wenn wir die Anzahl der in $\mathcal{I}_G$ enthaltenen bedingten Unabhängigkeiten maximieren, bezeichnet man diese Graphen in der Literatur vermehrt als minimale Unabhängigkeitskarten, da die Anzahl der Kanten minimiert wird. Wir halten uns an diese Konvention und definieren daher:

Definition 25.6 (Minimale Unabhängigkeitskarte) [1]
Sei $G = (V, E)$ eine (gerichtete oder ungerichtete) Unabhängigkeitskarte einer Wahrscheinlichkeitsverteilung p_V. G heißt minimale Unabhängigkeitskarte *oder* minimaler Unabhängigkeitsgraph, *wenn man keine Kante aus E entfernen kann, ohne eine in p_V ungültige bedingte Unabhängigkeit zu erzeugen.*

Da nun die Art der für uns interessanten Graphen festgelegt wurde, können wir den bisher eher unspezifisch benutzten Begriff der „Zerlegung" oder „Zerlegbarkeit" definieren. Wir unterscheiden wieder zwischen den beiden Graphentypen.

Definition 25.7 (zerlegbar bzgl. eines ungerichteten Graphen)
Eine Wahrscheinlichkeitsverteilung p_V über einer Menge $V = \{A_1, \ldots, A_n\}$ von Attributen heißt zerlegbar *oder* faktorisierbar *bezüglich eines ungerichteten Graphen $G = (V, E)$ genau dann, wenn sie als Produkt von nichtnegativen Funktionen auf den Cliquen von G geschrieben werden kann. Genauer: Sei $\mathcal{C}$ eine Familie (Menge) von Teilmengen von V, sodass die durch die Mengen $C \in \mathcal{C}$ induzierten Teilgraphen die Cliquen von G sind. Sei außerdem $\mathcal{E}_C$ die Menge der Ereignisse, die sich durch Zuweisung von Werten an alle Attribute in C beschreiben lassen. Dann heißt p_V zerlegbar oder faktorisierbar bzgl. G, wenn es Funktionen $\phi_C : \mathcal{E}_C \to \mathbb{R}_0^+, C \in \mathcal{C}$, gibt so, dass gilt:*

$$\forall a_1 \in \mathrm{dom}(A_1) : \cdots \forall a_n \in \mathrm{dom}(A_n) :$$

---

[1]Eine analoge Definition ist für Abhängigkeitskarten ebenfalls möglich. Wir verzichten hier darauf, da wir den Begriff im Weiteren nicht benötigen.

$$p_V\Big(\bigwedge_{A_i\in V} A_i = a_i\Big) = \prod_{C\in\mathcal{C}} \phi_C\Big(\bigwedge_{A_i\in C} A_i = a_i\Big)$$

Definition 25.8 (zerlegbar bzgl. eines gerichteten azyklischen Graphen)
Eine Wahrscheinlichkeitsverteilung p_V über einer Menge $V = \{A_1,\ldots,A_n\}$ von Attributen heißt zerlegbar oder faktorisierbar bzgl. eines gerichteten azyklischen Graphen $G = (V,E)$ genau dann, wenn sie geschrieben werden kann als Produkt der bedingten Wahrscheinlichkeiten der Attribute gegeben ihre Elternknoten in G, d.h., wenn gilt

$$\forall a_1 \in \mathrm{dom}(A_1): \cdots \forall a_n \in \mathrm{dom}(A_n):$$

$$p_V\Big(\bigwedge_{A_i\in V} A_i = a_i\Big) = \prod_{A_i\in V} P\Big(A_i = a_i \;\Big|\; \bigwedge_{A_j\in\mathrm{pa}_G(A_i)} A_j = a_j\Big)$$

Betrachten wir zwei Beispiele, um die Zerlegung anhand eines ungerichteten und eines gerichteten Graphen zu illustrieren.

Beispiel 25.2 (Zerlegung anhand eines ungerichteten Graphen)
Der in Abbildung 25.3 gezeigte ungerichtete Graph besitzt die folgenden Cliquen:

$$C_1 = \{B,C,E,G\}, C_2 = \{A,B,C\}, C_3 = \{C,F,G\}, C_4 = \{B,D\}, C_5 = \{G,F,H\}$$

Die durch sie induzierte Zerlegung lautet:

$$\forall a \in \mathrm{dom}(A): \cdots \forall h \in \mathrm{dom}(H):$$
$$\begin{aligned}
p_V(A = a,\ldots,H = h) \;=\;\; & \phi_{C_1}(B = b, C = c, E = e, G = g)\\
\cdot\; & \phi_{C_2}(A = a, B = b, C = c)\\
\cdot\; & \phi_{C_3}(C = c, F = f, G = g)\\
\cdot\; & \phi_{C_4}(B = b, D = d)\\
\cdot\; & \phi_{C_5}(G = g, F = f, H = h) \qquad \square
\end{aligned}$$

Beispiel 25.3 (Zerlegung anhand eines gerichteten, azyklischen Graphen)
Der in Abbildung 25.3 gezeigte gerichtete, azyklische Graph induziert die folgende Zerlegung:

$$\forall a \in \mathrm{dom}(A): \cdots \forall h \in \mathrm{dom}(H):$$
$$\begin{aligned}
p_V(A = a,\ldots,H = h) \;=\;\; & P(H = h \mid G = g, F = f) \cdot P(G = g \mid B = b, E = e)\\
\cdot\; & P(F = f \mid C = c) \cdot P(E = e \mid B = b, C = c)\\
\cdot\; & P(D = d \mid B = b) \cdot P(C = c \mid A = a)\\
\cdot\; & P(B = b \mid A = a) \cdot P(A = a) \qquad \square
\end{aligned}$$

Nachdem nun die beiden Begriffe der Zerlegbarkeit bzgl. eines Graphen und der Unabhängigkeitskarte definiert wurden, fehlt uns noch die Verknüpfung zwischen ihnen. Unser Ziel ist es, anhand von Separationen in einer Unabhängigkeitskarte korrekt auf bedingte Unabhängigkeiten in einer zugrunde liegenden Verteilung zu schließen. Diese Verknüpfung liefern uns die beiden folgenden Sätze.

Satz 25.3 *Sei p_V eine strikt positive Wahrscheinlichkeitsverteilung über einer Menge V von (diskreten) Attributen. p_V ist genau dann faktorisierbar bzgl. eines ungerichteten Graphen $G = (V,E)$, wenn G ein bedingter Unabhängigkeitsgraph für p_V ist.*

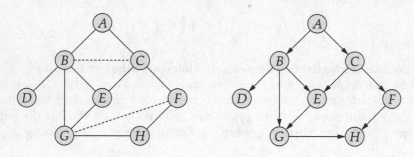

Abbildung 25.3: Zwei Graphen zur Illustration der Zerlegung einer Verteilung.

Satz 25.4 *Sei p_V eine Wahrscheinlichkeitsverteilung über einer Menge V von (diskreten) Attributen. p_V ist genau dann faktorisierbar bzgl. eines gerichteten azyklischen Graphen $G = (V, E)$, wenn G ein bedingter Unabhängigkeitsgraph für p_V ist.*

Beide Sätze lassen sich (unter Beachtung der Einschränkung, was die strikte Positivität von p in Satz 25.3 betrifft) folgermaßen zusammenfassen:

$$G \text{ faktorisiert } p \iff G \text{ ist Unabhängigkeitskarte von } p$$

Machen wir uns klar, welche Schlussfolgerungen uns diese Äquivalenz erlaubt. Angenommen, wir stellen fest, dass sich eine Verteilung p_V bzgl. eines gegebenen Graphen G zerlegen lässt. Unmittelbar ist klar, dass G eine Unabhängigkeitskarte von p_V sein muss (Implikation von links nach rechts). Dies wiederum erlaubt es uns, jede Separation in G als gültige bedingte Unabhängigkeit in p_V zu lesen (Implikation von rechts nach links).

Bisher wurden in den Definitionen und Sätzen meist eine Verteilung und ein Graph als gegeben angenommen. In der Praxis ist dies allerdings eher die Ausnahme. Wir wollen daher nun die beiden Fragen beantworten, wie man bei gegebener Verteilung eine minimale Unabhängigkeitskarte (sowohl gerichtet als auch ungerichtet) erzeugen kann und wie man anhand eines gegebenen Graphen (wieder mit Unterscheidung hinsichtlich ungerichteter und gerichteter Kanten) eine Verteilung erzeugt, für die der Graph eine minimale Unabhängigkeitskarte ist. Wir werden also vier Algorithmen vorstellen, die eine konstruktive Verbindung zwischen Verteilungen und deren Zerlegbarkeit bzgl. eines Graphen herstellen:

Algorithmus 25.1 (Zerlegung durch einen ungerichteten, triangulierten Graphen)

Eingabe: *ungerichteter, triangulierter Graph $G = (V, E)$*
Ausgabe: *Zerlegung einer Verteilung p_V mit G als Unabhängigkeitskarte*

1. *Bestimme alle Cliquen von G.*

2. *Bestimme eine Cliquenordnung $C_1, \ldots, C_r$ mit Running Intersection Property (vgl. Definition 24.39).*

3. *Bestimme die Mengen $S_j = C_j \cap (C_1 \cup \cdots \cup C_{j-1})$ und $R_j = C_j \setminus S_j$.*

4. *Gib zurück:*

$$\forall a_1 \in \text{dom}(A_1) : \cdots \forall a_n \in \text{dom}(A_n) :$$

$$p_V\left(\bigwedge_{A_i \in V} A_i = a_i \right) = \prod_{C_j \in \mathcal{C}} P\left(\bigwedge_{A_i \in R_j} A_i = a_i \;\middle|\; \bigwedge_{A_i \in S_j} A_i = a_i \right)$$

Beispiel 25.4 (Illustration von Algorithmus 25.1) Betrachten wir erneut den ungerichteten, triangulierten Graphen in Abbildung 25.3. Die folgende Cliquenordnung besitzt die Running Intersection Property, weshalb wir die folgenden Residual- und Separatormengen[2] ablesen können:

i	C_i	R_i	S_i
1	$\{B,C,E,G\}$	$\{B,C,E,G\}$	$\varnothing$
2	$\{A,B,C\}$	$\{A\}$	$\{B,C\}$
3	$\{C,F,G\}$	$\{F\}$	$\{C,G\}$
4	$\{B,D\}$	$\{D\}$	$\{B\}$
5	$\{F,G,H\}$	$\{H\}$	$\{F,G\}$

Dies führt dann anhand des Algorithmus 25.1 zu folgender Zerlegungsformel (aus Gründen der Übersichtlichkeit sparen wir uns hier die Allquantisierung über die jeweiligen Wertebereiche):

$$
\begin{aligned}
& p_V(A,B,C,D,E,F,G,H) \\
&= P(R_1 \mid S_1) \quad \cdot P(R_2 \mid S_2) \quad \cdot P(R_3 \mid S_3) \quad \cdot P(R_4 \mid S_4) \quad \cdot P(R_5 \mid S_5) \\
&= P(B,C,E,G) \quad \cdot P(A \mid B,C) \quad \cdot P(F \mid C,G) \quad \cdot P(D \mid B) \quad \cdot P(H \mid F,G) \\
&= \frac{P(B,C,E,G)}{1} \quad \cdot \frac{P(A,B,C)}{P(B,C)} \quad \cdot \frac{P(F,C,G)}{P(C,G)} \quad \cdot \frac{P(D,B)}{P(B)} \quad \cdot \frac{P(H,F,G)}{P(F,G)} \\
&= \frac{P(C_1)}{1} \quad \cdot \frac{P(C_2)}{P(S_2)} \quad \cdot \frac{P(C_3)}{P(S_3)} \quad \cdot \frac{P(C_4)}{P(S_4)} \quad \cdot \frac{P(C_5)}{P(S_5)}
\end{aligned}
$$

Die letzte Zeile dieser Gleichung zeigt eine alternative Schreibweise der Zerlegung ohne Bedingungen (da diese einfach durch ihre Definition ersetzt wurden). Für eine allgemeine Cliquenmenge $\mathcal{C}$ mit RIP gilt dann (in der ausführlichen Schreibweise):

$$\forall a_1 \in \text{dom}(A_1) : \cdots \forall a_n \in \text{dom}(A_n) :$$

$$p_V\left(\bigwedge_{A_i \in V} A_i = a_i \right) = \frac{\displaystyle\prod_{j=1}^{r} P\left(\bigwedge_{A_i \in C_j} A_i = a_i \right)}{\displaystyle\prod_{j=2}^{r} P\left(\bigwedge_{A_i \in S_j} A_i = a_i \right)}$$

Der Startindex 2 im Nenner soll die Wahrscheinlichkeit über die formal leere Separatormenge S_1 vermeiden. Die eben gezeigte alternative Zerlegungsformel werden wir bei Verbundbäumen nutzen. Sie Separatormengen sind gerade die Schnittmengen der im Verbundbaum benachbarten Cliquen. Da es in einem ungerichteten Baum mit n Knoten genau $n-1$ Kanten gibt, erklärt sich auch das „Fehlen" einer Separatormenge. $\qquad\square$

---

[2]Siehe Definition 24.41 auf Seite 431.

Algorithmus 25.2 (Zerlegung durch einen gerichteten, azyklischen Graphen)
Eingabe: *gerichteter, azyklischer Graph $G = (V, E)$*
Ausgabe: *Zerlegung einer Verteilung p_V mit G als Unabhängigkeitskarte*

1. Bestimme die Elternmengen $\mathrm{pa}[G] A_i$.

2. Gib zurück:

$$\forall a_1 \in \mathrm{dom}(A_1) : \cdots \forall a_n \in \mathrm{dom}(A_n) :$$

$$p_V \Big(\bigwedge_{A_i \in V} A_i = a_i \Big) = \prod_{A_i \in V} P \Big(A_i = a_i \ \Big| \bigwedge_{A_j \in \mathrm{pa}_G(A_i)} A_j = a_j \Big)$$

Dieser Algorithmus entspricht im Wesentlichen der Definition 25.8. Im Gegensatz zur Zerlegung anhand eines ungerichteten Graphen, wo die Cliquen-Potentiale noch geeignet gefunden werden mussten, ist hier die Festlegung der Faktoren klar. Beispiel 25.3 dient auch hier als Illustration.

Algorithmus 25.3 (Minimale unger. Unabh.karte einer strikt pos. Verteilung)
Eingabe: *Eine strikt positive Verteilung p_V über einer*
Menge $V = \{A_1, \ldots, A_n\}$ von Attributen.
Ausgabe: *Minimale ungerichtete Unabhängigkeitskarte $G = (V, E)$ von p_V.*

1. *Beginne mit $G = (V, E)$ als vollständig verbundenen Graphen, d.h. $E = V \times V - \{(A, A) \mid A \in V\}$.*

2. *Für jede Kante $(A, B) \in E$ berechne:*

$$p_{V \setminus \{A\}} \Big(\bigwedge_{A_i \in V \setminus \{A\}} A_i = a_i \Big) \ = \ \sum_{a \in \mathrm{dom}(A)} p_V \Big(\bigwedge_{A_i \in V} A_i = a_i \Big)$$

$$p_{V \setminus \{B\}} \Big(\bigwedge_{A_i \in V \setminus \{B\}} A_i = a_i \Big) \ = \ \sum_{b \in \mathrm{dom}(B)} p_V \Big(\bigwedge_{A_i \in V} A_i = a_i \Big)$$

$$p_{V \setminus \{A,B\}} \Big(\bigwedge_{A_i \in V \setminus \{A,B\}} A_i = a_i \Big) \ = \ \sum_{a \in \mathrm{dom}(A)} \sum_{b \in \mathrm{dom}(B)} p_V \Big(\bigwedge_{A_i \in V} A_i = a_i \Big)$$

Falls $p_V \Big(\bigwedge_{A_i \in V} A_i = a_i \Big) \cdot p_{V \setminus \{A,B\}} \Big(\bigwedge_{A_i \in V \setminus \{A,B\}} A_i = a_i \Big)$

$= p_{V \setminus \{A\}} \Big(\bigwedge_{A_i \in V \setminus \{A\}} A_i = a_i \Big) \cdot p_{V \setminus \{B\}} \Big(\bigwedge_{A_i \in V \setminus \{B\}} A_i = a_i \Big),$

so entferne die Kante (A, B) aus E (gilt ebenfalls für (B, A)).

3. *Gib G zurück.*

Der im Schritt 2.1. durchgeführte Unabhängigkeitstest nutzt den folgenden Sachverhalt in ungerichteten Graphen aus: Das Fehlen einer Kante (A, B) in einem ungerichteten Graphen $G = (V, E)$ bedeutet, dass eben jene beiden Knoten A und B durch alle anderen Knoten u-separiert werden:

$$\forall A, B \in V, A \neq B : \quad (A, B) \notin E \Rightarrow A \perp\!\!\!\perp_G B \mid V \setminus \{A, B\}$$

Da der Graph G eine Unabhängigkeitskarte bzgl. einer gegebenen Verteilung p_V sein soll, muss sichergestellt sein, dass alle ableitbaren u-Separationen auch als bedingte Unabhängigkeiten in p_V gelten. Die Separation $A \perp\!\!\!\perp_G B \mid V \setminus \{A, B\}$ in G muss also folgende Korrespondenz in p_V haben:

$$P(A, B \mid V \setminus \{A, B\}) = P(A \mid V \setminus \{A, B\}) \cdot P(B \mid V \setminus \{A, B\})$$

Durch Äquivalenzumformungen (zweimal mit $P(V \setminus \{A, B\})$ multiplizieren) erhalten wir das in Schritt 2.1. genutzte Testkriterium:

$$
\begin{aligned}
P(A, B \mid V \setminus \{A, B\}) &= P(A \mid V \setminus \{A, B\}) \cdot P(B \mid V \setminus \{A, B\}) \\
P(V) &= P(A \mid V \setminus \{A, B\}) \cdot P(V \setminus \{A\}) \\
P(V) \cdot P(V \setminus \{A, B\}) &= P(V \setminus \{B\}) \cdot P(V \setminus \{A\})
\end{aligned}
$$

Die so resultierende Unabhängigkeitskarte ist offensichtlich minimal: Es kann keine weitere Kante entfernt werden (denn wir haben ja alle getestet), ohne eine ungültige bedingte Unabhängigkeit zu kodieren.

Algorithmus 25.4 (Minimale ger. Unabh.karte anhand einer Verteilung)
Eingabe: *Eine Verteilung p_V über einer*
 Menge $V = \{A_1, \dots, A_n\}$ von Attributen.
Ausgabe: *Minimale gerichtete Unabhängigkeitskarte $G = (V, E)$ von p_V.*

1. *Bestimme eine beliebige Attributordnung $A_1, \dots, A_n$.*

2. *Finde für jedes A_i eine minimale Vorgängermenge Π_i, die A_i (bedingt) unabhängig von $\{A_1, \dots, A_{i-1}\} \setminus \Pi_i$ macht.*

3. *Beginne mit $G = (V, \varnothing)$ und füge für jedes A_i eine Kante von jedem Knoten in Π_i nach A_i ein.*

4. *Gib G zurück.*

Beispiel 25.5 Betrachten wir die in Tabelle 24.1 auf Seite 418 gegebene dreidimensionale Verteilung, die als Tabelle 25.2 hier noch einmal wiederholt ist.Es sei die folgende Knotenordnung angenommen:

$$G \prec S \prec R$$

Wir wissen aus Abschnitt 24.1.2 (und den Verteilungen in Abbildung 24.2), dass in der Verteilung p_{GSR} nur die folgende (bedingte) Unabhängigkeit gilt (und natürlich deren symmetrisches Gegenstück):

$$S \perp\!\!\!\perp_{p_{GSR}} R \mid G$$

Beginnen wir nun, die Mengen Π_i zu finden. Wir beginnen mit jeweils allen Vorgängern als Kandidatenmenge: $\Pi_i = \{A_1, \dots, A_{i-1}\}$. Dann werden wir so viele Attribute wie möglich aus Π_i entfernen, bis die bedingte Unabhängigkeit nicht mehr erfüllt wäre. Diese noch resultierenden Attribute werden die Eltern von A_i. Es kann sein, dass kein einziges Attribut aus der initialen Menge Π_i entfernt werden kann, dann werden alle Vorgänger von $A_1, \dots, A_{i-1}$ von A_i seine Eltern.

1. G besitzt keine Vorgänger, demnach ist (und bleibt) $\Pi_G = \emptyset$.

2. Für S beginnen wir mit $\Pi_S = \{G\}$. Die erste (und einzige Reduktion von Π_S ist diejenige zur leeren Menge. Folglich testen wir, ob $S \perp\!\!\!\perp_{p_{GSR}} G \mid \emptyset$ gilt. Dem ist nicht so, wie man leicht nachprüft. Andere Möglichkeiten, Π_S zu setzen, gibt es nicht, also bleibt es bei der initialen Belegung $\Pi_S = \{G\}$.

3. Wir starten mit $\Pi_R = \{G, S\}$ und prüfen die drei folgenden Möglichkeiten auf Gültigkeit:

$$R \perp\!\!\!\perp_{p_{GSR}} S \mid G, \qquad R \perp\!\!\!\perp_{p_{GSR}} G \mid S \qquad \text{und} \qquad R \perp\!\!\!\perp_{p_{GSR}} G, S \mid \emptyset.$$

Die einzig gültige Unabhängigkeit ist $R \perp\!\!\!\perp_{p_{GSR}} S \mid G$, was zu $\Pi_R = \{G\}$ führt.

Somit erhalten wir den in Abbildung 25.4 gezeigten Graphen, der in diesem Fall nicht nur eine minimale Unabhängigkeitskarte, sondern auch eine perfekte Karte ist.   □

Abbildung 25.4: Ergebnisgraph für Beispiel 25.5.

p_{orig}	G = m		G = w	
	R = r	R = r̄	R = r	R = r̄
S = s	0	0	0.01	0.04
S = s̄	0.2	0.3	0.09	0.36

Tabelle 25.2: Dreidimensionale Beispielverteilung.

Schlussendlich können wir die beiden zentralen Strukturen definieren, die man unter dem Oberbegriff *Graphische Modelle* zusammenfasst.

Definition 25.9 (Markov-Netz) *Ein* Markov-Netz *ist ein ungerichteter bedingter Unabhängigkeitsgraph $G = (V, E)$ einer Wahrscheinlichkeitsverteilung p_V zusammen mit einer Familie von nichtnegativen Funktionen ϕ_M der durch den Graphen induzierten Faktorisierung.*

Der ungerichtete Graph in Abbildung 25.3 zusammen mit der Zerlegung aus Beispiel 25.2 (und geeignet gewählten Cliquenpotentialen) ist ein Markov-Netz.

Definition 25.10 (Bayes-Netz) *Ein* Bayes-Netz *ist ein gerichteter bedingter Unabhängigkeitsgraph einer Wahrscheinlichkeitsverteilung p_V zusammen mit einer Familie von bedingten Wahrscheinlichkeiten der durch den Graphen induzierten Faktorisierung.*

Der gerichtete, azyklische Graph in Abbildung 25.3 zusammen mit der Zerlegung aus Beispiel 25.3 (und geeignet gewählten bedingten Verteilungen) ist ein Bayes-Netz.

Kapitel 26

Evidenzpropagation

Nachdem wir die effiziente Repräsentation von Experten- und Domänenwissen kennengelernt haben, wollen wir nun diese nutzen, um Schlussfolgerungen zu ziehen, wenn neue Erkenntnisse (Evidenz) zur Verfügung stehen. Ziel wird es sein, die bekannt gewordene Evidenz durch das zugrunde liegende Netz zu leiten (zu propagieren), um somit sämtliche relevanten Attribute zu erreichen. Es lässt sich schon absehen, dass hierfür die Graphenstruktur eine wichtige Rolle spielen wird.

Ist ein graphisches Modell (egal ob Markov- oder Bayes-Netz) $G = (V, E)$ über einer Attributmenge V und zugrunde liegender Verteilung p_V gegeben und wird der Wert a_o eines Attributes $A_o \in V$ bekannt, so entspricht das Propagieren dieser Evidenz formal der Berechnung der folgenden bedingten Wahrscheinlichkeiten:[1]

$$\forall A \in V \setminus \{A_o\} : \forall a \in \text{dom}(A) : \quad P(A = a \mid A_o = a_o)$$

Es findet sich eine Vielzahl von Algorithmen zum Thema Evidenzpropagation. Diese unterscheiden sich je nach zugrunde liegendem graphischen Modell (Markov- oder Bayes-Netz), nach Graphtopologie (Baum, Polybaum[2], allgemeiner Graph oder gänzlich losgelöst von einer Graphenstruktur), oder nach Art der Berechnung (exakt oder approximativ), um nur die wichtigsten Merkmale dieser Verfahren zu nennen. Es kann und soll nicht Ziel dieses Kapitels sein, einen umfassenden Überblick über die Verfahren zur Evidenzpropagation zu geben. Vielmehr soll ein Verfahren, welches mit beliebigen graphischen Modellen umgehen kann, ausführlich beschrieben und durchgesprochen werden.

Wir hatten im Einleitungskapitel 23 an einem Minimalbeispiel gesehen, dass der die Zerlegung beschreibende Graph uns ebenfalls für die Evidenzpropagation dienlich ist: Die (ungerichtete) Baumstruktur garantierte zum einen eindeutige Pfade zwischen den Attributen, zum anderen zerfällt sie beim Entfernen eines (inneren) Knotens in mehrere isolierte Teilbäume, d.h., ein instanziiertes Attribut A (in einem ungerichteten Baum) macht die Attribute der entstehenden Teilbäume unabhängig, wie in Abbildung 26.1 illustriert ist. Eine ähnliche Separierung findet auch in gerichteten Bäumen statt: Hier werden bei Instanziierung eines Attributes A die Knoten

---

[1]Der Index o stehe für engl. *observed*, also *beobachtet*.

[2]Ein Polybaum ist ein gerichteter Baum, in dem Knoten mehr als einen Elternknoten besitzen können. Graph G_1 in Abbildung 26.2 auf Seite 453 ist bspw. ein Polybaum, während es sich bei G_2 um einen einfachen Baum handelt.

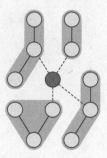

Abbildung 26.1: Der graue Knoten separiert die Knoten in den vier Teilbäumen voneinander. Wir werden diese Idee aufgreifen und damit die Evidenzpropagation vereinfachen.

der Kindbäume (also der Teilbäume, die einen Kindknoten von A als Wurzel haben) bedingt unabhängig voneinander. Allerdings muss bei Polybäumen der Möglichkeit mehrerer Elternknoten von A Rechnung getragen werden. Denn diese haben mit A ja eine konvergierende Verbindung, die sich durch Instanziieren von A öffnet. Weiter verkompliziert wird der Sachverhalt beim Betrachten allgemeiner Graphen, also beliebiger ungerichteter Graphen oder beliebiger gerichteter, azyklischer Graphen: Da es hier zwischen zwei Knoten mehr als einen Pfad geben kann, ist ein eindeutiger Evidenzfluss nicht mehr automatisch gewährleistet. Zur Lösung all der angesprochenen Probleme sind jeweilige Algorithmen entwickelt worden. Wir wenden uns einer Lösung zu, die mit allen o.g. Graphenstrukturen umgehen kann.

Die Evidenzpropagation selbst wird auf einem Verbundbaum durchgeführt. Die Baumstruktur garantiert die Eindeutigkeit des Evidenzflusses, während die Wahl eines Verbundgraphen dadurch begründet ist, dass jeder allgemeine Graph (gerichtet oder ungerichtet) in einen semantisch äquivalenten Verbundbaum transformiert werden kann. Semantisch äquivalent bedeutet hier, dass der resultierende Verbundbaum weiterhin eine bedingte Unabhängigkeitskarte der zugrunde liegenden Verteilung sein muss.

Wie ein beliebiger ungerichteter Graph in einen Verbundbaum transformiert werden kann, haben wir in Abschnitt 24.2.2 gesehen. Konzentrieren wir uns daher auf die Transformation eines beliebigen gerichteten, azyklischen Graphen in einen Verbundbaum. Die Idee, einfach die Kantenrichtungen zu ignorieren und somit einen äquivalenten ungerichteten Graphen zu erhalten, scheitert leider, wie man sich leicht überzeugt. Betrachten wir den gerichteten, azyklischen Graphen G_1 in Abbildung 26.2. Dieser kodiert ausschließlich[3] die folgenden bedingten Unabhängigkeiten:

$$ \mathcal{I}_{G_1} = \{ \quad A \perp\!\!\!\perp_{G_1} D \mid C, \quad B \perp\!\!\!\perp_{G_1} D \mid C, \quad A \perp\!\!\!\perp_{G_1} B \mid \emptyset \quad \}. $$

Entfernen wir die Kantenrichtungen, so erhalten wir den darunter abgebildeten ungerichteten Graphen G_u, dessen Menge kodierter bedingter Unabhängigkeiten jedoch keine Teilmenge derjenigen von G_1 ist:

$$ \mathcal{I}_{G_u} = \{ \quad A \perp\!\!\!\perp_{G_u} D \mid C, \quad B \perp\!\!\!\perp_{G_u} D \mid C, \quad A \perp\!\!\!\perp_{G_u} B \mid C \quad \} \not\subseteq \mathcal{I}_{G_1}. $$

Es gibt also mindestens eine neue bedingte Unabhängigkeit (hier: $A \perp\!\!\!\perp_{G_u} B \mid C$), die nicht im ursprünglichen Graphen G_1 gilt.[4] Somit ist G_u kein äquivalenter ungerich-

---

[3]Die symmetrischen Pendants der Unabhängigkeiten gelten selbstverständlich, werden jedoch aus Gründen der Übersichtlichkeit nicht mit aufgeführt.

[4]Die Tatsache, dass außerdem eine vorher vorhandene bedingte Unabhängigkeit, nämlich $A \perp\!\!\!\perp_{G_1} B \mid \emptyset$, verloren ging, ist zwar unschön, ändert aber am Charakter der Unabhängigkeitskarte nichts.

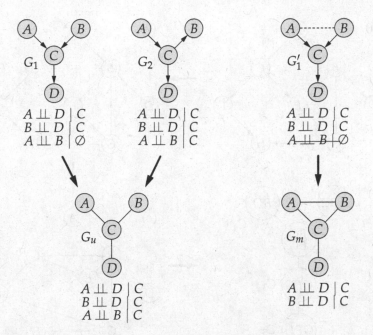

Abbildung 26.2: Simples Entfernen der Kantenrichtungen liefert im Allgemeinen keinen hinsichtlich der kodierten bedingten Unabhängigkeiten äquivalenten ungerichteten Graphen.

teter Graph zu G_1! Ziel muss es daher sein, eine Transformation zu finden, die unter keinen Umständen zusätzliche bedingte Unabhängigkeiten erzeugt und sei es zum Preis des Verlustes vorhandener bedingter Unabhängigkeiten.

Es sei angemerkt, dass nicht jeder gerichtete, azyklische Graph von dem eben gezeigten Phänomen betroffen ist. Schauen wir uns den Graphen G_2 in Abbildung 26.2 an. Für sein ungerichtetes Pendant G_u gilt sehr wohl

$$\mathcal{I}_{G_u} \subseteq \mathcal{I}_{G_2}.$$

(Hier ist sogar die Gleichheit erreicht, was nicht notwendig immer so sein muss.)

Offensichtlich ist die asymmetrische Definition der d-Separation verantwortlich dafür, dass im Falle konvergierender Kanten, Probleme auftreten. Es muss also verhindert werden, dass die beiden Elternknoten eines gemeinsamen Kindknotens bedingt unabhängig werden, sobald der Kindknoten instanziiert ist. Dies erreicht man, indem Elternknoten, die noch nicht durch eine Kante verbunden sind, nun verbunden werden (Die Kantenrichtung kann willkürlich gewählt werden, da sie im nächsten Schritt ignoriert wird). Dies ist rechts in Abbildung 26.2 anhand des Graphen G_1' gezeigt. Durch das Verbinden der beiden Knoten A und B geht zwar eine (marginale, also unbedingte) Unabhängigkeit verloren, allerdings verhindern wir das Auftreten einer neuen, sodass $\mathcal{I}_{G_u} \subseteq \mathcal{I}_{G_1'}$ gilt.

Die Transformation, unverbundene Elternknoten zu verbinden, kennen wir bereits als Moralisierung.[5] Somit sind wir in der Lage, jedes gegebene graphische

---

[5]Siehe Definition 24.29 auf Seite 425.

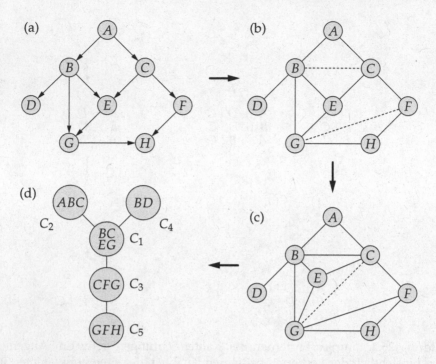

Abbildung 26.3: Transformation eines Bayes-Netzes in einen Verbundbaum. (a) Bayes-Netz, (b) Moralgraph, (c) triangulierter Moralgraph, (d) Verbundbaum.

Modell in ein einheitliches Eingabeformat (nämlich einen Verbundbaum) für den Evidenzpropagationsalgorithmus zu bringen: Handelt es sich um ein Markov-Netz, wird der entsprechende ungerichtete Graph lediglich ggf. trianguliert, um dann sofort in einen Verbundbaum überführt zu werden. Haben wir es mit einem Bayes-Netz zu tun, so wird der zugrunde liegende Graph moralisiert, ggf. trianguliert und dann ebenfalls in einen Verbundbaum überführt. Wir wollen dies an einem Beispiel illustrieren, welches uns auch für die eigentliche Evidenzpropagation begleiten wird.

Beispiel 26.1 (Verbundbaum aus Bayes-Netz) Wir werden im Folgenden eine Evidenzpropagation im Bayes-Netz aus Abbildung 26.3 (a) betrachten. Das Ergebnis der Moralisierung ist in Abbildung 26.3 (b) zu sehen. Der Kreis $E - C - F - G$ besitzt keine Sehne und muss daher um eine solche ergänzt werden. Wir entscheiden uns für die Sehne $C - G$ ($E - F$ wäre ebenso möglich gewesen) und erhalten den triangulierten Graphen in Abbildung 26.3 (c). Wir kennen diesen Graphen bereits aus Abbildung 25.3 und Beispiel 25.2, weshalb wir die dort identifizierten Cliquen wiederverwenden können und unmittelbar den Verbundbaum in Abbildung 26.3 (d) erhalten. Es sei angemerkt, dass auch bei der Triangulierung (ebenso wie bei der Moralisierung) maximal Kanten hinzugefügt werden, sich also der Charakter der bedingten Unabhängigkeitskarte nicht ändert.   □

Die Evidenzpropagation wird folgende prinzipielle Schritte besitzen:

Initialisierung: Die Evidenzen, d.h., die bekannten Attributwerte, werden in die relevanten Cliquenpotentiale eingepflegt.

Nachrichtenversand: Benachbarte Cliquen schicken sich gegenseitig je eine Nachricht, um diese Änderungen mitzuteilen. Es werden also über jede Kante genau zwei Nachrichten geschickt. Bei r Cliquen in der Baumstruktur folglich $2(r-1)$ Nachrichten.

Aktualisierung: Nachdem alle Nachrichten gesendet wurden, kann jede Clique die Verbundwahrscheinlichkeit ihrer Attribute neu berechnen.

Marginalisierung: Da wir an Marginalwahrscheinlichkeiten einzelner Attribute interessiert sind, marginalisieren wir jedes Attribut aus der kleinsten Clique, die es enthält.

Wir werden nun diese vier Schritte näher untersuchen.

1. Initialisierung

Wir haben mit Algorithmus 25.1 auf Seite 446 bereits eine Variante zur Festlegung der Cliquenpotentiale kennengelernt. Stammt der Verbundbaum (wie in unserem Fall hier) aus einem Bayes-Netz, so können wir die Potentiale aller Cliquen $C \in \mathcal{C}$ sehr einfach als Produkt der bedingten Wahrscheinlichkeiten aller Knotenfamilien, die vollständig in C liegen, bestimmen:

$$\phi_C(\vec{c}) = 1 \cdot \prod_{\mathrm{fa}(A) \subseteq C} P\Big(A = \mathrm{proj}^C_{\{A\}}(\vec{c}) \,\Big|\, \mathrm{pa}(A) = \mathrm{proj}^C_{\mathrm{pa}(A)}(\vec{c})\Big) \qquad (26.1)$$

Werden die Werte einer oder mehrerer Attribute bekannt, so führt diese Evidenz zur Modifikation von Potentialen derjenigen Cliquen, die ein oder mehrere diese Evidenzattribute enthalten: Für Attributwertkombinationen, die mit der Evidenz nicht kompatibel sind, liefere die Potentialfunktion den Wert Null, in allen anderen Fällen bleibt der Wert unverändert:

$$\phi'_C(\vec{c}) = \begin{cases} 0, & \text{falls } \mathrm{proj}^C_{E \cap C}(\vec{c}) \neq \mathrm{proj}^E_{E \cap C}(\vec{e}) \\ \phi_C(\vec{c}), & \text{sonst.} \end{cases}$$

2. Nachrichtenversand

Es werden nun zwischen Nachbarknoten wechselseitig Nachrichten ausgetauscht, um die Änderungen in den Potentialen zu kommunizieren. Jeder Knoten schickt jedem seiner Nachbarknoten genau eine Nachricht. Die Nachricht $M_{B \to C}$ vom Knoten B zum Knoten C ist auf den Attributen der Separatormenge S_{BC} erklärt. Der Wert der Nachricht von B nach C ist abhängig von der Potentialtabelle des sendenden Knotens ϕ_B und den Nachrichten aller *anderen* Nachbarn, die B empfangen hat. Diese Werte werden aufmultipliziert und auf die Attribute in S_{BC} marginalisiert:

$$M_{B \to C}(\vec{s}_{BC}) = \sum_{\vec{b} \setminus \vec{s}_{BC}} \Big[\phi_B(\vec{b}) \cdot \prod_{D \in \mathrm{adj}(B) \setminus \{C\}} M_{D \to B}(\vec{s}_{DB}) \Big] \qquad (26.2)$$

$P(A)$		$P(B\mid A)$	a_1	a_2	$P(C\mid A)$	a_1	a_2	$P(D\mid B)$	b_1	b_2	$P(F\mid C)$	c_1	c_2
a_1	0.6	b_1	0.2	0.1	c_1	0.3	0.7	d_1	0.4	0.7	f_1	0.1	0.4
a_2	0.4	b_2	0.8	0.9	c_2	0.7	0.3	d_2	0.6	0.3	f_2	0.9	0.6

| $P(E\mid B,C)$ | b_1 | | b_2 | | $P(G\mid B,E)$ | b_1 | | b_2 | | $P(H\mid G,F)$ | g_1 | | g_2 | |
	c_1	c_2	c_1	c_2		e_1	e_2	e_1	e_2		f_1	f_2	f_1	f_2
e_1	0.2	0.4	0.3	0.1	g_1	0.95	0.4	0.7	0.5	h_1	0.2	0.4	0.5	0.7
e_2	0.8	0.6	0.7	0.9	g_2	0.05	0.6	0.3	0.5	h_2	0.8	0.6	0.5	0.3

Abbildung 26.4: Parametrisierung des Bayes-Netzes in Abbildung 26.3(a).

Da zur Berechnung einer Nachricht von B nach C auch die restlichen empfangenen Nachrichten von B benötigt werden, ist klar, dass zuerst jene Knoten ihre Nachrichten senden können, die keine weiteren Nachbarknoten besitzen: also die äußeren Knoten des Verbundbaumes. Wir werden später sehen, wie sich so Kaskaden von Nachrichten ergeben.

3. Aktualisierung

Nachdem alle Nachrichten gesendet wurden, kann jeder Knoten C seine Verbundwahrscheinlichkeit $P(\vec{c})$ als Produkt seines Potentialwertes und aller empfangenen Nachrichten berechnen:

$$P(\vec{c}) \;\propto\; \phi_C(\vec{c}) \cdot \prod_{B \in \mathrm{adj}(C)} M_{B \to C}\left(\mathrm{proj}^{C}_{S_{BC}}(\vec{c}) \right) \tag{26.3}$$

Das $\propto$-Zeichen bedeutet, dass die Verteilung $P(\vec{c})$ normalisiert wird, falls die Summe über alle $\vec{c}$ nicht Eins ergeben sollte.

4. Marginalisierung

Nachdem nun jeder Knoten seine aktualisierte Verbundverteilung berechnet hat, wird für jedes Attribut A die kleinste Clique C gesucht, die es enthält, um den Marginalisierungsaufwand möglichst gering zu halten (eine Marginalisierung aus allen anderen Cliquen, die A enthalten, wäre natürlich ebenfalls möglich):

$$P(a) = \sum_{\vec{c} \setminus a} P(\vec{c})$$

Betrachten wir nun einen vollständigen Ablauf des Algorithmus. Das Bayes-Netz in Abbildung 26.3 (a) habe die in Abbildung 26.4 gezeigte Parametrisierung.

Beispiel 26.2 (Initialisierung) Für den Verbundbaum in Abbildung 26.3 (d) nutzen wir das ursprüngliche Bayes-Netz aus Abbildung 26.3 (a) und erhalten folgende Potentiale:

$$\begin{aligned} \phi_{C_1}(b,c,e,g) &= P(e \mid b,c) \cdot P(g \mid e,b) \\ \phi_{C_2}(a,b,c) &= P(b \mid a) \cdot P(c \mid a) \cdot P(a) \end{aligned}$$

$$\phi_{C_3}(c, f, g) = P(f \mid c)$$
$$\phi_{C_4}(b, d) = P(d \mid b)$$
$$\phi_{C_5}(g, f, h) = P(h \mid g, f)$$

Da jede bedingte Wahrscheinlichkeit in genau einem Potential auftaucht, ist auch unmittelbar klar, dass das Produkt der Potentiale gleich der Zerlegung des Bayes-Netzes ist. Die in Algorithmus 25.1 vorgestellte Potentialdarstellung mithilfe der Separator- und Residualmengen, würde folgende Potentiale ergeben:

$$\phi_{C_1}(b, c, e, g) = P(b, e \mid c, g)$$
$$\phi_{C_2}(a, b, c) = P(a \mid b, c)$$
$$\phi_{C_3}(c, f, g) = P(c \mid f, g)$$
$$\phi_{C_4}(b, d) = P(d \mid b)$$
$$\phi_{C_5}(g, f, h) = P(h, g, f)$$

Wir werden für die Evidenzpropagation die Zuweisungen anhand des Bayes-Netzes verwenden. Da wir die A-priori-Verteilungen aller Attribute berechnen wollen, wird bei diesem Lauf kein Potential verändert. □

Beispiel 26.3 (Nachrichtenversand)
Abbildung 26.5 zeigt den Verbundbaum aus Abbildung 26.3 (d) zusammen mit allen acht Nachrichten, welche sich folgendermaßen berechnen:

$$
\begin{aligned}
M_{21}(b, c) &= \sum_a \phi_2(a, b, c), \\
M_{41}(b) &= \sum_d \phi_4(b, d), \\
M_{53}(f, g) &= \sum_h \phi_5(f, g, h), \\
M_{13}(c, g) &= \sum_{b,e} \phi_1(b, c, e, g) \; M_{21}(b, c) \; M_{41}(b), \\
M_{31}(c, g) &= \sum_f \phi_3(c, f, g) \; M_{53}(f, g), \\
M_{12}(b, c) &= \sum_{e,g} \phi_2(b, c, e, g) \; M_{31}(c, g) \; M_{41}(b), \\
M_{35}(f, g) &= \sum_c \phi_3(c, f, g) \; M_{13}(c, g), \\
M_{14}(b) &= \sum_{c,e,g} \phi_1(b, c, e, g) \; M_{21}(b, c) \; M_{31}(c, g).
\end{aligned}
$$

Wie man leicht sieht, können M_{41}, M_{53} und M_{21} (in beliebiger Reihenfolge) als erste berechnet werden, da sie keinerlei andere Nachrichten als Eingabe benötigen. Dies wird unmittelbar klar, da es sich um Nachrichten von Blattknoten im Baum handelt, die keine weiteren Nachbarn außer dem Empfänger der Nachricht besitzen. Sind diese drei Nachrichten berechnet, können M_{31} und M_{13} ermittelt werden. Erst dann ist die Berechnung von M_{12}, M_{14} und M_{35} möglich. Abbildung 26.5 zeigt die eben beschriebenen Abhängigkeiten als gerichteten Graphen an mit Kantenrichtung zu den jeweils abhängigen Nachrichten. Die Nachrichten lauten im einzelnen wie folgt:

$$
M_{21} = \overset{b_1,c_1 \quad b_1,c_2 \quad b_2,c_1 \quad b_2,c_2}{(\,0.06, 0.10, 0.40, 0.44\,)} \qquad\qquad M_{41} = \overset{b_1 \quad b_2}{(\,1, 1\,)}
$$

$$
M_{13} = \overset{c_1,g_1 \quad c_1,g_2 \quad c_2,g_1 \quad c_2,g_2}{(\,0.254, 0.206, 0.290, 0.250\,)} \qquad M_{35} = \overset{f_1,g_1 \quad f_1,g_2 \quad f_2,g_1 \quad f_2,g_2}{(\,0.14, 0.12, 0.40, 0.33\,)}
$$

$$
M_{53} = \overset{f_1,g_1 \quad f_1,g_2 \quad f_2,g_1 \quad f_2,g_2}{(\,1, 1, 1, 1\,)} \qquad\qquad M_{31} = \overset{c_1,g_1 \quad c_1,g_2 \quad c_2,g_1 \quad c_2,g_2}{(\,1, 1, 1, 1\,)}
$$

$$
M_{12} = \overset{b_1,c_1 \quad b_1,c_2 \quad b_2,c_1 \quad b_2,c_2}{(\,1, 1, 1, 1\,)} \qquad\qquad M_{14} = \overset{b_1 \quad b_2}{(\,0.16, 0.84\,)}
$$

□

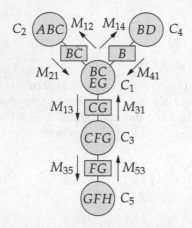

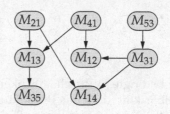

Abbildung 26.5: Zu sendende Nachrichten im Verbundbaum, sowie die Abhängigkeiten zwischen den Nachrichten.

Beispiel 26.4 (Aktualisierung) Nachdem nun alle Nachrichten berechnet wurden, können die Cliquen jeweils ihre Verbundwahrscheinlichkeit berechnen. Für die fünf Cliquen unseres Beispiels bedeutet dies:

$$
\begin{aligned}
P(c_1) &= P(b,c,e,g) &= \phi_1(b,c,e,g) &\cdot M_{21}(b,c) \cdot M_{31}(c,g) \cdot M_{41}(b) \\
P(c_2) &= P(a,b,c) &\propto \phi_2(a,b,c) &\cdot M_{12}(b,c) \\
P(c_3) &= P(c,f,g) &\propto \phi_3(c,f,g) &\cdot M_{13}(c,g) \cdot M_{53}(f,g) \\
P(c_4) &= P(b,d) &\propto \phi_4(b,d) &\cdot M_{14}(b) \\
P(c_5) &= P(f,g,h) &\propto \phi_5(f,g,h) &\cdot M_{35}(f,g)
\end{aligned}
$$

Die Zahlenwerte finden sich in den P-Spalten der Potentialtabellen in Tabelle 26.1. In diesem Fall ist keine Normalisierung notwendig. $\quad\square$

Beispiel 26.5 (Marginalisierung) Zuletzt werden nun die Marginalwahrscheinlichkeiten für alle einzelnen Attribute aus den Cliquen summiert. Um Aufwand zu sparen, wird jeweils die kleinste Clique genutzt, die das jeweilige Attribut enthält. Wir erhalten z.B. folgende Marginalisierungen:

$$
\begin{aligned}
P(a) &= \textstyle\sum_{b,c} P(a,b,c), & P(b) &= \textstyle\sum_d P(b,d), \\
P(c) &= \textstyle\sum_{a,b} P(a,b,c), & P(d) &= \textstyle\sum_b P(b,d), \\
P(e) &= \textstyle\sum_{b,c,g} P(b,c,e,g), & P(f) &= \textstyle\sum_{c,g} P(c,f,g), \\
P(g) &= \textstyle\sum_{c,f} P(c,f,g), & P(h) &= \textstyle\sum_{g,f} P(g,f,h).
\end{aligned}
$$

Die Zahlenwerte finden sich in Tabelle 26.2. $\quad\square$

Beispiel 26.6 (Zweiter Propagationslauf, dieses Mal mit Evidenz)
Ein zweiter Propagationslauf soll nun mit der Evidenz $H = h_1$ durchgeführt werden, so dass wir am Ende die bedingten Wahrscheinlichkeiten $P(A \mid H = h_1)$ bis $P(G \mid H = h_1)$ erhalten. Da der Ablauf identisch zum vorigen ist, wollen wir nur die geänderten Parameter und Zwischenwerte aufzeigen.

Bei der Initialisierung werden nun alle Einträge aller Potentialtabellen, die der Evidenz widersprechen (für die also $H \neq h_1$ gilt) auf Null gesetzt. Da H nur in Clique C_5 enthalten ist, ändern wir folglich nur eine Tabelle:

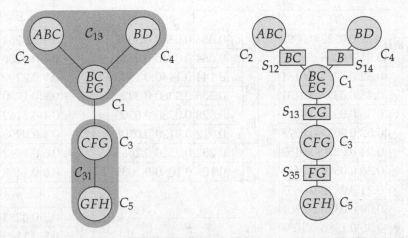

Abbildung 26.6: Beispiel für die Notationen zur Herleitung der Evidenzpropagation.

ϕ_5'			P
f_1	g_1	h_1	0.2
		h_2	0
	g_2	h_1	0.5
		h_2	0
f_2	g_1	h_1	0.4
		h_2	0
	g_2	h_1	0.7
		h_2	0

Das Versenden der Nachrichten erfolgt analog zum vorhergehenden Beispiel. Die versendeten Nachrichten lauten:

$$M_{21} = \overset{b_1,c_1 \ \ b_1,c_2 \ \ b_2,c_1 \ \ b_2,c_2}{(\ 0.06, 0.10, 0.40, 0.44\ )} \qquad M_{41} = \overset{b_1 \ \ b_2}{(\ 1, 1\ )}$$

$$M_{13} = \overset{c_1,g_1 \ \ c_1,g_2 \ \ c_2,g_1 \ \ c_2,g_2}{(\ 0.254, 0.206, 0.290, 0.250\ )} \qquad M_{35} = \overset{f_1,g_1 \ \ f_1,g_2 \ \ f_2,g_1 \ \ f_2,g_2}{(\ 0.14, 0.12, 0.40, 0.33\ )}$$

$$M_{53} = \overset{f_1,g_1 \ \ f_1,g_2 \ \ f_2,g_1 \ \ f_2,g_2}{(\ 0.2, 0.5, 0.4, 0.7\ )} \qquad M_{31} = \overset{c_1,g_1 \ \ c_1,g_2 \ \ c_2,g_1 \ \ c_2,g_2}{(\ 0.38, 0.68, 0.32, 0.62\ )}$$

$$M_{12} = \overset{b_1,c_1 \ \ b_1,c_2 \ \ b_2,c_1 \ \ b_2,c_2}{(\ 0.527, 0.434, 0.512, 0.464\ )} \qquad M_{14} = \overset{b_1 \ \ b_2}{(\ 0.075, 0.409\ )}$$

Nach dem Versand und Empfang aller Nachrichten, werden wieder über Formel 26.3 die Verbundverteilungen aller Cliquen berechnet. Diese ergeben die in der P'-Spalte (der Potentiale in Tabelle 26.1) enthaltenen Werte. In diesem Fall ist eine Normalisierung notwendig. Schlussendlich marginalisieren wir wieder über die Cliquenverteilungen, um die neuen Verteilungen der einzelnen Attribute (gegeben $H = h_1$) zu erhalten. Diese Ergebnisse sind in Tabelle 26.3 zu sehen. □

Die folgenden in Abbildung 26.6 illustrierten Notationen helfen uns bei der Beschreibung des Algorithmus [Castillo *et al.* 1997].

1. $\mathcal{C}_{CB}$ bezeichne die Menge der Cliquen des C enthaltenden Teilverbundbaumes, der entsteht, wenn die Kante $C - B$ entfernt wird. Falls die Cliquen sich nur

ϕ_1

				P	P'
b_1	c_1	e_1	g_1	0.19	0.0122	0.0095
			g_2	0.01	0.0006	0.0009
		e_2	g_1	0.32	0.0205	0.0161
			g_2	0.48	0.0307	0.0431
	c_2	e_1	g_1	0.38	0.0365	0.0241
			g_2	0.02	0.0019	0.0025
		e_2	g_1	0.24	0.0230	0.0152
			g_2	0.36	0.0346	0.0443
b_2	c_1	e_1	g_1	0.21	0.0832	0.0653
			g_2	0.09	0.0356	0.0501
		e_2	g_1	0.35	0.1386	0.1088
			g_2	0.35	0.1386	0.1947
	c_2	e_1	g_1	0.07	0.0311	0.0205
			g_2	0.03	0.0133	0.0171
		e_2	g_1	0.45	0.1998	0.1321
			g_2	0.45	0.1998	0.2559

ϕ_2

			P	P'
a_1	b_1	c_1	0.036	0.0360	0.0392
		c_2	0.084	0.0840	0.0753
	b_2	c_1	0.144	0.1440	0.1523
		c_2	0.336	0.3360	0.3220
a_2	b_1	c_1	0.028	0.0280	0.0305
		c_2	0.012	0.0120	0.0108
	b_2	c_1	0.252	0.2520	0.2665
		c_2	0.108	0.1080	0.1035

ϕ_3

			P	P'
c_1	f_1	g_1	0.1	0.0254	0.0105
		g_2	0.1	0.0206	0.0212
	f_2	g_1	0.9	0.2290	0.1892
		g_2	0.9	0.1850	0.2675
c_2	f_1	g_1	0.4	0.1162	0.0480
		g_2	0.4	0.0998	0.1031
	f_2	g_1	0.6	0.1742	0.1440
		g_2	0.6	0.1498	0.2165

ϕ_4

		P	P'
b_1	d_1	0.4	0.0640	0.0623
	d_2	0.6	0.0960	0.0934
b_2	d_1	0.7	0.5880	0.5910
	d_2	0.3	0.2520	0.2533

ϕ_5

			P	P'
f_1	g_1	h_1	0.2	0.0283	0.0585
		h_2	0.8	0.1133	0
	g_2	h_1	0.5	0.0602	0.1243
		h_2	0.5	0.0602	0
f_2	g_1	h_1	0.4	0.1613	0.3331
		h_2	0.6	0.2419	0
	g_2	h_1	0.7	0.2344	0.4841
		h_2	0.3	0.1004	0

Tabelle 26.1: Die Potentialtabellen des Verbundbaumes aus Abbildung 26.3 (d). Die erste Spalte zeigt die Potentialwerte nach Formel 26.1, die zweite die aktualisierten Verbundwahrscheinlichkeiten der Cliquen nach Formel 26.3, nachdem die Null-Evidenz propagiert wurde. Die dritte Spalte zeigt schließlich die Wahrscheinlichkeiten nach der Propagation von $H = h_1$.

$P(\cdot)$	A	B	C	D	E	F	G	H
$\cdot_1$	0.6000	0.1600	0.4600	0.6520	0.2144	0.2620	0.5448	0.4842
$\cdot_2$	0.4000	0.8400	0.4500	0.3480	0.7856	0.7380	0.4552	0.5158

Tabelle 26.2: Marginale Wahrscheinlichkeiten des Bayes-Netzes (bzw. des zugehörigen Verbundbaumes) aus Abbildung 26.3 ohne dass Evidenz verfügbar ist. Sie stellen die A-priori-Verteilungen der Attribute dar und wurden durch Propagation von Null-Evidenz erzeugt.

durch Indizes im Namen unterscheiden, werden lediglich die Indizes in der Notation verwendet.

Beispiel: $\mathcal{C}_{C_1,C_3} = \mathcal{C}_{13} = \{C_1, C_2, C_4\}$ und $\mathcal{C}_{C_3,C_1} = \mathcal{C}_{31} = \{C_3, C_5\}$

2. Die Vereinigung aller Attribute aller Cliquen aus $\mathcal{C}_{CB}$ wird mit X_{CB} notiert.
   Beispiel: $X_{C_1,C_3} = X_{13} = \{A, B, C, D, E, G\}$ und $X_{C_3,C_1} = X_{31} = \{C, F, G, H\}$

3. Damit gilt offensichtlich $V = X_{CB} \cup X_{BC}$.

4. Separator- und Residualmengen sind uns schon bekannt. Wir werden diese

$P(\cdot \mid h_1)$	A	B	C	D	E	F	G	H
$\cdot_1$	0.5888	0.1557	0.4884	0.6533	0.1899	0.1828	0.3916	1.0000
$\cdot_2$	0.4112	0.8443	0.5116	0.3467	0.8101	0.8172	0.6084	0.0000

Tabelle 26.3: Marginale Wahrscheinlichkeiten des Bayes-Netzes (bzw. des zugehörigen Verbundbaumes) aus Abbildung 26.3 mit der Evidenz $H = h_1$. Sie stellen die A-posteriori-Verteilungen der Attribute dar.

nur jetzt mit den beiden Cliquen indizieren, zwischen denen sie definiert sind:

$$S_{CB} = S_{BC} = C \cap B$$

und

$$R_{CB} = X_{CB} \setminus S_{CB}.$$

Beispiel: $R_{C_1 C_3} = R_{13} = \{A, B, D, E\}$, $R_{C_3,C_1} = R_{31} = \{F, G\}$ und $S_{C_1 C_3} = S_{13} = \{C, G\}$

5. Aus 3. und 4. folgt, dass für jede Kante $(C, B) \in E$ die Gesamtmenge aller Knoten V in drei disjunkte Teilmengen zerfällt:

$$V = R_{CB} \cup S_{CB} \cup R_{BC}$$

Somit werden die Attribute R_{CB} durch die Attribute S_{BC} von allen Attributen R_{BC} u-separiert:

$$R_{BC} \perp\!\!\!\perp R_{CB} \mid S_{CB}$$

Herleitung

Wir wollen nun die Herkunft der für die Evidenzpropagation essentiellen Gleichungen 26.2 und 26.3 betrachten. Beginnen wir mit der Aktualisierungsvorschrift der Cliquenverteilung. Diese kann wie folgt geschrieben werden (wir diskutieren die einzelnen Umformungen im Anschluss):

$$P(\vec{c}) \stackrel{(1)}{=} \underbrace{\sum_{\vec{v} \setminus \vec{c}}}_{\text{Marginalisierung}} \underbrace{\prod_{D \in C} \phi_D(\text{proj}_D^V(\vec{v}))}_{\text{Zerlegung von } P(\vec{v})}$$

$$\stackrel{(2)}{=} \phi_C(\vec{c}) \sum_{\vec{v} \setminus \vec{c}} \prod_{D \neq C} \phi_D(\text{proj}_D^V(\vec{v}))$$

$$\stackrel{(3)}{=} \phi_C(\vec{c}) \sum_{\bigcup_{B \in \text{adj}(C)} \vec{r}_{BC}} \prod_{D \neq C} \phi_D(\text{proj}_D^V(\vec{v}))$$

$$\stackrel{(4)}{=} \phi_C(\vec{c}) \prod_{B \in \text{adj}(C)} \underbrace{\left(\sum_{\vec{r}_{BC}} \prod_{D \in C_{BC}} \phi_D(\text{proj}_D^V(\vec{v})) \right)}_{M_{B \to C}(\vec{s}_{BC})}$$

$$= \phi_C(\vec{c}) \prod_{B \in \text{adj}(C)} M_{B \to C}(\vec{s}_{BC})$$

(1) Der Vektor $\vec{v}$ ist auf allen Attributen definiert. Da wir nur an den Attributen in C interessiert sind, marginalisieren wir über alle restlichen Attribute bzw. deren Wertekombinationen $\vec{v} \setminus \vec{c}$. Das Produkt ist die Anwendung der Definition 25.7 von Seite 444 zur Zerlegung einer Verteilung anhand eines ungerichteten Graphen.

(2) Das Produkt in (1) lief über alle Cliquen, inkl. C. Dieser Faktor wird nun aus dem Produkt herausgezogen und da es von der Summe unbeeinflusst ist, ebenfalls aus der Summe herausgenommen.

(3) Wir vereinfachen nun die Marginalisierung. Anstatt über alle Wertkombinationen $\vec{v} \setminus \vec{c}$ zu laufen, nutzen wir folgenden Zusammenhang, den wir aus den Separationen der Running Intersection Property aus Gleichung 24.1 auf Seite 431 ableiten. Angewandt auf einen Verbundbaum erhalten wir:

$$V \setminus C = \Big(\bigcup_{B \in \mathrm{adj}(C)} X_{BC} \Big) \setminus C = \bigcup_{B \in \mathrm{adj}(C)} (X_{BC} \setminus C) = \bigcup_{B \in \mathrm{adj}(C)} R_{BC}$$

Der Summenlaufindex $\bigcup_{B \in \mathrm{adj}(C)} \vec{r}_{BC}$ bedeute hier die Iteration über alle Wertkombinationen der Attribute in allen R_{BC}.

(4) Die Summe wird aufgeteilt, indem die Residuen den entsprechenden Nachbarcliquen zugeordnet werden. Die so entstehenden Faktoren sind die Ausgangsform der zu sendenden Nachrichten.

Die auf den Separatoren erklärten Nachrichten $M_{B \to C}(\vec{s}_{BC})$, die in der obigen Herleitung schon identifiziert wurden, können weiter vereinfacht werden, um schließlich die Form aus Gleichung 26.2 zu erhalten:

$$M_{B \to C}(\vec{s}_{BC}) = \underbrace{\sum_{\vec{x}_{BC} \setminus \vec{s}_{BC}} \prod_{D \in \mathcal{C}_{BC}} \phi_D(\vec{d})}_{\vec{r}_{BC}}$$

$$= \sum_{\vec{b} \setminus \vec{s}_{BC}} \phi_B(\vec{b}) \prod_{D \in \mathrm{adj}(B) \setminus \{C\}} M_{D \to B}(\vec{s}_{DB})$$

Weitere Propagationsverfahren

Wir wollen zum Abschluss des Kapitels zwei verwandte Evidenzpropagationsverfahren ansprechen. Informationen zu weiteren Verfahren finden sich u.a. in [Castillo *et al.* 1997, Borgelt *et al.* 2009].

Das von uns beschriebene Verfahren [Jensen 1996, Jensen 2001, Jensen und Nielsen 2007] erlaubt es, beliebige gerichtete (jedoch azyklische) Graphenstrukturen als Ausgangsnetz zu verwenden. Hat man es mit einfacheren Strukturen wie Bäumen zu tun, so können auch weniger komplexe Algorithmen eingesetzt werden. Ein Vertreter hierfür stellen Polybaum-Propagationsverfahren dar [Pearl 1988]. Da es sich bei Polybäumen um einfach zusammenhängende Strukturen handelt (d.h. um einen Graphen, der in zwei separate Teilgraphen zerfällt, sobald eine beliebige Kante entfernt wird), ist der Propagationspfad schon ohne Transformation in eine Sekundärstruktur eindeutig, weshalb der Algorithmus auf dem Originalgraphen arbeiten kann. Es werden aufgrund der Kantenrichtungen zwei Nachrichtenarten unterschieden: λ-Nachrichten werden von Kind- zu Elternknoten gesendet, während π-Nachrichten von den Eltern- zu den Kindknoten versandt werden. Selbstverständlich kann man auch bei Polybäumen den Verbundbaum-Algorithmus verwenden, was dazu führt, dass Knoten samt ihren Elternknoten zu einer Clique werden.

Eine weitere Technik, die nicht zwingend auf Graphenstrukturen basiert, ist die sog. Bucket-Eliminierung [Dechter 1996, Zhang und Poole 1996]. Hat man eine Faktorisierung einer Wahrscheinlichkeitsverteilung gegeben, lässt sich ein Attribut *eliminieren*, indem man das Produkt über alle das Attribut enthaltene Faktoren summiert. Durch sukzessive Summierung lässt sich damit ein Zielattribut isolieren. Die Effizienz dieses Verfahrens ist stark von der Wahl der Summierungsreihenfolge ab. Ein bedingter Unabhängigkeitsgraph kann hier mit Hilfe seiner Kanten die Summierungsreihenfolge vorgeben.

Kapitel 27

Lernen Graphischer Modelle

Wir wollen nun die dritte Frage aus Kapitel 23 beantworten, nämlich, wie graphische Modelle aus Daten generiert werden können. Bisher war die Graphenstruktur vorgegeben, nun wollen wir diese mit verschiedenen Heuristiken aus Daten ableiten.

Prinzipiell suchen wir zu einer gegebenen Datenbasis D den zu ihr passendsten Graphen G. In der Tat umfassen alle Lernalgorithmen für graphische Modelle die folgenden beiden Teile:

- Eine Heuristik, die den Suchraum aller Graphen möglichst effizient durchläuft und geeignete Kandidatengraphen liefert.

- Eine Bewertungsfunktion, die jedem Graphenkandidaten eine Güte (bzgl. der Datenbasis) zuordnet und anhand derer die Heuristik die nächsten Kandidaten erzeugt.

Eine vollständige Suche im Raum aller möglichen Graphen scheidet aus, da die Anzahl der möglichen Graphen selbst für kleine Anzahlen von Knoten zu groß wird. Die Menge gerichteter, azyklischer Graphen wächst bspw. superexponentiell in der Anzahl der Knoten [Robinson 1977]: Schon für 10 Knoten hat die Graphenmenge eine Kardinalität von $4.18 \cdot 10^{18}$.

Die Bewertungsfunktion soll angeben, wie „gut" der Kandidatengraph eine Datenbasis erklärt. Eine Möglichkeit besteht darin, die Wahrscheinlichkeit zu berechnen, mit der der Graph die Datenbasis generiert haben könnte.[1] Das Generieren einer Datenbasis anhand eines Graphen bedeute, dass die durch den Graphen kodierte Wahrscheinlichkeitsverteilung zum erzeugen zufälliger Tupel genutzt werde.

Wir wollen im Folgenden die Graphenstruktur (egal, ob gerichtet oder ungerichtet) eines graphischen Modells mit B_S bezeichnen und die Menge aller Wahrscheinlichkeitsparameter (die Potentialtabelleneinträge bzw. die bedingten Wahrscheinlichkeiten) als B_P. Betrachten wir die Komponente B_P für den Fall eines Bayes-Netzes. Sie beinhaltet die konkreten Einträge der bedingten Wahrscheinlichkeitsverteilungen $P(A \mid \text{pa}(A))$. Zu jedem Knoten gehört eine sog. *Potentialtabelle*, die

---

[1]Wir werden zwar sehen, dass die reine Form dieser Wahrscheinlichkeit nicht für einen Lernalgorithmus geeignet ist, jedoch werden Abwandlungen dieser Herleitungen für viele Algorithmen verwendet, so auch für den im Weiteren beschriebenen K2-Algorithmus.

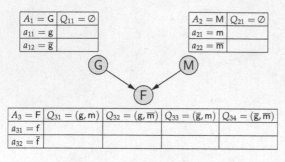

Abbildung 27.1: Induktion der Potentialtabellenstruktur B_S des dargestellten Bayes-Netzes.

A_i	Q_{i1}	$\cdots$	Q_{ij}	$\cdots$	Q_{iq_i}
a_{i1}	θ_{i11}	$\cdots$	θ_{ij1}	$\cdots$	θ_{iq_i1}
$\vdots$	$\vdots$	$\ddots$	$\vdots$	$\ddots$	$\vdots$
a_{ik}	θ_{i1k}	$\cdots$	θ_{ijk}	$\cdots$	θ_{iq_ik}
$\vdots$	$\vdots$	$\ddots$	$\vdots$	$\ddots$	$\vdots$
a_{ir_i}	θ_{i1r_i}	$\cdots$	θ_{ijr_i}	$\cdots$	$\theta_{iq_ir_i}$

Abbildung 27.2: Allgemeine Potentialtabelle des Attributes A_i. Jede Spalte stellt eine Wahrscheinlichkeitsverteilung dar.

für jede einzelne Attributwertkombination der Elternattribute eines Knotens A_i die Wahrscheinlichkeitsverteilung der Attributwerte von A_i beinhaltet. Allgemein habe die Potentialtabelle des Attributes A_i die Spalten $Q_{i1}, \ldots, Q_{iq_i}$. Jede dieser q_i Spalten entspricht einer bedingten Wahrscheinlichkeitsverteilung der Attributwerte $a_{i1}, \ldots, a_{ir_i}$ gegeben die mit der Spalte assoziierte Attributwertkombination der Attribute in pa A_i.

Als Veranschaulichung diene ein einfaches Bayes-Netz, wie es in Abbildung 27.1 zu sehen ist. Die Attribute seien alle zweiwertig und bedeuten Grippe, Malaria und Fieber. So hat der Knoten F zwei Elternattribute (G und M), die jeweils zweiwertig sind. Daher gibt es vier verschiedene Kombinationen der Elternattributwerte: (g, m), $(g, \overline{m})$, $(\overline{g}, m)$ und $(\overline{g}, \overline{m})$, die den vier Spalten der Potentialtabelle für F in Abbildung 27.1 entsprechen. Handelt es sich bei dem Knoten A_i um einen Wurzelknoten, so besteht die Potentialtabelle aus der Marginalverteilung $P(A_i)$. Diese künstliche Spalte wird in der Abbildung mit $\emptyset$ bezeichnet.

Die Einträge dieser Tabellen werden mit θ_{ijk} notiert und stehen für die Wahrscheinlichkeit, dass das Attribut A_i den Wert a_{ik} annimmt, während gleichzeitig die Elternattribute pa A_i die j-te Ausprägung Q_{ij} annehmen. Abbildung 27.2 zeigt eine allgemeine Potentialtabelle, deren Indizes im Folgenden weiterverwendet werden, d.h., der Index i läuft über die Attribute ($i = 1, \ldots, n$), j läuft über die verschiedenen Elternattributwertkombinationen des Attributes A_i ($j = 1, \ldots, q_i$) und k bezeichne nacheinander alle r_i Attributausprägungen von A_i ($k = 1, \ldots, r_i$). Die Werte $(\theta_{ij1}, \ldots, \theta_{ijr_i})$ stellen wie erwähnt eine Wahrscheinlichkeitsverteilung dar. Sie entsprechen den Parametern einer Multinomialverteilung r_i-ter Ordnung.

Es sollen nun zwei Beispiele für das Berechnen der Parameter B_P aus den Daten D und einer gegebenen Struktur B_S gegeben werden. Hat man eine Datenbasis D mit Fallbeispielen und eine Netzstruktur B_S gegeben, so kann man die Parameter B_P leicht durch Auszählen der Daten bestimmen. Dies ist gerechtfertigt, da die bedingten Verteilungen Multinomialverteilungen sind und die relativen Attributwerthäufigkeiten optimale Schätzwerte liefern. Tabelle 27.1 zeigt eine Beispieldatenbasis mit einhundert Datensätzen.

Grippe	$\bar{g}$	$\bar{g}$	$\bar{g}$	$\bar{g}$	g	g	g	g
Malaria	$\bar{m}$	$\bar{m}$	m	m	$\bar{m}$	$\bar{m}$	m	m
Fever	$\bar{f}$	f	$\bar{f}$	f	$\bar{f}$	f	$\bar{f}$	f
#	34	6	2	8	16	24	0	10

Tabelle 27.1: Eine Beispieldatenbasis mit 100 Datensätzen

Im ersten Teil dieses Beispiel nehmen wir an, die Netzstruktur B_S bestehe aus einem kantenlosen Graphen, d.h., wir haben es mit drei marginal unabhängigen Attributen zu tun. Die „Zerlegung" der Verbundverteilung lautet dann:

$$P(G = g, M = m, F = f) = P(G = g)\, P(M = m)\, P(F = f)$$
$$\text{wobei} \quad g \in \{g, \bar{g}\}, m \in \{m, \bar{m}\}, f \in \{f, \bar{f}\}$$

Folglich sind die Verteilungen $P(G)$, $P(M)$ und $P(F)$ aus den Daten zu schätzen.[2]

$$P(G = g) \approx \widehat{P}(G = g) = \frac{\#(G = g)}{|D|}$$

Mit der gegebenen Beispielrelation aus Tabelle 27.1 erhalten wir:

$$
\begin{aligned}
\widehat{P}(G = g) &= {}^{50}/_{100} = 0.50, & \widehat{P}(G = \bar{g}) &= 1 - \widehat{P}(G = g) &= 0.50, \\
\widehat{P}(M = m) &= {}^{20}/_{100} = 0.20, & \widehat{P}(M = \bar{m}) &= 1 - \widehat{P}(M = m) &= 0.80, \\
\widehat{P}(F = f) &= {}^{50}/_{100} = 0.48, & \widehat{P}(F = \bar{f}) &= 1 - \widehat{P}(F = f) &= 0.52.
\end{aligned}
$$

Im zweiten Teil bestehe die Netzstruktur B_S aus dem Graphen, der in Abbildung 27.1 zu sehen ist. Die Zerlegung lautet:

$$P(G = g, M = m, F = f) = P(G = g)\, P(M = m)\, P(F = f \mid G = g, M = m).$$

Die Schätzungen für $P(G)$ und $P(M)$ erfolgen analog denen aus dem vorangegangenen Teil des Beispiels, während man für die Berechnung der bedingten Wahrscheinlichkeitsverteilungen $P(F \mid G, M)$ folgendermaßen ansetzt:

$$\widehat{P}(f \mid g, m) = \frac{\widehat{P}(f, g, m)}{\widehat{P}(g, m)} = \frac{\frac{\#(g, m, f)}{|D|}}{\frac{\#(g, m)}{|D|}} = \frac{\#(g, m, f)}{\#(g, m)}.$$

Konkret erhalten wir für $\widehat{P}(F \mid G, M)$ die folgenden bedingten Verteilungen aus den Beispieldaten:

$$
\begin{aligned}
\widehat{P}(F = f \mid G = g, M = m) &= \frac{{}^{1}/_{100}}{{}^{1}/_{100}} &= 1.00, \\
\widehat{P}(F = f \mid G = g, M = \bar{m}) &= \frac{{}^{24}/_{100}}{{}^{40}/_{100}} &= 0.60, \\
\widehat{P}(F = f \mid G = \bar{g}, M = m) &= \frac{{}^{8}/_{100}}{{}^{10}/_{100}} &= 0.80, \\
\widehat{P}(F = f \mid G = \bar{g}, M = \bar{m}) &= \frac{{}^{6}/_{100}}{{}^{40}/_{100}} &= 0.15.
\end{aligned}
$$

---

[2]Der Ausdruck $\#(X = x)$ bzw. $\#(x)$ steht für die Anzahl der Tupel (Datensätze) in D, die für das Attribut X die Ausprägung x aufweisen: $\#(X = x) = \#(x) \stackrel{\text{Def}}{=} |\{t \in D \mid t(X) = x\}| = |\{X = x\}|$.

Mit Hilfe der Beispieldaten D, einer potentiellen Netzstruktur B_S und der aus diesen beiden Teilen wie eben gezeigt geschätzten Netzparameter B_P lässt sich mit den folgenden drei Annahmen die Wahrscheinlichkeit der Daten $P(D \mid B_S, B_P)$ berechnen.

1. Der Daten generierende Prozess lässt sich exakt mit dem Bayes-Netz (B_S, B_P) beschreiben.

2. Die einzelnen Datensätze (Tupel) treten unabhängig voneinander auf.

3. Alle Datensätze sind vollständig, d.h., es gibt keine *missing values*.

Annahme 1 legitimiert die Suche nach einem Bayes-Netz als Modell, da bei Verletzung dieser Annahme eine Modellsuche keinen Erfolg haben würde. Annahme 2 besagt, dass das Auftreten eines Datensatzes nichts an der Wahrscheinlichkeit eines anderen Datensatzes ändert. Sie ist nicht zu verwechseln mit der Aussage, alle Datensätze wären gleichwahrscheinlich. Annahme 3 schließlich erlaubt uns, die problemlose Anwendung der obigen Auszählungen, weil wir keine fehlenden Attributwerte zu berücksichtigen brauchen.

Die Wahrscheinlichkeit der Datenbasis D lässt sich nun wie folgt berechnen:

$$P(D \mid B_S, B_P) = \prod_{h=1}^{100} P(c_h \mid B_S, B_P)$$

$$= \overbrace{P(g,m,f)}^{\text{case 1}} \cdot \overbrace{P(g,m,f)}^{\text{case 10}} \cdot \overbrace{P(\overline{g},m,f)}^{\text{case 51}} \cdot \overbrace{P(\overline{g},m,f)}^{\text{case 58}} \cdot \overbrace{P(\overline{g},\overline{m},\overline{f})}^{\text{case 67}} \cdot \overbrace{P(\overline{g},\overline{m},\overline{f})}^{\text{case 100}}$$

$$= \underbrace{P(g,m,f)^{10}}_{\text{10-mal}} \cdot \underbrace{P(\overline{g},m,f)^{8}}_{\text{8-mal}} \cdot \underbrace{P(\overline{g},\overline{m},\overline{f})^{34}}_{\text{34-mal}}$$

$$= P(f \mid g,m)^{10} P(g)^{10} P(m)^{10} \cdot P(f \mid \overline{g},m)^{8} P(\overline{g})^{8} P(m)^{8} \cdot P(\overline{f} \mid \overline{g},\overline{m})^{34} P(\overline{g})^{34} P(\overline{m})^{34}$$

$$= P(f \mid g,m)^{10} P(\overline{f} \mid g,m)^{0} P(f \mid g,\overline{m})^{24} P(\overline{f} \mid g,\overline{m})^{16}$$
$$\cdot\ P(f \mid \overline{g},m)^{8} P(\overline{f} \mid \overline{g},m)^{2} P(f \mid \overline{g},\overline{m})^{6} P(\overline{f} \mid \overline{g},\overline{m})^{34}$$
$$\cdot\ P(g)^{50} P(\overline{g})^{50} P(m)^{20} P(\overline{m})^{80}$$

Die letzte Gleichung zeigt das Prinzip für die Umsortierung der einzelnen Faktoren: Zuerst wird nach Attributen sortiert (im Beispiel F, G dann M). Innerhalb eines Attributes erfolgt die Gruppierung nach den verschiedenen Elternattributwertkombinationen (im Beispiel für F sind dies (g, m), $(g, \overline{m})$, $(\overline{g}, m)$ und $(\overline{g}, \overline{m})$). Schließlich erfolgt die Sortierung nach gleichen Attributausprägungen (im Beispiel für Attribut F: erst f, dann $\overline{f}$).

Die allgemeine Darstellung der Wahrscheinlichkeit einer Datenbasis D lautet:

$$P(D \mid B_S, B_P) = \prod_{i=1}^{n} \prod_{j=1}^{q_i} \prod_{k=1}^{r_i} \theta_{ijk}^{\alpha_{ijk}} \tag{27.1}$$

Wir haben gesehen, dass bei bekannter Struktur B_S die Parameter B_P aus den vollständigen Daten geschätzt werden können. Dies würde auf den ersten Blick für die Anwendung eines Maximum Likelihood-Verfahrens sprechen:

$$\widehat{B}_S = \underset{B_S \in \mathcal{B}_R}{\operatorname{argmax}} P(D \mid B_S, B_P).$$

Dieses Verfahren hat allerdings den Nachteil, dass die Wahrscheinlichkeit mit der Anzahl der Parameter ansteigt. Ein solches Verfahren wird daher immer ein Modell mit maximaler Parameteranzahl ergeben und damit einen vollständig verbundenen Graphen als Struktur B_S.

Dem Problem kann durch eine Maximum A-posteriori-Schätzung beigekommen werden. Der Ansatz lautet demnach:

$$
\begin{aligned}
\widehat{B}_S &= \underset{B_S}{\operatorname{argmax}} P(B_S \mid D) = \underset{B_S}{\operatorname{argmax}} \frac{P(D \mid B_S)\,P(B_S)}{P(D)} \\
&= \frac{P(D, B_S)\,P(B_S)}{P(D)\,P(B_S)} = \underset{B_S}{\operatorname{argmax}} \frac{P(B_S, D)}{P(D)} \\
&= \underset{B_S}{\operatorname{argmax}} P(B_S, D)
\end{aligned}
$$

Folglich suchen wir eine Berechnungsvorschrift für den Ausdruck $P(B_S, D)$. Das Ergebnis der folgenden Herleitung wird die K2-Metrik sein.[3]

Zuerst betrachtet man $P(B_S, D)$ als Marginalisierung von $P(B_S, B_P, D)$ über alle möglichen Parameter B_P. Dieses Verfahren ist als *Model Averaging* bekannt. Die Anzahl dieser Parameter ist zwar endlich (endliche Anzahl von Einträgen in den Potentialtabellen der Attribute), jedoch sind die Zahlenwerte der Einträge — die θ_{ijk} — reelle Größen, weswegen wir auf das Integral über alle Modelle übergehen müssen. Tatsächlich handelt es sich um ein Mehrfachintegral über alle θ_{ijk}, welches später konkret ausformuliert wird.

$$
\begin{aligned}
P(B_S, D) &= \int_{B_P} P(B_S, B_P, D)\,\mathrm{d}B_P & (27.2)\\[4pt]
&= \int_{B_P} P(D \mid B_S, B_P)\,P(B_S, B_P)\,\mathrm{d}B_P & (27.3)\\[4pt]
&= \int_{B_P} P(D \mid B_S, B_P)\,f(B_P \mid B_S)P(B_S)\,\mathrm{d}B_P & (27.4)\\[4pt]
&= \underbrace{P(B_S)}_{\text{A−priori−W'keit}} \int_{B_P} \underbrace{P(D \mid B_S, B_P)}_{\text{Wahrscheinlichkeit der Daten}} \underbrace{f(B_P \mid B_S)}_{\text{Parameterdichten}}\,\mathrm{d}B_P & (27.5)
\end{aligned}
$$

Die A-priori-Verteilung kann benutzt werden, um im Voraus bestimmte Netzstrukturen zu gewichten, z.B. indem man unerwünscht komplexe Strukturen mit einer niedrigen Wahrscheinlichkeit belegt. Unter den Annahmen, die der Datenbasis zugrunde liegende Struktur lässt sich exakt als Bayes-Netz beschreiben, die einzelnen Fälle (Tupel) in der Datenbasis treten voneinander unabhängig auf und die Daten sind vollständig, d.h., es gibt keine fehlenden Attributwerte, lässt sich die Wahrscheinlichkeitsformel 27.1 benutzen:

$$
P(B_S, D) = P(B_S) \int_{B_P} \left[\prod_{i=1}^{n} \prod_{j=1}^{q_i} \prod_{k=1}^{r_i} \theta_{ijk}^{\alpha_{ijk}} \right] f(B_P \mid B_S)\,\mathrm{d}B_P
$$

---

[3]Eine ausführliche Betrachtung findet sich in [Cooper und Herskovits 1992].

Bei den Parameterdichten $f(B_P \mid B_S)$ handelt es sich um Wahrscheinlichkeitsdichten, die für gegebene Netzstrukturen eine Aussage über die Wahrscheinlichkeit einer konkreten Parameterkonstellation machen. Es sind folglich Dichten zweiter Ordnung. Ein Vektor $(\theta_{ij1}, \ldots, \theta_{ijr_i})$ stellt für fixiertes i und j eine Wahrscheinlichkeitsverteilung dar. Nämlich gerade die j-te Spalte der i-ten Potentialtabelle (siehe Abbildung 27.2). Unter der Annahme, die Dichten aller Spalten aller Potentialtabellen seien wechselseitig unabhängig, erhalten wir für $f(B_P \mid B_S)$ die folgende Form:

$$f(B_P \mid B_S) = \prod_{i=1}^{n} \prod_{j=1}^{q_i} f(\theta_{ij1}, \ldots, \theta_{ijr_i})$$

Damit können wir die Berechnung von $P(B_S, D)$ weiter konkretisieren:

$P(B_S, D)$

$$= P(B_S) \int \cdots \int_{\theta_{ijk}} \left[\prod_{i=1}^{n} \prod_{j=1}^{q_i} \prod_{k=1}^{r_i} \theta_{ijk}^{\alpha_{ijk}} \right] \cdot \left[\prod_{i=1}^{n} \prod_{j=1}^{q_i} f(\theta_{ij1}, \ldots, \theta_{ijr_i}) \right] d\theta_{111}, \ldots, d\theta_{nq_nr_n}$$

$$= P(B_S) \prod_{i=1}^{n} \prod_{j=1}^{q_i} \int \cdots \int_{\theta_{ijk}} \left[\prod_{k=1}^{r_i} \theta_{ijk}^{\alpha_{ijk}} \right] \cdot f(\theta_{ij1}, \ldots, \theta_{ijr_i}) \, d\theta_{ij1}, \ldots, d\theta_{ijr_i}$$

Die letzte Annahme zur Vereinfachung betrifft noch einmal die Parameterdichten. Für fixiertes i und j sei die Dichte $f(\theta_{ij1}, \ldots, \theta_{ijr_i})$ gleichförmig (uniform). Damit folgt:

$$f(\theta_{ij1}, \ldots, \theta_{ijr_i}) = (r_i - 1)!$$

$$P(B_S, D) = P(B_S) \prod_{i=1}^{n} \prod_{j=1}^{q_i} \int \cdots \int_{\theta_{ijk}} \left[\prod_{k=1}^{r_i} \theta_{ijk}^{\alpha_{ijk}} \right] \cdot (r_i - 1)! \, d\theta_{ij1}, \ldots, d\theta_{ijr_i}$$

$$= P(B_S) \prod_{i=1}^{n} \prod_{j=1}^{q_i} (r_i - 1)! \underbrace{\int \cdots \int_{\theta_{ijk}} \prod_{k=1}^{r_i} \theta_{ijk}^{\alpha_{ijk}} \, d\theta_{ij1}, \ldots, d\theta_{ijr_i}}_{\text{Dirichlet-Integral} = \dfrac{\prod_{k=1}^{r_i} \alpha_{ijk}!}{(\sum_{k=1}^{r_i} \alpha_{ijk} + r_i - 1)!}}$$

Damit folgt schließlich die Berechnungsvorschrift für $P(B_S, D)$, die im Folgenden als K2-Metrik der Netzstruktur B_S gegeben die Daten D bezeichnet wird:

$$P(B_S, D) = \text{K2}(B_S \mid D) = P(B_S) \prod_{i=1}^{n} \prod_{j=1}^{q_i} \left[\frac{(r_i - 1)!}{(N_{ij} + r_i - 1)!} \prod_{k=1}^{r_i} \alpha_{ijk}! \right]$$

$$\text{mit} \quad N_{ij} = \sum_{k=1}^{r_i} \alpha_{ijk} \tag{27.6}$$

Zwei wichtige Eigenschaften der K2-Metrik sind ihre *Parameterunabhängigkeiten*. Diese lassen sich in *globale* und *lokale* unterscheiden:[4]

---

[4]Vgl. [Heckerman *et al.* 1994, S. 13f].

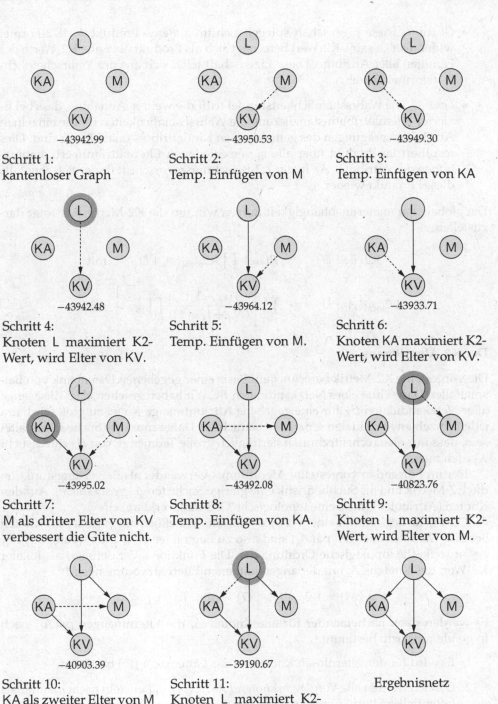

Abbildung 27.3: Ein Ablauf des K2-Algorithmus für die Beispieldatenbank aus Tabelle 27.1. Die topologische Ordnung lautet L ≺ KA ≺ M ≺ KV.

- *Global* — Diese Eigenschaft spiegelt sich im äußeren Produkt der K2-Formel wider: Der Gesamt-K2-Wert berechnet sich als Produkt über alle K2-Werte der Familien aller Attribute. Diese Eigenschaft leitet sich aus der Wahrscheinlichkeitsformel 27.1 ab.

- *Lokal* — Die Wahrscheinlichkeitsformel trifft die weitere Annahme, dass bei fixierter Elternattributinstanziierung die Wahrscheinlichkeiten für die einzelnen Attributausprägungen des gemeinsamen Kindattributs unabhängig sind. Dies resultiert im Produkt über alle q_i verschiedenen Elternattributwertkombinationen des Attributes A_i. In der K2-Berechnungsvorschrift findet sich ebenfalls dieses Produkt wieder.

Die globale Parameterunabhängigkeit nutzen wir, um die K2-Metrik wie folgt darzustellen:

$$\text{K2}(B_S \mid D) \;=\; P(B_S) \prod_{i=1}^{n} \text{K2}_{\text{local}}(A_i \mid D) \qquad \text{mit}$$

$$\text{K2}_{\text{local}}(A_i \mid D) \;=\; \prod_{j=1}^{q_i} \left[\frac{(r_i - 1)!}{(N_{ij} + r_i - 1)!} \prod_{k=1}^{r_i} \alpha_{ijk}! \right]$$

Der K2-Algorithmus

Die vorgestellte K2-Metrik berechnet auf Basis einer gegebenen Datenbank von Beispielfällen D die Güte eines Netzkandidaten B_S. Wir haben gesehen, dass die Menge aller Netzkandidaten $\mathcal{B}_R$ für eine gegebene Attributmenge R viel zu groß wird, um jeden einzelnen Kandidaten separat zu betrachten. Daher muss die Suche so gestaltet sein, dass nur eine rechentechnisch verträglich große Teilmenge von $\mathcal{B}_R$ durchsucht werden muss.

Der im Folgenden vorgestellte Algorithmus verwendet als Bewertungsfunktion die K2-Metrik und als Suchheuristik eine gierige Suche (engl. *greedy search*). Auf den Knoten (Attributen) muss eine topologische Ordnung[5] erklärt sein.

Die Suche beginnt mit einem „Netz", das ausschließlich aus n isolierten Knoten besteht. Die Elternmengen pa(A_i) sind also zu Beginn leer. Die Indizierung mit $1 \leq i \leq n$ stelle die topologische Ordnung dar. Die Funktion q_i ist definiert als lokaler K2-Wert des Knotens A_i mit der angenommenen Elternattributmenge M:

$$q_i(M) = \text{K2}_{\text{local}}(A_i \mid D) \quad \text{mit} \quad \text{pa}(A_i) = M$$

Es werden dann nacheinander für alle Knoten A_i die Elternmengen pa(A_i) nach folgendem Prinzip bestimmt:

1. Es wird für den elternlosen Knoten A_i das Gütemaß $q_i(\varnothing)$ bestimmt.

2. Danach werden alle Vorgängerknoten $\{A_1, \ldots, A_{i-1}\}$ einzeln nacheinander als potentieller Elternknoten eingefügt und das Gütemaß neu berechnet. Es sei Y derjenige Knoten, der die beste Güte erreicht:

$$Y = \underset{1 \leq l \leq i-1}{\text{argmax}} \, q_i(\{A_l\})$$

---

[5]Der Begriff der topologischen Ordnung wurde in Definition 24.33 auf Seite 426 eingeführt.

Diese beste Güte habe den Wert $g = q_i(\{Y\})$.

3. Ist dieser Wert g besser als $q_i(\emptyset)$, so wird der Knoten Y permanent als Elternknoten eingefügt: $\mathrm{pa}(A_i) = \{Y\}$

4. Die Schritte 2 und 3 werden wiederholt, um die Elternmenge zu erweitern, bis entweder keine potentiellen Elternknoten mehr vorhanden sind, kein Knoten die Güte verbessert oder eine (vorher anzugebende) Maximalanzahl von Elternknoten erreicht ist.

Algorithmus 27.1 zeigt den Ablauf vollständig als Pseudocode [Castillo *et al.* 1997, S. 512]. Abbildung 27.3 zeigt den Ablauf an einem Beispiel.

Algorithmus 27.1 (K2 Algorithm)

procedure $K2$;
begin
  for $i \leftarrow 1 \ldots n$ **do**   (* *Initialisierung* *)
    $\mathrm{pa}(A_i) \leftarrow \emptyset$;
  for $i \leftarrow n \ldots 1$ **do begin**   (* *Iteration* *)
    repeat
      Wähle $Y \in \{A_1, \ldots, A_{i-1}\} \setminus \mathrm{pa}(A_i)$ *welches* $g = q_i(\mathrm{pa}(A_i) \cup \{Y\})$ *maximiert;*
      $\delta \leftarrow g - q_i(\mathrm{pa}(A_i))$;
      if $\delta > 0$ **then** $\mathrm{pa}(A_i) \leftarrow \mathrm{pa}(A_i) \cup \{Y\}$; **end**
    until $\delta \leq 0$ **or** $\mathrm{pa}(A_i) = \{A_1, \ldots, A_{i-1}\}$ **or** $|\mathrm{pa}(A_i)| = n_{max}$;
  end
end

Eine reale Anwendung

Dieser Abschnitt soll die Wissensrepräsentation mithilfe von Markov-Netzen anhand eines reellen Beispiels aus der Industrie verdeutlichen. Das Expertenwissen wird formal von einer Verteilung p_V über der Menge V von relevanten Attributen (Kundendaten, Produktdaten, Bestellinformationen, etc.) repräsentiert. Bedingte Unabhängigkeiten werden genutzt, um diese Verteilung in eine Menge von Verteilungen geringerer Dimension zu zerlegen.

Abbildung 27.4 zeigt ein Markov-Netz einer realen Anwendung des Volkswagen-Konzerns [Gebhardt und Kruse 2005]. Die verschiedenen Ausstattungsmerkmale eines Fahrzeugs werden durch 204 Attribute beschrieben, welche in der Abbildung durch Zahlen anonymisiert wurden. Das Markov-Netz in der Abbildung hat 123 höchstens 18-undimensionale Cliquen (51 der ursprünglich 204 Attribute sind unabhängig, d.h., sie sind nicht mit dem Verbundbaum verbunden und daher nicht dargestellt; anderenfalls zeigte die Abbildung 174 Cliquen). Machen wir uns die Effizienzsteigerung einer solchen Speicherung klar und vergleichen den theoretisch benötigten Speicherplatz der originalen 204-dimensionalen Verteilung p_{orig} mit der durch das Markov-Netz repräsentierten Verteilung p_{net}. Um die Abschätzung zu vereinfachen, nehmen wir für jedes Attribut einen Wertebereich von 5 Werten an, was sich im Mittel mit Erfahrungswerten aus anderen Industrieprojekten deckt. Unsere Argumentation hinsichtlich der Effizienzsteigerung ändert

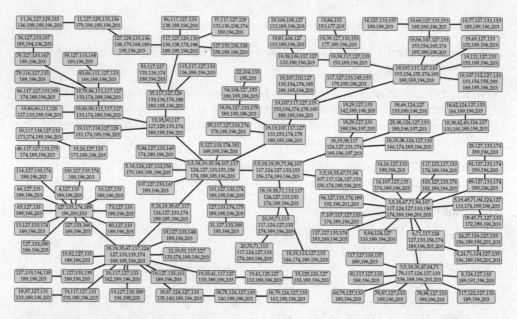

Abbildung 27.4: Markov-Netz einer Realwelt-Anwendung mit 204 Attributen (von denen 51 unabhängig sind und daher nicht gezeigt sind). Die Verteilung kann durch 123 Cliquen (oder 174 Cliquen, wenn man die unabhängigen Attribute einbezieht) mit höchstens 18 Dimensionen angenähert werden.

sich jedoch nicht, wenn andere Zahlen verwendet werden. Es ergeben sich folgende Anzahlen an zu speichernden Parametern (d.h. Einzelwahrscheinlichkeiten bzw. Einträge in den Cliquenpotentialen):

Verteilung	Anzahl der Parameter
p_{orig}	$1 \cdot 5^{204} \approx 4 \cdot 10^{142}$
p_{net}	$\sum_{i=1}^{174} 5^{|C_i|} \approx 1 \cdot 10^{13}$

Die Parameteranzahl für p_{orig} übersteigt jedes vorstellbare Maß, wohingegen p_{net} verarbeitet werden kann, wenn bestimmte zusätzliche Beobachtungen ausgenutzt werden. Z.B. sind die zu den hochdimensionalen Cliquen gehörenden Potentialtabellen meist nur dünn besetzt, was eine kompaktere Darstellung als eine volle Speicherung des Cliquenpotentials erlaubt.

Es muss fairerweise angemerkt werden, dass die Verteilung p_{orig} in der realen Anwendung extrem dünn besetzt sein würde: Selbst wenn jeder Mensch auf diesem Planeten einen Volkswagen besäße, der noch dazu von der Ausstattungskombination her einzigartig wäre, dann würde die Verteilung p_{orig} lediglich ca. 7 Milliarden von Null verschiedene Einträge besitzen, was im Gegensatz zu den 10^{130} insgesamt möglichen verschwindend gering wäre. Folglich würde man zur Speicherung eine Datenstruktur nutzen, die diesem Umstand Rechnung trüge, was letztendlich auf eine Art Auflistung der vorhandenen Fahrzeuge hinausliefe, einer Datenstruktur also, die mit der Anzahl der Datensätze wächst. Die Repräsentation als Markov-Netz kann hingegen sämtliche Fahrzeugkombinationen, deren Attribut(un)abhängigkeiten mit dem Markov-Netz kompatibel sind, aufnehmen, ohne dass es ein Anwachsen der Datenstruktur zur Folge hätte. Die Einschränkung, dass neue Daten (also neue, in die Netzparameter einzupflegende Ausstattungshäufigkeiten) die (bedingten) Unabhängigkeiten erfüllen müssen, versteht sich von selbst, denn sie sind es ja gerade, die eine effiziente Zerlegung ermöglichen. In der Praxis ist die strenge Zerlegbarkeit (wie in Definitionen 25.7 und 25.8 gefordert) fast nie gegeben. Hier begnügt man sich mit einer annähernden Zerlegbarkeit, wie wir sie in Kapitel 27 beim Lernen von graphischen Modellen kennenlernen. Für Details zum Volkswagen-Beispiel, insbesondere zum Umgang mit sich ändernden Unabhängigkeitsstrukturen, sei auf [Gebhardt *et al.* 2003, Gebhardt *et al.* 2004, Gebhardt *et al.* 2006, Schmidt *et al.* 2015] verwiesen.

Kapitel 28

Anhänge

Die folgenden Anhänge behandeln Themen, die im Text vorausgesetzt wurden (Abschnitt 28.1 über Geradengleichungen und Abschnitt 28.2 über Regression), oder Nebenbetrachtungen, die den Fluss der Abhandlung eher gestört hätten (Abschnitt 28.3 über die Aktivierungsumrechnung in einem Hopfield-Netz).

28.1 Geradengleichungen

In diesem Anhang sind einige wichtige Tatsachen über Geraden und Geradengleichungen zusammengestellt, die im Kapitel 3 über Schwellenwertelemente verwendet werden. Ausführlichere Darstellungen findet man in jedem Lehrbuch der linearen Algebra.

Geraden werden üblicherweise in einer der folgenden Formen angegeben:

$$
\begin{array}{lll}
\text{Explizite Form:} & g & \equiv\ x_2 = bx_1 + c \\
\text{Implizite Form:} & g & \equiv\ a_1 x_1 + a_2 x_2 + d = 0 \\
\text{Punktrichtungsform:} & g & \equiv\ \vec{x} = \vec{p} + k\vec{r} \\
\text{Normalenform:} & g & \equiv\ (\vec{x} - \vec{p})\vec{n} = 0
\end{array}
$$

mit den Parametern

b : Steigung der Gerade
c : x_2-Achsenabschnitt
$\vec{p}$: Ortsvektor eines Punktes der Gerade (Stützvektor)
$\vec{r}$: Richtungsvektor der Gerade
$\vec{n}$: Normalenvektor der Gerade

Ein Nachteil der expliziten Form ist, dass Geraden, die parallel zur x_2-Achse verlaufen, mit ihr nicht dargestellt werden können. Alle anderen Formen können dagegen beliebige Geraden darstellen.

Die implizite Form und die Normalenform sind eng miteinander verwandt, da die Koeffizienten a_1 und a_2 der Variablen x_1 bzw. x_2 die Koordinaten eines Normalenvektors der Gerade sind. D.h., wir können in der Normalenform $\vec{n} = (a_1, a_2)$ verwenden. Durch Ausmultiplizieren der Normalenform sehen wir außerdem, dass $d = -\vec{p}\vec{n}$ gilt.

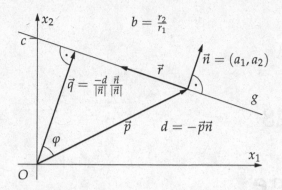

Abbildung 28.1: Eine Gerade und die sie beschreibenden Größen.

Die Beziehungen der Parameter der verschiedenen Gleichungsformen sind in Abbildung 28.1 anschaulich dargestellt. Wichtig ist vor allem der Vektor $\vec{q}$, der uns Aufschluss über die Bedeutung des Parameters d der impliziten Form gibt. Der Vektor $\vec{q}$ wird durch Projektion des Stützvektors $\vec{p}$ auf die Normalenrichtung der Gerade bestimmt. Dies geschieht über das Skalarprodukt. Es ist

$$\vec{p}\vec{n} = |\vec{p}|\,|\vec{n}|\cos\varphi.$$

Aus der Zeichnung sieht man, dass $|\vec{q}| = |\vec{p}|\cos\varphi$ gilt. Folglich ist

$$|\vec{q}| = \frac{|\vec{p}\vec{n}|}{|\vec{n}|} = \frac{|d|}{|\vec{n}|}.$$

$|d|$ misst also den Abstand der Gerade vom Ursprung relativ zur Länge des Normalenvektors. Gilt $\sqrt{a_1^2 + a_2^2} = 1$, d.h., hat der Normalenvektor $\vec{n}$ die Länge 1, so gibt $|d|$ direkt diesen Abstand an. Man spricht in diesem Fall von der *Hesseschen Normalform* der Geradengleichung.

Berücksichtigt man noch, dass $\vec{p}\vec{n}$ negativ wird, wenn $\vec{n}$ nicht (wie in der Zeichnung) vom Ursprung weg, sondern zum Ursprung hin zeigt, so erhält man schließlich (wie auch in der Zeichnung angegeben):

$$\vec{q} = \frac{\vec{p}\vec{n}}{|\vec{n}|}\frac{\vec{n}}{|\vec{n}|} = \frac{-d}{|\vec{n}|}\frac{\vec{n}}{|\vec{n}|}.$$

Man beachte, dass $\vec{q}$ stets vom Ursprung zur Gerade zeigt, unabhängig davon, ob $\vec{n}$ vom Ursprung weg oder zu ihm hin zeigt. Damit kann man aus dem Vorzeichen von d die Lage des Ursprungs ablesen:

$$\begin{aligned}
d = 0: &\quad \text{Gerade geht durch den Ursprung,} \\
d < 0: &\quad \vec{n} = (a_1, a_2)\ \text{zeigt vom Ursprung weg,} \\
d > 0: &\quad \vec{n} = (a_1, a_2)\ \text{zeigt zum Ursprung hin.}
\end{aligned}$$

Die gleichen Berechnungen können wir natürlich nicht nur für den Stützvektor $\vec{p}$ der Gerade, sondern für einen beliebigen Vektor $\vec{x}$ durchführen (siehe Abbildung 28.2).

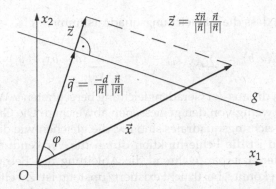

Abbildung 28.2: Bestimmung der Geradenseite, auf der ein Punkt $\vec{x}$ liegt.

Wir erhalten so einen Vektor $\vec{z}$, der die Projektion des Vektors $\vec{x}$ auf die Normalenrichtung der Gerade ist. Indem wir diesen Vektor mit dem oben bestimmten Vektor $\vec{q}$ vergleichen, können wir bestimmen, auf welcher Seite der Gerade der Punkt mit dem Ortsvektor $\vec{x}$ liegt. Es gilt:

Ein Punkt mit Ortsvektor $\vec{x}$ liegt auf der Seite der Gerade, zu der der Normalenvektor $\vec{n}$ zeigt, wenn $\vec{x}\vec{n} > -d$, und auf der gegenüberliegenden Seite, wenn $\vec{x}\vec{n} < -d$. Ist $\vec{x}\vec{n} = -d$, so liegt er auf der Gerade.

Es dürfte klar sein, dass die obigen Überlegungen nicht auf Geraden beschränkt sind, sondern sich unmittelbar auf Ebenen und Hyperebenen übertragen lassen. Auch für Ebenen und Hyperebenen kann man also leicht bestimmen, auf welcher Seite ein Punkt mit gegebenem Ortsvektor liegt.

28.2 Regression

Dieser Anhang rekapituliert die in der Analysis und Statistik wohlbekannte *Methode der kleinsten Quadrate*, auch *Regression* genannt, zur Bestimmung von Ausgleichsgeraden (Regressionsgeraden) und allgemein Ausgleichpolynomen. Die Darstellung folgt im wesentlichen [Heuser 1988].

(Physikalische) Messdaten zeigen selten exakt den gesetzmäßigen Zusammenhang der gemessenen Größen, da sie unweigerlich mit Fehlern behaftet sind. Will man den Zusammenhang der gemessenen Größen dennoch (wenigstens näherungsweise) bestimmen, so steht man vor der Aufgabe, eine Funktion zu finden, die sich den Messdaten möglichst gut anpasst, so dass die Messfehler „ausgeglichen" werden. Natürlich sollte dazu eine Hypothese über die Art des Zusammenhangs vorliegen, um eine Funktionenklasse wählen und dadurch das Problem auf die Bestimmung der Parameter einer Funktion eines bestimmten Typs reduzieren zu können.

Erwartet man z.B. bei zwei Größen x und y einen linearen Zusammenhang (z.B. weil ein Diagramm der Messpunkte einen solchen vermuten lässt), so muss man die Parameter a und b der Gerade $y = g(x) = a + bx$ bestimmen. Wegen der unvermeidlichen Messfehler wird es jedoch i.A. nicht möglich sein, eine Gerade zu finden, so dass alle gegebenen n Messpunkte (x_i, y_i), $1 \le i \le n$, genau auf dieser Geraden liegen. Vielmehr wird man versuchen müssen, eine Gerade zu finden, von der die Messpunkte möglichst wenig abweichen. Es ist daher plausibel, die Parameter a und

b so zu bestimmen, dass die Abweichungsquadratsumme

$$F(a,b) = \sum_{i=1}^{n}(g(x_i) - y_i)^2 = \sum_{i=1}^{n}(a + bx_i - y_i)^2$$

minimal wird. D.h., die aus der Geradengleichung berechneten y-Werte sollen (in der Summe) möglichst wenig von den gemessenen abweichen. Die Gründe für die Verwendung des Abweichungsquadrates sind i.w. die gleichen wie die in Abschnitt 4.3 angeführten: Ersten ist die Fehlerfunktion durch die Verwendung des Quadrates überall (stetig) differenzierbar, während die Ableitung des Betrages, den man alternativ verwenden könnte, bei 0 nicht existiert/unstetig ist. Zweitens gewichtet das Quadrat große Abweichungen von der gewünschten Ausgabe stärker, so dass vereinzelte starke Abweichungen von den Messdaten tendenziell vermieden werden.[1]

Eine notwendige Bedingung für ein Minimum der oben definierten Fehlerfunktion $F(a,b)$ ist, dass die partiellen Ableitungen dieser Funktion nach den Parametern a und b verschwinden, also

$$\frac{\partial F}{\partial a} = \sum_{i=1}^{n} 2(a + bx_i - y_i) = 0 \quad \text{und}$$

$$\frac{\partial F}{\partial b} = \sum_{i=1}^{n} 2(a + bx_i - y_i)x_i = 0$$

gilt. Aus diesen beiden Gleichungen erhalten wir nach wenigen einfachen Umformungen die sogenannten *Normalgleichungen*

$$na + \left(\sum_{i=1}^{n} x_i\right) b = \sum_{i=1}^{n} y_i$$

$$\left(\sum_{i=1}^{n} x_i\right) a + \left(\sum_{i=1}^{n} x_i^2\right) b = \sum_{i=1}^{n} x_i y_i,$$

also ein lineares Gleichungssystem mit zwei Gleichungen und zwei Unbekannten a und b. Man kann zeigen, dass dieses Gleichungssystem eine eindeutige Lösung besitzt, es sei denn, die x-Werte aller Messpunkte sind identisch (d.h., es ist $x_1 = x_2 = \ldots = x_n$), und dass diese Lösung tatsächlich ein Minimum der Funktion F beschreibt [Heuser 1988]. Die auf diese Weise bestimmte Gerade $y = g(x) = a + bx$ nennt man die *Ausgleichsgerade* oder *Regressionsgerade* für den Datensatz $(x_1,y_1), \ldots, (x_n,y_n)$.

Zur Veranschaulichung des Verfahrens betrachten wir ein einfaches Beispiel. Gegeben sei der aus acht Messpunkten $(x_1,y_1), \ldots, (x_8,y_8)$ bestehende Datensatz, der in der folgenden Tabelle gezeigt ist [Heuser 1988]:

x	1	2	3	4	5	6	7	8
y	1	3	2	3	4	3	5	6

---

[1]Man beachte allerdings, dass dies auch ein Nachteil sein kann. Enthält der gegebene Datensatz „Ausreißer" (das sind Messwerte, die durch zufällig aufgetretene, unverhältnismäßig große Messfehler sehr weit von dem tatsächlichen Wert abweichen), so wird die Lage der berechneten Ausgleichsgerade u.U. sehr stark von wenigen Messpunkten (eben den Ausreißern) beeinflusst, was das Ergebnis unbrauchbar machen kann.

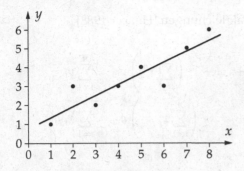

Abbildung 28.3: Beispieldaten und mit der Methode der kleinsten Quadrate berechnete Ausgleichsgerade.

Um das System der Normalgleichungen aufzustellen, berechnen wir

$$\sum_{i=1}^{8} x_i = 36, \qquad \sum_{i=1}^{8} x_i^2 = 204, \qquad \sum_{i=1}^{8} y_i = 27, \qquad \sum_{i=1}^{8} x_i y_i = 146.$$

Damit erhalten wir das Gleichungssystem (Normalgleichungen)

$$8a + 36b = 27,$$
$$36a + 204b = 146,$$

das die Lösung $a = \frac{3}{4}$ und $b = \frac{7}{12}$ besitzt. Die Ausgleichsgerade ist also

$$y = \frac{3}{4} + \frac{7}{12}x.$$

Diese Gerade ist zusammen mit den Datenpunkten, von denen wir ausgegangen sind, in Abbildung 28.3 dargestellt.

Das gerade betrachtete Verfahren ist natürlich nicht auf die Bestimmung von Ausgleichsgeraden beschränkt, sondern lässt sich mindestens auf Ausgleichspolynome erweitern. Man sucht dann nach einem Polynom

$$y = p(x) = a_0 + a_1 x + \ldots + a_m x^m$$

mit gegebenem, festem Grad m, das die n Messpunkte $(x_1, y_1), \ldots, (x_n.y_n)$ möglichst gut annähert. In diesem Fall ist

$$F(a_0, a_1, \ldots, a_m) = \sum_{i=1}^{n} (p(x_i) - y_i)^2 = \sum_{i=1}^{n} (a_0 + a_1 x_i + \ldots + a_m x_i^m - y_i)^2$$

zu minimieren. Notwendige Bedingung für ein Minimum ist wieder, dass die partiellen Ableitungen nach den Parametern a_0 bis a_m verschwinden, also

$$\frac{\partial F}{\partial a_0} = 0, \quad \frac{\partial F}{\partial a_1} = 0, \quad \ldots \quad, \frac{\partial F}{\partial a_m} = 0$$

gilt. So ergibt sich das System der Normalgleichungen [Heuser 1988]

$$na_0 + \left(\sum_{i=1}^{n} x_i\right) a_1 + \ldots + \left(\sum_{i=1}^{n} x_i^m\right) a_m = \sum_{i=1}^{n} y_i$$

$$\left(\sum_{i=1}^{n} x_i\right) a_0 + \left(\sum_{i=1}^{n} x_i^2\right) a_1 + \ldots + \left(\sum_{i=1}^{n} x_i^{m+1}\right) a_m = \sum_{i=1}^{n} x_i y_i$$

$$\vdots \qquad\qquad\qquad\qquad\qquad\qquad\qquad\qquad\qquad\qquad \vdots$$

$$\left(\sum_{i=1}^{n} x_i^m\right) a_0 + \left(\sum_{i=1}^{n} x_i^{m+1}\right) a_1 + \ldots + \left(\sum_{i=1}^{n} x_i^{2m}\right) a_m = \sum_{i=1}^{n} x_i^m y_i,$$

aus dem sich die Parameter a_0 bis a_m mit den üblichen Methoden der linearen Algebra (z.B. Gaußsches Eliminationsverfahren, Cramersche Regel, Bildung der Inversen der Koeffizientenmatrix etc.) berechnen lassen. Das so bestimmte Polynom $p(x) = a_0 + a_1 x + a_2 x^2 + \ldots + a_m x^m$ heißt *Ausgleichspolynom* oder *Regressionspolynom* m-ter Ordnung für den Datensatz $(x_1, y_1), \ldots, (x_n, y_n)$.

Weiter lässt sich die Methode der kleinsten Quadrate nicht nur verwenden, um, wie bisher betrachtet, Ausgleichspolynome zu bestimmen, sondern kann auch für Funktionen mit mehr als einem Argument eingesetzt werden. In diesem Fall spricht man von *multipler* oder *multivariater Regression*. Wir untersuchen hier beispielhaft nur den Spezialfall der *multilinearen Regression* und beschränken uns außerdem auf eine Funktion mit zwei Argumenten. D.h., wir betrachten, wie man zu einem gegebenen Datensatz $(x_1, y_1, z_1), \ldots, (x_n, y_n, z_n)$ eine Ausgleichsfunktion der Form

$$z = f(x, y) = a + bx + cy$$

so bestimmen kann, dass die Summe der Abweichungsquadrate minimal wird. Die Ableitung der Normalgleichungen für diesen Fall ist zu der Ableitung für Ausgleichspolynome völlig analog. Wir müssen

$$F(a, b, c) = \sum_{i=1}^{n} (f(x_i, y_i) - z_i)^2 = \sum_{i=1}^{n} (a + bx_i + cy_i - z_i)^2$$

minimieren. Notwendige Bedingungen für ein Minimum sind

$$\frac{\partial F}{\partial a} = \sum_{i=1}^{n} 2(a + bx_i + cy_i - z_i) = 0,$$

$$\frac{\partial F}{\partial b} = \sum_{i=1}^{n} 2(a + bx_i + cy_i - z_i)x_i = 0,$$

$$\frac{\partial F}{\partial c} = \sum_{i=1}^{n} 2(a + bx_i + cy_i - z_i)y_i = 0.$$

Also erhalten wir das System der Normalgleichungen

$$na + \left(\sum_{i=1}^{n} x_i\right) b + \left(\sum_{i=1}^{n} y_i\right) c = \sum_{i=1}^{n} z_i$$

$$\left(\sum_{i=1}^{n} x_i\right) a + \left(\sum_{i=1}^{n} x_i^2\right) b + \left(\sum_{i=1}^{n} x_i y_i\right) c = \sum_{i=1}^{n} z_i x_i$$

$$\left(\sum_{i=1}^{n} y_i\right) a + \left(\sum_{i=1}^{n} x_i y_i\right) b + \left(\sum_{i=1}^{n} y_i^2\right) c = \sum_{i=1}^{n} z_i y_i$$

aus dem sich a, b und c leicht berechnen lassen.

Es dürfte klar sein, dass sich die Methode der kleinsten Quadrate auch auf Polynome in mehreren Variablen erweitern lässt. Wie sie sich unter bestimmten Umständen auch noch auf andere Funktionenklassen erweitern lässt, ist in Abschnitt 5.3 anhand der *logistischen Regression* gezeigt.

Ein Programm zur multipolynomialen Regression, das zur schnellen Berechnung der verschiedenen benötigten Potenzprodukte eine auf Ideen der dynamischen Programmierung beruhende Methode benutzt, steht unter

```
http://www.computational-intelligence.eu
```

zur Verfügung.

28.3 Aktivierungsumrechnung

In diesem Anhang geben wir an, wie sich die Gewichte und Schwellenwerte eines Hopfield-Netzes, das mit den Aktivierungen 0 und 1 arbeitet, in die entsprechenden Parameter eines Hopfield-Netzes, das mit den Aktivierungen −1 und 1 arbeitet, umrechnen lassen (und umgekehrt). Dies zeigt, dass die beiden Netzarten äquivalent sind, wir also berechtigt waren, in Kapitel 8 je nach Gegebenheit die eine oder die andere Form zu wählen.

Wir deuten im folgenden durch einen oberen Index den Wertebereich der Aktivierung der Neuronen des Netzes an, auf das sich die auftretenden Größen beziehen. Es bedeuten:

^{0} : Größe aus Netz mit $\mathrm{act}_u \in \{\ 0, 1\}$,

$^-$: Größe aus Netz mit $\mathrm{act}_u \in \{-1, 1\}$.

Offenbar muss stets gelten

$$\mathrm{act}_u^0 = \frac{1}{2}(\mathrm{act}_u^- + 1) \quad \text{und}$$

$$\mathrm{act}_u^- = 2\,\mathrm{act}_u^0 - 1,$$

d.h. das Neuron u hat in beiden Netzarten die Aktivierung 1, oder es hat in der einen Netzart die Aktivierung 0 und in der anderen die entsprechende Aktivierung −1. Damit die beiden Netztypen das gleiche Verhalten zeigen, muss außerdem gelten:

$$s(\mathrm{net}_u^- - \theta_u^-) = s(\mathrm{net}_u^0 - \theta_u^0),$$

wobei

$$s(x) = \left\{ \begin{array}{ll} 1, & \text{falls } x \geq 0, \\ -1, & \text{sonst,} \end{array} \right.$$

denn nur dann werden immer gleichartige Aktivierungsänderungen ausgeführt. Obige Gleichung gilt sicherlich, wenn gilt:

$$\text{net}_u^- - \theta_u^- = \text{net}_u^0 - \theta_u^0.$$

Aus dieser Gleichung erhalten wir mit den oben angegebenen Beziehungen der Aktivierungen

$$
\begin{aligned}
\text{net}_u^- - \theta_u^- &= \sum_{v \in U - \{u\}} w_{uv}^- \text{act}_u^- - \theta_u^- \\
&= \sum_{v \in U - \{u\}} w_{uv}^- (2 \, \text{act}_u^0 - 1) - \theta_u^- \\
&= \sum_{v \in U - \{u\}} 2 w_{uv}^- \text{act}_u^0 - \sum_{v \in U - \{u\}} w_{uv}^- - \theta_u^- \\
&\overset{!}{=} \text{net}_u^0 - \theta_u^0 \\
&= \sum_{v \in U - \{u\}} w_{uv}^0 \text{act}_u^0 - \theta_u^0
\end{aligned}
$$

Diese Gleichung ist erfüllt, wenn wir

$$
\begin{aligned}
w_{uv}^0 &= 2 w_{uv}^- \qquad \text{und} \\
\theta_u^0 &= \theta_u^- + \sum_{v \in U - \{u\}} w_{uv}^-
\end{aligned}
$$

wählen. Für die Gegenrichtung erhalten wir

$$
\begin{aligned}
w_{uv}^- &= \frac{1}{2} w_{uv}^0 \qquad \text{und} \\
\theta_u^- &= \theta_u^0 - \sum_{v \in U - \{u\}} w_{uv}^- = \theta_u^0 - \frac{1}{2} \sum_{v \in U - \{u\}} w_{uv}^0.
\end{aligned}
$$

Literaturverzeichnis

[Aggarwal *et al.* 2001] C.C. Aggarwal, A. Hinneburg und D.A. Keim. *On the Surprising Behavior of Distance Metrics in High Dimensional Spaces*. In: J. van den Bussche, V. Vianu (eds.): Proc. ICDT, Springer-Verlag, Berlin, 420–434, 2001

[Aidoo *et al.* 2002] M. Aidoo, D.J. Terlouw, M.S. Kolczak, P.D. McElroy, F.O. ter Kuile, S. Kariuki, B.L. Nahlen, A.A. Lal und V. Udhayakumar. Protective Effects of the Sickle Cell Gene Against Malaria Morbidity and Mortality. *The Lancet* 359:1311–1312. Elsevier, Amsterdam, Netherlands 2002

[Albert 1972] A. Albert. *Regression and the Moore-Penrose Pseudoinverse*. Academic Press, New York, NY, USA 1972

[Anderson 1995] J.R. Anderson. *Cognitive Psychology and its Implications (4th edition)*. Freeman, New York, NY, USA 1995

[Anderson und Rosenfeld 1988] J.A. Anderson and E. Rosenfeld. *Neurocomputing: Foundations of Research*. MIT Press, Cambridge, MA, USA 1988

[Antonisse 1989] J. Antonisse. A New Interpretation of Schema Notation that Overturns the Binary Encoding Constraint. *Proc. 3rd Int. Conf. on Genetic Algorithms*, 86–97. Morgan Kaufmann, San Francisco, CA, USA 1989

[Arrow 1951] K.J. Arrow. *Social Choice and Individual Values*. J. Wiley & Sons, New York, NY, USA 1951

[Aurenhammer 1991] F. Aurenhammer. Voronoi Diagrams — A Survey of a Fundamental Geometric Data Structure. *ACM Computing Surveys* 23(3):345–405. ACM Press, New York, NY, USA 1991

[Axelrod 1980] R. Axelrod. More Effective Choice in the Prisoner's Dilemma. *Journal of Conflict Resolution* 24:379–403. SAGE Publications, New York, NY, USA 1980

[Axelrod 1984] R. Axelrod. *The Evolution of Cooperation*. Basic Books, New York, NY, USA 1984

[Axelrod 1987] R. Axelrod. The Evolution of Strategies in the Iterated Prisoner's Dilemma. In: L. Davis (ed.) *Genetic Algorithms and Simulated Annealing*, 32–41. Morgan Kaufmann, San Francisco, CA, USA 1987

[Bäck und Schwefel 1993] T. Bäck and H.-P. Schwefel. An Overview of Evolutionary Algorithms for Parameter Optimization. *Evolutionary Computation* 1(1):1–23. MIT Press, Cambridge, MA, USA 1993

[Ball und Hall 1967] G.H. Ball and D.J. Hall. A Clustering Technique for Summarizing Multivariate Data. *Behavioral Science* 12(2):153–155. J. Wiley & Sons, Chichester, United Kingdom 1967

[Baluja 1994] S. Baluja. Population-based Incremental Learning: A Method for Integrating Genetic Search Based Function Optimization and Competitive Learning. Technical Report CMU-CS-94-163, School of Computer Science, Carnegie Mellon University, Pittsburgh, PA, USA 1994

[Bandemer und Näther 1992] H. Bandemer and W. Näther. *Fuzzy Data Analysis*. Kluwer, Dordrecht, Netherlands 1992

[Banzhaf *et al.* 1998] W. Banzhaf, P. Nordin, R.E. Keller, F.D. Francone. *Genetic Programming — An Introduction: On the Automatic Evolution of Computer Programs and Its Applications*. Morgan Kaufmann, San Francisco, CA, USA 1998

[Barto *et al.* 1983] A.G. Barto, R.S. Sutton und C.W. Anderson. Neuronlike adaptive elements that can solve difficult learning control problems. *IEEE Trans. on Systems, Man, and Cybernetics* 13(5):834–846. IEEE Press, Piscataway, NJ, USA 1983

[Beierle und Kern-Isberner 2014] C. Beierle and G. Kern-Isberner. *Methoden wissensbasierter Systeme: Grundlagen, Algorithmen, Anwendungen*. Springer-Vieweg, Berlin/Wiesbaden, Germany 2014

[Berenji und Khedkar 1993] H.R. Berenji and P. Khedkar. Learning and tuning fuzzy logic controllers through reinforcements. *IEEE Trans. on Neural Networks* 3(5):724–740. IEEE Press, Piscataway, NJ, USA 1992

[Bezdek 1981] J.C. Bezdek. *Pattern Recognition with Fuzzy Objective Function Algorithms*. Plenum Press, New York, NY, USA 1981

[Bezdek und Pal 1992] J.C. Bezdek and N. Pal. *Fuzzy Models for Pattern Recognition*. IEEE Press, New York, NY, USA 1992

[Bezdek 1993] J.C. Bezdek. Fuzzy Models — What Are They, and Why? *IEEE Trans. on Fuzzy Systems* 1:1–5. IEEE Press, Piscataway, NJ, USA 1993

[Bezdek *et al.* 1999] J.C. Bezdek, J.M. Keller, R. Krishnapuram und N. Pal. *Fuzzy Models and Algorithms for Pattern Recognition and Image Processing*. Kluwer, Dordrecht, Netherlands 1999

[Bezdek und Hathaway 2003] J.C. Bezdek and R.J. Hathaway. Visual Cluster Validity (VCV) Displays for Prototype Generator Clustering Methods. *Proc. 12th IEEE Int. Conf. on Fuzzy Systems (FUZZ-IEEE 2003, Saint Louis, MO)*, 2:875–880. IEEE Press, Piscataway, NJ, USA 2003

[Bilmes 1997] J. Bilmes. A Gentle Tutorial on the EM Algorithm and Its Application to Parameter Estimation for Gaussian Mixture and Hidden Markov Models. *Tech. Report ICSI-TR-97-021*. University of Berkeley, CA, USA 1997

[Blanco-Fernández *et al.* 2012] A. Blanco-Fernández, M.R. Casals, A. Colubi, R. Coppi, N. Corral, S. Rosa de Sáa, P. D'Urso, M.B. Ferraro, M. García-Bárzana, M.A. Gil, P. Giordani, G. González-Rodríguez, M.T. López, M.A. Lubiano, M. Montenegro, T. Nakama, A.B. Ramos-Guajardo, B. Sinova und W. Trutschnig. Arithmetic and Distance-Based Approach to the Statistical Analysis of Imprecisely Valued Data. In: [Borgelt *et al.* 2012], 1–18.

[Boden 1990] M.A. Boden, ed. *The Philosophy of Artificial Intelligence*. Oxford University Press, Oxford, United Kingdom 1990

[Borgelt 2005] C. Borgelt. *Prototype-based Classification and Clustering*. Habilitationsschrift, Otto-von-Guericke-University of Magdeburg, Germany 2005

[Borgelt *et al.* 2009] C. Borgelt, M. Steinbrecher und R. Kruse. *Graphical Models — Representations for Learning, Reasoning and Data Mining*, 2nd ed. J. Wiley & Sons, Chichester, United Kingdom 2009

[Borgelt *et al.* 2012] C. Borgelt, M.A. Gil, J.M.C. Sousa und M. Verleysen (eds.) *Towards Advanced Data Analysis by Combining Soft Computing and Statistics*. Studies in Fuzziness and Soft Computing, vol. 285. Springer-Verlag, Berlin/Heidelberg, Germany 2012

[Boujemaa 2000] N. Boujemaa. Generalized Competitive Clustering for Image Segmentation. *Proc. 19th Int. Meeting North American Fuzzy Information Processing Society (NAFIPS 2000, Atlanta, GA)*, 133–137. IEEE Press, Piscataway, NJ, USA 2000

[Brenner und Hearing 2008] M. Brenner and V.J. Hearing. The Protective Role of Melanin Against UV Damage in Human Skin. *Photochemistry and Photobiology* 84(3):539–549. J. Wiley & Sons, New York, NY, USA 2008

[Brownlee 2011] J. Brownlee. *Clever Algorithms: Nature-Inspired Programming Recipes*. Lulu Press, Raleigh, NC, USA 2011

[Butnariu und Klement 1993] D. Butnariu and E.P. Klement. *Triangular Norm-based Measures and Games with Fuzzy Coalitions*. Kluwer, Dordrecht, Netherlands 1993

[Castillo *et al.* 1997] E. Castillo, J.M. Gutierrez und A.S. Hadi. *Expert Systems and Probabilistic Network Models*. Springer-Verlag, New York, NY, USA 1997

[Cooper und Herskovits 1992] G.F. Cooper and E. Herskovits. A Bayesian Method for the Induction of Probabilistic Networks from Data. *Machine Learning* 9:309–347. Kluwer, Dordrecht, Netherlands 1992

[Daroczy 1970] Z. Daróczy. Generalized Information Functions. *Information and Control* 16(1):36–51. Academic Press, San Diego, CA, USA 1970

[Darwin 1859] C. Darwin. *On the Origin of Species by Means of Natural Selection, or the Preservation of Favoured Races in the Struggle for Life*. John Murray, London, United Kingdom 1859

[Davé und Krishnapuram 1997] R.N. Davé and R. Krishnapuram. Robust Clustering Methods: A Unified View. *IEEE Trans. on Fuzzy Systems 5 (1997)*, 270–293. IEEE Press, Piscataway, NJ, USA 1997

[Davidor 1990] Y. Davidor. Lamarckian Sub-Goal Reward in Genetic Algorithm. *Proc. Euro. Conf. on Artificial Intelligence (ECAI, Stockholm, Sweden)*, 189–194. Pitman, London/Boston, United Kingdom/USA 1990

[Dawid 1979] A.P. Dawid. Conditional Independence in Statistical Theory. *Journal of the Royal Statistical Society, Series B (Methodological)* 41(1):1–31. Blackwell, Oxford, United Kingdom 1979

[Dawkins 1982] R. Dawkins. *The Extended Phenotype: The Long Reach of the Gene*. Oxford University Press, Oxford, United Kingdom 1982; new edition 1999

[Dawkins 1986] R. Dawkins. *The Blind Watchmaker*. W.W. Norton, New York, NY, USA 1986

[Dawkins 1976] R. Dawkins. *The Selfish Gene*. Oxford University Press, Oxford, United Kingdom 1976; 2nd edition 1989

[Dawkins 2009] R. Dawkins. *The Greatest Show on Earth: The Evidence for Evolution*. Free Press, New York, NY, USA 2009

[Dechter 1996] R. Dechter. Bucket Elimination: A Unifying Framework for Probabilistic Inference. *Proc. 12th Conf. on Uncertainty in Artificial Intelligence (UAI'96, Portland, OR, USA)*, 211–219. Morgan Kaufmann, San Mateo, CA, USA 1996

[Dempster *et al.* 1977] A.P. Dempster, N. Laird und D. Rubin. Maximum Likelihood from Incomplete Data via the EM Algorithm. *Journal of the Royal Statistical Society (Series B)* 39:1–38. Blackwell, Oxford, United Kingdom 1977

[Denneberg 1994] D. Denneberg. *Non-Additive Measure and Integral*. Springer, Heidelberg, Germany 1994

[Dorigo 1992] M. Dorigo. *Optimization, Learning and Natural Algorithms*. PhD Thesis, Politecnico di Milano, Milan, Italy 1992

[Dorigo und Stützle 2004] M. Dorigo and T. Stützle. *Ant Colony Optimization*. Bradford/MIT Press, Cambridge, MA, USA 2004

[Döring *et al.* 2005] C. Döring, C. Borgelt und R. Kruse. Effects of Irrelevant Attributes in Fuzzy Clustering. *Proc. 14th IEEE Int. Conf. on Fuzzy Systems (FUZZ-IEEE'05, Reno, NV)*, 862–866. IEEE Press, Piscataway, NJ, USA 2005

[Dubois 2012] D. Dubois. Statistical Reasoning with set-Valued Information: Ontic vs. Epistemic Views. In: [Borgelt *et al.* 2012]:119–136

[Dubois und Prade 1988] D. Dubois and H. Prade. *Possibility Theory*. Plenum Press, New York, NY, USA 1988

[Dubois und Prade 2007] D. Dubois and H. Prade. Possibility theory. *Scholarpedia* 2(10):2074. 2007

[Dueck 1993] G. Dueck. New Optimization Heuristics: The Great Deluge Algorithm and the Record-to-Record Travel. *Journal of Computational Physics* 104(1):86–92. Elsevier, Amsterdam, Netherlands 1993

[Dueck und Scheuer 1990] G. Dueck and T. Scheuer. Threshold Accepting: A General Purpose Optimization Algorithm appearing Superior to Simulated Annealing, *Journal of Computational Physics* 90(1):161–175. Elsevier, Amsterdam, Netherlands 1990

[Dunn 1973] J.C. Dunn. A Fuzzy Relative of the ISODATA Process and Its Use in Detecting Compact Well-Separated Clusters. *Journal of Cybernetics* 3(3):32–57. American Society for Cybernetics, Washington, DC, USA 1973. Reprinted in [Bezdek und Pal 1992], 82–101

[Everitt 1981] B.S. Everitt. *Cluster Analysis*. Heinemann, London, United Kingdom 1981

[Everitt und Hand 1981] B.S: Everitt and D.J. Hand. *Finite Mixture Distributions*. Chapman & Hall, London, United Kingdom 1981

[Fahlman 1988] S.E. Fahlman. An Empirical Study of Learning Speed in Backpropagation Networks. In: [Touretzky *et al.* 1988].

[Farmer *et al.* 1986] J.D. Farmer, N. Packard and A. Perelson. The Immune System, Adaptation and Machine Learning. *Physica D: Nonlinear Phenomena* 2:187–204. Elsevier, Amsterdam, Netherlands 1986

[Feynman *et al.* 1963] R.P. Feynman, R.B. Leighton und M. Sands. *The Feynman Lectures on Physics, Vol. 1: Mechanics, Radiation, and Heat*. Addison-Wesley, Reading, MA, USA 1963

[Fogel 2001] D.B. Fogel. *Blondie24: Playing at the Edge of AI*. Morgan Kaufmann, San Francisco, CA, USA 2001

[Francois et al. 2007] D. Francois, V. Wertz, M. Verleysen. The Concentration of Fractional Distances. *IEEE Trans. Knowl. Data Eng.*, 19:873–886, 2007

[Fredkin und Toffoli 1982] E. Fredkin and T. Toffoli. Conservative Logic. *Int. Journal of Theoretical Physics* 21(3/4):219–253. Plenum Press, New York, NY, USA 1982

[Frigui und Krishnapuram 1997] H. Frigui and R. Krishnapuram. Clustering by Competitive Agglomeration. *Pattern Recognition* 30(7):1109–1119. Pergamon Press, Oxford, United Kingdom 1997

[Gath und Geva 1989] I. Gath and A.B. Geva. Unsupervised Optimal Fuzzy Clustering. *IEEE Trans. Pattern Analysis and Machine Intelligence (PAMI)* 11:773–781. IEEE Press, Piscataway, NJ, USA 1989. Reprinted in [Bezdek und Pal 1992], 211–218

[Gebhardt et al. 2003] J. Gebhardt, H. Detmer und A.L. Madsen. Predicting Parts Demand in the Automotive Industry — An Application of Probabilistic Graphical Models. *Proc. Bayesian Modelling Applications Workshop at Int. Joint Conf. on Uncertainty in Artificial Intelligence (UAI 2003, Acapulco, Mexico)*. 2003

[Gebhardt et al. 2004] J. Gebhardt, C. Borgelt, R. Kruse und H. Detmer. Knowledge Revision in Markov Networks. *Mathware and Soft Computing* 11(2–3):93–107. University of Granada, Granada, Spain 2004

[Gebhardt und Kruse 2005] J. Gebhardt and R. Kruse. Knowledge-Based Operations for Graphical Models in Planning. *Proc. Europ. Conf. on Symbolic and Quantitative Approaches to Reasoning with Uncertainty (ECSQARU 2005, Barcelona, Spain)*, LNAI 3571:3–14. Springer-verlag, Berlin, Germany 2005

[Gebhardt et al. 2006] J. Gebhardt, A. Klose, H. Detmer, F. Rügheimer, and R. Kruse. Graphical Models for Industrial Planning on Complex Domains. In: D. Della Riccia, D. Dubois, R. Kruse, and H.-J. Lenz (eds.) *Decision Theory and Multi-Agent Planning*, CISM Courses and Lectures 482:131–143. Springer-Verlag, Berlin, Germany 2006

[Goldberg 1989] D.E. Goldberg. *Genetic Algorithms in Search, Optimization and Machine Learning*. Kluwer, Dordrecht, Netherlands 1989

[Goldberg 1991] D.E. Goldberg. The Theory of Virtual Alphabets. *Proc. 1st Workshop on Parallel Problem Solving in Nature (PPSN 1991, Dortmund, Germany)*, LNCS 496:13–22. Springer-Verlag, Heidelberg, Germany 1991

[Golub und Van Loan 1996] G.H. Golub and C.F. Van Loan. *Matrix Computations*, 3rd edition. The Johns Hopkins University Press, Baltimore, MD, USA 1996

[Goss et al. 1989] S. Goss, S. Aron, J.-L. Deneubourg und J.M. Pasteels. Self-organized Shortcuts in the Argentine Ant. *Naturwissenschaften* 76:579–581. Springer-Verlag, Heidelberg, Germany 1989

[Gottwald 1993] S. Gottwald. ???

[Gottwald 2003] S. Gottwald (ed.) *A Treatise on Many-Valued Logic*. Research Studies Press, Baldock, UK 2003

[Greiner 1989] W. Greiner. *Mechanik, Teil 1 (Series: Theoretische Physik)*. Verlag Harri Deutsch, Thun/Frankfurt am Main, Germany 1989. English edition: *Classical Mechanics*. Springer-Verlag, Berlin, Germany 2002

[Greiner *et al.* 1987] W. Greiner, L. Neise und H. Stöcker. *Thermodynamik und Statistische Mechanik (Series: Theoretische Physik).* Verlag Harri Deutsch, Thun/Frankfurt am Main, Germany 1987. English edition: *Thermodynamics and Statistical Physics.* Springer-Verlag, Berlin, Germany 2000

[Gustafson und Kessel 1979] E.E. Gustafson and W.C. Kessel. Fuzzy Clustering with a Fuzzy Covariance Matrix. *Proc. of the IEEE Conf. on Decision and Control (CDC 1979, San Diego, CA)*, 761–766. IEEE Press, Piscataway, NJ, USA 1979. Reprinted in [Bezdek und Pal 1992], 117–122

[Hansen 2006] N. Hansen. The CMA Evolution Strategy: A Comparing Review. In: [Lozano *et al.* 2006], 1769–1776.

[Halgamuge und Glesner 1994] S.K. Halgamuge and M. Glesner. Neural Networks in Designing Fuzzy Systems for Real World Applications. *Fuzzy Sets and Systems*, 65(1):1–12. Elsevier, Amsterdam, Netherlands 1994.

[Hartigan und Wong 1979] J.A. Hartigan and M.A. Wong. A *k*-Means Clustering Algorithm. *Applied Statistics* 28:100–108. Blackwell, Oxford, United Kingdom 1979

[Hartl und Clark 2007] D.L. Hartl and A.G. Clark. *Principles of Population Genetics*, 4th edition. Sinauer Associates, Sunderland, MA, USA 2007

[Harris 2006] S.S. Harris. Vitamin D and African Americans. *Journal of Nutrition* 136(4):1126–1129. American Society for Nutrition, Bethesda, MD, USA 2006

[Haykin 2008] S. Haykin. *Neural Networks and Learning Machines.* Prentice Hall, Englewood Cliffs, NJ, USA 2008

[Hebb 1949] D.O. Hebb. *The Organization of Behaviour.* J. Wiley & Sons, New York, NY, USA 1949. Chap. 4: "The First Stage of Perception: Growth of an Assembly" reprinted in [Anderson und Rosenfeld 1988], 45–56.

[Heckerman *et al.* 1994] D. Heckerman, D. Geiger and D.M. Chickering. *Learning Bayesian Networks: The Combination of Knowledge and Statistical Data*, MSR-TR-94-09. Microsoft Research, Redmond, WA, USA 1994

[Heuser 1988] H. Heuser. *Lehrbuch der Analysis, Teil 1+2.* Teubner, Stuttgart, Germany 1988

[Heuser 1989] H. Heuser. *Gewöhnliche Differentialgleichungen.* Teubner, Stuttgart, Germany 1989

[Hobbes 1651] T. Hobbes. *Leviathan. Or the Matter, Forme and Power of a Commonwealth Ecclesiastical and Civil.* 1651. Reprinted as: Ian Shapiro (ed.) *Leviathan. Or The Matter, Forme, & Power of a Common-Wealth Ecclesiastical and Civil.* Yale University Press, New Haven, CT, USA 2010

[Hopf und Klawonn 1994] J. Hopf and F. Klawonn. Learning the rule base of a fuzzy controller by a genetic algorithm. In: R. Kruse, J. Gebhardt und R. Palm (eds.) *Fuzzy Systems in Computer Science*, 63–74. Vieweg, Braunschweig, Germany 1994.

[Holland 1975] J.H. Holland. *Adaptation in Natural and Artificial Systems: An Introductory Analysis with Applications to Biology, Control, and Artificial Intelligence.* University of Michigan Press, Ann Arbor, MI, USA 1975

[Hopfield 1982] J.J. Hopfield. Neural Networks and Physical Systems with Emergent Collective Computational Abilities. *Proc. of the National Academy of Sciences* 79:2554–2558. USA 1982

[Hopfield 1984] J.J. Hopfield. Neurons with Graded Response have Collective Computational Properties like those of Two-state Neurons. *Proc. of the National Academy of Sciences* 81:3088–3092. USA 1984

[Hopfield und Tank 1985] J. Hopfield and D. Tank. "Neural" Computation of Decisions in Optimization Problems. *Biological Cybernetics* 52:141–152. Springer-Verlag, Heidelberg, Germany 1985

[Hoeppner *et al.* 1999] F. Höppner, F. Klawonn, R. Kruse und T. Runkler. *Fuzzy Cluster Analysis*. J. Wiley & Sons, Chichester, United Kingdom 1999

[Honda und Ichihashi 2005] K. Honda and H. Ichihashi. Regularized Linear Fuzzy Clustering and Probabilistic PCA Mixture Models. *IEEE Trans. Fuzzy Systems* 13(4):508–516. IEEE Press, Piscataway, NJ, USA 2005

[Hüllermeier 2005] E. Hüllermeier. Fuzzy-Methods in Machine Learning and Data Mining: Status and Prospects. *Fuzzy Sets and Systems* 156(3):387–407. Elsevier, Amsterdam, Netherlands 2005

[Hüllermeier 2011] E. Hüllermeier. Fuzzy Sets in Machine Learning and Data Mining. *Applied Soft Computing* 11(2):1493–1505. Elsevier, Amsterdam, Netherlands 2011

[Hüllermeier *et al.* 2010] E. Hüllermeier, R. Kruse und F. Hoffmann. *Computational Intelligence for Knowledge-Based System Design*. Lecture Notes in Artificial Intelligence, vol. 6178. Springer-Verlag, Heidelberg/Berlin, Germany 2010

[Ichihashi *et al.* 2001] H. Ichihashi, K. Miyagishi und K. Honda. Fuzzy c-Means Clustering with Regularization by K-L Information. *Proc. 10th IEEE Int. Conf. on Fuzzy Systems (FUZZ-IEEE 2001, Melbourne, Australia)*, 924–927. IEEE Press, Piscataway, NJ, USA 2001

[Ising 1925] E. Ising. Beitrag zur Theorie des Ferromagnetismus. *Zeitschrift für Physik* 31(253), 1925

[Jain und Dubes 1988] A.K. Jain and R.C. Dubes. *Algorithms for Clustering Data*. Prentice Hall, Englewood Cliffs, NJ, USA 1988

[Jajuga 2003] K. Jajuga. L_1-norm Based Fuzzy Clustering. *Fuzzy Sets and Systems* 39(1):43–50. Elsevier, Amsterdam, Netherlands 2003

[Jakobs 1988] R.A. Jakobs. Increased Rates of Convergence Through Learning Rate Adaption. *Neural Networks* 1:295–307. Pergamon Press, Oxford, United Kingdom 1988

[Jang 1993] J.-S.R. Jang. ANFIS: adaptive-network-based fuzzy inference system. *IEEE Trans. on Systems, Man, and Cybernetics*, 23(3):665–685. IEEE Press, Piscataway, NJ, USA 1993.

[Jensen 1988] F.V. Jensen. *Junction Trees and Decomposable Hypergraphs*. Research Report, JUDEX Data Systems, Aalborg, Denmark 1988

[Jensen 1996] F.V. Jensen. *An Introduction to Bayesian Networks*. UCL Press, London, United Kingdom 1996

[Jensen 2001] F.V. Jensen. *Bayesian Networks and Decision Graphs*. Springer-Verlag, Berlin, Germany 2001

[Jensen und Nielsen 2007] F.V. Jensen and T.D. Nielsen. *Bayesian Networks and Decision Graphs* (2nd ed.). Springer-Verlag, London, United Kingdom 2007

[Kacprzyk und Pedrycz 2015] J. Kacprzyk, W. Pedrycz. *Springer Handbook of Computational Intelligence*. Springer-Verlag Berlin Heidelberg, Germany 2015

[Kaelbling *et al.* 1996] L.P. Kaelbling, M.H. Littman und A.W. Moore. Reinforcement learning: A survey. *Journal of Artificial Intelligence Research*, 4:237–285. AI Access Foundation and Morgan Kaufman Publishers, El Segundo/San Francisco, CA, USA 1996.

[Kahlert und Frank 1994] J. Kahlert and H. Frank. *Fuzzy-Logik und Fuzzy-Control*, 2nd edition (in German). Vieweg, Braunschweig, Germany 1994

[Karayiannis 1994] N.B. Karayiannis. MECA: Maximum Entropy Clustering Algorithm. *Proc. 3rd IEEE Int. Conf. on Fuzzy Systems (FUZZ-IEEE 1994, Orlando, FL)*, I:630–635. IEEE Press, Piscataway, NJ, USA 1994

[Kaufman und Rousseeuw 1990] L. Kaufman and P. Rousseeuw. *Finding Groups in Data: An Introduction to Cluster Analysis*. J. Wiley & Sons, New York, NY, USA 1990

[Kennedy und Eberhart 1995] J. Kennedy and R. Eberhart. Particle Swarm Optimization. *Proc. IEEE Int. Conf. on Neural Networks*, vol. 4:1942–1948. IEEE Press, Piscataway, NJ, USA 1995

[Kinzel *et al.* 1994] J. Kinzel, F. Klawonn und R. Kruse. Modifications of genetic algorithms for designing and optimizing fuzzy controllers. In: *Proc. IEEE Conf. on Evolutionary Computation (ICEC'94, Orlando, FL)*, 28–33. IEEE Press, Piscataway, NJ, USA 1994.

[Kirkpatrick *et al.* 1983] S. Kirkpatrick, C.D. Gelatt und M.P. Vercchi. Optimization by Simulated Annealing. *Science* 220:671–680. High Wire Press, Stanford, CA, USA 1983

[Klawonn 1992] F. Klawonn. On a Łukasiewicz Logic Based Controller. *Proc. Int. Seminar on Fuzzy Control through Neural Interpretations of Fuzzy Sets (MEPP'92)*, 53–56. Åbo Akademi, Turku, Finland 1992

[Klawonn 1994] F. Klawonn. Fuzzy Sets and Vague Environment. *Fuzzy Sets and Systems* 66:207–221. Elsevier, Amsterdam, Netherlands 1994

[Klawonn 2006] F. Klawonn. Reducing the Number of Parameters of a Fuzzy System Using Scaling Functions. *Soft Computing* 10:749–756. Springer Berlin Heidelberg, 2006

[Klawonn und Castro 1995] F. Klawonn and J.L. Castro. Similarity in Fuzzy Reasoning. *Mathware and Soft Computing* 2:197–228. University of Granada, Granada, Spain 1995

[Klawonn und Hoeppner 2003] F. Klawonn and F. Höppner. What is Fuzzy about Fuzzy Clustering? Understanding and Improving the Concept of the Fuzzifier. *Proc. 5th Int. Symposium on Intelligent Data Analysis (IDA 2003, Berlin, Germany)*, 254–264. Springer-Verlag, Berlin, Germany 2003

[Klawonn und Kruse 2004] F. Klawonn and R. Kruse. The inherent indistinguishability in fuzzy systems. In: W. Lenski. *Logic versus Approximation: Essays Dedicated to Michael M. Richter on the Occasion of his 65th Birthday*, 6–17. Springer-Verlag, Berlin, Germany, 2004

[Klawonn und Novak 1996] F. Klawonn and V. Novák. The Relation between Inference and Interpolation in the Framework of Fuzzy Systems. *Fuzzy Sets and Systems* 81:331–354. Elsevier, Amsterdam, Netherlands 1996

[Klement *et al.* 2000] E.P. Klement, R. Mesiar und E. Pap. *Triangular Norms*. Kluwer, Dordrecht, Netherlands 2000

[Knowles und Corne 1999] J. Knowles and C. David. The Pareto Archived Evolution Strategy: A New Baseline Algorithm for Pareto Multiobjective Optimisation. *Proc. IEEE Congress on Evolutionary Computation (CEC 1999, Washington, DC)*, vol. 1:98–105. IEEE Press, Piscataway, NJ, USA 1999

[Kohonen 1982] T. Kohonen. Self-organized Formation of Topologically Correct Feature Maps. *Biological Cybernetics*. Springer-Verlag, Heidelberg, Germany 1982

[Kohonen 1986] T. Kohonen. *Learning Vector Quantization for Pattern Recognition*. Technical Report TKK-F-A601. Helsinki University of Technology, Finland 1986

[Kohonen 1990] T. Kohonen. Improved Versions of Learning Vector Quantization. *Proc. Int. Joint Conference on Neural Networks* 1:545–550. IEE Computer Society Press, San Diego, CA, USA 1990

[Kohonen *et al.* 1992] T. Kohonen, J. Kangas, J. Laaksonen und T. Torkkola. *The Learning Vector Quantization Program Package, Version 2.1*. LVQ Programming Team, Helsinki University of Technology, Finland 1992

[Kohonen 1995] T. Kohonen. *Self-Organizing Maps*. Springer-Verlag, Heidelberg, Germany 1995 (3rd ext. edition 2001)

[Kolmogorov 1933] A.N. Kolmogorov. *Grundbegriffe der Wahrscheinlichkeitsrechnung*. Springer-Verlag, Heidelberg, 1933. English edition: *Foundations of the Theory of Probability*. Chelsea, New York, NY, USA 1956

[Kosko 1992] B. Kosko (ed.) *Neural Networks for Signal Processing*. Prentice Hall, Englewood Cliffs, NJ, USA 1992

[Koza 1992] J.R. Koza. *Genetic Programming: On the Programming of Computers by Means of Natural Selection*. MIT Press, Boston, MA, USA 1992

[Krink und Vollrath 1997] T. Krink and F. Vollrath. Analysing Spider Web-building Behaviour with Rule-based Simulations and Genetic Algorithms. *Journal of Theoretical Biology* 185(3):321–331. Elsevier, Amsterdam, Netherlands 1997

[Krishnapuram und Keller 1993] R. Krishnapuram and J.M. Keller. A Possibilistic Approach to Clustering. *IEEE Trans. on Fuzzy Systems* 1(2):98–110. IEEE Press, Piscataway, NJ, USA 1993

[Krishnapuram und Keller 1996] R. Krishnapuram and J.M. Keller. The Possibilistic c-Means Algorithm: Insights and Recommendations. *IEEE Trans. on Fuzzy Systems* 4(3):385–393. IEEE Press, Piscataway, NJ, USA 1996

[Kruse 1987] R. Kruse. On the Variance of Random Sets. *Journal of Mathematical Analysis and Applications* 122:469–473. Elsevier, Amsterdam, Netherlands 1987

[Kruse und Meyer 1987] R. Kruse and K.D. Meyer. *Statistics with Vague Data*. D. Reidel Publishing Company, Dordrecht, Netherlands 1987

[Kruse *et al.* 1994] R. Kruse, J. Gebhardt und F. Klawonn. *Foundations of Fuzzy Systems*, J. Wiley & Sons, Chichester, United Kingdom, 1994

[Kruse *et al.* 2012] R. Kruse, M.R. Berthold, C. Moewes, M.A. Gil, P. Grzegorzewski, and O. Hryniewicz (eds.) *Synergies of Soft Computing and Statistics for Intelligent Data Analysis*. Advances in Intelligent Systems and Computing, vol. 190. Springer-Verlag, Heidelberg/Berlin, Germany 2012

[Kruskal 1956] J.B. Kruskal. On the Shortest Spanning Subtree of a Graph and the Traveling Salesman Problem. *Proc. American Mathematical Society* 7(1):48–50. American Mathematical Society, Providence, RI, USA 1956

[Kullback und Leibler 1951] S. Kullback and R.A. Leibler. On Information and Sufficiency. *Annals of Mathematical Statistics* 22:79–86. Institute of Mathematical Statistics, Hayward, CA, USA 1951

[Kwakernaak 1978] H. Kwakernaak. Fuzzy Random Variables — I. Definitions and Theorems. *Information Sciences* 15:1–29. Elsevier, Amsterdam, Netherlands 1978

[Kwakernaak 1979] H. Kwakernaak. Fuzzy Random Variables — II. Algorithms and Examples for the Discrete Case. *Information Sciences* 17:252–278. Elsevier, Amsterdam, Netherlands 1979

[Lamarck 1809] J.-B. Lamarck. *Philosophie zoologique, ou, Exposition des considérations relative à l'histoire naturelle des animaux.* Paris, France 1809

[Larrañaga und Lozano 2002] P. Larrañaga and J.A. Lozano (eds.). *Estimation of Distribution Algorithms: A New Tool for Evolutionary Computation.* Kluwer Academic Publishers, Boston, USA 2002

[Lauritzen und Spiegelhalter 1988] S.L. Lauritzen and D.J. Spiegelhalter. Local Computations with Probabilities on Graphical Structures and Their Application to Expert Systems. *Journal of the Royal Statistical Society, Series B,* 2(50):157–224. Blackwell, Oxford, United Kingdom 1988

[Lee und Takagi 1993] M. Lee and H. Takagi. Integrating design stages of fuzzy systems using genetic algorithms. In: *Proc. IEEE Int. Conf. on Fuzzy Systems (San Francisco, CA,* 612–617. IEEE Press, Piscataway, NJ, USA 1993.

[Li und Mukaidono 1995] R.P. Li and M. Mukaidono. A Maximum Entropy Approach to Fuzzy Clustering. *Proc. 4th IEEE Int. Conf. on Fuzzy Systems (FUZZ-IEEE 1994, Yokohama, Japan),* 2227–2232. IEEE Press, Piscataway, NJ, USA 1995

[Lloyd 1982] S. Lloyd. Least Squares Quantization in PCM. *IEEE Trans. Information Theory* 28:129–137. IEEE Press, Piscataway, NJ, USA 1982

[Lozano *et al.* 2006] J.A. Lozano, T. Larrañaga, O. Inza, and E. Bengoetxea (eds.) *Towards a New Evolutionary Computation. Advances on Estimation of Distribution Algorithms.* Springer-Verlag, Berlin/Heidelberg, Germany 2006

[Mamdani und Assilian 1975] E.H. Mamdani and S. Assilian. An Experiment in Linguistic Synthesis with a Fuzzy Logic Controller. *Int. Journal of Man-Machine Studies* 7:1–13. Academic Press, Waltham, MA, USA 1975

[Mayer *et al.* 1993] A. Mayer, B. Mechler, A. Schlindwein und R. Wolke. *Fuzzy Logic.* Addison-Wesley, Bonn, Germany 1993

[McCulloch 1965] W.S. McCulloch. *Embodiments of Mind.* MIT Press, Cambridge, MA, USA 1965

[McCulloch und Pitts 1943] W.S. McCulloch and W.H. Pitts. A Logical Calculus of the Ideas Immanent in Nervous Activity. *Bulletin of Mathematical Biophysics* 5:115–133. USA 1943
Reprinted in [McCulloch 1965], 19–39, in [Anderson und Rosenfeld 1988], 18–28, and in [Boden 1990], 22–39.

[Metropolis *et al.* 1953] N. Metropolis, N. Rosenblut, A. Teller und E. Teller. Equation of State Calculations for Fast Computing Machines. *Journal of Chemical Physics* 21:1087–1092. American Institute of Physics, Melville, NY, USA 1953

[Michalewicz 1996] Z. Michalewicz. *Genetic Algorithms + Data Structures = Evolution Programs,* 3rd (extended) edition. Springer-Verlag, New York, NY, USA 1996

[Michels *et al.* 2006] K. Michels, F. Klawonn, R. Kruse, A. Nürnberger. *Fuzzy Control: Fundamentals, Stability and Design of Fuzzy Controllers*. Studies in Fuzziness and Soft Computing, vol. 200. Springer-Verlag, Berling/Heidelberg, Germany 2006

[Minsky und Papert 1969] L.M. Minsky and S. Papert. *Perceptrons*. MIT Press, Cambridge, MA, USA 1969

[Mitchell 1998] M. Mitchell. *An Introduction to Genetic Algorithms*. MIT Press, Cambridge, MA, USA 1998

[Miyamoto und Mukaidono 1997] S. Miyamoto and M. Mukaidono. Fuzzy c-Means as a Regularization and Maximum Entropy Approach. *Proc. 7th Int. Fuzzy Systems Association World Congress (IFSA'97, Prague, Czech Republic)*, II:86–92. 1997

[Miyamoto und Umayahara 1997] S. Miyamoto and K. Umayahara. Fuzzy Clustering by Quadratic Regularization. *Proc. IEEE Int. Conf. on Fuzzy Systems/IEEE World Congress on Computational Intelligence (WCCI 1998, Anchorage, AK)*, 2:1394–1399. IEEE Press, Piscataway, NJ, USA 1998

[Mühlenbein 1989] H. Mühlenbein. Parallel Genetic Algorithms, Population Genetics and Combinatorial Optimization. *Proc. 3rd Int. Conf. on Genetic Algorithms (CEC 1989, Fairfax, VA)*, 416–421. Morgan Kaufmann, San Francisco, CA, USA 1989

[Moewes und Kruse 2011] C. Moewes and R. Kruse. On the usefulness of fuzzy SVMs and the extraction of fuzzy rules from SVMs. In: S. Galichet, J. Montero und G. Mauris (eds.) *Proc. 7th Conf. of Europ. Soc. for Fuzzy Logic and Technology (EUSFLAT-2011) and LFA-2011*, 943–948. Advances in Intelligent Systems Research, vol. 17. Atlantis Press, Amsterdam/Paris, Netherlands/France 2011

[Moewes und Kruse 2012] C. Moewes and R. Kruse. Fuzzy Control for Knowledge-Based Interpolation. In: E. Trillas, P.P. Bonissone, L. Magdalena, and J. Kacprzyk (eds.) *Combining Experimentation and Theory: A Hommage to Abe Mamdani*, 91–101. Springer-Verlag, Berlin/Heidelberg, Germany 2012

[Moewes und Kruse 2013] C. Moewes and R. Kruse. Evolutionary Fuzzy Rules for Ordinal Binary Classification with Monotonicity Constraints. In: R.R. Yager, A.M. Abbasov, M.Z. Reformat, and S.N. Shahbazova (eds.) *Soft Computing: State of the Art Theory and Novel Applications*, 105–112. Studies in Fuzziness and Soft Computing, vol. 291. Springer-Verlag, Berlin/Heidelberg, Germany 2013

[Moore 1966] R.E. Moore. *Interval Analysis*. Prentice Hall, Englewood Cliffs, NJ, USA 1966

[Moore 1979] R.E. Moore. *Methods and Applications of Interval Analysis*. Society for Industrial and Applied Mathematics, Philadelphia, PA, USA 1979

[Mori *et al.* 2003] Y. Mori, K. Honda, A. Kanda, H. and Ichihashi. A Unified View of Probabilistic PCA and Regularized Linear Fuzzy Clustering. *Proc. Int. Joint Conf. on Neural Networks (IJCNN 2003, Portland, OR)* I:541–546. IEEE Press, Piscataway, NJ, USA 2003

[Nakrani und Tovey 2004] S. Nakrani and S. Tovey. On Honey Bees and Dynamic Server Allocation in Internet Hosting Centers. *Adaptive Behavior* 12:223–240. SAGE Publications, New York, NY, USA 2004

[Nash 1951] J.F. Nash. Non-cooperative Games. *Annals of Mathematics* 54(2):286–295. Princeton University, Princeton, NJ, USA 1951

[Nauck und Kruse 1993] D. Nauck and R. Kruse. A fuzzy neural network learning fuzzy control rules and membership functions by fuzzy error backpropagation. In: *Proc. IEEE Int. Conf. on Neural Networks (ICNN'93, 1993, San Francisco, CA)*, 1022–1027. IEEE Press, Piscataway, NJ, USA 1993.

[Nauck *et al.* 1997] D. Nauck, F. Klawonn und R. Kruse. *Foundations of Neuro-Fuzzy Systems*. J. Wiley & Sons, Chichester, United Kingdom 1997

[Nauck und Nürnberger 2012] D.D. Nauck and A. Nürnberger. Neuro-fuzzy Systems: A Short Historical Review. In: C. Moewes and A. Nürnberger (eds.) *Computational Intelligence in Intelligent Data Analysis*, 91–109. Springer-Verlag, Berlin/Heidelberg, Germany, 2012

[Newell und Simon 1976] A. Newell and H.A. Simon. Computer Science as Empirical Enquiry: Symbols and Search. *Communications of the Association for Computing Machinery* 19. Association for Computing Machinery, New York, NY, USA 1976. Reprinted in [Boden 1990], 105–132.

[Nilsson 1965] N.J. Nilsson. *Learning Machines: The Foundations of Trainable Pattern-Classifying Systems*. McGraw-Hill, New York, NY, 1965

[Nilsson 1998] N.J. Nilsson. *Artificial Intelligence: A New Synthesis*. Morgan Kaufmann, San Francisco, CA, USA 1998

[Nilsson 2009] N.J. Nilsson. *The Quest for Artificial Intelligence (1st ed.)*. Cambridge University Press, New York, NY, USA 2009

[Nissen 1997] V. Nissen. *Einführung in evolutionäre Algorithmen: Optimierung nach dem Vorbild der Evolution*. Vieweg, Braunschweig/Wiesbaden, Germany 1997

[Nomura *et al.* 1992] H. Nomura, I. Hayashi und N. Wakami. A learning method of fuzzy inference rules by descent method. In: Proc. IEEE Int. Conf. on Fuzzy Systems 1992, 203–210. San Diego, CA, USA 1992

[Nürnberger *et al.* 1999] A. Nürnberger, D.D Nauck und R. Kruse. Neuro-fuzzy control based on the NEFCON-model: recent developments. *Soft Computing*, 2(4):168–182. Springer-Verlag, Berlin/Heidelberg, Germany 1999

[Özdemir und Akarun 2002] D. Özdemir and L. Akarun. A Fuzzy Algorithm for Color Quantization of Images. *Pattern Recognition* 35:1785–1791. Pergamon Press, Oxford, United Kingdom 2002

[Pearl 1988] J. Pearl. *Probabilistic Reasoning in Intelligent Systems: Networks of Plausible Inference*. Morgan Kaufmann, San Mateo, CA, USA 1988

[Pearl und Paz 1987] J. Pearl and A. Paz. Graphoids: A Graph Based Logic for Reasoning about Relevance Relations. In: B.D. Boulay, D. Hogg und L. Steels (eds.) *Advances in Artificial Intelligence 2*, 357–363. North Holland, Amsterdam, Netherlands 1987

[Pelikan *et al.* 2000] M. Pelikan, D.E. Goldberg und E.E. Cantú-Paz. Linkage Problem, Distribution Estimation, and Bayesian Networks. *Evolutionary Computation* 8:311–340. MIT Press, Cambridge, MA, USA 2000

[Pestov 2000] V. Pestov. On the Geometry of Similarity Search: Dimensionality Curse and Concentration of Measure. *Inf. Process. Lett.*, 73:47–51, 2000

[Pinkus 1999] A. Pinkus. Approximation Theory of the MLP Model in Neural Networks. *Acta Numerica* 8:143-196. Cambridge University Press, Cambridge, United Kingdom 1999

[Press *et al.* 1992] W.H. Press, S.A. Teukolsky, W.T. Vetterling, and B.P. Flannery. *Numerical Recipes in C: The Art of Scientific Computing*, 2nd edition. Cambridge University Press, Cambridge, United Kingdom 1992

[Prim 1957] R.C. Prim. Shortest Connection Networks and Some Generalizations. *The Bell System Technical Journal* 36:1389-1401. Bell Laboratories, Murray Hill, NJ, USA 1957

[Puri und Ralescu 1986] M. Puri and D. Ralescu. Fuzzy Random Variables. *Journal of Mathematical Analysis and Applications* 114:409–422. Elsevier, Amsterdam, Netherlands 1986

[Radetzky und Nürnberger 2002] A. Radetzky and A. Nürnberger. Visualization and Simulation Techniques for Surgical Simulators Using Actual Patient's Data. *Artificial Intelligence in Medicine* 26:3, 255–279. Elsevier Science, Amsterdam, Netherlands 2002

[Rechenberg 1973] I. Rechenberg. *Evolutionstrategie: Optimierung technischer Systeme nach Prinzipien der biologischen Evolution.* Fromman-Holzboog, Stuttgart, Germany 1973

[Riedmiller und Braun 1992] M. Riedmiller and H. Braun. Rprop — A Fast Adaptive Learning Algorithm. Technical Report, University of Karlsruhe, Karlsruhe, Germany 1992

[Riedmiller und Braun 1993] M. Riedmiller and H. Braun. A Direct Adaptive Method for Faster Backpropagation Learning: The RPROP Algorithm. *Int. Conf. on Neural Networks (ICNN-93, San Francisco, CA)*, 586–591. IEEE Press, Piscataway, NJ, USA 1993

[Riedmiller *et al.* 1999] M. Riedmiller, M. Spott, and J. Weisbrod. FYNESSE: A hybrid architecture for selflearning control. In: I. Cloete and J. Zurada (eds.) *Knowledge-Based Neurocomputing*, 291–323. MIT Press, Cambridge, MA, USA 1999.

[Robinson 1977] R.W. Robinson. Counting Unlabeled Acyclic Digraphs. In: C.H.C. Little (ed.) *Combinatorial Mathematics V* LNMA 622:28–43. Springer-Verlag, Heidelberg, Germany 1977

[Rojas 1996] R. Rojas. *Theorie der neuronalen Netze — Eine systematische Einführung.* Springer-Verlag, Berlin, Germany 1996

[Rozenberg 2011] G. Rozenberg, T. Bäck und J.N. Kok (eds.) *Handbook of Natural Computing*, Section III: Evolutionary Computation. Springer-Verlag, Berlin/Heidelberg, Germany 2012

[Rosenblatt 1958] F. Rosenblatt. The Perceptron: A Probabilistic Modell for Information Storage and Organization in the Brain. *Psychological Review* 65:386–408. USA 1958

[Rosenblatt 1962] F. Rosenblatt. *Principles of Neurodynamics.* Spartan Books, New York, NY, USA 1962

[Rumelhart und McClelland 1986] D.E. Rumelhart and J.L. McClelland, eds. *Parallel Distributed Processing: Explorations in the Microstructures of Cognition, Vol. 1: Foundations.* MIT Press, Cambridge, MA, USA 1986

[Rumelhart *et al.* 1986a] D.E. Rumelhart, G.E. Hinton und R.J. Williams. Learning Internal Representations by Error Propagation. In [Rumelhart und McClelland 1986], 318–362.

[Rumelhart *et al.* 1986b] D.E. Rumelhart, G.E. Hinton und R.J. Williams. Learning Representations by Back-Propagating Errors. *Nature* 323:533–536. 1986

[Runkler 2012] T.A. Runkler. Kernel Based Defuzzification. In: C. Moewes and A. Nürnberger. *Computational Intelligence in Intelligent Data Analysis*, 61–72. Springer-Verlag, Berlin/Heidelberg, Germany, 2012

[Runkler und Glesner 1993] T. Runkler and M. Glesner. A Set of Axioms for Defuzzification Strategies — Towards a Theory of Rational Defuzzification Operators. *Proc. 2nd IEEE Int. Conf. on Fuzzy Systems (FUZZ-IEEE'93, San Francisco, CA)*, 1161–1166. IEEE Press, Piscataway, NJ, USA 1993

[Ruspini 1969] E.H. Ruspini. A New Approach to Clustering. *Information and Control* 15(1):22–32. Academic Press, San Diego, CA, USA 1969. Reprinted in [Bezdek und Pal 1992], 63–70

[Russel und Norvig 2009] S.J. Russell and P. Norvig. *Artificial Intelligence — A Modern Approach*, 3rd edition. Prentice Hall, Upper Saddle River, NJ, USA 2009

[Schaffer 1985] J.D. Schaffer. Multiple Objective Optimization with Vector Evaluated Genetic Algorithms. *Proc. 1st Int. Conf. on Genetic Algorithms*, 93–100. L. Erlbaum Associates, Hillsdale, NJ, USA 1985

[Schmidt *et al.* 2015] Fabian Schmidt, Jörg Gebhardt und Rudolf Kruse. Handling Revision Inconsistencies: Towards Better Explanations. *Symbolic and Quantitative Approaches to Reasoning with Uncertainty* 257–266. Springer International Publishing, 2015

[Seo und Obermayer 2003] S. Seo and K. Obermayer. Soft Learning Vector Quantization. *Neural Computation* 15(7):1589–1604. MIT Press, Cambridge, MA, USA 2003

[Shannon 1948] C.E. Shannon. The Mathematical Theory of Communication. *The Bell System Technical Journal* 27:379–423. Bell Laboratories, Murray Hill, NJ, USA 1948

[Srinivas und Deb 1994] N. Srinivas and K. Deb. Multiobjective Optimization Using Nondominated Sorting in Genetic Algorithms. *Evolutionary Computing* 2(3):221–248. MIT Press, Cambridge, MA, USA 1994

[Studeny 1989] M. Studeny. Multiinformation and the Problem of Characterization of Conditional Independence Relations. *Problems of Control and Information Theory* 1:3–16. 1989

[Studeny 1990] M. Studeny. Conditional Independence Relations Have No Finite Complete Characterization. *Kybernetika* 25:72–79. Institute of Information Theory and Automation, Prague, Czech Republic 1990

[Sugeno 1985] M. Sugeno. An Introductory Survey of Fuzzy Control. *Information Sciences* 36:59–83. Elsevier, New York, NY, USA 1985

[Sutton und Barto 1998] R.S. Sutton and A.G. Barto. *Reinforcement Learning: An Introduction*. MIT Press, Cambridge, MA, USA 1998.

[Takagi und Sugeno 1985] T. Takagi and M. Sugeno. Fuzzy Identification of Systems And Its Applications to Modeling and Control. *IEEE Trans. on Systems, Man and Cybernetics* 15:116–132. IEEE Press, Piscataway, NJ, USA 1985

[Timm *et al.* 2004] H. Timm, C. Borgelt, C. Döring und R. Kruse. An Extension to Possibilistic Fuzzy Cluster Analysis. *Fuzzy Sets and Systems* 147:3–16. Elsevier Science, Amsterdam, Netherlands 2004

[Tollenaere 1990] T. Tollenaere. SuperSAB: Fast Adaptive Backpropagation with Good Scaling Properties. *Neural Networks* 3:561–573, 1990

[Touretzky *et al.* 1988] D. Touretzky, G. Hinton und T. Sejnowski, eds. *Proc. of the Connectionist Models Summer School (Carnegie Mellon University)*. Morgan Kaufman, San Mateo, CA, USA 1988

[Viertl 2011] R. Viertl. *Statistical Methods for Fuzzy Data*. John Wiley & Sons, Chichester, UK 2011

[Vollmer 1995] G. Vollmer. Der wissenschaftstheoretische Status der Evolutionstheorie: Einwände und Gegenargumente. In: G. Vollmer (ed.) *Biophilosophie*, 92–106. Reclam, Stuttgart, Germany 1995

[Wasserman 1989] P.D. Wasserman. *Neural Computing: Theory and Practice*. Van Nostrand Reinhold, New York, NY, USA 1989

[Wei und Fahn 2002] C. Wei and C. Fahn. The Multisynapse Neural Network and Its Application to Fuzzy Clustering. *IEEE Trans. Neural Networks* 13(3):600–618. IEEE Press, Piscataway, NJ, USA 2002

[Weicker 2007] K. Weicker. *Evolutionäre Algorithmen*, 2nd edition. Teubner, Stuttgart, Germany 2007

[Weicker *et al.* 2003] N. Weicker, G. Szabo, K. Weicker und P. Widmayer. Evolutionary Multiobjective Optimization for Base Station Transmitter Placement with Frequency Assignment. *IEEE Trans. on Evolutionary Computation* 7:189–203. IEEE Press, Piscataway, NJ, USA 2003

[Werbos 1974] P.J. Werbos. *Beyond Regression: New Tools for Prediction and Analysis in the Behavioral Sciences*. Ph.D. Thesis, Harvard University, Cambridge, MA, USA 1974

[Widner 1960] R.O. Widner. Single State Logic. *AIEE Fall General Meeting*, 1960. Reprinted in [Wasserman 1989].

[Widrow und Hoff 1960] B. Widrow and M.E. Hoff. Adaptive Switching Circuits. *IRE WESCON Convention Record*, 96–104. Institute of Radio Engineers, New York, NY, USA 1960

[Winkler *et al.* 2012] R. Winkler, F. Klawonn, R. Kruse. Problems of Fuzzy c-Means Clustering and Similar Algorithms with High Dimensional Data Sets. In: W.A. Gaul, A. Geyer-Schulz, L. Schmidt-Thieme, J. Kunze (eds.): *Challenges at the Interface of Data Analysis, Computer Science, and Optimization*. Springer, Berlin, 79–87, 2012

[Winkler *et al.* 2015] R. Winkler, F. Klawonn, R. Kruse. Prototype Based Fuzzy Clustering Algorithms in High-Dimensional Feature Spaces. In: L. Magdalena, J.L. Verdegay, F. Esteva (eds.): *Enric Trillas: A Passion for Fuzzy Sets: A Collection of Recent Works on Fuzzy Logic*. Springer, Cham, 233–243, 2015

[Yang 1993] M.S. Yang. On a Class of Fuzzy Classification Maximum Likelihood Procedures. *Fuzzy Sets and Systems* 57:365–375. Elsevier, Amsterdam, Netherlands 1993

[Yasuda *et al.* 2001] M. Yasuda, T. Furuhashi, M. Matsuzaki und S. Okuma. Fuzzy Clustering using Deterministic Annealing Method and Its Statistical Mechanical Characteristics. *Proc. 10th IEEE Int. Conf. on Fuzzy Systems (FUZZ-IEEE 2001, Melbourne, Australia)*, 2:797–800. IEEE Press, Piscataway, NJ, USA 2001

[Yu und Yang 2007] J. Yu and M.S. Yang. A Generalized Fuzzy Clustering Regularization Model With Optimality Tests and Model Complexity Analysis. *IEEE Trans. Fuzzy Systems* 15(5):904–915. IEEE Press, Piscatway, NJ, USA 2007

[Zadeh 1965] L.A. Zadeh. Fuzzy Sets. *Information and Control* 8(3):338–353. 1965

[Zadeh 1971] L.A. Zadeh. Towards a Theory of Fuzzy Systems. In: R.E. Kalman and N. de Claris. *Aspects of Networks and System Theory*, 469–490. Rinehart and Winston, New York, USA 1971

[Zadeh 1972] L.A. Zadeh. A Rationale for Fuzzy Control. *Journal of Dynamic Systems, Measurement, and Control* 94(1):3–4. American Society of Mechanical Engineers (ASME), New York, NY, USA 1972

[Zadeh 1973] L.A. Zadeh. Outline of a New Approach to the Analysis of Complex Systems and Decision Processes. *IEEE Trans. on Systems, Man and Cybernetics* 3:28–44. IEEE Press, Piscataway, NJ, USA 1973

[Zadeh 1975a] L.A. Zadeh. The Concept of a Lingustic Variable and its Application to Approximate Reasoning, Part I. *Information Sciences* 8:199-249.

[Zadeh 1975b] L.A. Zadeh. The Concept of a Lingustic Variable and its Application to Approximate Reasoning, Part II. *Information Sciences* 8:301–357.

[Zadeh 1975c] L.A. Zadeh. The Concept of a Lingustic Variable and its Application to Approximate Reasoning, Part III. *Information Sciences* 9:43-80.

[Zadeh 1978] L.A. Zadeh. Fuzzy Sets as a Basis for a Theory of Possibility. *Fuzzy Sets and Systems* 1:3–28. North-Holland, Amsterdam, Netherlands 1978

[Zell 1994] A. Zell. *Simulation Neuronaler Netze*. Addison-Wesley, Stuttgart, Germany 1996

[Zhang und Poole 1996] N.L. Zhang and D. Poole. Exploiting Causal Independence in Bayesian Network Inference. *Journal of Artificial Intelligence Research* 5:301–328. Morgan Kaufmann, San Mateo, CA, USA 1996

[Zimmermann und Zysno 1980] H.-J. Zimmermann and P. Zysno. Latent Connectives in Human Decision Making and Expert Systems. *Fuzzy Sets and Systems* 4:37–51. Elsevier, Amsterdam, Netherlands 1980

[Zitzler *et al.* 2001] E. Zitzler, M. Laumanns und L. Thiele. *SPEA2: Improving the Strength Pareto Evolutionary Algorithm*. Technical Report TIK-Rep. 103. Department Informationstechnologie und Elektrotechnik, Eidgenössische Technische Hochschule Zürich, Switzerland 2001

Index

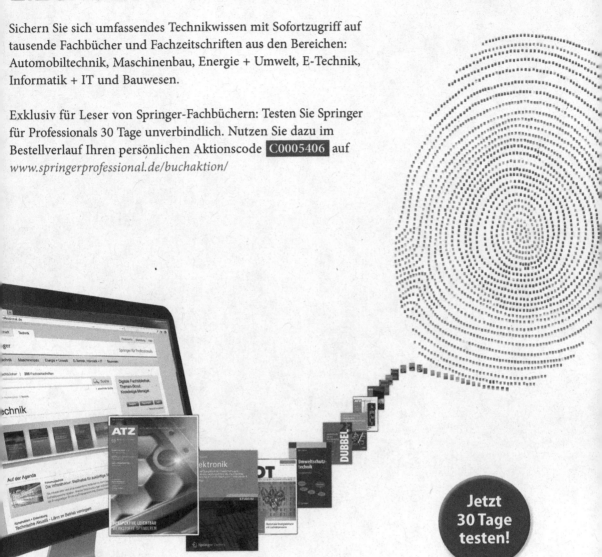

Printed in the United States
By Bookmasters